# COLLECTION DE PRÉCIS MÉDICAUX

*Cette nouvelle collection s'adresse aux étudiants pour la préparation aux examens, et à tous les praticiens qui, à côté des grands traités, ont besoin d'ouvrages concis, mais vraiment scientifiques, qui les tiennent au courant. D'un format maniable, élégamment cartonnés en toile anglaise souple, ces livres sont abondamment illustrés, ainsi qu'il convient à des livres d'enseignement.*

**Introduction à l'étude de la Médecine**, par G.-H. Roger, professeur à la Faculté de Paris, médecin de l'hôpital de la Charité. *Quatrième édition revue et augmentée.* 1 vol. de xiv-780 pages. 10 fr.

**Précis de Physique biologique**, par G. Weiss, professeur agrégé à la Faculté de Paris. *Deuxième édition revue.* 1 vol. de xii-556 pages, avec 570 figures. . . . . . . . . . . . . . . . . . . . 7 fr.

**Précis de Physiologie**, par Maurice Arthus, professeur de physiologie à l'Université de Lausanne. *Troisième édition revue et augmentée.* 1 vol. de xvi-840 pages, avec 286 figures en noir et en couleurs. . . . . . . . . . . . . . . . . . . . . . . . . 10 fr.

**Précis de Chimie physiologique**, par Maurice Arthus. *Sixième édition revue et augmentée.* 1 vol. de vi-403 pages, avec 118 figures et 2 planches en couleurs. . . . . . . . . . . . . . . . . . 6 fr.

**Précis de Biochimie**, par E. Lambling, professeur à la Faculté de Médecine de Lille. 1 vol. de xxiii-600 pages.

**Précis de Dissection**, par P. Poirier, professeur, et A. Baumgartner, ancien prosecteur à la Faculté de Paris, chirurgien des hôpitaux. *Deuxième édition revue et augmentée.* 1 vol. de xxiv-360 pages, avec 241 figures . . . . . . . . . . . . . . . . . . . . . . . . 8 fr.

**Précis de Microbiologie clinique**, par Fernand Bezançon, professeur agrégé à la Faculté de Paris, médecin de hôpital Tenon. *Deuxième édition entièrement refondue.* 1 vol. de xviii-640 pages, avec 148 figures. . . . . . . . . . . . . . . . . . . . . . 9 fr.

**Précis des Examens de Laboratoire employés en clinique**, par L. Bard, professeur à l'Université de Genève, avec la collaboration de MM. G. Humbert et H. Mallet. 1 vol. de xiv-569 pages, avec 138 figures en noir et en couleurs . . . . . . . . . . . . . . 9 fr.

**Précis de Diagnostic médical**, par P. Spillmann et L. Haushalter, professeurs, et L. Spillmann, professeur agrégé à la Faculté de Nancy. *Deuxième édition revue et corrigée.* 1 vol. de xiv-569 pages, avec 181 figures en noir et en couleurs. . . . . . . . . . . . 8 fr.

**Précis de Thérapeutique et de Pharmacologie**, par A. Richaud, professeur agrégé à la Faculté de Paris, docteur ès sciences. 1 vol. de xxx-938 pages, avec 180 figures. . . . . . . . . . . . . . 12 fr.

**Précis de Médecine légale**, par A. Lacassagne, professeur à l'Université de Lyon. *Deuxième édition entièrement revue.* 1 vol. de xxiv-866 pages, avec 112 figures et 2 planches hors texte en couleurs. 10 fr.

**Précis de Chirurgie infantile**, par E. KIRMISSON, professeur à la Faculté de Paris, chirurgien de l'hôpital des Enfants-Malades. 1 vol. de x-802 pages, avec 462 figures. . . . . . . . . . . . . . 12 fr.

**Précis de Médecine infantile**, par P. NOBÉCOURT, professeur agrégé à la Faculté de Paris, médecin des hôpitaux. 1 vol. de x-744 pages, avec 77 figures et une planche en couleurs. . . . . . . . . . 9 fr.

**Précis d'Ophtalmologie**, par V. MORAX, ophtalmologiste de l'hôpital Lariboisière. 1 vol. de xx-640 pages, avec 339 figures et 3 planches en couleurs. . . . . . . . . . . . . . . . . . . 12 fr.

**Précis de Dermatologie**, par J. DARIER, médecin de l'hôpital Broca. 1 vol. de xvi-708 pages, avec 122 figures. . . . . . . . . . 12 fr.

**Précis de Pathologie exotique**, par E. JEANSELME, professeur agrégé à la Faculté de Paris, médecin des hôpitaux, et E. RIST, médecin des hôpitaux de Paris, ancien inspecteur général des services sanitaires maritimes et quarantenaires d'Égypte. 1 vol. de xii-810 pages, avec 160 figures et 2 planches en couleurs. . . 12 fr.

**Précis de Parasitologie**, par E. BRUMPT, professeur agrégé, chef des travaux pratiques de parasitologie à la Faculté de médecine de Paris. 1 vol. de xxvi-916 pages, avec 683 figures dans le texte, dont 240 originales, et 4 planches hors texte en couleurs. . . 12 fr.

**Précis de Pathologie chirurgicale**, par MM. BÉGOUIN, BOURGEOIS, PIERRE DUVAL, GOSSET, JEANBRAU, LECÈNE, LENORMANT, R. PROUST, TIXIER.

*Volumes publiés :*

TOME 1. — *Pathologie chirurgicale générale. Maladies générales des tissus, Crâne et Rachis*, par P. LECÈNE et R. PROUST, professeurs agrégés à la Faculté de Paris, chirurgiens des hôpitaux, et L. TIXIER, professeur agrégé à la Faculté de Lyon, chirurgien des hôpitaux, chef des travaux de médecine opératoire. 1 vol. de xvi-1028 pages, avec 349 figures. . . . . . . . . . . . . . . . . . . . . . . 10 fr.

TOME II. — *Tête, Cou, Thorax*, par H. BOURGEOIS, oto-rhino-laryngologiste des hôpitaux de Paris, et CH. LENORMANT, professeur agrégé à la Faculté de Paris, chirurgien des hôpitaux. 1 vol. de xii-984 pages, avec 311 figures. . . . . . . . . . . . . . . . . . . . . . . 10 fr.

TOME III. — *Glandes mammaires, Abdomen*, par MM. PIERRE DUVAL, A. GOSSET, P. LECÈNE, CH. LENORMANT, professeurs agrégés à la Faculté de Paris, chirurgiens des hôpitaux. 1 vol. de xii-782 pages, avec 352 figures. . . . . . . . . . . . . . . . . . . . . . . . 10 fr.

*Pour paraître en 1911 :*

TOME IV. — *Organes génito-urinaires, Membres*, par MM. P. BÉGOUIN, professeur agrégé à la Faculté de Bordeaux, chirurgien des hôpitaux, E. JEANBRAU, professeur agrégé à la Faculté de Montpellier, chirurgien de l'hôpital général, R. PROUST, professeur agrégé à la Faculté de Paris, chirurgien des hôpitaux, L. TIXIER, professeur à la Faculté de Lyon, chirurgien des hôpitaux, chef des travaux de Médecine opératoire.

# PRÉCIS

DE

# BIOCHIMIE

# PRÉCIS

## DE

# BIOCHIMIE

PAR

## E. LAMBLING

Professeur à la Faculté de Médecine
do l'Université de Lille.

---

PARIS

## MASSON ET C$^{ie}$, ÉDITEURS

LIBRAIRES DE L'ACADÉMIE DE MÉDECINE

120, BOULEVARD SAINT-GERMAIN

1911

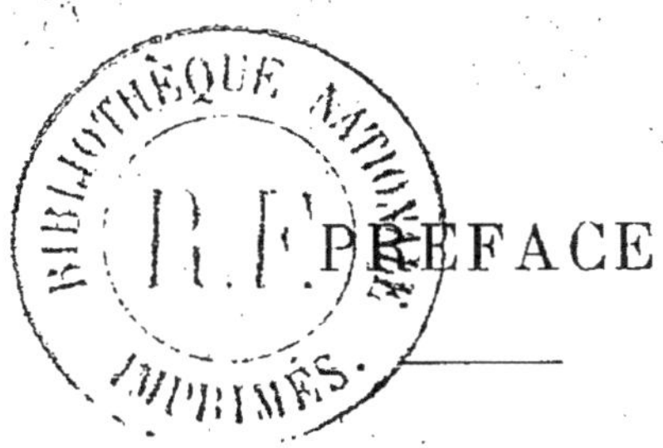


# PRÉFACE

Les traités élémentaires de biochimie ont pris jusqu'à présent deux formes. La première consiste en un exposé systématique, où toutes les parties de la science sont étudiées avec une ampleur proportionnée à l'importance de chacune d'elles et à l'étendue du livre. Ainsi se présentent, par exemple, les traités de Wurtz, d'Armand Gautier, de Hugouneng, de Hammarstén. L'étudiant trouve dans ces ouvrages non seulement l'exposé des grands problèmes de la biochimie, mais aussi de nombreuses données de chimie pure sur tous les principes immédiats de l'organisme, sur la composition quantitative des humeurs et des tissus, et même sur la technique analytique employée en chimie physiologique. Le succès persistant de ces divers traités montre qu'ils n'ont pas cessé de répondre à de réels besoins.

Dans l'autre manière, que G. Bunge a inaugurée avec son *Traité* bien connu *de chimie physiologique*, on élimine presque toutes les descriptions et les notions purement chimiques, et beaucoup de données numériques, qui, actuellement du moins, sont pour le débutant sans grande valeur d'éducation générale. Toute l'œuvre est alors consacrée à une série d'exposés d'ensemble, ordonnés de telle façon que l'étudiant est introduit successivement dans les problèmes essentiels de la biochimie, et son intelligence éveillée à la critique et à la réflexion.

C'est dans cet esprit que le présent livre a été conçu et rédigé.

Le lecteur est donc prévenu qu'il ne trouvera pas dans ce *Précis* nombre des renseignements qu'apportent d'ordinaire les traités de chimie physiologique, par exemple des tableaux complets de la composition chimique des humeurs et des tissus, sang, lymphe, muscles, os, dents, etc., ou la description détaillée des réactions chimiques de matériaux même très importants, comme les protéiques ou le glycogène. Mais on s'est efforcé d'écrire une *Physiologie des échanges nutritifs*, en même temps qu'une *Introduction à l'étude de la pathologie* de ces phénomènes. Pour quelques affections de la nutrition, la goutte et le diabète par exemple, on a même directement abordé le problème des échanges nutritifs pathologiques. A de telles études la médecine clinique n'est pas moins intéressée que la physiologie et la pathologie générale. La masse des matériaux déjà accumulés sur ces questions est devenue si grande, qu'à ignorer plus longtemps tous ces faits et leur coordination logique, le médecin court le risque de ne point saisir la moindre explication des troubles en face desquels il se trouve sans cesse et contre lesquels il doit agir rationnellement, cela veut dire d'une manière conforme aux données scientifiques acquises.

Pour des raisons d'ordre pratique, je me suis astreint à citer des noms d'auteurs en assez grand nombre. En ce qui concerne les faits dominateurs, cette manière de faire se justifie sans peine, ces faits et les explications qui en découlent étant le plus souvent désignés sous ces noms. Je l'ai pratiquée aussi, au moins en quelque mesure, pour des faits encore controversés. L'étudiant, qui se contente du traité élémentaire, n'est pas gêné par ces citations, et ces noms sont une aide précieuse à celui qui est amené à se reporter ensuite à quelque ouvrage plus étendu ou même aux mémoires originaux, car c'est encore sous leurs noms d'auteurs qu'il retrouvera là les diverses thèses soutenues. Or, dans la mêlée, souvent si confuse, des interprétations et même des faits, le lecteur risquera moins de s'égarer, si du livre élémentaire, qui lui sert de point de départ, il garde, outre l'exposé des théories en présence, l'utile direction fournie par quelques noms d'auteurs.

E. LAMBLING

DR. ALEXANDRINE LAPINE.

DICTIONNAIRE MÉDICAL

FRANÇAIS-RUSSE.

# МЕДИЦИНСКІЙ ТЕРМИНОЛОГИЧЕСКІЙ

## ФРАНЦУЗСКО-РУССКІЙ

# СЛОВАРЬ

## Доктора А. ЛАПИНОЙ.

С.-ПЕТЕРБУРГЪ.

Типографія Министерства Путей Сообщенія.

(Т-ва И. Н. Кушнеревъ и К⁰), Фонтанка, 117.

1899.

Дозволено цензурою. С.-Петербургъ, 1 іюня 1898 г.

# А

| | |
|---|---|
| Abaissement, sm. | пониженіе, опущеніе. |
| Abasie *), | неспособность ходить. |
| Abattoir, sm. | бойни. |
| Abcès, sm. | нарывъ, абсцессъ, гнойникъ, гноевикъ. |
| Abcès chaud, | горячій нарывъ. |
| Abcès froid (abcès chronique), | холодный нарывъ. |
| Abcès par congestion, | натечный гнойникъ. |
| Abdomen, sm. ou ventre, | животъ, брюхо, чрево. |
| Abdominale (artère sous-cutanée —) l. Art. abdominalis subcutanea. | подкожная брюшная артерія. |
| Abdominale (cavité), | брюшная полость. |
| Abdominale (paroi), | брюшная стѣнка. |
| Abdominaux (muscles), | брюшныя мышцы. |
| Abducteur court du pouce (muscle), l. Musculus abductor pollicis brevis, | мышца отводящая большой палецъ короткая. |

*) v. Astasie.

Abducteur long du pouce (muscle), | мышца отводящая большой палецъ длинная.
Abduction, sf. | отведеніе.
Abécédaire, sm. Bot. | акмелла, пятноцвѣтникъ, абеседарія.
Abeille, sf. | пчела.
Abelmosch, l. Hibiscus Abelmoschus Linn. Abelmoschus moschatus Mönch, | мускусная трава, абельмошъ.
Aberration, sf. | отклоненіе, аберрація.
Aberration chromatique, | хроматическая аберрація.
Aberration sphérique, | сферическая аберрація.
Abiétine, sf. | абіетинъ.
Abiétinées, l. Abietineae } Bot. | еловыя.
Abiétique (acide), | абіетиновая кислота.
Abiogenése, | самопроизвольное зарожденіе.
Ablépharon, ablépharie, absence des paupières complète ou incomplète, l. Ablepharia totalis et partialis, | отсутствіе вѣкъ, врожденная аномалія представляетъ полный или частичный недостатокъ вѣкъ.
Abrachie, sf. Monstr. | отсутствіе верхнихъ конечностей.

| | |
|---|---|
| Abrachio-céphalie, sf. Monstr. | отсутствіе головы и верхнихъ конечностей. |
| Abricot, sm. fruit. | абрикосъ. |
| Absinthe, sf. (armoise absinthe), l. Artemisia Absinthium, | полынь. |
| Absinthine, sf. | абсинтинъ. |
| Absolu (alcool), | абсолютный алкоголь. |
| Absorption, sf. | всасываніе, поглощеніе. |
| —hygromètresàabsorption, | поглощательные или всасывающіе гигрометры. |
| Absorption cutanée, | всасываніе черезъ кожу. |
| Acacier, sm. arbre. | акація. |
| Académie des sciences, sf. | академія наукъ. |
| Acanthe, sm. Bot. | медвѣжья лапа, акантъ. |
| Acare, l. acarus, sm. | клещъ. |
| Acare de la gale, sarcopte, l. Acarus scabei, | чесоточный клещъ. |
| Accès, sm. | приступъ, припадокъ. |
| Accessoir (nerf- ou nerf spinal ou nerf de Willis, onzième paire), l. N. Accessorius, | прибавочный Виллизіевъ нервъ, спинной нервъ. |
| Acclimatisation, sf. | акклиматизація. |
| Accomodation, sf. | приспособл., аккомодація. |

| | |
|---|---|
| Accomodation de l'oeil, | аккомодація глаза. |
| Accouchement, sm. | роды, родоразрѣшеніе. |
| — mécanisme de l'accouchement, | механизмъ родовъ. |
| Accouchement artificiel, | искусственно-оконченные роды. |
| Accouchement forcé, | насильственное родоразрѣшеніе. |
| Accouchement prématuré, | преждевременные роды. |
| Accouchement prématuré artificiel ou accouchement provoqué, | искусственные преждевременные роды. |
| Accouchement à terme (au terme normal), | срочные роды. |
| Accouchement retardé (après le terme normal), | запоздалые роды. |
| Accouchée, | родильница. |
| Accouplement, sm. | совокупленіе. |
| Accroissement, sm. Bot. | ростъ. |
| Accumulateur, Phys. | аккумуляторъ. |
| Acéphale, sm. monstre. | безголовый уродъ, акефалія, безглавіе плода. |
| Acérées, Bot. | кленовыя. |
| Acervelé, acervule, sf. | мозговой песокъ. |
| Acétabule, sm. Anat. | суставная впадина. |

| | |
|---|---|
| Acétal, sm. | ацеталь, этилиденъ-діэтиловый эөиръ. |
| Acétal-dimetylique, | этилиденъ - диметилловый эөиръ, диметилацеталь. |
| Acétanilide, v. Antifébrine, | |
| Acétates, | соли уксусной кислоты. |
| Acétate de chaux, | уксусно-кислый кальцій. |
| Acétate de potasse, | уксусно - каліевая соль. уксусно-кислое кали. |
| Acétine, sf. | ацетинъ. |
| Acétique (acide), | уксусная кислота. |
| Acétique (acide-concentré), | концентрированная уксусная кислота. |
| Acétone, sf. | ацетонъ. |
| Acétonitrile, | ацетонитрилъ. |
| Acétonurie, sf. | присутствіе ацетона въ мочѣ въ большомъ количествѣ. |
| Acétyle, sn. | ацетилъ. |
| Acétylène, sm. | ацетиленъ. |
| Acétique (èther- ou acétate d'éthyle), | уксусный эөиръ, уксусно-этиловый эөиръ. |
| Ache odorante, vulgairement céleri, | дикая петрушка, сельдерей. |
| Achille (tendon d' — ), Anat. | Ахиллово сухожиліе. |
| Acholie, sf. | отсутствіе желчи, ахолія. |

| | |
|---|---|
| Achromatisme, sm. | ахроматизмъ. |
| Achromatopsie, sf. dalto-<br>nisme, | цвѣтовая слѣпота. |
| Acide, sm. acides, | кислота, кислоты. |
| Acides organiques, | органическія кислоты. |
| Acier, sm. | сталь. |
| Acinésie, | параличъ движенія. |
| Acineuses (glandes- ou glan-<br>des en grappes), | ацинозныя железы. |
| Acné, Mal. cut. | угорь. |
| Aconit, sm. l. Aconitum<br>Napellus Linn. | борецъ, аконитъ, пострѣль-<br>ная трава. |
| Aconitine, sf. principe ac-<br>tif de l'aconit (Aconitum<br>Napellus), | аконитинъ. |
| Acoustique, sf. | акустика, ученіе о звукѣ. |
| Acoustique (nerf- ou auditif,<br>nerf de la huitième paire),<br>l. Nervus acusticus, | слуховой нервъ. |
| Acore, sm. l. Acorus cala-<br>mus, Bot. | аиръ, растеніе. |
| Acorine, glycoside, | акоринъ. |
| Acratothermes, | акратотермы. |
| Âcre, adj. | острый, ѣдкій. |
| Âcres, | острыя, раздражающія<br>средства. |

| | |
|---|---|
| Acroléine, | акролеинъ, акролъ. |
| Acromio-claviculaire (articulation), l. articul. acromio-clavicularis, | ключично-акроміальное сочлененіе. |
| Acromion, sm. Anat. omoplate. | верхушка плеча или акроміальный отростокъ. |
| Acrylique (acide), | акриловая кислота. |
| Actée, l. actaea, Bot. | воронецъ. |
| Actinie, sf. | морская крапива. |
| Actinomètres, instr. Phys. | актинометры, приборы. |
| Actinomorphe (fleur- ou régulière), | лучистый или правильный цвѣтокъ. |
| Actinomyces, actinomycetes, | лучистые грибки. |
| Actinomycose, maladie, | лучисто - грибковая болѣзнь, актиномикозъ. |
| Actions réflexes, | рефлекторныя движенія. |
| Actol, | актолъ, молочно-кислое серебро. |
| Acuité visuelle, | острота зрѣнія. |
| Acupressure, sf. | акупрессура. |
| Acupuncture, sf. | игловкалываніе, акупунктура. |
| Adamantoblastes ou cellules adamantines, | адамантобласты. |
| Adansonie, sf. Baobab, arbre, | баобабъ, дерево. |

| | |
|---|---|
| Addison (maladie d'Addison ou maladie bronzée), | Аддисонова болѣзнь или бронзовая болѣзнь. |
| Adducteurs (muscles), | приводящія мышцы. |
| Adducteurs (muscles- de la cuisse), l. Musculi adductores femoris, | приводящія мышцы бедра. |
| Adducteur du pouce (muscle), | мышца приводящая большой палецъ. |
| Adduction, sf. | приведеніе. |
| Adénite, sf. | воспаленіе железъ. |
| Adénoïde (tissu), | аденоидная ткань. |
| Adénome, sf. | железистая опухоль, аденома. |
| Adhérence, sf. | сращеніе. |
| Adianthe, sm. v. Capillaire, plante, | |
| Adipeux, se, | сальный, жирный. |
| — tumeur adipeuse, | сальная опухоль. |
| Adipique (acide), | адипиновая кислота. |
| Adipocire, sf. | трупный воскъ. |
| Adjuvant, Pharm. | вспомогательное средство. |
| Adonidine, | адонидинъ, главное дѣйствующее начало Adon. vernal. |
| Adonis vernalis, sm. | горицвѣтъ весенній, стародубка, черногорка. |

| | |
|---|---|
| Adoxe, l. Adoxa. Bot., | мушкатница, адокса. |
| Adragante (gomme), | камедь, трагакантъ. |
| Adulte (plante), | взрослое растеніе. |
| Adventif (bourgeon), Bot. | придаточная почка. |
| Adventive (tige), | придаточный стебель. |
| Adynamie, sf. | общая слабость тѣла, адинамія. |
| Aérifères (voies), | дыхательные пути. |
| Aérienne (racine), | воздушный корень. |
| Aérobies, sfpl. | аэробы. |
| Aérophobie, sf. | боязнь воздуха. |
| Aéromètre, sm. | аэрометръ. |
| Aérothérapie, sf. | леченіе воздухомъ. |
| Affaiblissement, sm. | упадокъ силъ. |
| Affinité chimique, | химическое сродство. |
| Agalactie, sf. | отсутствіе молока. |
| Agapanthe, Bot. | агапантусъ. |
| Agar-agar, | водоросль, агаръ-агаръ. |
| Agaricacées (famille des—, nommée aussi Hyménomycètes v. Hyménomycètes, | |
| Agaric, | трутникъ, лиственный грибъ. |
| Agaricine, | агарицинъ. |

| | |
|---|---|
| Agave américain, sm. | столѣтнее алое, американское алое, агаве американскій. |
| Âge, sm. | возрастъ. |
| Âge critique, v. ménopause, | |
| Agénésie renale ou absence congénitale d'un seul rein ou des deux reins, | врожденное отсутствіе одной или обѣихъ почекъ. |
| Aglobulie, | уменьшеніе красныхъ кровяныхъ тѣлецъ въ крови. |
| Aglossie, sf. | отсутствіе языка. |
| Agonie, sf. | агонія. |
| Agorophobie, sf. | боязнь пространства. |
| Agraphie, sf. | аграфія. |
| Agrégation, sf. | сцѣпленіе. |
| Aide-forceps, v. Joulin. | |
| Aigremoine, plante. 1. Agrimonia, Bot. | репяшокъ. |
| Aigrette, Bot. | кисточка. |
| Aiguille à acupuncture, | акупунктурная игла. |
| Aiguille aimantée, | магнитная стрѣлка. |
| Aiguille astatique, | астатическая магнитная стрѣлка. |
| Aiguillons, Bot. | шипы. |
| Aigreur, st. | отрыжка. |

| | |
|---|---|
| Ail, sm. plante, | чеснокъ. |
| Ailante, | китайскій ясень. |
| Ailé, ée, adj. | перистый, крылатый. |
| Ailée (tige), | крылатый стебель. |
| Aile, Anat. | крыло. |
| Ailes du nez, Anat. | крылья носа. |
| Ailes, Bot. | крылья. |
| Aimant, sm. | магнитъ. |
| Aimant naturel, pierre d'aimant, oxyde magnétique, Fe³O⁴, | магнитъ естественный, магнитный камень, магнитная окись желѣза, Fe³O⁴. |
| Aimantation, sf. | намагничиваніе. |
| Aimants artificiels, | искусственные магниты. |
| Aimants puissants, | сильные магниты. |
| Aine (région de l'—), | паховая область. |
| Air, sm. | воздухъ. |
| Air complémentaire, Physiol. | дополнительный воздухъ. |
| Air comprimé, | сжатый воздухъ. |
| Air raréfié, | разрѣженный воздухъ. |
| Airelle, | черника. |
| Airelle rouge, | брусника. |
| Airol, | айролъ. |
| Airon, sm. | мѣдь. |

| | |
|---|---|
| Aiselle (région d'—), | подмышечная область. |
| Akène, Bot. | сѣмянка. |
| Alambics, appareils employés pour la distillation, | перегонные кубы. |
| Alanine, | аланинъ. |
| Albinisme, | альбинизмъ. |
| Albuginée (tunique —, membrane fiibreuse du testicule, tunique propre, Anat. testicules. | фиброзная, бѣлочная оболочка яичка. |
| Albuminates, | альбуминаты, бѣлковыя тѣла, бѣлковыя вещества. |
| Albumine, sf. | бѣлокъ. |
| Albumine des oeufs, | бѣлокъ куринаго яйца. |
| Albuminoïdes, | альбумнноиды. |
| Albuminurie, sf. | альбуминурія. |
| Albuminurie gravidique, | альбуминурія во время беременности. |
| Albuminurique (rétinite), | воспаленіе сѣтчатой оболочки при альбуминуріи. |
| Alcalescence, sf. | щелочность. |
| Alcalins, alcalis, | щелочи. |
| Alcalines (sources), | щелочные источники. |
| Alcalinité du sang, | щелочность крови. |

| | |
|---|---|
| Alcalis terreux, | щелочныя земли, окиси или гидраты щелочно-земельныхъ металловъ. |
| Alcaloïde, alcaloïdes, | алкалоидъ, алкалоиды. |
| Alchimelle, sf. Bot. | росница, росникъ, манжетка. |
| Alcool, sm. | алкоголь. |
| Alcool butylique, | бутиловый алкоголь. |
| Alcools diatomiques v. Glycols. | |
| Alcools hexatomiques, | шестиатомные алкоголи. |
| Alcool méthylique ou esprit de bois, l. alcool s. Spiritus ligni s. alcool Methilicus s. Carbinol, | метиловый алкоголь, или карбинолъ, или древесный спиртъ, метилъ-алкоголь. |
| Alcools monoatomiques, | одноатомные алкоголи, карбинолы. |
| Alcool tétratomique, | четырехатомный алкоголь. |
| Alcools triatomiques, | трехатомные алкоголи. |
| Alcoolats, smpl. | алькоголаты, растворы летучихъ или пахучихъ веществъ въ винномъ спиртѣ. (Французская фармакопея), |
| Alcoolatures, sfpl. | алькоголатуры, спиртныя |

настойки изъ раститель-
ныхъ веществъ. (Фран-
цузская фармакопея).

Alcoolique (amblyopie). амбліопія отъ злоупотреб-
ленія спиртными на-
питками.

Alcoolique (atrophie — du
nerf optique ou dégé-
nérescence alcoolique), v.
nerf optique.

Alcoolique extrait, спиртный экстрактъ.

Alcoolisme, алкогольное отравленіе,
алкоголизмъ.

Alcoomètre, спиртомѣръ, алкогометръ.
— échelle de l'alcoomètre, алкогометрическая шкала.
Aldéhyde, sm. chimie, алдегидъ.
Alembrotte (sel d'—, sel de Алембротова соль.
*la* Science, ou de *la* sagesse,
chlorure double de mer-
cure et d'ammonium,
Aleurone, алевронъ, алейронъ.
— grains d'aleurone, алейроновыя зерна.
Alexander (opération d'—, операція Alexander'a, уко-
raccourcissement des li- роченіе круглыхъ ма-
gamentsronds de l'utérus, точныхъ связокъ.

| | |
|---|---|
| Algalie, | зондъ съ желобкомъ. |
| Algaroth (poudre d'—). l. Pulvis angelicus, chimie: Antimoine, | Альгаротовъ порошокъ. |
| Algues, sf. pl. l. Algae. | водоросли. |
| Algues brunes ou Phéophycées, l. Phaeophycae s. Fucoideae, | бурыя водоросли. |
| Algues filamenteuses, | нитчатыя водоросли. |
| Algues marimes, | морскія водоросли. |
| Algues rouges ou Rhodophycées, nommés plus ordinairement Floridées, l. Rhodophycæ s. Florideæ, | багряныя водоросли. |
| Algues bleues v. Cyanophycées, | |
| Algues vertes v. Chlorophycées, | |
| Alkanne, l. Alkanna, | алканна, лавзонія. |
| Aliené, | умалишенный, сумасшедшій. |
| Aliment, sm. | пища. |
| Alimentaires (substances), | пищевыя вещества. |
| Alimentation, sf. | питаніе. |
| — équivalent d'—, | питательный эквивалентъ. |

| | |
|---|---|
| Alismacées, l. Alismaceae, Bot. | частушныя, частуховыя. |
| Alizarine, | ализаринъ. |
| Allaitement, | вскармливаніе грудныхъ дѣтей. |
| Allaitement artificiel, | искусственное вскармливаніе грудныхъ дѣтей. |
| Allantoïde, l. Alantois, | мочевой мѣшокъ, аллантоисъ. |
| Allantoïne, | аллантоинъ. |
| Alliage, sm. | сплавъ. |
| Allongement hypertrophyque du col utérin, | гипертрофическое удлиненіе шейки матки. |
| Allopathie, sf. | аллопатія. |
| Allotropie, sf. | аллотропія. |
| Alloxane, sf. | аллоксанъ. |
| Allyle, sm. Chimie, | аллилъ. |
| Allylique (alcool), | аллиловый спиртъ. |
| Aloès, sm. | сабуръ, алоэ. |
| Aloïne, sf. | алоинъ, горькое начало сабура. |
| Alopécie, sf. | плѣшивость, выпаденіе волосъ. |
| Alpine, sf. | нагорное растеніе. |
| Alsinées, l. alsineae, Bot. | мокричныя. |

| | |
|---|---|
| Altérations de la sensibilité, | разстройства чувствительности. |
| Altérnant (strabisme), l. strabismus alternans, | попеременное косоглазіе. |
| Aluminium, sm. métal, | аллюминій или глиній. |
| Alumine ou oxyde d'aluminium (Al²O³), | окись алюминія или глиноземъ. |
| Alumnol, | алюмнолъ. |
| Alun, sm. sulfate double d'alumine et de potasse, | квасцы. |
| Alvéolaire ou dentaire supérieure (artère), | верхняя зубная артерія. |
| Alvéoles, vésicules pulmonaires, | легочныя алвеолы, легочные пузырьки. |
| Alysse, l. Alyssum, Bot. | бурачекъ. |
| Amaigrissement, sm. | исхуданіе. |
| Amalgame, sm. | амальгама. |
| Amandes douces, | сладкій миндаль. |
| Amandes amères, | горькій миндаль. |
| — huile d'amandes amères, | масло горькихъ миндалей. |
| Amandes broyées ou son d'amandes, | миндальныя отруби. |
| Amandier, sm. arbre, l. Amygdalus communis, | миндальное дерево. |
| Amanite, l. Amanita mus- | мухоморъ, грибъ. |

| | |
|---|---|
| caria, s. Agaricus muscarius, Bot. | |
| Amarante, sf. Bot. | бархатникъ, амарантъ. |
| Amarantées, | амарантовыя. |
| Amarine, | амаринъ. |
| Amaryllidacées, Bot. | амариллисовыя. |
| Amaryllide, Bot. | амариллисъ. |
| Amaurose, sf. | амаврозъ, полная слѣпота [1]). |
| Amaurose partielle passagère (Förster) v. scotome scintillant, | |
| Amblyopie, sf. | амбліопія, ослабленіе зрѣнія [2]). |
| Amblyopie par non usage, par anopsie, l. Amblyopia ex anopsia, | амбліопія, ослабленіе зрѣнія отъ исключенія одного глаза изъ бинокулярнаго зрѣнія, отъ неупотребленія или не- |

[1]) [2]) Подъ „амбліопіею“ и „амаврозомъ“ понимается такое ослабленіе или потеря зрѣнія, которыя не зависятъ ни отъ какихъ видимыхъ и опредѣлимыхъ измѣненій глазнаго яблока.

*(Ходинъ).*

| | дѣятельности глаза при зрѣніи. |
|---|---|
| Amblyopies réflexes, | амбліопіи рефлекторнаго происхожденія. |
| Amblyopies par intoxications diverses, | амбліопіи отъ отравленія различными веществами. |
| Ambouchure ou extremité interne de la trompe de Fallope, | устье фаллопьевой трубы. |
| Ambre, sm. | амбра. |
| Ambrette (graines d'—ou de graine musquée), | сѣмена мускусной травы. |
| Ambulant (érysipèle), v. Erysipèle, | |
| Âme, sf. | душа. |
| Amélanchier, sm. Bot. | ирга. |
| Aménorrhée, sf. l'absence, la suppression des régles, | аменоррея, отсутствіе мѣсячныхъ. |
| Amentacées, l. Amentaceæ, | сережкоцвѣтныя. |
| Amers (médicaments), | горькія средства. |
| Amétropie, sf. | аметропія. |
| Amiante, sf. | горный ленъ, асбестъ. |
| Amibes, sfpl. | амёбы. |
| Amibiforme (mouvement) | амёбовидное движеніе. |
| Amméline, chimie, | аммелинъ. |

*

| | |
|---|---|
| Amminées, Bot. | амминовыя. |
| Ammon (corne d'— ou pied d'hyppocampe ou de cheval marin), Anatomie, | Аммоніевъ рогъ или большая нога морского коня. |
| Ammon (rhinorrhaphie de Ammon), v. rhinorrhaphie, opération | |
| Ammoniaque, sf. gaz ammoniac, | амміакъ. |
| Ammoniaque (gomme-résine), l. Gummi-Resina Ammoniacum, | аммоніакъ, камеде-смола, аммоніачная камедь. |
| Ammoniémie, transformation de l'excès d'urée du sang en carbonate d'ammoniaque, | аммоніэмія, превращеніе мочевины въ крови въ углекислый амміакъ. |
| Amides, | амиды. |
| — acides amidés, | амидокислоты. |
| Amidon, | крахмалъ. |
| — grains d'amidon composés, | сложныя крахмальныя зерна. |
| Amines, chimie, | амины. |
| Amnésie, la perte de la mémoire, | потеря памяти. |
| Amnion, amnios, sm. enve- | водная оболочка, амніонъ. |

| | |
|---|---|
| loppe foetale la plus interne, | |
| Amniotique (liquide), | амніотическая жидкость. |
| Amniotite, inflammation de l'amnios, | воспаленіе Amnion'a. |
| Amoindrissement, mécanisme de l'Accouchement: 1-er temps, | уменьшеніе предлежащей части плода (механизмъ родовъ: 1-й моментъ). |
| Amorphe, | аморфный. |
| Ampélothérapie, cure de raisin, | леченіе виноградомъ. |
| Amphiarthrose ou articulation mixte, symphyses, | полуподвижное сочлененіе. |
| Amphibie, | амфибія. |
| Amphioxus lanceolatus, | ланцетникъ. |
| Amphorique (souffle), | амфорическій дыхательный шумъ. |
| Amplitude, sf. Phys. | амплитуда. |
| Ampoule, | бутыловидное расширеніе, ампулла. |
| Ampère, sm. unité pratique d'intensité de courant, | амперъ, единица силы тока. |
| Amputation, sf. opération, | ампутація. |
| Amygdales (glandes), | миндалевидныя железы. |
| Amygdaline, sf. | амигдалинъ. |

| | |
|---|---|
| Amygdalite ou angine ton-sillaire, | воспаленіе миндалевид-ныхъ железъ. |
| Amylacées, | крахмалистыя вещества. |
| Amylase, Bot. | амилазъ. |
| Amyle, Chimie, | амилъ. |
| Amylène, Chimie, | амиленъ. |
| Amylique (alcool), l. alcohol amylicus, | амиловый спиртъ, сивуш-ное масло. |
| Amyloide (dégénérescence), | амилоидное перерожденіе. |
| Amyloleucites, | амилолейциты, крахмало-образователи. |
| Amyosthénie, sf. | утрата мышечной силы. |
| Amyotrophie, sf. | атрофія мышцъ. |
| Amyotrophique (sclérose la-térale—), | аміотрофическій боковой склерозъ. |
| Anaérobies, | анаэробы. |
| Anal (orifice), | отверстіе задняго про-хода. |
| Anals (fistules), | заднепроходные свищи. |
| Analeptiques, | укрѣпляющія средства. |
| Analgésie, sf. | анальгезія. |
| Analyse, sf. chimie, | анализъ. |
| Amamnèse, sf. | анамнезъ. |
| Ananas, sm. fruit, | ананасъ. |
| Anaphrodisiaques, | средства ослабляющія по-ловое влеченіе. |

| | |
|---|---|
| Anasarque, sf. | водянка кожи. |
| Anastomose, sf. Anat. | анастомозъ, соединеніе двухъ сосудовъ между собою. |
| Anastomose en arcade ou par inosculation, | дугообразное соустье, сосудистая дуга. |
| Anastomose en réseau, | соединеніе сосудовъ въ видѣ сѣти. |
| Anatomie, sf. | анатомія. |
| Anatomie chirurgicale, | хирургическая анатомія. |
| Anatomie comparée, | сравнительная анатомія. |
| Anatomie descriptive, | описательная анатомія. |
| Anatomie pathologique, | патологическая анатомія. |
| Anatomie topographique, | топографическая анатомія. |
| Anatrope, ovule refléchi, Bot. | обратная сѣменопочка. |
| Ancéphaliques (vésicules), | мозговые пузырьки. |
| Anche (tuyaux à —), Phys, | трубы съ языкомъ. |
| Anche battante, Phys. tuyaux sonores, | ударяющій языкъ. } физика: звучащія трубы. |
| Anche libre, Phys. tuyaux sonores, | свободный языкъ. |
| Ancolie, sf. l. Aquilegia, Bot. | аквилегія, акилей, голубокъ. |
| Anconé, sm. | локтевой отростокъ. |

| | |
|---|---|
| Andral et Gavaret (appareil d'—), | Андраль и Гаварэ (аппаратъ для собиранія выдыхаемаго воздуха). |
| Androcée, sm. Bot. | андроцей. |
| Androcée dialystémone, | раздѣльнотычиночный андроцей. |
| Androcée gamostémone, | андроцей сростнотычиночный. |
| Androcée irrégulier, | андроцей неправильный. |
| Androcée régulier, | андроцей правильный. |
| Anel (ligat. par la métode d'—), | лигатура по способу Анеля (леченіе аневризмъ). |
| Anémie, sf. | анемія, малокровіе. |
| Anémie pernicieuse progressive, | прогрессивная, злокачественная анеміи. |
| — rétinite de l'anémie pernicieuse, | воспаленіе сѣтчатки при прогрессивной злокачественной анеміи. |
| Anémique, adj. | анемичный, малокровный. |
| Anémomètre, sm. instr. | анемометръ для измѣренія силы вѣтра. |
| Anémone, sf. plante, l. Anemone, | анемона, вѣтренница. |
| Anéroïde (baromètre—), | барометръ анероидъ. |
| Anesthésie, sf. | анэстезія, нечувствительность. |

| | |
|---|---|
| Anesthésie chirurgicale, | анэстезія хирургическая или полная. |
| Anesthésie locale, | мѣстная анэстезія. |
| Anesthésie obstétricale, | анэстезія акушерская. |
| Anesthésiques, | средства уничтожающія чувствительность, анэстетическія средства. |
| Anesthésie rétinienne, | анэстезія сѣтчатки. |
| Anéthol, sm. | анэтолъ. |
| Anéthol (solide), | твердый анэтолъ. |
| Anéthol (liquide), | жидкій анэтолъ. |
| Anévrismal (sac), | аневризматическій мѣшокъ. |
| Anévrysme, sm. | аневризма, пульсирующая опухоль. |
| Anévrysmes artériels spontanés, | самопроизвольныя аневризмы. |
| Anévrysme artérioso-veineux, | артеріально-венозная аневризма. |
| Angéilogie, angiologie, | ученіе о сосудахъ, описаніе сосудистой системы. |
| Angélique, sf. plante, l. Angelica, | дягиль, дудникъ. |
| Angélique archangélique, l. Angelica Archangelica | аптечный дягиль. |

Linn. Archangelica offi-
cinalicis Hoffmann,

Angélique (acide), | дягильная или ангелико-
вая кислота.

Angélicine, sf. | ангелицинъ.

Angiectasie, sf. | расширеніе сосудовъ.

Angine, sf. | ангина, жаба.

Angine gangréneuse, | гангренозная ангина.

Angioleucite, inflammation
aiguë ou chronique des
vaisseaux lymphatiques,
v. lymphatique,

Angiome, tumeur, | ангіома.

Angionévrose, | ангіоневрозъ.

Angiospermes, Bot. | покрытосѣменныя или
скрытосѣменныя.

Angle, sm. | уголъ.

Angle limite, | предѣльный уголъ.

Angle d'incideuce, Phys. | уголъ паденія.

Angle de réflexion, | уголъ отраженія.

Angle réfringent, | преломляющій уголъ.

Angle visuel, | уголъ зрѣнія.

Angles de l'oeil, commis- | углы глаза.
sures des paupières,

Angle externe, commissure | наружный уголъ глаза.
externe ou temporale,

| | |
|---|---|
| Angle interne, commissure interne ou nasale, | внутренній уголъ глаза. |
| Angoisse précordiale, | предсердечная тоска. |
| Angulaire de l'omoplate (muscle), | мышца поднимающая лопатку. |
| Anhydride, Chimie, | ангидридъ. |
| Anhydrite, | ангидритъ. |
| Anidrose, | уменьшенное отдѣленіе пота. |
| Anil, sm. | индиго. |
| Anilides, chimie, | анилиды. |
| Aniline ou phénylamine, l. Anilinum, Phenilaminum, | анилинъ. |
| — sulfate d'aniline, | сѣрнокислый анилинъ. |
| Animal, sm. | животное. |
| Animation, sf. | оживленіе. |
| Anis ou anis vert, l. Pimpinella Anisum, | анисъ. |
| Anis étoilé ou badiane, l. Illicium anisatum, | звѣздчатый анисъ или бадьянъ. |
| Anisique (acide), | анисовая кислота. |
| Anisique (alcool), | анисовый алкоголь. |
| Anisique (aldéhyde), | анисовый альдегидъ. |

| | |
|---|---|
| Anisol, éther méthylphenylique, | анизолъ, метиль-фениль-эѳиръ. |
| Anisoine, | анизоинъ. |
| Anisométropie, sf. | анизометропія, разница въ рефракціи обоихъ глазъ. |
| Anisométropie acquise, | пріобрѣтенная анизометропія. |
| Anisométropie congénitale, | врожденная анизометропія. |
| Ankyloblépharon, sm. | срощеніе краевъ вѣкъ. |
| Ankyloglosse, adhérence congénitale ou acquise de la langue, | прирощеніе языка. |
| Ankylose, sf. | неподвижность суставовъ, анкилозъ. |
| Ankylose fausse, | ложный, неполный анкилозъ. |
| Ankylose vraie, | истинный, полный анкилозъ. |
| Annélides (vers), | кольчатыя. |
| Annexe, sf. | придатокъ. |
| Annexes du fruit, Bot. | придатки плода. |
| Annexes de l'utérus, | придатки матки. |
| Annulaire, | кольцеобразный. |

| | |
|---|---|
| Annulaires, Bot. | аннулляріи. |
| Annuelle (plante), | однолѣтнее растеніе. |
| Anode, | анодъ, положительный полюсъ. |
| Anodynes, | средства утоляющія боль. |
| Anomalie, sf. | аномалія. |
| Anomalies de courbure de la cornée, staphylomes, | аномаліи кривизны роговой оболочки, стафиломы. |
| Anonyme (artère), l. Art. anonyma, | безъименная артерія. |
| Anonymé (os.), | безъименная кость. |
| Anophthalmie, absence compète des yeux, | прирожденное отсутствіе глазныхъ яблокъ. |
| Anorexie, sf. absence d'appétit, | потеря аппетита. |
| Anosmie, sf. absence de l'odorat, | потеря обонянія. |
| Anse, sf. | петля, ушко. |
| Anse intestinale, | кишечная петля. |
| Antagonisme, sm. | антагонизмъ. |
| Antéflexion de l'utérus, | перегибъ матки впередъ. |
| Antéversion de l'utérus, | наклоненіе матки впередъ. |
| Anthélix, Anat. appareil de l'ouïe, | противозавитокъ. |

| | |
|---|---|
| Anthelmintiques (remèdes) | глистогонныя средства. |
| Anthémide noble, vulgairement Camomille, l. Anthemis nobilis, | римская ромашка. |
| Anthère, sf. Bot. | пыльникъ. |
| Anthère basifix, | пыльникъ приросшій или неподвижный. |
| Anthère extrorse, | пыльникъ наружный. |
| Anthère introrse, | пыльникъ внутренній. |
| Anthère oscillante, | пыльникъ колеблющійся. |
| Anthère pendante, | пыльникъ висячій. |
| Anthère dehiscence de l' — longitudinale, | разверзаніе пыльника продольное. |
| — déhiscence de l'anthère poricide, | пористое разверзаніе пыльника. |
| — déhiscence de l'anthère transversale, | разверзаніе пыльника поперечное. |
| Anthéridie, anthéridies, Botanique, | антеридій, антеридіи, мужскіе половые органы. |
| Anthérozoïdes, Bot. | сперматозоиды. |
| Antracène, | антраценъ. |
| Antracite, | антрацитъ. |
| Anthrax, sm. | карбункулъ. |
| Anthropophagie, | людоѣдство, антропофагія. |

| | |
|---|---|
| Anthure, Bot. | антуріумъ. |
| Antidote ou contre-poison, | противоядіе. |
| Antidromes (feuilles), | антидромные листья (разнаго направленія). |
| Antifébrine, sm. acétanilide, | антифебринъ или ацетанилидъ. |
| Antilaiteux, | средства прекращающія отдѣленіе молока. |
| Antimoine, sm., Métal, 1. Stibium, Antimonium, | сурьма. |
| Antimoine (alliages d'—), | сплавы сурьмы. |
| Antimoine (chlorure d'—, beurre d'antimoine, SbCl$^3$ 1. Stibium Chloratum, butyrum Antimonii, | хлористая сурьма, треххлористая сурьма, сурьмяное масло SbCl$^3$. |
| Antimoine diaphorétique, antimoniate de potasse, antimoine diaphorétique lavé, 1. Kali Stibicum, Antimonium diaphoreticum, Stibium oxydatum album. | сурьмянокислое кали, потогонная сурьма, бѣлый потогонный порошокъ. |

„On emploie en médecine, sous le nom d'an-

| | |
|---|---|
| Antimoine (foie d'—), l. Hepar Antimonii, | сурьмяная печень. |
| Antimoine (oxyde d'—), | окись сурьмы. |
| Antimoine (Perchlorure d'— $SbCl^5$), | пятихлористая сурьма, $SbCl^5$. |
| Antimoine (Pentasulfure d'—), | пятисѣрнистая сурьма. |
| Antimoine (Safran d'—), l. Crocus Antimonii, crocus metallorum, | металлическій шафранъ, сурьмяный шафранъ, бурая сурьмяная окись. |
| Antimoine (sulfure d'—), | черная или сѣрая сѣрнистая сурьма. |
| Antimoine (verre d'—), | сурьмяное стекло. |

---

timoine diaphorétique, un produit dont la composition varie suivant son mode de preparation, mais qui est formé essentielement par de l'antimoniate de potasse". Traité élémentaire de chimie médicale par Ad. Wurtz.

| | |
|---|---|
| Antimonié (Hydrogène), | сурьмянисто - водородный газъ. |
| Antimonieux (acide), | сурьмянистая кислота. |
| Antimonique (acide), | сурьмяная кислота. |
| Antipeptone, | антипептонъ. |
| Antiphlogistiques (remèdes), | противовоспалительныя средства. |
| Antipodes (cellules), Bot., | клѣточки—антиподы. |
| Antipyrétiques (médicaments), | противолихорадочныя средства. |
| Antipyrine, | антипиринъ, димитиль-фениль-пиразолонъ. |
| Antiscorbutiques (remèdes), | противоцинготныя средства. |
| Antisepsie, sf. | антисептика. |
| Antiseptiques, | противогнилостныя средства. |
| Antispasmodiques (médicaments), | противосудорожныя средства. |
| Antitarthrique (acide), | лѣвая винная кислота. |
| Antithénar, sm., muscles, | мышцы возвышенія мизинца. |
| Antitragus, Anat. appareil de l'ouïe, | противукозелокъ. |
| — muscle de l'antitragus, | мышца противукозелка. |

| | |
|---|---|
| Anthrisque, Bot., l. Anthriscus, | купырь. |
| Antropométrie, mesure du corps humain, | антропометрія. |
| Anurie, sf. | прекращеніе мочеотдѣленія, анурія. |
| Anus, sm. | задній проходъ. |
| — fistules à l'anus, | свищи задняго прохода. |
| — fistules borgnes externes, | наружные слѣпые свищи (неполные наружные свищи). |
| — fistules borgnes internes, | внутренніе слѣпые свищи (неполные внутренніе свищи). |
| — fistules complètes, | полные свищи. |
| — fissures à l'anus, | трещины задняго прохода. |
| — muscle releveur de l'anus, l. musculus levator ani, | мышца поднимающая задній проходъ. |
| — sphincter externe de l'anus, l. Sphincter ani externus, | наружная сжимающая мышца задняго прохода, или наружный жомъ. |
| — sphincter interne de l'anus, l. Sphincter ani int., | внутренняя сжимающая мышца задняго прохода, внутренній жомъ. |

| | |
|---|---|
| Anus (plis radiés de l'—), | лучистыя складки въ окружности задняго прохода. |
| Anus artificiel, | образованіе искуственнаго задняго прохода. |
| Anus (atrésie de l'anus), | атрезія, закрытіе задняго прохода. |
| Anus contre nature, | противуестественный задній проходъ. |
| Aorte, sf. | аорта. |
| — anévrysme de l'aorte, | аневризма аорты. |
| — crosse de l'aorte, | луковица аорты. |
| — rétrécissement de l'aorte, | съуженіе аорты. |
| Aorte abdominale, | брюшная аорта. |
| Aorte descendante, | нисходящая аорта. |
| Aorte thoracique, | грудная аорта. |
| Aortique (orifice — du diaphragme). 1. Hiatus aorticus. V. Diaphragme. | |
| Aortite, | воспаленіе аорты. |
| Apepsie, sf. | апепсія. |
| Apéritifs, | вещества возстановляющія экскрецію. |
| Apétales, Bot. | безлепестныя. |

*

| | |
|---|---|
| Aphakie, l'absence du cristallin, | удаленіе хрусталика изъ глаза, афакія. |
| Aphasie, | отсутствіе рѣчи, афазія. |
| Aphémie, | афемія. |
| Aphonie, la diminution ou la suppression complète de la voix, | безгласіе, потеря голоса. |
| Aphrodisiaques, | средства усиливающія или вызывающія половое влеченіе. |
| Aphtes, | афты. |
| Apiine, glucoside, | апіинъ. |
| Apiol, principe actif du persil, | апіолъ. |
| Aplanétiques (lentilles), Phys. | апланетическія чечевицы. |
| Aplanétiques (miroirs), | апланетическія зеркала. |
| Aplasie des organes géniteaux, | порокъ развитія половыхъ органовъ. |
| Aplasie lamineuse de la face, | аплазія костныхъ пластинокъ лица. |
| Aplication du forceps, | наложеніе акушерскихъ щипцовъ. |
| — contre - indications à l'aplication du forceps. | противопоказанія къ наложенію щипцовъ. |

| | |
|---|---|
| Aplication directe, | прямоеналоженіещипцовъ. |
| Aplication oblique, | косое наложеніе щипцовъ. |
| Apnée, | аппоэ. |
| Apocyn, apocine, plante. | собачья капуста. |
| Apocinacées(familledes—,) | сем. кутровыя. |
| Apocynine, | апоцининъ. |
| Apomorphine, sf. | апоморфинъ. |
| Aponévrose ou fascia, | апоневрозъ, фасція. |
| Aponévrotique, | апоневротическій. |
| — sous-aponévrotique, | подапоневротическій. |
| Apophysaire (masse—,) | отростки позвонковъ. |
| Apophyse, Bot. | апофиза. |
| Apophyse, sf. Anat. 1. pro-<br>cessus s. apophysis. | отростокъ. |
| Apophyses articulaires,<br>Anat. vertèbres. | суставные отростки. |
| Apophyse ptérygoïde. | крыловидный отростокъ. |
| Apophyse zygomatique, | скуловой отростокъ. |
| Apoplectiforme (rétinite—,<br>rétinite hémorrhagique, | геморрагическое воспале-<br>ніе сѣтчатки. |
| Apoplexie, sf. | апоплексія. |
| Apoplexie de la rétine, hé-<br>morrhagies rétiniennes, | кровоизліянія въ сѣтчаткѣ. |
| Apoplexie médullaire, | апоплексія спиннаго мозга. |
| Appareils, | приборы, аппараты. |

Appareil pour mesurer l'intensité de la transpiration de la feuille, | приборъ для измѣренія силы испаренія листа.

Appareils électriques, | электрическіе приборы.

Appendice vermiforme, vermiculaire ou ilio-caecal, l. Proc. vermicularis. | придатокъ, червообразный отростокъ.

Appendice xyphoïde du sternum, l. Proc. xyphoideus. | мечевидный отростокъ грудины.

Appendicite, inflammation de l'appendice ilio-caecal. | воспаленіе червообразнаго отростка.

Appétit, sm. | аппетитъ.

Apyrexie, sf. | безлихорадочный періодъ.

Aquatique (plante), | водяное растеніе.

Aquatiques (racines), | водяные корни.

Aquéduc, Anat. | каналъ.

Arabette, l. Arabis, Bot. | рѣзуха.

Aracées, Bot. | арронниковыя.

Arachnides, | паукообразныя.

Arachnite. | воспаленіе паутинной оболочки.

Arachnoïde (membrane), | паутинная мозговая оболочка.

| | |
|---|---|
| Arachnoïde (feuillet pariétal de l'arachnoïde), | наружный листокъ паутинной оболочки. |
| — feuillet viscéral de l'arachnoïde, | внутренній листокъ паутинной оболочки. |
| Aragonite, | арагонитъ. |
| Araigneé, sf. | паукъ. |
| Araignée (cellules en —), | пауковидныя клѣтки. |
| Aralie, Bot. | аралія. |
| Araliées (famille des — ), | араліевыя. (Бот.) |
| Aranzii (canal d'—), | Аранціевъ протокъ. |
| Araucarie, Bot. 1. Araucaria, | араукарія. |
| Arborisation des vaisseaux capillaires, v. vaisseux | |
| Arbousier, sm. 1. Arbutus | ежовка. |
| Arbre, sm. | дерево. |
| Arbre de vie, Anat. Cervelet. | дерево жизни червячка. |
| Arbuste, sm. | кустарникъ. |
| Arbutine, | арбутинъ, глюкозидъ. |
| Arc, arcade, | дуга. |
| Arc aortique, | дуга аорты. |
| Arcs pharyngiens, | жаберныя дуги. |
| Arc sénile de la cornée, gérontoxon, 1. arcus senilis. | старческая дуга, помутненіе края роговой оболочки (въ формѣ дуги), |

| | которое наблюдается въ старческомъ возрастѣ. |
| Arcade palmaire profonde, | глубокая сосудистая дуга ладони. |
| Arcade palmaire superficielle, | поверхностная сосудистая ладонная дуга. |
| Arcade plantaire, | сосудистая дуга на подошвѣ стопы. |
| Arcade pubienne, | дуга лобковыхъ костей. |
| Arcade sourcilière, | надбровная дуга. |
| Arcade zygomatique, | скуловая дуга. |
| Arcane, sm. | тайное средство. |
| Archégone, archégones. Bot. | архегоній, архегоніи, женскіе половые органы. |
| Archimède (principe d'-) | законъ Архимеда. |
| Arctostaphyle, l. Arctostaphylos Uva ursi. Bot. | толокнянка, медвѣжій виноградъ, медвѣжье ушко. |
| Ardisie, Bot. | ардизія. |
| Arec, l. Areca Catechu, | арековая пальма. |
| — noix d'Arec, | орѣхи или сѣмена ареки—плоды Арековой пальмы (Areca Catechu). |
| Arécaïne, alcal. de la noix d'Arec. | арекаинъ, алкалоидъ изъ орѣховъ Арековой пальмы (Areca Catechu). |

| | |
|---|---|
| Arécoline. alcal. de la noix, d'Arec. | ареколинъ, алкалоидъ извлеченный изъ орѣховъ Арековой пальмы (Areca Catechu). |
| Arenge, (famille des Palmiers), Bot. | Аренга. |
| Arenge sacharifère, | пальма сахарная. |
| Aréole du mamelon, | околососковый кружекъ. |
| Aréomètre, sm. | ареометръ. |
| Aréomètres à volume constant et à poids variable, | ареометры съ постояннымъ объемомъ и перемѣннымъ вѣсомъ. |
| Aréomètres à volume variable et à poids constant, | ареометры съ перемѣннымъ объемомъ и постояннымъ вѣсомъ. |
| Argent, sm. Métal, | серебро. |
| — alliages d'argent, | сплавы серебра. |
| Argent (chlorure d'—argent corné) (AgCl), | хлористое серебро, роговое серебро. |
| Argent (azotate d—), | азотно-кислое серебро. |
| Argent iodure d'—, (AgJ) | iодистое серебро. |
| Argent (oxyde d'—), | окись серебра. |
| Argentation, l. argiriasis, | аргирiя, окрашиваніе кожи. |
| Argile, sf. | глина. |

| | |
|---|---|
| Aricine, sf. | арицинъ. |
| Arillode, Bot. | ложная кровелька. |
| Arille, Bot. | просѣмянникъ. |
| Aristol, | аристолъ. |
| Aristoloche, sf. Bot. | кирказонъ. |
| Aristolochiées (famille des-), | сем. кирказоновыя. |
| Ariséme, Bot. | аризема. |
| Armerie, Bot. | армерія. |
| Armoise commune, sf. l. artemisia vulgaris, | чернобыльникъ. |
| Arnique ou arnice des montagnes, l. Arnica montana. | горный баранникъ, баранья трава. |
| Arnold (ganglion otique d'-), | ушной нервный узелъ, описанный Арнольдомъ. |
| Aromatique, | ароматическій. |
| — bains aromatiques, | ароматическія ванны. |
| — composés aromatiques, | ароматическія соединенія. |
| — composés graisseux aromatiques, | жирно-ароматическія соединенія. |
| Arrière—faix, sm. | дѣтское мѣсто. |
| Arrow — Root, | аррорутъ. |
| Arsenic, sm. | мышьякъ. |
| l. Arsenium, Arsenum, | |
| Arsénique (acide), | мышьяковая кислота. |

| | |
|---|---|
| Arsenicisme, sf. | хроническое отравленіе мышьякомъ. |
| Arsénieux (acide—ou arsenic blanc), | мышьяковистая кислота. |
| Arsonval (appareil d'—) | приборъ Arsonval'я. |
| Artère, sf. | артерія. |
| — calibre des artères, | калибръ артерій. |
| Artère centrale de la rétine, | центральная артерія сѣтчатки. |
| Artère coronaire stomachique ou gastrique superieure, | вѣнечная желудочная артерія верхняя. |
| Artères coronaires ou cardiaques, | вѣнечныя артеріи сердца. |
| Artériel, elle, adj. | артеріальный. |
| — bruit artériel. | шумъ въ артеріяхъ. |
| Artériole, | артерія малаго калибра. |
| Artériosclérose. | склерозъ артерій. |
| Artériosténose, | съуженіе артерій. |
| Artérite, inflammation des artères, | воспаленіе артерій. |
| Arthralgie. | боль въ суставахъ. |
| Arthrite, sf. | воспаленіе сустава. |
| Arthrodèse, opération, | артродезъ. |
| Arthrodie, sf. | свободное сочлененіе, шаровидное сочлененіе. |

| Arthropathie des ataxiques, | страданіе суставовъ при атаксіи. |
|---|---|
| Artichaut, sm. l. Cynara. | артишокъ. |
| Article, Bot. | членикъ. |
| Articulaires (ligaments), | суставныя связки. |
| Articulation du forceps, | замыканіе акушерскихъ щипцовъ. |
| Articulation, sf. | сочлененіе или суставъ. |
| Articulation par emboitement réciproque, | сѣдлообразное сочлененіе. |
| Articulation condylienne ou condylarthrose, | головчатое сочлененіе. |
| Artocarpe, Bot. | хлѣбное дерево. |
| Artocarpées, | хлѣбоплодниковыя. |
| Arum, gouet, pied de veau, | арумъ пятнистый, аронъ, ароникъ. |
| Aryténo—épiglottique (ligament), | надгортанно - черпаловидная связка. |
| Arythénoïde (cartilage), | черпаловидный хрящъ. |
| Arythénoïdien (muscle — oblique), | черпаловидная косая мышца. |
| Arythmie, sf. | аритмія. |
| Asa foetida, l. Ferula, asa-foetida Linn, | вонючая асса, вонючка. |
| — gomme-résine asa-foetida, | вонючая смола, асафетида. |

l. Gummi-Resina Asa-foe-
   tida,

Ascaride lombricoïde, ver | аскарида.
   lombric. des enfants, l.
   Ascaris lumbricoides.

Asaret, l. Asarum Euro- | копытень.
   peum, Bot.

Ascendante (aorte), l. aorta | восходящая аорта.
   ascendens,

Ascite, sf. | брюшная водянка, асцитъ.

Ascogone, sm. Bot. | аскогонъ.

Ascomycètes, l. Ascomy- | сумчатые грибы, аско-
   cetes, |    мицеты.

Asclépiadacées (famille | сем. ласточниковыя, ла-
   des—), |    стовневыя.

Asepsie, | асептика.

Aseptique, adj. | асептическій.

Asialie, absence de salive, | отсутствіе слюны.

Asparagine, | аспарагинъ, маламидъ
    |    $(C_4H_8N_2O_3)$.

Asparginées (famille des—), | спаржевыя.
   Bot.

Aspartique (acide), | аспарагиновая кислота.

Asperge, sf. l. Asparagus | обыкновенная спаржа.
   officinalis Linn.

—jeunes pouces d'asperge v. turions.

| | |
|---|---|
| Aspérule odorante, l. Asperula odorata, | пахучка или шерошница благовонная. |
| Aspide coriace, | щитникъ кожистый. |
| Aspide fougère-mâle, | щитникъ мужской (сем. папоротники). |
| Asphalte, un calcaire contenant de 7à 15 p. 100 de bitume, | асфальтъ. |
| Asphyxie, sf. | асфиксія. |
| Aspirante (pompe), | всасывающій насосъ. |
| Asque, l. Ascus, | споровая сумка. |
| Assimilation, sf. | усвоеніе, асимиляція. |
| Associés (mouvements), | ассоціированныя движенія |
| Astasie, *) | астазія. |

---

*) „Abasie est la perte plus ou moins complète de la faculté de marcher et l'astasie la perte plus ou moins complète de la faculté de garder la station verticale, sans trouble de la sensibilité, de la force

| | |
|---|---|
| Astatique (aiguile), | астатическая магнитная игла. |
| Astéliques (tiges), | стебли безъ центральнаго цилиндра (безъ сосудистаго тяжа). |
| Asthénique (ulcère profond non inflammatoire ou— de la cornée), | невоспалительная язва роговой оболочки. |
| Asthénopie, | астенопія. |
| Asthénopie musculaire, | мышечная астенопія. |
| Astérion, v. Fontanelle. | |
| Astérophyllites, | астерофиллиты. |
| Asthme, sm. | астма, одышка, затрудненное дыханіе. |
| Astigmatique, | астигматическій. |

musculaire, de la coordination, de sorte que, sans la marche et la station verticale, tous les mouvements des membres inférieurs s'executent régulierement. Dictionnaire de Physiologie par Charles Richet. Tome premier. 1895".

| | |
|---|---|
| Astigmatisme, anomalie de la réfraction, | астигматизмъ, аномалія рефракціи. |
| Astigmatisme irrégulier, | астигматизмъ неправильный. |
| Astigmatisme régulier, | астигматизмъ правильный. |
| Astragale (os), l. Talus, Astragalus, Anat., | надпяточная или таранная кость. |
| Astragale, plante, l. Astragalus, | астрагалъ. (Ботаника). |
| Astre, sm., Bot., | астра. |
| Astringents (médicaments), | вяжущія средства. |
| Asymétrie, | асимметрія. |
| Atavisme, sm. | атавизмъ. |
| Ataxie locomotrice ou tabes ataxique, sf. | атаксія, спинная сухотка, сѣрое перерожденіе заднихъ столбовъ спинного мозга. |
| Atélectasie des poumons, | ателектазъ легкихъ. |
| Athérome, sm., tumeur, | атерома. |
| Athétose, sf. | атетозъ, двигательный неврозъ. |
| Athrepsie, sf. *) | общее разстройство питанія у дѣтей, атрепсія. |

---

*) „L'athrepsie comprend

| | |
|---|---|
| Atlas ou première vertèbre cervicale, | первый шейный позвонокъ, атлантъ. |
| — arc antérieur de la première vertèbre, | передняя дуга атланта. |
| —masses laterales de l'atlas | боковыя части атланта. |
| — tubercule antérieur de l'atlas, | бугорокъ на передней поверхности дуги атланта. |
| Atmiatrie, | леченіе болѣзней вдыханіемъ газовъ и паровъ. |
| Atmosphère, sf. | атмосфера. |
| Atmosphèrique (air), | атмосферный воздухъ. |
| Atome, sm. | атомъ. |
| Atomique (thèorie), | атомистическая теорія. |
| Atomique (poids), | атомный вѣсъ. |
| Atonie, sf. | атонія. |
| Atrésie, sf. imperforations, | атрезія, зарощеніе, закрытіе, непроходимость. |

l'ensemble des modifications, qui surviennent dans l'organisme de l'enfant, quand la nutrition est troublée sérieusement". Traité pratique d'Accouchements par le D-r A. Auvard.

| | |
|---|---|
| Atrophie, sf. | атрофія. |
| Atrophie musculaire, | мышечная атрофія. |
| Atrophie musculaire progressive, | прогрессивная мышечная атрофія. |
| Atrophie tabétique du nerf optique, degénérescence grise, v. Tabétique, | |
| Atrophie de la peau, | атрофія кожи. |
| Atrophie simple (blanche), cérébrale ou centrale du nerf optique, | простая (бѣлая) атрофія зрительнаго нерва центральнаго происхожденія. |
| Atropine, alcal. | атропинъ. |
| — sulfate d'atropine, | сѣрнокислый атропинъ. |
| Attenuant, | разжижающій. |
| Attitude, sf. | положеніе тѣла. |
| Attraction, sf. Phys. | притяженіе. |
| Attraction moléculaire, | частичное или молекулярное притяженіе. |
| Attraction universelle, | всемірное притяженіе. |
| Atypique, | атипическій, неправильный |
| Atwood (machine d'-), | Атвудова машина. |
| Aubépine, Bot. 1. Crataegus, | боярышникъ. |
| Aubier, sm. Bot. | калина. |

# TABLE DES MATIÈRES

# PRÉCIS
# DE BIOCHIMIE

## CHAPITRE I

## NOTIONS GÉNÉRALES

### SUR LA CIRCULATION
### DE LA MATIÈRE ET DE L'ÉNERGIE
### A TRAVERS LES ÊTRES VIVANTS

Les organismes sont dans toutes leurs parties en voie de constant renouvellement, parce qu'ils sont aussi en voie de continuelle usure. En effet la condition nécessaire du fonctionnement de la vie est une incessante décomposition des matériaux qui constituent l'être vivant, et par des voies diverses, urine, excréments, respiration, nous voyons s'écouler au dehors les produits de cette usure. D'autre part, ces pertes sont sans cesse réparées par l'apport de matériaux alimentaires venus de l'extérieur, et qui sont adaptés à l'organisme par le travail de réparation. Pour un adulte ces deux opérations s'accompagnent et se compensent si exactement, qu'il en résulte cette permanence dans les formes cellulaires et cette constance dans la composition des tissus et des humeurs que nous revèlent le microscope et l'analyse chimique. Mais supprimons pendant quelque temps l'apport des matériaux de réparation, et l'usure de l'organisme se mesurera promptement à la fonte des tissus et à l'amaigrissement qui en résulte. Rétablissons ensuite l'apport alimentaire, et nous mettrons aussitôt en évidence l'opération inverse de la réparation, manifestée par la réfection des tissus et le retour au poids primitif.

Ce double phénomène d'usure et de réparation est la caractéristique la plus générale de la vie. On l'observe chez le végétal comme chez l'animal, chez les êtres monocellulaires comme chez les organismes supérieurs. C'est ce que Claude Bernard a résumé sous une forme en apparence paradoxale en disant : *La vie, c'est la création*, c'est-à-dire le travail d'organisation ou de réparation, et *la vie, c'est la mort*, c'est-à-dire l'usure, la destruction nécessairement liées à toute manifestation d'un phénomène chez l'être vivant.

## § I. — LE PRINCIPE DE LA CONSERVATION DE LA MATIÈRE ET DE L'ÉNERGIE APPLIQUÉ AUX ÊTRES VIVANTS.

En quoi consiste ce courant de matière qui traverse ainsi les organismes? Pour nous en faire une première idée, d'abord réduite et simplifiée, considérons l'ensemble des êtres vivants, la « matière vivante », et montrons comment cette matière se nourrit aux dépens du milieu minéral ambiant. Que se passe-t-il depuis le moment où la matière minérale pénètre dans la matière vivante, pour prendre part aux phénomènes de la vie, jusqu'au moment où elle est restituée au milieu extérieur? Suivons ces transformations, et nous serons conduits à un premier énoncé, très large et très général, des phénomènes chimiques de la vie.

**Cycle parcouru par les substances que la matière vivante emprunte au milieu minéral.** — L'analyse chimique montre que la matière vivante est composée partout des mêmes corps simples, dont les plus importants sont le *carbone*, l'*hydrogène*, l'*oxygène*, l'*azote*, le *soufre*, le *phosphore*, auxquels s'ajoutent le chlore, le potassium, le sodium, le calcium, le magnésium, le fer et plus accessoirement le silicium et le fluor[1]. En nous bornant pour l'instant à ceux qui sont cités en tête de cette liste, voyons à quel état ces éléments pénètrent dans la matière vivante et par

1. D'autres éléments doivent être ajoutés sans doute à cette liste. On reviendra plus loin sur cette question (p. 106).

quelles séries de transformations ils passent jusqu'au moment où ils reviennent au monde minéral.

L'observation physiologique nous apprend — et nous verrons plus loin les conditions précises de cette opération, uniquement réservée aux plantes vertes — que la matière vivante emprunte ces éléments au milieu minéral sous les formes que voici :

Le carbone à l'état d'acide carbonique ;
L'hydrogène — d'eau ;
L'azote — d'ammoniaque (ou même d'azote libre);
Le phosphore — d'acide phosphorique ;
Le soufre — d'acide sulfurique.

Sur ces substances minérales, la matière vivante opère à la fois des phénomènes de *réduction* et de *synthèse*, c'est-à-dire qu'elle arrache à ces corps de l'oxygène qui se dégage (réduction), et qu'avec les produits ainsi obtenus elle construit des matières organiques complexes (synthèse), qui sont les principes immédiats constituant les tissus et les organes[1] des êtres vivants. Ces principes immédiats, ou du moins les plus importants d'entre eux, sont les suivants :

Des matières protéiques,
Des graisses,
Des hydrates de carbone.

Ces corps organiques ne constituent pas, à la vérité à eux seuls la matière vivante. On verra que celle-ci les associe, et souvent les combine, à des matières minérales (chlorures, phosphates de sodium, de potassium, de calcium, de magnésium, etc.). Mais ces sels, dont l'importance est d'ailleurs secondaire, sont directement empruntés au milieu extérieur, tandis que les matières protéiques, les graisses et les hydrates de carbone naissent du travail de synthèse opéré par la matière vivante, à partir des substances minérales énumérées plus haut.

Il y a entre ces corps organiques et les matériaux qui ont servi à leur synthèse, il y a donc entre une matière protéique, l'albumine par exemple, et l'eau, l'acide carbonique, l'ammoniaque, etc., qui ont servi à la construction de cette albumine, la même relation de grandeur qu'entre un édifice et les briques ou les pierres

---

1. Ce sont ces substances constituant les *organes* des êtres vivants qui ont été pendant longtemps (jusqu'aux découvertes de la synthèse chimique) l'unique matière première à laquelle pouvaient s'adresser les chimistes pour préparer, par transformation ou décomposition, les corps de toute une partie de la chimie, appelée pour cette raison même la chimie *organique*.

de taille qui composent cet édifice, ou, pour employer le langage chimique, ces matières organiques constitutives des tissus vivants sont des molécules très complexes, des édifices moléculaires très élevés, tandis que les matériaux qui ont servi à leur synthèse sont, au contraire, des molécules très petites. Ce sont les matières protéiques qui offrent à cet égard la plus grande complication, puisque l'albumine de l'œuf est représentée, d'après A. Gautier, par la formule $C^{230}H^{409}Az^{67}O^{81}S^{3}$ et que la globine séparée de l'oxyhémoglobine cristallisée de cheval renferme $C^{680}H^{1098}Az^{210}O^{241}S^{2}$. Ces molécules protéiques sont donc des agrégats d'environ 800 à 2 200 atomes au moins [1], tandis que l'acide carbonique, l'eau, l'ammoniaque, etc., qui ont servi à leur synthèse en renferment 3 ou 4 seulement. Ajoutons que la molécule des hydrates de carbone et celle des graisses sont, à la vérité, beaucoup moins compliquées, mais toujours très grosses, si on les compare à celles de l'eau ou de l'acide carbonique.

Que deviennent par la suite ces édifices moléculaires si compliqués? Après avoir constitué, avec les dérivés qu'ils fournissent et les matières purement minérales qui leur sont associées, les tissus, organes et humeurs des êtres vivants, ces composés sont peu à peu démolis par une série de phénomènes *d'oxydation* et de *décomposition*, inverses des phénomènes de *réduction* et de *synthèse* qui leur ont donné naissance. Sur ces composés, la matière vivante fixe en effet de l'oxygène, en même temps qu'elle les morcelle peu à peu en fragments de plus en plus simples, jusqu'à ce que, pour chacun de ces édifices, chaque brique, chaque pierre de taille ait été remise à nu, c'est-à-dire jusqu'à ce que :

Tout le carbone soit revenu à l'état d'acide carbonique,

Tout l'hydrogène   —     —   d'eau,

Tout l'azote   —     —   d'ammoniaque (ou d'azote libre),

Tout le soufre   —     —   d'acide sulfurique,

Tout le phosphore   —     —   d'acide phosphorique,

et le cycle des opérations chimiques de la vie se termine donc et se referme sur lui-même par là réapparition et le retour au monde minéral des matériaux mêmes par lesquels nous l'avons vu débuter tout à l'heure.

Tous les phénomènes chimiques de la vie à la surface du globe pourraient donc être résumés en un système de deux grandes

1. Voy. ce qui est dit à ce propos à la page 33.

équations chimiques. La première, qui serait l'équation des synthèses, exprimerait que de l'oxygène a été arraché à des matières minérales et mis en liberté, avec production simultanée de matières organiques complexes :

$$\text{Eau} + \text{acide carbonique} + \text{ammoniaque} + \text{ac. sulfurique} + \text{etc.} \Bigg\} = \Bigg\{ \begin{array}{l} \text{Oxygène (qui se dégage)} + \text{matières} \\ \text{organiques complexes (protéi-} \\ \text{ques, graisses, hydrates de car-} \\ \text{bone).} \end{array}$$

La seconde, qui serait la précédente prise en sens inverse, exprimerait que de l'oxygène a été précipité sur des composés organiques, lesquels ont été décomposés en même temps, avec production finale d'eau, d'acide carbonique, d'ammoniaque, etc.

$$\begin{array}{l} \text{Matières organiques complexes} \\ \text{(protéiques, graisses, hydrates} \\ \text{de carbone)} + \text{oxygène.} \end{array} \Bigg\} = \Bigg\{ \begin{array}{l} \text{Eau} + \text{acide carbonique} \\ + \text{ammoniaque} + \text{ac.} \\ \text{sulfurique} + \text{etc.} \end{array}$$

Voilà donc, ramené à ses constituants les plus importants, ce courant de matière qui traverse incessamment les organismes. Lorsqu'on analyse les tissus vivants, toujours on les trouve formés par les mêmes matières organiques, associées, pour des conditions physiologiques données, dans des proportions sensiblement constantes. Mais cette immobilité apparente cache en réalité une succession ininterrompue d'écroulements et de restitutions, d'usures et de réparations. Sans cesse les protéiques, les graisses, les hydrates de carbone qui constituent la matière vivante sont détruits, et les produits ultimes de cette décomposition, eau, acide carbonique, ammoniaque, etc., sont restitués au milieu minéral, tandis que, d'autre part, de nouvelles quantités des mêmes substances pénètrent dans le cycle des opérations de la vie et s'élèvent à l'état de matières organiques complexes pour être détruites à leur tour.

C'est entre ces deux opérations, synthèse des matières organiques complexes et destruction de ces matières, que sont intercalés tous les phénomènes de la vie à la surface du globe.

**La loi de la conservation de la matière chez les êtres vivants.** — Tous les matériaux qui constituent les êtres vivants sont donc empruntés au milieu minéral ambiant, et font retour à ce milieu après avoir parcouru un cycle déterminé de transformations chimiques. En d'autres termes les êtres vivants ne créent ni ne détruisent rien, comme on l'a cru autrefois. Les métamorphoses chimiques qu'ils subissent incessamment dans toutes leurs parties sont soumises, comme toutes les transformations chimiques, *à la loi de la conservation de la matière.*

Pour chaque organisme pris en particulier, on peut à l'aide de la balance dresser le bilan exact de ses échanges de matière avec le monde extérieur, et selon qu'il est dans une période d'accroissement ou de déclin, constater que les entrées l'emportent sur les sorties ou inversement, et que la différence se retrouve exactement dans l'augmentation ou la diminution du poids total de l'être. Rien ne nous paraît aujourd'hui plus simple que l'application méthodique de ce principe à l'étude des échanges nutritifs, mais l'acquisition de cette notion n'en marque pas moins l'une des étapes les plus importantes de l'histoire des sciences biologiques. Conçue déjà par Lavoisier et nettement exprimée par ce grand chimiste, la méthode en question a reçu tout son développement entre les mains de Boussingault, de Liebig et de leurs successeurs, qui l'appliquèrent à l'étude de l'ensemble des phénomènes de la nutrition chez les animaux et les végétaux. On verra plus loin combien cette méthode a été fructueuse.

**La loi de la conservation de l'énergie chez les êtres vivants.** — La double équation par laquelle on a résumé plus haut le cycle des transformations chimiques de la matière vivante — à supposer même qu'elle fût connue dans toutes ses parties — ne représenterait, comme il arrive du reste pour toute équation chimique, qu'un côté du phénomène, celui qui est relatif aux masses réagissantes et à la nature des transformations que ces masses subissent. Elle ne rendrait pas compte du côté *thermique* de ces réactions, ou, en termes plus généraux, des transformations d'énergie qui accompagnent ces transformations de la matière.

En effet, la synthèse de ces matières organiques complexes, protéiques, graisses, hydrates de carbone, est une réaction *endothermique*, c'est-à-dire une réaction qui n'est possible qu'à la condition que l'énergie nécessaire soit fournie par un agent extérieur. Nous verrons que cet agent est la radiation solaire, et que c'est l'énergie empruntée à cet agent qui se retrouve sous la forme d'énergie chimique accumulée dans les matières organiques formées.

Inversement la décomposition de ces matériaux est *exother-mique* ; à mesure que les édifices moléculaires ainsi construits subissent la désagrégation progressive, à mesure que, fixant de l'oxygène, ils descendent degrés par degrés l'échelle des destructions, l'énergie accumulée en eux redevient, par portions successives, libre et disponible.

On touche ici à la *source de toute activité vitale*. C'est cette énergie, libérée au cours de la dislocation des principes organiques, qui est utilisée par les organismes pour l'accomplissement de leurs actes vitaux. Toute manifestation vitale, à la considérer au point de vue physico-chimique, présente ce double aspect : elle est d'une part une dépense d'énergie ; elle s'accompagne d'autre part d'une désagrégation plus ou moins profonde des matériaux organiques dont dispose l'être vivant. Celui-ci fait descendre à une partie de ces substances l'échelle des destructions de la matière organique, et il utilise pour l'acte vital qu'il doit accomplir l'énergie qui lui est fournie par cette transformation chimique.

Cette énergie est dépensée sous des formes diverses. Si l'on considère d'abord l'animal, on voit qu'il exécute un certain nombre de *travaux mécaniques*, ceux qu'il accomplit par exemple dans la poursuite, la préhension et l'ingestion de ses aliments. Il dépense, en outre, pour le maintien de sa température une certaine quantité de chaleur. Il y a des espèces animales qui dépensent, les unes sous la forme *d'énergie électrique* (torpilles), les autres sous la forme *d'énergie lumineuse* (lampyres, pyrophores), une partie de l'énergie dont elles disposent. D'une manière générale le fonctionnement de tous les tissus et de tous les systèmes consomme de l'énergie sous une forme ou sous une autre. La plante n'échappe pas à cette loi générale.

Activité fonctionnelle et dépense d'énergie sont donc deux phénomènes inséparables. Or, l'énergie ainsi dépensée, on le démontrera plus loin, a toujours sa source dans l'énergie chimique des matériaux organiques dont dispose l'être vivant, et ainsi l'on constate que le fonctionnement de la vie se résume en deux ordres de phénomènes, qui sont à la fois l'effet et la cause de ce fonctionnement, car, d'une part, le phénomène vital a pour conséquence une usure de matériaux organiques, et, d'autre part, c'est par cette usure qu'est fournie l'énergie nécessaire à la manifestation de ce phénomène.

Une dernière conclusion se présente naturellement ici. Nous

avons montré tout à l'heure l'être vivant soumis à la loi de la conservation de la matière. La même conclusion s'impose pour ce qui regarde les transformations de l'énergie. Les organismes ne créent aucune partie de l'énergie dont ils disposent. Ils ne peuvent que restituer l'énergie qui leur a été fournie par un agent extérieur. C'est là un fait que nous déduisons immédiatement du principe de la conservation de l'énergie et que vérifient d'ailleurs toutes les découvertes de la physique et de la chimie biologique (p. 10 et suiv.).

Expliquons ceci par un exemple très simple : Élevons, je suppose, à une certaine hauteur H un poids P, et suspendons ce poids à un fil. Si l'on vient à couper le fil, le corps tombe et exécute un certain travail exprimé numériquement par le produit du poids P, qui représente la force, par la hauteur de chute H, qui représente le chemin parcouru. En élevant ce poids, on lui a donné la *capacité* de fournir du travail. Cette capacité que possède un corps de fournir du travail a reçu le nom d'*énergie potentielle* ou simplement *d'énergie*. Dans l'exemple choisi, le travail dépensé pour élever le corps est égal à celui que fournit le corps en retombant; quand le travail ainsi rendu par un système matériel est précisément égal à celui que l'agent extérieur a accompli pour fournir au système l'énergie que celui-ci possédait, on dit que le système est *conservatif*. Il rend tout ce qu'on lui a donné. En physique on admet que tous les systèmes sont conservatifs. C'est le principe de la conservation de l'énergie. Partant de ce principe, ont peut dire que *l'entretien de la vie ne consomme aucune énergie qui soit propre à la vie* (Berthelot). Cette énergie est empruntée tout entière au monde extérieur, et doit se retrouver tout entière dans l'énergie dépensée au dehors par l'être vivant.

En résumé, les substances que le monde minéral fournit à la matière vivante subissent pendant leur passage à travers les organismes deux grands procès, inverses l'un de l'autre. Le premier est un phénomène de construction moléculaire, avec accumulation dans les produits ainsi formés d'une certaine quantité d'énergie, laquelle est fournie par la radiation solaire; le second est un phénomène de dislocation moléculaire, avec mise en liberté d'énergie.

Étudions de plus près ces deux grands procès physico-chimiques de la vie.

## § II. — LA SYNTHÈSE VÉGÉTALE. ORIGINE DE L'ÉNERGIE DONT DISPOSENT LES ÊTRES VIVANTS.

**Le travail chlorophyllien.** — Le pouvoir de produire des matières oganiques complexes en partant de matières purement minérales, comme l'eau, l'acide carbonique, l'ammoniaque, etc., n'appartient pas à tous les organismes. L'observation montre qu'il est le privilège des plantes vertes, des plantes à chlorophylle, et que l'énergie nécessaire à ce travail de synthèse est fournie par les radiations solaires. De fait l'observation banale montre que les herbivores vivent aux dépens des plantes, que les carnivores se nourrissent aux dépens des herbivores, c'est-à-dire que le règne animal est dépendant du règne végétal, qui lui fournit tout à la fois les matériaux organiques dont il constitue ses tissus, et avec ces matériaux l'énergie nécessaire à l'entretien de la vie.

Lorsque des feuilles vertes sont plongées dans de l'eau chargée de gaz carbonique et qu'elles sont exposées à l'action de la lumière solaire, leur surface se couvre rapidement de bulles gazeuses qui s'échappent et s'élèvent en chapelets presque ininterrompus. Ce gaz est de l'oxygène, et l'on admet en général avec Baeyer qu'il est emprunté non à $CO^2$ seul, mais au couple $CO^2 + H^2O$, conformément à l'équation :

$$CO^2 + H^2O = CH^2O + O^2,$$

donc avec production concomitante d'aldéhyde formique $CH^2O$. La formation de cette aldéhyde au cours du travail chlorophyllien n'a pas encore été saisie directement avec certitude. Mais il est permis d'en admettre provisoirement la réalité pour plusieurs raisons, dont voici les plus frappantes. D'abord la réduction *in vitro* du gaz carbonique en solution aqueuse par du magnésium métallique en présence d'hydrate d'alumine colloïdal donne de la formaldéhyde (Fenton). De plus on a constaté la production de grains d'amidon et une augmentation de poids de la plante chez des algues vertes (spyrogyres) privées d'acide carbonique et ne recevant comme aliment carboné que de l'aldéhyde formique sous la forme de sa combinaison bisulfitique (Bokorny). D'autre part, la polymérisation de l'aldéhyde formique en présence des alcalis a conduit à la synthèse des sucres en $C^6H^{12}O^6$, et inversement la dégradation du sucre par l'électrolyse (W. Lœb) ou par les rayons ultra-violets (Bierry, V. Henri et Ranc) donne naissance à cette même aldéhyde. On peut donc admettre que, dans le travail chlorophyllien, des sucres peuvent prendre naissance d'après l'équation :

$$6CO^2 + 6H^2O = C^6H^{12}O^6 + 6O^2.$$

Par déshydratation et condensation, ces sucres seraient ensuite transformés en amidon, et aux dépens des amidons ou des sucres se produisent sans doute ultérieurement les graisses (p. 389). En ce qui concerne enfin la synthèse des protéiques, elle commence, d'après A. Gautier, par une combinaison de l'adéhyde formique avec l'acide cyanhydrique, dont on connaît la grande diffusion dans le règne végétal, et qui se produirait lui-même par réduction de l'acide nitrique des nitrates en présence de corps carbonés tels que l'alcool. Mais les diverses étapes de ce travail restent encore très mystérieuses. On ignore de même la raison d'une caractéristique très spéciale des produits de ces réactions à savoir leur structure asymétrique[1] : Les sucres, les protéiques, les acides aminés que produit la plante sont toujours doués du pouvoir rotatoire.

La chlorophylle, qui est l'agent de ces puissants phénomènes de synthèse, existe dans les parties vertes des plantes, sous la forme de granulations molles, enfouies dans l'intérieur des cellules et probablement liées au protoplasma cellulaire par quelque combinaison inconnue, car tous les agens physiques ou chimiques qui tuent le protoplasma, mettent fin aussi à l'activité spéciale de la chlorophylle. Le spectre d'absorption de ce pigment est remarquable par une série de bandes obscures, c'est-à-dire que cette substance absorbe et retient une partie des radiations dont se compose la lumière blanche, et tout spécialement celles de la région B-C du spectre, et l'on doit admettre que c'est l'énergie des radiations ainsi disparues dont une partie reparaît sous la forme d'énergie chimique accumulée dans les matériaux de synthèse élaborés par la plante[2].

Le rôle de la granulation chlorophyllienne nous apparaît donc comme celui d'un commutateur d'énergie, grâce auquel la plante verte peut transformer en énergie chimique l'énergie des radiations solaires.

## § III. — LES TRANSFORMATIONS DE LA MATIÈRE ET DE L'ÉNERGIE CHEZ LES ANIMAUX.

C'est avec les matières organiques complexes ainsi construites par la plante verte que les animaux (et les végétaux inférieurs) édifient à leur tour leurs tissus, et c'est en détruisant ces matières qu'ils recueillent et utilisent pour leurs opérations vitales l'énergie que la granulation chlorophyllienne y avait accumulée.

Ainsi chaque gramme de sucre formé dans la plante verte à partir de l'eau et de l'acide carbonique coûte une quantité d'éner-

---

1. Cependant ce phénomène devient moins mystérieux depuis que la synthèse de produits asymétriques a été obtenue *in vitro* par le moyen de diastases (L. Rosenthaler).

2. La chaleur de combustion des matières organiques produites dans un temps donné par une surface cultivée représente à peu près un centième de la chaleur solaire reçue dans le même temps par cette surface (J. Duclaux).

gie représentée par 4 calories environ. Inversement, lorsque du sucre est détruit par l'animal et ramené à l'état d'eau et d'acide carbonique, chaque gramme de sucre ainsi décomposé met à la disposition de l'organisme les 4 unités de chaleur que précédemment la feuille verte de quelque betterave avait empruntées aux rayons solaires pour les accumuler dans ce produit.

Toutes les découvertes de la physique et de la chimie biologiques conduisent à cette conclusion qu'il n'existe pas pour les organismes d'autre source d'énergie, et *qu'il y a équivalence entre la somme des énergies de modes divers (chaleur, travail mécanique...) dépensées par l'être vivant pendant un temps donné, et la quantité d'énergie correspondant aux métamorphoses chimiques qui se sont accomplies dans les tissus de l'être pendant le même temps*, ce que l'on pourrait résumer ainsi qu'il suit :

$$\text{Énergie dépensée par l'organisme (chaleur, travail mécanique...).} = \text{Chaleur produite par les métamorphoses chimiques.}$$

**Expériences de Lavoisier et Laplace.** — Cette notion fondamentale en physiologie date des mémorables recherches de Lavoisier sur la respiration. L'expérience que ce grand chimiste fit à ce sujet, en commun avec Laplace, est demeurée classique : elle marque, en effet, le commencement de la physiologie contemporaine et l'introduction des méthodes de recherches des sciences exactes dans l'étude des phénomènes de la vie. A la vérité le problème tel que le posèrent Lavoisier et Laplace n'avait pas — et ne pouvait avoir à cette époque — la généralité que comporte l'énoncé ci-dessus. Bien qu'il eût nettement embrassé ce problème dans toute son étendue et que déjà il eût exprimé cette idée fondamentale qu'à toutes les formes d'activité physiologique correspond une dépense de « force[1] », Lavoisier n'aborda expérimenta-

1. « Ce genre d'observations, dit Lavoisier, nous conduit à comparer des emplois de force entre lesquels il semblerait n'exister aucun rapport. On peut connaître, par exemple, à combien de livres en poids répondent les efforts d'un homme qui récite un discours, d'un musicien qui joue d'un instrument. On pourrait même évaluer ce qu'il y a de mécanique dans le travail du philosophe qui réfléchit, de l'homme de lettres qui écrit, du musicien qui compose. Ces effets, considérés comme purement moraux, ont quelque chose de physique et de matériel. Ce n'est pas sans quelque justesse que la langue française a confondu, sous la dénomination commune de travail, les efforts de l'esprit comme ceux du corps, le travail du cabinet et celui du mercenaire. » — On n'entend point par cette citation sou-

lement qu'un côté de la question, celui de l'origine chimique de la chaleur animale.

Voici comment Lavoisier posa le problème. Les animaux introduisent de l'oxygène atmosphérique dans leur poumon jusqu'au contact du sang et restituent une partie de cet oxygène à l'état d'acide carbonique. Il s'est donc produit une combustion des matériaux carbonés du sang, et il s'agit de démontrer que la chaleur produite par cette combustion pendant un temps donné chez un animal est suffisante pour expliquer la quantité de chaleur rayonnée par l'animal pendant le même temps.

Lavoisier établit d'abord avec Laplace le principe du calorimètre à glace et il mesura la quantité de glace que fait fondre l'unité de poids de carbone en se transformant en acide carbonique. Puis il détermina, d'une part, la quantité de glace fondue par suite du séjour d'un cochon d'Inde dans le calorimètre pendant un temps donné, et de l'autre la quantité d'acide carbonique exhalée dans le même temps par un autre animal de la même espèce. Voici quels furent les résultats d'une de leurs expériences.

1° Un cochon d'Inde introduit dans le calorimètre à glace cède en dix heures une quantité de chaleur suffisante pour faire fondre 341$^{gr}$,08 de glace à 0°.

2° Un cochon d'Inde exhale en dix heures une quantité d'acide carbonique contenant 3$^{gr}$,333 de carbone, et l'on calcule que la quantité de chaleur dégagée par la combustion de ce poids de carbone est suffisante pour faire fondre 326$^{gr}$,75 de glace à 0°.

La quantité de chaleur perdue par l'animal en un temps donné est donc sensiblement égale à celle que l'acide carbonique éliminé par le poumon pendant le même temps a dû produire au moment de sa formation; en effet, au lieu d'être égal à 1, le rapport des deux quantités de chaleur est :

$$\frac{326.75}{341,08} = 0,96.$$

Cette égalité presque mathématique, nous le voyons clairement aujourd'hui, était en grande partie l'effet du hasard, car les conditions de l'expérience et le mode de calcul des résultats étaient passibles d'objections graves, dont la plupart, du reste, n'avaient pas échappé à la critique pénétrante de Lavoisier. Laissons de côté ces critiques et bornons-nous à noter qu'à la suite de nouvelles recherches, Lavoisier constata que sur 100 parties d'oxygène disparu dans le poumon, 81 parties seulement reparaissent à l'état d'acide carbonique, et il crut pouvoir admettre que cet oxygène manquant a formé de l'eau en se combinant avec l'hydrogène fourni par les matériaux organiques du sang, combustion qui est la source d'une autre fraction de la chaleur animale.

Finalement dans son dernier travail, fait en collaboration avec Séguin, Lavoisier conclut ainsi : « On voit que la machine

lever et trancher ici la question de la consommation d'énergie par le fait des opérations psychiques, mais simplement montrer que Lavoisier avait bien compris que la production de la chaleur par les êtres vivants n'est que l'un des modes suivant lesquels les organismes peuvent dépenser l'énergie chimique de leurs aliments (voy. p. 535).

animale est gouvernée par trois régulateurs principaux : la respiration qui consomme de l'hydrogène et du carbone et qui fournit du calorique ; la transpiration qui augmente ou qui diminue suivant qu'il est nécessaire d'emporter plus ou moins de calorique ; enfin la digestion qui rend au sang ce qu'il perd par la respiration et la transpiration. »

Ainsi l'origine chimique de la chaleur animale est nettement affirmée par Lavoisier : *C'est la digestion qui apporte à l'organisme les matériaux dont la destruction doit fournir la chaleur.* A la vérité Lavoisier envisage cette destruction comme identique à une combustion, et il calcule la chaleur produite comme si l'oxygène fourni par la respiration se portait sur du carbone et de l'hydrogène libres. Nous concevons aujourd'hui autrement et plus complètement la nature de ces réactions et nous savons calculer d'une manière plus précise les quantités de chaleur qu'engendrent ces opérations, mais la question fondamentale est restée la même, de telle sorte que l'expérience de Lavoisier, comme on l'a dit justement, est placée au seuil de la physiologie générale.

**Expériences de Dulong et de Despretz. — La doctrine de la combustion respiratoire.** — L'importance capitale du problème soulevé par Lavoisier décida, en 1822, l'Académie des sciences à proposer cette question des sources de la chaleur animale comme sujet de prix. C'est qu'en dépit des preuves apportées par Lavoisier, on continuait à admettre, sous l'influence alors toute puissante des doctrines vitalistes, que les organismes ont par eux-mêmes un pouvoir thermogène dont l'origine est dans la *force* ou dans le *principe vital.* Deux travaux importants, l'un de Dulong, l'autre de Despretz furent présentés.

La technique de ces deux savants était meilleure que celle de Lavoisier, mais rien n'était changé à la manière dont leur prédécesseur calculait la quantité de chaleur produite, c'est-à-dire que deux erreurs fondamentales subsistaient ici :

1° Toutes les réactions qui des aliments conduisent aux produits d'excrétions continuaient à être envisagées comme des opérations de combustion, c'est-à-dire que les oxydations restaient la source unique de la chaleur animale, théorie qui a conservé à juste titre le nom de *doctrine de la combustion respiratoire,* et dont l'influence a été si considérable, que les idées et tout le langage médical en sont encore pénétrés aujourd'hui.

2° On continuait à calculer la chaleur produite par ces combustions comme si l'oxygène se portait sur du carbone et sur de l'hydrogène libres, alors qu'en réalité cette combustion porte sur des corps organiques complexes, protéiques, graisses, hydrates de carbone.

Sur ces deux points le progrès est venu, d'une part, d'une connaissance plus étendue des réactions qui se produisent chez les êtres vivants, et, d'autre part, de l'avènement de la thermochimie, qui a pénétré et transformé la chimie biologique, comme elle a renouvelé la chimie générale.

**Doctrines actuelles. — Premières notions de thermochimie animale.** — Dès 1865, dans un mémoire fondamental présenté à la Société de biologie, Berthelot montrait qu'à côté des réactions d'oxydation, il se passe encore dans l'organisme des réactions d'hydratation, de dédoublement, de réduction, de synthèse, qui toutes concourent, les unes positivement parce qu'elles fournissent de la chaleur, les autres négativement parce qu'elles en absorbent, à la production de la chaleur animale. Certaines de ces réactions, les hydratations et les dédoublements, ont même au point de vue thermique une importance que l'on était loin de soupçonner.

Dans le même mémoire Berthelot établissait, d'autre part, que malgré le nombre énorme et la diversité de ces réactions, dont beaucoup nous échappent encore entièrement, il reste possible de déterminer la quantité totale de chaleur qu'elles mettent à la disposition de l'organisme. Il suffit, en effet, de connaître l'état initial et l'état final des matériaux sur lesquels ont porté les métamorphoses chimiques de la vie animale, la nature et la suite des transformations intermédiaires pouvant varier à l'infini. C'est *le principe de l'équivalence calorifique des transformations chimiques, ou principe de l'état initial et de l'état final.*

Appliqué à un adulte qui est pris à l'état d'entretien, c'est-à-dire qui ne varie pas de poids et qui ne subit pas de modifications appréciables dans son état, il conduit aux deux théorèmes suivants, énoncés par Berthelot (1879) et qui sont le fondement de la théorie moderne de la chaleur animale. Le premier a trait à un organisme ne dépensant au dehors que de la chaleur; le second s'applique au cas où il y a à la fois dépense de chaleur et dépense de travail.

1° *La chaleur développée par un être vivant qui ne reçoit le concours d'aucune énergie étrangère à celle de ses aliments et qui n'effectue aucun travail extérieur pendant la durée d'une période à la fin de laquelle l'être se retrouve identique à ce qu'il était au commencement, est égale à la différence entre la chaleur de formation de ses aliments (l'oxygène et l'eau étant compris sous cette dénomination) et celle de ses excrétions (eau et acide carbonique compris).*

2° *La quantité de chaleur développée par un être vivant qui effectue des travaux extérieurs, toujours sans le concours d'une énergie étrangère à ses aliments et sans éprouver de changements appréciables dans sa constitution chimique, peut être calculée d'après la différence qui existe entre la chaleur de formation de ses aliments et celle de ses excrétions, diminuée d'une quantité équivalente au travail accompli.*

C'est le programme contenu dans ces deux énoncés qu'ont réalisé les expériences que voici.

**Reprise des expériences de Lavoisier**. — Considérons d'abord le cas de l'organisme n'effectuant *aucun travail extérieur*. Pratiquement le problème posé par le théorème de Berthelot revient alors à vérifier l'équation :

*Chaleur de combustion des aliments — chaleur de combustion des excrétions = chaleur rayonnée par l'organisme.*

En effet, dans le calorimètre les aliments, protéiques, graisses, hydrates de carbone, descendent par combustion totale jusqu'à l'état d'eau, d'acide carbonique, d'azote, d'acide sulfurique, etc.; l'organisme, au contraire, à côté de déchets complètement brûlés comme l'eau et l'acide carbonique, élimine par l'urine et par l'intestin des matériaux divers, azotés et sulfurés, qui sont encore combustibles, c'est-à-dire porteurs d'une certaine quantité d'énergie chimique dont l'organisme n'a pas profité, et qui doit donc être déduite de la chaleur de combustion des aliments telle que la mesure la combustion calorimétrique.

Ainsi posé, le problème n'a été résolu expérimentalement que tout près de nous, en Allemagne par Rubner sur le chien et en Amérique par Atwater et ses collaborateurs sur l'homme.

Voici d'abord quelques-uns des résultats obtenus par les savants américains sur l'homme à l'état de repos (voy. aussi p. 495), les sujets vivant dans une chambre calorimétrique spécialement construite et qui permettait le recueil de toute la chaleur rayonnée par l'organisme.

| Durée de l'observation | Différence entre la chaleur de combustion des aliments et celle des excrétions pour 24 heures. | Chaleur recueillie effectivement par le calorimètre en 24 heures. |
|---|---|---|
| 1 jour................ | 2 304 cal. | 2 279 cal. |
| 9 jours ............. | 2 118 — | 2 136 — |
| 33 — ............... | 2 288 — | 2 278 — |

La concordance est remarquable. Il a donc fallu plus d'un siècle d'efforts pour donner à l'expérience fondamentale de Lavoisier sa forme définitive.

Les résultats obtenus sur des adultes fournissant dans l'enceinte calorimétrique un *travail extérieur* n'ont pas été moins précis. A l'état de repos complet l'expérience ci-dessus a vérifié l'équation :

$$Q = q,$$

Q représentant la chaleur calculée d'après la ration détruite et $q$ la chaleur effectivement recueillie par le calorimètre. Lorsque, au contraire, le sujet fournit en même temps un travail mécanique, c'est qu'une partie de la chaleur Q a été transformée en travail et soit en un certain nombre de kilogrammètres Tr et l'expérience doit vérifier alors l'équation suivante, où A représente l'équivalent calorifique [2] du travail $\left( \text{soit } \dfrac{1}{425} \right)$ :

$$Q = q + \text{A. Tr.}$$

Cette vérification, tentée pour la première fois par Hirn en 1857, a été réalisée par l'école de Atwater de la manière que voici. Les sujets observés se livraient dans l'enceinte calorimétrique à un

1. Dans ces expériences l'état d'entretien n'a pu être réalisé qu'exceptionnellement. Tantôt l'organisme n'a pas détruit toute sa ration et en a fixé une partie, tantôt il a dû faire des emprunts de matière à ses propres tissus, mais les données de l'expérience ont permis de calculer chaque fois la nature (protéique, graisse, hydrate de carbone) et l'étendue de ce bénéfice ou de cette perte et d'en tenir compte. Cela signifie donc qu'il faut entendre ici par « aliments » dans le premier cas, la partie de la ration qui a été réellement brûlée, et dans le second ce qu'a apporté la ration, augmenté de ce qu'a sacrifié l'organisme.

2. On sait que 1 calorie équivaut à 425 kilogrammètres, c'est-à-dire à la quantité de travail représentée par le soulèvement de 425 kilogrammes à une hauteur de 1 mètre.

travail qui consistait à mettre en marche un vélocipède actionnant une petite machine dynamo-électrique placée dans la même enceinte. L'énergie électrique ainsi engendrée était en même temps transformée en chaleur au moyen de résistances convenables, et cette chaleur était mesurée comme la chaleur directement produite par le sujet [1]. Voici la moyenne des résultats d'une série de six expériences de ce genre d'une durée totale de vingt jours.

> Chaleur calculée d'après la ration détruite par
> l'organisme en 24 heures...................... 3 669 cal.
> Chaleur recueillie effectivement par le calori-
> mètre en 24 heures........................ 3 656 —

L'écart n'est que 13 calories soit de 0,4 p. 100 seulement.

Si l'on prend finalement la moyenne de quatre-vingt-treize jours d'expériences des savants américains, effectuées tant sur des sujets au repos qu'avec travail mécanique, on arrive à ce résultat final remarquable :

> Chaleur calculée pour 24 heures............... 2 719 cal.
>  —  recueillie pour 24 heures............... 2 716 —

La loi de la conservation et des transformations de l'énergie chez les êtres vivants se trouve donc vérifiée avec une précision parfaite.


## § IV. — LA VIE ANIMALE OPPOSÉE A LA VIE VÉGÉTALE : UNITÉ DE LA VIE DANS LES DEUX RÈGNÉS. — LA VIE DES ORGANISMES INFÉRIEURS.


**La théorie dualiste de la vie.** — Il semble ressortir de ce qui précède une opposition très nette entre les plantes vertes et les animaux. Les végétaux à chlorophylle empruntent au monde minéral de l'eau, de l'acide carbonique, de l'ammoniaque, etc., et, grâce à l'énergie de la radiation solaire, ils édifient à l'aide de ces matériaux des corps complexes, protéiques, graisses, hydrates de carbone. Les animaux ingèrent ces composés, en font les principes immédiats de leurs tissus, puis les détruisent et utilisent à leur profit l'énergie accumulée dans ces corps par le travail chlorophyllien.

---

1. On pouvait bien entendu mesurer le travail ainsi produit.

L'opposition entre les deux règnes semble donc complète. Au point de vue chimique, le végétal apparaît comme un appareil de réduction et de synthèse ; l'animal, au contraire, comme un appareil d'oxydation et de décomposition. Au point de vue dynamique le contraste n'est pas moins frappant : La plante « transforme des forces vives (énergie de la radiation solaire) en forces de tension (énergie chimique des produits de la synthèse végétale) » ; l'animal, au contraire, « transforme des forces de tension en forces vives », et l'on peut résumer cette opposition par la formule saisissante de Tyndall : « Le végétal est produit par l'élévation d'un poids et l'animal par la chute de ce poids ». C'est la *théorie dualiste de la vie* que Dumas et Boussingault ont développée avec une si magnifique ampleur dans leur *Essai sur la statique chimique des êtres vivants.*

**Unité de la vie dans les deux règnes.** — Claude Bernard s'est élevé avec une grande vigueur d'arguments contre cette théorie, qui résume, à la vérité, les rapports que l'on constate à la surface du globe entre les végétaux et les animaux, mais qui ne répond, en réalité, qu'à un côté de la physiologie des deux règnes. La théorie dualiste implique, en effet, qu'*au point de vue physiologique* l'animal et le végétal se complètent réciproquement, puisque le végétal *assimile*, en créant par voie de réduction et de synthèse des réserves de principes immédiats, et que l'animal, au contraire, après avoir emprunté ces réserves à la plante, les *désassimile* par voie d'oxydation et de décomposition. Or, l'observation montre que, sous l'infinie variété des formes que revêt la vie végétale ou animale, il n'y a partout qu'une seule manière de vivre, qu'une seule physiologie. Chez tout organisme, la vie est complète, c'est-à-dire caractérisée par *un double phénomène d'assimilation et de désassimilation*, de création et de destruction, double courant en dehors duquel on ne saurait concevoir la vie. Le végétal et l'animal ne possèdent donc pas chacun une sorte de demi-existence, le premier créant les matériaux que le second va détruire. Leur indépendance au point de vue physiologique est complète. Seule l'apparence extérieure des phénomènes en impose ici.

Chez la plante verte, en effet, le phénomène de synthèse de création organique se manifeste avec une activité si remarquable qu'elle masque à nos yeux le procès inverse de la désassimilation. Nous voyons la plante créer et accumuler des réserves considérables de matières amylacées, de protéiques, de graisses. Mais suivons-la dans son développement ultérieur et nous la verrons, tout comme l'animal, consommer et détruire ces réserves[1]. C'est qu'à côté des cellules à chlorophylle, qui opèrent à la lumière leur travail de synthèse, il y a comme un autre être, vivant et respirant comme un animal, et qui, à l'obscurité comme à la lumière, absorbe de l'oxygène, élimine de l'acide carbonique et consomme sans cesse les matériaux dont il dispose. C'est surtout au moment de la floraison que ces phénomènes sont sensibles. Ainsi la betterave brûle à ce moment, en la transformant en eau et en acide carbonique, une partie du sucre qu'elle avait précédemment mis en réserve dans sa racine, à tel point que la plante diminue de poids et se consume comme un animal.

Chez l'animal, au contraire, ce sont les phénomènes de destruction, de désassimilation qui s'imposent tout d'abord à notre attention. Les phénomènes d'assimilation, de création organique ne se révèlent qu'à une observation plus pénétrante. « Seul l'histologiste, l'embryogéniste, en suivant le développement de l'élément ou de l'être vivant, saisit des changements, des phases qui lui révèlent ce travail sourd. » (Claude Bernard.)

Ainsi la vie est complète chez la plante comme chez l'animal, et l'opposition que la théorie dualiste contient au point de vue *physiologique* ne saurait être soutenue.

On en peut dire autant en ce qui concerne le côté *chimique* des opérations de la vie.

Si à ce point de vue on constate des différences nombreuses à coup sûr, elles n'ont rien d'essentiel ; elles n'impliquent aucune différence de nature entre la chimie physiologique des deux règnes. En effet, les phénomènes de synthèse et de réduction ne sont point l'apanage exclusif des plantes à chlorophylle. De telles réactions s'accomplissent aussi dans les tissus des animaux. Ainsi la transformation du sucre en graisse implique nécessairement des phénomènes de désoxydation et de décomposition, suivis de reconstructions synthétiques. Pareillement les plantes vertes oxydent et décomposent, comme le fait l'animal, puisque à la lumière comme à l'obscurité, elles absorbent constamment de l'oxygène et éliminent de l'acide carbonique[2], signes évidents d'une véritable combustion respiratoire.

1. Il peut arriver, à la vérité, que ces réserves soient consommées par un animal. Mais ces faits sont, comme le dit Claude Bernard, accidentels et contingents. « L'organisme vivant est fait pour lui-même. Il travaille pour lui et non pour d'autres. Il n'y a rien dans la loi de l'évolution de l'herbe qui implique qu'elle doit être broutée par un herbivore ; rien dans la loi de végétation de la canne qui annonce que son sucre devra sucrer le café de l'homme. »

2. C'est là la véritable respiration de la plante, se continuant à la lumière comme à l'obscurité et que l'on appelait autrefois la *respiration nocturne*, parce qu'on ne l'avait saisie qu'à l'obscurité. A la lumière, en effet, les échanges gazeux chlorophylliens (absorption d'acide carbonique et élimination d'oxygène) couvrent et masquent les échanges respiratoires. Mais ces échanges chlorophylliens ne constituent pas un phénomène respiratoire et c'est à tort qu'on les avait considérés comme une *respiration diurne*.

Aucune différence essentielle ne sépare donc la physiologie et la chimie des plantes vertes de celles des animaux. Il n'en est pas de même en ce qui concerne les rapports de ces deux catégories d'organismes avec le milieu qui les entoure, c'est-à-dire le mode suivant lequel les plantes vertes et les animaux empruntent à ce milieu la matière et l'énergie dont ils ont besoin. La plante verte construit ses tissus avec des matières purement minérales, et, par sa granulation chlorophyllienne, elle emprunte directement à la radiation solaire l'énergie qu'elle doit dépenser pour vivre. L'animal, au contraire, ne reçoit directement du milieu minéral que des matériaux d'importance secondaire. Pour les substances organiques qui constituent ses tissus il est dans une dépendance étroite vis-à-vis de la plante verte, qui lui fournit ces substances, et, avec elles, l'énergie nécessaire à l'entretien de la vie.

**La vie chez les organismes inférieurs. — Les ferments. —** Si nous passons enfin aux organismes inférieurs, nous constatons que ces différences vont en s'atténuant encore. Ainsi les végétaux dénués de chlorophylle sont impuissants à vivre uniquement aux dépens des matières minérales qui suffisent à une plante verte. Il faut à ces êtres des aliments organiques plus ou moins complexes. Par là ils se rapprochent des animaux ; ils en diffèrent par ce fait que les aliments organiques dont ils se contentent sont souvent beaucoup moins élevés dans l'échelle des synthèses que les matériaux organiques, albumines, graisses, etc., qu'exige l'entretien de la vie chez l'animal.

Semons, par exemple, une mucédinée dans une solution de glycose contenant des sels minéraux (et notamment des azotates ou des sels ammoniacaux) nécessaires à la vie des moisissures. Au contact de l'air le végétal se développe, il fabrique de la cellulose, des graisses, des protéiques, il s'étend, il vit, il dépense de l'énergie. En ce qui concerne la synthèse de ses albumines à partir des azotates ou des sels ammoniacaux, cette mucédinée s'est donc comportée comme une plante verte. Mais, d'autre part, elle a vécu aux dépens du sucre, comme le ferait un animal, car en même temps qu'elle fait servir une partie de ce glycose à l'édification de ses tissus, elle en détruit une autre partie avec production d'acide carbonique et d'eau, et elle utilise pour le développement et le jeu de ses protoplasmes l'énergie fournie par cette destruction (E. Duclaux).

En outre, dans cette dislocation des matériaux organiques, on peut saisir comme une succession d'étapes qui correspondent à l'activité vitale des diverses catégories d'organismes, les produits de désassimilation des uns servant d'aliments aux autres. Ainsi la levure de bière vit aux dépens du glycose, qu'elle convertit en alcool et en acide carbonique. L'alcool à son tour est oxydé et transformé en acide acétique par le micoderme du vinaigre. Enfin cet acide, à l'état d'acétate alcalin, sert d'aliment à de nombreuses moisissures qui le conduisent jusqu'à l'état d'acide carbonique et d'eau, c'est-à-dire que le glycose se trouve finalement ramené jusqu'aux matériaux mêmes qui ont servi à sa synthèse dans la plante verte.

Chacun de ces organismes a donc fait descendre au sucre un échelon dans la série des destructions, et a recueilli, au profit de ses actes vitaux, une partie de l'énergie que le travail chlorophyllien avait primitivement accumulée dans cet aliment.

Une dernière remarque se présente ici. Elle est relative à la destruction plus ou moins profonde que les organismes font subir aux matériaux dont ils disposent, et elle nous conduit à rapprocher sous ce rapport la nutrition des organismes supérieurs de celle des ferments, auxquels leur énorme puissance de décomposition donne des allures si spéciales.

Dans la nutrition des animaux supérieurs, nous sommes habitués à saisir *un certain rapport entre la masse de l'aliment et celle de l'organisme entretenu par cet aliment*. Un homme adulte consomme en 24 heures environ 100 grammes d'albumine, 75 grammes de graisse et 400 grammes d'hydrates de carbone, soit donc environ 500 à 600 grammes d'aliments organiques à l'état sec pour 60 à 70 kilogrammes de poids vif entretenu. Au contraire, pour un ferment tel que la levure de bière, il y a une disproportion si énorme entre le faible poids de levure entretenue ou produite et le poids considérable de sucre transformé en alcool que pendant longtemps le développement de la levure a passé inaperçu, ou bien a été considéré comme un phénomène tout à fait accessoire dans l'acte de la fermentation alcoolique.

Cette différence tient à la manière dont ces deux catégories d'organismes traitent les aliments qu'ils consomment. On verra plus loin que les animaux supérieurs conduisent la désagrégation des albumines, des graisses et des hydrates de carbone jusqu'à la production d'eau, d'acide carbonique et d'urée. C'est là une décomposition très profonde, dont le rendement en énergie est considérable. Il est, par exemple, de 673 calories pour une molécule de glycose (180 gr.) transformée en eau et en acide carbonique. La levure de bière, au contraire, dédouble simplement la molécule de sucre en alcool et en acide carbonique, et ne recueille dans cette opération que 64 calories. *Le rendement en énergie est donc beaucoup moins considérable*, l'alcool conservant et emportant avec lui plus des neuf dixièmes de l'énergie chimique du glycose.

On saisit dès lors la cause de cette disproportion entre le poids de l'agent et l'effet produit, déjà signalée par Pasteur comme la caractéristique essentielle des êtres que nous appelons *ferments*. Elle tient à cette particularité que ces organismes ne font descendre à l'aliment auquel ils s'adressent qu'un petit nombre de degrés dans l'échelle des destructions de la matière organique, et *qu'ils compensent la médiocrité du rendement en énergie de cette opération par la masse considérable d'aliment transformé*. Mais dans ce mécanisme on ne saisit rien de spécifique, rien qui établisse une différence de nature entre la physiologie de ces êtres et celle des organismes supérieurs.

La chimie des êtres vivants est donc une. Seules des nécessités d'étude et d'exposition justifient la séparation de la chimie animale d'avec celle des végétaux ou des organismes inférieurs. Bien que le présent exposé doive être limité à l'étude des phénomènes chimiques qui se passent chez l'homme (et chez les animaux supérieurs), il était nécessaire d'établir d'abord cette unité, en exposant sommairement la circulation de la matière et de l'énergie à travers l'ensemble des êtres vivants, et de faire saisir ainsi le lien de mutuelle dépendance qui unit entre eux tous les organismes.

# CHAPITRE II

## LES MATIÈRES PROTÉIQUES

Les matières protéiques constituent essentiellement le protoplasma de tous les êtres vivants [1]. On doit conclure de là que tous
les phénomènes de la vie se font par les matières protéiques ou les
touchent à un degré quelconque. L'étude des propriétés et de la
constitution de ces substances est donc en physiologie un problème fondamental.

On a réuni primitivement sous le nom de matières protéiques
un ensemble de substances présentant avec l'albumine du blanc
d'œuf des analogies évidentes. Tout d'abord les limites de ce
groupe sont demeurées assez étroites, et n'ont compris que des
corps tels que les diverses albumines, les globulines, les alcali-
albumines, les acidalbumines, etc., dont les ressemblances avec
l'albumine de l'œuf sautent aux yeux. Puis la notion chimique de
l'albuminoïde est devenue de plus en plus large et a fini par comprendre des corps tels que la kératine des ongles, la spongine de
l'éponge ou la fibroïne de la soie, qui s'éloignent considérablement
du type extérieur offert par l'albumine de l'œuf.

Il n'est pas possible, dans l'état actuel de la science, de donner
une définition précise de la famille des matières protéiques, par la
raison que la constitution chimique de ces corps n'est pas encore
connue. Mais on peut les réunir néanmoins sans effort dans une
famille naturelle dont les caractères communs sont fournis :

1° Par la composition centésimale, et par un ensemble de
réactions de coloration ;

2° Par la nature des produits de décomposition ;

3° Par le poids moléculaire très élevé et par la complication de
la structure de ces composés ;

4° Par la nature colloïdale de leur dissolution aqueuse. Passons
en revue ces divers caractères.

---

1. Le corps humain renferme en moyenne 16 p. 100 de matières protéiques sur
37 p. 100 de substances solides, dont 5 p. 100 de cendres. Environ 50 p. 100 des
matériaux organiques du corps humain sont donc constitués par des protéiques.

## § I. — COMPOSITION CENTÉSIMALE ET RÉACTIONS DE COLORATION.

*La composition centésimale* se meut dans des limites assez rapprochées et qui sont les suivantes.

| | | |
|---|---|---|
| Carbone...................... | de 50 à 55 | p. 100. |
| Hydrogène................... | — 6,6 à 7,3 | — |
| Azote........................ | — 15 à 19 | — |
| Oxygène..................... | — 19 à 24 | — |
| Soufre...................... | — 0,3 à 2,4 | — |

La teneur en azote, qui est l'élément le plus facile à doser dans ces substances, est en moyenne de 16 p. 100. On peut donc substituer au dosage d'une matière albuminoïde, celui de l'azote contenu dans cette matière. Chaque gramme d'azote trouvé indiquera approximativement $\frac{100}{16} = 6^{gr},25$ de matière albuminoïde. Nous aurons souvent à faire usage de ce coefficient 6,25.

En ne tenant compte que de quatre d'entre les éléments des protéiques, carbone, hydrogène, oxygène et azote, on a appelé autrefois ces composés les corps *quaternaires*, par opposition aux corps *ternaires*, c'est-à-dire aux graisses et aux hydrates de carbone, qui ne contiennent que du carbone, de l'hydrogène et de l'oxygène.

*Les réactions de coloration* ont pu être expliquées par l'action des réactifs sur les divers groupements atomiques contenus dans la molécule protéique. On ne rappellera ici que les plus importantes.

La *réaction xanthoprotéique* est obtenue en chauffant la matière albuminoïde solide ou en solution avec de l'acide nitrique. La solution et les grumeaux d'albumine qui persistent ou qui se sont formés sont colorés en jaune. L'addition d'ammoniaque fait passer cette couleur au jaune orangé. Cette réaction doit être rapportée au groupe *indol* (tryptophane).

Le *réactif de Millon* (solution d'azotate de mercure dans l'acide nitrique nitreux) précipite en blanc les solutions des matières albuminoïdes et le précipité se colore en rouge brique, lentement à froid, rapidement à chaud. Les matières albuminoïdes solides prennent la même coloration. — Cette réaction est rapportée au groupe *phénol* du complexe tyrosine.

La *réaction du biuret* est obtenue en traitant la solution d'une matière albuminoïde par un grand excès de lessive concentrée de potasse ou de soude et par une petite quantité d'une solution très diluée de sulfate de cuivre. La liqueur se colore en bleu violacé ou rosé. La réaction se produit également avec une matière albuminoïde solide. On la rattache à des complexes tels que celui-ci : $AzH-CO-CH^2-AzH$.

## § II. — PRODUITS DE DÉCOMPOSITION.

Il y a plus de cinquante ans que l'on s'applique à démolir méthodiquement l'édifice moléculaire des matières albuminoïdes, afin de remonter de la structure des fragments obtenus à celle de l'édifice tout entier. Mais les produits de décomposition sont si nombreux, et de constitution chimique parfois encore si compliquée, que l'analyse qualitative et quantitative complète du mélange qu'ils constituent retiendra encore vraisemblablement les efforts de toute une génération de chimistes.

Dans ce clivage méthodique de la molécule protéique, ce sont surtout les agents de dédoublement par hydrolyse qui ont donné les meilleurs résultats. Ainsi agissent l'hydrate de baryte, dont s'est servi Schützenberger, et l'acide chlorhydrique concentré, ou l'acide sulfurique étendu de 2 volumes d'eau, qui ont été les réactifs préférés des chimistes allemands (Drechsel, Kossel, E. Fischer), ou encore l'acide fluorhydrique dont Hugounenq vient de démontrer la supériorité sur les autres acides. Enfin telle est aussi l'action des diastases protéolytiques (pepsine, trypsine) et celle des bactéries de la putréfaction. Mais d'autres modes de décomposition comme la fusion avec la potasse, l'oxydation par les permanganates, ou par le bioxyde de manganèse et l'acide sulfurique, l'action du brome en présence de l'eau, etc., ont fourni également des renseignements intéressants.

Lorsque dans ces conditions un noyau, un groupement atomique quelconque apparaît d'une manière constante parmi les produits de décomposition, quel que soit l'agent employé, on peut conclure avec d'autant plus de sécurité que ce noyau préexistait dans la molécule primitive. Mais il est nécessaire, bien entendu, de tenir compte de ce fait qu'un groupement atomique donné peut être détaché de la molécule sous une forme variable selon l'agent de décomposition employé. Ainsi les matières albuminoïdes contiennent un noyau qui apparaît sous la forme de *tyrosine* quand on emploie les acides minéraux, à l'état d'*acid.* *p-oxyphénylpropionique*, puis de *p-oxyphényléthylamine*, si l'on a fait agir la putréfaction. Mais sous ces apparences diverses, on reconnaît sans peine le même noyau primitif, la tyrosine.

Voici d'abord la liste des corps chimiquement bien définis qu'a fournis l'hydrolyse des matières protéiques au moyen des acides. On a laissé de côté quelques produits encore à l'étude et sur lesquels on reviendra plus loin. Tous ces corps, à l'exception du glycocolle, possèdent le pouvoir rotatoire, et nous verrons plus loin en quoi la considération de ce pouvoir est intéressante au point de vue biologique (p. 39) :

*Glycocolle, alanine, valine, leucine, isoleucine, sérine, acide glutamique, acide aspartique, acide diamino-trioxydodécanique, arginine, lysine, histidine, cystine, tyrosine, phénylalanine, α-proline, oxyproline, tryptophane, glycosamine.*

A l'exception de la glycosamine, qui est un sucre aminé, tous ces corps sont des acides aminés. Ils forment, comme nous le verrons, jusqu'à 70 p. 100 du poids de l'albuminoïde décomposé. *La molécule des protéiques est donc essentiellement constituée par une association d'acides aminés.*

Voyons maintenant quelle est la constitution de chacun de ces corps. Les uns appartiennent à la *série grasse*, d'autres à la *série aromatique* (benzénique), d'autres enfin aux *séries hétéro-cycliques*. Les trois grandes catégories de corps organiques que l'on distingue aujourd'hui sont donc représentées dans la molécule des protéiques.

## 1. Noyaux appartenant à la série grasse.

**Guanidine ou noyau uréogène.** $(AzH) = C\langle{}^{AzH^2}_{AzH^2}$. — Cette base n'a pas été isolée en nature. Sous l'action de l'eau de baryte à haute température, elle est détachée à l'état d'acide carbonique et d'ammoniaque (Schützenberger). En présence des acides minéraux chauds, elle quitte la molécule albuminoïde, combinée à l'ornithine et constituant avec elle l'arginine dont il sera question plus loin (p. 27). Bouillie avec de l'eau de baryte, l'arginine est, en effet, décomposée en ornithine et en *urée*, fait qui démontre donc dans les matières albuminoïdes la présence d'un groupe guanidique ou uréogène, pouvant donner de l'urée par simple hydratation.

**Acides aminés.** — Ce sont les plus importants comme masse. On peut les classer ainsi qu'il suit :

Acides monaminés monobasiques ou groupe de la leucine. — Ce groupe comprend le *glycocolle* ou *glycine* qui est l'acide amino-acétique,

$$CH^2(AzH^2)\text{-}COOH,$$

l'*alanine* ou acide α-amino-propionique [1] (dextrogyre [2]),

$$CH^3\text{-}\overset{*}{C}H(AzH^2)\text{-}COOH,$$

1. L'atome de carbone asymétrique, cause du pouvoir rotatoire, est désigné dans cette formule et dans les suivantes par un astérisque.

2. Sauf indication contraire, le sens du pouvoir rotatoire indiqué pour ces acides aminés se rapporte toujours à la solution aqueuse.

la *valine* ou acide α-amino-isovalérianique (dextrogyre en solution chlorhydrique).

$$\left.\begin{array}{c}CH^3\\CH^3\end{array}\right\rangle CH\text{-}\overset{\star}{C}H(AzH^2)\text{-}COOH,$$

la *leucine* ou acide α-amino-isobutylacétique (lévogyre),

$$\left.\begin{array}{c}CH^3\\CH^3\end{array}\right\rangle CH\text{-}CH^2\text{-}\overset{\star}{C}H(AzH^2)\text{-}COOH,$$

l'*isoleucine* ou acide α-amino-β-méthyl-β-éthylpropionique (dextrogyre),

$$\left.\begin{array}{c}CH^3\\C^2H^5\end{array}\right\rangle \overset{\star}{C}H\text{-}\overset{\star}{C}H(AzH^2)\text{-}COOH.$$

On peut rattacher à ces corps la *sérine*, qui est l'acide α-amino-β-oxypropionique, soit donc une oxy-alanine (lévogyre),

$$CH^2OH\text{-}\overset{\star}{C}H(AzH^2)\text{-}COOH.$$

Acides monaminés bibasiques ou groupe de l'acide aspartique. — Ce groupe comprend *l'acide aspartique* ou acide α-amino-succinique (lévogyre),

$$COOH\text{-}CH^2\text{-}\overset{\star}{C}H(AzH^2)\text{-}COOH$$

et *l'acide glutamique* ou acide α-aminoglutarique (dextrogyre),

$$COOH\text{-}CH^2\text{-}CH^2\text{-}\overset{\star}{C}H(AzH^2)\text{-}COOH.$$

Acides diaminés monobasiques ou groupe de l'arginine. — Ce groupe comprend l'arginine et la lysine, que Kossel a réunies avec l'histidine sous le nom de *bases hexoniques*, à cause du caractère basique de ces corps, plus marqué que leur caractère acide, et de leur composition en $C^6$.

L'*arginine* est un acide guanidine-diamino-valérianique (dextrogyre en solution chlorhydrique) que l'ébullition avec de l'eau de baryte ou l'action d'une diastase spéciale, l'*arginase*, dédouble en urée et en *ornithine* ou acide α-δ-diamino-valérianique :

$$\begin{array}{c}AzH^2\\|\\AzH=C\text{-}AzH\text{-}CH^2\text{-}CH^2\text{-}CH^2\text{-}\overset{\star}{C}H(AzH^2)\text{-}COOH + H^2O =\end{array}$$
Arginine.

$$CO\left\langle\begin{array}{c}AzH^2\\AzH^2\end{array}\right. + CH^2(AzH^2)\text{-}CH^2\text{-}CH^2\text{-}\overset{\star}{C}H(AzH^2)\text{-}COOH.$$
Urée.                Ornithine.

La *lysine* est l'acide α-ε-diamino-caproïque (dextrogyre en solution chlorhydrique) :

$$AzH^2-CH^2-CH^2-CH^2-CH^2-\overset{*}{C}H(AzH^2)-COOH.$$

La troisième base hexonique, l'histidine, n'est pas un acide diaminé gras, mais un corps hétérocyclique.

A ces corps on peut rattacher l'*acide diamino-trioxydodécanique*, $C^{12}H^{26}Az^2O^5$. C'est l'acide le plus riche en carbone qui ait été extrait des matières albuminoïdes. D'autres acides oxydiaminés ont été signalés encore, mais leur étude n'est pas terminée.

**Noyau sulfuré.** — Ce noyau est représenté par la *cystine* (lévogyre en solution chlorhydrique), qui est le disulfure de la *cystéine* ou acide α-amino-β-thiolactique. La cystine est donc aussi un acide aminé.

$$
\begin{array}{cc}
\begin{array}{l}
CH^2.SH \\
| \\
*\,CH-(AzH^2) \\
| \\
COOH \\
\text{Cystéine.}
\end{array}
&
\begin{array}{l}
CH^2.S \!\!-\!\!-\!\! S.CH^2 \\
| \qquad\qquad | \\
*\,CH(AzH^2) \quad *\,CH(AzH^2) \\
| \qquad\qquad | \\
COOH \qquad\;\; COOH \\
\qquad \text{Cystine.}
\end{array}
\end{array}
$$

Les autres produits sulfurés (mercaptan méthylique, sulfure d'éthyle), que l'on a rencontrés parmi les produits de décomposition des albumines, proviennent en réalité du noyau cystinique.

**Noyau hydrocarboné.** — Nous trouverons plus loin, parmi les protéides, des substances telles que les mucines, les mucoïdes, dont l'hydrolyse fournit jusqu'à 30 p. 100 de corps réducteurs appartenant aux groupes des sucres. Les matières albuminoïdes proprement dites, comme l'ovalbumine, l'ovoglobuline, la sérum-albumine donnent aussi, mais en plus petite quantité, de tels corps, parmi lesquels on n'a pu caractériser jusqu'à présent qu'un sucre aminé dextrogyre, la *glycosamine* (autrefois appelé chitosamine) $CH^2OH - (CHOH)^3 - CH(AzH^2) - COH$ (E. Fischer). Mais en employant comme agent d'hydrolyse l'acide fluorhydrique, qui ménage bien mieux les corps sucrés que ne le font les acides chlorhydrique et sulfurique, Hugounenq a trouvé, à côté des sucres aminés réducteurs comme la glycosamine, des polyalcools aminés non réducteurs, tels que $CH^2OH - (CHOH)^3 - CH(AzH^2) - CH^2OH$, c'est-à-dire des corps très voisins des sucres aminés. Il se pourrait donc que les noyaux hydrocarbonés des protéiques fussent plus abondants qu'on ne l'a cru jusqu'à présent, résultat important au point de vue de la question tant agitée de la production des sucres à partir des protéiques (p. 356 et s.).

## 2. *Noyaux appartenant à la série aromatique.*

**Noyau phénylique et noyau phénolique.** — Le noyau phénylique est représenté par la *phénylalanine* ou acide α-amino-β-phénylpropionique (lévogyre) :

$$C^6H^5.CH^2-\overset{*}{C}H(AzH^2)-COOH.$$

Le noyau phénolique est la *tyrosine* ou acide α-amino-β-p-oxyphénylpropionique, ou encore p-oxyphényl-alanine (lévogyre en solution chlorhydrique) :

$$OH-C^6H^4-CH^2-\overset{*}{C}H(AzH^2)-COOH.$$

On voit que la tyrosine ne diffère de la phénylalanine que par la présence d'un oxhydrile phénolique (en position *para*) dans le noyau benzénique.

## 3. *Noyaux appartenant à des séries hétéro-cycliques.*

**Noyau du pyrrol.** — Ce noyau du pyrrol est représenté dans les matières albuminoïdes par la *proline* ou acide α-pyrrolidine-carbonique :

$$\begin{array}{c} CH^2 - CH^2 \\ | \qquad | \\ CH^2 \quad *CH-COOH \\ \diagdown \diagup \\ AzH \end{array}$$

(lévogyre), accompagné très souvent par l'*oxyproline* ou acide oxy-α-pyrrolidine-carbonique (lévogyre), $C^5H^9AzO^3$, lequel diffère du précédent par un atome d'oxygène en plus.

**Noyau de l'indol ou du benzopyrrol.** — La substance mère de tous les dérivés indoliques (indol, scatol, acide indolacétique,...) que l'on voit apparaître au cours de la putréfaction des matières protéiques est le *tryptophane*, isolé par Hopkins et Cole et dont la synthèse a été faite par Ellinger et Flamand. C'est l'acide β-indol-α-aminopropionique ou β-indol-alanine (lévogyre) :

$$\begin{array}{c} C-CH^2-\overset{*}{C}H(AzH^2)-COOH \\ || \\ CH \\ AzH. \end{array}$$

La matière colorante violette qui se forme par addition de brome à un liquide de digestion trypsique, réaction déjà observée par Cl. Bernard, est un dérivé du tryptophane.

**Noyau de l'imidazol.** — Ce noyau existe dans l'histidine, l'une des trois bases dites hexoniques, fournies par l'hydrolyse des matières albuminoïdes. La constitution de l'histidine, encore en discussion tout récemment, semble bien fixée maintenant par les derniers travaux de Knoop. Ce corps est l'acide β-imidazol-α-aminopropionique ou encore la β-imidazol-alanine (lévogyre) :

$$\begin{array}{c} CH \\ \diagup \diagdown \\ AzH \quad Az \\ | \qquad | \\ CH = C-CH^2-\overset{*}{C}H(AzH^2)-COOH. \end{array}$$

On voit donc que dans les matières albuminoïdes le groupement atomique de l'alanine se trouve répété dans six fragments différents : l'alanine, la phénylalanine, la sérine, la tyrosine, le tryptophane et l'histidine [1]. On remarquera aussi que dans tous ces acides aminés, le radical $AzH^2$ — ou l'un des radicaux $AzH^2$, lorsqu'il y en a deux — est toujours en position $\alpha$, c'est-à-dire immédiatement voisin du groupe carboxylique.

Voici enfin quelques indications sur les *variations quantitatives* de ces noyaux, d'une matière albuminoïde à l'autre, mais comme la séparation de tous ces corps n'est pas possible sans pertes et que l'hydrolyse par les acides sulfurique ou chlorhydrique s'accompagne de destructions partielles, les quantités indiquées ci-contre ne sont qu'un minimum. La fluorhydrolyse de Hugounenq donne de meilleurs rendements. Elle permettra sans doute d'améliorer ces résultats (voy. ici le tableau de la p. 31).

On voit que si, au point de vue qualitatif les diverses matières albuminoïdes fournissent à peu près les mêmes fragments, les différences quantitatives sont, au contraire, souvent très considérables. Ainsi le glycocolle, qui manque dans l'ovalbumine, dans la sérum-albumine et dans la caséine, fait, au contraire, environ le quart de la molécule de l'élastine. La leucine qui fait 20 p. 100 du poids de la sérum-albumine, ne fait que 6 p. 100 de celui de la gliadine, laquelle renferme, au contraire, plus de 31 p. 100 d'acide glutamique, contre 7 à 8 p. 100 seulement dans la sérum-albumine et dans l'ovalbumine.

Il faut noter encore que le total des produits d'hydrolyse actuellement isolés n'a jamais dépassé 70 p. 100 et que souvent il atteint à peine 50 p. 100 de la substance sèche mise en œuvre. Le reste non dosé est donc assez considérable, ce qui tient à ce double fait que tous ces corps ne sont encore dosés que par des méthodes approximatives, et que dans ce reste sont cachés des fragments inconnus, que de nouvelles recherches feront apparaître peu à peu.

**Intérêt physiologique de ces résultats**. — Les matières protéiques sont les constituants essentiels des tissus, en sorte que la connaissance de leur *structure chimique* est aussi nécessaire à la claire intelligence des phénomènes de la vie que la connaissance

1. A. Gautier et Etard ont trouvé aussi parmi les produits de la putréfaction des protéiques, la pyridine :

$$
\begin{array}{ccc}
 & CH - CH & \\
HC & & Az \\
 & CH = CH &
\end{array}
$$

qu'ils ont isolée sous la forme de diverses bases pyridiques et hydropyridiques. Toutefois la préexistence d'un noyau pyridique dans la molécule protéique a été mise en doute, car il est possible que les corps pyridiques isolés naissent de réactions secondaires, portant notamment sur le noyau du tryptophane. En effet, le tryptophane ingéré se transforme chez le chien en acide cynurénique éliminé par les urines, c'est-à-dire en un corps pyridique. Quoi qu'il en soit, ces restrictions, même si elles étaient confirmées, ne diminuent en rien l'intérêt physiologique considérable que présente ce fait d'une production de bases pyridiques, c'est-à-dire de corps alcaloïdiques à partir des matières albuminoïdes (voy. p. 300).

| | OVALBUMINE | SÉRUM-ALBUMINE (cheval). | CASÉINE (vache). | GÉLATINE (commerciale). | KÉRATINE (Corne de bœuf). | ÉLASTINE (Bœuf). | GLIADINE (Farine de froment). |
|---|---|---|---|---|---|---|---|
| *Groupe de la leucine.* | | | | | | | |
| Glycocolle .......... | 0 | 0 | 0 | 16,5 | 0,34 | 25,75 | 0,9 |
| Alanine............. | 2,1 | 2,7 | 0,9 | 0,8 | 1.2 | 6,6 | 2,7 |
| Leucine .......... | 6,1 | 20,0 | 10.5 | 2,1 | 18,3 | 21,4 | 6,0 |
| Sérine............. | — | 0,6 | 0,23 | 0,4 | 0,7 | — | 0,12 |
| *Groupe de l'acide aspartique.* | | | | | | | |
| Acide glutamique... | 8,0 | 7,7 | 11,0 | 0,88 | 3,0 | 0,8 | 31,5 |
| — aspartique.... | 1,5 | 3,1 | 1,2 | 0,56 | 2,5 | — | 1,3 |
| *Groupe de l'arginine.* | | | | | | | |
| Arginine .......... | — | — | 4,84 | 7,62 | 2,25 | | 3,4 |
| Lysine............. | — | — | 5,80 | 2,75 | — | 0,3 | 0 |
| Histidine [1] ......... | — | — | 2,59 | 0,40 | — | | 1,7 |
| *Corps sulfuré.* | | | | | | | |
| Cystine............. | 0,2 | 2,3 | 0,06 | — | beau-coup | — | — |
| *Corps aromatiques.* | | | | | | | |
| Tyrosine........... | 1,1 | 2,1 | 4,5 | 0 | 4,6 | 0,34 | 2,4 |
| Phénylalanine ...... | 4,4 | 3,1 | 3,2 | 0 | 3,0 | 3,9 | 2,6 |
| *Corps hétéro-cycliques.* | | | | | | | |
| Proline............. | 2,25 | 1,0 | 3,1 | 5,2 | 3,6 | 1,7 | 2,4 |
| Oxyproline ......... | — | — | 0,25 | 3,0 | — | — | — |
| Tryptophane........ | présent | présent | 1,5 | 0 | — | — | — |

1. L'histidine, que l'on aurait dû mettre dans le groupe des corps hétéro-cycliques, a été laissée ici dans le groupe de l'arginine et de la lysine à côté desquelles la placent ses réactions analytiques.

de la structure histologique de ces tissus. Elles sont aussi notre aliment le plus important. Un adulte en détruit par jour de 50 à 100 grammes, et souvent davantage, qu'il conduit jusqu'à l'état d'eau, d'acide carbonique et de produits azotés divers (urée, ammoniaque...). Dans la dégradation progressive qui conduit de l'albumine jusqu'à ces déchets, nous verrons qu'il y a vraisemblablement toute une série d'étapes. Déterminer ces étapes, suivre dans leurs destinées les divers fragments de la molécule protéique, c'est à quoi se résume essentiellement l'étude de la nutrition à l'état de santé ou de maladie.

Or, tous ces produits intermédiaires de la décomposition des protéiques dans l'organisme ne peuvent pas différer essentiellement de ceux qu'a fournis l'étude de la décomposition *in vitro*. En effet, on vient de voir que, quel que soit l'agent employé, ce sont toujours sensiblement les mêmes fragments qui apparaissent, ce qui prouve : 1° que les ruptures se produisent toujours aux mêmes endroits dans la molécule, endroits de plus facile dislocation ; 2° que les fragments résultant de ces ruptures offrent une certaine résistance et représentent donc, ainsi que le dit E. Duclaux, des lieux de plus grande stabilité, c'est-à-dire comme des stations, où, pour des raisons tenant à la structure de la molécule, celle-ci fait halte un instant dans sa descente progressive vers les déchets les plus simples. Il est donc logique d'admettre, et nous donnerons plus loin d'autres preuves en faveur de cette conclusion, que, lorsque la molécule protéique se défait dans l'organisme, *elle se rompt aux mêmes points de soudure et fournit d'abord les mêmes fragments que sous l'action des réactifs* in vitro.

Une connaissance approfondie de tous ces fragments n'est donc pas uniquement d'intérêt chimique. Elle est une introduction indispensable à l'étude de la nutrition azotée [1]. Elle est, en outre, le fil conducteur de cette étude elle-même, car faire la physiologie de la nutrition azotée, n'est-ce pas établir, pour chaque fragment de l'aliment protéique, ce qu'il devient et à quoi il sert? Et la pathologie de la nutrition, ne doit-elle pas rechercher si ces fragments normaux ont été remplacés par d'autres, ou s'ils ont été soit déviés, soit arrêtés dans leur dégradation? Elle devra expliquer, par exemple, pourquoi dans certaines affections du foie ou dans la cystinurie les fragments leucine, tyrosine, etc., ou le fragment cystine passent inaltérés par les urines, pourquoi le cystinurique ne dégrade la lysine que jusqu'à l'état de cadavérine, et l'arginine jusqu'à celui de putrescine, en quoi, enfin, un goutteux ou un diabétique dédoublent et simplifient leur aliment protéique autrement qu'un homme bien portant.

C'est donc bien à juste titre que cette enquête sur le dédoublement des protéiques *in vitro* retient depuis si longtemps les efforts de tant de chercheurs.

Mais il ne suffit pas de connaître les pierres qui constituent

---

1. On entend ici parler de ce qu'on appelle la *nutrition azotée intermédiaire* telle quelle sera étudiée dans les chapitres xiv et xv et non du bilan total des échanges azotés dont il sera question dans les chapitres xxii et suivants.

l'édifice des protéiques. Il faut encore se rendre compte de la manière dont ces matériaux sont associés dans les diverses matières albuminoïdes, et de ce que représente l'édifice total qu'ils constituent.

## § III. — LA STRUCTURE DES MATIÈRES ALBUMINOIDES. — LES POLYPEPTIDES.

**Grandeur du poids moléculaire des matières albuminoïdes.** — On a essayé de déterminer le poids moléculaire des matières albuminoïdes par bien des procédés dont aucun n'est à l'abri de critiques souvent sérieuses, mais qui tous conduisent à attribuer à la molécule de ces corps un poids au moins égal à 6 000 (A. Gautier) et pouvant aller jusqu'à 16 000 environ. Voici quelques-unes de ces valeurs :

|  | Formules. | Poids moléculaires. |
|---|---|---|
| Ovalbumine (A. Gautier).. | $C^{250}H^{409}Az^{67}O^{81}S^3$ | 5 730 |
| Globine de l'hémoglobine[1] de cheval | $C^{680}H^{1098}Az^{210}O^{241}S^2$ | 16 218 |
| Globine de l'hémoglobine de chien | $C^{726}H^{1171}Az^{191}O^{214}S^3$ | 16 077 |

On doit donc admettre que les protéiques sont des édifices moléculaires élevés[2], conclusion qui est en bon accord avec ce double fait : 1° que ces substances prennent en solution *l'état colloïdal*; 2° qu'elles rentrent dans la catégorie des *antigènes*. Nous verrons, en effet plus loin que l'état colloïdal apparaît toujours comme lié à la présence de grosses molécules. Pareillement tous les antigènes, c'est-à-dire les corps qui injectés dans l'organisme provoquent la formation d'anticorps[3], sont en général

1. Récemment encore Hüfner et Gansser ont mesuré directement au manomètre à mercure la tension osmotique de l'oxyhémoglobine cristallisée de bœuf et ont déduit de ce résultat un poids moléculaire égal à 16 321, ce qui confirme les résultats ci-dessus, puisque l'hématine ne représente que quelques centièmes du poids de la molécule de l'oxyhémoglobine.

2. Notons cependant que E. Fischer, dont l'autorité est si grande en cette matière, incline à admettre que les matières albuminoïdes que nous manions pourraient bien être des mélanges de plusieurs corps dont la composition serait beaucoup plus simple que ne le font apparaitre l'analyse élémentaire et les résultats d'hydrolyse exposés ci-dessus.

3. L'injection répétée d'une matière albuminoïde sous la peau d'un animal confère au bout de quelques jours au sérum de l'animal injecté la propriété de pré-

des corps non dialysables et à caractère colloïdal, donc aussi à molécules volumineuses.

Les valeurs considérables de ces poids moléculaires impliquent nécessairement, étant donné le nombre et le poids moléculaire des fragments que l'on vient d'étudier, que quelques-uns d'entre eux sont répétés plusieurs fois dans la molécule. C'est d'ailleurs ce que l'analyse vérifie directement pour la leucine, par exemple, qui apparaît dans les produits de décomposition de certaines matières albuminoïdes à raison d'au moins 15 molécules pour 1 molécule de tyrosine. On peut donc, avec Hofmeister, comparer l'énorme construction atomique des albumines à une mosaïque où entreraient un grand nombre de pierres de couleur et de forme différentes, les unes uniques en leur espèce, les autres y entrant plusieurs fois, jusqu'à 20 fois peut-être.

Que sait-on maintenant sur le *mode d'association de ces fragments* dans les diverses espèces de protéiques? On pouvait espérer être renseigné sur ce point en se servant d'agents moins énergiques que les acides minéraux concentrés et chauds, de façon à scinder la molécule en fragments plus gros que les acides aminés, et qui, étudiés un à un, auraient révélé, plus facilement que la molécule totale, le mode d'association des divers noyaux. De la structure de ces fragments plus gros, on serait ensuite remonté à celle de la molécule totale.

Les diastases digestives, pepsine, trypsine, dont l'action est lente et progressive, semblaient devoir se prêter tout particulièrement à une telle étude. Voyons ce qui a été acquis dans cette direction.

**Albumoses et peptones.** — C'est la digestion des protéiques par la trypsine qui présente au point de vue qui nous occupe un particulier intérêt. Lorsqu'on la prolonge suffisamment, elle aboutit, en effet, à une dislocation complète, ou du moins presque complète, en acides aminés, qui sont les mêmes que ceux que donne l'hydrolyse par les acides. Le liquide né donne plus alors la réaction du biuret, et les produits obtenus sont donc dits *abiuré-*

cipiter la solution de cette matière (formation d'une précipitine). Pareillement l'injection d'une diastase, de toxines diverses provoque l'apparition d'antidiastases et d'antitoxines correspondantes, c'est-à-dire d'agents annulant respectivement l'action de ces diastases et de ces toxines. Tous ces corps, albumines, diastases, toxines, sont dits des antigènes. Tous les corps toxiques ne sont pas des antigènes. Contre la morphine, par exemple, l'organisme se défend par d'autres moyens, tels qu'une oxydation plus active, etc.

*tiques*. Lorsque la digestion a été plus courte, il subsiste, au contraire, à côté des acides aminés, des fragments plus gros de la molécule primitive, qui sont les *albumoses* et les *peptones* de Kühne. Comme ces corps donnent encore, ainsi que le protéique primitif, la réaction du biuret, ils sont dits *biurétiques*. On a donc le tableau suivant :

Produits biurétiques........ ........ { Albumoses. Peptones.
— abiurétiques............... Acides aminés.

Voici comment Kühne sépare et caractérise ces produits. Après que, du liquide de digestion trypsique, il a éliminé par coagulation toute la matière albuminoïde primitive non transformée, il précipite les albumoses en saturant de sulfate d'ammonium le liquide bouillant et rendu successivement neutre, ammoniacal et acide. Ces albumoses sont ensuite séparées en *albumoses primaires* (protalbumose et hétéro-albumose) et en *albumoses secondaires* ou deutéro-albumoses en utilisant la manière dont se comporte leur solution vis-à-vis de divers sels (NaCl, SO⁴Mg). Le filtrat, séparé des albumoses, abandonne, lorsqu'on le traite par plusieurs volumes d'alcool ou par le tannin acétique, un précipité de *peptone* (peptone vraie, peptone de Kühne) (voy. p. 145 et 158). Enfin dans le nouveau filtrat se trouvent les acides aminés. Les albumoses et les peptones sont donc des corps biurétiques, non coagulables par la chaleur, et les peptones se distinguent des albumoses en ce qu'elles ne sont pas précipitées par le sulfate d'ammonium à saturation. — La digestion pepsique fournit de même un mélange d'albumoses et de peptones.

Au début de l'histoire des peptones et des albumoses, on a considéré ces corps comme étant le protéique primitif, modifié par une fixation d'eau, sans dédoublement concomitant. Il est certain aujourd'hui que ces produits résultent, au contraire, d'une dislocation de la molécule. L'argument le plus probant à faire valoir ici, c'est que l'on ne retrouve pas dans les albumoses, et moins encore dans les peptones, tous les noyaux de l'albuminoïde dont on est parti. Ainsi toutes les albumoses présentent encore la réaction du biuret et la réaction xanthoprotéique, mais celle de Millon, indicatrice du groupe tyrosine, et celle du soufre facilement détaché par l'action des alcalis et qui révèle la présence de la cystine, enfin celle du tryptophane, font défaut ou sont très faibles avec certaines albumoses, très accentuées, au contraire, pour d'autres. L'inventaire des produits de décomposition fournis par les diverses albuminoses, bien que très incomplet encore, confirme pleinement ces résultats. Quant aux peptones — il en existe, en effet, sûrement plusieurs — leur molécule est plus petite encore que celles des albumoses, car tandis que ces dernières présentent le phénomène de Tyndall (voy. p. 42), comme les corps colloïdaux, les peptones ne donnent plus ce phénomène (E. Zunz). Leur poids moléculaire ne peut donc pas être très élevé. De fait les deux peptones que Siegfried et ses élèves ont isolées des produits de la digestion pepsique de la fibrine contiennent $C^{21}H^{34}Az^6O^9$ et $C^{21}H^{36}Az^6O^{10}$ et leur molécule pèse environ 500. Les peptones trypsiques dérivées de la fibrine sont à molécules plus petites encore et ne pèsent que 250 environ : elles ne contiennent ni soufre, ni tyrosine.

Tout indique donc que *les albumoses et les peptones sont bien des fragments de la molécule primitive.*

Malheureusement l'étude chimique de ces corps n'a pas fourni de résultats précis. Les travaux de Neumeister et ceux de l'école de Hofmeister, dans lesquels on a poursuivi une séparation plus précise de ces corps à l'aide de la méthode des précipitations fractionnées par les sels, ont montré à la vérité que le nombre des albumoses et des peptones est encore plus considérable que ne l'avait cru Kühne, mais on n'a pas réussi à fournir pour ces corps les garanties de pureté que l'on doit exiger pour la détermination d'un individu chimique[1], et finalement il faut reconnaître que *l'analyse immédiate est demeurée impuissante à résoudre ce mélange d'albumoses et de peptones en individus chimiques définis avec certitude.* Au surplus on va voir que même la notion d'albumoses et celle de peptones sont en train de perdre toute signification chimique précise.

**Polypeptides naturels et polypeptides de synthèse.** — Là où la méthode analytique avait donc échoué, réduite à tâtonner au milieu d'un inextricable mélange de produits amorphes, la synthèse est venue fournir le fil conducteur qui manquait. Puisque les matières albuminoïdes sont essentiellement constituées par une association d'acides aminés, le chemin qui doit conduire un jour à la synthèse de ces composés, et dans un avenir plus prochain à la synthèse des albumoses et des peptones, est évidemment indiqué par la production synthétique de telles associations d'acides aminés. Entrant dans une voie où déjà Grimaux s'était engagé avec succès dès 1882 (voy. plus loin), E. Fischer a préparé des composés de ce genre, qu'il appelle dipeptides, tripeptides, tétrapeptides, etc., et en général polypeptides[2], selon que 2, 3, 4, etc., $n$ molécules d'acides aminés ont été soudées ensemble.

Le plus simple de ces composés est le dipeptide que fournit la soudure, par déshydratation, de deux molécules de glycocolle, le *glycollyl-glyco-*

1. Il faut sans doute faire ici une exception pour les peptones de Siegfried, isolées par une méthode spéciale, et que l'on considère en général comme des individus chimiques définis.

2. Le mot peptide reste réservé aux corps formés par une seule molécule d'acide aminé et devient donc synonyme d'acide aminé.

*colle* ou plus simplement la *glycyl-glycine,* du nom de glycine que l'on a donné aussi au glycocolle :

$$AzH^2-CH^2-COOH + AzH^2-CH^2-COOH = H^2O$$
$$+ AzH^2-CH^2-CO-AzH-CH^2-COOH.$$

Glycyl-glycine.

E. Fischer a préparé ainsi des polypeptides où entrent un grand nombre d'entre les acides aminés contenus dans les protéiques, par exemple la *glycyl-alanine,* la *glycyl-leucine,* la *leucyl-alanine,* la *leucyl-tyrosine, l'acide leucyl-glutamique,* la *leucyl-glycyl-phénylalanine,* la *triglycyl-glycine,* etc... Il a pu s'élever ainsi jusqu'à un *octodécapeptide* formé par la soudure bout à bout de 15 molécules de glycocolle et de 3 molécules de leucine. Les plus simples de ces polypeptides sont cristallisés, les supérieurs sont amorphes, mais leur obtention synthétique par complication croissante, degré par degré, de leur molécule ne laisse aucun doute sur leur constitution. Le nombre de ces produits de synthèse dépasse aujourd'hui la centaine

Au point de vue qui nous occupe ici, l'étude de ces polypeptides a conduit aux deux résultats que voici, qui sont d'un intérêt capital, parce qu'ils démontrent que ces synthèses engagent bien les recherches dans la direction théoriquement prévue plus haut, c'est-à-dire du côté des peptones, des albumoses et des matières albuminoïdes elles-mêmes :

1° Quelques-uns d'entre les plus simples de ces polypeptides de synthèse ont été identifiés avec des *polypeptides naturels,* que l'on a trouvés parmi les produits de l'hydrolyse des protéiques par les acides ;

2° Les polypeptides de synthèse plus compliqués présentent les analogies les plus frappantes avec les peptones et même avec les albumoses.

Lorsqu'on prolonge une digestion trypsique de caséine, d'ovalbumine, de fibrine, etc., jusqu'à disparition de la réaction du biuret, c'est-à-dire jusqu'à dédoublement de toutes les albumoses et peptones présentes, le liquide contient d'une manière constante, à côté des acides aminés libres, un corps ou un mélange de corps amorphes, abiurétiques, qui résistent donc au suc pancréatique, mais que l'hydrolyse par les acides forts dédouble avec production d'acides aminés, et notamment de proline et de phénylalanine. Ce sont les polypeptides naturels de E. Fischer et E. Abderhalden, qui dans le petit tableau de la page 35 s'intercalent donc entre les acides aminés et les peptones. Ces corps se produisent aussi dans la digestion pepsique et par l'hydrolyse des protéiques au moyen des acides forts employés à froid ou par la fluorhydrolyse ménagée de Hugounenq [1], et là quelques-uns d'entre eux ont pu

---

1. L'hydrolyse par la baryte à 100°, telle que la pratiquait Schützenberger, fournit aussi des polypeptides (Hugounenq et Morel).

être isolés à l'état cristallisé, et identifiés avec des polypeptides de synthèse. Tels sont, par exemple, l'anhydride de la glycyl-d-alanine, la glycyl-l-tyrosine et l'arginyl-arginine, retirées, les deux premières de la fibroïne de la soie, et la dernière de la gélatine, l'anhydride de la l-leucyl-d-alanine et une leucyl-glycine retirées de l'élastine, l'acide l-leucyl-d-glutamique qui vient de la gliadine, et un tétrapeptide formé de deux molécules de glycocolle, d'une molécule de d-alanine et d'une molécule de l-tyrosine, et qui sort de la fibroïne [1]. Comme ces polypeptides naturels ou artificiels sont tantôt cristallisés et abiurétiques comme les acides aminés, tantôt amorphes et parfois aussi biurétiques comme les peptones, on voit que la ligne de séparation déjà si ténue, que ces deux caractères traçaient entre les peptones et les acides aminés, devient tout à fait illusoire.

Quand aux analogies entre les polypeptides de synthèse et les peptones, elles sont nombreuses. Comme les peptones, certains d'entre les polypeptides sont dédoublés en acides aminés par la trypsine. Lorsque leur chaîne est suffisamment longue, les polypeptides sont en général, comme les peptones, très solubles dans l'eau; leur saveur n'est pas sucrée, comme l'est en général celle des acides aminés, mais plus ou moins amère comme celle des peptones, et le pouvoir rotatoire de ceux qui sont actifs est en général prononcé. Ceux qui sont d'un numéro d'ordre élevé sont de plus bien précipités par l'acide phosphotungstique, comme les peptones, et ils donnent souvent la réaction du biuret [2]. Ainsi la glycyl-glycine et la glycyl-glycyl-glycine ne donnent pas cette réaction, tandis qu'on l'obtient avec des tétrapeptides tels que la triglycyl-glycine et le l-leucyl-glycyl-l-tryptophane. C'est en effet des tétrapeptides aux octopeptides que les analogies avec les peptones sont le plus frappantes.

Au delà on entre visiblement dans la région des corps analogues aux albumoses. Le tétradécapeptide, fait avec 12 molécules de glycocolle et 2 molécules de l-leucine, donne avec les alcalis des solutions qui moussent comme de l'eau savonneuse. Il est précipité par les acides minéraux, le tannin, l'acide phosphotungstique, *par le sulfate d'ammonium introduit à saturation*. Toutefois cette dernière réaction, qui pour Kühne représentait une différence spécifique entre les peptones et les albumoses, est sans doute de nature très contingente, et dépend beaucoup plus de la nature des acides aminés entrant dans un polypeptide, que du degré de complication de celui-ci. Ainsi le tétrapeptide naturel cité plus haut (deux molécules de glycocolle + alanine + tyrosine), et la l-leucyl-triglycyl-tyrosine de synthèse, que la brièveté de leur chaîne de 4 et 3 acides placerait au niveau des peptones, sont précipitables par le sulfate d'ammonium, comme une albumose, ce qui tient sans doute, d'après E. Fischer, à la présence de la tyrosine. Cette action du sulfate d'ammonium ne donne donc nullement la certitude que les corps précipités par ce sel (albumoses) sont *tous* des polypeptides moins simplifiés que ceux qui ne sont pas précipités (peptones). Cela revient à dire que *la notion chimique*

---

1. Les lettres *d* et *l* désignent la série dextrogyre ou lévogyre à laquelle appartiennent les acides aminés.

2. Déjà en 1882, Grimaux avait obtenu, notamment en fondant de l'urée avec de l'anhydride aspartique, des substances biurétiques, à propriétés colloïdales, et présentant quelques-unes des réactions des protéiques.

*d'albumoses et de peptones est en train de s'effacer pour être remplacée par une classification rationnelle des polypeptides digestifs, fondée sur le nombre, la nature et le mode d'association des acides aminés constituants.*

Enfin quand on arrive aux polypeptides à 20 acides aminés, on a l'impression, dit E. Fischer, que l'on est déjà transporté au niveau des albumines elles-mêmes.

## Causes des différences que présentent entre eux les divers protéiques.

— Il ne faudrait pas croire que lorsqu'on aura construit des polypeptides suffisamment compliqués, et dans lesquels on aura fait rentrer tous les acides aminés énumérés plus haut, la synthèse d'une albumine naturelle se trouvera sûrement réalisée. Les différences que l'on peut dès à présent prévoir entre les divers protéiques sont, en effet, très nombreuses.

1° Deux protéiques peuvent différer par la *nature* et la *quantité de chacun des acides aminés* qui les composent. C'est ce que démontre le tableau de la page 31, sur lequel on ne reviendra pas ici.

2° Ils peuvent différer, en outre, par le *sens du pouvoir rotatoire* de ceux de leurs acides aminés composants qui possèdent un tel pouvoir. Or, les acides aminés énumérés plus haut possèdent tous, sauf le glycocolle, au moins un atome de carbone asymétrique et peuvent donc exister sous la forme droite, gauche et racémique.

3° Ils peuvent différer enfin par *l'ordre dans lequel ces acides sont associés* dans la molécule.

Les acides aminés *naturels*, c'est-à-dire ceux qui sont fournis par l'hydrolyse des protéiques ou que l'on trouve à l'état libre chez les animaux, ont toujours, lorsqu'ils sont actifs, un pouvoir rotatoire de sens déterminé. Ainsi c'est toujours la leucine gauche et l'alanine droite que l'on rencontre dans les organismes. La leucine droite et l'alanine gauche sont des produits de laboratoire. Or, on constate que ces isoméries optiques exercent une influence considérable sur les propriétés des polypeptides. Ainsi le tableau suivant donne le nom de quelques dipeptides hydrolysés ou non hydrolysés par le suc pancréatique pur kinasé. Les acides *non naturels* sont en italiques (E. Fischer et E. Abderhalden).

| Hydrolysés. | Non hydrolysés. |
| --- | --- |
| d-alanyl-d-alanine. | d-alanyl-*l-alanine.* |
| l-leucyl-l-leucine. | *l-alanyl*-d-alanine. |
| | l-leucyl-*d-leucine.* |
| | *d-leucyl*-l-leucine. |

On voit qu'il a suffi d'introduire dans les deux dipeptides de la première colonne, à la place d'un acide naturel, un acide non naturel

déviant en sens inverse pour rendre le composé non hydrolysable, quelle
que soit d'ailleurs la place que l'on donne dans la molécule à l'acide non
naturel. En règle générale le suc pancréatique ne dédouble que les
polypeptides renfermant des acides naturels. Mais cette condition, si elle
est nécessaire, n'est pas suffisante. Ainsi le suc pancréatique n'attaque
pas la l-leucyl-glycine bien que ces deux acides aminés soient naturels.

L'influence exercée par *l'ordre d'association* des acides dans les polypeptides est aussi très remarquable. Ainsi l'alanyl-glycine est dédoublée
par le suc pancréatique, tandis que la glycyl-alanine ne l'est pas.

Il y a donc des associations d'acides aminés particulièrement résistantes à l'action de certains agents. Ainsi s'explique sans doute ce fait
que parmi les produits de la digestion trypsique même prolongée, on
voit persister des polypeptides. Cette résistance d'une partie de la molécule avait été observée déjà par Schützenberger et par Kühne, qui
avaient distingué dans l'albumine un groupe *anti*, plus résistant que le
reste de l'édifice ou groupe *hémi* (voy. p. 159). Par la présence de tels
groupements on conçoit que l'organisme puisse conférer à certains protéiques une résistance spéciale vis-à-vis de certaines diastases, et ici il est
intéressant de constater que dans l'élastine, qui est essentiellement une
substance de soutien, la leucine et le glycocolle (glycine), dont l'association donne un dipeptide résistant au suc pancréatique, forment près de
moitié de la molécule (voy. le tableau de la page 31).

On peut donc espérer que l'étude des polypeptides artificiels et
naturels, de complication toujours plus grande, permettra de
donner la raison des différences que présentent dans leurs propriétés les nombreux protéiques de l'organisme.

## § IV. — LES MATIÈRES PROTÉIQUES ET L'ÉTAT COLLOIDAL.

Les matières protéiques appartiennent à la catégorie des
substances qui sont dites colloïdes ou plus exactement qui
prennent en solution l'état colloïdal. Bien que l'on ne sache pas
encore exactement en quoi consiste cet état, on peut affirmer
néanmoins que les propriétés des colloïdes ont une importance
capitale pour l'explication des phénomènes de la vie. Qu'est-ce
donc que l'état colloïdal?

**Colloïdes et cristalloïdes.** — Si l'on verse au fond d'une éprouvette
une solution d'une substance cristallisable, telle que le sel marin, le
sucre, l'urée, et si l'on achève de remplir lentement le vase avec de
l'eau pure, on constate que ces substances diffusent à travers l'eau et
atteignent la surface supérieure avec une vitesse qui est du même
ordre de grandeur pour ces différents corps. Si l'on refait la même expérience avec des solutions d'albumine, de gomme, de caramel, etc..., on

observe que la diffusion se fait avec une vitesse qui est jusqu'à 40 fois moins grande, et cette différence s'accentue encore quand on étudie la vitesse avec laquelle ces corps dialysent à travers le papier parchemin, par exemple. Les quantités de gomme ou de sucre qui traversent la membrane pendant le même temps pourront être alors entre elles comme 1 est à 1000. Graham a appelé *colloïdes* les substances qui ne dialysent pas ou qui ne dialysent qu'avec une extrême lenteur, et *cristalloïdes* des corps qui se comportent comme le sel marin ou le sucre.

Cette opposition ne peut plus être prise aujourd'hui au sens où l'entendait Graham, c'est-à-dire qu'il n'existe pas, d'une part, le monde des corps colloïdes et, d'autre part, celui des corps cristalloïdes, avec une différence de nature entre ces deux catégories de composés. La différence en question porte, non sur les corps, mais sur l'état que prennent ces corps quand on les introduit dans un solvant. Ou bien, en effet, ils constituent alors ce système homogène que les phycisiens appellent une solution vraie, ou bien ils prennent dans ce solvant l'état colloïdal. Il y a des corps qui dans un solvant prennent toujours l'état colloïdal. Ainsi se comportent dans l'eau les matières protéiques, le glycogène, la gomme, etc. On les a appelés les *colloïdes naturels*. D'autres fournissent selon les circonstances une solution vraie ou un système colloïdal. Ainsi le tannin fournit dans l'acide acétique une solution vraie, dans l'eau un système colloïdal (solution colloïdale). On a même réussi à faire prendre l'état colloïdal à des corps qui sont des types de cristalloïdes comme les chlorure, bromure, iodure de sodium.

A côté des colloïdes naturels, matières protéiques, glycogène, etc., on connaît donc aujourd'hui un nombre considérable de *colloïdes artificiels*. Si l'on verse, par exemple, dans une dissolution étendue de silicate de sodium, assez d'acide chlorhydrique pour neutraliser exactement la soude, la silice ou acide silicique n'est pas précipitée. Elle reste dissoute, du moins en apparence. Si le liquide est ensuite dialysé contre de l'eau, le chlorure de sodium est éliminé, et dans le dialyseur il reste une solution colloïdale de silice. Par des artifices analogues, on prépare des dissolutions colloïdales d'alumine, d'hydrate d'oxyde ferrique, de sulfure d'arsenic, de ferrocyanure de cuivre, etc.

L'étude de ces colloïdes artificiels a fourni, quant à la nature de l'état colloïdal, des résultats d'un haut intérêt biologique.

**Caractères des solutions colloïdales.** — Voici quelques-uns des caractères différentiels que l'on saisit entre les solutions vraies et les solutions colloïdales.

1° Une solution vraie (sucre + eau, par exemple) est homogène au microscope. Il y a, au contraire, des solutions colloïdales (certaines solutions de sulfure d'arsenic par exemple) qui, à de forts grossissements, laissent apercevoir au microscope des particules. Examinées à l'*ultramicroscope*, instrument qui permet de reculer la limite de visibilité du microscope ordinaire, presque toutes les solutions colloïdales connues montrent des particules dont les dimensions d'ailleurs variables sont de l'ordre du cent millième de millimètre environ. Les filtres ordinaires laissent passer ces particules, mais à l'aide de papier ou d'étoffes imprégnées de solutions de gélatine plus ou moins concentrées on peut constituer des filtres plus ou moins serrés, qui retiennent ou non certains colloïdes. Ainsi tel de ces filtres, rempli d'une solution colloïdale de bleu de Prusse additionnée d'une solution d'oxyhémoglobine (mélange verdâtre) retiendra à la fois les deux colloïdes et ne laissera passer que de l'eau, tel autre retiendra le bleu de Prusse et laissera passer l'hémoglobine, c'est-à-dire un liquide rouge. C'est l'expérience dite de l'*ultrafiltration* des colloïdes (Bechhold).

Si l'on fait passer un faisceau d'une lumière intense à travers de l'eau pure, ou à travers la solution d'un sel alcalin, un observateur placé latéralement n'aperçoit pas la trace du faisceau à travers la solution. Ces solutions sont, comme dit Spring, *optiquement vides*. Avec une solution colloïdale, au contraire, cette trace est visible, comme l'est celle d'un faisceau de lumière solaire pénétrant dans une chambre noire et éclairant les poussières en suspension dans l'air. C'est ce que l'on appelle le *phénomène de Tyndall*, nouvelle preuve de l'hétérogénéité des solutions colloïdales.

Cette hétérogénéité n'apparaît que pour les molécules suffisamment grosses. Ainsi dans la série des sels de soude des acides gras, dont les termes supérieurs, les savons ordinaires, donnent des solutions nettement colloïdales, on voit le caractère colloïdal apparaître pour le $6^e$ terme, le caproate de potassium, tandis que la solution du valérianate de potassium, qui est en $C^5$, est encore optiquement homogène (A. Mayer, Schœffer et Terroine).

2° Un corps en solution vraie abaisse le point de congélation au-dessous, et élève le point d'ébullition au-dessus de ceux du solvant pur. Au contraire, le point de congélation et le point d'ébullition d'une solution colloïdale ne diffèrent respectivement du point de congélation et du point d'ébullition du solvant pur que d'une quantité à peine supérieure aux erreurs d'expérience. Le glycogène bien pur ne donne aucun abaissement cryoscopique ($M^{me}$ Gatin).

3° Les solutions colloïdales artificielles, par exemple celles de silice ou de sulfure d'arsenic dont il a été question plus haut, finissent toujours, surtout lorsqu'elles renferment encore des quantités notables de sels, par abandonner sous la forme de gelée ou de flocons le colloïde qu'elles renferment. L'addition d'un électrolyte, sulfate de sodium, sel marin, détermine une coagulation immédiate. On distingue à cet égard les colloïdes instables, comme la silice ou le sulfure d'arsenic, qui sont précipités par de petites quantités de sels, des *colloïdes stables*, comme les matières albuminoïdes, la gomme, etc..., qui exigent pour leur précipitation des quantités de sel considérables.

**Constitution des solutions colloïdales.** Plusieurs hypothèses ont été proposées pour rendre compte de l'état colloïdal. Les uns admettent que le colloïde constitue une solution véritable, mais expliquent les caractères ci-dessus par la grandeur de la molécule de ces corps[1]. Pour d'autres, le solvant (c'est-à-dire, pour une solution d'albumine, l'eau) imbibe et gonfle le colloïde dans lequel il se dissout en le fluidifiant. D'autres enfin assimilent les solutions colloïdales à des *suspensions fines*, et c'est cette théorie qui paraît rallier le plus de suffrages.

Du moins est-ce là l'hypothèse qui fournit provisoirement l'explication la plus commode des faits observés. Le colloïde est suspendu dans le

---

1. Dans les solutions colloïdales de corps à molécule petite, comme la silice $SiO^2$, on admet l'existence de molécules condensées $(SiO^2)n$, $n$ étant sans doute très grand. On appelle ces associations de molécules des *micelles*. Quelques auteurs admettent que le caractère commun de toutes les solutions colloïdales est de renfermer, non des molécules libres, mais des micelles (J. Duclaux).

liquide à l'état de fines granulations; de là l'image que l'on aperçoit à l'ultramicroscope, et l'hétérogénéité que révèle le phénomène de Tyndall. Comme il s'agit d'une *suspension* et non d'une *solution*, on comprend que ni le point de congélation, ni le point d'ébullition du solvant ne soient modifiés, et, lorsqu'ils le sont un peu, les impuretés salines, dont il est impossible de débarrasser complètement le colloïde, expliquent suffisamment les faibles valeurs observées. On peut d'ailleurs préparer des « solutions » ayant tous les caractères des solutions colloïdales, et qui sont sûrement des suspensions, en faisant éclater des étincelles électriques entre deux électrodes d'or, de platine, d'argent... plongées dans l'eau. Le métal, arraché aux électrodes en fines particules, reste suspendu dans le liquide, et l'on a ainsi une solution colloïdale qui peut subsister pendant des années. Au surplus, même de simples émulsions de poudres fines, comme le kaolin avec de l'eau (*suspensions colloïdales*) sont relativement stables et présentent les principales propriétés des solutions colloïdales.

Quant à la stabilité des solutions colloïdales, on l'explique en admettant que les granules en question sont tous porteurs d'une charge électrique de même signe, de telle sorte que, se repoussant réciproquement, ils n'ont aucune tendance, aussi longtemps que dure cet état, à s'agglomérer, c'est-à-dire à se précipiter en flocons.

Cette hypothèse est vérifiée par l'expérience du *transport électrique des colloïdes*. Ceux-ci sont, en effet, portés par le courant soit au pôle positif (colloïdes négatifs), soit au pôle négatif (colloïdes positifs), et là le colloïde se précipite, apparemment parce qu'il se décharge au contact de l'électrode. On explique de la même façon la précipitation (coagulation) des colloïdes (instables) par les sels. Ceux-ci sont, en effet, dissociés par l'eau en ions positifs et en ions négatifs, et l'on explique la coagulation en admettant qu'il y a neutralisation de la charge électrique des granules du colloïde par la charge de signe contraire de l'ion positif ou négatif. Pareillement les rayons $\beta$ du radium, qui sont chargés négativement, précipitent un colloïde positif, tel que l'hydrate ferrique, et laissent intact un colloïde négatif, tel que l'argent colloïdal (Hardy; V. Henri et A. Mayer).

Enfin, on constate aussi que deux colloïdes de signe contraire se précipitent réciproquement en formant ce que l'on a appelé des *complexes colloïdaux* (V. Henri et A. Mayer). Ainsi l'hydrate ferrique colloïdal qui est positif, est précipité par le sulfure d'arsenic colloïdal qui est négatif. On a mis à profit cette propriété pour éliminer les colloïdes contenus dans une dissolution, par exemple pour se débarrasser des protéiques du sérum ou du sang en vue du dosage du sucre dans cette humeur. Ici il faut se rappeler que les albumines sont positives en milieu acide et négatives en milieu alcalin. Aussi le sérum naturel (alcalin) peut-il être débarrassé d'albumine par addition d'hydrate ferrique lequel est positif, tandis qu'on ne peut employer pour cette précipitation les suspensions colloïdales de kaolin ou de mastic dans de l'eau, lesquelles sont négatives, qu'après avoir acidulé le sérum afin d'en charger l'albumine positivement.

**Variation de composition des colloïdes.** — Chaque fois que l'on précipite un colloïde au moyen d'un sel, on constate que le précipité contient une partie de l'agent précipitant. Une partie des ions ainsi fixés seraient chimiquement combinée au colloïde — encore n'est-on pas d'accord sur ce point — une autre partie est simplement absorbée ou adsorbée (*combinaison d'adsorption*). Il semble que l'électrolyte se partage entre le colloïde et le liquide, comme on voit une substance se partager entre deux dissolvants non miscibles, l'eau et l'éther par exemple. Il y a déjà longtemps, d'ailleurs, qu'en teinture on a rapproché la fixation des couleurs — dont beaucoup sont des colloïdes — d'une dissolution (« dissolution solide ») du colorant dans le tissu, laquelle obéirait à la loi des partages d'une substance entre deux solvants.

On admet en général que déjà avant la précipitation, toute substance ajoutée à une solution colloïdale se partage entre le liquide intergranulaire et les granules, dont la composition varierait donc chaque fois que varie celle du liquide, et d'une manière continue, c'est-à-dire sans suivre la loi chimique des proportions définies. Cette action sur les granules se manifeste d'ailleurs par des signes visibles au microscope. La coagulation d'un colloïde est, en effet, toujours précédée d'un accroissement de volume des granules. Or, quand on ajoute à un colloïde une quantité de sel insuffisante pour provoquer la coagulation, on voit les granules augmenter de volume par la réunion de plusieurs d'entre eux, en même temps que varient la viscosité, la conductivité, etc., du liquide.

Tels sont les caractères généraux des solutions colloïdales. Ajoutons que la description qui précède et qui correspond surtout aux colloïdes artificiels, ne s'applique pas exactement aux colloïdes albumineux, ni d'une manière générale aux colloïdes protoplasmiques, albumines, lécithines, cholestérines, glycogène, etc. L'étude physico-chimique de ces corps, particulièrement difficile, est encore peu avancée, notamment en ce qui concerne l'action des sels, les précipitations réciproques des colloïdes, etc., et il ne serait pas possible de faire rentrer les particularités actuellement connues de leur histoire dans le cadre d'un exposé d'ensemble élémentaire. On se contentera de signaler quelques-unes de ces particularités au cours de ce livre, là ou elles pourront servir à expliquer quelque autre phénomène de la vie.

Bornons-nous à noter ici que tout protoplasma est essentiellement un amas de colloïdes, que toutes les parois de cellules, que toutes les membranes qui cloisonnent l'organisme en tous sens sont constituées par des colloïdes, que presque tous les liquides qui circulent d'un organe à l'autre ou qui baignent les cellules, sang, lymphe, chyle, sucs cellulaires... sont des solutions de colloïdes, que par conséquent aucune réaction chimique, aucun échange ne peut s'opérer dans l'organisme, sans que des colloïdes interviennent dans l'opération, et concluons que toute explication des phénomènes de la vie cellulaire exigerait au préalable une connaissance précise de l'état colloïdal. Nous verrons dans un autre chapitre dans quelle mesure ce que l'on sait des colloïdes en général, et des colloïdes protoplasmiques en particulier, peut contribuer à une telle explication (p. 106).

## § V. — CLASSIFICATION DES MATIÈRES PROTÉIQUES.

Une classification scientifique des matières protéiques, c'est-à-dire qui tiendrait compte de la constitution chimique de ces corps, n'est pas encore possible aujourd'hui. Il faut se contenter de classifications provisoires, dont les cadres sont fournis à la fois par des caractères purement extérieurs, comme la solubilité, par l'origine du protéique ou son rôle physiologique, et par sa composition et ses produits de dédoublement. En voici une qui nous paraît bien adaptée à l'état actuel de nos connaissances [1].

MATIÈRES PROTÉIQUES (OU PROTÉINES) :

1° *Protamines* : Salmine, sturine, clupéine, cycloptérine, etc.

2° *Histones* : Protéiques précipitables par l'ammoniaque.

3° *Albumines* : Ovalbumine, sérum-albumine.

4° *Globulines* : Ovoglobuline, sérum-globuline, fibrine, myosine.

5° *Phosphoprotéines* : caséine, caséogène, vitellines (anciens paranucléoprotéides).

6° *Albumoïdes* ou *scléroprotéines* : Kératine, élastine, collagène, gélatine, etc.

7° *Protéides* ou *protéines conjuguées* :

    *a*) *Nucléoprotéides*.

    *b*) *Glycoprotéides* : Mucines, mucoïdes.

    *c*) *Chromoprotéides* : Oxyhémoglobines, hémoglobines, etc.

8° *Dérivés des protéines*.

    *a*) Matières protéiques coagulées.

    *b*) Alcali-albumines et acidalbumines.

    *c*) Albumoses.

    *d*) Peptones.

    *e*) Polypeptides.

---

1. C'est à peu près la classification proposée au dernier Congrès international de physiologie par la Commission anglaise. On a aussi proposé des classifications purement biologiques (J. Carracido).

Il serait sans intérêt de décrire ici les caractères différentiels de tous ces protéiques. Le lecteur les trouvera dans les traités d'analyse chimique appliquée à la physiologie. Nous nous contenterons de donner dans ce qui suit quelques renseignements d'ordre général, qui nous seront nécessaires dans la suite.

Les *protamines* n'ont été extraites jusqu'à présent que du sperme de divers poissons, où elles existent en combinaison avec l'acide nucléique (Miescher). Les mieux connues sont la salmine du saumon, la clupéine du hareng, la sturine de l'esturgeon, etc. (Kossel). Ce sont des corps solubles dans l'eau, à réaction alcaline, et donnant quelques-unes des réactions générales des matières protéiques. Ils sont exempts de soufre ; ils renferment jusqu'à 30 p. 100 d'azote (soit donc beaucoup plus que les albumines et les globulines par exemple) et ils fournissent par hydrolyse une forte proportion de bases hexoniques. Ainsi la salmine contient environ 87 p. 100 de son azote à l'état d'arginine. Le reste est représenté par un peu de proline, de sérine et d'acide aminovalérianique. Kossel considère ces corps comme de petits albuminoïdes, des albuminoïdes simplifiés.

Les *histones* font la transition entre les protamines et les albumines. La première en date a été extraite des globules rouges nucléés du sang d'oie (Kossel). Elles ne contiennent pas plus d'azote que les albumines (de 16,5 à 19,8 p. 100), mais une forte proportion de cet azote est représenté par des bases hexoniques. La principale caractéristique analytique de ces corps est d'être précipités par l'ammoniaque. Les contours de cette famille sont encore très indistincts.

Les *albumines* sont solubles dans l'eau distillée, dans les solutions étendues de sels alcalins ou alcalino-terreux, et ces solutions peuvent être étendues ou dialysées sans qu'il y ait précipitation de la matière protéique. Au contraire les *globulines* sont insolubles dans l'eau distillée, solubles dans les solutions étendues des mêmes sels, et ces dissolutions sont partiellement précipitées par la dilution ou la dialyse.

Les *phosphoprotéines* ont été souvent appelées paranucléoprotéides, dénomination doublement impropre, car ces corps n'ont rien de commun avec les noyaux cellulaires et ne sont pas des protéides, mais des albumines phosphorées. Nous préciserons cette distinction à l'occasion de l'étude des nucléoprotéides véritables.

Dans les *albumoïdes* ou *scléroprotéines* on a fait rentrer les protéiques d'origine squelettique, c'est-à-dire des substances de soutien, telles que la kératine de la corne, l'élastine, le collagène de l'os, la spongine de l'éponge, la fibroïne de la soie. Une connaissance plus approfondie des produits de décomposition de ces corps montrera sans doute que ce groupe est très hétérogène.

Les principaux *dérivés des protéines*, albumoses, peptones, polypeptides, ont déjà été définis précédemment. Les *protéides* ou *protéiques conjugués* le seront dans le chapitre suivant.

Dans la classification qui précède les mots « matières protéiques » ou « protéines » désignent donc l'ensemble de toute les substances de cette classe de composés. L'expression « matières albuminoïdes » est prise aussi par beaucoup d'auteurs dans le même sens; pour d'autres elle désignent plus spécialement le groupe des protéiques qui se rangent autour de l'albumine de l'œuf (p. 23). Enfin dans le langage physiologique courant on dit souvent « les albumines » ou même simplement « l'albumine » d'une ration par exemple, pour désigner l'ensemble des protéiques très divers de cette ration.

# CHAPITRE III

## LES MATIÈRES PROTÉIQUES

### LES PROTÉIDES. — LES NUCLÉOPROTÉIDES.

Parmi les matières protéiques qui constituent les tissus animaux nous avons distingué la catégorie des *protéides* ou *protéines conjuguées*. Ces corps comprennent les *chromoprotéides*, les *glycoprotéides*, et les *nucléoprotéides*. Ils sont constitués par l'union d'une protéine avec un autre complexe, non albumineux, qui peut être de nature très variable, et que l'on a appelé le *groupe prosthétique*.

1° Le type des *chromoprotéides* est l'oxyhémoglobine des globules rouges du sang, que les acides, les alcalis ou la chaleur dédoublent en une matière protéique, la globine, et en un pigment ferrugineux, l'hématine :

$$\text{Oxyhémoglobine} \dots\dots\dots \begin{cases} \text{Globine.} \\ \text{Hématine.} \end{cases}$$

Ces chromoprotéides, qui sont tous des dérivés de l'oxyhémoglobine, seront étudiés en même temps que le sang.

2° Pareillement les *glycoprotéides* sont formés d'une protéine et d'un complexe hydrocarboné ; mais ici le dédoublement en protéine et en groupe prosthétique est moins facile qu'avec les chromoprotéides et les nucléoprotéides. Il faut l'ébullition prolongée avec les acides pour séparer complètement le complexe hydrocarboné, et l'on doit se demander, comme le fait avec raison

Abderhalden, si vraiment ce complexe a dans la molécule la même valeur que l'hématine dans l'oxyhémoglobine. Il est possible que les glycoprotéides soient, non des protéines conjugées, mais des protéines simples, contenant comme beaucoup d'entre celles-ci — comme l'ovalbumine, par exemple — un noyau hydrocarboné (p. 28), avec cette seule différence qu'au lieu de représenter 10 p. 100 au plus, ce noyau fait jusqu'à 30 p. 100 de la molécule.

Notons que ces glycoprotéides sont l'une des formes que prennent les réserves en hydrates de carbone dont dispose l'organisme, et nous verrons qu'un inventaire exact de ces réserves est l'un des côtés les plus difficiles des problèmes qui se posent à propos de la production du glycose dans l'organisme (p. 356 et s.).

Voici quels sont les divers groupes de glycoprotéides que l'on a distingués.

Les *mucines* (mucine de la muqueuse bronchique, des glandes salivaires, de l'escargot, etc.) et les *mucoïdes* ou *mucinoïdes* (mucoïde du blanc d'œuf, pseudo-mucine ou métalbumine des kystes ovariques, etc.) ont tous fourni par hydrolyse le même corps hydrocarboné, la *glycosamine*, c'est-à-dire le sucre aminé déjà trouvé dans d'autres protéines. Seule la mucine du frai de grenouille a donné la *galactosamine*. On ignore d'ailleurs si ces deux corps constituent respectivement à eux seuls le groupe prosthétique de ces protéides.

Les *chondroprotéides* fournissent par hydrolyse un éther acide de l'acide sulfurique, l'*acide-chondroïtine-sulfurique*, dont la constitution n'est pas encore établie. Dans ce groupe rentrent le *chondromucoïde* du cartilage et l'*amyloïde* des tissus ayant subi la dégénérescence dite amyloïde.

3° Les *nucléoprotéides* résultent de l'association d'une protéine avec un complexe phosphoré, la *nucléine*, mais comme cette dernière est décomposable aussi en une protéine et en un acide phosphoré, l'*acide nucléique*, c'est cet acide qui représente finalement le groupe prosthétique spécifique des nucléoprotéides (F. Miescher, Kossel).

On ne sait presque rien sur la partie protéique de ces corps ; seul le composant nucléique a été bien étudié, et c'est parce que l'histoire de ce composant constitue aujourd'hui l'un des chapitres les plus intéressants de la physiologie des échanges nutritifs, qu'une étude particulière des nucléoprotéides s'impose ici.

## *Les nucléoprotéides*.

Ces corps constituent sans doute presque toute la masse des noyaux cellulaires, à tel point que dans des cellules fortement nucléées, comme dans les leucocytes du thymus, on trouve pour 100 parties de substance sèche jusqu'à 77 p. 100 de nucléoprotéides pour 1,8 p. 100 seulement d'autres protéines. Ils représentent aussi une partie importante de la tête des spermatozoïdes (jusqu'à 96 p. 100 dans le sperme de saumon). Enfin on les trouve d'une manière constante dans toutes les cellules végétales. Or, le noyau joue dans toute la vie cellulaire un rôle dont l'importance est démontrée par nombre d'observations histologiques; il suit de là que les constituants chimiques principaux de ce noyau, les nucléoprotéides, doivent remplir sans doute un rôle biologique éminent. A la vérité ce que nous savons de la chimie de ces composés ne nous a appris que peu de chose sur leurs fonctions dans la cellule. Tout l'intérêt que présente leur étude se concentre actuellement sur leurs produits de dégradation, parce que les plus caractéristiques d'entre ces produits conduisent à l'acide urique, dont le rôle pathogénique est si considérable.

Dans les nucléoprotéides le groupe prosthétique, l'acide nucléique, est lié à des protéines de diverses catégories : 1° à des *protamines* dans les têtes des spermatozoïdes de diverses espèces de poissons (saumon, esturgeon, hareng) ; à des *histones* dans le sperme de la morue, de l'oursin ; à des *protéines* véritables, dans le sperme et dans les noyaux cellulaires des animaux supérieurs. Ce sont ces derniers que nous étudions ci-après. Ajoutons immédiatement qu'il est probable qu'aucun nucléoprotéide n'a encore été isolé à l'état de pureté, et que tout ce qui a trait aux premières étapes du dédoublement de ces corps est encore très obscur.

Les *nucléoprotéides* sont insolubles dans l'eau, mais solubles dans les alcalis étendus qu'ils neutralisent parfaitement. Ce sont donc des corps à fonction *acide*. La pepsine chlorhydrique les dédouble en une protéine qui est peptonisée, et en un corps insoluble que F. Miescher a appelé *nucléine*, et qui contient jusqu'à 5 p. 100 de phosphore, tandis que le nucléoprotéide primitif n'en renferme que 0,5 à 1,6 p. 100 environ.

Les *nucléines* ont un caractère acide encore plus accentué que

celui des nucléoprotéides ; elles résistent, en général au suc gastrique, mais elles sont dédoublées par les alcalis en une matière
albuminoïde et en un *acide nucléique* qui contient tout le phosphore du protéide primitif. On représente généralement ces deux
dédoublements successifs par le schéma que voici :

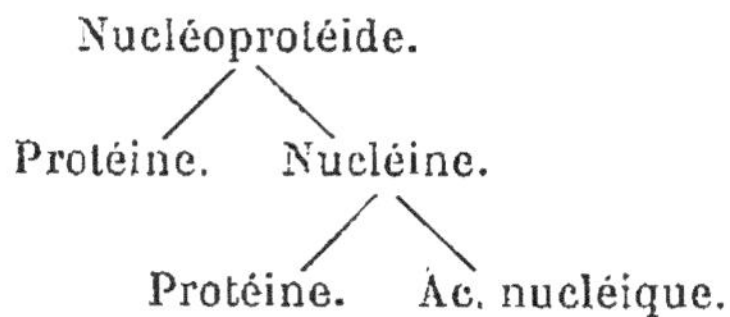


Mais il serait peut-être plus sage de dire simplement avec
Steudel qu'on a pu isoler des tissus deux sortes de nucléines,
celles qui contiennent à côté de beaucoup de protéine peu d'acide
nucléique et qu'on appelle d'ordinaire les nucléoprotéides, et celles
qui contiennent moins de protéine et plus d'acide nucléique, les
nucléines.

**Les acides nucléiques.** — Ces acides varient en général d'un
nucléoprotéide à l'autre. La description qui suit s'applique aux
acides nucléiques du thymus et de la laitance de hareng qui se
ressemblent beaucoup. Ce sont des corps à la fois azotés et
phosphorés, renfermant de 8 à 10 p. 100 de phosphore, insolubles
dans l'eau, mais solubles dans les alcalis étendus qu'ils neutralisent
parfaitement. Ce sont donc de véritables acides. Ils précipitent les
protéines en faisant avec elles des combinaisons analogues aux
nucléines. Leur molécule est très complexe puisqu'elle fournit
par l'ébullition avec l'acide sulfurique étendu les produits que
voici : 1° des *bases puriques* (ou bases xanthiques ou encore
nucléiques ou alloxuriques) ; 2° des *bases pyrimidiques* ; 3° des
corps appartenant au groupe des *hydrates de carbone* ; 4° de
*l'acide phosphorique*.

1° Les *bases puriques* qui se forment dans cette hydrolyse sulfurique
sont l'*adénine*, la *guanine*, l'*hypoxanthine* (ou sarcine) et la *xanthine*, mais
contrairement à ce que l'on a admis pendant longtemps, *ces quatre bases
ne préexistent pas toutes dans la molécule*. Celle-ci ne contient en réalité
que l'*adénine* et la *guanine*, dont sortent pendant l'hydrolyse l'hypoxanthine et la xanthine par des réactions dont nous retrouverons l'équivalent physiologique dans l'étude de la dégradation des acides nucléiques
au niveau des tissus (p. 336). Bornons-nous à signaler ici l'intérêt considérable que présentent ces bases en raison de leur parenté chimique
avec l'acide urique.

L'acide urique et les bases puriques dérivent, en effet, d'une substance mère commune, la purine de E. Fischer, dont voici la formule de constitution :

$$
\begin{array}{ccc}
& Az=CH-C-AzH & \\
CH & \quad\quad | & CH \\
& Az \text{———} C-Az &
\end{array}
$$

Purine.

L'*hypoxanthine* et la *xanthine* sont respectivement une monoxypurine et une dioxypurine :

$$
\begin{array}{ccc}
& AzH-CO-C-AzH & \\
CH & \quad\quad | & CH \\
& Az \text{———} C-Az &
\end{array}
$$

Hypoxanthine.

$$
\begin{array}{ccc}
& AzH-CO-C-AzH & \\
CO & \quad\quad | & CH \\
& AzH \text{———} C-Az &
\end{array}
$$

Xanthine.

et l'*acide urique* est une trioxypurine :

$$
\begin{array}{ccc}
& AzH-CO-C-AzH & \\
CO & \quad\quad | & CO \\
& AzH \text{———} C-AzH &
\end{array}
$$

Enfin la *guanine* et l'*adénine* sont respectivement une amino-oxypurine et une amino-purine :

$$
\begin{array}{ccc}
& AzH-CO-C-AzH & \\
C(AzH^2) & \quad\quad | & CH \\
& Az \text{———} C-Az &
\end{array}
$$

Guanine.

$$
\begin{array}{ccc}
& Az=C(AzH^2)-C-AzH & \\
CH & \quad\quad | & CH \\
& Az \text{———} C-Az &
\end{array}
$$

Adénine.

2° Les *bases pyrimidiques* que donne l'hydrolyse acide des acides nucléiques sont la *thymine*, la *cytosine* et l'*uracile*, mais *seules la thymine et la cytosine préexistent dans la molécule*. L'uracile résulte de l'action du réactif sur la cytosine. Ces bases pyridimiques dérivent de la pyrimidine et elles représentent : la thymine une méthyldioxypyrimidine, la cytosine une amino-oxypyrimidine, et l'uracile une dioxypyrimidine.

$$
\begin{array}{ccc}
& Az=CH & \\
CH & & CH \\
& Az-CH &
\end{array}
$$

Pyrimidine.

$$
\begin{array}{ccc}
& AzH-CO & \\
CO & & C-CH^3 \\
& AzH-CH &
\end{array}
$$

Thymine.

$$
\begin{array}{ccc}
& Az=C(AzH^2) & \\
CO & & CH \\
& AzH-CH &
\end{array}
$$

Cytosine.

$$
\begin{array}{ccc}
& AzH-CO & \\
CO & & CH \\
& AzH-CH &
\end{array}
$$

Uracile.

Il est intéressant de constater que la purine et ses dérivés contiennent le noyau pyrimidique accolé à une autre chaîne fermée. Les corps pyrimidiques pourraient donc être dans l'organisme la source des bases puriques et de l'acide urique (p. 342). On s'est demandé aussi si les corps pyrimidiques obtenus dans l'hydrolyse des acides nucléiques ne proviennent pas de la décomposition des bases puriques. Mais cette hypothèse n'a pas été confirmée par l'expérience.

3° La *partie hydrocarbonée* de la molécule est encore très mal étudiée Il est vraisemblable qu'elle est constituée par des corps hydrocarbonés en $C^6$ et qu'elle ne renferme pas de pentose, du moins en ce qui concerne les acides nucléiques du thymus et de la levure (voy. plus bas);

4° Enfin l'acide phosphorique existe peut-être dans ces acides sous la forme d'un acide polymétaphosphorique.

Ce qui précède ne s'applique exactement qu'aux acides nucléiques du thymus et de la levure. D'autres acides nucléiques (de la rate, du pancréas, des reins, de la glande mammaire, du cerveau, du froment, des bacilles tuberculeux, etc.) ont été décrits encore ; ils présentent une composition un peu différente. Ainsi le pancréas fournit un acide nucléique, l'*acide guanylique*, qui ne contient comme base purique que de la guanine et dont le dédoublement a donné une pentose. Enfin le muscle fournit un acide nucléique déjà décrit par Liebig sous le nom d'*acide inosique* ($C^{10}H^{13}Az^4PO^8$). C'est le seul acide nucléique animal connu à l'état cristallisé et dont la formule soit exactement déterminée. L'hydrolyse le dédouble quantitativement en acide phosphorique, en une pentose qui est du l-xylose, et en hypoxanthine. C'est donc le plus simple des acides nucléiques connus.

**Importance biologique des nucléoprotéides.** — Les nucléoprotéides représentent sans doute les édifices moléculaires les plus élévés et les plus compliqués que puisse produire le travail de synthèse des êtres vivants, et comme ils constituent d'autre part le noyau, organe essentiel de la vie cellulaire, leur rôle biologique est à coup sûr capital, bien qu'on ne puisse encore citer à cet égard qu'un certain nombre d'indications plutôt que des faits précis. En voici quelques-unes.

Notons d'abord le *caractère nettement acide* de ces composés, opposé à la réaction alcaline du cytoplasme. La même opposition se retrouve dans les charges électriques des colloïdes nucléoprotéiques qui constituent le noyau et de ceux qui composent la masse du protoplasme, car lorsqu'on soumet à l'action d'un courant électrique des tissus finement broyés, mis en suspension dans de l'eau sucrée, on voit par exemple les têtes des spermatozoïdes riches en nucléines se porter vers l'anode, tandis que les cellules riches en cytoplasme vont vers la cathode (Lillie).

Ce caractère acide explique aussi l'affinité bien connue des noyaux pour les matières colorantes basiques, et pour les substances métalliques. C'est dans les nucléines que Dastre a trouvé le fer de la cellule hépatique. Ce sont les organes riches en noyaux (thymus, pancréas, ganglions, etc.) qui fixent le fer et le mercure injectés dans l'organisme, et lorsqu'on fait agir sur ces tissus la pepsine chlorhydrique, c'est dans le précipité des nucléines que l'on retrouve le métal. L'arsenic ingéré est arrêté de même par les nucléines du foie. D'ailleurs l'arsenic normal, particulièrement abondant dans le corps thyroïde, paraît même remplacer, dans certaines nucléines, le phosphore, son analogue au point de vue chimique (A. Gautier).

Les acides nucléiques ont une *action antiseptique* marquée; en solution à 0,5 p. 100, il tuent les bacilles du choléra en trois à cinq minutes, ceux de la fièvre typhoïde en une heure à une heure et demie. Les nucléines aussi paraissent posséder des actions bactéricides. Or il existe dans les tissus des diastases (nucléases) qui dédoublent les nucléoprotéides avec mise en liberté d'acides nucléiques.

Notons encore que des substances du groupe des nucléoprotéides paraissent jouer un rôle important dans le phénomène de la *coagulation du sang*. Enfin on a déjà indiqué plus haut les relations étroites des bases nucléiques (guanine, adénine) avec *l'acide urique*.

**Les para-nucléoprotéides**. — On place d'ordinaire à côté des nucléoprotéides un groupe sans doute très hétérogène de *protéines phosphorées* que l'on a très improprement dénommées *para-nucléoprotéides*[1], car elles n'ont rien de commun avec les noyaux cellulaires. Les principaux représentants de ce groupe sont la *caséine* (ou plutôt les caséines des divers laits), *la vitelline* du jaune des œufs (vitelline de l'œuf de poule, ichtuline des œufs de poissons). Ces composés ne fournissent par hydrolyse ni bases puriques, ni bases pyrimidiques. En dépit de cette différence capitale, on a l'habitude d'établir une sorte de parallélisme entre ces corps et les nucléoprotéides vrais, en admettant que les premiers se décomposent comme les seconds, suivant le schéma de la page 51, c'est-à-dire en donnant successivement une *para-nucléine* (pseudonucléine) et un *acide paranucléique* (pseudonucléique). Mais un tel rapprochement est tout à fait artificiel.

---

1. On les appelle aussi parfois *nucléo-albumines* (Hammarsten).

Une solution limpide de caséine traitée par la pepsine chlorhydrique donne bien un précipité dit de paranucléine, mais dont la composition est très variable et qui ne contient nullement tout le phosphore de la caséine. Avec une pepsine suffisamment active presque tout le phosphore reste en dissolution et souvent même il ne se produit pas de précipité du tout (Salkowski). La notion chimique de paranucléine est donc très mal définie. Celle d'acide paranucléique ne l'est pas mieux (Reh).

La vitelline, dissoute dans l'acide chlorhydrique très étendue et traitée par la pepsine, laisse précipiter un corps phosphoré, que Bunge a appelé *hématogène* et qu'il considère comme la substance mère de l'hémoglobine du futur poulet. Mais ce corps n'est pas une nucléine, car son hydrolyse ne fournit ni bases puriques, ni hydrates de carbone. Les acides le décomposent en un pigment ferrugineux et en acides aminés. Ses allures sont celles d'une hémoglobine embryonnaire non encore différenciée et qu'il est actuellement difficile de classer (Hugounenq).

# CHAPITRE IV

# LES HYDRATES DE CARBONE LES GRAISSES ET LES LIPOIDES

## § I. — LES HYDRATES DE CARBONE.

Les hydrates de carbone, qui constituent la masse principale des tissus végétaux, n'entrent que pour une part minime dans la constitution des tissus animaux et l'on verra qu'ils ne tiennent pas dans ces tissus le rôle éminemment plastique des matières protéiques (p. 131 et 385). Mais ces composés ont une importance considérable au point de vue alimentaire, puisqu'ils apportent les 50 à 70 centièmes de l'énergie que l'organisme dépense par jour.

Sous ce nom d'hydrates de carbone, les chimistes ont réuni pendant longtemps trois classes de composés, les *glycoses* et les *saccharoses*, c'est-à-dire l'ensemble des corps sucrés, et les *amyloses* ou matières amylacées, répondant respectivement aux formules :

| | | |
|:---:|:---:|:---:|
| $C^6H^{12}O^6$ | $C^{12}H^{22}O^{11}$ | $(C^6H^{10}O^5)^n$ |
| Glycoses. | Saccharoses. | Amyloses[1]. |

Comme ces formules peuvent être écrites $C^6(H^2O)^6$, $C^{12}(H^2O)^{11}$ et $[C^6(H^2O)^5]^n$, on voit qu'à côté du carbone ces composés contiennent l'hydrogène et l'oxygène suivant les mêmes proportions que dans l'eau, d'où ce nom d'*hydrates de carbone*.

Les glycoses rentrent dans la catégorie des *monosaccharides*, c'est-à-dire que ces corps ne sont pas dédoublables en molécules sucrées plus petites. Les saccharoses sont, au contraire, des

1. Voy. la note 1 de la page 59.

*disaccharides*, car par fixation d'une molécule d'eau ils sont dédoublables en deux monosaccharides. Enfin les amyloses sont des *polysaccharides*, car l'hydrolyse les défait en un plus grand nombre de monosaccharides.

La dénomination d'hydrates de carbone ne résume pas une définition scientifique de cette catégorie de corps, car d'une part il existe des composés, les acides acétique et lactique par exemple, dans lesquels l'hydrogène et l'oxygène sont contenus suivant les mêmes proportions que dans l'eau et qui cependant ne sont pas des hydrates de carbone, et d'autre part on connaît aujourd'hui des sucres comme le rhamnose, où l'hydrogène et l'oxygène sont associés suivant un autre rapport que dans l'eau, et que leurs propriétés font néanmoins rentrer dans la famille des hydrates de carbone. On a cru aussi que les hydrates de carbone renferment tous 6 atomes de carbone ou un multiple de 6 atomes, mais il existe en réalité des sucres qui contiennent moins de 6, ou au contraire 7, 8 ou 9 atomes de carbone. Enfin on ne peut pas caractériser les hydrates de carbone par des réactions spécifiques, qui leur soient communes à tous, de sorte qu'il est difficile de donner une définition précise de cette classe de composés. Bornons-nous à rappeler qu'au point de vue chimique les monosaccharides sont des corps à fonction d'aldéhydes ou d'acétone, dérivant d'alcools polyatomiques, et que les di- et les polysaccharides sont des anhydrides des précédents.

On n'entend pas décrire ici tous les hydrates de carbone qui intéressent le biologiste, mais seulement définir et classer ceux que l'on rencontre dans les tissus animaux et ceux qui ont pour l'homme une valeur alimentaire.

**Les monosaccharides.** — Dans cette famille nous n'avons à tenir compte ici que des *glycoses en général* ou *hexoses*, et secondairement des *pentoses*.

Les *glycoses* ou *hexoses*, $C^6H^{12}O^6$, sont des dérivés aldéhydiques (aldo-hexoses) ou acétoniques (céto-hexoses) d'alcools polyatomiques (sorbite, dulcite, mannite) :

| | |
|---|---|
| Glycose [1] Galactose [1] | $CH^2OH-CHOH-CHOH-CHOH-CHOH-COH.$ |
| Lévulose | $CH^2OH-CHOH-CHOH-CHOH-CO-CH^2OH.$ |

Ces trois hexoses, glycose ordinaire, lévulose et galactose, les seuls qui nous intéressent au point de vue de la physiologie animale, figurent tantôt primitivement dans nos aliments, le glycose et le lévulose notamment dans les fruits et dans le miel, tantôt et

---

1. Le glycose et le galactose étant des stéréo-isomères, leurs différences de structure n'apparaissent pas dans les formules simplifiées que nous donnons ici.

plus abondamment ils prennent naissance dans le tube digestif par le dédoublement des saccharoses et des amyloses (voy. plus loin), en sorte que ce type $C^6H^{12}O^6$ représente finalement la forme sous laquelle la totalité presque des hydrates de carbone alimentaires arrive à l'absorption. Signalons encore un dérivé intéressant du glycose et que l'on rencontre dans l'organisme, l'*acide glycuronique* : COOH-CHOH-CHOH-CHOH-CHOH-COH.

. Les *pentoses*, $C^5H^{10}O^5$, ne sont pas contenus comme tels dans nos aliments, mais les tissus végétaux sont très riches en anhydrides des pentoses, les *pentosanes*, dont le rôle dans l'alimentation des herbivores est certainement considérable. Le foin, par exemple, contient environ 22 p. 100 de pentosanes. Mais comme ces corps n'entrent pas en ligne de compte dans notre nourriture, il n'y aurait pas lieu d'en parler ici, si des pentoses n'avaient pas été rencontrés chez l'homme. Le premier en date est un *arabinose* que l'on a trouvé dans une douzaine de cas dans l'urine humaine. Cette *pentosurie* est une anomalie des échanges nutritifs qui ne présente pas le même intérêt que le diabète, car elle est compatible avec la meilleure santé (Salkowski, Neuberg). On a trouvé ensuite du *l-xylose* parmi les produits d'hydrolyse de divers acides nucléiques (Hammarsten). Ce sont les deux seuls pentoses de nos tissus actuellement bien caractérisés. On ne sait rien encore sur la signification physiologique de ces corps.

**Les disaccharides.** — Ces composés doivent être considérés comme résultant de la soudure de *deux* hexoses identiques ou différents, avec élimination d'une molécule d'eau. En effet, ils se dédoublent par hydratation en deux molécules du type $C^6H^{12}O^6$. Tels sont le *saccharose ordinaire* ou sucre de canne ou de betterave, dédoublable par hydrolyse en glycose et en lévulose, le *lactose* ou sucre de lait, dédoublable en glycose et en galactose, et le *maltose*, dédoublables en deux molécules de glycose. Exemple :

$$C^{12}H^{22}O^{11} + H^2O = C^6H^{12}O^6 + C^6H^{12}O^6.$$

Saccharose.      Glycose.      Lévulose.

Parmi ces disaccharides, le saccharose et le lactose sont abondamment représentés dans nos aliments. Quant au maltose, nos rations ne nous en apportent qu'exceptionnellement, mais nous verrons qu'il s'en forme de grandes quantités au cours de la digestion des amyloses, et comme ces trois dissaccharides sont en outre dédoublés par les sucs digestifs en hexoses — glucose, lévulose et galactose — c'est finalement sous la forme $C^6H^{12}O^6$ qu'ils sont offerts à la nutrition des cellules.

**Les polysaccharides.** — De même que les dissacharides résultent de la condensation de *deux* molécules d'hexoses par soustraction *d'une* molécule d'eau, de même les polysaccharides sont formés par l'union de $n$ molécules d'hexoses avec départ de $n$-1 molécules d'eau [1]. Parmi ces corps figurent les diverses variétés de dextrine, les amidons et les celluloses, $n$ ayant pour ces divers composés une valeur très élevée et sans doute croissante quand on va des dextrines aux celluloses. Ces polysaccharides sont très abondamment représentés dans les tissus végétaux, les amidons comme matériaux de réserve, les celluloses comme substances de soutien, mais leurs relations réciproques sont encore très mal connues.

Une acquisition très importante a été faite cependant en ce qui concerne l'amidon. Maquenne et Roux ont montré que ce corps est un mélange de deux substances. L'une, la matière amylacée vraie, l'*amylose*, on dirait mieux *les amyloses*, car il en existe certainement toute une série, est contenue dans l'amidon naturel à un état insoluble qui caractérise l'amidon cru, et elle passe dans l'emploi à l'état de dissolution. A cet état le malt la transforme intégralement en maltose, mais il ne l'attaque pas quand elle est à l'état insoluble. L'autre composant, l'*amylopectine*, est une substance mucilagineuse, insoluble, non colorable par l'iode. C'est elle, et non l'amylose, qui confère à l'amidon la propriété de donner des empois, des gelées. Le malt la liquéfie, sans doute par une diastase spéciale, différente de l'amylase ou diastase saccharifiante [2] et qui parait se produire au cours de la saccharification, et si le malt est suffisamment actif, il transforme finalement l'amylopectine en maltose. Cette pectine est sans doute la source des dextrines que l'on voit apparaître au cours des saccharifications incomplètes par le malt. Quoi qu'il en soit, voici donc démontré que l'amidon naturel tout entier descend par hydratation jusqu'au maltose, et comme celui-ci est dédoublable dans l'organisme en glycose, c'est encore au type $C^6H^{12}O^6$ que les amyloses aboutissent avant d'être offertes comme aliment aux cellules.

Dans les tissus animaux les polysaccharides ne sont représentés que par le *glycogène*, sorte de dextrine animale déposée surtout dans le foie et le tissu musculaire et dont on verra plus loin le rôle considérable dans les phénomènes de la nutrition. Au moment où ces divers tissus sont consommés par l'homme, le glycogène,

1. C'est pour cette raison que la formule exacte des amyloses ne peut pas être $(C^6H^{10}O^5)^n$ mais bien $(C^6H^{12}O^6)^n — (n — 1)H^2O$, ou $(C^6H^{10}O^5)^n,H^2O$, comme le fait remarquer très justement Maquenne, mais $n$ est si grand, que le poids de cette molécule d'eau n'influe pas sur les résultats de l'analyse et que pratiquement on peut représenter les amyloses par la formule $C^6H^{10}O^5$.

2. En chauffant le malt à 80°, on détruit la distance saccharifiante et on ne laisse subsister que l'agent liquéfiant (L. Maquenne et E. Roux).

d'ailleurs peu abondant, a déjà presque entièrement disparu. Aussi ne consommons-nous guère comme polysaccharides que les diverses variétés d'amidons (amidons et fécules) qui figurent en si grandes quantités dans la partie végétale de notre ration sous des formes microscopiques diverses.

Enfin les diverses variétés de *cellulose*, si abondantes dans les végétaux sont sans doute un aliment important pour les herbivores, mais elles sont à peu près dépourvues à ce point de vue de toute valeur pour l'homme.

**Les glycosides.** — On sait que les glycosides sont des corps dédoublables en glycose, d'une part, et en des corps divers, gras ou aromatiques, d'autre part. Un type bien connu de glycoside est par exemple l'amygdaline, dont le dédoublement fournit du glycose, de l'essence d'amandes amères et de l'acide cyanhydrique. Les tissus végétaux contiennent des représentants extrêmement nombreux de ces corps, mais dans les tissus animaux aussi on trouve des corps rentrant dans cette catégorie. Ainsi la *cérébrine*, constituant azoté complexe de la masse cérébrale, est dédoublée par hydrolyse en galactose et en d'autres corps encore mal connus. Les glycoprotéides (mucines et mucoïdes) qui fournissent par hydratation de la glycosamine ou de la galactosamine, c'est-à-dire des sucres aminés, les quelques protéines qui se comportent de même, enfin les acides nucléiques qui donnent par dédoublement des hydrates de carbone sont aussi des corps glycosidiques. L'inventaire de tous ces composés est loin d'être complet, et c'est ce qui rend si difficile et si incertaine l'évaluation précise de la grandeur des réserves en sucre dont l'organisme peut disposer à un moment donné. Or, dans les recherches sur la production du glycose dans l'organisme, la question d'une telle évaluation se pose à chaque pas (voy. p. 353, 356, 360).

**Produits de décomposition des hydrates de carbone.** — Il est intéressant de passer en revue, comme nous l'avons fait pour les matières protéiques, les produits de la simplification progressive des hydrates de carbone *in vitro* et sous l'action de divers agents, non pas pour en tirer des conclusions sur la constitution de ces corps, qui à cet égard sont bien connus, mais pour savoir en quels fragments se disloquent de préférence ces molécules, et pour prévoir ainsi quels seront les produits de leur désintégration dans l'organisme. On vient de dire que c'est sous la forme du type glycose, $C^6H^{12}O^6$, que les hydrates de carbone commencent réellement leur rôle alimentaire. Voyons donc en quels fragments cette molécule se résout de préférence *in vitro*.

Traité par les alcalis le glycose fournit jusqu'à 60 p. 100 de son poids d'*acide lactique*. Sous l'action des alcalis et de la lumière .

solaire, il produit de l'*alcool* et de l'*acide carbonique* (Duclaux).
Or, ces étapes, acide lactique, alcool et acide carbonique, nous les
trouvons aussi dans la dégradation du sucre par les organismes
inférieurs. En effet, le ferment lactique dédouble le sucre en acide
lactique ; la levure de bière aussi en fait d'abord, sinon de l'acide
lactique, comme on l'a cru pendant quelque temps, du moins un
produit intermédiaire (peut-être la dioxyacétone), isomère ou
voisin de cet acide, puis, dans une seconde étape, il y a dédoublement de ce produit en alcool et en acide carbonique[1]. On
peut donc dire de ces divers fragments de la molécule des sucres
ce que nous avons dit plus haut de ceux de la molécule des protéiques (p. 32), à savoir qu'ils représentent des stations où la
molécule des sucres fait halte un instant dans sa descente progressive vers les déchets les plus simples, et qu'il est logique de
prévoir que ces produits pourront apparaître aussi dans la vie des
organismes supérieurs. C'est ce que nous verrons plus loin.

## § II. — LES GRAISSES.

Depuis les classiques recherches de Chevreul sur la décomposition des corps gras en savons et en glycérine sous l'influence des
alcalis et les belles synthèses opérées par Berthelot en 1854, la
constitution des corps gras naturels est parfaitement établie.

Ces composés sont des éthers triacides de la glycérine, des *triglycé-
rides*, c'est-à-dire qu'ils représentent de la glycérine, alcool triatomique,
dans laquelle l'atome d'hydrogène de chacun des trois oxhydriles
alcooliques a été remplacé par le radical d'un acide gras, celui de l'acide
stéarique par exemple :

$$
\begin{array}{ll}
CH^2.OH & \qquad CH^2.O.C^{18}H^{35}O \\
\mid & \qquad \mid \\
CH.OH & \qquad CH.O.C^{18}H^{35}O \\
\mid & \qquad \mid \\
CH^2.OH & \qquad CH^2.O.C^{18}H^{35}O. \\
\text{Glycérine.} & \qquad \text{Éther tristéarique} \\
& \qquad \text{de la glycérine ou tristéarine.}
\end{array}
$$

On sait aussi préparer synthétiquement des éthers mixtes de la glycérine, comme la palmito-distéarine, et l'on admet en général comme
démontré que de tels éthers existent dans les graisses animales et végé-

---

1. Ce sont là du moins les deux étapes qui paraissent résumer le travail diastasique de la levure.

tales. Quant aux éthers monacides ou diacides, comme la monostéarine ou la distéarine, ils constituent aussi des graisses, mais non point des graisses naturelles.

Par l'action des alcalis, les graisses sont dédoublées, comme tout éther-sel, en leurs deux termes constituants, l'acide gras qui, combiné à l'alcali, se sépare sous la forme d'un *savon*, et la glycérine. C'est l'opération de la saponification :

$$\begin{array}{ccccccc}
CH^2.O.C^{18}H^{35}O & & & & CH^2OH & & \\
| & & & & | & & \\
CH.O.C^{18}H^{35}O & + & 3KOH & = & CHOH & + & 3C^{18}H^{35}O.OK \\
| & & & & | & & \\
CH^2.O.C^{18}H^{35}O & & & & CH^2OH & & \\
\text{Tristéarine.} & & & & \text{Glycérine.} & & \text{Stéarate de potassium} \\
& & & & & & \text{(savon).}
\end{array}$$

Par extension on appelle aussi saponification le dédoublement d'une graisse en ses deux générateurs, acide gras et glycérine, par simple hydratation, bien qu'il se forme ici un acide gras libre et non plus un savon. Un tel dédoublement est produit par l'eau à haute température ou à la température ordinaire par l'action de certaines diastases.

Les acides gras ainsi combinés à la glycérine dans les graisses des animaux supérieurs et dans la plupart des graisses végétales comestibles appartiennent surtout aux deux séries $C^nH^{2n}O^2$ (série acétique) et $C^nH^{2n-2}O^2$ (série oléique), et les plus abondamment représentés sont les acides *palmitique* $C^{16}H^{32}O^2$, *stéarique* $C^{18}H^{36}O^2$ et *oléique* $C^{18}H^{34}O^2$. On a déjà vu que les sels alcalins de ces acides, c'est-à-dire les savons correspondants, donnent avec l'eau des solutions colloïdales (p. 42). Ces solutions sont toxiques (p. 232). Les huiles sont principalement constituées par la trioléine, liquide à la température ordinaire, tandis que les graisses animales comme celle des animaux de boucherie ou de laboratoire sont un mélange en proportions variables de trioléine liquide avec de la tripalmitine et de la tristéarine, solides à la température ordinaire et fusibles, la première à 46° et la seconde vers 60°. C'est des proportions relatives de ces trois glycérides que dépend la fusibilité des graisses naturelles. Ainsi la graisse de chien, qui contient 7/10 d'oléine contre 3/10 de palmitine et de stéarine, commence à fondre déjà à 20° et est liquide à 28-30°, tandis que la graisse de mouton, qui renferme 1/6 d'oléine contre 5/6 de palmitine et de stéarine, commence à fondre à 43° et se liquéfie complètement à 49-51°. La graisse humaine aussi est essentiellement un mélange de ces trois glycérides, avec 65 à 85 p. 100 d'oléine. Dans d'autres graisses, dans le beurre par exemple, il s'ajoute aux glycérides des trois acides précités ceux de petites quantités d'autres acides, soit volatils comme les acides butyrique, caproïque, caprylique et capriques, soit non volatils comme les acides laurique et myristique.

La fusibilité variable des graisses des différentes régions du corps tient aussi aux proportions différentes des trois glycérides qui les constituent principalement. Ainsi chez le porc la graisse sous-cutanée (dos) fond à 33°,8, celle qui entoure le rein à 43°,2, et l'analyse chimique montre que la première est beaucoup plus riche en oléine que la seconde. La température de l'organe considéré exerce une influence directe sur cette fusibilité. Ainsi chez un jeune porc et à une profondeur de 1, 2, 3 et 4 centimètres sous la peau, la température mesurée à l'aide d'aiguilles thermo-électriques a été respectivement de 33°,7, 34°,8, 37° et 39°. Corrélativement on constata que la teneur en oléine augmente et que le point de fusion s'abaisse à mesure que l'échantillon de graisse est prélevé moins profondément sous la peau. Chez deux jeunes porcs, maintenus pendant deux mois, l'un dans un milieu à 30-35°, l'autre dans un milieu à 0°, la graisse sous-cutanée se solidifiait à 24°,2 chez le premier et à 22°,8, chez le second (Henriques et Hansen). On sait au surplus depuis longtemps que le suif des moutons d'Espagne est plus riche en palmitine et en stéarine, et celui des moutons du Nord plus riche en oléine.

On voit donc que là où la température du corps tend à s'abaisser fortement au-dessous de 37°, la graisse prend une composition qui la rend plus facilement fusible, qu'elle devient, au contraire moins fusible là où la température est habituellement plus rapprochée de 37°, circonstance qui assure à ces diverses couches adipeuses sensiblement le même état physique. Cet état est sans doute celui d'une semi-liquidité, là où la graisse doit, comme les parties périphériques faciliter les glissements et amortir les chocs. Sa consistance est probablement plus ferme, parce que sa fusibilité est moindre, là où elle joue le rôle d'une substance de remplissage et de contention, comme dans les régions profondes, autour des reins ou du cœur.

En dépit de ces différences la composition centésimale de la graisse varie peu d'un point à un autre de l'organisme, parce que les trois acides en question diffèrent eux-mêmes très peu dans leur composition. En moyenne les graisses animales renferment : C 76,5, H 12,0 et O 11,5 p. 100. Elles sont donc bien plus pauvres en oxygène, beaucoup plus riches, au contraire, en carbone que les matières protéiques et les hydrates de carbone, circonstance qui explique le pouvoir calorifique considérable de ces composés et leur rôle prépondérant dans la thermogénèse animale (p. 500 et 557).

Il faut remarquer que dans la molécule des graisses, *c'est l'acide gras qui représente la masse de beaucoup la plus considérable*; 100 grammes de graisse fournissent, en effet, par saponification environ 95 grammes d'acides gras et 9 grammes de glycérine. D'ailleurs c'est aussi l'acide gras qui constitue la partie véritablement alimentaire de la graisse.

Le peu que l'on sait sur les étapes de la décomposition des acides gras *in vitro* sera exposé en même temps que la théorie de la β-oxydation de ces acides dans l'organisme (chap. XVIII).

## § III. — LES LIPOIDES.

C'est à l'occasion d'une théorie sur le mécanisme de la perméabilité des membranes d'enveloppe des cellules (p. 122), que ce mot de *lipoïde* a été créé par Overton (1900-1901). Les substances réunies sous cette appellation sont principalement les *lécithines*, les *cholestérines*, le *protagon* et la *cérébrine*. C'est au point de vue chimique une famille tout à fait hétérogène. Seules les lécithines présentent avec les graisses une analogie de structure qui justifierait au point de vue chimique cette dénomination de lipoïde. Mais Overton se plaçait uniquement au point de vue physique : il appelait lipoïdes des corps ayant, d'une manière générale, la propriété d'être des solvants pour le même ensemble de corps (les anesthésiques par exemple) et se comportant quant à ces solubilités à peu près comme les graisses. On peut classer ces corps en lipoïdes phosphorés et lipoïdes non phosphorés.

**Les lipoïdes phosphorés. — Les lécithines. —** Les mieux connus parmi ces lipoïdes phosphorés, ce sont les *lécithines*.

On a rencontré les *lécithines* dans toutes les cellules animales et végétales où l'on s'est appliqué à les rechercher systématiquement, ainsi que dans la plupart des liquides de l'organisme. Chez les animaux elles sont particulièrement abondantes dans les productions génitales (jaune d'œuf, sperme), dans le tissu nerveux et la moelle osseuse, dans le muscle, et surtout dans le cœur, dans le foie, les reins, les globules sanguins, le lait, le pus, les tumeurs malignes, etc.

Les lécithines sont des *acides glycérophosphoriques* modifiés par l'introduction de deux restes d'acides gras, et combinés à une base organique complexe, la *choline*. Ce sont donc des graisses phosphorées. On admet en général que les restes gras en question sont empruntés aux acides palmitique, stéarique et oléique. Une lécithine contient, par exemple, l'acide distéarylphosphoglycérique dont la formule est ci-contre. Mais il est certain que, outre l'acide oléique, d'autres acides non saturés, et notamment l'acide linoléique, fonctionnent dans les lécithines (Cousin). D'autre part, la choline est une base ammoniée complexe, représentant l'hydrate de triméthyloxéthylammonium.

$$CH^2O-C^{18}H^{35}O$$
$$CH-O-PO\begin{smallmatrix}OH\\OH\end{smallmatrix}$$
$$CH^2O.C^{18}H^{35}O$$

Ac. distéarylphosphoglycérique.

$$CH^3, CH^3-Az\begin{smallmatrix}C^2H^4OH\\OH\end{smallmatrix}, CH^3$$

Choline.

Il est probable que la combinaison de l'acide avec la choline a lieu, non par l'intermédiaire de l'oxhydrile basique lié à l'azote, mais par l'oxhydrile alcoolique du groupe $C^2H^4OH$, ce qui veut dire que les lécithines se comportent plutôt comme des éthers que comme des sels de la choline.

Les lécithines sont des produits à aspect cireux, qui se gonflent au contact de l'eau en donnant finalement des solutions colloïdales. Elles possèdent le pouvoir rotatoire. Elles existent dans les tissus et liquides de l'organisme en partie à l'état de liberté, en partie associées à d'autres matériaux et formant alors des corps complexes encore mal définis ou des mélanges comme la *jécorine*, le *protagon*. Ce dernier est peut-être une combinaison de lécithine avec des substances du groupe des cérébrines.

On a admis pendant longtemps que les lécithines ne diffèrent les unes des autres que par la nature des restes d'acides gras substitués dans l'acide glycérophosphorique, mais il semble bien démontré aujourd'hui qu'*une extension de la notion chimique de lécithine s'impose*, et qu'il existe dans les tissus animaux toute une série de corps à allures de lécithines, mais dans lesquels le rapport de l'azote au phosphore n'est pas toujours le même que dans les lécithines ordinaires (c'est-à-dire un atome de P pour un atome de Az). Ce sont ces composés que l'on commence à réunir sous la rubrique générale de *phosphatides*, primitivement proposée par Thudichum. Ainsi il existe vraisemblablement plusieurs phosphatides cérébraux, dont la *céphaline* est l'un des représentants les mieux connus. On en a trouvé aussi dans la bile et dans le jaune d'œuf, à côté de la lécithine ordinaire (Hammarsten, S. Fränkel), dans le muscle (Erlandsen), etc.

**Lipoïdes non phosphorés.** — Ici se placent la *cholestérine* et les lipoïdes glycosidiques comme la *cérébrine*, ou mieux les *cérébrosides*.

La *cholestérine*, $C^{27}H^{45}OH$, accompagne en général la lécithine ; on la rencontre donc dans presque tous les liquides et tissus de l'organisme. Elle est particulièrement abondante dans le cerveau, et surtout dans la substance blanche, dans le jaune d'œuf, le sperme, les lymphocytes du thymus, la bile, etc. Elle est représentée aussi dans le produit des glandes sébacées ; d'une manière générale elle fait partie, soit à l'état libre, soit sous la forme d'éthers, de l'enduit gras qui recouvre entièrement le corps des mammifères [1], des oiseaux, etc., et l'on verra plus loin quelle est, dans ce rôle protecteur, sa supériorité sur les graisses à base de glycérine. Des variétés de cholestérine sont aussi très répandues dans les tissus végétaux et les organismes inférieurs. Enfin on trouve la cholestérine dans nombre de productions pathologiques (calculs biliaires, pus, dilatations athéromateuses, tubercules, liquides kystiques, crachats, etc.). C'est un alcool monovalent, à structure probablement terpénique. Elle est insoluble dans l'eau, mais elle donne avec ce solvant des solutions colloïdales où elle est électronégative, et qui sont précipitées par les solutions salines. On ne pense pas qu'elle soit d'origine protéique; peut-être présente-t-elle quelque parenté chimique avec le radical cholalique des acides biliaires.

La *cérébrine* est un constituant du cerveau, qui contient de l'azote et dont le dédoublement par les acides donne, entre autres corps, du galactose. C'est donc une sorte de glycoside (cérébroside). Elle est peut-être identique avec d'autres produits de même nature retirés du cerveau (cérébrone, pseudo-cérébrine, etc.).

**Rôle des lipoïdes.** — L'ubiquité des lipoïdes, tels que les lécithines et les cholestérines, dans les organismes vivants est à elle seule une preuve indirecte de l'importance biologique de ces corps, qui sont sans doute des *constituants primaires* de la cellule (p. 107). Voici une série d'autres preuves de cette importance; elles ne constituent encore que des indications éparses, mais leur grand intérêt biologique est évident.

La lécithine et la cholestérine, et d'une manière générale les lipoïdes, existent vraisemblablement dans la membrane d'enveloppe des cellules et jouent là par leurs *propriétés physiques* spéciales un rôle considérable, dont voici quelques preuves. On verra que l'action des sels sur les cellules a probablement comme point d'attaque les colloïdes lipoïdiques de cette membrane (p. 75), que l'action de certains agents hémolytiques a été également expliquée par la solubilité des lipoïdes cellulaires (lécithine) dans ces agents (p. 230). De même la perméabilité de la cellule pour les narcotiques paraît être fonction de la solubilité de ces agents dans les lipoïdes de la membrane cellulaire (p. 122). On a remarqué aussi que des corps insolubles dans un milieu deviennent solubles en présence de lipoïdes. Ainsi les venins de serpent et de scorpion, le poison de l'abeille, deviennent solubles dans le chloroforme, quand celui-ci est additionné de lécithine.

---

1. La lanoline extraite du suint qui imprègne la laine des moutons, est un mélange d'éthers de la cholestérine et de cholestérine libre.

Il est intéressant de noter ici ce que l'on a appelé l'*hydrophilie* de la cholestérine. Les éthers purs de la cholestérine, par exemple la lanoline débarrassée de la cholestérine libre qu'elle contient, n'ont presque pas d'hydrophilie, c'est-à-dire qu'on ne réussit pas à leur incorporer des quantités d'eau appréciables. Si l'on ajoute, au contraire, à de la paraffine de 2 à 5 p. 100 de cholestérine et mieux encore d'oxycholestérine, on confère à ces mélanges une hydrophilie telle qu'on peut leur incorporer jusqu'à 200 et même jusqu'à 550 p. 100 d'eau (Unna). Ces faits, qui ne paraissent avoir préoccupé encore que les dermatologistes au point de vue de la préparation des onguents, présentent un intérêt biologique évident, en ce qui concerne la pénétration de l'eau, et par conséquent de substances solubles dans l'eau, dans un milieu comme les graisses.

On a soutenu aussi que seules traversent la peau intacte les substances solubles dans le mélange de cholestérine et de graisse constituant l'enduit sébacé, qui imprègne toute l'épaisseur de l'épiderme. Notons ici que la cholestérine et ses éthers, dont on peut dire qu'ils forment comme une gaine ininterrompue au-dessus du revêtement extérieur de tous les animaux supérieurs, sont très résistants à l'action des bactéries. Une gélatine nutritive recouverte de lanoline (éther cholestérique) reste inaltérée, tandis qu'une couche de graisse ordinaire (donc à base de glycérine au lieu de cholestérine) ne fournit pas la même protection.

En ce qui concerne l'intervention des lipoïdes par leurs *propriétés chimiques*, on a saisi des faits non moins importants. Il est établi que l'organisme se sert de la cholestérine pour se protéger contre certains agents toxiques, notamment contre des agents hémolytiques que la cholestérine paraît fixer chimiquement et qu'elle rendrait ainsi inoffensifs (p. 232). Cette protection par la cholestérine s'exerce aussi contre les toxines bactériennes. Ainsi la toxine tétanique est neutralisée par la bile et, dans cette action, c'est la cholestérine biliaire qui joue le rôle éminent (Vincent). Ce sont de même des lipoïdes cérébraux et surtout la cérébrone qui confèrent à l'émulsion de masse cérébrale la propriété de neutraliser la toxine tétanique. Cette action est si puissante que 1 gramme d'acide cérébronique (dérivé de la cérébrone) neutralise 12 000 doses mortelles pour la souris (Takaki). La résistance à l'infection tuberculeuse paraît aussi être fonction de la richesse du sang en lécithine (Calmette, Massol et Guérin).

Au point de vue des *échanges nutritifs*, la lécithine aurait, d'après Miescher, la valeur d'une réserve phosphorée servant à la production des nucléines, mais on est encore si mal renseigné sur le sort des lécithines alimentaires qu'on ne peut que poser ce problème. Notons à ce propos que la moelle osseuse, très riche en lécithine au moment de la naissance (29 parties pour 100 parties d'extrait éthéré à treize mois) s'appauvrit peu à peu au cours de la croissance (13 p. 100 à deux ans). Chez le chien, dont la croissance est plus rapide que celle de l'enfant, le phénomène est encore plus net (37 p. 100 au moment de la naissance contre 3,7 p. 100 à dix semaines) (Glikin). Rappelons aussi l'action stimulante que la lécithine exercerait sur la nutrition générale et les applications thérapeutiques que l'on a tirées de ces observations.

# CHAPITRE V

# LES MATIÈRES MINÉRALES

Les matières minérales que l'on rencontre dans l'organisme sont *l'eau*, divers *sels minéraux* et des *gaz*. Nous laisserons ici de côté ces derniers dont il sera question dans le chapitre relatif à la respiration.

## § I. — L'EAU.

L'organisme de l'homme contient environ 63 p. 100 d'eau, quantité qui peut s'abaisser chez l'adulte jusqu'à 58 p. 100 et qui s'élève chez le nouveau-né jusqu'à 69 p. 100. Les tissus du fœtus sont encore plus aqueux (94 p. 100 vers le milieu du troisième mois). Plus un organisme est gras, moins il est aqueux. Si l'on fait abstraction du tissu osseux qui renferme environ 27 p. 100 d'eau et du tissu adipeux qui en contient 10 p. 100, tous les autres organes et tissus, y compris le sang, sont à 70-80 p. 100 d'eau environ. Plus de la moitié de cette masse d'eau si considérable se trouve accumulée dans la chair musculaire.

Il est à peine besoin d'insister sur l'importance du rôle physiologique de l'eau. L'eau représente le milieu dans lequel s'accomplissent tous les actes chimiques de la vie. C'est elle qui transporte, soit sous la forme de solutions vraies, soit à l'état de suspensions colloïdales, les matériaux de réparation offerts aux tissus. C'est elle aussi qui sert de véhicule aux produits d'excrétion éliminés au dehors. Enfin l'évaporation cutanée, l'exhalation de vapeur d'eau par le poumon constituent un facteur capital dans le phénomène de la régulation de la température.

Mais le rôle de l'eau n'est pas borné à ces actions purement physiques. L'eau intervient aussi chimiquement, et d'abord dans toutes les réactions d'hydratation et surtout d'hydratation avec dédoublement (hydrolyse) dont on montrera plus loin l'importance dans les échanges nutritifs intermédiaires. Il est probable, en outre, que l'eau n'imbibe pas simplement les tissus comme elle le ferait d'une étoffe ou d'une éponge et de telle sorte que cette imbibition pourrait passer aisément par toute une série de degrés variables. Beaucoup de faits indiquent, au contraire, qu'il existe entre l'eau ou du moins entre une partie de l'eau et les tissus des affinités d'ordre chimique (R. Dubois), et que dans cette liaison entre l'eau et les tissus, les colloïdes jouent un rôle important.

Les physiciens ont étudié, encore que très incomplètement, l'énergie de liaison des colloïdes et de l'eau, et ils ont montré notamment que l'absorption d'eau par une gelée colloïdale desséchée est accompagnée d'un dégagement de chaleur. D'autre part l'étude de la courbe de congélation des solutions colloïdales permet de distinguer pour l'eau une fraction libre et une fraction combinée au colloïde. Sur l'animal on constate qu'il est très difficile de faire varier la teneur en eau de l'organisme par des interventions extérieures. L'ingestion répétée de grandes quantités d'eau ou l'injection d'eau dans le sang ne modifie que très transitoirement, et souvent même pas du tout, la teneur en eau de cette humeur (p. 129). Celle du muscle ne varie pas davantage (A. Mayer). La diminution méthodique des boissons, telle qu'elle est pratiquée dans certaines cures, épaissit un peu le sang et appauvrit les tissus en eau, mais les cliniciens ont insisté sur les dangers que présentent des interventions de ce genre (Jürgensen) et que vérifient les expériences de laboratoire, puisqu'on voit des animaux (pigeons) succomber lorsqu'ils ont perdu 22 p. 100 de la teneur en eau de leur corps, et qu'une perte de 11 p. 100 seulement produit déjà des troubles. Il y a donc une fraction de l'eau des tissus à laquelle on ne peut pas toucher sans provoquer aussitôt de graves désordres. C'est ce que démontrent aussi les effets de la congélation plus ou moins profonde des tissus. Le gastrocnémien de la grenouille peut être refroidi sans inconvénient jusqu'à congélation de l'eau libre (— 0° 78), mais il meurt aussitôt que commence celle de l'eau combinée (— 2° 25) (H. W. Fischer et P. Jensen). Enfin, dans l'inanition totale, la perte d'eau quotidienne représente sensiblement la quantité d'eau libérée par les tissus consommés, de telle sorte que le rapport de l'eau aux matériaux solides des divers organes n'est pas modifié.

Il est certain aussi que ce rapport entre les tissus et l'eau est troublé par la maladie. Les variations de poids considérables et très rapides que l'on observe chez les nerveux, chez les aliénés sont dues sans doute à des alternatives brusques et anormales d'hydratation et de déshydratation des tissus. Notons encore la rétention d'eau observée chez les pneumoniques pendant toute la période fébrile, et qu'accompagne une rétention parallèle de chlorure de sodium, sans que l'on saisisse clairement lequel de ces deux phénomènes est la cause de l'autre. Cette rétention d'eau cesse seulement, soit au moment de la défervescence, soit au moment de la mort, et elle est peut-être un phénomène actif, en rapport avec les nécessités de défense de l'organisme. Enfin d'intéressantes tentatives ont été faites pour expliquer la production des œdèmes par des troubles dans la liaison de l'eau par les colloïdes des tissus. Aux facteurs mécaniques s'ajouterait donc un facteur chimique tenant à des modifications du tissu qui va s'œdématier.

## § II. — LES SELS MINÉRAUX.

Les sels minéraux représentent environ 4,7 p. 100 du poids du corps. Un adulte de 70 kg. est donc porteur d'environ 3 kg. de cendres. La majeure partie de ces matières proviennent du squelette, ainsi que le montrent les déterminations suivantes de Volkmann sur le cadavre d'un homme de 62 kg. 5 :

|  | Poids absolus des cendres. | Poids relatifs pour 100 gr. de cendres. |
|---|---|---|
| Cendres du squelette........ | 2 247 gr. | 83 gr. |
| — des parties molles.. | 468 — | 17 — |
|  | 2 715 gr. | 100 gr. |

**Nature et état des substances minérales dans l'organisme.** — On connaît ces substances par l'analyse des cendres des tissus et humeurs, mais les résultats ainsi obtenus sont affectés d'incertitudes diverses : 1° L'incinération altère la composition des matières minérales; 2° La démarcation entre les matières minérales et les matières organiques d'un tissu vivant n'est pas nette; 3° Il y a des matières minérales qui circulent en dissolution dans les liquides de l'organisme. D'autres, au contraire, sont immobilisées dans les tissus et adhèrent souvent très énergiquement aux éléments cellulaires. Le rôle physiologique de ces deux catégories de substances minérales est sans doute très différent, et il serait intéressant de les connaître séparément. Or, l'incinération les confond.

1° Les cendres des tissus sont en général riches en sulfates et surtout en phosphates, alors qu'en réalité ces deux sortes de sels sont peu abondants dans l'organisme. C'est que l'incinération transforme respectivement en sulfates et en phosphates le soufre des protéines et le phosphore des nucléines et lécithines. Pareillement le fer de l'hémoglobine donne de l'oxyde ferrique, etc. L'interprétation des résultats est donc toujours difficile.

2° Un sel de fer minéral donne avec une solution d'albumine un albuminate de fer, sorte de combinaison saline, très semblable aux sels minéraux et dans laquelle le fer n'a pas cessé d'être accessible aux divers réactifs de ce métal. C'est encore du *fer minéral*. Dans l'oxyhémoglobine, au contraire, le fer, profondément engagé dans la molécule du pigment, ne réagit plus avec les dits réactifs; il est « dissimulé ». C'est du *fer organique* (p. 410). Entre ces deux extrêmes, on peut imaginer toute une série d'états intermédiaires, et de fait on a trouvé dans les tissus des combinaisons de fer avec les matières organiques qui sont d'une solidité très variable. La démarcation entre les substances minérales proprement dites et les éléments minéraux faisant partie d'une molécule organique n'est donc pas très nette.

3° Quand on lessive un tissu avec de l'eau froide, on lui enlève la majeure partie de ses sels, et principalement des chlorures de potassium et de sodium, un peu de magnésie et de chaux, et du fer. D'autres matières minérales, et notamment de la chaux et du fer, sont, au contraire, retenues énergiquement par les éléments cellulaires et ne peuvent être saisis que par la destruction du tissu. Entre ces catégories, il existe sans doute beaucoup d'intermédiaires, puisque le contenu cellulaire est un amas de colloïdes, et que ceux-ci contractent sans cesse avec les sels des combinaisons d'une stabilité très variable (p. 43).

Sous ces réserves, qui atteignent surtout le côté quantitatif de la question, on peut fixer ainsi qu'il suit la liste des principaux constituants minéraux de l'organisme. *Potassium, sodium, magnésium, calcium, fer, chlore, fluor, acide phosphorique, acide carbonique, silice.* D'autres corps minéraux ont été trouvés encore dans les tissus des êtres vivants, comme le *manganèse*, l'*arsenic*, l'*iode*, etc. Nous reviendrons ailleurs sur ces corps (p. 106).

**Répartition des matières minérales.** — On ne possède encore qu'un nombre assez restreint d'analyses complètes des cendres des divers tissus, organes et humeurs, faites à l'aide de méthodes exactes. Ces analyses montrent que la composition de cette partie minérale de nos tissus varie dans des limites très étendues, en sorte qu'il est difficile d'indiquer des moyennes pouvant servir de termes de comparaison avec les résultats observés à l'état pathologique. Peut-être cette étude des matières minérales des tissus deviendrait-elle plus fructueuse, en même temps que plus commode, si renonçant aux analyses globales de cendres, on s'appliquait à séparer, comme il a été dit plus haut, les sels solubles de ceux qui sont retenus par les tissus (Dennstedt et Rumpff)? On se bornera donc à citer ici quelques faits particulièrement intéressants.

Le potassium l'emporte en général de beaucoup sur le sodium dans les éléments cellulaires; l'inverse a lieu pour les humeurs. Ainsi les cendres des muscles sont surtout composées de phosphate de potassium, avec très peu de chlore, de sodium, de magnésium, de chaux et de fer. Pareillement les globules rouges de l'homme sont bien plus riches en potassium qu'en sodium (ce dernier élément manque même complètement aux globules du cheval, du porc et du lapin), tandis que dans le plasma, c'est le sodium qui l'emporte. Notons encore que le sodium est très abondant dans les cendres du cartilage. Celles-ci renferment, en effet, contre 8,9 p. 100 de $K^2O$, 70,7 p. 100 de $Na^2O$, lequel provient sans doute en grande partie de la substance fondamentale. Enfin le calcium, très abondant dans le tissu osseux, dont il incruste la matière organique sous la forme de carbonate et de phosphate de chaux, est aussi un élément constant des noyaux. Ainsi la substance grise du cerveau, riche en noyaux, contient plus de chaux que la substance blanche, pauvre en noyaux.

**Rôle physiologique des matières minérales.** — On constate d'abord que les matières minérales remplissent évidemment un rôle plastique, c'est-à-dire qu'elles sont *des constituants cellulaires indispensables.*

L'énergie avec laquelle certaines matières minérales restent adhérentes aux éléments cellulaires des tissus (p. 72), le fait qu'il y a un ensemble de sels minéraux qui ne manquent dans aucune cellule animale ou végétale, démontrent déjà suffisamment ce rôle de constituants cellulaires. On constate, en outre, que dans l'inanition la destruction des tissus consommés par autophagie est toujours accompagnée de l'excrétion des matières minérales de ce tissu, à tel point que des proportions relatives des sels éliminés, on peut conclure que la destruction a porté sur tel ou tel tissu (p. 437 et 438). Inversement, à la reprise de l'alimentation, on constate que l'organisme retient aussitôt les sels apportés par la ration en même temps que les matières organiques nécessaires à la réfection des tissus. Les substances minérales sont donc bien, pour la matière vivante, des constituants chimiques indispensables. D'ailleurs pour certaines d'entre elles, comme les sels de chaux des os, le fer des globules rouges, ce rôle plastique était tout de suite évident.

Les matières minérales sont aussi *des constituants indispensables des humeurs de l'organisme.*

Bien que la teneur en sels du plasma sanguin varie dans des limites beaucoup plus larges qu'on ne l'a cru jusqu'à ces derniers temps, il n'en reste pas moins acquis que la proportion de ces matériaux dans le sang est, dans une certaine mesure, indépendante des influences extérieures. Par exemple un excès de chlorure de sodium introduit dans le sang par le tube digestif est très rapidement éliminé par les urines. Inversement la privation de sel marin est aussitôt suivie d'une énorme diminution de la quantité de chlorures excrétée par les urines. La teneur du sang en sel fléchit aussi au début, mais elle se relève au bout de quelques jours et peut même revenir à son taux primitif, sans doute parce que d'autres tissus et liquides de l'organisme s'appauvrissent en sel marin au profit du sang. Lorsqu'on donne ensuite à ces animaux une alimentation riche en sels, l'excrétion du chlore par les urines ne remonte qu'après quelques jours, c'est-à-dire lorsque l'organisme a réparé la majeure partie des pertes que ses tissus avaient subies au profit du sang. Cette ténacité avec laquelle la composition saline du plasma est ainsi maintenue par l'organisme prouve bien que les matières minérales sont nécessaires à la constitution normale du sang (voy. aussi p. 435).

Cette présence constante de certaines matières minérales dans les tissus et les liquides de l'organisme suffirait à elle seule pour démontrer que les matières minérales sont indispensables au fonctionnement de la vie. Mais on possède, en outre, beaucoup de preuves directes de ce rôle. Il y a d'abord cette preuve globale, fournie avec une netteté toute particulière par l'étude de la nutrition des micro-organismes, à savoir que le développement et l'entretien de tous les êtres vivants est lié à l'apport d'un certain nombre de matières minérales (p. 482). Les physiologistes nous apprennent en outre que tel sel est indispensable au fonctionnement de tel tissu ou organe. Par exemple le muscle cardiaque a besoin de sels de chaux solubles, et c'est pourquoi les solutions de phosphates, citrates, fluorures, oxalates alcalins, qui sont des précipitants de la chaux, arrêtent le cœur de la grenouille (Busquet et Pachon). On citera encore plus loin un grand nombre de faits de ce genre. Mais la question se pose de déterminer les mécanismes de toutes ces actions. On en aperçoit plusieurs, qui sont les suivants.

1° Les sels jouent un rôle physique important dans le maintien de l'équilibre de tension osmotique entre les liquides et les tissus de l'organisme ; 2° Ils interviennent sans doute puissamment dans les opérations chimiques de la cellule et notamment dans les actions diastasiques ; 3° Les sels contenus dans les liquides de l'organisme agissent sans cesse sur les colloïdes cellulaires et par là vraisemblablement sur les échanges et sur toute la vie de la cellule ; 4° Les matières minérales à réaction alcaline servent à neutraliser les produits acides de désassimilation ; 5° Enfin on a attribué un rôle spécial au sel marin, seul aliment minéral que l'homme se préoccupe d'ajouter lui-même à sa nourriture.

Nous examinerons successivement sous ces divers aspects le rôle des matières minérales.

**Les matières minérales et la tension osmotique.** — Les sels minéraux interviennent tant par leur molécule intacte que par leurs ions comme facteurs prépondérants et comme régulateurs de la pression osmotique dans l'organisme. Cette question sera étudiée avec celle de l'organisation physico-chimique de la cellule (p. 125).

**Les matières minérales et les opérations chimiques de la cellule.** — On montrera dans un autre chapitre que de plus en plus les diatases apparaissent comme étant les instruments du travail chimique des cellules. Or, pour qu'une action diatasique se produise, il faut la réalisation d'un ensemble de conditions, et notamment la présence d'agents minéraux divers, acides, bases, sels,... sans lesquels la réaction diastasique est impossible ou très lente et qui sont donc aussi importants que la diastase elle-même. Souvent l'action diastasique se montre comme liée si étroitement à la présence d'une substance minérale — un métal comme le manganèse pour certaines oxydases — que l'agent essentiel paraît être ce métal bien plus que la diastase (p. 92). Les métaux sont d'ailleurs eux-mêmes des catalyseurs, car *in vitro* ils accélèrent (catalysent) une foule de réactions, et dans l'organisme on tend de plus en plus à expliquer par des actions catalytiques l'efficacité thérapeutique de beaucoup d'agents, tels que le fer, le mercure, l'argent, l'iode (Schade).

**Les matières minérales et les colloïdes cellulaires.** — Des tissus (muscles, nerfs) ou des organismes entiers (œufs d'animaux inférieurs en voie de développement, organismes inférieurs divers) éprouvent, quand on les plonge dans des solutions salines, des modifications diverses dans leurs propriétés physiologiques. On sait, d'autre part, que les tissus sont des amas de colloïdes, et que les solutions colloïdales sont modifiées dans leur état physique par l'addition de sels. Or, entre ces deux ordres de faits, action des sels sur les tissus et action des sels sur les colloïdes *in vitro*, on saisit des analogies si frappantes, que l'on a été conduit à expliquer la première par la seconde, c'est-à-dire à ramener l'action physiologique des sels à une action physico-chimique sur les colloïdes de la cellule. On se rend compte de ces analogies en étudiant successivement : 1° l'action des sels pris isolément ; 2° l'action des mélanges de sels tels qu'on les rencontre dans les liquides de l'organisme.

ACTION DES SELS PRIS ISOLÉMENT. — Si l'on range les divers

sels (alcalins et alcalino-terreux) suivant l'intensité de leur action, d'une part sur l'état physique des colloïdes pris *in vitro*, et d'autre part sur la contractilité et les propriétés électriques des muscles, sur l'excitabilité des nerfs, on obtient deux séries à peu près identiques.

Dans l'action des sels sur les solutions albumineuses, le pouvoir précipitant décroît — ou le pouvoir dissolvant croît — pour les anions dans l'ordre : $SO^4 > Cl > AzO^3 > Br > I$, et pour les cations dans l'ordre $Li > Na > K > AzH^4$ (Hofmeister, Pauli, Posternak). Pour les autres colloïdes cellulaires (lécithine, cholestérine) la succession est sensiblement la même. Or, on retrouve ce même ordre dans les expériences physiologiques que voici.

Un muscle de grenouille introduit dans une solution d'un non-électrolyte (sucre de canne ou de lait, mannite, etc.), isotonique avec le tissu musculaire, perd rapidement, quelquefois déjà après dix minutes, sa contractilité. Il la retrouve lorsqu'on le transporte dans une solution isotonique de sel marin, ou de tout autre sel de sodium ou dans une solution isotonique de sucre additionnée de 0,1 p. 100 de sel marin [1]. Or, dans cette action le sel marin peut être remplacé, quoique moins bien, par des sels d'autres métaux, à acides divers, et si l'on range les cations et les anions de ces sels d'après leur efficacité décroissante, on retrouve la série ci-dessus donnée pour l'action de ces ions sur les colloïdes. Pareillement un nerf de grenouille qui perd son irritabilité dans une solution isotonique de sucre, la retrouve dans une solution de chlorure de sodium, et ce chlorure peut être remplacé par d'autres sels à acides divers. Or, ici encore on retrouve le même ordre d'efficacité. On le retrouve aussi dans l'étude de l'action des sels sur certaines propriétés électriques des nerfs (R. Höber).

On est donc conduit à *expliquer l'action physiologique des sels sur les tissus par une action physico-chimique sur les colloïdes des cellules.* A la vérité les protéiques ne sont coagulés *in vitro* que par des concentrations salines que n'atteignent jamais les liquides de l'organisme, mais on a vu que, déjà avant de produire la coagulation, l'arrivée d'un sel modifie l'état et la composition d'un colloïde (p. 44). D'ailleurs les solutions colloïdales de lécithine sont coagulées par des concentrations salines voisines de celles des humeurs.

*L'action toxique (antiseptique)* de certains sels sur les cellules et notamment sur les cellules bactériennes doit être ramenée aussi à une action sur les colloïdes.

---

1. Les cellules contractiles de la méduse *Gonionemus*, le cœur de la tortue, le cœur lymphatique de la grenouille se comportent de même, en sorte que l'une des fonctions de l'ion Na dans l'échelle des êtres paraît être de garantir la contractilité musculaire (R. Höber).

A concentration égale le bichlorure, le bibromure et le cyanure de mercure sont de moins en moins antiseptiques ; ils sont aussi de moins en moins dissociés en leurs ions, ce qui démontre que l'agent toxique est, non le sel, mais l'ion libre Hg. Cette conclusion a pu être vérifiée par un nombre considérable d'expériences et notamment par celle-ci. Si à une solution de sulfate de cuivre on ajoute un autre sulfate, le raisonnement fait prévoir et l'expérience vérifie que le nombre des ions Cu diminue, parce que la liqueur contenant plus d'ions $SO_4$, il se reforme des molécules de $SO_4Cu$. Or, on constate que la toxicité du sulfate de cuivre pour le *Penicillium glaucum*, mesurée d'après là diminution du poids de plante produite, est abaissée quand on ajoute à la solution un autre sulfate (de K, de Na ou de $AzH_4$) (Maillard).

L'action *antiseptique* est donc bien le fait des ions libres. Or, l'action *coagulante* que la plupart de ces antiseptiques exercent sur les colloïdes est aussi une action, non du sel total, mais de l'un des ions[1], et il est donc naturel d'expliquer la première par la seconde, et de dire que le pouvoir antiseptique des sels de cuivre ou de mercure, par exemple, est fonction de leur action coagulante sur les colloïdes de la cellule bactérienne.

ACTION DES MÉLANGES DE SELS. — En étudiant successivement l'action d'un sel unique sur les fonctions d'un tissu, nous nous sommes placés dans des conditions artificielles, plus commodes pour l'expérimentation, mais que ne réalisent jamais les milieux physiologiques. C'est toujours, en effet, un mélange de sels qui

---

1. Des recherches de Hardy, Schulze, Posternak, il ressort, en effet, qu'en solution alcaline, milieu où l'albumine prend une charge électrique négative (p. 43), ce colloïde est coagulé aussitôt par les solutions de sulfate d'aluminium ou de cuivre, de nitrate de cadmium, de chlorure de cuivre, et qu'il n'est pas coagulé par les solutions de sulfate de sodium ou de potassium ou par le chlorure de sodium. En milieu acide, où l'albumine est positive, les solutions de sulfate d'aluminium, de cuivre, de potassium, de sodium, de magnésium la coagulent aussitôt, tandis que les solutions de chlorures de cuivre, de baryum ou de sodium, et celle de nitrate de cadmium ne la coagulent pas. On a donc le tableau que voici :

Albumine négative : précipitée par les cations plurivalents (c'est-à-dire à charge électrique multiple) : $Al^{+++}$, $Cu^{++}$, $Cd^{++}$,
    non précipitée par les cations univalents (c'est-à-dire à charge électrique simple) : $Na^+$, $K^+$.
Albumine positive : précipitée par les anions à charge électrique multiple : $SO_4^{--}$,
    non précipitée par les anions à charge électrique simple : $Cl^-$, $(AzO_3)^-$.

On voit donc que la précipitation du colloïde est déterminée chaque fois par la valence, c'est-à-dire par le signe et la grandeur de la charge électrique des ions en présence.

vient agir sur les cellules. Cette action simultanée de plusieurs sels est d'ailleurs indispensable, car la solution isotonique de sel marin, dont on a dit plus haut qu'elle rétablit la contractilité musculaire abolie par une solution de sucre, n'est nullement un bon conservateur de cette contractilité. Sydney Ringer a montré que dans une telle solution le muscle de grenouille tombe bientôt dans un état de trémulation anormale que l'on évite, au contraire, en ajoutant au liquide un peu d'un sel de potassium ou de calcium, ou mieux encore un mélange des deux, et c'est ainsi que par tâtonnement se sont constituées ces solutions de sels « nutritifs » (liquide de Ringer, de Ringer-Locke [1], de Hédon et Fleig) à l'aide desquelles on peut assurer à des organes détachés de l'animal une survie considérable. Ainsi les contractions des anses intestinales, du cœur, de l'utérus gravide, de la vessie peuvent être entretenues pendant des heures entières, si ces organes sont plongés dans une solution saline contenant un mélange convenable de sels (Hédon et Fleig).

Ces divers sels paraissent donc produire un effet synergique, et là aussi, bien que moins nettement, il apparaît que cette action porte sur les colloïdes cellulaires.

Les premières expériences dans cette direction sont celles de J. Loeb, sur les œufs d'un téléostéen marin, *Fundulus heteroclitus*, qui par suite de son indifférence vis-à-vis des influences osmotiques se prête particulièment bien à ce genre de recherches [2]. Elles ont montré que les œufs de *Fundulus*, qui meurent tous dans une solution de sel marin isotonique avec l'eau de mer (5/8 de molécules-grammes par litre), se développent plus ou moins bien quand on ajoute à la solution un peu d'un sel à métal bivalent (calcium, magnésium, strontium, baryum, nickel, cobalt, manganèse, zinc, plomb) ou trivalent (aluminium, chrome) ou quadri-

1. Ce liquide, dont la composition varie un peu selon qu'il doit servir pour organes d'animaux à sang froid ou à sang chaud, contient par litre de 6 gr. 5 à 9 gr. 5 de chlorure de sodium, 0 gr. 2 de chlorure de potassium, de 0 gr. 2 à 0 gr. 3 de chlorure de calcium et parfois 0 gr. 1 de bicarbonate de sodium. Celui de Hédon et Fleig renferme en outre un peu de sulfate de magnésium et de phosphate de sodium ordinaire. On remarquera que la solution de Ringer-Locke contient pour 100 molécules de NaCl, de 1,7 à 2,4 mol. de KCl et de 1,1 à 2,4 mol. de CaCl². Ce sont à peu près les rapports qui existent entre ces divers sels dans l'eau de mer.

2. Lorsqu'on expérimente, en effet, avec l'eau de mer ou avec des solutions salines, en supprimant successivement les divers composants minéraux; il arrive, par exemple lorsqu'on supprime le sel marin, que l'hypotonie ainsi créée ajoute ses effets nuisibles et souvent mortels à ceux de la suppression du sel considéré (p. 127). Même si l'on rétablit la tension osmotique primitive par l'addition d'un non-électrolyte comme le sucre, les organismes étudiés meurent presque toujours. L'œuf de *Fundulus* et son embryon sont, au contraire, très indifférents vis-à-vis de telles actions osmotiques.

valent (thorium), qui tous, à des doses différentes et avec une efficacité variable, suppriment la toxicité du sel marin pur. Ajoutons que le métal ainsi introduit dans la solution de sel marin n'agit pas parce qu'il serait un aliment nécessaire au développement de l'embryon, car les œufs fécondés de *Fundulus* se développent aussi bien dans l'eau distillée que dans l'eau de mer. Il s'agit donc bien d'une *action antagoniste de deux métaux*.

Un autre exemple d'une telle action est offert par un arthropode d'eau douce, *Gammarus pulex*, qui vit très bien dans un mélange de 4/5 d'eau de mer et de 1/5 d'eau distillée, ou dans une solution contenant un mélange des divers sels de l'eau de mer, à savoir $NaCl$, $KCl$, $CaCl^2$, $MgSO^4$ et $MgCl^2$. Mais si dans cette solution on supprime successivement 1, puis 2, puis 3, puis 4 de ces sels, en commençant par le dernier de la liste, on obtient des liquides dont la toxicité pour cet organisme va croissant, la solution pure de $NaCl$ étant la plus toxique (W. Ostwald). Il y a donc dans le protoplasme de ces organismes un certain état ou de certaines fonctions qui sont aussi bien conservées par la présence *simultanée* d'un ensemble déterminé de sels que par l'eau douce.

Et voici maintenant où réside l'analogie de ces faits avec ceux de la précipitation des colloïdes par les sels. Dans les expériences de J. Loeb on voit des métaux toxiques comme le plomb, le zinc et l'aluminium, annuler, aussi bien que des métaux non toxiques comme le calcium, l'action toxique de la solution pure de sel marin. La nature propre du métal paraît donc ici indifférente ou du moins d'importance secondaire. L'essentiel semble être la plurivalence, c'est-à-dire la charge électrique multiple du métal. Remarquons maintenant qu'aucun métal univalent ne possède cette propriété antitoxique, qu'avec les métaux bivalents les doses nécessaires sont bien plus fortes qu'avec les trivalents, pour lesquels des traces suffisent, et concluons qu'il y a une ressemblance frappante entre ces faits et ceux de la précipitation des colloïdes albumineux par les divers sels (p. 77, note 1). Là aussi la nature du métal passe au second plan et c'est le signe et la grandeur de la charge électrique, c'est-à-dire la valence de l'ion précipitant, qui déterminent le phénomène. Là aussi des ions trivalents comme l'alumine précipitent à doses bien plus faibles que des ions à charge électrique moindre.

On voit finalement que c'est dans *les relations des sels avec les colloïdes cellulaires*, et spécialement dans l'action des sels sur l'état physique de ces colloïdes, que l'on cherche aujourd'hui l'explication du rôle joué vis-à-vis des tissus par la salure de notre milieu intérieur [1].

**Rôle des matières minérales à réaction alcaline.** — La dégradation des aliments dans l'organisme donne naissance à un

1. On ne fera que signaler ici les belles expériences de J. Loeb et de J. Delage sur le développement parthénogénétique d'œufs d'oursin non fécondés, au moyen d'agents chimiques, acides, bases, sels. Delage a pu obtenir ainsi des oursins complets munis de tous leurs organes caractéristiques et pour lesquels l'intervention du parent mâle avait donc été remplacée par une pure action chimique. On discute encore sur la nature des agents qui déterminent la mise en route de ce développement (hypertonie, oxygène, acides, bases, etc.).

grand nombre d'acides, acides forts comme les acides sulfurique et phosphorique provenant respectivement du soufre et du phosphore des protéiques et des nucléoprotéides, et acides faibles tels que l'acide urique, l'acide carbonique et sans doute aussi les acides aminés. La quantité de ces acides est plus considérable qu'on ne le croit. Avec 100 grammes d'albumine un adulte ingère par jour environ 1 gr. 50 de soufre, dont les 7/10 au moins subissent l'oxydation totale et donnent donc 3 gr. 20 d'acide sulfurique, c'est-à-dire de quoi neutraliser l'alcali de près d'un litre de sang. Chez les herbivores la neutralisation de ces acides est toujours largement assurée, parce que les aliments végétaux contiennent d'importantes quantités de sels organiques d'alcalis (malates, tartrates, citrates acides de potasse et de soude) que la combustion dans l'organisme, aussi bien que la calcination à l'air, transforme en carbonates alcalins[1]. Les aliments des carnivores, laissent, au contraire, une cendre acide, ce qui signifie que les acides produits par la destruction de ces aliments l'emportent sur les bases disponibles. Aussi voit-on ces organismes compléter leur défense contre l'action nuisible de ces acides par une production d'ammoniaque (p. 316).

Les alcalis fixes fournis par les aliments, aidés chez les carnivores par l'ammoniaque, remplissent donc ce rôle important de défendre les tissus contre l'action nuisible des acides, et c'est ce qui expliquerait, d'après Bunge, les effets promptement mortels du « jeûne salin », c'est-à-dire de la privation complète d'aliments minéraux (p. 482).

Lorsque ces alcalis font défaut, les acides produits par la désassimilation ne peuvent plus être neutralisés que par les bases soustraites aux éléments cellulaires, ce qui représente pour ces derniers une atteinte très grave. Les accidents de l'inanition minérale seraient donc ceux d'une intoxication acide. Bunge appuie cette théorie sur les expériences que voici. Des souris recevant la pâtée désalée décrite à la page 475 (mélange de caséine lavée, de beurre et de sucre de canne) périssent du 11ᵉ au 21ᵉ jour. Elles ne succombent, au contraire, que du 16ᵉ au 31ᵉ jour, quand on ajoute à cette pâtée un peu de carbonate de soude, et cette survie ne peut pas être attribuée à l'élément sodium, car lorsqu'on ajoute à la même ration une quantité équivalente de chlorure de sodium, sel incapable de neutraliser les acides formés, les souris meurent du 6ᵉ au 21ᵉ jour. L'addition d'un sel à réaction alcaline a donc assuré à ces animaux une survie considérable. Mais si le jeûne salin équivaut à

---

1. On sait que les cendres des végétaux ont été pendant longtemps, pour l'industrie l'unique source de carbonate de potasse ou de soude.

une intoxication acide, pourquoi l'addition d'alcalins n'a-t-elle pas préservé ces animaux de la mort? A cette objection on ne peut pas faire de réponse précise, par la raison que l'on aperçoit bien d'autres causes qui ont pu rendre insuffisante cette alimentation spéciale (p. 475). On a opposé avec plus de raison à la théorie de Bunge que les accidents de l'inanition minérale ne reproduisent pas le tableau de l'intoxication acide, et de plus qu'à mesure que la désassimilation des protéiques produit plus d'acides, elle fournit aussi des quantités croissantes d'ammoniaque, qui assurent par conséquent la neutralisation de ces acides.

Finalement il n'est donc pas démontré que la mort par inanition minérale soit due à une intoxication acide, et d'une manière générale qu'un apport régulier de substances basiques soit indispensable à l'organisme. Mais si l'on tient compte de ce fait que les contenus cellulaires sont toujours alcalins au papier de tournesol, il est possible qu'un tel apport soit du moins favorable. L'existence même d'un mécanisme de défense, assurant automatiquement la neutralisation des acides produits dans l'organisme, démontre qu'il n'est pas indifférent que cette saturation soit toujours assurée sans peine. On verra aussi quelles sont au point de vue de la constitution des urines les conséquences de ces phénomènes (p. 316 et 442 et suiv.).

**Le chlorure de sodium**. — Bien que le chlore et le sodium existent dans nos aliments naturels, nous ajoutons néanmoins d'assez grandes quantités de sel marin à nos aliments. Cet instinctif appétit pour le chlorure de sodium serait déterminé, d'après Bunge, par la richesse des aliments végétaux en sels de potasse. L'absorption de ces sels aurait pour effet de chasser chaque jour hors de l'organisme une quantité équivalente de chlorure de sodium et produirait ainsi ce besoin de sel.

Le mécanisme de cette spoliation serait le suivant. Lorsque le carbonate de potassium provenant de la combustion des sels de potasse des aliments végétaux arrive dans le sang, il forme avec le chlorure de sodium du plasma deux nouveaux sels, le *chlorure* de potassium et le carbonate de *sodium*. Mais comme la constitution normale du sérum sanguin ne comporte que de petites quantités de ces deux sels, ils sont, en majeure partie, rapidement éliminés par le rein, et cette élimination se répétant à chaque nouvel afflux de sel potassique, il résulte de là, en ce qui concerne le *chlorure de sodium* une spoliation constante : d'où ce besoin instinctif de sel si intense chez l'herbivore.

D'une part, Bunge a effectivement constaté sur lui-même que l'ingestion des sels de potassium provoque une élimination supplémentaire de chlorure de sodium par les urines. D'autre part, il a établi, par une enquête très étendue, que dans tous les temps et sous toutes les latitudes, les peuples agricoles et végétariens ont recherché et recherchent encore avec avidité les sources salées et les dépôts de sel. Au contraire les peuples chasseurs et pêcheurs, qui ont une alimentation presque exclusivement animale, ou bien ne connaissent pas le sel, ou bien en repoussent l'usage. Mais cette explication succombe devant ce fait que les 20 ou 25 millions d'habitants de la région congolaise, qui vivent de l'agriculture, salent leurs aliments avec des cendres de végétaux potassiques et continuent à préférer le « sel » potassique au sel marin qui cependant pénètre aujourd'hui en abondance dans ces pays (L. Lapicque, E. Abderhalden). Ajoutons que la perte de chlorure de sodium à la suite de l'ingestion de sels de potassium n'a été observée par Bunge que dans une expérience d'une seule journée, et d'autre part que l'urine des herbivores est tout juste remarquablement pauvre en chlore et en sodium.

Le sel marin n'est donc pas recherché par l'homme à cause d'un besoin chimique, mais en tant qu'excitant sensoriel. C'est un condiment dont beaucoup de personnes abusent, et ce n'est pas sans raison que Bunge insiste sur le danger que présente le passage quotidien, à travers le rein, de quantités considérables de sel [1] (jusqu'à 25 et 30 gr. au lieu des 8 à 12 gr. que contient habituellement l'urine des vingt-quatre heures).

1. Cette excrétion représente, en effet, un travail pour l'organe, comme le démontre la hausse des contributions respiratoires du rein, quand on passe de l'état de repos (relatif) à l'état de sécrétion (p. 520, note 1).

# CHAPITRE VI

## LES DIASTASES

### § I. — PROPRIÉTÉS ET NATURE DES DIASTASES.

**Fermentations vitales et fermentations diastasiques.** — Lorsqu'on introduit dans une solution de glycose suffisamment étendue un peu de levure de bière et qu'on s'arrange de telle façon que le liquide ne soit que médiocrement aéré, on constate que le sucre disparaît et qu'il est remplacé par de l'alcool et de l'acide carbonique. La levure s'est nourrie aux dépens du glycose, dont elle a fait servir une partie à l'édification de ses nouveaux tissus, tandis qu'une autre, la plus forte, a été dédoublée en alcool et en acide carbonique, et l'énergie libérée par le fait de cette réaction a été utilisée par la levure pour l'accomplissement de ses actes vitaux.

Dans cette opération on constate que la quantité de levure entretenue ou produite est petite, tandis que la quantité d'aliment, c'est-à-dire de sucre qui disparaît, est grande, *beaucoup plus grande, toutes proportions gardées, que celle qu'exige, à poids égal, l'entretien d'un organisme supérieur*. On a déjà expliqué précédemment quelle est la cause de cette disproportion, et l'on a montré qu'elle n'a rien de mystérieux (p. 21). Chaque fois que l'on constate une telle disproportion, on dit qu'il y a *fermentation* et l'on appelle *ferment* l'être vivant qui produit de tels effets. La levure de bière qui dédouble le sucre en alcool et acide carbonique, le ferment lactique qui transforme le lactose en acide lactique, le micoderme du vinaigre qui oxyde l'alcool et en fait de l'acide acétique, etc., tous ces organismes sont des ferments. On les appelle souvent *ferments figurés*, parce que ces êtres vivants se présentent naturellement au microscope avec une forme, une figure particulière, et les opérations chimiques qu'ils réalisent sont des *fermentations vitales*, puisqu'elles sont le fait d'êtres vivants.

On a donné aussi le nom de fermentation à des transformations chimiques qui ont beaucoup d'analogies avec les fermentations vitales, mais que l'on peut produire en dehors de toute intervention directe d'un être vivant. Ce sont les fermentations par les *diastases*. Le premier en date de ces agents est la diastase de l'orge germée, entrevue par Mitscherlich en 1823 et préparée en 1832 par Payen et Persoz. Ces savants ont montré que le liquide de macération de l'orge germée avec de l'eau emporte avec lui la propriété de saccharifier l'empois d'amidon. Si l'on traite ce liquide par de l'aloool, il se précipite une poudre blanche, soluble dans l'eau, qui représente ou qui contient l'agent saccharifiant en question, la diastase de l'orge ou *amylase*. Puis ont été découverts successivement toute une série d'agents analogues, soit d'origine animale comme la pepsine du suc gastrique, la trypsine du suc pancréatique, soit d'origine végétale comme l'émulsine des amandes amères.

On a réuni ces agents sous la dénomination commune de « ferments solubles », *ferments* à cause des analogies frappantes qu'ils présentent avec les ferments figurés dont il vient d'être question, *solubles*, parce que ces agents sont entièrement solubles dans l'eau, et que dans le liquide actif qui les contient, on ne saisit au microscope ni forme ni figure. Mais cette dénomination est très mal choisie, car il est tout à fait incorrect de donner le même nom à une cellule vivante et à une substance chimique (E. Duclaux). Il vaut donc mieux réserver le terme de « ferment » aux ferments figurés et réunir avec E. Duclaux sous la dénomination commune de *diastases* tous les agents appartenant à ce type des ferments dits solubles. Toutefois les auteurs allemands ont, en général, maintenu les expressions d'*enzyme* ou de ferment, lesquelles sont pratiquées ainsi par beaucoup d'autres biologistes. Pour la désignation des diverses diastases, on tend à adopter la nomenclature proposée par E. Duclaux et qui consiste à former le nom de chaque diastase en ajoutant la désinence *ase* au nom du corps transformé par la diastase. La diastase de l'orge germée qui saccharifie l'amidon devient ainsi l'*amylase*, celles qui dédoublent le lactose et le maltose sont appelées respectivement *lactase* et *maltase*, etc. Toutefois des appellations antérieures à cette nomenclature et profondément entrées dans le langage courant, telles que invertine, pepsine, trypsine, émulsine continuent à être employées.

Les analogies des diastases avec les ferments sont nombreuses. Nous allons les passer en revue.

**Disproportion entre l'effet et la cause.** — On a vu qu'un poids très minime d'un ferment suffit pour transformer des quantités considérables de l'aliment que consomme ce ferment. On saisit la même disproportion dans l'action des diastases. Déjà Payen et Persoz ont insisté sur ce fait que 1 partie en poids de leur diastase (amylase de l'orge germée) peut saccharifier 2000 parties de fécule sèche. De même 1 partie d'invertine peut dédoubler 200 000 parties de saccharose. D'après Hammarsten 1 partie en poids de la diastase de la présure peut coaguler de 400 000 à 800 000 parties de caséine. Remarquons en outre qu'aucune diastase n'est encore connue à l'état de pureté, que toutes celles que l'on a étudiées sont donc des mélanges de la substance active avec des matières étrangères, ce qui augmente encore la disproportion en question.

Finalement on peut dire que des quantités très petites de diastases peuvent transformer des quantités très grandes de substance.

**Les diastases ne se détruisent pas en agissant.** — Lorsque, dans des conditions convenables on fait réagir une diastase sur la substance qu'elle est apte à transformer, on constate que l'action, d'abord très rapide, se ralentit peu à peu, puis s'arrête, bien que le liquide contienne encore une certaine quantité de substance non transformée. Il semble qu'à ce moment la diastase est usée, qu'elle s'est détruite dans la mesure où elle agissait. En réalité il n'en est rien : la diastase subsiste toujours, mais elle est arrêtée, paralysée dans son travail par les produits mêmes de son activité. Si l'on élimine ces produits par un procédé convenable, on constate que l'action diastasique reprend, aussi active qu'au début de l'opération. Ainsi lorsqu'une digestion de fibrine au moyen d'une solution chlorhydrique de pepsine, s'est ralentie, puis arrêtée, et que la fibrine ajoutée au liquide cesse d'être dissoute, il suffit de filtrer la solution, de laver rapidement la fibrine demeurée insoluble et de la remettre dans de l'eau chlorhydrique. La digestion reprend aussitôt. La pepsine s'était précipitée sur les filaments de fibrine. Une démonstration analogue — c'est même la première en date — a été donnée pour l'invertine ou sucrase (A. Mayer) et pour la maltase [1] (Ch. Philoche).

Par là des diastases se rapprochent encore des ferments figurés. Ceux-ci sont des êtres vivants, et leur reproduction indéfinie leur assure une puissance d'action également indéfinie. Celles-là n'ont point cette faculté de reproduction, mais la remplacent, comme dit E. Duclaux, par une véritable immortalité, puisque toute la diastase se retrouve quand elle a terminé son action, prête à en recommencer une nouvelle, sitôt qu'on réalise autour d'elle les conditions convenables.

**Ralentissement de l'action des diastases. — Destruction des diastases.** — Lorsqu'un ferment est introduit dans un milieu lui assurant une nutrition convenable, on voit la fermentation s'amorcer, s'accélérer, puis passer par un maximum d'activité pour se ralentir ensuite, et la cause de ce ralentissement, ce sont les produits de l'activité du ferment. Ainsi le travail de la levure est ralenti par l'alcool produit. Il en est de même pour les actions diastasiques, comme on vient de le dire plus haut. Bien que la diastase ne se détruise pas en agissant, l'opération diastasique se ralentit à mesure que s'accumulent dans la solution les produits formés, et de même que l'alcool est un frein pour la levure, de même on voit par exemple le sucre interverti paralyser l'action de l'invertine (E. Duclaux).

Une autre analogie nous est fournie par l'étude des conditions de température. Les ferments ne développent leur action qu'entre certaines limites de température. Le froid les paralyse sans les tuer; une température voisine de 100° les annihile définitivement. Dans l'intervalle il y a pour chaque espèce de ferment une température optimum, c'est-à-dire pour laquelle la quantité de substance transformée par le ferment est la plus grande possible. Pareillement les diastases sont arrêtées dans leur action par le froid, mais elles ne sont pas détruites (pas même à — 100°), et une température supérieure à 60 ou 70° supprime définitivement leur activité. On dit alors, par analogie avec les ferments, que la diastase est *tuée*. Dans l'intervalle il y a pour chaque diastase un optimum de température, en général plus élevé que celui des ferments. Celui de la présure est au voisinage de 41°, celui de la sucrase ou

---

1. Cependant cette activité indéfinie des diastases a été contestée, notamment pour la pepsine (Schiff; Spineanu).

invertine entre 52,5 et 55°, celui de la pepsine à 40° environ.

A l'état de dessiccation complète les diastases supportent une température de 100°, semblables ici encore aux ferments, qui sont aussi moins vulnérables à l'état sec qu'en présence de l'eau.

**Action des antiseptiques.** — On sait que les antiseptiques, phénols, fluorure de sodium, chloroforme suppriment définitivement ou arrêtent les fermentations vitales, tandis que les fermentations diastasiques ne sont pas arrêtées par ces agents. Cette différence est capitale au point de vue pratique, puisque l'emploi des antiseptiques permet, dans l'étude des diastases, d'éliminer l'action simultanée des ferments, c'est-à-dire de supprimer une cause d'erreur très importante. Mais au point de vue théorique elle n'établit entre les diastases et les ferments qu'une différence de degré et non de nature. Beaucoup d'antiseptiques sont, en effet, des paralysants des diastases, par exemple l'acide cyanhydrique pour l'invertine, dont l'action toutefois n'est jamais supprimée complètement. Même des antiseptiques qui passent pour inoffensifs vis-à-vis des diastases, comme le toluène, le thymol, le chloroforme, le fluorure de sodium, atteignent quelque peu ces agents, par exemple la trypsine, dans leur pouvoir (R. Kaufmann).

Telles sont les analogies que l'on constate entre la manière d'être des ferments et celle des diastases, analogies singulières, puisqu'elles rapprochent un être vivant d'une chose qui n'a point de vie, mais qui s'expliquent depuis que l'on sait que les instruments dont se sert la cellule pour accomplir ses opérations chimiques sont précisément les diastases (p. 101 et suiv. et p. 111).

Voyons maintenant quelles sont les autres propriétés des diastases.

**Réversibilité des actions diastasiques.** — Les transformations chimiques accomplies par un grand nombre de diastases sont des réactions réversibles, c'est-à-dire telles que les produits sortis de la substance primitivement mise en œuvre peuvent, par un procès inverse de celui qui leur a donné naissance, reproduire cette substance primitive. La première diastase sur laquelle ce phénomène a été observé est la maltase de la levure de bière qui dédouble le maltose en deux molécules de glycose (Croft Hill, 1898) :

$$C^{12}H^{22}O^{11} + H^2O = C^6H^{12}O^6 + C^6H^{12}O^6.$$

Inversement la maltase agissant sur une solution suffisamment concentrée de glycose reproduit le maltose, ou plus exactement l'*isomaltose*, d'après l'équation ci-dessus, lue en sens inverse, et ces deux réactions s'arrêtent à la même limite, c'est-à-dire lorsque le liquide contient les mêmes proportions de maltose et de glycose. La même démonstration a été faite pour la lactase, qui combine le glycose et le galactose pour en faire du lactose, ou plus exactement de l'*isolactose* (Fischer et Armstrong), pour la lipase du sérum qui fait la synthèse de la monobutyrine avec l'acide butyrique et la glycérine (Hanriot), pour la lipase pancréatique qui, avec l'acide butyrique et l'alcool, fait du butyrate d'éthyle (Kastle et Löwenhart, 1900), ou, avec de l'acide oléique et la glycérine, de la monoléine ou même de la trioléine (Pottevin), enfin pour la lipase des graines de ricin qui reconstruit la triacétine et la trioléine (Taylor). Les essais de synthèse de polypeptides, premier pas vers une synthèse des protéiques, n'ont pas encore donné de résultats.

Les diastases ne sont donc pas seulement des agents de simplification, mais aussi des agents de synthèse, de reconstruction moléculaire [1] ; nous verrons que c'est là pour la biologie de la cellule une acquisition d'importance capitale (p. 102). Notons encore que toutes les décompositions diastasiques, pour lesquelles la réaction inverse de recombinaison synthétique a été constatée, sont des réactions d'hydrolyse, *accompagnées d'un dégagement de chaleur médiocre*. Or, on montrera que tout le travail digestif consiste essentiellement en de telles décompositions, auxquelles doivent succéder plus loin des reconstructions de sens inverse. A ce double travail ne correspondent donc que des effets thermiques médiocres. C'est là une constatation dont nous aurons à faire état plus loin (p. 192).

**Autres propriétés des diastases.** — Les diastases sont en général solubles dans l'eau, mais en donnant des solutions colloïdales. Elles sont solubles aussi dans la glycérine et précipitables par l'alcool. Ce sont, comme les protéiques, des antigènes (p. 33). La lumière et surtout les radiations à faible longueur d'onde les affaiblissent, puis les détruisent.

1. Ce mot de reconstruction n'est pas tout à fait exact, puisque la maltase et la lactase refont respectivement, non du maltose et du lactose, mais de l'isomaltose et de l'isolactose. Chose singulière, le disaccharide ainsi obtenu résiste à l'action de la diastase qui l'a produit. Ainsi la maltase fait la synthèse de l'isomaltose qui résiste à la maltase et qui est dédoublé par l'émulsine. L'émulsine fait celle du maltose qu'elle ne peut pas dédoubler et qui est hydrolysé par la maltase (Armstrong).

Les lipases ou diastases saponifiant les graisses sont insolubles dans l'eau (Nicloux, Connstein), et les indications contraires seraient dues à ce fait que les solutions employées étaient troubles et contenaient des fragments de tissus. On comprend d'ailleurs qu'il en soit ainsi, les lipases étant destinées à agir sur les graisses, c'est-à-dire sur des corps insolubles dans l'eau. — Le caractère colloïdal des solutions des diastases est démontré par le phénomène du transport électrique de ces corps, et par ce fait qu'elles sont précipitées par des colloïdes ou des suspensions colloïdales de signe contraire au leur (p. 43). Une application de cette dernière propriété, depuis longtemps utilisée, est l'entraînement des diastases par des poudres fines (noir de fumée, poudre d'os) introduites dans la solution diastasique, ou par des précipités (cholestérine, phosphate de chaux) produits dans le sein du liquide. Il y a d'ailleurs des degrés dans cet état colloïdal, puisque certaines diastases sont dialysables et s'éloignent donc par là des colloïdes typiques.

Toutes les diastases essayées jusqu'à présent se sont comportées comme des antigènes, c'est-à-dire que, injectées à un animal, elles ont fait apparaître dans le sérum de cet animal l'antidiastase correspondante. Il existe d'ailleurs dans les organismes animaux des antidiastases naturelles, par exemple l'antichymosine du sérum de cheval. — En ce qui concerne enfin l'action de la lumière, ces effets sont surtout nets quand on expose à la lumière solaire les solutions diastasiques additionnées de colorants fluorescents comme l'éosine (H. von Tappeiner). L'amylase, l'invertine, la zymase sont alors affaiblies ou détruites (ainsi que les toxines et beaucoup de microorganismes). Ces faits sont intéressants au point de vue de l'action de la lumière sur les êtres vivants (phototropisme, photothérapie...) car beaucoup de pigments animaux et végétaux (bilirubine, urobiline, chlorophylle) se comportent comme l'éosine.

**Nature des diastases.** — Par tous ces caractères si particuliers les diastases sont apparues d'abord comme placées tout à fait en dehors du cadre des réactifs chimiques ordinaires et comme possédant du fait de leur origine vitale des propriétés particulières. Montrons que ces actions n'ont en réalité rien de mystérieux et qu'elles rentrent sans effort dans le cadre des actions dites catalytiques. Mais voyons d'abord ce que l'on sait de l'agent diastasique lui-même.

Lorsque mettant à profit les réactions de précipitation et de solubilité des diastases, on s'efforce d'isoler ces agents, on obtient des poudres amorphes, presque toujours azotées et présentant les réactions des matières protéiques, à composition variable d'un opérateur à l'autre ou d'une préparation à l'autre, et de la pureté desquelles on n'a aucune garantie. Les diastases ne sont donc pas des individus chimiques définis, et l'on ne sait rien sur la nature chimique de ces corps, sinon la réaction spéciale que chacun d'eux peut accomplir et qui seule le définit. Mais on a pu étudier leur mode d'action, et rechercher les analogies entre les actions diastasiques et d'autres actions d'ordre purement chimique. Voici les résultats de cette étude.

**Mode d'action des diastases. — Les diastases sont des catalyseurs organiques.** — Les actions diastasiques présentent des analogies frappantes avec ce groupe de réactions chimiques que Berzélius a réunies sous le nom d'actions catalytiques (1835), et que l'on définit aujourd'hui de la manière suivante :

*Un catalyseur est toute substance qui, sans apparaître dans les produits terminaux d'une réaction, modifie la vitesse de cette réaction. Une telle action s'appelle une catalyse* (Ostwald).

Dans la plupart des actions catalytiques connues, le catalyseur *accroît* la vitesse de la réaction (catalyses positives); mais on connaît aussi des catalyses où la vitesse est *diminuée* (catalyses négatives). De toutes façons ce n'est pas le catalyseur qui provoque par la réaction. Il ne peut qu'accélérer (ou ralentir) une réaction déjà commencée en dehors de lui. C'est là une caractéristique essentielle de la catalyse.

Voici d'abord quelques exemples de réactions catalytiques.

Le sucre de canne est très légèrement interverti par l'eau à la température ordinaire après un nombre considérable de mois, et à 100° après quelques heures. En présence d'un peu d'acide sulfurique il l'est après quelques minutes. — L'eau oxygénée $H^2O^2$ se décompose lentement à la température ordinaire en $H^2O + O$. Au contact d'un grand nombre de métaux divisés (platine, or, argent) ou d'oxydes métalliques (bioxyde de manganèse), cette décomposition est presque instantanée. — L'eau oxygénée n'oxyde le glycose que très lentement. En présence d'une trace de fer, l'oxydation est si rapide que le liquide arrive spontanément à une température voisine de l'ébullition. Ces réactions une fois terminées, l'acide sulfurique, les métaux et oxydes, le sel de fer se retrouvent intacts et prêts à une nouvelle action. Enfin la quantité de catalyseur nécessaire est en général infime par rapport à celle de la substance transformée (par exemple une partie de fer pour 10 000 parties de solution sucrée [1]).

Les solutions colloïdales de métaux (voy. p. 43) sont aussi des catalyseurs énergiques, dont les analogies avec les diastases sont particuliè-

---

1. Les réactions que l'on peut ainsi catalyser, loin d'être des raretés en chimie, sont, au contraire, extrêmement nombreuses, et la chimie pure et l'industrie en font fréquemment usage. Ainsi les synthèses au chlorure d'aluminium d'après Friedel et Crafts, la fabrication du chlore par le procédé de Deacon, celle de l'acide sulfurique par les procédés de contact reposent sur des actions catalytiques.

rement frappantes [1]. Ainsi à la température ordinaire et en quatorze jours 1/25 de milligramme de platine colloïdal provoque la combinaison de 10 litres d'un mélange d'oxygène et d'hydrogène avec production d'eau, c'est-à-dire la transformation d'une masse environ 134 000 supérieure à la sienne. De plus ces catalyseurs présentent un maximum d'activité à de certaines températures au-dessous de 100° et l'ébullition les « tue » définitivement; enfin ils sont très sensibles à l'action de certains toxiques comme le sublimé, le phénol, et surtout l'acide cyanhydrique (Bredig).

Notons maintenant les *analogies qui existent entre les actions diastasiques et les actions catalytiques*. Elles sont frappantes.

1° Remarquons d'abord que l'on sait réaliser à l'aide de catalyseurs minéraux presque toutes les opérations diastasiques. L'hydrolyse des divers hydrates de carbone que produisent respectivement l'amylase, la maltase, la lactase, etc., est obtenue aussi à l'aide des acides minéraux étendus. — L'eau sous pression, les acides étendus et chauds transforment les albumines en albumoses et en peptones, c'est-à-dire agissant comme la pepsine.

2° De même que les catalyseurs minéraux, les diastases ne font qu'accélérer une réaction déjà commencée en dehors d'eux. Ainsi avec une solution d'acide chlorhydrique à 2-3 p. 1000 agissant sur de l'albumine les peptones apparaissent après un chauffage de quarante-huit heures à 95°. Avec le même acide additionné de pepsine, ce résulat est atteint à 40° et en une heure. — L'hydroquinone est lentement oxydée à l'air par les sels manganeux; l'addition de laccase accélère aussitôt le phénomène.

3° Pour les solutions colloïdales des métaux, comme pour les diastases, l'action passe par un maximum pour une certaine température inférieure à 100°; elle est paralysée par les toxiques comme l'acide cyanhydrique et elle est définitivement supprimée par l'ébullition.

4° Un catalyseur n'agissant que sur la vitesse d'une réaction, le raisonnement [2] fait prévoir et l'expérience vérifie que si la réaction est réversible, c'est-à-dire si elle est limitée par la réaction inverse, ces deux réactions seront également accélérées par le catalyseur. Il suit de là que si les actions diastasiques sont vraiment des réactions catalytiques, *on prévoit qu'il pourra s'en trouver qui seront réversibles*, c'est-à-dire où la diastase accélérera aussi bien une réaction de synthèse que la réaction inverse de décomposition. Or, on a vu que l'expérience vérifie cette prévision (p. 87), et c'est là une nouvelle preuve à l'appui de la nature catalytique des réactions diastasiques.

Tout indique donc que les diastases sont bien des catalyseurs, c'est-à-dire des corps qui interviennent uniquement en précipitant la vitesse d'une réaction commencée en dehors d'eux. Selon la

---

1. Notons que ce n'est pas l'extrême division du métal qui crée le pouvoir catalytique; celui-ci est propre au métal, puisqu'on l'observe pour les métaux en cubes ou en lames (Bredig, Schade), mais la division accentue ce pouvoir.

2. Voy. pour ce raisonnement les traités de chimie physique.

comparaison de Bredig, ils agissent comme le corps gras qui lubréfie les organes de quelque machine transformatrice d'énergie et leur permet de tourner *plus vite*, ou comme la surface lisse du rail, grâce auquel la masse d'un wagon descend *plus rapidement* le long d'une pente vers sa position de repos. Et *c'est dans cette propriété que nous saisissons la valeur spéciale de ces agents pour les êtres vivants*. Par exemple, une réaction comme la peptonisation *rapide* d'une albumine n'est possible à 40° qu'avec de l'acide chlorhydrique fort, ou, si l'acide est étendu, elle n'est obtenue qu'à la température de 100°. Catalysée avec de la pepsine, cette réaction devient possible à 40° et avec un acide étendu, c'est-à-dire *dans des conditions compatibles avec la vie*.

Sans doute on ignore encore le mécanisme de cette action, aussi bien pour les catalyseurs minéraux que pour les diastases. Mais n'est-ce pas un progrès considérable que d'avoir ainsi dépouillé les diastases du mystère biologique qui les entourait et de les avoir fait rentrer dans une catégorie d'agents, dont on sait avec certitude qu'ils sont d'ordre purement physico-chimique et qui tombent sous la prise des méthodes de mesure de la chimie physique?

**Influence des conditions de milieu. — Les co-diastases. —** L'action diastasique n'est pas en général le fait de la diastase seule, mais apparaît comme le résultat de la collaboration de plusieurs agents qui sont la diastase et des substances adjuvantes dont l'influence présente toute une série de degrés. Cependant on peut distinguer d'une manière un peu artificielle : 1° Les *co-ferments*, ou mieux les *co-diastases* (G. Bertrand), qui sont indispensables à l'action diastasique, c'est-à-dire dont le départ met fin à cette action; 2° Les substances qui exercent simplement une *action favorable* sur le travail de la diastase.

1° Le premier exemple de co-diastase a été fourni par la laccase de l'arbre à laque (voy. p. 98), qui oxyde activement certains phénols, hydroquinone, pyrogallol et dont les cendres contiennent toujours du manganèse. Au contraire la laccase de la luzerne, qui est très peu active, est pauvre en manganèse, mais elle prend une activité comparable à celle des oxydases les plus puissantes quand on lui ajoute un peu d'un sel manganeux (G. Bertrand). Comme ces sels oxydent à eux seuls les phénols (en milieu alcalin) et que les diastases ne font qu'accélérer les réactions, il est probable qu'une laccase complètement dépourvue de manganèse serait tout à fait inactive[1].

1. La laccase semble donc résulter de l'accouplement d'une complémentaire organique, qui représente la partie thermolabile de l'agent, et d'une complémentaire minérale thermostabile, le sel manganeux. Mais on a soutenu aussi que

Voici un exemple plus net encore. Le suc de levure de bière, qui contient une diastase dédoublant le glycose en alcool et en acide carbonique, devient inactif par ébullition, mais à cet état il améliore considérablement le travail d'un suc frais. Cette substance adjuvante thermostabile, peut être isolée du suc frais, en filtrant celui-ci sur un filtre Martin (filtre à gélatine). La diastase, à cause de sa nature colloïdale reste sur le filtre (voy. p. 41) et se montre à cet état complètement inactive. Le filtrat, qui contient le co-ferment, est également inactif, mais reprend toute son activité quand on lui rajoute ce que le filtre a retenu (Harden et Young). Cette co-diastase est une combinaison organique phosphorée, qui est détruite par les lipases (Buchner).

2° Un grand nombre de corps, acides, bases, sels, etc., exercent sur le travail diastasique une action adjuvante, mais leur présence n'est pas toujours indispensable. Ainsi l'invertine, qui en milieu neutre ne dédouble que faiblement le sucre de canne, est beaucoup plus active en présence d'une trace d'acide sulfurique, et la décomposition de l'eau oxygénée par beaucoup de diastases est énormément accélérée par la présence d'un peu d'alcali. — Pareillement le travail des diastases est retardé ou arrêté par un grand nombre de corps. L'invertine est gênée par les alcalis, et la laccase est très sensible à l'action des acides. On a vu aussi que les diastases sont arrêtées par les produits de leur propre activité. Enfin certains corps nuisent aux diastases à des doses extrêmement faibles, ce que l'on exprime en disant que ces corps agissent comme des *poisons*. Ainsi la décomposition diastasique de l'eau oxygénée par le sang est déjà arrêtée par deux millièmes de milligrammes d'acide cyanhydrique par litre.

Ces co-diastases et les divers corps adjuvants varient donc d'une diastase à l'autre, de telle sorte qu'un paralysant d'une diastase peut jouer le rôle d'accélérateur vis-à-vis d'une autre diastase [1]. C'est là une constatation importante au point de vue du travail diastasique des cellules, où un grand nombre d'actions de cette nature doivent se succéder automatiquement l'une à l'autre et dans un ordre déterminé (p. 112). — Notons encore que parmi les co-diastases, dont l'importance est de même ordre que celle des diastases elles-mêmes, figurent des métaux comme le manganèse,

l'intervention de la complémentaire organique n'a jamais été démontrée et que tout le phénomène consiste en une collaboration du sel manganeux avec un peu d'alcali (Dony-Hénault). Pour la laccase de la luzerne, qui est thermostabile, il semble bien démontré que l'agent actif est représenté par des sels de chaux d'acides organiques divers (citrique, malique) et par le manganèse (Euler et Bolin). D'autre part, on a préparé des oxydases contenant, non du manganèse, mais du fer. Enfin, voici que Bach a extrait des champignons une oxydase très puissante, et exempte à la fois de fer et de manganèse. Toute cette question est donc actuellement en pleine évolution.

1. Ainsi la saponification diastasique des graisses par la graine de ricin écrasée avec de l'eau ne commence qu'au moment où le milieu a acquis une acidité suffisante, laquelle est l'œuvre d'une autre diastase, productrice d'acide lactique. Voilà donc une diastase qui prépare le terrain à l'action d'une autre diastase par la production d'un acide qui est un frein pour sa propre activité (Hoyer).

et sans doute aussi le fer, lesquels interviennent puissamment à doses très faibles, que les métaux sont par eux-mêmes des catalyseurs énergiques, et l'on comprendra que l'on ait cherché une explication de l'efficacité de certaines médications par les métaux (fer, mercure, argent) dans un renforcement des actions diastasiques, et en général dans des actions catalytiques se passant au niveau des tissus [1] (H. Schade).

**Les prodiastases et les kinases.** — C'est encore un autre aspect de cette question si complexe des conditions d'activité des diastases. Il est démontré pour beaucoup de diastases qu'elles apparaissent d'abord dans l'organisme sous la forme des *prodiastases inactives* que divers agents transforment ensuite en diastases actives. Ainsi la pepsine et la chymosine existent dans la muqueuse stomacale à l'état de propepsine et de prochymosine, que l'acide chlorhydrique étendu fait passer respectivement à l'état de pepsine et de chymosine active. Pareillement on verra que le ferment de. la fibrine est précédé d'un proferment inactif, que les sels de chaux transforment en ferment actif.

L'agent qui active une prodiastase n'est pas nécessairement capable d'en activer une autre. Ainsi la prochymosine est activée par les acides étendus, le proferment de la fibrine par les sels de chaux, la protrypsine par une diastase spéciale, l'entérokinase de Pawlow. Ce dernier cas constituerait donc, selon l'expression de Pawlow, un exemple de « ferment de ferment ». Mais la nature et le rôle de cette kinase sont encore mal déterminés et l'on verra plus loin que celle-ci peut être remplacée comme activant par les sels de calcium (p. 156). On a d'ailleurs dénié à l'entérokinase le caractère diastasique.

Finalement on voit combien une action diastasique est un mécanisme à la fois souple et délicat, et cela est du plus haut intérêt au point de vue des opérations chimiques de la cellule (p. 111).

---

1. L'iode qui catalyse *in vitro* beaucoup de réactions, agit peut-être dans l'organisme par le même mécanisme (Schade).

## II. — OPÉRATIONS CHIMIQUES EFFECTUÉES PAR LES DIASTASES.

Il est utile de classer les diastases d'après la nature chimique des diverses opérations qu'elles accomplissent. On constate ainsi qu'à chacun des grands procès chimiques que la physiologie a saisis chez les êtres vivants, dédoublements et synthèses, hydratations et déshydratations, oxydations et réductions, correspondent une extraordinaire multiplicité de diastases, et que les aptitudes de ces agents sont telles que ceux-ci apparaissent comme disposés tout le long de l'échelle de dégradation que doit descendre la matière organique chez les êtres vivants [1].

**Diastases de coagulation et de décoagulation.** — Il est possible que ces diastases soient toutes des agents d'hydratation et de déshydratation, mais au point de vue physiologique, il est intéressant de considérer à part cette action physique des diastases. Celle-ci représente, en effet, le mécanisme à l'aide duquel les organismes peuvent dissoudre un corps coagulé, dont l'attaque est ainsi rendue plus facile, ou encore mettre en circulation, ou au contraire immobiliser les matériaux de réserve dont ils disposent [2].

Il y a des diastases qui coagulent des matières protéiques, comme la *thrombine* ou *ferment de la fibrine* qui coagule le fibrinogène du sang, ou comme la *chymosine*, qui coagule la caséine du lait. Ces diastases ont leur contre-partie dans la *caséase* que secrètent les micro-organismes vivant dans les fromages et qui redissout le caillot fourni par la présure (E. Duclaux). Il est vraisemblable que chez l'homme des mécanismes de ce genre assurent les transports si fréquents de matières albuminoïdes, par exemple pendant le jeûne ou dans la régression de l'utérus après l'accouchement, ou à l'état pathologique, au cours de l'accroissement rapide des tumeurs (p. 246). La fixation du glycose par le foie à l'état de glycogène et sa redissolution à l'état de glycose qui est remise en circulation sont une autre forme de ce phénomène de coagulation et de décoagulation.

**Diastases d'hydratation et de déshydratation.** — Celles qui nous intéressent particulièrement sont les diastases qui s'attaquent aux matières protéiques, aux hydrates de carbone et aux graisses, et aux produits de simplification de ces matériaux.

DIASTASES DES PROTÉIQUES. — Bornons-nous à signaler d'abord les *diastases digestives*, pepsine, trypsine, etc., que nous retrouverons dans

---

1. Notons cependant qu'une revision sévère de toutes ces réactions serait nécessaire. Pour bon nombre d'entre elles, on s'est trop hâté d'affirmer leur caractère diastasique.

2. C'est là du moins le rôle le plus important qu'on puisse leur attribuer. Peut-être en ont-elles d'autres encore. La diastase qui provoque la coagulation du sang représente évidemment un moyen de défense contre les dangers de l'hémorragie.

l'étude de la digestion. Des diastases protéolytiques, différentes des précédentes, existent aussi dans les tissus, et c'est à leur puissante action qu'est dû en grande partie le phénomène de l'*autolyse* dont il sera question plus loin. Les sucs d'expression des tissus agissent aussi par des diastases sur les polypeptides, c'est-à-dire sur les produits de la simplification des protéiques. L'action est variable selon la cellule ou le tissu. Ainsi la glycyl-l-tyrosine est dédoublée par les globules rouges et les plaquettes sanguines (du cheval); elle résiste, au contraire, au plasma et au sérum, mais ces deux humeurs dédoublent la dl-alanyl-glycine, quelques tripeptides et un tétrapeptide. Et cette action n'est pas due à de la trypsine pancréatique résorbée, car celle-ci dédouble énergiquement la glycyl-l-tyrosine, laquelle résiste au sérum. On entrevoit donc que la grande classe des diastases protéolytiques devra un jour être démembrée en *diastases protéolytiques proprement dites*, qui attaquent les divers protéiques, et en *diastases peptolytiques*, qui dédoublent les polypeptides, ces derniers agents étant adaptés respectivement à l'hydrolyse de polypeptides de complication décroissante (Abderhalden).

A l'attaque des acides aminés provenant du travail des diastases protéolytiques sont adaptées aussi des diastases spéciales. Ainsi la muqueuse intestinale, le foie contiennent une *arginase*, qui dédouble l'arginine en ornithine et en urée, et des *diastases désaminantes*, qui séparent à l'état d'ammoniaque le groupe $AzH^2$ des acides aminés (p. 301). Enfin on connaît toute une série de diastases qui assurent la dégradation des nucléoprotéides (nucléase, adénase, guanase) (p. 335).

DIASTASES DES HYDRATES DE CARBONE. — Ici on saisit nettement, au moins pour des polysaccharides relativement simples, cette succession d'actes diastasiques que dans l'hydrolyse progressive des protéiques on ne peut encore que soupçonner. Contentons-nous ici de l'exemple typique du gentianose (Bourquelot), dont l'hydrolyse totale est résumée par le schéma suivant (la diastase qui agit étant chaque fois en italique) :

$$\text{Gentianose } (\textit{invertine}). \begin{cases} \text{Lévulose.} \\ \text{Gentiobiose } (\textit{gentiobiase}). \begin{cases} \text{Glycose.} \\ \text{Glycose.} \end{cases} \end{cases}$$

Il a donc fallu pour hydrolyser complètement ce trisaccharide deux diastases, et d'une manière générale un saccharide de degré $n$ exigera pour son hydrolyse totale $n-1$ actes diastasiques. Et chaque fois que la combinaison à défaire est différente, il faut une diastase différente. Ainsi les quatre disaccharides différents que produit l'union de deux molécules de glycose, à savoir, le maltose, le tréhalose, le gentiobiose et le touranose, sont respectivement dédoublés par la *maltase*, la *tréhalase*, la *gentiobiase* et la *touranase* (Bourquelot et Hérissey).

Pour les polysaccharides compliqués de l'ordre des celluloses et des amyloses, nous sommes loin encore de connaître la succession exacte des actions diastasiques qui, par échelons successifs amènent ces corps jusqu'au niveau des hexoses. On n'aperçoit que quelques-unes des étapes. On a saisi des *cellulases* ou *cytases* qui liquifient et peut-être hydratent les celluloses, et plus bas on connaît les diverses *amylases* (du malt, de la salive, du suc pancréatique) qui ramènent l'amylose et l'amylopectine de l'amidon naturel jusqu'au niveau du maltose, mais il est possible que ce soit là le résultat final de l'action successive de plusieurs diastases. Déjà on sait que l'amylase du malt contient au moins deux diastases, agissant l'une sur l'amylose et l'autre sur l'amylopectine (Maquenne et Roux (p. 59).

Une fois qu'on est arrivé au niveau des disaccharides comme le maltose, on voit intervenir alors les diastases citées plus haut, spéciales à chacun de ces sucres, et qui les font descendre à l'état d'hexoses. Enfin on verra que c'est aussi par des actions diastasiques que l'on essaye d'expliquer la simplification ultérieure des hexoses (glycose) dans l'organisme (p. 368).

DIASTASES DES GRAISSES. — Comme diastases dédoublant les graisses et d'une manière générale les éthers de la glycérine, nous rencontrerons la stéapsine pancréatique, et les *lipases* découvertes par Harniot dans le sérum et dans les tissus (foie) où elles manifestent leur activité dans les phénomènes d'autolyse. Ces diastases jouent aussi un rôle considérable chez les végétaux. Ainsi les graines de ricin renferment une lipase si puissante, que son emploi dans la saponification des graisses est devenu industriel. Des diastases saponifiantes sont sécrétées aussi par un grand nombre de microbes.

On est moins bien renseigné en ce qui concerne les *diastases de déshydratation*. On peut d'abord compter comme telles les diastases hydratantes dont l'action est réversible (p. 87). E. Duclaux pense que si le renversement de ces réactions est possible, c'est parce que l'effet thermique positif qui leur correspond est faible, et que de minimes changements dans les conditions de milieu (concentration, nature des sels présents) suffisent pour rendre cet effet nul ou même négatif. Or, s'il devient négatif, ce sera l'action inverse qui deviendra positive, et la réversion pourra en résulter. Mais on prévoit aussi la possibilité d'actions diastasiques à effet thermique négatif, grâce au concours d'une énergie étrangère. Ainsi paraît agir la diastase qui dans le rein assure la synthèse de l'acide hippurique. Cette synthèse que la *cellule* rénale effectue aisément (p. 324), ne peut être obtenue avec des *extraits aqueux* de rein que si l'on remplace l'acide benzoïque par l'alcool benzylique, sans doute parce que l'oxydation préalable de l'alcool avec production d'acide benzoïque fournit l'énergie nécessaire (Abelous et Ribaut).

**Diastases d'oxydation et de désoxydation.** — On distingue parmi les diastases d'oxydation ou *oxydases* les catégories que voici :

1° CATALASES. — Ce ne sont pas à vrai dire des oxydases, mais simplement des diastases ayant la propriété de décomposer l'eau oxygénée en eau et en oxygène, lequel se dégage à l'état d'oxygène ordinaire, et sans manifester de propriétés oxydantes particulières et notamment sans oxyder et bleuir la teinture de gaïac comme le font les peroxydases (voy. ci-après). Cette réaction, connue depuis longtemps (Thénard, 1818) et que Schönbein déjà avait longuement étudiée comme un prototype d'actions catalytiques (d'où le nom de catalases), est commune à un nombre considérable de liquides et de tissus animaux (sang, rate, foie, pancréas, thymus, etc.) et végétaux.

2° PEROXYDASES (OXYDASES INDIRECTES, ANAÉROXYDASES). — Un grand nombre de liquides ou tissus animaux ou végétaux (sérum sanguin, lait, graines de maïs, de courge, etc.) contiennent des diastases qui décomposent l'eau oxygénée avec production d'oxygène *actif*, c'est-à-dire capable d'oxyder énergiquement divers corps, dits « accepteurs », présents dans la solution et dont l'oxydation se traduit par des colorations caractéristiques. Ainsi la teinture de gaïac est colorée en bleu (Schönbein), la paraphénylène-diamine additionnée d'α-naphtol et de carbonate de sodium en violet (Röhmann et Spitzer), la solution aqueuse de gaïacol en rouge grenat (Bourquelot). Ces agents ne provoquent donc pas l'oxydation directe de l'accepteur par l'oxygène de l'air, mais son oxydation *indirecte* par l'intermédiaire de l'eau oxygénée, d'où le nom d'*oxydase indirecte*; cet oxygène est fourni par l'eau oxygénée ou peroxyde d'hydrogène, d'où le nom de *peroxydase* (Linossier, Bach et Chodat); enfin cet oxygène n'est pas emprunté à l'air, d'où le nom d'*anaéroxydase* (Bourquelot). On ne sait encore rien de précis sur le rôle possible de ces diastases dans l'organisme.

3° OXYDASES VRAIES. — Ce sont les oxydases du type de la laccase dont il a été question plus haut (p. 92) et que G. Bertrand a extrait du suc laiteux de l'arbre à laque. Ce suc est une crème épaisse qui reste intacte en vase clos, mais qui étendue sur l'objet à laquer se transforme, à l'air (humide), en une masse noire, résultant de l'oxydation d'une substance phénolique, le laccol. L'agent de cette oxydation est une diastase, *la laccase* que l'alcool précipite du suc laiteux, tandis que le laccol reste en solution. La laccase oxyde *in vitro* certains corps aromatiques comme le pyrrogallol, avec fixation d'oxygène et dégagement d'acide carbonique, c'est-à-dire que la réaction marche comme un véritable phénomène respiratoire [1].

Les diastases oxydantes sont très répandues dans le monde végétal (Bourquelot et Bertrand). Ainsi certains champignons (*Russula nigricans*), contiennent une oxydase spéciale, la *tyrosinase* qui oxyde à l'air la tyrosine en la colorant en noir. La « casse » du vin, la coloration du cidre et celle du pain bis, etc.. sont également dues à l'action de diastases de ce groupe (G. Bertrand). Quant aux diastases capables d'oxyder les aldéhydes benzoïque ou salicylique (aldéhydases) et que l'on a cru trouver dans beaucoup de tissus ou humeurs, leur existence est devenue problématique (Dony-Hénault et Mlle Van Duren). Mieux définies dans leur rôle physiologique et chimique sont les oxydases qui transforment au contact de l'air l'hypoxanthine et la xanthine respectivement en xanthine et en acide urique (p. 336). On a vu quel est le rôle des métaux (Mn, Fe) dans le travail de ces diastases (p. 92).

A côté des diastases oxydantes, il faut créer la classe des *diastases désoxydantes* (désoxydases, réductases, hydrogénases). Abelous et E. Gérard ont établi l'existence, dans l'organisme, d'une diastase réduisant les nitrates alcalins $AzO^3M$ en nitrites $AzO^2M$, ou la nitrobenzine $C^6H^5.AzO^2$ en aniline $C^6H^5.AzH^2$. Au surplus on verra à propos de l'étude des phénomènes d'oxydation dans les tissus que les deux réactions d'oxydation et de réduction sont étroitement liées.

**Diastases de décomposition et de recomposition.** — Le groupe des diastases de décomposition, créé par E. Duclaux, n'est encore représenté que par un seul individu, la *zymase* alcoolique, poursuivie si longtemps par tant de chercheurs et que E. Buchner réussit à isoler le jour où il

---

1. Bach et Chodat soutiennent que les oxydases sont un mélange d'*oxygénases*, substances de nature protéique, capables de fixer l'oxygène moléculaire à l'état de peroxydes, et de *peroxydases*, substances qui décomposent les oxygénases avec production d'oxygène actif. Il est impossible d'exposer ici le débat très intéressant qui s'est engagé autour de ces théories.

eut l'idée de soumettre la levure, mêlée à du sable et à de la terre d'infusoire, puis broyée avec soin, à des pressions de plusieurs centaines d'atmosphères. Le suc ainsi obtenu, débarrassé par filtration de tout élément figuré contient la diastase en question. Il dédouble, en effet, (sans hydratation) le glycose en alcool et en acide carbonique d'après l'équation classique :

$$C^6H^{12}O^6 = 2C^2H^6O + 2CO^2.$$

L'acquisition de cette méthode a marqué un progrès considérable, car l'emploi systématique de la presse permet d'isoler des diastases si fortement adhérentes aux protoplasmes cellulaires qui les sécrètent, que tout autre moyen de séparation reste impuissant. Une autre méthode, qui de la levure a été étendue avec succès à divers organismes inférieurs, consiste à tuer la levure en la portant dans de l'alcool éthéré ou de l'acétone. Le précipité essoré et séché fait fermenter le sucre très activement.

Il est probable que la zymase alcoolique n'est pas unique. Ce serait un mélange de deux agents, dont l'un ferait avec le glycose quelque corps voisin de l'acide lactique, et dont l'autre transformerait ce produit en acide carbonique et en alcool (Buchner et Meisenheimer (voy. aussi p. 61).

A côté des diastases de décomposition, on peut théoriquement prévoir des *diastases de recomposition* (E. Duclaux).


**Spécificité de l'action des diastases.** — Les diastases, qui travaillent dans chacune des directions chimiques que l'on vient de distinguer et spécialement les diastases hydratantes, sont donc légion. Cela tient à ce fait — qui est l'un des côtés les plus intéressants du rôle biochimique des opérations diastasiques — que beaucoup d'entre ces agents sont spécialement adaptés à l'attaque d'une substance déterminée et laissent intactes des substances avoisinantes à structure presque identique.

Cette adaptation d'actes fermentaires à des corps de structure déterminée a été mise en lumière pour la première fois par Pasteur dans son étude sur le dédoublement du racémotartrate d'ammonium par le *Penicillium glaucum*. Cet organisme consomme et détruit l'acide tartrique droit et laisse intact l'antipode gauche, et cette méthode a pu être appliquée au dédoublement d'un grand nombre d'autres racémiques. Et comme nous savons aujourd'hui que les agents chimiques à l'aide desquels travaillent ces organismes sont les diastases, on pouvait prévoir pour ces dernières la même adaptation spécifique. C'est ce que l'expérience vérifie.

On a déjà vu, en effet, que, par exemple les quatre disaccharides du glycose droit, le maltose, le tréhalose, le gentianose et le touranose, ont chacun leur diastase propre qui les dédouble et n'atteint pas les trois autres. Citons encore le cas des deux glycosides artificiels de E. Fischer, l'α-méthyl-d-glycoside et le β-méthyl-d-glycoside, dont les différences de structure sont si minimes et dont l'émulsine ne dédouble que la forme β. Rappelons aussi qu'il suffit de remplacer dans un polypeptide un acide aminé par son antipode optique pour rendre ce polypeptide inattaquable au suc pancréatique (p. 39).

Il y a cependant des diastases qui paraissent avoir un champ d'action plus étendu, témoins l'émulsine, qui dédouble tant de glycosides, et la tyrosinase qui attaque, outre la tyrosine, nombre d'autres corps à oxhydrile phénolique (G. Bertrand). Mais de même que l'amylase du malt et la zymase de la levure, l'émulsine est peut-être un mélange de plusieurs diastases. La même réflexion s'applique au monde des diastases protéolytiques. La pepsine s'attaque aux protéiques les plus différents, mais elle est peut-être un mélange de diastases ayant chacune un champ d'action plus limité. Parfois cette spécificité n'apparaît qu'au point de vue quantitatif. Ainsi les diastases protéolytiques, qui entrent en jeu dans l'autolyse du foie, digèrent mieux les protéiques de cette glande que ceux du poumon, ou digèrent mieux les globulines que les albumines (Jakoby). La pepsine du bœuf digérerait mieux la caséine du lait de vache, que celle du lait de chienne (Kiesel). Le champ d'action d'une diastase se limite aussi, par rapport à celui d'une autre, quand on change le substrat sur lequel on la fait agir. Ainsi la pepsine n'attaque aucun des polypeptides de synthèse préparés jusqu'à présent, tandis que le suc pancréatique en dédouble un certain nombre, et que les sucs d'expression des tissus en attaquent que le suc pancréatique laisse intacts (Fischer et Abderhalden).

Finalement on peut dire que la spécificité des diastases, qui est à coup sûr très remarquable, n'est cependant pas absolue.


## § III. — ROLE DES DIASTASES DANS L'ORGANISME.


Pendant longtemps les seules diastases animales connues ont été celles du tube digestif. Mais ces agents, postés à l'entrée de l'organisme et en réalité extérieurs à celui-ci, ne remplissent qu'un rôle préparatoire; ils restent étrangers aux véritables phénomènes de la nutrition. Ceux-ci se passent, en effet, au niveau des tissus, et là, entre la cellule et les travaux chimiques accomplis par cette cellule, on ne saisissait aucun intermédiaire. Toutes ces opérations apparaissaient comme le produit immédiat de l'activité propre de la cellule. Aujourd'hui, au contraire, on est conduit à admettre que chez tous les organismes, les diastases sont non seulement chargées du travail digestif préparatoire, mais encore qu'elles sont les instruments chimiques de la nutrition cellulaire.

C'est surtout l'étude des organismes inférieurs qui a montré toute la généralité et l'importance des actions diastasiques dans les phénomènes de la nutrition. Commençons donc par ces organismes.

**Les actions diastasiques et la nutrition chez les organismes inférieurs.** — On constate d'abord que, chez ces organismes, le *travail digestif préparatoire* est assuré par des diastases que la cellule laisse diffuser dans le milieu alimentaire pour y coaguler, dissoudre ou transformer, selon les besoins, les matériaux offerts au ferment. Ainsi le *Penicillium glaucum*, l'*Aspergillus niger*, poussant sur du lait, coagulent la caséine au moyen d'une chymosine et la redissolvent à l'aide d'une caséase. La levure sécrète abondamment de l'invertine ou sucrase qui dédouble le sucre de canne non fermentescible en glycose et en lévulose, sucres fermentescibles, c'est-à-dire devenus alimentaires pour la levure. Le *Penicillium glaucum* cultivé sur du liquide de Raulin donne une invertine, une maltase, une tréhalase, une amylase, une inulase, une chymosine, une caséase et une lipase (Bourquelot, Camus et Gley). Les microbes de la putréfaction banale des protéiques sécrètent de même de véritables trypsines. On pourrait multiplier ces exemples.

Les diastases sont aussi les agents du *travail de nutrition intérieure* de la cellule. C'est là une des acquisitions les plus importantes de la biologie moderne, non seulement à cause du haut intérêt des faits acquis, mais aussi en ce sens que ce progrès a marqué en même temps la rupture avec une des formes du vitalisme contemporain. C'est autour du problème de la fermentation alcoolique que ce débat s'était engagé. Cet organisme dédouble le sucre en alcool et en acide carbonique, et il emploie, à l'accomplissement de ses actes vitaux, l'énergie ainsi libérée. Or, pour Pasteur cet acte chimique, qui représente donc l'opération capitale de la nutrition intérieure de la levure, était essentiellement un phénomène corrélatif d'un acte vital, commençant et finissant avec lui. Berthelot, au contraire, ne voyait entre cet acte et les phénomènes physiologiques de la cellule aucune corrélation nécessaire. C'est lui, en effet, qui avait découvert l'invertine, l'agent du travail digestif préparatoire de la levure, c'est-à-dire du premier temps de l'opération nutritive, et il soutenait que pareillement, le second temps, le dédoublement fermentatif du sucre, est l'œuvre d'une diastase produite par la cellule et exerçant son action indépendamment de tout acte vital. On a vu comment ces vues ont été justifiées par la découverte de la zymase alcoolique de Buchner, et depuis, on a pu de même, par le procédé à l'acétone déjà employé pour la levure (p. 99), démontrer l'existence des diastases qui dans la fermentation lactique du sucre et dans la fermentation acétique de l'alcool produisent respectivement l'acide lactique et l'acide acétique (Buchner et Meisenheimer).

Il est donc certain que c'est par l'intermédiaire des diastases que les organismes inférieurs opèrent les dégradations chimiques nécessaires à leur nutrition intérieure. Se servent-ils aussi de ces agents pour faire les synthèses qu'impliquent nécessairement la construction des nouvelles cellules? Il est logique de l'admettre, puisque déjà nous savons que les diastases font la reconstruction synthétique des graisses et celle des sucres (p. 87). Pour les protéiques, les résultats obtenus jusqu'à présent ne permettent encore aucune conclusion.

**Les actions diastasiques et la nutrition chez les organismes supérieurs.** — Chez les animaux on saisit de même l'intervention des diastases à la fois dans *le travail digestif préparatoire* et dans celui de la *nutrition cellulaire*.

Le rôle des *diastases digestives* pepsine, trypsine, etc., est connu depuis longtemps : c'est par elles qu'a commencé toute l'histoire des diastases animales.

Au contraire, la notion de *diastases cellulaires*, considérées comme agents de la *nutrition des tissus*, n'est apparue que tout récemment, après que l'étude des cellules microbiennes eut montré toute l'importance des actions diastasiques, et surtout après que la poursuite systématique des phénomènes de l'*autolyse* eut révélé la diffusion et la multiplicité des diastases des tissus.

L'AUTOLYSE. — Le mot est de Jakoby et date de 1900, mais le phénomène que ce mot désigne, déjà entrevu par Béchamp en

1865, avait été étudié par Schützenberger sur la levure de bière dès 1874, puis par Salkowski sur la levure et sur les tissus animaux (1889-90), et par A. Gautier sur le muscle (1892) (voy. p. 296). Ce phénomène consiste en ceci que des tissus ou organes prélevés aseptiquement sur l'animal que l'on vient de sacrifier, et conservés à 37° en milieu stérile, ou plus simplement au contact d'antiseptiques (eau chloroformée), subissent une digestion (autodigestion de Salkowski) très puissante, puisque, suffisamment prolongée, elle aboutit à une liquéfaction complète et ne laisse inattaqués que le tissu conjonctif et les fibres élastiques. Cette autolyse porte à la fois sur les protéiques qui fournissent peu de peptones, et beaucoup d'acides aminés (leucine, tyrosine, glycocolle, acides glutamique et aspartique, lysine, arginine, histidine); sur les nucléoprotéides qui se défont en acide phosphorique et bases puriques (adénine, guanine, puis hypoxanthine et xanthine); sur les graisses, sur la lécithine, qui fournit de la choline, et enfin sur les hydrates de carbone (glycogène) qui disparaissent, tandis qu'il apparaît de l'acide lactique et de l'alcool.

Les agents de ces simplifications sont des diastases, car on a pu reproduire ces dédoublements avec le suc d'expression des tissus ou plus simplement avec des extraits aqueux, et démontrer qu'il s'agit bien d'actions diastasiques. Quelques-unes de ces diastases, celles des matières protéiques et des nucléoprotéiques (et de leurs produits de simplification) sont déjà assez bien connues (p. 95). On a aussi isolé quelques lipases (p. 392) mais pour les diastases s'adressant aux hydrates de carbone, le matériel de faits dont on dispose est encore très discuté. On reviendra sur ces questions à propos des transformations des aliments dans l'organisme (p. 369 et 377). Ajoutons que ces diastases sont bien réellement propres aux tissus et ne proviennent pas d'une résorption de diastases digestives. Par exemple la diastase protéolytique des tissus n'est pas de la trypsine résorbée, car l'autolyse des tissus se produit encore après extirpation du pancréas (Matthes).

*Les diastases autolytiques pendant la vie normale.* — Ces diastases interviennent-elles aussi pendant la vie, ou bien leur apparition n'est-elle qu'un phénomène cadavérique? Cette dernière opinion a été soutenue, et l'on a dit que ces agents ne remplissent qu'un office de « fossoyeur », c'est-à-dire qu'ils n'entrent en jeu qu'après la mort totale, ou pendant la vie, lorsqu'un groupe de cellules, frappées de mort, doit être liquéfié et résorbé. Mais par analogie avec ce qui se passe, comme on l'a vu, chez les organismes inférieurs, il est permis d'admettre que déjà pendant la vie la cellule se sert de ces diastases pour accomplir ses opérations chimiques.

En effet, A. Gautier a montré que la « vie résiduelle » d'un tissu (muscle), détaché de l'organisme et abandonné à l'autolyse aseptique, continue la suite des réactions de la vie normale, avec cette seule différence qu'elle les exagère et en accumule les produits, ceux-ci n'étant plus emportés ou détruits par la circulation et l'oxydation. Mais ces produits ne diffèrent pas essentiellement de ceux de la vie normale (p. 296), et dès lors cette identité est un argument de grand poids en faveur de l'identité des facteurs de la réaction, qui, pendant la vie normale comme pendant la vie résiduelle, seraient donc les diastases. Enfin le rôle d'agents chimiques du travail cellulaire que tiennent les diastases est encore démontré par l'apparition successive de ces agents dans les organismes en voie de développement, dans les graines en germination, dans l'œuf des ovipares en voie de développement. Il y a là toute une *ontogénie des diastases* qui est en train de se constituer.

L'AUTOLYSE PATHOLOGIQUE. — Une autre preuve de l'importance de ces diastases pour la vie physiologique des tissus, c'est le rôle de plus en plus considérable qu'on est conduit à attribuer à ces agents dans beaucoup de phénomènes pathologiques. Il serait, en effet, bien surprenant qu'un mécanisme aussi remarquable de la vie pathologique n'eût aucune signification pour la vie normale.

Ainsi on a établi nettement le rôle de l'autolyse dans la résorption si rapide de l'exsudat fibrineux qui, dans la pneumonie, remplit les alvéoles pulmonaires. Ici il y a, comme on dit, *hétérolyse*, c'est-à-dire que les diastases ne proviennent pas de l'organe lui-même, mais des leucocytes. Au début de l'hépatisation grise, ceux-ci, en effet, envahissent en masse l'exsudat et le dissolvent par l'action des diastases qu'ils fournissent en se détruisant eux-mêmes. Il est probable que le même mécanisme intervient dans le ramollissement des thromboses.

Les leucocytes sont, en effet, riches en diastases diverses, diastase protéolytique, chymosine, amylase, lipase, oxydases (Achalme, Ascoli). Du pus frais, additionné d'un antiseptique, se liquéfie rapidement à 37° avec apparition des produits de l'autolyse des protéines et des nucléoprotéides (acides aminés, bases puriques). Il digère aussi des flocons de fibrine ou des fragments de tissus (poumon, rein, muscle) qu'on lui ajoute. Ainsi s'explique le pouvoir de ramollissement qu'un foyer purulent manifeste autour de lui, mais seuls les tissus qui sont déjà atteints dans leur vitalité, sont ainsi dissous. Les tissus sains résistent, témoin les parois de l'alvéole pulmonaire pendant l'autolyse de l'exsudat. Cette puissance hétérolytique des globules blancs — qui digèrent non seulement leur propre substance, mais encore d'autres tissus — est un nouvel aspect de la physiologie déjà si riche de ces éléments.

Le ramollissement des gros noyaux cancéreux paraît être aussi un phénomène d'autolyse (Petry), produit par des diastases particulièrement actives, car, *in vitro*, l'autolyse d'un cancer est toujours plus rapide que celle du tissu dont provient le néoplasme. On incline aussi à considérer que l'apparition, dans les urines, d'acides aminés divers (leucine, tyrosine, glycocolle, alanine, phénylalanine, arginine) au cours de l'intoxication phosphorée ou de l'atrophie jaune aiguë du foie provient d'une autolyse pathologique du foie, dont les cellules, atteintes par le toxique (phosphore, toxines), ont cessé de maintenir l'autolyse dans ses limites normales. Le placenta des femmes éclamptiques présente aussi une autolyse plus rapide que le placenta normal.

**Conclusions.** — Tout le long de l'échelle des êtres vivants, dans la vie normale et dans la vie pathologique, les diastases apparaissent donc comme les instruments du travail chimique des cellules. A ce point de vue on peut donc dire avec E. Duclaux que les diastases « ont détrôné la cellule ». Depuis soixante-dix ans, depuis que la théorie cellulaire a ramené l'étude des êtres vivants à la connaissance de la cellule, celle-ci est restée l'unité à laquelle la physiologie s'est arrêtée. C'est la cellule, disait-on, qui choisit ses aliments, les détruit ou les met en réserve, c'est elle qui consomme l'oxygène et qui produit l'acide carbonique. Mais voilà « qu'après avoir ramené la connaissance de l'être vivant à la connaissance de la cellule, la science en arrive à chercher la connaissance de la cellule dans celle de ses unités actives. Cette cellule, que l'on a si longtemps douée d'unité, apparaît à son tour comme une machine compliquée, où interviennent des forces d'origine très diverses, dont les plus importantes semblent être les actions diastasiques » (E. Duclaux).

# CHAPITRE VII

## LA CELLULE

La cellule est l'unité anatomique et physiologique à laquelle on peut ramener tous les êtres vivants. Au point de vue anatomique, en effet, tout organisme est constitué par une association de cellules. Au point de vue physiologique l'ensemble des phénomènes que nous appelons vitaux — nutrition, accroissement, sécrétion, production de chaleur ou de travail mécanique, etc. — n'est que la somme des phénomènes de la vie élémentaire des cellules qui composent l'individu. Tout le problème de la vie est dès lors ramené à un problème de biologie cellulaire. Or, la cellule est l'association organisée d'un certain nombre de principes immédiats. Montrons donc d'abord quels sont ces principes, c'est-à-dire faisons l'anatomie chimique de la cellule. Nous verrons ensuite dans quelle mesure les propriétés physico-chimiques de ces matériaux, tels qu'ils sont associés dans la cellule, expliquent les phénomènes de la vie cellulaire.

### § I. — COMPOSITION CHIMIQUE DE LA CELLULE.

**Corps simples nécessaires à la constitution de la cellule.** — Pendant longtemps on a admis que la partie organique des tissus vivants est constituée par du *carbone*, de l'*hydrogène*, de l'*oxygène* et de l'*azote*, éléments auxquels on ajouta plus tard le *soufre* et le *phosphore*. Puis, lorsqu'avec Liebig et Pasteur (voy. p. 482) on eut compris l'importance biologique des matières minérales, cette énumération fut complétée par l'adjonction des

corps que voici : *sodium, potassium, calcium, magnésium, fer,
chlore, fluor, acide phosphorique, acide carbonique*. Enfin dans
ces dernières années cette liste s'est encore allongée et l'on ne
sait plus exactement où elle doit être arrêtée. Au fer s'est ajouté
le *manganèse*, dont on a dit plus haut le rôle dans l'action des
oxydases, puis sont venus l'*iode* et l'*arsenic*, au sujet desquels ont
été soulevés des problèmes biologiques du plus haut intérêt
(A. Gautier).

L'iode a été trouvé d'abord par Baumann dans la glande thyroïde
d'un certain nombre de mammifères, et l'on verra plus loin les relations que l'on a cru saisir entre le rôle de la thyroïde et une matière
protéique iodée que contient cette glande (p. 464). Puis A. Gautier et
P. Bourcet et d'autres observateurs ont montré l'extrême diffusion de
l'iode dans l'air, dans les eaux douces ou salées, dans un grand nombre
de tissus végétaux et animaux (rate, ovaire, pituitaire), mais sans
qu'on puisse affirmer cependant que ce métalloïde est un élément constant de toute cellule vivante.

Un problème analogue, et d'une portée plus haute, a été posé par la
belle découverte de A. Gautier, relativement à la présence constante de
l'arsenic dans un certain nombre d'organes et de tissus, et surtout
dans ceux d'origine ectodermique, épiderme, poils, cornes, thyroïde,
cerveau, mamelle. Comme ce corps a été trouvé par G. Bertrand
chez un grand nombre d'animaux marins péchés au large, dans
des conditions qui excluent toute pénétration accidentelle, et qu'on le
rencontre aussi dans les végétaux, il semble bien que l'arsenic est un
élément constant de toute cellule vivante. Telle n'est pas cependant
l'opinion de A. Gautier, qui n'a pas trouvé trace de ce métal dans le sang
normal, ni dans divers végétaux (haricots verts), bien que le procédé
employé par lui permette de retrouver une quantité d'arsenic représentant un milliardième du poids de la masse traitée. Pour les relations
de l'arsenic avec les noyaux cellulaires, voy. p. 54 et 465.

D'autres éléments encore ont été rencontrés dans les organismes.
Tels sont la *silice*, que l'on trouve chez les animaux dans le
tissu conjonctif et en plus fortes proportions dans les téguments
de beaucoup de plantes, le *cuivre* qui remplace le fer dans le
pigment respiratoire du sang des poulpes, le *brome* qui accompagne parfois l'iode, l'*aluminium*, le *bore*, le *lithium*, etc., et il
est possible qu'avec des méthodes de recherches suffisamment
délicates, la présence constante de ces corps simples dans toute
matière vivante soit un jour établie. Mais le rôle biologique de ces
éléments resterait encore à démontrer. On montrera plus loin la
complexité de cette question à propos de la détermination des
aliments simples nécessaires et suffisants (p. 473).

**Les constituants chimiques de la cellule.** — Les corps

simples énumérés ci-dessus existent dans la cellule sous la forme de composés divers qui sont les *principes immédiats* ou *constituants chimiques* de la cellule. Dans la pratique il est très difficile de se procurer, en quantité suffisante pour l'analyse, des cellules qui soient débarrassées de tout suc, ou de tout élément histologique étranger, tel que le tissu conjonctif. En outre, on ne dispose que de cellules déjà différenciées dans diverses directions physiologiques et par conséquent chimiques (pus, fibres musculaires, cellules adipeuses, lymphatiques). Enfin on ne peut analyser que des cellules mortes, c'est-à-dire nécessairement modifiées au point de vue chimique, et de plus il est vraisemblable que même les réactifs les moins énergiques, tels que l'eau, l'alcool, l'éther, suffisent déjà pour dédoubler certains constituants cellulaires très instables.

Sous ces réserves, voici quels sont les constituants essentiels ou *primaires* de la cellule, c'est-à-dire ceux que l'on a rencontrés dans toutes les cellules végétales ou animales : *Protéides* (glycoprotéides et nucléoprotéides), *albumines, globulines, lécithines, cholestérine, glycogène* (?) et *sels minéraux.* Enfin on doit ajouter les *diastases,* agents des opérations chimiques accomplies par la cellule, et qui semblent bien ne faire défaut dans aucun protoplasme.

A ces constituants primaires s'ajoutent : 1° des corps jouant le rôle de *réserves* comme les graisses et le glycogène, et peut-être aussi des albumines, des globulines; 2° des corps qui sont, au contraire, des *déchets* du travail cellulaire comme l'urée, les bases puriques, l'acide lactique, etc.; 3° des corps représentant des *instruments spécialisés du travail cellulaire* comme l'hémoglobine, agent de transport de l'oxygène (ou la chlorophylle, instrument des synthèses végétales). — L'iode et l'arsenic, dont il a été question plus haut sont vraisemblablement contenus dans les tissus sous la forme de combinaisons organiques. Tous ces corps ont été étudiés dans ce qui précède ou le seront plus loin comme l'hémoglobine, dont l'histoire est liée à celle du sang.

Une observation se présente ici, relativement aux *matières protéiques de la cellule.* On a admis pendant longtemps que ces matières sont surtout représentées par des albumines et des globulines. C'est que l'histoire chimique des protéiques a commencé par ces deux composés, pour la raison d'ordre pratique qu'ils sont tous deux faciles à obtenir en quantités considérables en partant de l'œuf ou du sérum. On s'est donc habitué à voir dans ces substances le type par excellence des matières protéiques dont sont faits les tissus vivants. En réalité, l'importance biologique des albumines et des globulines est secondaire. Partout, en effet, nous voyons ces matériaux réduits à un simple rôle de réserve nutritive, par exemple dans le blanc d'œuf, ou dans le plasma sanguin. Dans le jaune, au contraire, véritable centre de formation du futur organisme, dans le globule blanc, dont la vie est très active, ces deux protéiques font défaut ou peu s'en faut. D'une manière générale, on tend à admettre que les protéiques constitutifs de la cellule sont surtout des nucléoprotéides (voy. p. 50).

## §II. — ORGANISATION PHYSICO-CHIMIQUE DE LA CELLULE.

Voilà donc quels sont les matériaux dont l'association organisée constitue la cellule ; c'est munie de ces organes chimiques que la cellule accomplit ses opérations vitales. A quoi se ramènent essentiellement ces opérations ? On a vu au début de ce livre que lorsqu'on cherche une définition générale de la vie, c'est celle de la nutrition qui se présente comme une notion aussi large, aussi compréhensive que la notion de la vie elle-même. Or, la nutrition, succession incessante des opérations d'assimilation et de désassimilation, se ramène à une série d'opérations chimiques, accomplies dans un ordre déterminé. Demandons-nous donc si l'organisation physico-chimique de la cellule, c'est-à-dire ce que nous savons de la physique et de la chimie des principes immédiats considérés dans la cellule, suffit pour expliquer les phénomènes chimiques de la vie, ou si la vie implique, au contraire, quelque chose de spécial qui ne pourrait pas être réduit à des propriétés physico-chimiques. Ce quelque chose de proprement « vital » échapperait donc à nos moyens d'investigation, qui sont tous d'ordre physico-chimique, et, dans l'étude des phénomènes de la vie, on arriverait toujours d'étape en étape à un point à partir duquel il deviendrait impossible de déplacer plus loin le problème et où il faudrait faire intervenir dans nos explications ce facteur spécial, la « force vitale ». Mais rien ne nous oblige actuellement à recourir à cette hypothèse.

Sans doute un grand nombre d'entre les phénomènes de la vie échappent encore à toute explication physico-chimique. Mais chaque fois que la physique et la chimie de la cellule font quelque progrès sensible, l'un ou l'autre de ces phénomènes s'éclaire subitement, et surtout il tombe sous la prise de nos méthodes de mesure physico-chimiques. D'autre part, quand on fait l'inventaire des problèmes qui sont encore à résoudre en ce qui concerne l'organisation physico-chimique de la cellule, on constate que ces problèmes sont légion. Ainsi il est évident que l'état colloïdal, les actions diastasiques, la perméabilité cellulaire, etc... devront être parfaitement connus, avant que l'on puisse tenter une explication d'ensemble des phénomènes de la vie cellulaire. Or, la logique commande de s'appliquer d'abord à résoudre ces problèmes avant de recourir à l'hypothèse d'une force vitale. C'est ce que fera ressortir l'exposé ci-après, qui résume le peu que l'on sait sur l'organisation physico-chimique de la cellule.

**Complexité du travail chimique de la cellule.** — Nos opérations chimiques sont accomplies au laboratoire dans des vases imperméables, c'est-à-dire que les corps réagissants, chauffés par exemple dans un ballon installé lui-même dans un bain-marie ou dans un bain salé, sont à l'abri du contact des matériaux de ce bain. De plus, on ne poursuit dans ce vase qu'une seule opération à la fois (Hofmeister).

La cellule, au contraire, est plongée dans un milieu aqueux, apportant avec lui une infinité de produits, dont les uns sont les matières premières du travail chimique de la cellule et doivent être introduits dans celle-ci, et dont les autres n'ont que faire dans ce travail et ne pénétreront pas dans la cellule. De plus la cellule conduit côte à côte un nombre considérable d'opérations. Ainsi la cellule hépatique transforme du glycose en glycogène et, inversement, elle fait de l'urée avec des amino-acides ou des sels ammoniacaux, elle ampute l'hémoglobine de son groupe ferrugineux et en fait de la bilirubine, elle fabrique de l'acide cholalique, le combine au glycocolle et à la taurine pour produire les acides glycocholique et taurocholique, elle éthérifie les phénols en acides phénylsulfuriques, elle arrête des corps toxiques et les rend impuissants, et il est certain que ce n'est là qu'une partie du travail chimique qu'elle accomplit. Or, rien dans l'histologie de la glande, dit Hofmeister, n'indique que certaines cellules soient chargées de faire de l'urée, d'autres des acides biliaires, etc., et il faut bien admettre que c'est dans chaque cellule, c'est-à-dire dans un élément histologique d'un diamètre de quelques millièmes de millimètres que s'accomplissent côte à côte toutes ces opérations.

C'est l'état colloïdal de la plupart des constituants cellulaires, matières protéiques, lipoïdes divers, glycogène..., qui fournit ici, du moins provisoirement, l'explication la plus simple.

C'est d'abord parce qu'elle est un amas de colloïdes que la cellule peut maintenir sa forme et sa structure, et par conséquent l'indépendance de ses opérations chimiques contre l'action des liquides qui la baignent incessamment, car dans la cellule et autour d'elle sont réalisées sans doute des conditions (concentration saline, réaction, etc.) qui font que ces colloïdes sont maintenus à l'état de gelée.

On a fait valoir, en outre, que lorsqu'on suit au microscope le passage, à l'état de gelée, de solutions colloïdales (gélatine, agar-agar) de concentration convenable, on assiste à une coagulation en réseau, ou bien, à partir d'une certaine concentration, à une formation de vacuoles à aspect de rayons de miel, c'est-à-dire que l'on voit une infinité de parois solides séparant les unes des autres des gouttes liquides (Hardy). Rien de ce que l'on sait sur la structure du protoplasma n'empêche que l'on admette dans le contenu colloïdal des cellules l'existence de telles vacuoles, limitées par des lames d'un colloïde plus condensé, et l'on comprend que dans le contenu moins condensé de ces vacuoles il puisse se passer une réaction qui ne gêne nullement celle qui se passe dans la loge voisine. Ainsi, lorsqu'on provoque chez un infusoire l'ingestion d'un grain de tournesol ou d'une autre matière colorante, on aperçoit un virage indiquant que le contenu de la vacuole qui s'est formée autour du grain est devenu acide, alors que le reste du protoplasma est demeuré alcalin.

Cet état de gelée colloïdale du contenu cellulaire n'est nullement une gêne pour les réactions chimiques, car on a établi que dans une gelée d'agar la vitesse des réactions chimiques, par exemple celle de la saponification de l'acétate de méthyle, est la même que dans l'eau pure.

**Les instruments du travail chimique de la cellule.** — Nous avons déjà étudié ces agents, qui sont les diastases (p. 100). Il nous reste à montrer comment ils sont adaptés au rôle qu'ils remplissent dans la cellule.

Ces agents sont de nature *colloïdale*, et parfois si adhérents au protoplasma de la cellule qu'une expression très puissante peut seule les en séparer (p. 99). Ils ne sont donc pas entraînés ou ne sont que difficilement entraînés au dehors par le courant d'exosmose, et ils ne sont pas diffusés ailleurs que dans le compartiment cellulaire où ils doivent servir.

On a vu qu'ils sont en outre *spécifiques*, c'est-à-dire *adaptés chacun à l'attaque d'un corps ou d'un groupe de corps particuliers* (p. 99), ce qui exige qu'ils soient très nombreux dans chaque cellule ou tissu. Or, ils le sont, en effet, ainsi qu'on l'a montré, aussi bien pour les cellules microbiennes que pour les organismes supérieurs (p. 101 et suiv). De plus sous l'influence de besoins nouveaux on voit la cellule sécréter des diastases nouvelles, qui auparavant lui faisaient défaut. Ainsi l'*Aspergillus niger* poussant sur du lactate de chaux donne une invertine, mais ne fournit ni amylase, ni chymosine, ni caséase, tandis qu'avec le lait, comme milieu de culture, apparaissent une présure et une caséase. Ce que l'on sait de l'ontogénie des diastases, la production constante d'antidiastases à la suite de l'injection des diastases sont encore autant de preuves de cette aptitude des cellules à produire, selon leurs besoins, des sécrétions diastasiques nouvelles (p. 104 et p. 89).

Cette spécificité des diastases permettrait de comprendre aussi *la résistance de chaque cellule aux opérations chimiques qu'elle abrite*. Avec les réactifs ordinaires de la chimie, on concevrait difficilement comment cette condition pourrait être remplie. Avec des agents à adaptation spéciale comme les diastases, il suffit, au contraire, que la diastase protéolytique par exemple, qui opère dans une loge cellulaire, soit sans action sur la matière protéique qui constitue les parois de cette loge. Une telle résistance peut être réalisée, soit par la constitution spéciale de la matière protéique, soit par l'intervention d'une antidiastase, soit enfin par la propriété qu'aurait la matière protéique elle-même d'annuler l'action de la diastase [1].

Comment expliquer, en outre, que *les opérations chimiques de la cellule puissent se succéder automatiquement et dans un ordre déterminé?* Deux mécanismes, dit Hofmeister, sont nécessaires ici : il faut des agents capables de mettre fin à une réaction, celle qui doit cesser, et des agents pouvant mettre en route une

---

1. Ce ne sont pas là des hypothèses gratuites. On sait, en effet, la résistance qu'opposent certaines associations d'acides aminés à l'action des diastases (p. 40). D'autre part l'existence d'anti-diastases naturelles est bien démontrée (p. 89). Enfin, on constate que l'ovalbumine et le sérum de mouton, mis en contact à 40° avec de la papaïne, non seulement ne sont pas attaqués, mais annulent définitivement le pouvoir digestif de cette diastase (Delezenne, Mouton et Pozerski).

réaction, celle qui doit succéder à la première. Or, les diastases se prêtent tout particulièrement au jeu de ces deux mécanismes. On a vu, en effet, que leur action peut être arrêtée ou, au contraire, déclanchée par de minimes changements dans la constitution du milieu (p. 92). On sait aussi que ces agents peuvent demeurer inactifs sous la forme de prodiastases jusqu'au moment où une intervention convenable les fait passer à l'état de diastases actives (p. 94). Enfin on conçoit que la succession de diverses actions diatasiques dans un ordre déterminé puisse être assuré par ce mécanisme très simple, à savoir que les produits d'une action diastasique, en même temps qu'ils sont un frein pour cette diastase, peuvent mettre en route l'action d'une autre diastase (p. 93).

Nos connaissances sont encore trop rudimentaires pour qu'on puisse illustrer ce qui précède par un exemple précis en ce qui concerne la cellule. Mais on peut, avec Hofmeister, rappeler ici la série des actions diastasiques qui se succèdent le long du tube digestif, automatiquement liées les unes aux autres. La ptyaline salivaire est arrêtée dans son action par l'acide du suc gastrique, qui lui-même contient deux diastases, la pepsine et la chymosine, sorties chacune d'une prodiastase. Puis les liquides acides de l'estomac déterminent la sécrétion du suc pancréatique, dont la protrypsine est activée par le suc intestinal, tandis que la pepsine, dont le rôle est terminé, est arrêtée dans son action, etc. On comprend que de tels mécanismes puissent fonctionner aussi dans l'intérieur d'une cellule.

Ce que l'on sait sur l'extrême sensibilité des diastases vis-à-vis de beaucoup d'agents (p. 91 et 93) tend à faire admettre aussi que *beaucoup de poisons des cellules ne sont en réalité que des poisons des diastases*, c'est-à-dire qu'ils agissent en supprimant les instruments chimiques de toute la vie cellulaire. Pareillement *l'action thérapeutique de certains métaux* ou métalloïdes s'exerce peut-être aussi par l'intermédiaire d'une action diastasique, soit que ces métaux servent de co-diastases à des diastases cellulaires, soit qu'ils jouent eux-mêmes le rôle de catalyseur tenu par les diastases (p. 93).

Enfin il reste à expliquer *le double caractère si remarquable des opérations chimiques de la vie, lesquelles sont à la fois très puissantes et aisément adaptés à chaque instant aux besoins sans cesse variables de l'organisme.* Ces opérations sont très *puissantes*, puisque voici un adulte qui détruit en vingt-quatre heures

100 grammes d'albumine, 75 grammes de graisse et 350 grammes d'hydrates de carbone, et souvent davantage, c'est-à-dire une masse de plus de 500 grammes de matières organiques, dont la combustion ne peut être obtenue *in vitro* qu'à l'aide de réactifs énergiques et à une température élevée. Elle sont d'intensité sans cesse *variable*, car lorsque cet adulte passe brusquement du repos à un travail mécanique pénible, ses combustions s'élèvent du simple au décuple, et au delà, presque instantanément (p. 527 et 535). C'est donc que cet organisme possède un moyen d'accélérer ou de retarder à volonté la vitesse de ses réactions chimiques.

On connaît, dit Ostwald, trois moyens d'agir sur la vitesse d'une réaction : la *température*, la *concentration* des corps réagissants et la *catalyse*. De ces trois moyens, les deux premiers ne sont guère à la portée des organismes supérieurs, car, d'une part, leur température propre ne peut offrir que des écarts minimes, et, d'autre part, les concentrations sont limitées par la solubilité des corps réagissants ou par des influences osmotiques. Le troisième, au contraire, la catalyse, positive ou négative, représente *a priori* pour l'organisme la solution idéale du problème posé, car on sait combien sont nombreuses et puissantes les actions catalytiques que l'on a observées dans les divers domaines de la chimie (p. 90). Or, nos cellules disposent de catalyseurs nombreux et variés, qui sont les diastases, et c'est vraisemblablement l'étude de ces agents qui nous apportera l'explication complète de ce double caractère de puissance et de souplesse du travail chimique de la vie.

Il faut ajouter cependant que c'est justement en ce qui concerne les réactions les plus importantes de la vie animale, à savoir les oxydations, que nos connaissances sur les diastases animales sont restées le plus rudimentaires. En fait d'oxydases, on n'a guère étudié chez les animaux que les aldéhydases, dont l'existence même est encore discutée et dont le pouvoir oxydant, toujours faible, n'a été constaté jusqu'ici que sur des substrats fictifs, comme les aldéhydes benzoïque et salicylique. Aucune oxydase animale capable d'attaquer une albumine, une graisse ou un hydrate de carbone, ou encore quelque produit de la dégradation de ces aliments, n'a encore été isolée chez les animaux supérieurs [1]. Et les oxydases végétales, comme la laccase et la tyrosinase, outre

---

1. Citons cependant ici l'alcoolase du foie (cheval, bœuf, mouton), qui transforme l'alcool en aldéhyde (F. Battelli et L. Stern).

qu'elles n'agissent que sur des corps à fonctions chimiques déterminées, présentent cette particularité que, bien loin de produire la simplification de ces corps jusqu'à l'état d'eau et d'acide carbonique, elles donnent souvent naissance à des corps plus complexes. Ainsi le pyrogallol et le gaiacol donnent avec la laccase des corps plus complexes qu'eux-mêmes (en même temps qu'il se dégage de l'acide carbonique), et la tyrosinase produit souvent des matières colorantes voisines des mélanines, c'est-à-dire des corps visiblement très complexes [1].

Au surplus, même si ces difficultés étaient levées, on ne connaîtrait que l'agent, et il resterait encore à déterminer le mécanisme de la réaction. Que sait-on sur ce mécanisme?

**Les oxydations dans la cellule.** — Il s'agit d'expliquer comment nos aliments, protéiques, graisses et hydrates de carbone, qui se montrent absolument inoxydables à l'air à 37°, sont brûlés dans l'organisme avec tant de facilité. Plusieurs théories ont été proposées. On ne retiendra ici que celle de l'*auto-oxydation*, parce qu'elle repose sur des faits chimiques bien établis et parce que les recherches nouvelles qu'elle suggère immédiatement sont très nombreuses [2].

LA THÉORIE DE L'AUTO-OXYDATION. — Voici d'abord l'énoncé général de l'observation qui constitue le point de départ de cette théorie. Il existe des corps qui ont la propriété de fixer *directement* l'oxygène de l'air en formant des peroxydes instables. On a appelé ces corps des *auto-oxydateurs*, parce qu'ils s'oxydent directement au contact de l'air. Ces peroxydes instables se défont ensuite, avec formation d'un oxyde stable inférieur ou même avec restitution de l'auto-oxydateur primitif, et l'oxygène libéré dans ces conditions a la propriété d'oxyder des corps que l'oxygène de l'air

1. Toutefois il convient de rappeler ici combien sont variées et puissantes les oxydations effectuées par les bactéries. Elles sont très variées, puisque l'on voit diverses espèces bactériennes oxyder la glycérine, l'érythrite, la sorbite, le xylose (G. Bertrand), la mannite (Péré), le glycol propylénique (A. Kling), le glycose (avec production d'acide citrique) (P. Mazé et Perrier). On sait aujourd'hui que l'oxydation bactérienne s'attaque même au charbon (Potter), aux corps humiques (Nikilinsky), à l'hydrogène et au méthane (Kasorer). Ces oxydations sont aussi très puissantes, comme le démontrent les destructions énergiques que réalise si rapidement l'épuration des eaux par le procédé des lits bactériens, et là la dégradation va le plus souvent jusqu'à l'eau et à l'acide carbonique. Or, comme on a réussi à saisir l'agent diastasique oxydant de la fermentation acétique de l'alcool, on peut espérer que l'on atteindra aussi ceux des autres oxydations bactériennes.

2. L'exposé qui suit est fait d'après le travail de A. Job sur le mécanisme de l'oxydation. (*La Méthode dans les Sciences*, Paris, 1908.)

n'oxyderait pas directement. Ces corps sont appelés *accepteurs*, parce qu'ils « acceptent » l'oxygène cédé par ces peroxydes. (Traube, Bach, Engler).

L'essence de térébenthine ou le pinène[1] pur, fraîchement distillé, est un de ces auto-oxydateurs : il fixe directement l'oxygène de l'air et il acquiert ainsi la propriété d'oxyder des accepteurs, comme l'acide arsénieux, qui est transformé en acide arsénique, et la solution bleue d'indigo, qui est décolorée, toutes réactions que l'oxygène de l'air ne produit pas directement (Schönbein). Ce pouvoir oxydant n'est pas dû à de l'ozone que le pinène aurait la propriété de produire à partir de l'oxygène atmosphérique et qui resterait dissous dans l'essence, car un courant, même prolongé, de gaz carbonique ne diminue nullement l'activité de l'essence. Cet oxygène « actif » est donc de l'oxygène combiné au pinène, sous la forme d'un *oxyde* qui est *instable* et *actif*, puisque nous le voyons céder si aisément son oxygène à l'indigo ou à l'acide arsénieux. Mais comme on constate que le pinène ne cède jamais dans ces réactions qu'une partie de l'oxygène qu'il a absorbé, on doit conclure que la différence est restée fixée sous la forme d'un *oxyde stable et inactif*.

Lorsqu'au lieu de mettre l'essence, qui a ainsi absorbé de l'oxygène, en conflit avec un corps oxydable, comme l'acide arsénieux, on la fait agir sur elle-même, en la chauffant à des températures croissantes, on constate qu'après quelques heures de chauffe à 80°, tout l'oxyde actif, c'est-à-dire capable de décolorer l'indigo, a disparu, sans qu'il se soit dégagé aucune trace d'oxygène libre. C'est donc que l'oxygène abandonné par l'oxyde instable s'est porté sur une autre partie du pinène et l'a transformé en oxyde stable. A 100° l'oxyde instable présente une stabilité encore plus précaire, et enfin à 160°, on ne ne le saisit plus du tout, sans doute parce qu'il se défait à mesure qu'il est formé. C'est l'oxyde stable qui apparaît seul, et l'essence prend l'aspect d'une résine qui n'absorbe plus d'oxygène.

L'oxydation du pinène, avec formation de l'oxyde stable, s'accomplit donc en deux temps. L'essence fixe d'abord l'oxygène sous la forme d'un peroxyde instable, puis avec une rapidité variable selon la température, ce peroxyde cède une partie de son oxygène en se transformant en oxyde stable et l'oxygène ainsi libéré agit sur le reste du pinène et le fait passer aussi à l'état d'oxyde stable.

Il résulte de là que si l'oxyde instable était déjà à la température ordinaire aussi fragile qu'il l'est à 100°, on n'aurait pas soupçonné son existence. On est donc conduit à se demander si ce mode d'oxydation en deux temps n'est pas un phénomène très général. De fait, dans un grand nombre d'oxydations, comme la combustion de l'hydrogène, du magnésium, l'oxydation du plomb, du rubidium, on saisit à côté de l'oxyde stable, produit final de la réaction, donc à côté de l'eau, de la magnésie, de l'oxyde de plomb..., de petites quantités du peroxyde correspondant, peroxyde d'hydrogène ou eau oxygénée, peroxyde de magnésium, de plomb. Ces peroxydes, bien loin d'être des produits accessoires et accidentels, seraient des produits normaux et des acteurs indispensables de

---

1. Carbure non saturé qui domine dans l'essence de térébenthine.

la réaction, puisqu'ils seraient l'agent qui *transporte* l'oxygène de l'air sur le corps à oxyder.

Pour démontrer que les choses se passent vraiment ainsi, il n'est nullement nécessaire qu'on puisse isoler chaque fois ce peroxyde instable. La formation de ces corps est, en effet, révélée par l'oxydation d'un accepteur ajouté en même temps. Ainsi l'air transforme l'hydrate ferreux en hydrate ferrique sans que l'on saisisse la moindre trace d'un peroxyde. Mais si cette oxydation a lieu en présence d'un accepteur comme l'arsénite de potassium, celui-ci est transformé en arséniate, et l'on peut mesurer ainsi la quantité d'oxygène que le peroxyde hypothétique a perdue. De telles mesures, faites sur un grand nombre de corps servant d'auto-oxydateurs (sulfite de sodium, oxyde cuivreux, aldéhyde benzoïque) avec des accepteurs divers (arsénite, indigo) ont fait apparaître ce résultat remarquable à savoir que *tous les auto-oxydateurs rendent actifs une quantité d'oxygène exactement égale à celle qu'ils peuvent définitivement retenir* (A. Job).

Voici comment on interprète ce résultat. La molécule d'oxygène $O^2$ se fixe d'abord sur l'auto-oxydateur A, en donnant un peroxyde :

$$A \quad + \quad \begin{matrix} -O \\ | \\ -O \end{matrix} \quad = \quad A{<}\begin{matrix} O \\ | \\ O \end{matrix}$$

Auto-oxydateur.        Oxygène.        Peroxyde instable.

Si la solution ne contient pas d'accepteur, ce peroxyde réagit sur une molécule de A qu'il transforme en oxyde stable, en lui cédant *la moitié* de l'oxygène emprunté à l'air, et en redescendant donc lui-même à l'état d'oxyde stable :

$$A{<}\begin{matrix} O \\ | \\ O \end{matrix} \quad + \quad A \quad = \quad A{=}O \quad + \quad A{=}O$$

Oxyde stable.        Oxyde stable.

C'est ce qui se passe dans l'oxydation de l'essence de térébenthine ou la combustion de l'hydrogène [1].

Si la réaction se fait, au contraire, en présence d'un accepteur B, deux cas peuvent se présenter. Si l'oxyde stable A=O résiste à toute action ultérieure de B, la quantité d'auto-oxydateur présente finira par *épuiser son action*, car chaque molécule de A, qui a passé à l'état stable A=O, est hors d'usage, en sorte que l'oxydation de B cessera quand tout l'auto-oxydateur A aura ainsi passé à l'état d'oxyde stable. Si l'oxyde A=O est, au contraire, instable vis-à-vis de B, la réaction se continuera indéfiniment, car alors on aura :

$$A \quad + \quad \begin{matrix} -O \\ | \\ -O \end{matrix} \quad = \quad A{<}\begin{matrix} O \\ | \\ O \end{matrix}$$

$$A{<}\begin{matrix} O \\ | \\ O \end{matrix} \quad + \quad B \quad = \quad A{=}O \quad + \quad B{=}O$$

$$A{=}O \quad + \quad B \quad = \quad A \quad + \quad B{=}O,$$

1. Dans ce second cas, les deux phases de réactions sont :

$$H^2 + O^2 = H^2O^2 \qquad \text{(peroxyde instable)}.$$
$$H^2 + H^2O^2 = H^2O + H^2O \qquad \text{(oxyde stable)}.$$

et l'auto-oxydateur A se trouvant régénéré, il pourra au contact de l'air reformer le peroxyde instable $A\overset{O}{\underset{O}{<}|}$ et *recommencer indéfiniment le transport de l'oxygène sur l'accepteur B.*

Le carbonate céreux fournit, comme l'a montré A. Job, un exemple remarquable de ces types de *réactions couplées*. Une solution de carbonate céreux dans le carbonate de potassium, préparée à l'abri de l'air, est incolore. Additionnée d'arsénite, puis agitée à l'air, elle devient rouge. C'est la coloration du peroxyde cérique instable. Puis le liquide devient jaune et il reste jaune. C'est la coloration du sel cérique, sel d'un oxyde stable vis-à-vis de l'acide arsénieux. Si l'on remplace l'arsénite par du glycose, le liquide agité à l'air devient encore rouge, puis quand on cesse d'agiter, il redevient incolore. En effet le peroxyde cérique rouge a cédé son oxygène au glycose, mais celui-ci fait non seulement descendre ce peroxyde à l'état d'oxyde cérique jaune, mais il ramène aussi l'oxyde cérique à l'état d'oxyde céreux incolore, c'est-à-dire qu'il régénère l'auto-oxydateur primitif, en sorte que, si l'on agite de nouveau le liquide à l'air, il se reformera du peroxyde rouge qui transportera sur le glycose une nouvelle quantité d'oxygène. *Il suffira donc d'une très petite quantité de sel céreux pour oxyder des quantités théoriquement illimitées de glycose* (A. Job). On a là le type parfait d'une oxydation par deux *réactions couplées*, solidaires l'une de l'autre.

On voit combien ces réactions couplées, « qui se poursuivent infatigablement sous l'influence d'un excitateur caché » rappellent les réactions de catalyse, donc aussi les actions diastasiques, et en particulier celle des oxydases. Dans la laccase l'hydrate manganeux, libre ou faiblement combiné à la partie organique de la diastase [1], joue le rôle de l'auto-oxydateur et fixe probablement l'oxygène de l'air sous la forme d'un peroxyde instable, et celui-ci, cédant ensuite son oxygène à l'accepteur phénolique (hydroquinone, pyrogallol, tannin), retourne à l'état manganeux, pour recommencer le même cycle de réactions.

Quels sont maintenant *les métaux qui pourraient jouer dans l'organisme animal ce rôle de transporteur de l'oxygène.* On ne peut encore émettre ici que des hypothèses, mais ce n'est pas sans raisons que l'on s'est tourné du côté du fer.

*In vitro* ce métal se prête, en effet, à des oxydations par réactions couplées (p. 117), et, d'autre part, il est présent dans tous les tissus. On le rencontre d'abord dans l'hémoglobine, qui sert au transport de l'oxygène par les globules. Dans les cellules, on le trouve constamment dans le noyau (Spitzer), dont l'intervention dans les oxydations cellulaires est

1. Voyez ce qui a été dit sur ce point p. 92, note 1.

rendue probable par d'autres constatations [1]. Il y a, en outre, des organes particulièrement riches en fer, comme le foie, et ce fait ne tient pas uniquement à ce que cette glande est un lieu de réserve pour le fer hématique (p. 412). Le foie est, en effet, riche en fer même chez les invertébrés dépourvus d'hémoglobine [2]. De plus il contient une partie de ce métal sous la forme d'une combinaison organique du fer, la *ferrine* de Dastre et Floresco, où le métal, faiblement combiné, est voisin de l'état salin. Il pourrait donc, suivant l'hypothèse émise par ces deux auteurs, jouer dans les combustions animales le rôle d'auto-oxydateur que l'on vient d'expliquer.

Quels sont enfin *les corps qui tiendraient dans l'organisme le rôle d'accepteur?* L'oxydation porte-t-elle directement sur les aliments, ou bien ceux-ci subissent-ils d'abord des dédoublements préparatoires de l'oxydation? C'est une question qui sera discutée ailleurs (p. 295 et 366). Bornons-nous à faire remarquer que ces dédoublements sont des actes de la vie anaérobie, telle que l'a définie A. Gautier, et que ces réactions donnent naissance à des produits de réduction, plus aptes évidemment que l'aliment primitif à accepter l'oxygène offert par l'accepteur (p. 299).

**La perméabilité de la cellule.** — Pour que toutes ces opérations chimiques soient possibles, il faut, d'une part, que les matériaux alimentaires fournis par la digestion puissent être admis dans la cellule pour y être transformés, et notamment pour y subir la dégradation progressive; il faut, d'autre part, que les produits de cette simplification, lorsqu'ils sont descendus au niveau chimique où ils constituent des déchets pour la cellule, quittent cet organisme. La membrane d'enveloppe ou la couche externe du protoplasma doit donc être perméable pour certains corps sans l'être pour d'autres, et *à priori* on peut même prévoir pour la cellule la nécessité d'une perméabilité variable selon les besoins. Que sait-on sur cette perméabilité cellulaire?

Cas des membranes semi-perméables. — Le cas le plus simple que l'on puisse imaginer, et par lequel il se trouve qu'ont commencé les observations précises sur la perméabilité cellulaire, est celui des membranes dites *semi-perméables*. Ce sont des mem-

1. En se servant de colorants que la cellule vivante admet dans son intérieur (voy. p. 122) et auxquels l'oxydation fait subir un changement de teinte caractéristique, R. Lillie a démontré sur des globules rouges et sur des cellules du foie et du rein de la grenouille que c'est dans le noyau et à sa périphérie que les oxydations sont le plus intenses, et Warburg a mesuré des consommations d'oxygène plus importantes pour les globules rouges nucléés que pour les globules non-nucléés.

2. Chez les céphalopodes il en contient, à poids égal, 25 fois plus que le reste du corps (Dastre et Floresco).

branes qui ne se laissent traverser que par l'eau et qui arrêtent, au contraire, les corps dissous dans cette eau. On peut observer ce phénomène sur des membranes artificielles à l'aide d'appareils spéciaux, sur un grand nombre de cellules végétales à l'aide du procédé de la *plasmolyse*, et enfin sur des cellules animales, grâce à des méthodes spéciales.

On sait que l'on peut obtenir artificiellement des membranes semi-perméables par le procédé suivant qui est dû à Pfeffer. Si un vase de pile garni d'une solution de sulfate de cuivre est plongé dans une solution de ferrocyanure de potassium, les deux sels se rencontrent dans l'épaisseur de la paroi du vase et forment là une « membrane de précipité », constituée par du ferrocyanure de cuivre et qui est semi-perméable. En effet, si ce vase, rempli d'une solution étendue de sucre de canne et muni d'une garniture le mettant en communication avec un manomètre, est plongé dans de l'eau distillée, le sucre ne passe pas dans cette eau ; seule l'eau du vase extérieur passe dans le vase intérieur et y développe une pression dont témoigne le manomètre et qui mesure, comme on sait, la pression ou tension osmotique de la solution sucrée employée. Et si l'on remplace la solution de sucre par une solution de sel marin, on trouve par tâtonnement quelle concentration il faut donner à ces solutions pour qu'elles aient la même pression osmotique.

De telles membranes semi-perméables existent autour de certaines cellules végétales. Si l'on détache, en effet, d'une feuille de *Tradescantia discolor* une mince couche épithéliale et qu'on en dépose de petits morceaux dans des solutions (de sucre, par exemple) de concentration croissante, on trouve une dilution pour laquelle on commence à observer au microscope ce que H. de Vries a appelé la *plasmolyse*. Voici en quoi consiste ce phénomène. Ces cellules sont formées d'une couche protoplasmique semi-perméable, renfermant un suc cellulaire, et le tout est inclus dans un bâti cellulosique, à parois rigides et perméables. Lorsque la cellule est plongée dans la solution sucrée à tension osmotique inférieure à celle de son contenu, l'eau, et l'eau seule pénètre dans la cellule, et le protoplasme, gonflé par cet afflux, s'applique partout exactement contre son support cellulosique. Si la solution sucrée est, au contraire, à tension osmotique supérieure à celle de la cellule, le contenu cellulaire cède de l'eau à la solution, et le protoplasme, diminuant de volume, cesse d'être appliqué au moins en quelques points contre la paroi cellulosique. C'est cette séparation du contenu protoplasmique d'avec son support cellulosique que H. de Vries a appelée *plasmolyse*. Deux solutions, de sucre de canne et de sel marin par exemple, de concentration telle qu'elles produisent tout juste une plasmolyse commençante, présentent aussi dans l'appareil de Pfeffer la même tension osmotique. Ce sont donc, comme on sait, deux solutions isotoniques.

Toute cellule végétale qui « plasmolyse » rapidement et d'une manière durable quand on la plonge dans une solution à tension osmotique supérieure à la sienne, indique donc par là même qu'elle est semi-perméable vis-à-vis de cette solution, c'est-à-dire qu'elle ne se laisse pénétrer par le corps dissous, ni immédiatement, ni après un certain temps (voy. l'exemple cité plus loin).

A l'aide de ce procédé de la plasmolyse, on a constaté que les cellules végétales sont semi-perméables vis-à-vis des solutions d'un grand nombre de corps, tels que les sucres, les acides aminés, les sels neutres d'acides organiques, etc., et par d'autres méthodes qui ne peuvent pas être exposées ici, on a établi que les cellules animales (globules rouges, fibres du tissu musculaire) se comportent de même vis-à-vis de ces corps.

*Les cellules végétales et animales, semi-perméables pour certains corps, se laissent, au contraire, pénétrer par d'autres corps.* — En multipliant ces expériences de plasmolyse avec un nombre croissant de substances, on en a trouvé vis-à-vis desquelles les cellules végétales cessent d'être semi-perméables. Ainsi se comportent les alcools univalents, les aldéhydes, les cétones, etc., qui pénètrent rapidement dans les cellules, la glycérine, l'urée qui sont introduites lentement (Overton). Ici encore les cellules animales (globules, fibres musculaires) se comportent vis-à-vis de ces corps comme les végétales.

Exemples : Avec des poils de racines d'Hydrocharis, plongées dans une solution de sucre de canne, on n'observe aucune plasmolyse pour des concentrations inférieures à 7,5 p. 100. Mais sitôt que la teneur en sucre atteint 7,5 p. 100 (c'est-à-dire sitôt que le liquide devient même faiblement hypertonique par rapport au contenu de la cellule), la plasmolyse se produit *rapidement* (déjà après dix secondes) et de plus elle est *durable*, deux faits qui prouvent que ni tout de suite, ni après un certain temps, la cellule n'a admis le sucre dans son intérieur. — Si à une solution de sucre à 7 p. 100, on ajoute 3 p. 100 d'alcool méthylique, ce qui rend la tension osmotique de ce liquide égale à celle d'une solution de sucre à 35 p. 100, on ne constate aucune plasmolyse, malgré l'hypertonie énorme du milieu, ce qui prouve que l'alcool méthylique a pénétré dans la cellule immédiatement et avec une grande rapidité. — Si l'on remplaçait l'alcool méthylique par de l'urée, on observerait une plasmolyse faible et peu durable, prouvant que ces cellules sont lentement perméables pour ce corps (Overton).

Parmi les substances que lui offre le milieu aqueux ambiant, la cellule admet donc les unes et repousse les autres, c'est-à-dire qu'elle paraît apte à faire un « choix ». Quel est le mécanisme de ce phénomène? Disons tout de suite qu'il faut se défendre ici d'interprétations telles qu'en implique ce mot « choix », et qui ramèneraient le phénomène à une propriété spécifique de la cellule tout entière. Rappelons, en effet, qu'encore tout près de nous, les travaux chimiques de la cellule étaient considérés, eux aussi, comme un acte physiologique inséparable du « tout vivant » que représente la cellule. Puis ces opérations ont été ramenées à autant d'actions diastasiques, produites par des agents que l'on peut isoler de la cellule (p. 101). Pareillement il faut s'efforcer d'expliquer la perméabilité de la cellule vis-à-vis d'une substance donnée par les propriétés physico-chimiques des constituants de la cellule, confrontées avec celles du corps absorbé.

**Le rôle des lipoïdes dans la perméabilité de la cellule.** — Les constituants cellulaires qui paraissent jouer ici un rôle prépondérant sont les lipoïdes protoplasmiques, lécithine, cholestérine, protagon, cérébrine, etc. Les travaux d'Overton ont conduit, en effet, à admettre que ces composés constituent en majeure partie la membrane d'enveloppe ou — ce qui revient au même — la couche externe du protoplasma, et que *la perméabilité de la cellule pour certains corps est liée à la solubilité de ces corps dans les lipoïdes de cette membrane.*

Cette loi d'Overton, qui représente une des acquisitions les plus intéressantes que la biologie cellulaire ait faite dans les dernières années, est établie sur les observations suivantes :

1° Le passage d'une substance à travers une membrane a pour facteur, non pas unique, mais prépondérant, la solubilité de cette substance dans le ou les constituants de la membrane (Nernst). Ainsi quand on dispose des deux côtés d'une lame de caoutchouc, d'une part de l'alcool (pour lequel le caoutchouc est imperméable), et, d'autre part, des liquides solubles dans le caoutchouc, comme le sulfure de carbone, le chloroforme, le toluène, l'éther, etc., on constate que ces liquides traversent la lame d'autant plus vite qu'ils sont plus solubles dans le caoutchouc (Flusin).

2° On sait que beaucoup de matières colorantes ne teignent que les cellules mortes. Ainsi se comportent la plupart des produits courants du commerce qui sont des dérivés sulfonés, carmin d'indigo, bleu d'aniline soluble dans l'eau, induline soluble dans l'eau, nigrosine soluble dans l'eau. Ce sont des colorants « non vitaux [1] ». Au contraire les colorants basiques et leurs sels, rouge neutre, bleu de méthylène, bleu de toluidine, thionine, bleu-Nil, safranine, sont des « colorants vitaux », c'est-à-dire qu'ils pénètrent dans les tissus vivants. Ainsi des têtards, mis dans une solution aqueuse d'un colorant vital, sont imprégnés de proche en proche par la matière colorante, qui se retire, au contraire, par une diffusion de sens inverse, quand l'animal est transporté dans de l'eau distillée. Or, tandis que les colorants non vitaux sont insolubles dans les lipoïdes, les colorants vitaux sont tous solubles dans ces corps. Par exemple, ils sont dissous par la cholestérine fondue ou par des solutions de cholestérine dans des solvants qui par eux-mêmes ne dis-

---

1. Il y a cependant des exceptions à cette règle ; ainsi le rouge congo, qui est un colorant sulfoné, est admis pendant la vie dans l'intérieur des cellules des canalicules du rein.

solvent pas ces matières colorantes, mais à qui la présence de la cholestérine confère aussitôt cette propriété. Des solutions aqueuses très étendues de matières colorantes (de 1 : 50 000 à 1 : 200 000), agitées avec des grumeaux de cholestérine, de lécithine ou de protagon, cèdent à ces corps leurs colorants vitaux, mais non pas leurs colorants non vitaux.

3° Pareillement tous les corps dont on a dit plus haut qu'ils ne sont pas admis dans l'intérieur des cellules végétales ou animales, sucres, acides aminés, sels neutres d'acides organiques, sont de même insolubles dans les lipoïdes ou dans les huiles [1], et tous ceux qui pénètrent dans ces cellules, alcools, glycérine, urée, sont solubles dans les huiles.

4° Quand un corps est mis en présence de volumes égaux de deux solvants non miscibles, huile et eau par exemple, il se partage entre ces liquides suivant un certain rapport qui dépend de sa solubilité dans ces deux milieux. Si l'huile en dissout 5 fois plus que l'eau, on dira que le coefficient de partage du corps entre l'huile et l'eau est égal à 5. Or, quand un anesthésique aborde une cellule nerveuse, il est en solution dans le milieu aqueux intérieur de l'organisme. S'il est exact qu'il pénètre dans la cellule grâce à sa solubilité dans les lipoïdes, il doit se partager entre les deux solvants, lipoïdes et eau, suivant son coefficient de partage, et si ce coefficient est élevé, l'anesthésie doit être plus facile que s'il est faible. On prévoit donc que plus le coefficient de partage d'un anesthésique vis-à-vis du système : lipoïde et eau, ou bien : huile et eau, est élevé, plus devra être élevé aussi son pouvoir anesthésique.

L'expérience a vérifié pleinement cette prévision. Comme mesure du pouvoir narcotique, on a pris la « concentration critique » de l'anesthésique chez des animaux aquatiques, les têtards, par exemple, c'est-à-dire la concentration minimum que doit atteindre l'anesthésique dans le liquide qui baigne l'animal, puis dans le milieu intérieur de celui-ci, pour que l'anesthésie soit obtenue [2]. Il est clair que plus un anesthésique est puissant, plus est faible la concentration critique nécessaire. Or, si l'on range les divers anesthésiques, alcool méthylique et homologues supérieurs, éthers éthyliques divers, amides, etc., d'après leur concentrations critiques décroissantes, c'est-à-dire d'après leur pouvoir narcotique croissant, on aboutit à un ordre qui est aussi celui des valeurs croissantes des coefficients de partage de ces anesthésiques vis-à-vis du système huile et eau (Overton, H. Meyer). Et ici une confirmation directe a pu être fournie, à savoir que chez les animaux supérieurs c'est dans le tissu nerveux, riche en lipoïdes, que l'on retrouve l'anesthésique (éther, alcool, chloroforme) en plus forte proportion (Frantz, Gréhant, Nicloux). De plus on constate que, dans le cerveau, la substance blanche, plus riche en extrait chloroformique, c'est-à-dire en lipoïdes, que la substance grise (15,2 contre 8,6 p. 100 de substance fraîche) fixe aussi plus de chloroforme (0,065 contre 0,039 p. 100) (M$^{lle}$ Frison et Nicloux).

Malgré quelques difficultés non encore résolues, et qui ne

---

1. A défaut de lipoïdes dont la préparation en grandes quantités est difficile, on s'est servi souvent des huiles.

2. Pour ces expériences les têtards sont des animaux très maniables. Dans une eau contenant de 0,2 à 0,3 p. 100 d'éther, ils sont anesthésiés en une à deux minutes, et, après des heures et des jours de sommeil, ils se réveillent tout aussi rapidement et sans dommage, quand on les transporte dans de l'eau distillée.

peuvent pas être discutées ici, la théorie d'Overton est donc appuyée sur un ensemble d'expériences très solides, et remarquables par leur caractère de généralité. Mais il ne faudrait pas croire qu'il suffira de poursuivre les recherches dans cette direction pour achever d'élucider le problème de la perméabilité cellulaire, car visiblement d'autres facteurs encore interviennent dans le phénomène.

**Les autres facteurs de la perméabilité cellulaire.** — Remarquons, en effet, avec R. Höber, à qui l'on doit une analyse très pénétrante de ces phénomènes, que parmi les corps qui entrent facilement dans la cellule figurent surtout des substances « extra-physiologiques », comme les colorants vitaux, les alcools, etc., que ceux pour qui la cellule est fermée sont, au contraire, les produits physiologiquement les plus nécessaires, par exemple, les *acides aminés*, à la fois produits de dislocation et matériaux de reconstruction des matières albuminoïdes, les *sucres* divers, que la cellule animale ou végétale produit dans son intérieur à partir de ses réserves amylacées, ou qu'elle emprunte au milieu extérieur pour créer ces réserves, les sels d'*acides organiques*, produits des combustions qu'elle effectue, des *sels minéraux*, comme ceux de potasse, constituants constants du globule rouge ou de la fibre musculaire. Pour tous ces corps la cellule semble être imperméable, en sorte qu'elle nous apparaît, non comme un organisme largement ouvert à des échanges osmotiques aisés, mais comme un tout assez sévèrement clos.

Et cependant il faut bien admettre que les matériaux qu'on vient d'énumérer peuvent pénétrer dans la cellule ou en sortir. Quand nous voyons des cellules végétales, plongées dans une solution sucrée, s'enrichir en amidon (Butkewitsch), ou des cellules hépatiques augmenter leur réserve de glycogène, il est logique de conclure que du sucre a pu pénétrer dans ces cellules, et l'on est ainsi conduit à distinguer avec R. Höber deux sortes de perméabilités, l'une pour les substances solubles dans les lipoïdes, et que la cellule subit passivement, l'autre pour les substances non solubles dans les lipoïdes, et qui n'apparaîtrait qu'au moment des besoins, sous des influences qui restent à déterminer.

Cette perméabilité variable, que l'on est ainsi conduit à admettre, n'est pas une pure hypothèse. Les globules rouges, qui sont imperméables pour les sucres dans les conditions ordinaires, empruntent du glycose au sérum lorsqu'on sature d'oxygène le sang défibriné, et en cèdent, au contraire, au liquide ambiant, lorsqu'on sature le sang d'acide carbonique (Hamburger).

**La tension osmotique**. — Passons maintenant à l'étude du facteur qui détermine la direction et l'intensité des échanges entre les cellules et le sang, à savoir la tension osmotique dans ces deux milieux, et voyons d'abord quelles sont les valeurs de cette tension de part et d'autre.

*La tension osmotique des tissus et du milieu intérieur.* — Le moyen le plus commode pour mesurer cette tension *dans le sang* consiste à déterminer l'abaissement $\Delta$ du point de congélation de cette humeur au-dessous de $0°$. Ce point est situé à $- 0°,56$ environ pour le sang humain [1] et l'on retrouve cette valeur pour la plupart des liquides de l'organisme, bile, lait, humeur aqueuse, liquide d'ascite ou d'hydrocèle, liquide amniotique). Pour les divers mammifères domestiques les valeurs de $\Delta$ sont comprises pour le sérum entre $0°,56$ et $0°,64$. Voici donc démontrée l'existence, dans le milieu intérieur des mammifères, d'une tension osmotique constante, valant à peu près celle d'une solution de sel marin à 9 à 10 p. 1 000 ($\Delta = 0°,60$ environ) c'est-à-dire égale à un peu plus de 8 atmosphères [2].

Chez les animaux inférieurs, on ne constate pas cette indépendance du milieu intérieur. Ainsi pour les invertébrés marins (cœlentérés, échinodermes, annélides, crustacés, céphalopodes) les valeurs de $\Delta$ sont comprises entre $2°,20$ et $2°,36$, ce qui correspond à 28 atmosphères. C'est exactement la tension osmotique de l'eau de mer ($\Delta = 2°,3$). Parmi les vertébrés marins, les sélaciens subissent encore passivement la tension du milieu ambiant ($\Delta = 2°,26$ à $2°,44$), mais les téléostéens ($\Delta = 1°,04$ à $0°,74$) et les reptiles ($\Delta = 0°,61$) se sont créés dans leur intérieur une tension propre, bien inférieure à celle de l'eau qui les entoure, et chez les vertébrés d'eau douce, on observe en sens inverse la même indépendance, la grenouille, la perche, par exemple, présentant pour leur milieu intérieur une valeur de $\Delta$ égale à $0°,46$ à $0°,51$, bien supérieure par conséquent à celle de l'eau fluviale ($\Delta = 0°,02$ à $0°,04$) (Bottazi, Frédéricq, Höber).

Une tension osmotique propre, c'est-à-dire la possession d'un système

1. Le résultat est le même, que l'on opère sur le sang total, le plasma, le sang défibriné ou le sérum, parce que les globules, en leur qualité de corps en suspension, et les protéiques, en leur qualité de colloïdes, sont sans action sensible sur la tension osmotique, donc aussi sur l'abaissement $\Delta$, qui est proportionnel à cette tension.

2. On sait, en effet, qu'à un abaissement de $1°,85$ correspond une tension osmotique de 22 at. 4. donc pour un abaissement de $0°,60$ il vient une tension qui est de 7 at. 26 à $0°$ et de 8 at. 2 à $37°$.

osmo-régulateur, constitue donc une propriété physiologique à l'acquisition de laquelle on assiste à mesure que l'on remonte dans la série animale [1]. Les animaux supérieurs sont caractérisés par une tension osmotique propre, comme ils le sont par une température propre, et à côté des expressions d'animaux homéothermes ou poikilothermes, on pourrait donc, avec R. Höber, placer celles d'animaux *homéo-osmotiques* ou *poikilo-osmotiques*.

On est moins bien renseigné sur la tension osmotique du *contenu des cellules animales*, parce que là la méthode de la plasmolyse ne peut pas être employée et que celle des points de congélation ne donne que des résultats approchés (L. Frédéricq). Mais on est certain néanmoins que cette tension est voisine de celle du sang. C'est, en effet, dans une solution de sel marin à 9 à 10 p. 1 000 ($\Delta = 0°,57$ à $0°,64$) que les globules rouges n'augmentent ni ne diminuent de volume, et lorsqu'on fait circuler de l'eau salée à travers un foie détaché de l'animal et inclus dans un pléthysmographe, c'est avec cette même solution que l'organe n'augmente ni ne diminue de volume. Plus concentré, le liquide enlève de l'eau à l'organe et le rapetisse; plus étendu, il lui en cède et le gonfle (Demoor).

**Variations de la tension osmotique.** — Cette constance relative de la tension osmotique du sang et des contenus cellulaires ne peut être évidemment qu'un équilibre instable, sans cesse dérangé et sans cesse rétabli. Cet équilibre est d'abord modifié pour l'afflux des matériaux divers, eau, sels et autres cristalloïdes, que l'absorption digestive déverse dans le sang, et par le départ d'eau et de produits d'excrétion qui s'opère par le rein, l'intestin, la peau et la surface pulmonaire. Il l'est aussi par les échanges nutritifs au niveau des tissus, le travail d'assimilation tendant sans cesse à diminuer, le travail de désassimilation à augmenter la tension osmotique. Le premier, en effet, est un travail de synthèse qui confond plusieurs molécules en une seule [2], ou qui transforme

---

1. « A mesure que l'organisation devient plus parfaite, dit Dastre, le milieu intérieur, le sang devient plus fixe. Ou plutôt, c'est l'inverse : à mesure que le milieu devient plus fixe, la vie est plus parfaite; la supériorité physiologique de l'animal se mesure au degré de cette fixité. A mesure qu'elle est plus rigoureuse, l'être animé est rendu plus indépendant des conditions extérieures, des changements de l'alimentation.... Et l'homme enfin peut vivre dans tous les climats..., parce qu'il y transporte, avec son milieu sanguin fixe, le home héréditaire, familier et confortable, auquel sont habitués ses éléments anatomiques, seuls dépositaires de la vie. »

2. On sait que la tension osmotique est proportionnelle au nombre de molécules dissoutes.

des cristalloïdes comme le glycose, facteurs de tension osmotique, en colloïdes comme le glycogène à action osmotique nulle. Le second est un travail de simplification qui démolit de grosses molécules souvent colloïdales, comme celle des protéiques ou des nucléoprotéides, en un grand nombre de fragments plus petits, et cristalloïdes, comme les acides aminés, l'urée, les bases xanthiques, l'acide urique, l'acide phosphorique, etc.

En résumé le jeu même de la vie implique de perpétuelles ruptures de l'équilibre osmotique, avec des chutes de tension dirigées tantôt de la cellule vers le plasma, tantôt du plasma vers la cellule, ces différences de tension étant précisément l'une des conditions des échanges entre ces deux milieux, de même qu'une différence de niveau est nécessaire pour que de l'eau s'écoule d'un point à un autre. Il est même probable que, lorsque le besoin s'en fait sentir, la cellule crée elle-même de telles différences, en faisant passer, par exemple, des colloïdes, tel que le glycogène, à l'état de cristalloïdes (glycose).

Toutefois ces variations de la tension osmotique restent toujours très limitées. Elles ne peuvent, en effet, être portées au delà d'une certaine limite sans que la vie des cellules soit gravement compromise. C'est ce que l'on a appelé l' « *osmonocivité* » des solutions, phénomène dont on doit tenir compte chaque fois que l'on injecte sous la peau ou dans les veines un volume important de liquide.

Ainsi dans une solution contenant moins de 0,58 p. 100 de sel marin le globule rouge (du sang de bœuf), commence à abandonner son hémoglobine au liquide qui l'entoure, et dans une solution à 0,30-0,40 p. 100 la décoloration des globules est complète. Les cellules du foie, du poumon et du rein sont de même très sensibles aux variations des tensions osmotiques des solutions salines que l'on fait passer à travers ces organes. On a déjà vu que le foie se gonfle ou se rapetisse selon que la solution de sel marin qui le traverse est hypotonique ou hypertonique. C'est que les cellules tendent à adapter leur tension propre à celle du nouveau milieu qui leur est fourni. Mais l'expérience montre ici que si la cellule quitte à la vérité, quand les circonstances l'y obligent, son état de tension osmotique normale, elle le fait avec lenteur. Au contraire, sitôt que la tension du milieu ambiant le permet, c'est très rapidement qu'elle revient à cet état, qui apparaît donc comme réalisant les conditions d'existence les plus favorables (Demoor).

Enfin voici quelques preuves de l'action nuisible de toute rupture de l'équilibre isotonique dans l'organisme. L'injection sous-cutanée de grandes quantités (300 cm³) d'une solution hypertonique de sel marin ou d'eau distillée abaisse considérablement et d'une manière constante les échanges nutritifs azotés, tandis que l'injection d'un volume égal de solution salée isotonique avec les tissus est sans effet. Les échanges nutritifs relatifs aux graisses et aux hydrates de carbone ne sont pas touchés. — Des lapins supportent toujours l'injection d'un volume considérable (1/8 à 1/2 du poids du corps) de sérum étranger (cheval), mais ils succombent régulièrement à une deuxième injection faite après un à trois mois. Ils succombent aussi si cette deuxième injection de sérum est remplacée par une injection d'eau salée hypertonique que des lapins « neufs » supportent, au contraire, très bien (E. Heilner). Le mécanisme de cette action toxique nous échappe encore.

### Les mécanismes régulateurs de la tension osmotique. —

La constance avec laquelle se maintient entre d'assez étroites limites la tension osmotique du milieu intérieur implique l'existence de mécanismes régulateurs à action très rapide, car on ne saisit dans la concentration osmotique du sang que des variations assez faibles, telles qu'en indique, par exemple, une hausse de la valeur de $\Delta$, de $0°,55$ avant le repas à $0°,62$ après le repas (Köppe).

Les agents régulateurs qui interviennent ici sont surtout les sécrétions de tension osmotique très différentes de celles du sang (sécrétions *allotoniques* ou *anisotoniques*), à savoir l'urine qui est le plus souvent hypertonique par rapport au sang ($\Delta$ s'élevant jusqu'à $2°,60$) mais qui peut aussi être hypotonique ($\Delta$ s'abaissant jusqu'à $0°,11$), et la sueur qui est presque toujours hypotonique ($\Delta = 0°,13$ à $0°,64$). La salive ($\Delta = 0°,11$ à $0°,49$ chez le chien), le suc gastrique ($\Delta = 0°,37$ à $0°,55$ chez l'homme), et exceptionnellement le flux intestinal peuvent aussi par leur allotonie contribuer à cette régulation.

Dans ce phénomène le rôle prépondérant est tenu par les sels minéraux et surtout par le sel marin. La tension osmotique du sérum sanguin est due pour les 81 centièmes environ au chlorure et au carbonate de sodium et pour les 56 centièmes au chlorure de sodium, et comme au degré de dilution où ils sont contenus dans le sang, ces deux sels sont dissociés dans la proportion 84 et de 69 p. 100, il se trouve que les 72 centièmes de la tension osmotique du sérum sont le fait des ions Cl, Na et $CO_3$ (voy. p. 247). Ajoutons que l'on saisit ici l'intervention d'un mécanisme de régulation physique intéressant. La dilution (afflux d'eau dans le sang) augmente, en effet, la dissociation de ces sels, et comme chaque ion produit autant d'effet que la molécule totale, la tension remonte.

Dans l'urine, la sueur, la bile, les larmes, le sel marin est aussi un facteur important de la tension osmotique et il semble bien que c'est surtout par les mouvements de ce sel, dont la vitesse de diffusion est très grande, que l'organisme réalise les variations de tension qu'il a besoin de produire [1].

Il semble cependant que l'intervention rapide des sécrétions allotoniques ne suffit pas pour expliquer le succès avec lequel le sang défend sa tension osmotique contre l'introduction brusque de grandes quantités d'eau, car on constate souvent que le sang s'est déjà débarrassé de l'excès d'eau à un moment où cette eau n'a pas encore reparu dans l'urine. C'est qu'une partie de cette eau a été logée momentanément dans le tissu musculaire (Japelli), peut-être aussi dans les espaces sous-cutanés (A. Mayer). Pareillement, chez des malades porteurs d'œdèmes ou d'épanchements séreux (plèvre, péritoine), on constate qu'après ingestion de sel marin, l'organisme se sert de ces épanchements comme de réservoirs où il loge l'excès de sel dont le sang doit être débarrassé (Achard et Lœper).

**Autres phénomènes de la vie cellulaire.** — Montrons enfin que d'autres phénomènes, d'un ordre plus délicat encore, ne sont pas inaccessibles à des explications physico-chimiques.

Une propriété fondamentale de la matière vivante, c'est l'*irritabilité*, c'est-à-dire l'aptitude à répondre à des excitations d'ordre divers par des phénomènes variés (mouvement, sécrétion). De tels phénomènes n'ont rien de spécifique. La chimie sait préparer des corps très instables qui répondent à une action mécanique médiocre, le simple frottement d'une barbe de plume, par une explosion violente. On sait aussi, en matière de synthèse organique, que l'instabilité d'un corps augmente à mesure que l'on accumule dans la molécule un nombre plus grand de fonctions différentes. La moindre intervention provoque alors des réactions internes (action d'un groupement fonctionnel sur un autre, isomérisation). Or, les principaux constituants de la cellule, les protéiques sont précisément de tels corps. On a vu qu'ils sont constitués par des molécules gigantesques, agrégats de plus de 2 000 atomes, qui présentent côte à côte un nombre considérable de fonctions chimiques diverses. Nous ne manions en général ces

---

1. Ce rôle prépondérant du sel marin peut être tenu par d'autres corps. Che les Sélaciens le suc musculaire est plus chargé en urée que le sang, et celui-ci plus que l'urine. Celle-ci ne contient de quantités notables d'urée que lorsque l'animal est copieusement nourri. Pendant le jeûne l'urine en élimine fort peu, toute l'urée produite restant dans le sang et dans la masse musculaire où elle sert au maintien de la tension osmotique, c'est-à-dire qu'elle joue le rôle d'un produit de sécrétion interne (Bottazi).

corps qu'à l'état « mort », c'est-à-dire dans un état relativement stable ; mais beaucoup de faits indiquent que la matière vivante les contient sous une forme instable qui expliquerait bien l'irritabilité des protoplasmes.

De plus, lorsque la cellule a réagi sous l'influence d'une excitation, d'un changement de composition chimique ou d'état physique du milieu extérieur, elle s'adapte à ce changement, si celui-ci n'est pas trop considérable, quitte à revenir à son état premier, quand le milieu est redevenu lui-même ce qu'il était auparavant. Or, c'est là précisément la propriété caractéristique des granulations colloïdales (p. 43), et l'on sait que le contenu cellulaire est presque entièrement constitué par des corps colloïdes.

Enfin il faut tenir compte aussi de l'influence des dimensions de la cellule, c'est-à-dire de l'intervention des *forces capillaires*. On sait que les phénomènes liés à des variations de forme cellulaire, tels que la formation de pseudopodes, l'introduction ou l'expulsion de corps étrangers, les phénomènes de chimiotactismes, etc., s'expliquent aujourd'hui sans effort par des considérations de tension superficielle. Mais les forces capillaires interviennent sans doute encore dans bien d'autres phénomènes physico-chimiques. Ainsi, lorsque par l'inclusion d'une granulation étrangère quelconque dans le protoplasme d'une amibe, il s'est formé autour de ce corps étranger une vacuole pleine d'eau, la tension superficielle qui limite cette vacuole est en raison inverse du rayon de cette dernière, et comme ce rayon est extrêmement petit, la tension atteint des valeurs considérables. C'est pourquoi on assiste dans la vacuole à des phénomènes de diffusion très rapides (Le Dantec). Pareillement on constate que, dans des espaces capillaires, le point de congélation des liquides est énormément abaissé, ce qui explique sans doute la résistance remarquable des très petits êtres (embryons de graines, diatomées, bactéries), à des températures de 100 et 200° au-dessous de zéro. Bref il y a toute une physique des espaces capillaires, et peut-être aussi une mécanique chimique différentes de celles que nous connaissons.

En résumé tout le fonctionnement vital, comme le dit A. Gautier, n'est que la conséquence lointaine des fonctions chimiques des molécules qui constituent chaque cellule [1], et l' « on entrevoit

1. Bien entendu la pathologie et la thérapeutique n'ont pas moins à attendre que la physiologie d'une connaissance précise de la chimie de tous les constituants

ici le but dernier et plus élevé de la chimie biologique à savoir la détermination des relations qui existent entre la structure et le mécanisme fonctionnel des principes immédiats qui forment les cellules, les tissus et les organes d'un être vivant, et cette résultante commune de leur fonctionnement qu'on appelle la vie » (A. Gautier).

Faire l'inventaire complet de tous les constituants cellulaires, établir nettement leur structure et par conséquent tout leur fonctionnement chimique, déterminer la manière dont ces corps sont associés dans la cellule, en un mot faire l'*anatomie chimique* des organismes, telle est la tâche la plus proche qui s'impose à la biochimie, d'une manière aussi pressante que s'imposait à l'anatomie générale il y a soixante ans l'inventaire morphologique des tissus et des organes. Or, de toutes les molécules qui forment le protoplasma, celle qui est constitutive au premier chef, c'est la molécule des protéiques. La grandeur et l'extraordinaire complexité de cette molécule permettent précisément de prévoir pour elle un nombre presque illimité de formes, adaptées chacune par sa structure — c'est-à-dire par la nature, le nombre et le mode d'association de ses acides aminés constituants — aux besoins d'un tissu, d'un organe. L'étude de la structure des protéiques est donc le problème fondamental de la biologie cellulaire.

**Les constituants cellulaires et la notion de spécificité des organismes. — La chimie biologique comparée. —** Le problème que l'on vient d'énoncer — à savoir l'étude des relations entre les constituants cellulaires et l'ensemble des phénomènes de la vie — ne se pose pas seulement pour l'individu, mais aussi pour l'espèce, et il reste essentiellement le même.

En effet, si tout le fonctionnement vital n'est que la conséquence lointaine des propriétés physico-chimiques des constituants cellulaires, on peut affirmer *a priori* que les aspects caractéristiques que prend chaque fois la vie, quand on passe d'une espèce

cellulaires. Jakoby a montré que l'acide salicylique se distribue autrement chez l'animal sain que chez l'animal infecté, sans doute parce que les affinités chimiques des principes immédiats de l'organisme pour l'acide salicylique sont modifiés par la maladie. On a montré de même que le pus (O. Lœb), les organes tuberculisés (O. Lœb et Michaud), les tissus cancéreux (R. von den Velden) fixent l'iode, et que cette direction peut être changée quand on change la forme donnée au médicament. Ainsi l'iode qui n'est pas « neurotrope », c'est-à-dire qui ne va pas au tissu nerveux, le devient et est retenu par la substance nerveuse et par le tissu adipeux, quand on le copule avec des substances solubles dans les lipoïdes (O. Lœb). On pourrait multiplier ces exemples.

à une autre, sont liés à quelque changement dans la structure chimique de ces constituants. En d'autres termes, la spécificité des organismes, c'est-à-dire ce fait biologique que l'espèce chien, par exemple, est autre que l'espèce chat, doit être essentiellement d'ordre chimique, et dans l'état actuel de la science on ne saurait même la concevoir autrement. A. Gautier, qui a très fortement imposé ce problème à l'attention des biologistes et qui le premier l'a abordé par l'expérience, a montré, notamment dans une série de recherches sur l'espèce *Vitis vilifera*, que toute variation de cette espèce s'accompagne d'une transformation des molécules intégrantes de l'organisme, dont les tannins, les matières colorantes font place à des composés de la même famille chimique, mais de propriétés en partie différentes.

« Dirons-nous, conclut A. Gautier, que la race en variant a fait varier les espèces chimiques constitutives, ou plutôt ne dirons-nous pas que ce sont les espèces chimiques, qui en se modifiant sous l'influence de causes à déterminer, ont fait varier la race? Un être vivant est ce qu'il est par ses organes, et chacun d'eux totalise à son tour les fonctions de l'ensemble de ses cellules spécifiques. Mais celles-ci ne fonctionnent qu'en raison de transformations qui se produisent dans leurs plasmas, transformations qui obéissent aux forces et aux lois physico-chimiques présidant à l'action réciproque des molécules et de leur association. » Et ailleurs, il dit encore : « Dès qu'on fait varier la molécule intégrante, on fait varier le mode de fonctionnement de l'organisme tout entier ».

C'est donc dans la nature chimique différente des constituants cellulaires que réside la cause profonde des différences biologiques, exprimées et résumées par les naturalistes dans la notion d'espèce, et ici encore, vraisemblablement, c'est surtout par des protéiques de nature différente que les divers groupes naturels d'êtres vivants réalisent respectivement leur spécificité [1]. Mais cette *biochimie comparée*, dont les premières recherches de A. Gautier ont fait ressortir, il y a plus de vingt ans, la portée scientifique considérable, cette anatomie chimique comparée du monde animal est à peine ébauchée. On sait que les oxyhémoglobines des

---

1. On verra, en effet, plus loin le soin avec lequel chaque organisme maintient la spécificité de ses protéiques et interdit l'accès de son milieu intérieur à tout protéique étranger (p. 188 et 192). On n'observe rien de semblable, du moins au même degré, pour les graisses et les hydrates de carbone (p. 385).

divers mammifères diffèrent par quelques caractères extérieurs, forme cristalline, solubilité ; l'école de E. Fischer a commencé l'inventaire des acides aminés fournis par les protéiques de divers groupes animaux ; on a enregistré aussi quelques différences entre les graisses de diverses espèces, les acides biliaires, etc., mais à ces quelques faits se bornent actuellement les acquisitions de la chimie biologique comparée. Par exemple on ignore complètement en quoi les diverses albumines du sang ou des tissus de l'homme diffèrent des albumines de même origine chez le chien. Nous ne sommes actuellement avertis de cette différence que par des réactions biologiques (réactions des précipitines, toxicité des protéiques d'espèce étrangère).

Et cependant, quand on réfléchit à tout le secours que la morphologie comparée a apporté à la connaissance des êtres vivants, au vaste édifice scientifique que cette étude des formes a permis de construire, bien qu'elle ne puisse jamais saisir que l'aspect extérieur des choses de la vie cellulaire, on demeure convaincu que la chimie biologique comparée, qui descend jusqu'aux molécules constitutives des protoplasmes, c'est-à-dire jusqu'au niveau où se passent les phénomènes élémentaires de la vie, révélera dans le monde animal des affinités et fera apparaître des différences qui échappent nécessairement à la morphologie.

# CHAPITRE VIII

## LES SUCS DIGESTIFS

Le but du travail digestif est de transformer les parties alimentaires de la ration en matériaux tels qu'ils puissent être absorbés, puis utilisés pour la construction ou la réparation des organes et pour l'entretien des fonctions. Cette transformation des aliments est assurée par une série de sécrétions glandulaires, salive, suc gastrique, suc pancréatique, bile, suc intestinal, dont on étudiera ci-après les caractères et l'action *in vitro* sur les divers aliments. Un chapitre spécial sera consacré à une étude d'ensemble de la digestion et de l'absorption des aliments.

### § I. — LA SALIVE.

La salive mixte de l'homme est constituée par le mélange des liquides sécrétés par trois paires de glandes assez volumineuses, les glandes parotides, sous-maxillaires et sublinguales, et par de nombreuses petites glandes disséminées dans la muqueuse buccale. On n'étudiera ici que cette salive totale, considérée surtout comme agent physico-chimique de la digestion.

Sa composition varie selon la nature de l'excitant qui a provoqué la sécrétion. Les excitants mécaniques (mouvements des mâchoires) ou chimiques (sels, acides, substances amères) provoquent une sécrétion abondante, aqueuse, transparente, pauvre en mucine, donc peu visqueuse. Les excitants alimentaires, comme la viande, fournissent une salive moins abondante, opalescente, épaisse, riche en mucine et par conséquent visqueuse, et ces deux sortes de sécrétions peuvent être provoquées aussi, alternativement, par la simple vue ou par le souvenir de l'excitant correspondant. Sous ces réserves on peut assigner à la salive mixte les caractères moyens que voici. C'est en général un liquide incolore, plus ou moins opalescent et filant, à réaction faiblement alcaline au tournesol, à densité très voisine de celle de l'eau, puisqu'il ne renferme que 5 à 6 grammes de matières solides par litre, dont 2 grammes environ de matières minérales et 3 à 4 grammes de matières organiques. Son point de congélation est compris entre — 0°,11 et — 0°,49 (chien); c'est donc une sécrétion allotonique (p. 128).

Les *matières minérales* sont formées principalement de chlorures et de phosphates de potassium, de sodium et de calcium; la réaction alcaline est due à la présence d'un peu de carbonate d'alcali. — Les *matières organiques* comprennent une matière albuminoïde, de la mucine, des diastases et un sulfocyanate alcalin. C'est à ce sel qu'est due la propriété que possède la salive d'être colorée en rouge par une trace de sel ferrique. On ignore entièrement l'origine et la signification de ce corps.

De ces constituants de la salive, les diastases seules méritent une étude particulière.

**Les diastases salivaires. — Action de la salive sur les matières amylacées.** — La salive liquéfie, puis saccharifie rapidement l'empois d'amidon. Elle transforme aussi, mais plus lentement l'amidon cru, et ce pouvoir saccharifiant n'est pas dû à des actions microbiennes; il est bien d'origine physiologique (Mestrezat), et doit être rapporté à une diastase, l'*amylase salivaire*, dont la production paraît être plus abondante sous l'influence de repas uniquement composés de féculents (Simon).

L'action saccharifiante de la salive s'opère bien en milieu légèrement alcalin, mieux encore en milieu neutre. De petites quantités d'acide chlorhydrique (0,03 p. 100), et mieux encore le suc gastrique agissant à 37° pendant quelques heures, la suppriment définitivement. Mais Roger a montré que cette salive inactivée, additionnée d'une très faible quantité de salive fraîche ou de suc pancréatique, produit avec de l'eau amidonnée un poids de sucre réducteur bien supérieur à celui que peut fournir dans ces conditions le volume de salive fraîche ou celui de suc pancréatique mis en œuvre. Bien que l'interprétation précise de ces expériences soit encore difficile à l'heure actuelle, ce résultat n'en reste pas moins intéressant au point de vue d'une continuation possible de l'action salivaire au delà de l'estomac.

Les *produits de l'action de la salive* sur l'empois d'amidon sont le maltose et la dextrine, qui sortent respectivement de l'amylose et de l'amylopectine de l'amidon (voy. p. 59), et il est probable que la salive contient, comme le malt, deux diastases, dont l'une agit sur l'amylose et l'autre sur l'amylopectine. D'ailleurs, chauffée à 72°, la salive liquéfie encore l'amidon, mais cesse de le saccharifier (Roger et Simon).

La salive humaine contient, en outre, des *oxydases*, dont l'une serait une oxydase indirecte (Dupouy) et dont l'autre serait glycolytique (Slozow). Enfin, d'après Roger, la salive produit souvent une légère *interversion* du sucre, et cette action est plus nette à mesure que du saccharose a séjourné plus longtemps dans la bouche [1]. On a signalé aussi la présence d'une *maltase*.

Nous verrons, à propos de l'étude de la digestion et de l'absorption des aliments quel est le rôle de la salive dans ces opérations (p. 177).

## § II. — LE SUC GASTRIQUE.

Les propriétés du suc digestif sécrété par l'estomac ont été établies à l'aide de liquides gastriques, qui se rapprochent plus ou moins du suc gastrique pur et à l'étude desquels il importe de ne demander respectivement que ce qu'elle peut donner.

On étudie le plus souvent sous le nom de suc gastrique des contenus gastriques, retirés de l'estomac après un repas d'épreuve et qui sont constitués par un mélange de salive, de suc gastrique, de matériaux alimentaires et de produits de la digestion buccale et gastrique de ces matériaux, auxquels s'ajoutent parfois des liquides reflués du duodénum dans l'estomac (bile, suc pancréatique).

On se procure un suc gastrique plus pur par le procédé de la fistule œsophagienne, combiné avec celui de la fistule stomacale (méthode du repas fictif de Pawlow). Mais on n'exclut pas de la sorte les liquides d'origine duodénale. Ces deux inconvénients sont évités avec le procédé de l'estomac séquestré, c'est-à-dire sorti de la continuité du tube digestif et mis en communication avec le dehors par une fistule (Frémont, Frouin). Mais beaucoup de connexions nerveuses se trouvant ainsi supprimées, le fonctionnement de l'organe ne peut plus être considéré comme normal. Cet inconvénient est évité dans l'opération de Pawlow-Kighine, qui consiste à isoler sous la forme d'un « petit estomac » en doigt de gant, communiquant par son orifice avec le dehors, une partie du grand cul-de-sac, à laquelle on maintient toutes ses connexions vasculaires et nerveuses. Il est établi que le suc de ce petit estomac est identique à celui de l'estomac normal.

Enfin pour beaucoup de recherches on se contente d'employer le liquide obtenu en abandonnant à l'étuve à 37° pendant quelques heures, avec de l'eau contenant 3 à 4 p. 1 000 d'acide chlorhydrique, la muqueuse stomacale d'un animal (porc, chien) récemment sacrifié, puis filtrant le liquide obtenu. On peut aussi plus simplement dissoudre dans de

---

1. D'après Bourquelot, l'invertine salivaire est d'origine microbienne.

l'acide chlorhydrique à 3-4 p. 1 000 les pepsines plus ou moins pures que fournit le commerce.

Nous aurons l'occasion d'indiquer les différences qui existent entre ces divers liquides et les erreurs auxquelles on s'expose en employant tout autre suc que celui du petit estomac de Pawlow.

On n'exposera pas ici les différentes manières dont l'estomac répond aux excitants de la sécrétion gastrique, actions psychiques et action directe des aliments, et par l'étude desquelles l'école de Pawlow a ouvert la voie à tant de recherches intéressantes. Pour toutes ces questions nous renvoyons le lecteur aux traités de physiologie.

La *quantité de suc gastrique* sécrétée en vingt-quatre heures est beaucoup plus grande qu'on ne le croit généralement. Chez l'homme on évalue à 600 centimètres cubes la sécrétion provoquée par un repas[1], et à 1 500 centimètres cubes celle des vingt-quatre heures. On montrera plus loin les emprunts considérables, faits au sang, qu'implique ce travail quotidien, et la régulation précise qu'il nécessite en ce qui concerne la composition du plasma (p. 247).

Le suc gastrique pur (du chien) ne contient en moyenne, outre l'acide dont il va être question, que 3 grammes p. 1 000 de matières solides, composées par moitiés à peu près égales de substances organiques et de substances minérales. Étudié *in vitro*, il présente les propriétés que voici :

1° Il a une *réaction franchement acide* ;

2° Il peptonise les matières albuminoïdes, opération dont l'agent diastasique est la *pepsine* ;

3° Il caséifie le lait par l'intermédiaire d'une autre diastase, la *chymosine* ou *lab* et il dédouble les graisses par le moyen d'une *lipase*.

4° Il possède *un pouvoir antiseptique* prononcé.

Notons tout de suite que le suc gastrique est sans action marquée sur les hydrates de carbone. Tout au plus peut-il, par sa réaction acide, intervertir légèrement le sucre de canne.

---

1. Ce repas (d'épreuve) comprenait : 250 gr. de bouillon, 75 gr. de pain blanc, 130 gr. de viande, 260 gr. de pommes de terre en purée et 250 gr. d'eau (Pfaundler).

## 1. *L'acidité du suc gastrique.*

**L'acidité du suc gastrique pur est due à l'acide chlorhydrique.** — L'acidité du suc gastrique, attribuée successivement à des substances minérales (*acide chlorhydrique*, phosphate acide de calcium) et à des corps organiques (*acide lactique*, acide butyrique) a donné lieu à des discussions prolongées. On n'exposera pas ici les expériences nombreuses qui ont été faites de part et d'autre, et qui presque toutes étaient exactes dans les conditions où s'étaient placés les divers opérateurs, mais seulement la cause des divergences d'opinion auxquelles on a abouti.

Le suc gastrique contient d'une manière constante de l'acide chlorhydrique libre, qui représente le seul principe acide sécrété par les glandes de l'estomac. Les acides organiques (acide lactique, acide butyrique) que l'on y trouve parfois sont toujours d'origine bactérienne, et le phosphate acide de chaux signalé chez le chien, résulte d'une réaction secondaire.

C'est A. Schmidt qui a établi le premier que l'acidité du suc gastrique est due à de l'acide chlorhydrique, et sa démonstration a été reprise ensuite sous une forme plus parfaite par Ch. Richet. Ces savants ont montré que la quantité totale de chlore que contient le suc gastrique de l'homme est supérieure à celle qui est nécessaire pour transformer en chlorures toutes les bases, potasse, soude, ammoniaque, etc., que contient ce liquide. Or, ce surplus de chlore, calculé en acide chlorhydrique, correspond à peu près à la quantité d'acide que l'on obtient en titrant l'acidité d'une autre portion du même suc' et en exprimant aussi ce résultat en acide chlorhydrique.

L'acidité du *suc gastrique pur* est donc due à l'acide chlorhydrique, mais on comprend qu'un *contenu* gastrique puisse renfermer du phosphate acide de calcium, si l'animal (chien) a reçu un repas d'os, l'acide chlorhydrique transformant alors en phosphate acide le phosphate tricalcique des os. Comme d'autre part, dans des conditions pathologiques d'ailleurs rarement réalisées, les matières amylacées et sucrées peuvent subir la fermentation lactique et butyrique, on comprend aussi que des sucs gastriques impurs puissent contenir parfois ces acides de fermentation, et Ch. Richet a montré que la quantité de ces acides augmente à mesure que le suc vieillit, c'est-à-dire à mesure qu'il a pu fermenter plus longtemps.

**État de l'acide chlorhydrique dans le suc gastrique et dans les contenus gastriques.** — Le suc gastrique pur du chien, fourni par la méthode de l'estomac séquestré, contient tout son acide chlorhydrique à l'état de liberté, c'est-à-dire dans un état identique à celui de l'acide chlorhydrique dissous dans l'eau. En effet, dans le vide et à la température ordinaire, ce suc abandonne la totalité de son acide. Il saccharifie la même quantité d'amidon et intervertit la même quantité de sucre de canne qu'une solution d'acide chlorhydrique de titre égal. Il se comporte à la dialyse comme cette même solution (Frouin).

Le suc gastrique obtenu par le procédé de la fistule œsophagienne et stomacale ne perd dans le vide qu'une partie de son acide chlorhydrique; *le reste est retenu dans le résidu d'évaporation sous la forme de combinaisons acides, non décomposées par le vide.*

Ici s'offre donc à nous cette notion de l'*acide chlorhydrique combiné* ou faiblement combiné sous la forme de combinaisons acides, opposé à l'*acide chlorhydrique* entièrement *libre*, notion qui, au cours de l'étude clinique des contenus gastriques, a fait l'objet de discussions si prolongées et parfois si confuses. Précisons donc bien le sens des expressions qui seront employées dans ce qui suit. Nous distinguerons :

1° *L'acide chlorhydrique libre*, c'est-à-dire celui qui est contenu dans le suc gastrique comme s'il était dissous dans de l'eau distillée.

2° *L'acide chlorhydrique combiné*, c'est-à-dire existant sous la forme de combinaisons à réaction *acide*, et dont la nature sera précisée plus loin.

3° *L'acide chlorhydrique total*, formé par le total des deux précédentes fractions.

4° *L'acide chlorhydrique des chlorures*, c'est-à-dire l'acide combiné aux bases (potasse, soude, ammoniaque), et qui d'ailleurs restera en dehors de cette discussion.

L'étude des combinaisons acides de l'acide chlorhydrique s'est présentée d'abord au cours de recherches cliniques sur les contenus gastriques, mais il sera plus commode de définir au préalable ces combinaisons à l'aide des réactions que présente la solution aqueuse d'acide chlorhydrique, quand on l'additionne de matières organiques diverses.

Lorsqu'on prend le titre acidimétrique d'une solution aqueuse d'acide chlorhydrique à l'aide d'une liqueur de soude et des indicateurs colorants habituels, on trouve sensiblement le même résultat, à de légères différences près, tenant à la sensibilité variable de ces divers réactifs. Si l'on ajoute, au contraire, à la solution acide un peu d'une solution de blanc d'œuf neutre au tournesol, et si l'on abandonne ce mélange à l'étuve à 40° pendant quelques heures, on constate que ces indicateurs se séparent en deux catégories. Avec les uns, comme le *tournesol*, la *phénolphtaléine*, *l'acide rosolique*, tout se passe comme si l'on n'avait pas ajouté d'albumine, c'est-à-dire que l'on obtient *à peu près* le même résultat acidimétrique qu'en l'absence d'albumine; avec les autres, au contraire, tels que la *tropéoline* 00, le *violet de méthyle*, le *rouge Congo*, le *réactif de Günzburg* [1], on ne retrouve plus qu'une fraction de l'acide; le reste a été « couvert », neutralisé par la matière albuminoïde (Sjöqvist). Si l'on augmente progressivement la quantité d'albumine, il arrive un moment où les indicateurs de la deuxième catégorie, comme le réactif de Günzburg, n'indiquent plus du tout d'acide libre, ceux de la première, comme le tournesol, continuant à fournir sensiblement les mêmes résultats. Inversement, si l'on ajoute à un tel mélange une quantité d'acide chlorhydrique suffisante pour « saturer » toute l'albumine, plus un léger excès, on lui restitue la propriété de réagir sur les colorants de la seconde catégorie. — Beaucoup de matières organiques azotées, et notamment les produits d'hydrolyse des protéiques (peptones, acides aminés) se comportent à cet égard comme les protéiques.

L'expérience suivante fait saisir d'une manière frappante cette fixation de l'acide par les protéiques. De la fibrine que l'on fait tremper dans une solution étendue d'acide chlorhydrique peut enlever l'acide au liquide si complètement que celui-ci devient neutre, et cette fibrine, acide au tournesol, ne donne ni la réaction de Günzburg, ni celle du rouge Congo (Leo). On verra plus loin que cette fixation de l'acide chlorhydrique se manifeste encore par d'autres réactions chimiques ou biologiques (p. 142, 151 et 157).

C'est au cours de l'examen de contenus gastriques que ces phénomènes ont été observés pour la première fois. En 1878 R. von den Velden annonça que dans les cas de cancer le suc gastrique ne réagit plus sur le violet de méthyle, conséquemment qu'il ne contient plus d'acide chlorhydrique, et pendant quelque temps on se félicita de posséder, pour le diagnostic parfois si difficile de cancer, un moyen d'investigation aussi précieux, jusqu'au moment où Cahn et von Mering firent voir que ces sucs contiennent en réalité de l'acide chlorhydrique, mais que cet acide est masqué vis-à-vis du violet de méthyle par la présence de quantités considérables de matières organiques (peptones). C'est à partir de ce moment que l'on distingua, dans l'étude des contenus

1. C'est une solution de phloroglucine et de vanilline dans de l'alcool. Évaporée avec une petite quantité d'acide chlorhydrique, elle donne un résidu rouge cinabre. Cette réaction indique non seulement qu'un liquide contient un acide libre, mais encore qu'il s'agit d'un acide minéral, soit donc l'acide chlorhydrique dans le cas d'un contenu gastrique. Le rouge congo, au contraire, vire avec tous les acides libres, minéraux ou organiques.

gastriques, *l'acide chlorhydrique libre*, c'est-à-dire capable de réagir, par exemple, sur le réactif de Günzburg ou le rouge Congo, et *l'acide combiné* (aux matières organiques) qui est encore indiqué par le tournesol, mais qui est sans action sur le réactif de Günzburg.

Ce qui se passe quand un repas d'épreuve pénètre dans l'estomac et la succession des diverses réactions que va présenter le contenu gastrique, en ce qui concerne l'acide chlorhydrique, se comprend dès lors aisément. Les premières portions d'acide sécrétées se combinent aux matières organiques présentes (matières protéiques du repas ingéré, « mucus »), et le contenu gastrique est acide au tournesol, mais non pas au réactif de Günzburg par exemple. Puis, la « saturation » des matières organiques étant complète, le surplus d'acide sécrété demeure libre, c'est-à-dire que la réaction de Günzburg devient positive, jusqu'à ce que finalement la sécrétion s'arrête, sans doute par voie réflexe, lorsque l'accumulation d'acide libre est arrivée à un certain degré.

Lorsqu'on constate la présence d'acide chlorhydrique libre dans un contenu gastrique, on peut conclure de là qu'en ce qui concerne la sécrétion de l'acide, l'estomac s'est acquitté de la tâche que lui avait imposée le repas d'épreuve introduit. En effet l'expérience montre que cette quantité d'acide suffit *in vitro* pour que, après addition de pepsine, les peptones puissent apparaître dans le liquide. Toutefois elle ne suffit pas à assurer le complet achèvement de l'opération, car après un certain temps la réaction, toujours acide au tournesol, est devenue neutre au réactif de Günzburg par exemple, c'est-à-dire que le liquide ne contient plus d'acide libre. Si l'on en rajoute jusqu'à réaction de Günzburg positive, on constate qu'après un certain temps la réaction de l'acide libre a de nouveau disparu, etc., ce qui tient évidemment à ce fait que les produits de la digestion fixent plus d'acide que l'albumine dont ils proviennent[1].

De ce qui précède il résulte évidemment que dans la pratique clinique des repas d'épreuve, il importe de préciser à la fois la nature du repas introduit et le temps qui s'est écoulé jusqu'au moment de l'extraction du contenu gastrique[2], car un repas de viande, par exemple, exigera pour

1. Ce fait se comprend sans effort, puisque l'hydrolyse digestive produit sans cesse la rupture de liaisons telles que $CH^2\text{-}AzH\text{-}CO$, avec formation d'un groupe $CH^2\text{-}AzH^2$, c'est-à-dire d'une fonction amine, pouvant fixer un acide (voy. p. 36 et suiv.).

2. Comme le suc psychique diffère du suc chimique (voy. p. 137), il convient de noter aussi si le repas d'épreuve a été ingéré avec plaisir ou non.

sa « saturation » complète jusqu'à 10 fois plus d'acide que le petit pain du repas d'épreuve d'Ewald, c'est-à-dire que la réaction de l'acide libre apparaîtra beaucoup plus tard et indiquera la sécrétion d'une quantité totale d'acide chlorhydrique beaucoup plus considérable avec le premier de ces repas qu'avec le second. Il faut se rappeler aussi qu'au point de vue quantitatif les diverses réactions décelant l'acide libre ne concordent qu'assez grossièrement les unes avec les autres, et qu'il est nécessaire d'indiquer toujours de quel réactif on s'est servi [1].

Muni de ces renseignements, revenons maintenant au suc gastrique. Si, dans le suc d'estomac séquestré, l'acide est entièrement libre, cela tient évidemment à l'absence de matières organiques pouvant fixer une partie de cet acide sous la forme de combinaisons acides non dissociées par le vide. Dans le suc gastrique obtenu par la méthode du repas fictif et qui contient des matières organiques étrangères provenant des sécrétions œsophagiennes ou de liquides ayant reflué du duodénum dans l'estomac, une partie seulement de l'acide chlorhydrique est demeurée libre. Enfin dans les contenus gastriques qui sont mêlés, en outre, avec des matériaux alimentaires, la fraction d'acide demeurée libre est souvent plus réduite encore et elle peut même être nulle. On comprend aussi que nos prédécesseurs aient observé que de tels sucs plus ou moins purs saccharifient moins d'amidon ou intervertissent moins de sucre de canne que des solutions aqueuses d'acide chlorhydrique d'égale acidité au tournesol, car on observe la même différence entre des solutions d'acide chlorhydrique additionnées de proétiques, et une solution aqueuse du même acide.

La quantité d'acide chlorhydrique *total* (acide libre et acide combiné aux matières organiques) s'élève chez le chien pour le suc pur à 4,6-5,8 p. 1 000, pour le suc impur (contenu gastrique) à 3 p. 1 000 ; chez l'homme les sucs relativement purs ont donné jusqu'à 4,0, 4,4, et 4,8 p. 1 000 (Sommerfeld, Seiler, Verhaegen), tandis que l'acidité des contenus gastriques dans les conditions ordinaires de cette observation n'est que de 1 à 1,5 p. 1 000. — Par la méthode électrométrique qui mesure l'acidité ionique, c'est-à-dire la teneur en ion H, on a trouvé que le suc du chien a une acidité égale à celle d'une solution d'acide chlorhydrique contenant de 1 gramme à 1 gr. 9 de HCl p. 1 000 (C. Foa).

1. Le réactif de Günzburg et la tropéoline donnent des résultats assez concordants, mais qui s'éloignent de ceux du rouge Congo.

**Origine de l'acide chlorhydrique** — On a produit un grand nombre d'hypothèses et accumulé des expériences très ingénieuses pour expliquer la sécrétion de l'acide chlorhydrique (Brücke, Maly, Gamgee). La matière première de cette sécrétion est évidemment représentée par les chlorures, puisque des animaux soumis au jeûne chloré, c'est-à-dire recevant des rations exemptes de chlorures, finissent par sécréter un suc gastrique qui n'est plus acide, et que l'ingestion de chlorures ou de bromures fait, au contraire, apparaître respectivement l'acide chlorhydrique ou l'acide bromhydrique dans le contenu stomacal (Kahn; E. Külz).

Quel est l'agent qui décompose ces chlorures? On a invoqué ici l'acide lactique, que les glandes de l'estomac produiraient aux dépens des hydrocarbonés du sang. Mais l'inanition chlorée fait disparaître non seulement l'acide chlorhydrique, mais encore toute acidité. Une hypothèse plus simple consiste à admettre que les chlorures fournis par le sang sont décomposés dans la glande par l'acide carbonique, puisqu'il est démontré que même un acide faible comme l'acide carbonique, surtout s'il agit en masse, met en liberté une fraction, sans doute très faible, de l'acide fort d'un sel comme le chlorure de sodium, mais que la glande éliminerait ensuite constamment du champ de la réaction. Mais où ne peut-on pas dans l'organisme, saisir côte à côte le sel marin et l'acide carbonique? Et cependant la sécrétion chlorhydrique est limitée aux seules glandes gastriques, ce qui revient à avouer que nous ne savons rien sur le mécanisme intime de cette sécrétion.


## 2. *La pepsine et les produits de la protéolyse pepsique. — Le suc pylorique.*


On ne décrira pas ici les modes de préparation de la pepsine, ni les réactions des produits obtenus, car cette diastase, comme il arrive pour tous ces agents, n'est pas connue à l'état de pureté. Il est probable qu'elle est constituée par un mélange de plusieurs diastases.

Par une série de traitements ingénieux, et notamment par l'emploi du filtre de biscuit qu'il a découvert à cette occasion, A. Gautier (1882) a séparé la pepsine brute en trois diastases, une *pepsine insoluble*, arrêtée par le filtre, et deux pepsines solubles, dont l'une peptonise imparfaitement la fibrine (pepsine imparfaite ou *propepsine*), et dont l'autre, la pepsine soluble *complète*, est à pouvoir digestif complet. Il est possible que l'on distingue, en outre, dans la pepsine une diastase décoagulante, qui dissout les protéiques coagulés, et une diastase hydrolysante qui dédouble les produits dissous.

La muqueuse stomacale ne contient pas de pepsine active, mais une prodiastase inactive, la *propepsine* de Langley, qui résiste à l'action d'une solution de carbonate de sodium à 1 p. 100, tandis que la pepsine est détruite dans ces conditions en quelques minutes. Traitée par l'acide chlorhydrique étendu, la muqueuse cède au liquide sa prodiastase sous la forme de pepsine active.

Comme toutes les diastases, la pepsine n'est définie que par l'action spéciale qu'elle est en mesure d'exercer. Étudions donc les conditions et les produits de cette action.

**Les conditions du travail pepsique.** — Une étude vraiment précise des conditions du travail pepsique *in vitro* reste encore à faire. C'est que la peptonisation, on le verra plus loin, est une opération très complexe, dont on ne peut définir exactement ni le point de départ, le protéique, ni les diverses étapes, albumoses, peptones, etc., ni enfin le terme final. La mesure de ce phénomène est donc demeurée très grossière. De plus les résultats ainsi obtenus *in vitro* ne peuvent pas être transportés sans une forte correction à la digestion gastrique *in vivo*, où tant d'autres conditions interviennent. On se bornera pour ces raisons aux faits les plus gros.

La collaboration de la pepsine et de l'acide sont nécessaires, car un suc gastrique neutralisé ne peptonise plus les matières protéiques, et un suc gastrique acide, mais qui a été bouilli, c'est-à-dire dans lequel la pepsine a été détruite et l'acide conservé, n'agit plus qu'avec une très grande lenteur. Toutefois on a vu que l'acide chlorhydrique à 2-3 p. 1 000 finit à lui seul par faire apparaître tous les produits de la digestion pepsique, et que la pepsine ne fait qu'accélérer (catalyser) ce phénomène, en sorte que celui-ci évolue dans des conditions de vitesse et de température mieux adaptées aux besoins de la vie (p. 90 et 92).

L'acidité chlorhydrique la plus favorable varie, toutes choses égales d'ailleurs, selon la nature et l'état physique de la matière protéique. Elle est, par exemple, de 0,8 à 1,0 p. 1 000 de HCl pour la fibrine, de 2,5 p. 1 000 pour l'ovalbumine cuite. Comme l'acidité du suc pur est plus élevée, il semble donc que la sécrétion gastrique est adaptée à une dilution ultérieure du produit. Cet optimum d'acidité varie aussi avec la quantité de pepsine ou avec celle des produits de digestion accumulés dans le liquide, et probablement avec l'espèce animale qui a fourni la pepsine. Pour ce qui est de la teneur en pepsine, on admet en général qu'au-dessous d'une certaine concentration optimum, pour laquelle la vitesse de la digestion est maximum, les quantités d'albumine dissoutes pendant un temps donné croissent à peu près comme les racines carrées des quantités de pepsine, c'est-à-dire que des poids d'albumine variant comme 1, 2, 3, etc., exigent, pour être dissous dans le même temps, des quantités de pepsine variant comme 1, 4, 9, etc. (Loi de Schütz-Borissow.)

L'activité de la pepsine, très ralentie à 0°, passe par un maximum, à 40° selon les uns, un peu au-dessus selon d'autres, et elle est abolie définitivement à 55-65°. — On a comparé aussi quant à leur résistance à la peptonisation les diverses albumines, cuites ou crues, et mesuré l'action d'arrêt ou d'accélération exercée par certaines substances, chlorures, alcool, vins, bile, etc. Mais les résultats sont soit trop incertains encore, soit trop différents de ce qu'on observe *in vivo*, pour qu'il soit utile d'insister davantage.

**Les produits de l'action protéolytique du suc gastrique.** — La transformation des albumines sous l'action de la pepsine chlorhydrique a été envisagée d'abord comme une réaction d'hydratation donnant naissance *sans dédoublement* et par simple fixation d'eau à un produit dialysable, *l'albuminose* de Mialhe (1846), plus tard appelée *peptone* par Lehmann. Aujourd'hui on sait que ce procès consiste en une dislocation, par hydrolyse, de la molécule protéique (protéolyse), aboutissant à un nombre considérable de produits, dont la séparation précise est à peine commencée (p. 34).

Quand le protéique employé est à l'état solide, l'action débute par un *gonflement*, particulièrement frappant avec la fibrine, moins prononcé avec le blanc d'œuf cuit, et auquel succède plus ou moins vite la dissolution. A ce moment le liquide, neutralisé à l'ébullition, donne un précipité dit « précipité de neutralisation » et qui est formé par l'acidalbumine résultant de l'action de l'acide sur le protéique. Le filtrat, qui se trouve ainsi débarrassé de toutes les matières albuminoïdes coagulables, donne encore la réaction du biuret : il renferme, en effet, un mélange *d'albumoses* (primaires et secondaires) et de *peptones* au sens que Kühne donne à ces mots [1].

1. La nomenclature de Kühne a été expliquée à la page 35. Rappelons à ce propos qu'avant Kühne, le mot de *peptone* désignait dans la nomenclature de Schmidt-Mülheim un mélange d'albumoses secondaires et de peptone de Kühne

A côté de ces produits biurétiques, le liquide contient encore des corps *abiurétiques*, c'est-à-dire ne donnant plus la réaction du biuret, à savoir des polypeptides (p. 36) et des acides aminés libres (leucine, tyrosine, phénylalanine, etc.). Mais ce dernier résultat a été contesté. Avec du suc gastrique de chien, obtenu d'après Pawlow et agissant pendant cinquante jours sur de l'édestine, on n'obtient, en effet, en fait d'acides aminés que des traces de tyrosine (Abderhalden et Rostoski). Peut-être ces corps n'apparaissent-ils que lorsqu'on emploie des pepsines commerciales ou des extraits de muqueuses stomacales entières, c'est-à-dire lorsqu'on se place dans des conditions qui n'excluent pas sûrement la présence de la trypsine ou celle de l'érepsine (p. 184 et 148). De fait la caséine, qui avec la pepsine de Grübler, fournit très vite des acides aminés libres et notamment du tryptophane, ne donne avec le suc gastrique pur du chien que des traces d'acides aminés. On doit donc admettre que dans les conditions de durée de la digestion *in vivo*, la pepsine ne produit *in vitro*, en fait de corps abiurétiques, que des polypeptides.

En laissant de côté l'acidalbumine, qui représente vraisemblablement le protéique primitif, non dédoublé, mais simplement modifié par l'action de l'acide, on voit donc que les produits de la digestion pepsique des protéiques *in vitro* sont :

$$\left\{ \begin{array}{l} \text{Les } albumoses. \\ \text{— } peptones. \\ \text{— } corps\ abiurétiques\ (polypeptides). \end{array} \right.$$

Que nous apprennent ces corps quant à la signification chimique du travail pepsique?

**Signification chimique du travail pepsique.** — Tout d'abord le *sens chimique général* de l'opération est évident : C'est une dégradation par dédoublement hydrolytique. On a déjà établi, en effet, que les albumoses, les peptones et les polypeptides sont des fragments de la molécule protéique, détachés par hydrolyse, (p. 34 et 36). Mais on vient de voir que là s'arrête ce travail de démolition : *il ne va pas* (ou il ne va que pour une fraction très minime) *jusqu'aux acides aminés libres*, et c'est là une différence très importante entre l'hydrolyse pepsique et le travail de la

celui de *propeptone* s'appliquant à un mélange d'albumoses primaires et secondaires. Il faut se souvenir de ce changement, quand on se reporte aux mémoires de l'époque, où le mot *peptonurie*, par exemple, doit être compris aujourd'hui dans le sens de *albumosurie*. Enfin, on remontant plus loin encore, on trouve l'ancienne *peptone de Meissner* qui était le mélange des albumoses et des peptones, c'est-à-dire l'ensemble des corps non coagulables à chaud, la *parapeptone* et la *dyspeptone* du même auteur, représentant l'une le « précipité de neutralisation » dont il vient d'être question, et l'autre, un précipité de nucléine que l'on obtenait, quand on opérait avec un protéique accompagné de nucléoprotéides, par exemple avec de la fibrine emprisonnant des globules blancs.

trypsine. Elle indique l'existence, dans la molécule protéique, de liaisons à l'attaque desquelles la pepsine n'est pas adaptée. Et voici deux autres faits plaidant dans le même sens.

1° Le mélange de peptones pepsiques, que Kühne considérait comme une substance unique, l'*amphopeptone* ou peptone pepsique, fournit, lorsqu'on le traite par le suc pancréatique, des acides aminés et une peptone nécessairement plus simplifiée, l'*antipeptone* de Kühne ou peptone trypsique. Ces faits ont été vérifiés d'une manière plus précise par Siegfried. La peptone pepsique de cet auteur, obtenue par une digestion prolongée pendant trois semaines, et qui paraît bien être un individu chimique défini, est dédoublée par le suc pancréatique en acides aminés (arginine, tyrosine, tryptophane) et en deux peptones trypsiques, identiques à celles que fournit le même suc, agissant directement sur le protéique primitif. Sous la forme de peptones pepsiques, le suc gastrique laisse donc subsister des édifices plus compliqués, que le suc pancréatique défait ensuite en peptones plus simples. — 2° Cette différence entre les deux diastases est confirmée par l'étude des polypeptides de synthèse, en ce sens que, jusqu'à présent, on n'en a trouvé aucun qui fut accessible à l'action de la pepsine, tandis que la trypsine dédouble un grand nombre de ces corps en leurs acides aminés constituants (p. 39).

Concluons donc que la pepsine n'est adaptée qu'à l'attaque des protéiques et de fragments encore assez gros de la molécule de ces corps. *Elle commence un travail de dédoublement que la trypsine conduit ensuite plus loin.*

Quelle est, en second lieu la *nature chimique* des produits de ce premier clivage de la molécule? Sur ce point on ne peut que répéter ce qui a été dit à propos de l'étude chimique des produits de dédoublement des protéiques, à savoir que les albumoses, peptones et produits abiurétiques de la digestion pepsique sont un mélange de polypeptides de complication décroissante, et que la notion chimique d'albumoses et de peptones, devenue de plus en plus incertaine, est en train d'être remplacée par une classification rationnelle de ces polypeptides, basée sur le nombre, la nature et le mode d'association de leurs acides aminés constituants (p. 38).

En ce qui concerne la *marche du clivage pepsique*, il faut renoncer aussi à cette notion que des albumoses primaires sortent les secondaires, puis de celles-ci les peptones, et des peptones les corps abiurétiques. Ces derniers, en effet, dont l'apparition semble *a priori* devoir être tardive, peuvent être saisis déjà après trente minutes de digestion *in vitro* et en quantité beaucoup plus considérable que celle des peptones (E. Zunz). Durant toute la digestion, la production de corps abiurétiques paraît être d'ailleurs un phénomène continu, comme si, en perdant constamment sous la forme de produits abiurétiques des chaînes d'acides aminés, la molécule complexe des protéiques, puis les gros fragments de celle-ci (albumoses), engendraient par un effeuillement progressif des albumoses de plus en plus simples, puis des peptones et des polypeptides. Mais il vaut mieux avouer que nous ne savons pas quel est l'ordre exact de l'apparition de tous ces fragments.

Finalement on voit que *cette étude ne désigne nullement tel produit de la digestion pepsique comme représentant plutôt que tel autre le but physiologique de l'opération.* Les peptones, à qui hier encore on faisait tenir ce rôle, ne sont, du moins *in vitro*, ni le produit le plus important comme masse (E. Zunz), ni le produit final, c'est-à-dire le plus simplifié et celui auquel aboutit l'opération lorsqu'on la prolonge suffisamment. En réalité, il n'apparaît nettement que ce fait, à savoir que la digestion pepsique est une dislocation de la molécule protéique, moins profonde que la digestion trypsique.

**Action protéolytique du suc pylorique.** — La région pylorique de l'estomac (antre du pylore) sécrète un suc alcalin, épais, riche en mucus et qui contient de la *pepsine*. Une discussion très prolongée s'est engagée sur cette diastase, dont on a voulu faire une pepsine spéciale, mais qui présente en réalité les mêmes propriétés que celle de la région fundique (Klug). Ce qui a compliqué la question, c'est que la muqueuse pylorique, mais non pas le suc, renferme une *érepsine*, spécialement adaptée à l'attaque des peptones pepsiques (Bergmann, Cohnheim). La pseudo-pepsine trouvée par Glässner dans les extraits pyloriques est un mélange de pepsine et d'érepsine (Klug, Pawlow).

**Action du suc gastrique sur les nucléoprotéides.** — Lorsque son action sur les cellules ne dure que dix-huit à vingt-quatre heures, le suc gastrique dépouille simplement les noyaux du protoplasma qui les entoure, mais ne les attaque pas sensiblement (Miescher, Hoppe-Seyler, Plosz). Il faut une action plus prolongée et un suc très actif pour dédoubler les nucléoprotéides, mais l'acide nucléique mis en liberté reste toujours inattaqué (Popoff, Millroy, Umber).

### 3. *La chymosine et la caséification du lait.*<br>*La lipase gastrique.*

**La chymosine ou lab.** — Le suc gastrique a la propriété de coaguler le lait, et le caillot formé n'est pas dû à l'action de l'acide du suc sur la caséine, mais à celle d'une diastase, la chymosine ou erment lab. La coagulation du lait par les acides étendus est, en effet presque instantanée et la caséine se précipite à l'état de flocons ou de filaments. Au contact du suc gastrique, au contraire, le lait n'est coagulé qu'après quelques minutes, souvent plus tardivement encore, et il se prend en une gelée qui occupe toute la masse du liquide et qui se rétracte ensuite en expulsant un sérum (lactosérum) limpide. De plus le suc neutralisé ne perd pas son pouvoir coagulant, tandis que l'ébullition, qui ne touche pas à l'acide, supprime, au contraire, ce pouvoir.

La chymosine existe en général dans l'estomac de tous les jeunes mammifères, et notamment dans le contenu du quatrième estomac (caillette) du veau ou du chevreau, avec lequel on prépare, par macération avec de l'eau, ou mieux avec de l'acide chlorhydrique à 1 p. 1 000, des extraits (présures) très actifs, employés dans l'industrie fromagère. Quant à la muqueuse, elle ne contient pas de chymosine, mais elle en fournit au contact des liquides acides, ce que l'on exprime en disant que la diastase existe dans la muqueuse sous la forme d'une *prochymosine* inactive. On a trouvé aussi une chymosine dans l'estomac d'oiseaux et de poissons, dans le sang et les tissus de beaucoup de vertébrés, chez des invertébrés, enfin chez les plantes (fleurs d'artichaut, feuilles de grassette) et les organismes inférieurs (p. 101 et 112). — Notons enfin que Pawlow et ses élèves ont soutenu que les actions pepsique et labique sont le fait d'une seule et même diastase, tandis que Bang, Hammarsten et d'autres maintiennent que pepsine et chymosine sont deux agents différents. Il est certain que l'on peut préparer des extraits ne possédant que l'action pepsique ou l'action labique.

LES PRODUITS DE LA COAGULATION CHYMOSIQUE DU LAIT. — On admet en général que sous l'action de la chymosine la caséine est dédoublée en une matière albuminoïde soluble, le *caséogène*, qui passe ensuite à l'état de *caséum* insoluble et en une matière albuminoïde soluble, qui reste en dissolution; c'est la *protéose du lactosérum*. Pour que la coagulation du caséogène en caséum soit possible, la présence de sels de chaux solubles en quantité suffisante est nécessaire. Du lait additionné de 1 p. 1 000 d'un oxalate alcalin (lequel précipite en grande partie les sels de chaux du lait) n'est plus coagulé par addition de présure, mais sa caséine n'en est pas moins dédoublée avec formation de caséogène, ainsi qu'on peut le démontrer par divers artifices. Si l'on ajoute ensuite un peu de chlorure de calcium (environ 1 p. 1 000), le caséogène formé et qui était demeuré en dissolution, faute de sels de chaux, passe à l'état insoluble (Hammarsten, Arthus et Pagès).

Le fait chimique essentiel de l'action labique est donc le dédoublement de la caséine, avec production d'un protéique nouveau, coagulable par les sels de chaux. Avec la nomenclature d'Arthus adoptée ci-dessus[1], cette coagulation — on dirait mieux avec Arthus : la caséification — du lait est donc résumée par le schéma suivant :

Caséine. $\begin{cases} \textit{Caséogène} \text{ soluble, transformé par les sels de} \\ \text{chaux en } \textit{caséum} \text{ insoluble;} \\ \textit{Protéose} \text{ du lactosérum.} \end{cases}$

Notons que le caséum représente plus de 90 p. 100 du poids de la caséine.

Signification de la coagulation chymosique du lait. — Constatons d'abord que la caséine est le seul protéique dont la digestion au contact du suc gastrique commence par une coagulation. De là à considérer ce changement d'état comme nécessaire à l'action pepsique, et la chymosine comme une diastase sécrétée en vue de la digestion du lait, il n'y avait qu'un pas. Mais plusieurs objections se présentent ici. La digestion pepsique *in vitro* du lait présuré serait d'après Zuntz et Sternberg plus difficile que celle du lait intact, et d'autre part, on sait que la chymosine est moins abondante dans l'estomac de beaucoup de jeunes mammifères (homme, veau, lapin), c'est-à-dire tout juste pendant l'époque de l'alimentation lactée exclusive, que plus tard, à l'état adulte. La chymosine manquerait même chez le jeune chien. Enfin, si cette diastase est spécialement adaptée à la digestion du lait, n'est-il pas surprenant de la rencontrer dans le tube digestif d'oiseaux, de poissons, d'invertébrés marins, dans le suc de beaucoup de plantes?

Ce qu'il y a de paradoxal dans ces constatations disparaît si l'on admet, avec l'école de Pawlow, l'identité de la pepsine et de la chymosine. Le pouvoir chymosique est si répandu dans le monde végétal, parce qu'il n'est que l'un des aspects du pouvoir protéolytique, lui-même si commun chez les organismes. Le dédoublement labique ne serait donc que le début de l'hydrolyse digestive, et ce phénomène, interrompu un instant par la formation du caillot, se continue ensuite sur celui-ci. Mais, quelle que soit la nature de l'agent diastasique de la caséification, il reste toujours à expliquer

---

1. Les auteurs allemands et notamment Hammarsten adoptent en général la nomenclature proposée par Schulze et Rose, et ils appellent respectivement *paracaséine*, dissoute ou coagulée, le caséogène et le caséum, la protéose du lactosérum devenant l'*albumine du petit lait*.

le but physiologique de ce phénomène. C'est l'étude des conditions de la digestion du lait *in vivo* qui nous donnera l'explication cherchée (p. 184)[1].

**La lipase gastrique.** — Par le moyen d'une lipase que la glycérine enlève à la muqueuse, le suc de fistule gastrique, recueilli sans précautions spéciales, saponifie assez énergiquement les graisses, à condition que celles-ci soient émulsionnées (lait, jaune d'œuf) (Volhard). Mais si l'on opère dans des conditions qui excluent tout reflux du suc pancréatique dans l'estomac, cette saponification est bien moins intense (2,7 à 5,6 p. 100 des graisses du jaune d'œuf, au lieu de 17 à 23 p. 100) (London). Toutefois il est certain que ce pouvoir appartient bien en propre au suc gastrique, car on l'observe avec le suc du petit estomac de Pawlow (E. Laqueur), et qu'il n'est pas dû non plus à une diastase que le sang apporterait du pancréas à l'estomac (Falloise).

## 4. *Le pouvoir antiseptique du suc gastrique.*

Déjà Réaumur et Spallanzani avaient remarqué au XVIIIe siècle, que le suc gastrique préserve les aliments de la putréfaction. Comme le suc bouilli conserve cette propriété, celle-ci doit être rapportée à l'acide chlorhydrique. D'ailleurs, à la dilution de 2,5 p. 1 000, l'acide chlorhydrique arrête la putréfaction de la viande pendant près d'une semaine (N. Sieber) et détruit un grand nombre de bactéries pathogènes ou non (bacilles de la fièvre typhoïde, du choléra, ferments lactiques divers, etc.), mais il est sans action sur d'autres (bacilles de la tuberculose, spores de la bactéridie charbonneuse). Comme le suc gastrique ne dissout en général que les cellules mortes, il est probable, que dans ce suc, c'est l'acide qui est l'agent bactéricide, la pepsine n'intervenant ensuite que pour digérer le microbe tué, mais on a néanmoins admis de divers côtés, notamment pour l'action d'arrêt que le suc gastrique exerce sur les ferments lactiques, que la pepsine soutient l'action bactéricide de l'acide.

Cette action antiseptique est beaucoup moins marquée, lorsque l'acide est combiné à des matières organiques. Alors qu'une quantité de 0,7 p. 1 000 d'acide chlorhydrique libre arrête déjà la fermen-

---

1. La chymosine produit dans les liquides de digestion pepsique, par exemple dans une solution de « peptone » du commerce, un coagulum (*plastéines* de l'école de Danilewski), dans lequel on a cru voir d'abord le produit d'une synthèse, inverse du dédoublement protéolytique. En réalité on ne sait encore rien de précis sur cette singulière réaction, qui n'est peut-être pas due à la chymosine, mais à une autre diastase.

tation lactique, avec l'acide chlorhydrique combiné aux matières protéiques cette limite monte à 1,2 p. 1 000, ce qui concorde bien avec ce fait qu'un chyme acide, mais exempt d'acide chlorhydrique libre, recueilli chez le chien à l'aide d'une fistule pylorique, se comporte comme un très bon milieu de culture pour les bactéries habituelles du tube digestif (Horowitz).

# CHAPITRE IX

## LES SUCS DIGESTIFS (fin)

### § I. — LE SUC PANCRÉATIQUE.

C'est par l'intermédiaire du suc pancréatique que l'appareil digestif exerce ses effets les plus puissants, car non seulement ce suc transforme les matières albuminoïdes d'une manière plus rapide et plus profonde que celle du suc gastrique, mais il attaque aussi les deux autres catégories d'aliments organiques, les graisses et les hydrates de carbone, que l'estomac n'atteint pas ou médiocrement. L'action sur les protéiques a été reconnue d'abord et étudiée par Corvisart (1857) et par Cl. Bernard, puis par Kühne, la digestion pancréatique des graisses par Eberlé (1834) et par Cl. Bernard, celle des hydrates de carbone par Bouchardat et Sandras (1845).

On se procure à volonté de grandes quantités de suc pancréatique normal chez des chiens porteurs d'une fistule pancréatique temporaire ou permanente, en injectant dans le duodénum de l'animal 20 à 30 centimètres cubes d'acide chlorhydrique à 4 p. 1 000, ou dans les veines 20 à 30 centimètres cubes d'une solution de « sécrétine » (voy. plus loin, p. 154). Si l'on veut recueillir le suc tel qu'il est fourni par la glande, il faut avoir soin de perdre les premières gouttes de liquide qui s'écoulent, à cause de l'action exercée sur ce suc par la petite quantité de suc intestinal qui imprègne l'orifice du canal excréteur. On dira plus loin la raison de cette précaution (p. 156).

On s'est beaucoup servi aussi des macérations de glandes pancréatiques en présence d'antiseptiques, comme le fluorure de sodium, mais il faut se rappeler qu'un extrait de glande n'est pas nécessairement identique au suc de cette glande, quant aux actions diastasiques. On verra plus loin la preuve de ce fait.

**Les excitants chimiques de la sécrétion pancréatique.** — L'excitant principal de la sécrétion pancréatique est l'arrivée du chyme stomacal acide au contact de la muqueuse duodénale (Pawlow). C'est l'acide chlorhydrique qui agit ici, car l'introduction, dans l'estomac, de solutions de cet acide à 0,5, 1,3 et 5 p. 1 000 provoque un écoulement de suc d'autant plus abondant que la solution est plus acide. Cette action est indépendante de la nature de l'acide (Camus), et on l'observe notamment avec les acides de fermentation (acide lactique, butyrique) qui se produisent dans un contenu stomacal riche en hydrates de carbone, lorsque l'acide chlorhydrique, qui d'ordinaire arrête ces fermentations, fait défaut. Il y a là un phénomène de suppléance très intéressant.

Pawlow expliquait cette action des acides par un mécanisme réflexe, c'est-à-dire d'ordre purement nerveux. Mais Wertheimer et Lepage montrèrent que l'action des acides persiste après que l'on a supprimé toutes les connexions nerveuses entre l'intestin et le pancréas. Par là on était donc conduit à une explication humorale, c'est-à-dire chimique, du phénomène, mais on devait se demander toujours si toutes les communications nerveuses avait bien été détruites, d'autant plus que l'injection d'acide dans le sang restait inefficace (Wertheimer), ce qui paraissait plaider contre une interprétation humorale. Ce sont Bayliss et Starling qui, par une expérience décisive, ont apporté le seul anneau qui manquait encore dans cet enchaînement d'expériences. Ils ont montré que le liquide de macération de la muqueuse duodénale et jéjunale avec de l'acide chlorhydrique étendu provoque une sécrétion pancréatique, quand il est injecté dans le sang. Comme, d'autre part, l'injection d'une macération faite avec un liquide neutre est sans action. ils ont exprimé ces faits en disant que la muqueuse fournit une substance spéciale, la *prosécrétine*, inactive, que l'acide transforme en *sécrétine* active. C'est cette sécrétine qui, transportée par le sang au contact de la glande, excite la sécrétion pancréatique. Le suc obtenu par une injection de sécrétine (« suc de sécrétine ») est identique au « suc d'acide ».

La sécrétine n'a pas encore été isolée. On est cependant certain que ce n'est pas une diastase, car l'ébullition ne fait pas perdre au liquide de macération intestinale son action sur la glande. Elle n'est pas de nature minérale, car les cendres de ce liquide sont sans action. Elle n'est pas coagulable à chaud et elle dialyse, quoique lentement. Ajoutons que l'existence même de la sécrétine, en tant que substance spécifique fournie par la muqueuse intestinale, a été contestée récemment par Popielski. D'après ce physiologiste ce sont des produits de la digestion, probablement les peptones, qui représentent l'excitant de la sécrétion. La question demeure donc ouverte. D'ailleurs les résultats de Bayliss et Starling, même s'ils demeurent debout, n'excluent pas le mécanisme réflexe de l'action des acides (Wertheimer et Lepage; Fleig).

Les savons excitent aussi la sécrétion pancréatique et, à ce qu'il semble, par un mécanisme analogue à celui qui entre jeu pour l'acide chlorhydrique (formation d'une sapocrinine) (Pawlow; Fleig).

La *quantité* de suc pancréatique recueillie en vingt-quatre heures chez des sujets atteints de fistules pancréatiques chirurgicales, et qui par conséquent ne devaient pas être nourris très abondamment, s'est élevée jusqu'à 600 et même 848 centimètres cubes, et il est vraisemblable qu'elle est grande encore chez des sujets normaux bien alimentés.

Le suc pancréatique (du chien) est un liquide incolore limpide ou légèrement opalescent, un peu visqueux et à réaction alcaline. Son titre alcalimétrique est celui d'une solution de soude à 4,5-4,9 p. 1 000, en sorte qu'il est un peu moins alcalin que le suc gastrique n'est acide[1] (78 : 100). Les 15 grammes de matériaux solides qu'il renferme par litre se composent d'environ 5 grammes de matières minérales, formées surtout de *carbonate de sodium* et de 10 grammes de matières organiques (protéiques, nucléoprotéides, lécithine, *diastases*). La composition du suc pancréatique humain se meut à peu près entre les mêmes limites.

Le suc pancréatique agit, comme on l'a dit, sur les trois catégories d'aliments organiques.

1° Il peptonise les protéiques par sa *trypsine* ou diastase protéolytique ;

2° Il saponifie les graisses à l'aide d'une *lipase*, en même temps qu'il les émulsionne ;

3° Il saccharifie les matières amylacées par le moyen d'une *amylase*.

D'autres actions diastasiques lui ont encore été attribuées ; il dédouble notamment les nucléoprotéides avec mise en liberté d'acide nucléique, et le maltose avec production de glycose.

## 1. *La trypsine et les produits de la protéolyse trypsique.*

**La trypsine.** — A la suite des premiers travaux de Corvisart et de Kühne, on a admis que le suc pancréatique contient tout ce qui est nécessaire à l'attaque des protéiques, à savoir une trypsine active, et le sel alcalin qui assure à cette diastase le milieu convenable. C'est tout près de nous que Pawlow et ses élèves ont montré que le suc d'acide n'a pas d'action protéolytique ou n'en a qu'une très faible. Le suc de sécrétine se comporte de même, sauf dans certains cas (voy. plus loin). Ces sucs deviennent, au contraire, actifs, quand on les additionne de suc intestinal ou d'un

---

1. La concentration en ions oxhydriles est celle d'une solution de potasse à 0,0056 de KOH p. 1 000 (C. Foa).

liquide de macération de la muqueuse intestinale, tous deux non protéolytiques par eux-mêmes.

Pawlow a montré que la substance activante ainsi fournie par l'intestin est une diastase qu'il a appelée *entérokinase* et dont l'origine et les caractères seront étudiés en même temps que les sécrétions intestinales. De très faibles quantités de suc intestinal suffisent pour donner à un suc pancréatique inactif une activité sensible. C'est pourquoi l'inactivité des sucs d'acide ou de sécrétion n'est absolue que si l'on préserve le suc recueilli de tout contact avec la muqueuse intestinale (Delezenne et Frouin). On exprime ces faits en disant que le suc pancréatique contient une *pro-trypsine* inactive (trypsinogène), que l'entérokinase transforme en trypsine active.

On n'est pas encore d'accord sur le mécanisme de cette transforma-tion. Confirmant les conclusions de Pawlow, pour qui l'entérokinase est un « ferment de ferment », Bayliss et Starling admettent que cet agent fait passer à l'état de trypsine le trypsinogène, sans entrer en combi-naison avec ce dernier, car on peut avec de très petites quantités d'entérokinase transformer des quantités importantes de trypsinogène, et une minime partie du liquide actif obtenu suffit pour activer de nou-velles quantités de trypsinogène. Hamburger et Hekma, Cohnheim et d'autres soutiennent, au contraire, que l'entérokinase et le trypsino-gène doivent être employés en proportions définies, et qu'un excès du premier gène, puis suspend la formation de la trypsine. D'autres explications, qu'on ne peut développer ici, ont été proposées encore par Delezenne, par Dastre et Stassano.

L'entérokinase n'est pas le seul agent qui opère cette activation du trypsinogène. Delezenne a montré que les sels solubles de calcium pro-duisent le même effet et qu'ils jouent un rôle tout à fait spécifique, en ce sens qu'ils ne peuvent pas être remplacés par des sels de métaux voisins (baryum, strontium, magnésium, qui ne paraissent avoir qu'une action favorisante indirecte. Une fois l'activation produite, le calcium peut être éliminé par dialyse ou précipitation, sans que le suc perde ses propriétés protéolytiques (Delezenne, E. Zunz), ce qui vient à l'appui de l'opinion de Pawlow, et de Bayliss et Starling quant au mode d'action de l'entérokinase. Enfin les acides aminés (glycocolle, leucine, alanine, tyrosine) seraient aussi activants (Wohlgemuth).

Les sucs d'acide et de sécrétine sont en général inactifs. Cependant, quand on fait à un chien une série d'injections de sécrétine, on obtient au moment de la reprise de la sécrétion un suc actif (L. Camus et E. Gley). L'injection de pilocarpine, de physostigmine, d'albumoses, fournit aussi des sucs actifs d'emblée (Wertheimer ; L. Camus et E. Gley). Peut-être cette transformation du trypsinogène en trypsine, qui est donc ici intra-pan-créatique, tient-elle à quelque procès autolytique fournissant des acides aminés, ou à quelque autre phénomène favorisant l'action du calcium sur le suc. On constate, en effet, que le suc inactif ne contient pas de cal-cium en quantité dosable, tandis que le suc de pilocarpine actif en ren-

ferme jusqu'à 0 gr. 119 p. 100 (Pozerski), ce qui confirme cette observation
de L. Camus et E. Gley, à savoir qu'un suc de pilocarpine auquel on a
ajouté de l'oxalate neutre de soude ou de potasse est d'autant moins actif
que le calcium a été mieux précipité.

C'est dans les diverses directions indiquées ci-dessus que l'on trouvera
aussi l'explication définitive de ce fait que les glandes pancréatiques
fournissent souvent des extraits inactifs, et que plus tard, spontanément
ou sous l'action des acides, les extraits obtenus se montrent actifs.
Notons, à ce propos, qu'il existe aussi des kinases d'origine bactérienne
(Delezenne), lesquelles peuvent intervenir ici.

**Les conditions d'action de la trypsine.** — Presque toutes
les expériences relatives à l'action de la trypsine ont été faites avant
la découverte de l'entérokinase, c'est-à-dire dans des conditions
où elles n'étaient pas toujours comparables entre elles; de plus,
pour des raisons qui ont déjà été dites à propos du suc gastrique
(p. 144), la mesure du phénomène est nécessairement très grossière. On ne notera donc ici, comme pour le suc gastrique, que
quelques gros résultats.

En ce qui concerne d'abord la *réaction*, il est acquis que l'action
de la trypsine est plus rapide lorsque le milieu présente une alcalinité
valant de 4 à 5 p. 1 000 de soude, mais une telle réaction favorise
surtout la *dissolution* des protéiques solides, celle de la fibrine
par exemple. Quant à l'*hydrolyse* (production d'acides aminés),
elle s'effectue aussi bien, et peut-être même mieux, lorsque la
réaction est neutre (Kutscher, Weinland). D'après Schierbeck,
c'est dans un milieu alcalin, saturé d'acide carbonique, que le
travail de la trypsine (comme celui de la ptyaline) est maximum, et
ce serait là précisément la réaction réalisée par le contenu intes-
testinal (p. 186). Les acides minéraux libres, même en petite
quantité, arrêtent complètement l'action trypsique. Combinés, au
contraire, aux matières albuminoïdes, ils n'empêchent pas la digestion, s'ils ne sont pas présents en trop grande quantité. Les acides
organiques sont moins actifs; ainsi l'acide lactique à 0,2 p. 1 000
ne gêne nullement le travail trypsique.

La bile favorise d'une manière évidente l'hydrolyse trypsique,
mais cette action n'est sans doute que d'une importance secondaire,
puisque les chiens privés de bile digèrent et résorbent les protéiques aussi bien que les animaux normaux. La bile ne confère
d'ailleurs aucune activité à un suc pancréatique inactif. Elle ne
peut qu'améliorer celle d'un suc déjà activé. L'ébullition de la bile
ne supprime pas cette propriété (Bruno, Delezenne).

L'accumulation des produits de la protéolyse exerce l'action d'arrêt déjà signalée pour le suc gastrique. Les antiseptiques (thymol, chloroforme), à la dose où ils empêchent complètement la putréfaction, ne diminuent sensiblement l'action de la trypsine, que lorsque celle-ci est prise en solution très étendue (R. Kaufmann).

**Les produits de l'hydrolyse trypsique.** — C'est Kühne qui le premier a mis en lumière ce qui fait la caractéristique essentielle du travail trypsique, à savoir que celui-ci consiste en une dégradation de la molécule protéique, beaucoup plus profonde que l'hydrolyse pepsique. Les produits de ce travail étaient, en effet, pour Kuhne une série d'*albumoses*, aboutissant finalement à une peptone, l'*antipeptone* ou peptone trypsique, plus simplifiée que la peptone pepsique (p. 147), et à des *acides aminés*, ces derniers témoignant donc d'une démolition complète d'une partie, au moins, de la molécule. Et l'apparition de ces acides n'est pas ici, comme il arrive pour la digestion pepsique, un phénomène tardif ou même contestable (p. 146); elle se produit, au contraire, rapidement, à tel point qu'avec la caséine, par exemple, et un suc pancréatique bien actif, c'est dans l'espace de quelques heures que la majeure partie de la tyrosine de ce protéique se sépare, aussi abondamment que si l'on assistait à la cristallisation d'une solution sursaturée. Enfin, Kühne ayant trouvé que l'antipeptone résiste à toute action ultérieure de la trypsine, cette peptone était à ses yeux, avec les acides aminés, le *produit final* du travail trypsique. Mais comme à cette époque, où digestion était synonyme de peptonisation, les acides aminés ne pouvaient apparaître que comme des déchets de ce travail, il ne restait finalement que l'antipeptone pour représenter le but physiologique de l'opération.

Kühne exprimait ces faits de la manière suivante : Tout protéique se compose d'une partie *hémi*, plus facilement attaquable, et d'une partie *anti*, plus résistante. Dans la digestion pepsique, les albumoses et la peptone produites contiennent encore ces deux groupes, et la peptone pepsique est donc une peptone double, une *amphopeptone*. Dans la digestion trypsique, au contraire, cette amphopeptone ne persiste pas; elle est dédoublée en une *hémipeptone* (hypothétique), aussitôt défaite en acides aminés, et en une *antipeptone*, qui résiste à la trypsine.

S'il est exact que ce tableau de l'hydrolyse trypsique d'après Kühne, hier encore classique, subsiste dans ses traits essentiels, il a dû néanmoins se modifier profondément sur plusieurs points. D'abord l'*antipeptone*, outre qu'elle est sûrement un mélange de plusieurs peptones, *ne représente pas un produit terminal*, que la trypsine serait incapable de simplifier davantage. Avec un suc pancréatique très actif, on parvient, en effet, à faire disparaître au bout d'une huitaine de jours, dans un liquide de digestion, toute réaction du biuret (Morochowetz), ce qui signifie que le liquide ne contient plus ni albumoses, ni peptones. Toutefois on aurait tort de conclure de là une démolition complète du protéique en acides aminés, car E. Fischer a montré que, même après des mois, il subsiste encore à côté de ces acides des polypeptides, c'est-à-dire des fragments plus volumineux.

En ce qui concerne ensuite la *nature des albumoses et des peptones trypsiques*, on ne peut que répéter ici ce qui a été dit précédemment, à savoir que ces composés ne sont pas, comme l'admettait Kühne, des individus chimiques définis, que même la notion d'albumose et de peptone a perdu tout sens chimique précis, et qu'il ne reste plus debout que ce résultat général, à savoir que les produits de la digestion trypsique, autres que les acides aminés, sont un mélange de polypeptides de complication décroissante (p. 34-39).

*Marche de l'hydrolyse trypsique.* — Certains acides aminés, tyrosine, tryptophane, cystine sont détachés du protéique de très bonne heure, tandis que l'acide glutamique, l'alanine, la leucine, l'acide aspartique se détachent beaucoup plus lentement. La rapidité de l'hydrolyse varie d'ailleurs d'un protéique à l'autre. Ainsi la trypsine sépare en vingt-quatre heures de l'édestine 78,4, et de la caséine 16,6 p. 100 de la quantité totale de tyrosine contenue dans ces deux protéiques. On trouve aussi dans le liquide de digestion des acides diaminés libres (arginine, lysine). Seuls la proline, la phénylalanine et le glycocolle font défaut. Cette singularité s'explique par ce fait qu'à côté de ces acides aminés, il subsiste un produit résistant, qui est sans doute un mélange de polypeptides, tantôt biurétiques, tantôt abiurétiques, et que les acides minéraux dédoublent à chaud avec mise en liberté des acides aminés manquants, proline, phénylalanine, glycocolle, accompagnés de petites quantités des autres acides déjà cités (E. Fischer et E. Abderhalden).

Ainsi se vérifie, mais cette fois d'une manière précise, cette observation de Kühne, faite aussi par Schützenberger, relativement à l'existence, dans les protéiques, d'une partie plus résistante (groupe *anti*), tandis que d'autres parties de l'édifice moléculaire se défont, au contraire, très aisément (groupe *hémi*) (p. 40).

On peut interpréter finalement ces résultats de la manière suivante, représentée par le schéma ci-après, qui est emprunté (avec quelques modifications) à Abderhalden. Le protéique se scinde d'abord en une série de polypeptides à grosses molécules, que l'on peut continuer à appeler provisoirement albumoses. Puis ces albumoses, perdant de la tyrosine, de la cystine, du tryptophane, engendrent des polypeptides à molécule moins grosses, dont sortent, par de nouveaux départs d'acides aminés (acide glutamique, leucine, alanine, etc.), des polypeptides encore plus simplifiés, et qui présentent, à un niveau que l'on ne peut pas préciser, les caractères des peptones, jusqu'à ce que, finalement, il ne subsiste plus, à côté des acides aminés libres, que les polypeptides résistants, renfermant la proline, la phénylalanine et le glycocolle.

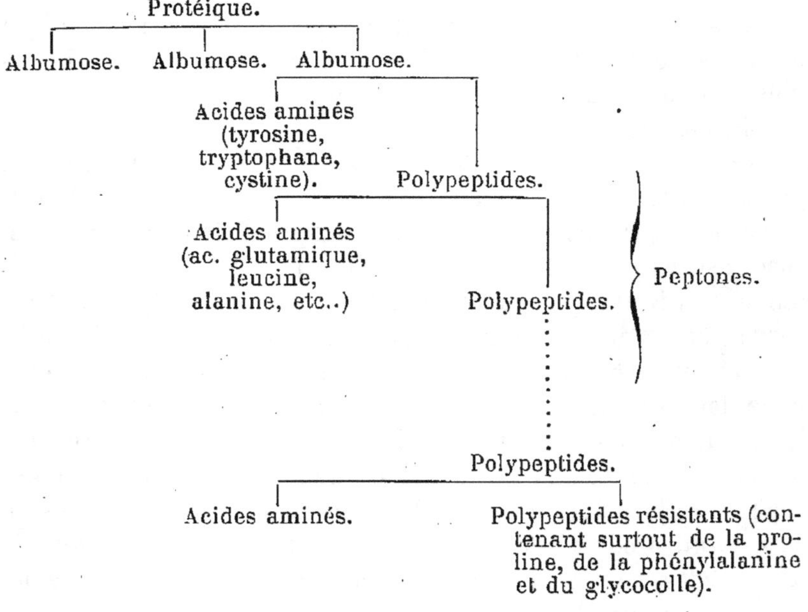


**Action de la trypsine sur les nucléoprotéides.** — Le suc pancréatique activé pousse le dédoublement des nucléoprotéides plus loin que ne le fait la pepsine, car non seulement il en fait sortir de l'acide nucléique, mais cet acide perd de plus, à son contact, la propriété de gélatiniser et acquiert celle de dialyser assez rapidement. Il y a donc sans doute un commencement d'hydratation, mais sans mise en liberté de bases puriques. Au contraire les extraits de pancréas ou de muqueuse intestinale fluidifient rapidement les gelées d'acide nucléique (du thymus) et en détachent des bases puriques (Abderhalden et Schittenhelm). On rapporte cette action à une diastase spéciale, une *nucléase* (F. Sachs). On saisit donc ici une différence essentielle entre les diastases digestives et les diastases de tissus.

## 2. La stéapsine. — Action du suc pancrétique sur les graisses.

Le suc pancréatique exerce sur les graisses une double action. Il les émulsionne et il les saponifie, deux phénomènes liés à l'acion hydrolytique de la stéapsine ou lipase pancréatique.

**Émulsion des graisses.** — Une graisse liquide, agitée avec du suc pancréatique frais, est instantanément émulsionnée c'est-à-dire divisée en une infinité de gouttelettes très fines, qui donnent au liquide une apparence laiteuse ou crémeuse. Cette émulsion est *stable*, c'est-à-dire que par le repos les gouttelettes n'ont aucune tendance à se réunir les unes aux autres de façon à reproduire une couche huileuse homogène.

L'expérience apprend que l'agitation avec les liquides *visqueux* émulsionne les graisses, et que l'émulsion est un peu moins instable qu'avec l'eau pure. Elle est très stable, au contraire, avec un liquide *alcalin*, et avec une graisse contenant une quantité même infime *d'acide gras libre*. Une goutte de graisse rance, c'est-à-dire renfermant des acides gras libres, tombant dans une solution de soude, est émulsionnée instantanément, sans qu'il soit nécessaire d'agiter. Il arrive, en effet, que les molécules d'acide gras, qui sont partout interposées entre celles de la graisse neutre, forment avec le liquide alcalin une solution *aqueuse* de savon non miscible avec la graisse, d'où il résulte que cette dernière se trouve divisée en une infinité de gouttelettes.

Toutes ces conditions sont réalisées avec le suc pancréatique qui est *visqueux*, *alcalin*, et qui de plus possède, comme on va le voir, la propriété de dédoubler rapidement les graisses neutres en *acides gras libres* et en glycérine.

**Saponification des graisses.** — Si l'on fait réagir du suc pancréatique sur une graisse neutre, additionnée d'un peu de teinture de tournesol et d'un peu de soude, on constate qu'après quelque temps de digestion à 35-40°, la teinture vire du bleu au rouge, par suite du dédoublement des graisses en acides gras libres et en glycérine. Cette propriété, étudiée d'abord par Cl. Bernard, appartient aussi au tissu de la glande.

L'agent de cette réaction est une diastase, la *stéapsine* ou lipase pancréatique. Le suc pur (suc de sécrétine ou d'acide) n'est que médiocrement saponifiant (chez l'homme ou le chien), mais ce pouvoir est considérablement accru (trois fois et davantage) par l'addition de bile (Bruno; Bayliss et Starling), qui agit par le composant cholalique de ses acides glycocholique et taurocholique (Magnus), soit donc par un agent thermostabile. On a exprimé ce fait en disant que la bile active une prostéapsine inactive. On a dit aussi que la bile sert de co-diastase à la stéapsine déjà formée. Elle agirait donc à la manière des sels de manganèse, qui accélèrent considérablement l'action des lipases végétales, comme aussi celle de la stéapsine, et dont l'emploi est même devenu industriel. — Le suc intestinal aurait, d'après Schepowalnikow, la même action adjuvante.

La stéapsine agit également bien en milieu neutre, acide, ou alcalin, mais elle est très sensible à l'action de la trypsine qui, surtout en milieu alcalin, la détruit rapidement. Comme toutes les diastases, elle est gênée dans son action par ses propres produits; aussi subsiste-t-il toujours dans le mélange de graisse et de suc pancréatique une proportion considérable de graisse non dédoublée (jusqu'à 70 p. 100). D'ailleurs Hanriot, Pottevin et d'autres ont démontré que l'action des lipases est réversible, ce qui explique que l'on trouve cette action arrêtée par une certaine proportion des produits de dédoublement.

Ce dédoublement des graisses en acides gras et en glycérine n'est qu'un cas particulier de l'action de la stéapsine sur les éthers en général. Ainsi, l'éther tribenzoïque de la glycérine est dédoublé de même en acide benzoïque et en glycérine; le salol en acide salicylique et en phénol; les éthers éthyliques des acides gras en acides et en alcool (Morel et Terroine). Enfin la lécithine, qui est une graisse phosphorée, est décomposée en acide glycéro-phosphorique, choline et acides gras libres. Toutefois ce fait a été contesté (p. 198).

### 3. *L'amylase pancréatique. — Autres actions diatasiques du suc pancréatique.*

**Action du suc pancréatique sur les matières amylacées.** — Le suc pancréatique pur liquéfie instantanément et saccharifie très rapidement l'empois d'amidon, sans qu'il soit nécessaire d'ajouter au préalable du suc intestinal (Wertheimer, Lintwarew). Toutefois cette addition aurait pour effet d'activer la saccharification (Chepowalnikoff, Pozerski). Avec le suc intestinal de l'homme, cet effet n'a pas été observé (Hamburger et Hekma). Enfin la bile, et d'après Roger, la salive rendue inactive par digestion avec des acides étendus, ou le suc gastrique neutralisé auraient aussi une action favorable, mais en ce qui concerne le suc gastrique, ce résultat a été contesté (Bierry).

Cette saccharification est le fait d'une diastase, *l'amylase pancréatique*, dont l'action est maximum à 35-40° et en milieu légèrement acide (Bierry), c'est pourquoi l'on peut obtenir, par addition de suc gastrique, un renforcement si manifeste de la saccharification pancréatique. Maquenne a observé d'ailleurs le même fait avec l'amylase du malt.

Les *produits de cette action* sont la dextrine et le maltose, les deux constituants de l'amidon naturel, l'amylose et l'amylopectine (p. 59) fournissant le premier du maltose, et le second un mélange de dextrine et de maltose (Mme Gatin-Gruzewska) [1].

**Autres actions diatasiques du suc pancréatique.** — Légèrement acidifié par de l'acide chlorhydrique, le suc pancréatique conduit rapidement l'amidon jusqu'à l'état de glycose, ou bien dédouble rapidement le maltose en glycose (Bierry), ce que l'on peut exprimer en disant que le suc pancréatique contient une *maltase*. Le même effet peut être obtenu avec les extraits de glande (Brown et Héron; Bourquelot).

On n'a trouvé dans le suc pancréatique de l'homme ni invertine, ni lactase, ni chymosine, ni prochymosine (Glässner). Cependant on reconnaît aujourd'hui à la glande et à son suc une *action labique*, dans laquelle l'école de Pawlow ne voit qu'un aspect du pouvoir protéolytique de la trypsine (p. 150). Mais comme, d'après Vernon, l'optimum d'action de la chymosine pancréatique est situé entre 60 et 65°, la théorie de Pawlow sur l'identité des deux agents trypsique et labique se heurte de ce fait à une grosse difficulté.

On a soutenu que sous l'influence de chaque catégorie d'aliments le suc pancréatique sécrète en plus grande quantité la diastase nécessaire à

1. Le suc neutralisé, puis chauffé à 40° pendant trente minutes, ne saccharifie plus, mais liquéfie encore l'empois d'amidon, comme si son amylase se composait d'une amylopectinase liquéfiante et d'une amylase proprement dite (H. Bierry) (voy. p. 59, note 2).

l'attaque de cet aliment, et même que l'on peut, par l'ingestion prolongée d'un aliment donné, le lait ou le lactose par exemple, forcer la glande à sécréter une diastase, dans l'espèce la lactase, qu'elle ne produit pas habituellement. Il n'en est rien (Babkin et Sawitsch, Bierry).

## § II. — LE SUC INTESTINAL.

On étudie sous ce nom un mélange de produits de sécrétion fournis par les glandes de Brünner, les glandes de Lieberkühn et les cellules muqueuses, et que l'on se procure chez les animaux par le moyen de fistules spéciales (fistules dites de Thiry-Vella). Chez l'homme on a eu parfois l'occasion de recueillir du suc intestinal dans des cas d'interventions chirurgicales aboutissant à isoler complètement un segment d'intestin de longueur variable (Demant; Hamburger et Hekma). Le suc intestinal est fourni surtout par le duodénum et la portion supérieure du jéjunum. L'intestin inférieur ne fournit qu'une sécrétion peu abondante.

Notons tout de suite une particularité intéressante que présente l'étude des actions digestives exercées par l'intestin grêle. L'estomac, le pancréas et le foie ne participent à la transformation digestive des aliments que par leurs produits de sécrétion. Au contraire, dans l'intestin, qui est la vraie surface d'absorption, les aliments ou leurs produits de transformation sont soumis, en outre, à l'action de la muqueuse pendant qu'ils traversent la paroi intestinale. A ce propos Cohnheim fait remarquer très justement que si une diastase donnée apparaît en abondance dans le suc intestinal, on est sûr qu'elle représente une diastase digestive proprement dite; si, au contraire, le suc n'en contient que très peu ou pas du tout, et si les extraits de muqueuse en contiennent beaucoup, il est possible que l'importance de cet agent dans l'acte digestif soit néanmoins considérable, mais son rôle diffère de celui d'une diastase digestive ordinaire : c'est une histodiastase, qui travaille surtout dans l'intérieur de la muqueuse. Cela revient à dire que, dans ce qui suit, il faudra sans cesse compléter l'étude du suc par celle des actions digestives de la muqueuse elle-même.

C'est l'arrivée du chyme stomacal acide dans le duodénum qui provoque la sécrétion du suc intestinal, et cette action est due, au moins en partie, à l'acide chlorhydrique et par l'intermédiaire de celui-ci à la muqueuse. Les savons excitent de même les glandes de l'intestin. Enfin le suc pancréatique semble être l'excitant spécial de la sécrétion de l'entérokinase (voy. plus loin). D'après les indications de Frouin, on peut évaluer à plusieurs centaines de centimètres cubes la quantité de suc sécrétée en vingt-quatre heures chez un chien de taille moyenne.

Le suc intestinal de l'homme est un liquide opalescent, tenant en suspension des éléments figurés (leucocytes), fortement alcalin au tournesol, et faisant effervescence avec les acides. On y trouve des matières protéiques (mucine ou nucléo-albumine), des diastases et des sels, dont 2,2 p. 1 000 de carbonate de sodium environ et 5 à 6 p. 1 000 de chlorure de sodium.

Pendant longtemps on n'a attribué au suc intestinal qu'un rôle tout à fait secondaire, et borné à l'inversion du sucre de canne par le moyen d'une invertine (Cl. Bernard). En réalité ce suc et la muqueuse concourent à la disgestion des trois classes d'aliments organiques, puisqu'ils interviennent :

1° Dans la digestion des protéiques par l'*entérokinase*, l'*érepsine* et l'*arginase* et peut-être dans celle des nucléoprotéides par une *nucléase* ;

2° Dans la digestion des graisses par une *lipase* ;

3° Dans la digestion des hydrates de carbone par une *invertine*, une *maltase* et une *lactase*.

## 1. *Action du suc intestinal sur les protéiques.*

**Entérokinase.** — On a décrit ailleurs (p. 155) l'action activante que le suc intestinal exerce par son entérokinase sur le suc pancréatique pur, primitivement inactif au point de vue de la protéolyse et il ne sera question ici que de la production et des propriétés de cet agent.

Le suc pancréatique est un excitant spécifique de la production de kinase par l'intestin. Les excitants mécaniques provoquent, en effet, la sécrétion d'un suc d'abord pauvre en kinase, puis complètement inactif, tandis que l'injection de suc pancréatique dans l'intestin détermine la production d'un suc fortement kinasique. Le suc bouilli ne possède plus cette propriété (Sawitsch). Dans les extraits aqueux de muqueuse intestinale, lesquels sont riches en kinase, celle-ci est entraînée par les précipités, par exemple par le précipité de nucléoprotéides produit par l'acide acétique. Elle est soluble dans l'alcool à 90° et n'est détruite qu'à 67-70°, deux caractères qui l'éloignent dans une certaine mesure des diastases ordinaires. Son origine a été placée par Delezenne dans les leucocytes des plaques de Peyer, ce que contestent nettement Bayliss et Starling, et Hekma.

**Érepsine, nucléase et arginase.** — Hofmeister et ses élèves ayant constaté que dans une solution de « peptone » (albumoses et peptones) mise en contact avec de la muqueuse d'intestin fraîche, la réaction du biuret disparaît peu à peu, avaient conclu de là que la peptone est retransformée par cette muqueuse en albumine, par un phénomène de synthèse inverse de celui de la peptonisation, et cette conclusion avait été en général acceptée, jusqu'au jour où O. Cohnheim, après avoir vainement essayé de retrouver sous la forme d'albumine la peptone disparue, montra que cette dernière est en réalité dédoublée en acides aminés, (leucine, tyrosine, bases hexoniques, etc.) par l'action d'une diastase qu'il appela *érepsine* (de ἐρείπω, je brise).

Cette diastase existe aussi dans le suc intestinal chez l'homme et chez le chien (Hamburger et Hekma; Salaskin), mais l'action des macérations de muqueuse est en général bien plus puissante que celle du suc[1]. La diastase agit en milieu neutre ou alcalin. Tandis que parmi les protéiques proprement dits, elle n'attaque que la caséine (et l'histone), qu'elle dédouble lentement et incomplètement, elle défait, au contraire, rapidement en leurs acides aminés constituants les albumoses et les peptones. Elle continue donc et achève le travail d'hydrolyse de la pepsine et celui de la trypsine, en sorte que par une digestion trypsique et érepsique suffisamment prolongée on obtient une démolition des protéiques aussi profonde que par l'action des acides minéraux forts (Abderhalden et Gigon).

La muqueuse intestinale est armée pour intervenir aussi dans *la digestion des nucléoprotéides.* On a vu que ceux-ci sont dédoublés par la trypsine avec mise en liberté d'acide nucléique, mais sans dédoublement de cet acide, dont l'extrait de muqueuse intestinale sépare, au contraire rapidement des bases puriques libres. Cette action, que l'on a d'abord rapportée à l'érepsine (Nakayama), doit être plus vraisemblablement attribuée à une *nucléase*, et il semble que le suc intestinal contient aussi cette diastase (London).

Enfin l'extrait de muqueuse intestinale a la propriété de défaire dans les protéiques un mode de liaison de l'azote que le suc pancréatique est impuissant à atteindre. Nous voulons parler de la réaction qui de l'arginine détache sous la forme d'urée le complexe guanidine. Kossel et Dakin ont montré que ce dédoublement de l'arginine en ornithine et en urée est l'œuvre d'une diastase, l'*arginase*, qu'ils ont rencontrée aussi dans le foie, le thymus, les glandes lymphatiques.

---

1. Beaucoup d'autres tissus ou organes, le pancréas, la rate, le foie, les muscles et surtout le rein, contiennent une érepsine; cet agent semble donc bien être une histodiastase.

## 2. *Action du suc intestinal sur les graisses et sur les hydrates de carbone.*

LIPASE. Le suc intestinal du chien a la propriété de saponifier la monobutyrine, la matière grasse du lait et les autres graisses émulsionnées, et comme le chauffage à 100° supprime cette propriété, celle-ci a été rapportée à une *lipase* (Boldireff).

INVERTINE, MALTASE, LACTASE. L'action inversive exercée par le suc intestinal sur le saccharose a été démontrée sur le suc de chien par Cl. Bernard (1873), et ce dédoublement se produit aussi bien avec les extraits de muqueuse qu'avec le suc. Avec celui de l'homme l'inversion est aussi très rapide, mais on n'a trouvé dans ce suc ni amylase, ni lactase (Hamburger et Hekma). Cette dernière manque aussi dans le suc du chien (Dastre), mais on l'a trouvée dans la muqueuse. Enfin le suc et la muqueuse contiennent une maltase (Bourquelot).

## § III. — LA BILE.

La bile n'est pas une sécrétion digestive au même titre que le suc gastrique ou que le suc pancréatique. Elle ne possède, en effet, par elle-même qu'un léger pouvoir saccharifiant que l'on retrouve dans nombre de liquides de l'organisme et qui est tout à fait négligeable. Mais par une série d'actions indirectes, la bile intervient néanmoins d'une manière très efficace dans la transformation digestive des trois catégories d'aliments organiques et surtout dans celle des graisses.

Pour étudier la bile, on pratique, le plus souvent sur des chiens, une fistule biliaire, en employant de préférence le procédé qui conserve à la bile ses voies normales d'évacuation, c'est-à-dire en excisant le coin du duodénum qui comprend l'ampoule de Vater et en en réunissant les bords à ceux de la plaie cutanée. On a eu aussi chez l'homme l'occasion d'observer des fistules dans des cas pathologiques ou d'en pratiquer par intervention chirurgicale.

Chez les animaux opérés comme il vient d'être dit, l'écoulement de la bile ne s'établit qu'après chaque repas et il dure pendant toute la digestion. L'excitant principal de la sécrétion est ici le même que pour le suc pancréatique, à savoir le chyme stomacal *acide* arrivant au contact de la muqueuse duodénale, et l'on a démontré que l'agent efficace est encore la sécrétine[1]. La bile est elle-même un cholagogue énergique, puisque cette humeur ou les acides biliaires introduits dans l'estomac ou dans le duodénum augmentent nettement le débit de la fistule.

1. Cependant les physiologistes ont établi que cette action des acides s'exerce aussi par voie réflexe.

La bile est un mélange des produits de sécrétion des cellules hépatiques avec le « mucus » élaboré par les glandes des conduits biliaires et de la muqueuse de la vésicule. Lorsqu'elle n'a pas séjourné dans la vésicule, la bile est un liquide assez mobile, limpide, et non filant, tandis que, par suite de son mélange avec le mucus et à cause de la résorption d'eau dans la vésicule, la bile vésiculaire est plus épaisse, filante et trouble à cause de la présence de débris épithéliaux et de combinaisons calciques des pigments. Sa réaction au tournesol est alcaline et sa couleur, immédiatement après la mort, d'un jaune doré avec une pointe de brun, tandis que la bile qui a séjourné dans la vésicule est souvent verte. Abandonnée à l'air, elle se putréfie rapidement, c'est-à-dire qu'elle ne possède aucun pouvoir antiseptique. De fait les voies biliaires extrahépatiques sont normalement habitées, même dans leurs parties supérieures par des microbes aérobies et surtout anaérobies (Galippe; Gilbert et Lippmann). Mais lorsqu'elle est acidifiée, même très légèrement, la bile résiste pendant longtemps à la putréfaction (Gley et Lambling).

La quantité de bile recueillie chez l'homme, dans des cas de fistules, a été de 500 à 1 100 gr. en vingt-quatre heures. Quant à la composition de la bile, elle est très variable, puisqu'on y trouve par litre de 20 grammes (bile des canaux hépatiques) à 160 grammes (bile vésiculaire) de matériaux solides, comprenant des *acides biliaires*, des *pigments biliaires*, de la « *mucine*[1] », de la *lécithine*, de la *cholestérine* et d'autres *lipoïdes* (phosphatides divers, etc.) encore indéterminés, des *savons*, des *graisses neutres*, des traces d'*urée* et de *corps éthéro-sulfuriques* et des *matières minérales*. Les plus importants comme masse sont les acides biliaires, les pigments, la mucine et les sels minéraux. Ainsi Hammarsten indique pour 1 litre de bile hépatique chez l'homme 8 gr. 4 d'acides biliaires, comptés à l'état de sels alcalins, 2 gr. 7 de mucine et de pigments et 8 gr. 2 de sels sur 20 gr. 6 de matières solides.

Parmi ces matériaux on ne retiendra ici comme véritablement spécifiques que les sels des acides biliaires et les pigments biliaires.

---

1. La mucine de la bile de bœuf n'est pas une mucine vraie, mais une nucléoalbumine. Mais la bile de l'homme contient une mucine vraie à côté d'une nucléoalbumine à allures de mucine.

## 1. *Les sels biliaires.*

Ce sont les sels alcalins de deux acides, l'un azoté et exempt de soufre, l'*acide glycocholique*, $C^{26}H^{43}AzO^6$, l'autre azoté et sulfuré, l'*acide taurocholique*, $C^{26}H^{45}AzSO^7$, tous deux combinés à la soude ou, chez les animaux marins, à la potasse. Dans la bile humaine le glycocholate l'emporte en quantité sur le taurocholate (dans la proportion de 7 gr. 4 du premier contre 1 gr. 06 du second pour le cas cité plus haut). La bile du chien ne contient que du taurocholate.

Bouillis avec les acides minéraux forts, les acides biliaires sont dédoublés avec fixation d'eau et donnent tous deux un même acide, l'acide *cholalique* ou *cholique*, $C^{24}H^{40}O^5$, accompagné pour l'acide glycocholique, du *glycocolle* et pour l'acide taurocholique, de la *taurine* ou acide amino-éthylsulfonique (voy. plus loin).

L'acide cholalique, qui représente dans les acides biliaires le noyau spécifique, n'est pas encore connu dans sa constitution. On sait cependant que cet acide, qui est monobasique et qui renferme en outre deux fonctions d'alcool primaire et une fonction d'alcool secondaire, se rattache nettement à la cholestérine (Schrötter, Weizenbrück et Witt), en sorte que son origine serait à chercher de ce côté. Ajoutons qu'on ne sait rien sur les produits de tranformation auxquels il donne naissance dans l'organisme.

Quant aux deux autres constituants des acides biliaires, leur structure est bien connue et leur origine protéique bien établie. Pour le glycocolle, ce dernier point est évident (p. 26), et pour la taurine, Friedmann a démontré que cet acide aminé sort *in vitro* de la cystéine, dont la cystine est le disulfure (p. 28). En effet la cystéine oxydée donne l'acide cystéique, qui par perte de $CO^2$ donne la taurine.

$$
\begin{array}{ccccc}
CH^2.SH & & CH^2\text{-}SO^3H & & \\
| & & | & & CH^2\text{-}SO^3H \\
CH.AzH^2 & \xrightarrow{+\ O^3} & CH.AzH^2 & \xrightarrow{-\ CO^2} & | \\
| & & | & & CH^2.AzH^2 \\
COOH & & COOH & & \\
\text{Cystéine.} & & \text{Acide cystéique.} & & \text{Taurine.}
\end{array}
$$

D'autre part, von Bergmann a vu qu'un chien muni d'une fistule biliaire complète et recevant de la cystine *per os*, fournit une bile plus riche en soufre, donc aussi en acide taurocholique, lorsqu'on lui administre en même temps l'autre composant de cet acide, c'est-à-dire l'acide cholalique, et Wohlgemuth a établi que chez le lapin il suffit de l'ingestion de cystine pour produire le même résultat.

Une solution de taurocholate de soude ou la bile en nature, acidifiées par de l'acide chlorhydrique, précipite les matières albuminoïdes et une partie des albumoses ; en milieu neutre ou alcalin ces précipités ne se forment pas ou sont redissous. Le chyme stomacal acide est donc précipité par la bile et nous verrons plus loin la signification physiologique de cette réaction (p. 186).

Les solutions aqueuses de sels biliaires dissolvent les savons, et acquièrent par là la propriété de dissoudre les acides gras libres, et l'on verra que ce phénomène, découvert par Rockwood et More et étudié avec précision par Pflüger, joue peut-être un rôle capital dans le procès de la résorption des graisses. D'après Pflüger 100 cm³ de bile de bœuf dissolvent en présence d'un peu de soude jusqu'à 19 grammes d'acides gras, mais à condition qu'une partie de ces acides soit représentée par de l'acide oléique. La bile, en effet, ne dissout directement que cet acide gras, mais par l'intermédiaire de celui-ci elle acquiert la propriété de dissoudre aussi de notables quantités des acides palmitique et stéarique.

Les sels biliaires sont toxiques (voy. plus loin). Leur solution ou la bile en nature rend le sang laqué, c'est-à-dire dissout les globules rouges et met le pigment en liberté. Injectés dans les veines, ils produisent le ralentissement du cœur. Les acides *libres* et surtout l'acide taurocholique exercent une action antiseptique marquée (Maly et Emmich), c'est pourquoi la bile, qui se putréfie si aisément quand on lui laisse sa réaction alcaline, résiste très bien lorsqu'elle est acidifiée même légèrement (Gley et Lambling).

## 2. *Les pigments biliaires.*

La bile fraîche paraît ne contenir que deux pigments, la *bilirubine* à laquelle est due la coloration jaune d'or de certaines biles et la *biliverdine* des biles vertes, et c'est le mélange en proportions variables de ces deux matières qui produit les colorations variées de la bile. Mais c'est la bilirubine qui est la matière colorante élaborée en premier lieu par le foie et dont sort ensuite par oxydation la biliverdine. Dans un cas d'ictère grave où une active destruction de globules rendait la production des pigments biliaires particulièrement active, Piettre n'a trouvé dans la bile de la malade que de la bilirubine dissoute ou en suspension.

La *bilirubine*, $C^{32}H^{36}Az^4O^6$, insoluble dans l'eau, existe dans la bile à l'état de bilirubinate d'alcali. C'est aussi ce pigment qui constitue, à l'état de bilirubinate de calcium mêlé à un peu de cholestérine, la majeure partie des calculs de couleur rouge brun, que l'on rencontre fréquemment dans la vésicule des bovidés. Les solutions alcalines de bilirubine, abandonnées à l'air, verdissent peu à peu, surtout à chaud, et leur bilirubine passe par simple fixation d'oxygène à l'état de biliverdine, $C^{32}H^{36}Az^4O^8$. Le peroxyde de sodium en présence d'un peu d'acide chlorhydrique réalise la même oxydation (Hugounenq et Doyon).

Les conditions de cette réaction du verdissement de la bilirubine ne sont pas encore bien connues, et peut-être cette relation de la bilirubine avec le pigment vert, toujours ramenée jusqu'à présent à une seule modification chimique, l'oxydation, devra-t-elle être élargie (Piettre). Bornons-nous à noter ici que le verdissement est produit par beaucoup de réactifs, notamment par l'acide nitrique contenant un peu d'acide nitreux, par le chlore, le brome, l'iode, etc., et que le pigment vert formé n'est peut-être pas partout le même. De plus, si l'on dépasse l'étape du pigment vert, on obtient un pigment bleu, très mal connu, la *cholécyanine*, puis un pigment rouge, et enfin la réaction aboutit à une matière colorante jaune, la *cholétéline*.

Avec l'acide azotique auquel on superpose une solution étendue de bilirubinate d'alcali, ces divers produits d'oxydation apparaissent en même temps, et le procès prend alors la forme de la classique réaction de Gmelin. On admet que l'anneau jaune qui apparaît immédiatement au contact de l'acide est dû au produit d'oxydation le plus avancé, la cholétéline, tandis que le produit le moins avancé, la biliverdine se forme, au contraire, tout en haut, là ou la quantité d'acide diffusée est moindre, en sorte que les anneaux colorés se succèdent de bas en haut dans l'ordre que voici : rouge jaunâtre, jaune, violet, bleu et vert.

En présence des agents réducteurs (hydrogène naissant), la bilirubine fixe de l'eau et de l'hydrogène et se transforme en *hydrobilirubine*, $C^{32}H^{40}Az^4O^7$, pigment que l'on a considéré à tort comme identique, mais qui présente beaucoup d'analogie avec l'urobiline des urines et celle des excréments (p. 419).

La *biliverdine*, $C^{32}H^{36}Az^4O^8$, qui ne diffère donc de la bilirubine que par deux atomes d'oxygène en plus, est contenue dans les biles vertes à l'état de biliverdinate alcalin. Elle est, comme la bilirubine, insoluble dans l'eau, et donne la réaction de Gmelin, la série des anneaux commençant bien entendu par le bleu. Par l'hydrogène naissant, elle est transformée en hydrobilirubine.

A côté de ces deux pigments fondamentaux, la bile de certains mammifères contient encore un pigment vert, la *biliprasine*, dont le sel alcalin, le *biliprasinate de soude*, est jaune. La bile verte du veau, du bœuf et du lapin, contient de la biliprasine; la bile jaune du veau contient du biliprasinate de soude. C'est un produit d'oxydation de la bilirubine sous l'action des oxydants peu énergiques, intermédiaire à la bilirubine et à la biliverdine.

Ce que l'on sait sur la structure et l'origine des pigments biliaires sera exposé dans un autre chapitre (p. 415).

### 3. *Action de la bile sur les aliments.*

On a déjà vu que, directement, la bile ne peut exercer sur les aliments qu'une action tout à fait négligeable, mais que d'autres propriétés lui assurent, par des voies indirectes, un rôle important dans la transformation digestive des aliments. C'est ainsi qu'elle augmente dans des proportions considérables l'action stéatolytique du suc pancréatique (p. 162); qu'elle renforce aussi, quoique d'une manière moins sensible, l'action de la trypsine et celle de l'amylase pancréatique (p. 157 et 163). Le pouvoir dissolvant que nous lui avons reconnu vis-à-vis des acides gras fait prévoir aussi qu'un rôle important lui est réservé dans la résorption des graisses.

Sa réaction alcaline permet aussi à la bile de contribuer, avec les autres sécrétions alcalines de l'intestin, à la neutralisation de l'acide minéral du chyme stomacal et à l'émulsion des graisses. A ce moment, elle peut intervenir encore : 1° dans la transformation des protéiques par l'action précipitante de son acide taurocholique sur les albumoses ; 2° dans l'arrêt des pullulations bactériennes par l'action antiseptique du même acide. On reviendra plus loin sur ces actions (p. 186 et 207).

### 4. *Toxicité de la bile. — Les destinées de la bile introduite dans le sang.*

Introduite dans le tube digestif, la bile n'est pas toxique, puisqu'on peut faire ingérer quotidiennement à des chiens de 10 kilogrammes et sans aucun accident jusqu'à 100 ou 200 cm³ de bile de bœuf (Dastre). On n'observe qu'un effet purgatif inconstant. Injectée dans le sang, la bile produit, au contraire, des accidents graves, apathie, respiration accélérée, ralentissement du cœur, hypothermie. Ces phénomènes, d'abord uniquement attribués aux sels biliaires, dont l'action sur le cœur, la circulation et le sang a été connue de bonne heure, tiennent au moins pour moitié aux pigments biliaires qui produisent un effet hypothermique (Bouchard; Charrin et Carnot). Les sels biliaires sont même 5 à 10 fois moins toxiques que les pigments, mais comme ils sont contenus dans la bile en quantité beaucoup plus considérable, leur action équivaut sensiblement à celle des pigments. La toxicité de la bile explique donc bien les symptômes dits ictériques (ralentissement du pouls, albuminurie, amaigrissement).

Le sort des principes biliaires introduits dans la circulation par injection intra-veineuse ou par ingestion, et surtout le sort de la bile qui reflue vers le foie et le sang au cours de l'ictère par stase biliaire, ont naturellement préoccupé les pathologistes.

En ce qui concerne d'abord les *acides biliaires*, on a supposé pendant quelque temps qu'ils sont détruits ou transformés en substances inoffensives. En effet, l'excrétion quotidienne de ces acides étant à l'état normal de 8 à 10 grammes, on pouvait s'attendre à voir au cours de l'ictère des quantités assez importantes de ces composés inonder dans le sang et apparaître dans les urines. Il n'en est rien : l'urine des ictériques ne contient au début que quelques centigrammes d'acides biliaires (par exemple 0 gr. 34 en vingt-quatre heures dans un cas de Bischoff), puis rapidement cette excrétion descend à des traces. Ces acides ne s'accumulent pas non plus dans les tissus, car on observerait alors des accidents toxiques graves, qui ne sont pas la règle dans l'ictère. Comme enfin les fèces n'en contiennent pas davantage, on comprend que l'on ait admis une destruction de ces acides dans le sang.

Cette hypothèse est devenue inutile, depuis que l'on sait que dans l'ictère la *production* des acides biliaires est considérablement abaissée, parce qu'à l'état normal cette production est principalement alimentée par la résorption intestinale des acides biliaires ou de leurs produits de décomposition, et que, dans l'ictère par stase, cette source se trouve supprimée. En effet les acides biliaires injectés dans le sang ou ingérés sont largement éliminés par la bile, et, d'autre part, chez les individus porteurs de fistules biliaires dont le produit s'écoule entièrement au dehors, on recueille une bile très pauvre en acides biliaires [1]. On comprend donc pourquoi l'ictère n'aboutit pas à encombrer l'organisme de grandes quantités d'acides biliaires et pourquoi l'urine en élimine si peu. Ajoutons que dans le sang l'action toxique de ces acides est atténuée par la présence des protéiques du sérum. *In vitro* on con-

1. Ainsi dans un cas observé par Yeo et Herroun, la bile ne contenait que 0,055 de taurocholate de sodium et 0,165 p. 100 de glycocholate, alors que la bile normale renferme souvent plus de 2 p. 100 d'acides biliaires. C'est pourquoi une fistule ne fournit un produit normal que si l'on restitue constamment à l'intestin la bile recueillie. Peu d'analyses de bile de fistule ont été faites dans ces conditions (Brand).

state, en effet, que le sérum ajouté à des solutions de sels biliaires supprime non seulement l'action hémolytique de ces sels, mais encore leur action toxique sur les leucocytes, sur les systèmes musculaire et nerveux (G. Bayer).

En ce qui concerne les pigments, on les voit, au contraire, dans l'ictère se répandre dans les tissus et s'éliminer par les urines en quantité notable et pendant de longs jours. C'est que leur production n'est pas diminuée pendant l'ictère. Il ne paraît pas, en effet, qu'à l'état normal le foie puise au niveau de l'intestin de quoi faire des pigments biliaires. Nous verrons que la matière première de cette production lui vient du sang (p. 415), et comme l'ictère ne diminue pas l'activité de cette production, d'abondantes quantités de pigments refluent sans cesse vers le sang et les urines.

### 5. *Les calculs biliaires.* — *Leur formation.*

Trois variétés principales de calculs ont été trouvées dans les vésicules biliaires : 1° Les *calculs pigmentaires*, principalement formés de combinaisons calciques des pigments, relativement rares chez l'homme, très fréquents, au contraire, chez les bovidés ; 2° Les *calculs cholestériques*, formés surtout de cholestérine (de 64 à 98 p. 100), très fréquents chez l'homme ; 3° Les *calculs* formés *de phosphate et de carbonate de chaux*, très rares chez l'homme. On rencontre aussi, bien entendu, des formes mixtes.

Quel est le mode de formation de ces calculs. Pendant long-temps on s'est borné à invoquer, en ce qui concerne les calculs cholestériques de l'homme, une excrétion exagérée de cholestérine et de chaux par la bile, l'excès de cholestérine étant rattaché à quelque anomalie des échanges nutritifs, et l'excès de chaux à un apport exagéré de chaux alimentaire. Mais on sait aujourd'hui que ni la teneur du sang en cholestérine, ni celle de la ration en chaux n'ont d'influence sur la richesse de la bile en ce qui concerne ces deux matérieux. D'ailleurs la cause première de la lithiase biliaire est apparue clairement d'un autre côté. C'est l'infection de la vésicule qui est, en effet, le facteur déterminant, et cette infection est elle-même facilitée par la stase biliaire. Il suffit, en effet, de pratiquer chez l'animal la ligature du cholédoque, pour que les microbes qui habitent les voies biliaires extra-hépatiques (p. 168), cessant d'être constamment refoulés par le flux biliaire, franchissent la ligature et remontent jusque dans la vésicule (Naunyn, Gilbert, Hanot et Letienne et d'autres). D'autre part la bile est l'une des voies par lesquelles se fait l'élimination des agents pathogènes (bacille d'Eberth), qui ont envahi l'organisme ; les relations de la lithiase biliaire avec l'infection éberthienne sont aujourd'hui bien établies.

On a d'ailleurs réussi à réaliser expérimentalement chez les animaux la production de calculs nettement cristallisés, en introduisant dans la vésicule des cultures de coli-bacilles, de bacilles typhiques (atténués par chauffage, sans quoi l'on provoque une mort rapide) (Gilbert et Fournier, Mignot, Halia). Une contre-épreuve très démonstrative a été fournie par V. Harley et W. Barratt, qui ont introduit dans la vésicule de chiens bien portants des fragments de calculs de cholestérine (avec un peu de bilirubinate calcaire), accompagnés ou non de pus avec du *Bacterium coli*. Les animaux, très bien remis de l'opération, ayant été sacrifiés après un certain temps, on a trouvé que les calculs introduits avec le pus avaient persisté, tandis que les autres avaient été dissous. Ils avaient persisté aussi là où la muqueuse n'était pas restée normale, et où une cholécystite bactérienne s'était développée pour des raisons quelconques. Ajoutons que l'on trouve des bactéries au centre de la plupart des calculs naturels (Gilbert et Dominici ; Hanot et Letienne).

Par quel mécanisme agit cette infection bactérienne ? Ici les faits sont plus difficiles à suivre et à interpréter.

D'après Naunyn, l'irritation de la muqueuse consécutive à l'infection produit la desquamation épithéliale, et ce sont ces cellules desquamées dont la décomposition fournirait la cholestérine et la chaux [1]. La cholestérine donne des amas insolubles, et la chaux précipite, d'autre part, du bilirubinate de chaux, auquel s'associe le mucus fourni par la muqueuse irritée. C'est autour des masses ainsi créées que se déposent ensuite les couches concentriques cristallines du calcul.

Notons que la chaux peut diminuer aussi la solubilité du milieu pour la cholestérine, en précipitant à l'état de sels calcaires les savons alcalins de la bile (voy. plus loin). Enfin il ne faut pas perdre de vue que la cholestérine est un colloïde, qui peut être précipité par un colloïde de signe contraire. Or l'inflammation peut provoquer l'arrivée, par exsudation, d'un tel colloïde ou renverser le signe électrique d'un colloïde déjà présent. Des expériences intéressantes ont déjà été faites dans cette direction (Lichtwitz).

On a cherché aussi à expliquer la précipitation de la cholestérine par une modification des conditions de solubilité sous l'influence des bactéries. La cholestérine est soluble dans les dissolutions étendues de sels biliaires, et l'addition de savon augmente cette solubilité (E. Gérard).

1. Dans le suc intestinal, c'est aussi dans les éléments cellulaires en suspension, et non dans le suc, que l'on trouve le calcium.

Or, si dans une telle dissolution on ensemence du *Bacterium coli*, on provoque en quelques jours la formation d'un sédiment cristallin de cholestérine (E. Gérard). La même précipitation de cholestérine peut être obtenue avec de la bile stérilisée et ensemencée de *Bacterium coli* ou de bacilles d'Eberth (Kramer, Bacmeister) et le précipité est plus abondant dans la bile non filtrée, c'est-à-dire riche en cellules épithéliales.

Toutefois cette théorie bactérienne, si séduisante qu'elle soit, ne rend pas compte de tous les faits. Elle n'explique pas, dit Ch. Bouchard, pourquoi la lithiase biliaire est réservée à une certaine catégorie de personnes, à celles qui appartiennent au groupe arthritique. Pour faire un calcul biliaire, il faudrait donc, outre le facteur bactérien, l'action permanente d'un état dyscrasique sans lequel l'infection, qui peut se produire chez tout le monde, ne donnera pas de calcul.

# CHAPITRE X

# LA DIGESTION ET L'ABSORPTION DES ALIMENTS

Après avoir établi les propriétés des diverses sécrétions digestives étudiées *in vitro*, voyons quelle est, dans la digestion *in vivo*, la part qui revient à l'action de chacune de ces sécrétions, de quelle manière ces actions sont coordonnées et se succèdent en vue du but final, et enfin sous quelle forme les produits de la digestion arrivent à l'absorption.

## § I. — LA DIGESTION SALIVAIRE.

La salive joue dans la digestion à la fois un rôle mécanique et physique et un rôle chimique.

Pendant longtemps, c'est le *rôle mécanique* qui a paru de beaucoup le plus important.

La salive facilite la mastication et la déglutition des aliments. Dans le premier de ces actes intervient surtout la salive parotidienne, très aqueuse (salive de mastication); dans le second, la salive sublinguale, riche en mucine (salive de déglutition). C'est aussi la salive qui, en dissolvant un certain nombre de substances sapides, permet l'action de ces substances sur les terminaisons nerveuses du goût. Enfin, la quantité de salive déglutie en vingt-quatre heures étant chez l'homme d'environ 1 500 grammes, l'organisme dispose là, indépendamment de l'apport irrégulier des boissons, d'un moyen d'établir un actif courant d'absorption du tube digestif vers les tissus. Chez les grands animaux domestiques, nourris de fourrages secs, la quantité de salive sécrétée par jour est de 40 à 60 kilogrammes.

Le *rôle chimique* de la salive a été, au contraire, tenu pendant longtemps pour à peu près négligeable. *In vitro*, à la vérité, la salive saccharifie très rapidement l'amidon cuit, et c'est sous cette forme que nous consommons le plus souvent l'amidon, mais comme le séjour des aliments dans la bouche est très court et que, *in vitro*, le suc gastrique détruit très promptement la ptyaline, on considérait l'action de la salive comme étant de trop courte durée pour être de quelque importance dans la digestion des matières amylacées. On sait aujourd'hui que l'action de l'amylase salivaire peut, au contraire, se prolonger dans l'estomac pendant plusieurs heures, à l'abri de l'action nuisible du suc gastrique (p. 179). Il suit de là que, si l'insalivation a été convenable, l'effet utile de la saccharification salivaire peut être très important. D'ailleurs la pratique des repas d'épreuves pour l'étude du suc gastrique montre qu'avec le pain, par exemple, la proportion de l'amidon passé à l'état de produits solubles s'élève à 50-70 p. 100. Mais on ne sait pas exactement quelle est dans ces produits la proportion du maltose. On ne sait pas davantage si une partie de ce maltose a subi le dédoublement en glycose.

## § II. — LA DIGESTION STOMACALE.

Lorsque les aliments arrivent dans l'estomac, ils ne sont pas, comme on le croyait autrefois, imprégnés aussitôt de suc gastrique dans toute leur masse, et les mouvements de l'estomac ne réalisent nullement un brassage qui rendrait et maintiendrait homogène le contenu de l'organe. Ni au point de vue *mécanique*, ni au point de vue *chimique*, les diverses régions du bol alimentaire ne sont traitées de la même façon par l'estomac.

Au point de vue *mécanique*, on a pu être renseigné sur les pressions exercées directement par la musculature de l'estomac au moyen de sondes dont l'une des extrémités est fermée par un petit ballon en caoutchouc, tandis que l'autre est mise en communication avec un manomètre à eau. On constate ainsi chez l'homme que, lorsque le petit ballon est poussé vers le cardia, le manomètre n'indique que des pressions courtes et légères (de quelques centimètres d'eau), alors qu'un autre ballon poussé en même temps du côté du pylore transmet des pressions qui atteignent 56 centimètres d'eau (Moritz).

A ces différences au point de vue mécanique correspondent des *différences chimiques* profondes, que Grützner a mises en lumière par son ingénieuse méthode des congélations. Il fait avaler à des animaux (chiens, chats, lapins, cobayes, rats, grenouilles) des pâtées colorées avec du tournesol bleu ou d'autres indicateurs, et suivies à des intervalles variables de pâtées blanches (pain écrasé avec du lait) ou diversement colorées. Après un temps plus ou moins long l'estomac est extrait, lié aux deux extrémités et rapidement congelé dans un mélange réfrigérant. Des coupes pratiquées dans les masses dures ainsi obtenues montrent que la pâtée introduite en dernier lieu se trouve toujours au milieu d'aliments plus anciens, qui la préservent de tout contact avec la muqueuse. Si cette pâtée a été colorée, par exemple, au tournesol bleu, on la retrouve avec cette coloration même après des heures (deux à trois heures), et l'analyse montre qu'elle est encore riche en amylase. La digestion salivaire a donc pu s'y poursuivre librement, à l'abri de l'action nuisible du suc gastrique acide. Cette sorte de mise en réserve de la partie la plus récente du bol alimentaire a toujours lieu du côté du grand cul-de-sac, là précisément où les contractions de la musculature sont médiocres.

Tout autour de cette masse ainsi préservée, on trouve des aliments plus anciens, déjà pénétrés plus ou moins profondément, par leur périphérie, de suc gastrique acide, comme l'indique le virage de l'indicateur employé et le dosage de la pepsine dans cette partie de la masse. Mais c'est surtout dans l'entonnoir pylorique, c'est-à-dire là où les contractions de l'estomac sont très vigoureuses, que l'on retrouve, fortement imprégnés de pepsine et d'acide chlorhydrique, les aliments les plus anciens. L'arrivée simultanée ou successive de liquides et de solides ne trouble pas sensiblement ces phénomènes, car on sait que l'estomac évacue très promptement vers le duodénum la partie la plus liquide de ce qu'il reçoit. Si l'on fait ingérer à un chien muni d'une fistule duodénale de l'albumine coagulée, mise en fine suspension dans de l'eau, la majeure partie de l'albumine reste dans l'estomac; c'est un liquide à peu près limpide qui s'écoule par la fistule, et pour 200 centimètres cubes de liquide introduit, cette évacuation est terminée en vingt minutes environ (Carnot et Chassevant).

Ces constatations montrent immédiatement à quelles difficultés se heurte l'étude du chimisme stomacal. Il est clair qu'un coup de sonde donné dans une masse si peu homogène doit amener au jour des choses très différentes selon la région atteinte par l'extrémité de l'instrument, et cette difficulté, si elle n'enlève pas leur intérêt à la masse énorme des examens de contenus gastriques faits par les cliniciens, montre du moins combien l'interprétation de ces résultats est délicate, lorsque l'organe n'a pas été complètement vidé. Chez les animaux (chiens) sacrifiés en pleine digestion, on obtient des renseignements plus précis, en jetant aussitôt une pince sur le sillon qui sépare si nettement la région pylorique du reste de l'organe et en étudiant séparément le contenu du grand cul-de-sac et celui de l'entonnoir prépylorique (E. Zunz). Ces renseignements ont été contrôlés et complétés en recueillant à l'aide d'une fistule duodénale placée très près du pylore, les jets liquides que fournit à intervalles réguliers le pylore pendant la digestion stomacale (Tobler, E. Zunz, London). On dira plus loin (p. 185) quel est le jeu de cet orifice et quelles sont les conditions qui conservent à ce sphincter son fonctionnement normal.

Voyons quels sont les résultats obtenus ainsi.

**La digestion des protéiques dans l'estomac.** — Au point de vue qualitatif la composition du contenu stomacal d'un animal tué en pleine digestion d'un repas d'albumine ou celle du chyme évacué par le pylore est la suivante. On y trouve, à côté d'une partie du protéique primitif, ou du moins demeuré tel qu'il est encore coagulable à chaud :

1° Des albumoses ;

2° Des peptones ;

3° Des produits d'une dégradation plus avancée.

Ces produits plus avancés ne sont encore que mal connus, et il nous faudra dans ce qui suit les confondre au point de vue quantitatif avec les peptones. Il est vraisemblable que parmi eux figurent des polypeptides et il est bien établi de plus que *les acides aminés n'y sont représentés que par des traces*, ce qui est en bon accord avec ce qu'apprend l'étude de la digestion pepsique *in vitro*. Pratiquement on peut donc dire que le travail pepsique aboutit à un mélange d'albumoses et de peptones.

Au point de vue quantitatif, le résultat est tel qu'une fraction considérable (peut-être jusqu'à 80 p. 100 et davantage) du protéique ingéré est ainsi simplifié, et il est établi que ce travail, commencé dans le grand cul-de-sac, est surtout actif et efficace dans l'entonnoir prépylorique.

Lorsque, sur un chien sacrifié en pleine digestion d'un repas de viande, on prélève séparément, comme il a été dit plus haut (p. 179), le contenu du grand cul-de-sac et celui de l'entonnoir prépylorique, on trouve le premier plus riche en albumoses, et le second plus riche en peptones. Ces résultats varient, bien entendu, d'un animal à l'autre, selon le protéique ingéré, etc. Voici pour fixer les idées les résultats obtenus par E. Zunz chez un chien sacrifié deux heures après l'ingestion de 100 gr. de viande cuite. Sur 100 parties d'azote retrouvées à l'état de produits digérés, c'est-à-dire passé à l'état d'albumoses et de peptones, il y en avait :

*Pour la région fundique*, dans les albumoses 76,8 ; dans les peptones 23,2 ;

*Pour la région pylorique*, dans les albumoses 33,4 ; dans les peptones 66,6 ;

*Pour la première portion du duodénum*, dans les albumoses 17,3; dans les peptones 82,7.

Ces résultats sont en bon accord avec ceux que Tobler a obtenus avec des chiens munis d'une fistule duodénale très rapprochée du pylore, et chez lesquels un ballon gonflé d'air et introduit dans le duodénum en aval de la fistule, obligeait la totalité du chyme stomacal à s'écouler au dehors. On a constaté ainsi qu'après un repas de 100 gr. de viande, l'estomac se vide entièrement en trois heures à trois heures et demie par une série de jets liquides, et que sur 100 parties d'azote ingéré, il en manque environ 20 à 30 parties, disparues par absorption sous une forme qu'il est impossible de déterminer. Les 70 à 80 centièmes recueillis se décomposent à peu près ainsi : protéiques primitifs 20 parties; albumoses 8 à 11 parties, peptones de 40 à 50 parties; soit donc encore environ 1/5 d'albumoses pour 4/5 de peptones.

Toutefois ce résultat n'est obtenu que si l'intestin n'est pas privé des réflexes produits par l'arrivée intermittente du chyme acide au contact de la muqueuse, résultat que l'on atteint en conservant au-dessous de 0° une quantité suffisante de chyme, fournie par un repas antérieur, et en injectant par portions ce chyme réchauffé à 37° dans le bout inférieur du duodénum pendant toute la durée de l'expérience. Si ces injections ne sont pas faites, l'estomac se vide plus vite et ce sont les albumoses, et non les peptones, qui dominent dans les jets fournis par le pylore (Tobler, E. Zunz).


Rapprochés de ce qui a été dit sur la distribution des aliments dans l'estomac, ces résultats expliquent donc très clairement la marche du phénomène. Dans la région fundique s'opère, par la périphérie de la masse, l'imprégnation des aliments par le suc gastrique, suivie d'une digestion aboutissant à fournir surtout des albumoses; puis les parties ainsi liquéfiées et préparées passent peu à peu dans l'entonnoir prépylorique, où la liquéfaction devient plus complète et où l'hydrolyse aboutit principalement aux peptones.

On voit, en outre, que ces expériences permettent de conclure aussi à *l'absorption* dans l'estomac d'une partie des produits de la digestion stomacale des protéiques. Mais on ignore sur quels produits porte cette absorption et on n'est pas d'accord sur l'importance du phénomène, dont la réalité a même été contestée (London).

Bien d'autres questions restent encore en suspens. La plus importante est celle de la constitution chimique de ce mélange de polypeptides que représentent les albumoses et les peptones pepsiques (p. 145). C'est là que gît le vrai problème chimique de la digestion gastrique. S'il est vrai, comme on va le voir, que cette digestion prépare et facilite l'attaque par le suc pancréatique, on ne comprendra vraiment en quoi consiste cette préparation, que lorsque l'on connaîtra la nature des fragments fournis par le travail de l'estomac, c'est-à-dire les points d'attaque que ce travail prépare à l'action trypsique.

On verra à propos de la digestion stomacale des graisses, qu'après un repas riche en corps gras, le contenu duodénal, donc le suc pancréatique, reflue dans l'estomac. Mais il est probable que dans les conditions normales, il ne s'établit jamais dans l'estomac une véritable digestion trypsique, et que la réaction acide du chyme stomacal met fin très promptement à l'action protéolytique du suc pancréatique (Abderhalden et Medigreceanu). Il n'en serait pas de même sans doute dans le cas d'achylie gastrique.

**Importance et signification de la digestion gastrique des protéiques.** — Après avoir attribué d'abord à l'estomac un rôle tout à fait prépondérant dans la digestion, on s'était rangé, il y a quelques années à l'opinion diamétralement opposée, surtout à la suite d'*extirpations totales de l'estomac*, pratiquées avec succès chez l'homme et sur des animaux.

Cette extirpation, pratiquée d'abord partiellement par Czerny chez le chien, a été réalisée par Pachon et Carvallo d'une manière presque totale chez le chien et complètement chez le chat. Lorsque les animaux sont rétablis, on constate chez le chien que les aliments solides habituels (soupe à la viande cuite et au pain) sont bien supportés, mais que l'animal les consomme par petites portions et les mâche longuement. Les vomissements alimentaires, très fréquents au début, deviennent ensuite rares, et présentent une réaction franchement acide (ac. lactique). Les fèces sont normales et la digestion des aliments est bonne, sauf pour les tendons et aponévroses que le chien normal fait disparaître entièrement, et qui ici restent inattaqués. L'état général est excellent, et l'animal, d'abord amaigri, reprend en quelques mois son poids primitif. On a pratiqué de même avec succès la gastrectomie complète chez l'homme.

L'estomac n'est donc pas indispensable à la vie. En tant que réservoir alimentaire, il peut être supprimé moyennant certaines précautions (division préalable des aliments). Comme organe digestif, il peut être suppléé par l'intestin. Enfin l'acide chlorhydrique absent est remplacé vraisemblablement par les acides de fermentation (acide lactique) à la fois dans sa fonction d'antiseptique et dans celle d'excitant des sécrétions pancréatique, biliaire et intestinale.

Mais ces résultats ne signifient pas que dans les conditions ordinaires de la vie l'estomac ne joue pas un rôle important. L'homme s'adapte d'autant mieux aux exigences variées de la vie, qu'il est en mesure de consommer sans inconvénients les aliments les plus divers, sous les formes les plus variables, et à n'importe quel moment (Krehl). Or, tout cela n'est possible qu'avec un estomac normal, car c'est l'estomac qui prépare les aliments pour l'intestin, organe infiniment plus sensible, comme suffit à le démontrer le contrôle si précis et si délicat exercé par l'orifice pylorique (p. 185).

L'utilité de cette préparation de la digestion intestinale par l'estomac est d'ailleurs démontrée directement par l'expérience *in vitro* et par l'observation clinique.

1° Voici d'abord une intéressante expérience de Abderhalden et Gigon. On met en route une digestion d'édestine (protéique des graines de coton) avec du suc gastrique, puis, après quatre jours, on neutralise le liquide avec du carbonate de sodium, on ajoute du suc pancréatique activé et on continue la digestion. A ce moment on met en route une seconde digestion pancréatique d'édestine, et après quatre jours les deux opérations sont interrompues, et l'on mesure le degré d'avancement de chacune d'elles en dosant les quantités de tyrosine et d'acide glutamique libérées. On constate ainsi que la plus avancée est celle où l'action du suc pancréatique a été précédée du travail pepsique. Avec de la viande riche en tissu conjonctif, la différence est plus frappante encore, ce qui tient à ce fait que, le tissu conjonctif *cru* résistant au suc pancréatique tandis qu'il est dissous rapidement par le suc gastrique, celui-ci opère une dissociation des fibres musculaires qui facilite considérablement l'action du suc pancréatique. Cette différence s'atténue, au contraire, à mesure que l'on prolonge la durée de ces essais, ce qui signifie que la préparation pepsique n'est pas indispensable au travail trypsique, mais qu'elle rend ce travail plus rapide.

2° L'observation clinique vérifie ces résultats. Von Tabora a constaté que pour des rations apportant des doses moyennes de protéiques (2 à 3 litres de lait) l'utilisation digestive [1] de l'albumine est aussi bonne chez des sujets à sécrétion gastrique diminuée ou supprimée que chez des individus normaux. Mais si l'on élève l'apport en protéique au-dessus de ces doses moyennes (par addition de plasmon au lait), la perte en non-digéré devient rapidement considérable, ce qui montre que l'effort compensateur de l'intestin, suffisant pour des rations ordinaires, cesse de l'être sitôt que les circonstances exigent une action digestive d'une certaine puissance. Le suc gastrique est même indispensable à l'attaque de certains proétiques. On vient de citer le tissu élastique cru; il en est d'autres encore. Ainsi chez des malades à sécrétion gastrique diminuée ou éteinte, ou chez lesquels, par suite d'une augmentation anormale de la motilité, les aliments ne séjournent pas assez long-temps dans l'estomac, on voit l'utilisation digestive de l'ovalbumine

1. Voy. p. 188 la signification précise de cette expression.

naturelle tomber à 4-8 p. 100, tandis que l'ovalbumine cuite et la caséine continuent à être très bien digérées (Falta).

**La digestion des graisses et des hydrates de carbone dans l'estomac.** — L'introduction d'une quantité suffisante de *graisse* dans l'estomac provoque d'une manière constante, ainsi que Boldirew l'a établi le premier, un reflux, dans l'estomac, du contenu duodénal. A l'action lipasique médiocre du suc gastrique pur (p. 151) s'ajoute donc celle des sécrétions digestives de l'intestin. Aussi voit-on chez le chien la saponification des graisses *émulsionnées* atteindre dans l'estomac après une heure 8 p. 100, après trois heures 14 p. 100, après six heures 32 p. 100 de la quantité introduite (London et Wersilowa). La présence de quantités importantes de graisse dans l'estomac a de plus pour effet de prolonger considérablement le séjour des aliments dans cet organe (p. 185). Ce phénomène de reflux, dont on n'aperçoit pas encore clairement la raison physiologique, a été utilisé par les cliniciens pour l'étude du suc pancréatique chez l'homme (Volhard et Faubel).

Les *hydrates de carbone* ne sont pour ainsi dire pas touchés par l'estomac. L'action saccharifiante ou hydrolysante de l'acide chlorhydrique est, en effet, très minime. Quant à la résorption des sucres dans l'estomac, elle est également médiocre; elle serait même nulle d'après London et Polowzowa.

**La digestion du lait dans l'estomac.** — La digestion gastrique du lait mérite ici une mention spéciale à cause du phénomène de la caséification. Voici, d'après Tobler et d'autres observateurs, ce que l'on observe chez un chien muni d'une fistule duodénale voisine du pylore et qui reçoit du lait. Le pylore fournit d'abord quelques jets de lait non encore coagulé, puis, le lait se coagulant dans l'estomac, la fistule ne fournit plus que du lactosérum, tandis que le caillot de caséine emprisonnant le beurre demeure dans l'estomac et d'autant plus longtemps que le lait est plus gras. Avec un lait riche en beurre, il faut six à sept heures pour que l'estomac se vide, et dans les jets successifs fournis par le pylore pendant ce temps la caséine est déjà presque complètement peptonisée [1]. L'effet utile de la coagulation labique, suivie de l'élimination du sérum vers l'intestin, semble donc être celui-ci

---

[1] L. Gaucher soutient, au contraire, que près de 90 p. 100 de la caséine traversent l'estomac sans avoir été peptonisés (1901).

qu'au lait en nature, donc à un aliment *volumineux* et que sa richesse en graisse doit retenir longtemps dans l'estomac, se trouve substitué un caillot d'un volume bien moindre, qui ne distend plus l'estomac et qui se prête ainsi plus aisément à l'attaque pepsique.

Les partisans de l'identité de la pepsine et de la chymosine ajoutent que la production du lab n'est nullement une adaptation spéciale de la sécrétion gastrique à la digestion du lait, puisque, selon eux, toutes les diastases protéolytiques sont en même temps chymosiques. L'adaptation consiste, au contraire, dans ce fait que la glande mammaire sécrète un protéique qui se trouve être coagulable par ces diastases, le seul dont la protéolyse commence par une coagulation.

## § I. — LA DIGESTION INTESTINALE.

La digestion intestinale porte sur les produits qui sont transmis au duodénum par l'orifice pylorique. Or, grâce à une série de réflexes cet orifice exerce sur ces produits un contrôle très précis et dont il est utile de rappeler d'abord sommairement le mécanisme.

Le contrôle pylorique. — Quand les aliments qui séjournent dans l'antre pylorique ont acquis une certaine acidité, le sphincter s'ouvre et laisse passer un jet de liquide acide; mais à peine arrivées au contact de la muqueuse duodénale, ces matières provoquent une contraction du pylore qui empêche l'évacuation de nouvelles matières acides. Par là se trouve donc évitée la pénétration brusque, dans le duodénum, d'une trop grande quantité de liquides acides. Mais on sait que le contact d'un liquide acide avec la muqueuse intestinale provoque une sécrétion de suc pancréatique et de suc intestinal et un écoulement de bile, tous liquides alcalins, qui neutralisent par conséquent le chyme stomacal. L'excitation duodénale prenant fin de ce fait, le pylore cède à nouveau à l'influence du contenu acide de l'antre pylorique, et un nouveau jet acide est déversé de l'estomac dans le duodénum (Cannon). Le degré de cette acidité intervient aussi dans ce mécanisme, en ce sens que lorsque le chyme contient beaucoup d'acide libre (p. 139), il provoque une sécrétion pancréatique plus abondante que s'il ne contient que de l'acide combiné aux matières organiques (Frouin). Or, on sait que les peptones fixent beaucoup plus d'acide que le protéique dont ils proviennent, en sorte que plus la digestion pepsique est avancée dans un jet pylorique, c'est-à-dire moins elle a besoin d'être complétée par le suc pancréatique, moins énergique est aussi l'appel que ce jet adresse à la sécrétion pancréatique.

Lorsque les matières déversées par le pylore sont riches en graisse, la réouverture du sphincter se fait attendre beaucoup plus longtemps. Une injection d'huile dans le duodénum est suivie d'une fermeture prolongée du pylore. Cet orifice se ferme aussi devant des aliments insuffisamment fluidifiés ou en gros morceaux.

**Le contenu intestinal.** — Du jeu de ce mécanisme, pour l'étude complète duquel nous renvoyons le lecteur aux traités de physiologie, il résulte donc que l'intestin est préservé d'afflux brusques et irréguliers de quantités trop considérables d'aliments et qui seraient à des degrés d'élaboration très différents. Le pylore ne transmet progressivement que les quantités de chyme que l'intestin est en mesure d'élaborer rapidement. Aussi ne trouve-t-on jamais, même chez l'animal en pleine digestion, l'intestin rempli, encore moins distendu. Le contenu intestinal se réduit en général à une sorte d'enduit muqueux, à consistance crémeuse, appliqué contre la muqueuse et dont la composition, très complexe, varie dans les divers segments du tube intestinal. Cette composition a été étudiée soit en sacrifiant des chiens en pleine digestion, soit en employant la méthode des chiens à fistules étagées de l'École de Pawlow, c'est-à-dire en établissant chez une série de chiens des fistules intestinales à des niveaux différents du tube intestinal et en recueillant du chyme par ces fistules.

Dans le duodénum le chyme stomacal entre en réaction avec les sécrétions alcalines déversées dans l'intestin et notamment avec la bile qui coagule le chyme. Ce précipité entraîne avec lui la pepsine, qui dans ce milieu encore acide aurait pu nuire à la trypsine. De plus il contient les albumines solubles et une partie des albumoses, dont la traversée digestive se trouve ainsi ralentie et par conséquent la peptonisation mieux assurée. Mais cette réaction ne paraît pas avoir une grande importance physiologique, si l'on en juge du moins d'après le médiocre effet qu'exerce sur l'utilisation digestive des protéiques la suppression de la bile.

Une question plus importante est celle de la *réaction* qui s'établit finalement dans le contenu intestinal. On admettait autrefois que c'est une réaction franchement alcaline qui l'emporte, d'abord parce que, *in vitro*, c'est cette réaction qui donne à la trypsine son pouvoir dissolvant maximum, et ensuite parce que la quantité d'alcali apportée par la bile, le suc pancréatique et le suc intestinal l'emporte visiblement sur la quantité d'acide contenue dans le chyme. Mais on sait aujourd'hui que la trypsine travaille très bien dans un milieu neutre ou légèrement acide (p. 157), et, d'autre part, que cet excès d'alcali est à son tour neutralisé par les acides de fermentation produits par l'action des bactéries de l'intestin sur les hydrates de carbone alimentaires, en sorte que le contenu intestinal est en général neutre ou légèrement acide.

Toutefois les observateurs ne sont pas encore d'accord sur ce point. Chez un chien sacrifié six heures après un repas de viande, la muqueuse est alcaline au tournesol, mais le contenu est légèrement acide. La même observation a été faite chez des suppliciés (Gley et Lambling). Chez une malade qui portait une fistule chirurgicale siégeant à l'extrémité cœcale de l'iléon, le chyme qui s'écoulait par la fistule était constamment acide et renfermait de l'acide acétique, de l'acide lactique, des acides gras volatils, c'est-à-dire les produits de la décomposition bactérienne des hydrates de carbone, et l'une des principales fonctions du suc intestinal, si riche en carbonate de sodium, paraît être d'assurer la neutralisation de ces acides (Macfadyen, Nencki et Sieber). Ce résultat serait toujours atteint d'après Munk, qui soutient que le contenu intestinal se comporte comme une solution alcaline saturée d'acide carbonique, c'est-à-dire qu'il n'est acide que pour les indicateurs sensibles à l'acide carbonique. Or, ce serait là, d'après Schierbeck, le milieu qui conviendrait le mieux à l'action trypsique. On reviendra sur cette question à propos des fermentations intestinales.

Voici enfin quelle est la composition du contenu intestinal en ce qui concerne les matériaux alimentaires. On n'y trouve que très peu d'*albumines* encore *coagulables* (moins de 1 p. 100), car le pylore en laisse passer très peu, et l'hydrolyse trypsique achève de les peptoniser très rapidement. De même les *albumoses* et les *peptones* sont si faiblement représentées que leur présence constante a même été niée. Enfin on a trouvé dans le chyme des *polypeptides* (Abderhalden) et *des acides aminés* (leucine, tyrosine, glycocolle, acides glutamique et aspartique, alanine, proline, lysine, arginine, tryptophane) (Kutscher et Seemann). Quand la ration contient des *saccharoses*, on en retrouve de petites quantités dans l'intestin, à côté des *glycoses* résultant de leur hydrolyse, et s'il y a eu ingestion d'*amidon*, le chyme renferme un peu d'amidon intact et de *dextrine*, à côté des sucres réducteurs, maltose et glycose, mais ceux-ci font au plus 1 p. 100 du contenu humide. Enfin les *graisses* sont en général presque entièrement dédoublées en savons ou en acides gras libres dissous à la faveur de la bile.

Voyons maintenant ce qu'une étude plus attentive de ces produits apprend quant à la digestion et à la résorption des divers aliments.

## 1. *La digestion intestinale des protéiques.*

On a vu que, *in vitro*, l'intervention simultanée de la trypsine et de l'érepsine, aboutit à l'hydrolyse complète des protéiques en leurs acides aminés constituants (p. 166). D'autre part on a trouvé ces acides dans le contenu intestinal, où leur ordre d'apparition est sensiblement le même que dans les digestions artificielles, à savoir que de bonne heure on saisit la tyrosine et le tryptophane, tandis que les acides aspartique et glutamique, la leucine, etc., n'apparaissent que plus bas (p. 159). Mais ces résultats ne prouvent pas que toute la molécule protéique est simplifiée jusqu'à ce niveau, et que la résorption ne porte pas en même temps sur des fragments plus compliqués, comme les albumoses et les peptones. De fait on a successivement plaidé que cette absorption a lieu sous la forme d'albumoses, sous la forme de peptones, ou enfin après dislocation complète de la molécule en acides aminés. Pour l'instant laissons de côté ce débat et cherchons d'abord quelle est la signification physiologique de l'opération digestive. La question de la forme sous laquelle la résorption a lieu nous apparaîtra ensuite sous un tout autre aspect.

**Signification physiologique de la dégradation digestive des protéiques.** — Quel que soit le niveau auquel s'arrête l'hydrolyse digestive des protéiques dans l'intestin, il est incontestable qu'elle consiste dans une dislocation de la molécule. Pourquoi cette démolition préalable? C'est une expérience d'ordre biologique. qui va nous fournir une première explication de ce phénomène.

On sait que quand on injecte dans le sang ou sous la peau d'un animal une albumine empruntée à un animal d'une autre espèce, l'organisme répond à l'introduction de cette substance étrangère par des phénomènes d'intoxication [1] et par la production d'une précipitine (p. 33). Lorsque cette albumine étrangère est, au contraire, introduite *per os*, la forme sous laquelle elle franchit alors la paroi digestive pour pénétrer dans le sang est telle que

---

1. Cette intoxication se traduit du côté du rein par de l'albuminurie, et l'urine contient non seulement l'albumine injectée, mais encore des albumines fournies par l'animal en expérience. En même temps il y a cylindrurie (surtout quand on injecte des sérums étrangers), et à l'autopsie on trouve des lésions rénales. Enfin l'animal devient de plus en plus sensible à l'action de l'injection (anaphyllaxie) (Ch. Richet; Arthus) et souvent il meurt subitement à la suite d'une nouvelle injection (Linossier et Lemoine) (voy. aussi p. 471, note 1).

l'organisme ne réagit plus comme vis-à-vis d'une substance étrangère. L'effet de la digestion a donc été de faire d'un protéique étranger une substance *spécifique*, c'est-à-dire propre à l'espèce considérée. Il y a eu, au sens étymologique du mot, une *assimilation*, et la digestion nous apparaît donc comme jouant un rôle considérable dans le maintien de la spécificité des organismes [1].

Cette spécificité nous apparaît, en effet, comme étant essentiellement d'ordre chimique, et l'on ne saurait même dans l'état actuel de la science la concevoir autrement. (p. 131). Or, de toutes les molécules qui forment les protoplasmes, celle qui est plastique au premier chef, c'est la molécule protéique. La grandeur et la complexité de cette molécule permettent précisément de prévoir pour elle un nombre presque illimité de formes différentes, adaptées chacune aux besoins d'une espèce, d'un tissu, d'un organe.

Par quel mécanisme la digestion remplit-elle ce rôle de gardien de la spécificité des organismes, en ce qui concerne les protéiques? On a vu que les diverses matières protéiques contiennent sensiblement les mêmes noyaux aminés, mais en proportions différentes, et du tableau de la page 31 il ressort clairement que l'une de ces matières ne peut être transformée en une autre qu'au prix d'une démolition, suivie d'une reconstruction convenable. D'une gliadine de farine de froment contenant 31 p. 100 d'acide glutamique, l'organisme ne peut faire de la sérumalbumine, qui en renferme 7,7 p. 100, qu'en disloquant cette molécule pour ne faire ensuite rentrer dans l'albumine reconstruite qu'une partie de cet acide. Cette même gliadine et la zéine du maïs ne contiennent pas de lysine, noyau qui ne manque dans aucun protéique animal et qui doit donc être introduit dans l'édifice pendant cette reconstruction. Mais pour que cette synthèse soit possible, jusqu'où doit aller la démolition préalable? On incline beaucoup à admettre aujourd'hui qu'elle doit être totale, c'est-à-dire aller jusqu'à la

---

1. En même temps elle défend l'organisme contre l'action toxique des protéiques étrangers. Un extrait aqueux de viande fraîche dont l'injection sous la peau produit les accidents néphrotoxiques indiqués plus haut, devient inoffensif quand il a subi l'action du suc gastrique. — Notons ici que la cuisson complète des protéiques alimentaires rend plus sûre cette action de défense des sucs digestifs. Il est, en effet, démontré que de petites quantités de protéiques étrangers, le blanc d'œuf cru, par exemple, peuvent être absorbées en nature et nuire ainsi au rein, du moins chez les albuminuriques. Bien coagulés au contraire, ces mêmes protéiques ne peuvent être redissous que par une action prolongée des sucs digestifs, ce qui les rend sûrement inoffensifs. D'ailleurs le chauffage des sérums étrangers à 55°, l'ébullition du lait suppriment les propriétés néphrotoxiques de ces liquides (Linossier et Lemoine).

mise en liberté de tous les acides aminés, et que, commencée et déjà poussée très loin dans le tube digestif, elle est achevée dans la muqueuse même, par l'action de l'érepsine, pendant l'absorption des produits, ce qui implique d'autre part une reconstruction *totale* de la molécule. Mais les organismes sont-ils capables d'une synthèse aussi étendue ?

**Possibilité d'une reconstruction totale des protéiques par l'organisme animal.** — On doit admettre aujourd'hui la possibilité d'une telle reconstruction. Lœwi a montré le premier qu'un chien peut être maintenu pendant longtemps (onze jours) en équilibre azoté avec une ration composée de graisse de porc et d'amidon de riz, additionnée, comme unique aliment azoté, des produits d'une autodigestion de tissu pancréatique, poussée jusqu'à la disparition de la réaction du biuret, c'est-à-dire jusqu'au dédoublement des albumoses et des peptones. Mais comme on peut objecter qu'un tel liquide de digestion renferme encore, . sous la forme de polypeptides, des fragments de la molécule plus gros que les acides aminés (p. 159 et 187), cette expérience capitale a été reprise de divers côtés et dans des conditions telles que l'hydrolyse digestive de l'aliment azoté ingéré fût sûrement totale (Henriques et Hansen ; Abderhalden).

Voici le détail de l'une des expériences de Abderhalden et de ses collaborateurs, l'une des dernières de toute une série, poursuivie avec une technique sans cesse perfectionnée. Un chien de six ans jeûne pendant 17 jours, ce qui fait descendre son poids de 8 820 gr. à 7 120 gr. On lui donne alors pendant 8 jours une ration ne renfermant d'autre aliment azoté que de la caséine complètement hydrolysée par une digestion prolongée (voy. plus bas), et l'on constate ainsi que l'animal, très abattu par le jeûne, reprend ses forces et toute la vivacité d'un sujet bien nourri, bien que son bilan d'azote demeure négatif et que son poids s'abaisse encore jusqu'à 7 000 gr. On remplace alors la caséine par de la viande de cheval, ayant subi successivement pendant 6 semaines une digestion pepsique, puis pendant 18 semaines une digestion pancréatique avec addition de suc intestinal, puis d'un extrait de muqueuse intestinale. On s'était de plus assuré que le liquide digestif ainsi obtenu contenait autant d'acides monaminés libres qu'on en trouve dans le liquide d'hydrolyse d'une même quantité de viande, complètement dédoublée par une ébullition de 8 heures avec de l'acide chlorhydrique fumant. Avec cette ration l'animal fit pendant 21 jours des bénéfices d'azote quotidiens, et son poids remonta à 8 400 gr., et lorsqu'il fut soumis ensuite à un nouveau jeûne de 8 jours, son poids ne descendit pas plus vite que lors du premier jeûne. Plus récemment encore Abderhalden, F. Frank et Schittenhelm ont réussi à maintenir en équilibre azoté, avec augmentation du poids, un garçon de douze ans, atteint de rétrécissement œsophagien et qui ne reçut pendant 15 jours, par le rectum, d'autre aliment azoté que de la viande de bœuf, complètement hydrolysée par une digestion trypsique et érepsique.

Il s'était donc produit évidemment dans ces cas une reconstruction de tissus nouveaux, donc une synthèse d'albumines, à partir du mélange d'acides aminés libres ingérés.

**Forme sous laquelle a lieu la résorption des protéiques.** — Mais de ce fait que les produits d'une hydrolyse totale des protéiques suffisent à l'entretien de la vie, on ne peut pas conclure qu'une telle hydrolyse a lieu réellement dans le tube digestif, en sorte que la question de la forme sous laquelle l'absorption des protéiques a lieu demeure entière. On ne décrira pas ici les nombreuses expériences qui ont été faites pour résoudre cette question, puisqu'aucune d'elles n'a conduit à des conclusions certaines, mais il est intéressant de noter quelques-uns des problèmes nouveaux qu'ont soulevés ces recherches.

On s'est efforcé de saisir de l'autre côté de la paroi digestive les produits de l'hydrolyse protéique, mais on n'a réussi à caractériser avec certitude dans le sang, ni les albumoses et peptones, ni les acides aminés (Abderhalden). Même quand par un artifice opératoire convenable la grande circulation se trouve, chez un chien en pleine digestion, restreinte à peu près uniquement au tube digestif, on ne trouve pas après une à cinq heures le sang plus riche en azote non précipitable par le tannin, c'est-à-dire plus riche en acides aminés que chez un animal à jeun (K. von Körösy). A quoi tient un tel résultat? Serait-ce que l'organisme, grâce à la rapidité de la circulation, travaille avec des dilutions si considérables, que de tels produits échappent à nos méthodes d'analyse (p. 244)? Ou ne serait-ce pas plutôt que la reconstruction des protéiques à partir des fragments préparés par la digestion a lieu déjà dans la paroi intestinale? C'est là une question que nous aurons à étudier dans un autre chapitre, quand nous suivrons les protéiques dans leurs destinées au delà de la paroi intestinale.

La question de la forme sous laquelle a lieu la résorption des protéiques demeure donc ouverte. Toutefois c'est vers l'hypothèse d'une hydrolyse sinon totale, du moins très profonde, que penchent aujourd'hui, avec Abderhalden, beaucoup de physiologistes. On a objecté, il est vrai, du point de vue téléologique, qu'il est illogique d'admettre que l'organisme se livre à un tel gaspillage d'énergie, démolissant dans l'intestin un édifice moléculaire qu'il sera obligé de reconstruire plus loin. A quoi l'on peut répondre d'abord que la reconstruction ne porte pas nécessairement sur la totalité de l'albumine d'une ration (p. 289), et en second lieu que l'effet thermique qui correspond à ce dédoublement est très médiocre, ainsi qu'on s'en est assuré en brûlant au calorimètre de l'albumine intacte et de l'albumine dédoublée par la trypsine (P. Hari).

Au surplus ce côté du débat n'offre plus qu'un intérêt secondaire. Que l'hydrolyse digestive des protéiques aille pour toute la molécule jusqu'aux acides aminés, ou qu'elle laisse subsister, au contraire, à côté de ces acides, des fragments plus gros, albumoses, peptones, polypeptides, qui seraient absorbés à cet état, c'est là une question dont la solution, quelle qu'elle soit, ne changera rien à l'aspect tout nouveau que prend aujourd'hui le problème de la digestion des protéiques. En effet, un fait capital demeure acquis, c'est que l'opération digestive n'apparaît plus comme visant simplement à transformer les protéiques en produits solubles et dialysables. Ce n'est pas simplement un procès d'ordre en quelque sorte culinaire, et sans lien direct avec la nutrition cellulaire. En réalité la digestion vise bien plus loin qu'à préparer simplement l'absorption des aliments. C'est un « broyage moléculaire » (Hugounenq), première étape d'une reconstruction qui, de produits étrangers, inaptes à entrer dans l'édifice organique, fera des matériaux spécifiques, c'est-à-dire adaptés à l'espèce considérée.

On voit aussi qu'au point de vue physiologique, comme au point de vue chimique (p. 38), les mots de peptone et de peptonisation ne conservent plus qu'un sens tout conventionnel [1].

**Les facteurs chimiques de la spécificité des protéiques.** — Le but de la digestion étant donc de faire avec des protéiques étrangers des protéiques spécifiques, cette opération ne pourra

1. Ajoutons ici que les physiologistes ont essayé de mesurer la part qui, dans la digestion des protéiques, revient aux diverses sécrétions intestinales. La suppression de la bile laisse intacte l'utilisation digestive des protéiques. Mais d'après Rosenberg la ligature des canaux pancréatiques chez le chien ferait tomber cette utilisation à 78 p. 100 en moyenne. Toutefois, E. Zunz rapporte que les animaux, après avoir maigri, retrouvent en général leur poids initial et que leur état général ne paraît pas atteint, et Hédon a vu que 96 p. 100 de l'azote des protéiques étaient encore absorbés chez un chien auquel il avait supprimé la sécrétion du suc pancréatique. Il se produit donc, grâce à une intervention puissante du suc gastrique et de l'érepsine du suc intestinal et de la muqueuse, une suppléance pour ainsi dire complète.

être connue dans toutes ses parties que lorsqu'on saura *à quelles particularités de structure est liée cette spécificité*. Cette question a pu être abordée expérimentalement à l'aide de la réaction des précipitines, et l'on a été conduit ainsi à distinguer pour chaque protéique deux spécificités, qui paraissent être liées chacune à des groupements chimiques différents. L'une, la « spécificité d'origine » — qui est la vraie spécificité, c'est-à-dire la marque que l'*espèce* a imprimée au protéique — fait, par exemple, que la caséine de vache diffère de la caséine de femme ; l'autre, la « spécificité de constitution » fait, par exemple, que la caséine de vache diffère de la lactalbumine du même animal. C'est que l'expérience montre, en effet, que chacune de ces deux spécificités peut être abolie par certains réactifs, sans que l'autre soit atteinte (Obermayer et Pick).

Si l'on modifie un protéique donné par la coction, par l'action des acides, des alcalis, du formol, etc., chacune des modifications ainsi obtenues engendre, lorsqu'on l'injecte à un animal, une précipitine correspondante qui ne réagit qu'avec la modification qui l'a produite, mais non pas avec les autres ou avec le protéique primitif. Ces réactifs ont donc créé chaque fois, dans le protéique dont on est parti, une spécificité de constitution nouvelle, mais on constate qu'ils ont laissé intacte la spécificité d'origine, car l'acidalbumine obtenue, par exemple, par l'action d'un acide sur la sérum-albumine de chien, engendrera une précipitine différente de celle que fournit l'acidalbumine faite en partant de la sérum-albumine de chat.

Au contraire, si l'on modifie un protéique en l'iodant, le nitrant ou le diazotant, les produits obtenus engendrent des précipitines qui réagissent respectivement avec le dérivé iodé, nitré ou diazoté du même protéique emprunté à n'importe quelle autre espèce. Cette fois, c'est donc la spécificité d'origine qui a été abolie par le réactif. Cela est si vrai, que la précipitine engendrée par une albumine iodée réagit même avec l'albumine iodée empruntée à la même espèce que l'animal injecté. De plus les animaux sensibilisés à l'extrême à l'action d'une albumine donnée, ne reçoivent pas le choc anaphylactique (p. 188, note 1), quand on leur injecte cette même albumine, après l'avoir iodée (H. Freund).

On ne sait pas encore quels sont les groupements atomiques de l'albumine sur lesquels agissent la coction, les acides, les alcalis, le formol, mais on est certain que l'action de la nitration, de la diazotation et celle de l'iode se portent sur les noyaux cycliques. Ce seraient donc ces noyaux qui représenteraient les porteurs essentiels de la spécificité d'origine.

Ajoutons que l'on voit l'organisme opérer aussi les deux modifiactions que l'on vient d'expliquer. Dans la glande mammaire il crée côte à côte une caséine et une lactalbumine, à spécificité d'origine commune et à spécificité de constitution différente. Au contraire, dans le cristallin, le protéique constitutif ne possède plus aucune spécificité d'origine, car il engendre des précipitines qui réagissent avec l'albumine du cristallin de n'importe quel autre animal (Uhlenluth).

On peut donc espérer que l'emploi de la réaction biologique des précipitines, combiné avec le patient inventaire des produits du dédoublement complet ou ménagé des protéiques, révélera peu à peu en quoi consistent chimiquement ces deux spécificités. Alors seulement on pourra comprendre dans toute son étendue l'opération de la digestion et de l'assimilation des protéiques.

**La digestion et la résorption des nucléoprotéides.** — Le sort de ces protéides dans le tube digestif n'est pas encore établi avec certitude. D'après ce qui a été dit précédemment on doit admettre que la digestion pepsique débarrasse simplement les noyaux de la gangue protoplasmique qui les entoure, mais sans attaquer sensiblement leurs nucléoprotéides (p. 148). Puis, par sa trypsine, le suc pancréatique commence le dédoublement, avec mise en liberté de l'acide nucléique, mais celui-ci ne subit lui-même qu'une transformation physique qui le rend diffusible (p. 160). Est-il alors absorbé à cet état, ce qui lui donnerait une place à part dans le tableau des opérations digestives, ou bien, partageant le sort commun à tous les aliments, subirait-il à son tour la réduction en fragments plus simples (acide phosphorique, bases puriques...., pour être reconstruit plus loin sous une forme propre à l'espèce considérée? C'est ce que l'on ignore encore. Mais cette seconde hypothèse apparaîtra comme la plus vraisemblable, si l'on considère, d'une part, le pouvoir que possède la muqueuse intestinale de dédoubler les acides nucléiques (p. 166 et 332, note 1), et, d'autre part, le rôle éminent que doivent jouer nécessairement les constituants des noyaux cellulaires comme facteurs de la spécificité de l'organisme (p. 50).

Une partie des nucléoprotéides échappe évidemment à l'absorption, et leurs acides nucléiques sont dédoublés par les bactéries des fèces. En effet, les selles contiennent toujours des bases puriques (de 0 gr. 05 à 0 gr. 1 en 24 heures) et la quantité de ces bases est augmentée dans les affections du pancréas (jusqu'à 0 gr. 50) (Schittenhelm). Les fèces contiennent alors beaucoup de noyaux intacts, signe que la clinique a mis à profit (Epreuve de Schmidt).

## 2. *La digestion intestinale des graisses.*

Lorsqu'on ouvre l'abdomen d'un chien quatre à huit heures après un repas riche en graisses, on voit les chylifères devenus lactescents, c'est-à-dire gorgés d'une émulsion graisseuse, et l'on sait aujourd'hui par la classique observation de Cl. Bernard, complétée par une ingénieuse contre-épreuve de Dastre, que c'est la collaboration de la bile et du suc pancréatique qui assure à ce phénomène son maximum d'intensité. En effet, chez le lapin le suc pancréatique se déverse dans l'intestin à 35 centimètres environ au-dessous de la bile. Or, Bernard a montré que les chylifères ne commencent à être visiblement lactescents qu'à partir du point où se fait le mélange des deux humeurs. De même, si l'on pratique chez le chien une fistule cholécysto-intestinale, de telle manière que, le cholédoque étant lié, la vésicule vienne déverser son contenu à une certaine distance au-dessous de l'ampoule de Vater, c'est-à-dire au-dessous du suc pancréatique, on constate encore que les chylifères ne sont lactescents qu'à partir du niveau où les deux sucs peuvent additionner leurs actions (Dastre).

Quel est ici le rôle respectif de la bile et du suc pancréatique, question étroitement liée à cet autre problème : A quel état les graisses sont-elles absorbées? *En nature*, sous la forme de graisses simplement émulsionnées, ou bien *après saponification* en acides gras, puis en savons et en glycérine, c'est-à-dire en produits solubles dans l'eau? Examinons ces deux hypothèses.

**Absorption des graisses en nature.** — Lorsque les graisses quittent l'estomac, elles sont en parties fondues et mêlées au chyme en gouttes plus ou moins volumineuses, en partie simplement ramollies, là où il s'agit de graisses fondant au-dessus de 37°. De plus l'action dissolvante du suc gastrique a mis en liberté celles qui se trouvaient emprisonnées dans les tissus. Ces graisses, toujours mêlées d'acides gras libres — ne fût-ce que par le fait des opérations culinaires — sont aussitôt émulsionnées au contact des sécrétions alcalines de l'intestin, et l'on a vu comment le suc pancréatique par son alcalinité et sa viscosité, et surtout par la mise en liberté de nouvelles quantités d'acides gras (p. 161), rend cette émulsion plus parfaite encore et plus stable. A la vérité il est difficile de constater directement ce phénomène sur le vivant, car on ne trouve jamais l'intestin largement pourvu de graisses émulsionnées ; la muqueuse est simplement couverte d'une sorte d'enduit épais et bilieux, sans doute parce que le pylore ne laisse passer chaque fois que la quantité de chyme que l'intestin peut immédiatement maîtriser. Mais comme dans cette masse on ne trouve que 12 p. 100 environ des graisses à l'état de savons, beaucoup de physiologistes ont admis que l'absorption des graisses se fait principalement à l'état d'émulsion, les fines granulations de graisse pénétrant directement dans le protoplasme des cellules épithéliales de la muqueuse, bien qu'à la vérité l'observation microscopique de la muqueuse n'ait jamais fourni de preuves péremptoires d'un tel passage.

On voit donc que, dans cette théorie, l'action chimique (stéatolytique) du suc pancréatique n'interviendrait que pour assurer une efficacité plus grande à l'action physique, c'est-à-dire à lémulsion. De son côté la bile agirait dans le même sens, d'une part, par son alcalinité, d'autre part, par le surcroît d'activité stéatolytique que sa présence vaut au suc pancréatique.

**Absorption des graisses après saponification.** — A cette théorie de la pénétration des graisses en nature, on a opposé ou juxtaposé celle de la saponification préalable en acide gras et en glycérine, et que semblent accepter aujourd'hui de préférence la majorité des physiologistes. Ici l'on admet que l'émulsion a pour effet, non de préparer directement l'absorption, mais de rendre plus rapide, par la multiplication des surfaces, l'acte chimique de la saponification, qui est l'opération digestive essentielle. L'acide gras libéré, transformé en savon par les alcalis du contenu intestinal, est absorbé en même temps que la glycérine, et si dans les chylifères on ne retrouve que de la graisse neutre, c'est que la muqueuse, au cours même de l'absorption, a refait par synthèse la graisse primitive.

La réalité d'une telle synthèse a été établie par I. Munk, dans une belle série d'expériences sur le chien, complétées plus tard par d'intéressantes observations sur une femme atteinte d'une fistule lymphatique. Lorsque ce savant introduisait dans une anse intestinale des savons alcalins avec ou sans glycérine, il trouvait que les chylifères correspondants deviennent laiteux. De même si l'on remplace les savons par des acides gras libres, émulsionnés au moyen d'une petite quantité de carbonate de sodium (insuffisante d'ailleurs pour neutraliser une fraction importante des acides gras employés), les chylifères correspondants deviennent laiteux et le chyle contient des graisses neutres avec très peu de savons. Si l'on met un chien en équilibre azoté avec de la viande et des graisses, cet équilibre n'est pas rompu si l'on substitue à la graisse, même pendant un grand nombre de jours (21 j.), une quantité correspondante d'acides gras libres. Enfin si l'on introduit dans le tube digestif des éthers spéciaux, tels que le blanc de baleine ou palmitate de cétyle, de l'oléate d'amyle, des oléate, palmitate et stéarate d'éthyle, les acides gras correspondants se retrouvent dans le chyle à l'état de palmitine, de stéarine et d'oléine, c'est-à-dire d'éthers de la glycérine (Munk et Rosenstein; Frank). Les éthers introduits ont donc été dédoublés, et les acides gras correspondants ont été, après résorption, recombinés à la glycérine.

Pareillement l'acide érucique (acide gras spécial, étranger à l'organisme animal et facile à reconnaître), ingéré par l'homme, peut être retrouvé dans le chyle à l'état de graisse neutre.

Cette théorie a été fortifiée par la découverte de la remarquable solubilité des acides gras dans la bile (p. 170). Par là on échappe à cette objection que la quantité d'alcali nécessaire à la neutralisation des acides gras d'un repas est supérieure à celle qui est disponible dans l'intestin. Finalement Pflüger et Cohnhein concluent qu'il n'existe actuellement aucun fait empêchant d'admettre que la totalité de la graisse est saponifiée avant l'absorption. L'aliment gras cesserait donc de prendre par rapport aux deux autres une position particulière. Comme les albumines et les hydrates de carbone il subirait une dégradation préalable en fragments plus simples, avec reconstruction synthétique ultérieure. Notons que cette reconstruction immédiate apparaît aussi comme un mécanisme de défense contre la toxicité des savons et spécialement contre leur pouvoir hémolytique.

On a étudié, comme pour les protéiques, l'influence exercée sur la résorption des graisses par la suppression de la bile ou du suc pancréatique. Les animaux porteurs d'une fistule biliaire complète, c'est-à-dire avec écoulement vers l'extérieur de la totalité de bile, peuvent être conservés en bonne santé pendant des mois (plus d'un an pour des chiens opérés par Dastre), sans présenter d'autres troubles qu'une grande voracité et la présence d'un excès de graisse dans les excréments. La seule précaution à prendre consiste en une ration abondante et pauvre en graisse, une nourriture riche en graisse entretenant une diarrhée chronique qui conduit les animaux à la cachexie et à la mort. C'est que la suppression de la bile abaisse la proportion des graisses résorbées à 40 ou 50 p. 100, ou à 69 p. 100 quand il s'agit de graisses émulsionnées (Hédon et Ville). La suppression du suc pancréatique a des effets plus marqués encore, puisque l'absorption des graisses émulsionnées est abaissée à 28-53 p. 100 et celle des graisses non émulsionnées à peu près à zéro (Minkowski, Harley). Toutefois, même après suppression simultanée de la bile et du suc pancréatique chez le chien, Hédon et

Ville ont vu le saindoux absorbé encore dans la proportion de 10 p. 100, et la graisse du lait à raison de 22 p. 100, résultat qui ne peut être expliqué que par l'action des lipases gastrique et intestinale.

**Digestion et absorption de la lécithine.** — D'après Schumoff-Simanowski et Sieber, et d'autres observateurs, la lipase pancréatique dédoublerait, *in vitro*, l'ovolécithine en acide glycérophosphorique, acides gras et choline. D'autre part on a vu que la lécithine n'est que l'un des représentants d'un groupe certainement très touffu, et que tous ces lipoïdes phosphorés jouent sans aucun doute un rôle éminent dans la vie cellulaire. Comme enfin le travail digestif prend de plus en plus à nos yeux, du moins pour les aliments qui doivent devenir des constituants essentiels des cellules, la signification d'une démolition, condition d'une reconstruction ultérieure (voy. p. 188 et suiv.), on incline à admettre que les phosphatides obéissent aussi à cette loi générale. Notons toutefois que Mlle Kalaboukoff et Terroine contestent que la lipase pancréatique dédouble la lécithine. Celle-ci serait absorbée en nature, grâce à l'intervention de la bile, qui, ajoutée à une émulsion laiteuse de lécithine, la rend limpide et fait disparaître son caractère colloïdal.

## 3. *La digestion intestinale des hydrates de carbone.*

C'est dans l'intestin que la digestion des hydrates de carbone acquiert son maximum de puissance. C'est aussi à ce niveau qu'a lieu la résorption de ces aliments, puisque le pouvoir absorbant de l'estomac pour les sucres est, comme on l'a vu, médiocre ou nul.

Les *glycoses* (glycose, lévulose, galactose) sont absorbés en nature et directement assimilables ; ce fait a été établi par une classique expérience de Cl. Bernard sur le glycose et le lévulose, qui injectés dans le sang ne passent pas dans les urines, à condition que l'injection soit poussée avec une lenteur suffisante. Pareillement le galactose introduit sous la peau n'est pas éliminé par l'urine et disparaît complètement (F. Voit).

En ce qui concerne les *saccharoses*, le saccharose ordinaire ou sucre de canne, injecté dans le sang, est éliminé comme un corps étranger par les urines, et Dastre a apporté la même démonstration pour le lactose. On doit donc admettre que ces sucres ne sont absorbés qu'après dédoublement en deux molécules de glycose. Cette opération est assurée pour le sucre de canne par la sucrase ou invertine du suc intestinal, et pour le lactose par la muqueuse intestinale elle-même (p. 167). La même question doit être posée pour le maltose. Injecté dans le sang, le maltose disparaît à la vérité presque entièrement (Dastre et Bourquelot). On pourrait donc conclure de là qu'il est directement utilisé par l'organisme, si l'on ne trouvait dans le sang une maltase, qui sans doute assure le dédoublement de ce sucre en deux molécules de glycose à mesure que l'organisme le consomme (Bourquelot et Gley). Mais cette expérience ne prouve pas que le maltose produit pendant la digestion des amylacés soit absorbé en nature, d'autant plus qu'on n'en trouve jamais ni dans le sang, ni dans la lymphe. Il est donc vraisemblable que ce sucre est préalablement dédoublé en deux molécules de glycose par la maltase du suc pancréatique.

Les *matières amylacées*, déjà transformées pour la majeure partie en produits solubles par l'amylase salivaire dont l'action se poursuit longtemps encore dans l'estomac (p. 135 et 179), continuent leur dégradation dans le duodénum et la terminent complètement dans le jéjunum et l'iléon, lorsqu'il s'agit d'amidon cuit. Ainsi chez le chien, on a trouvé par la méthode des fistules étagées de London, que dans le duodénum 56 p. 100 et dans l'iléon inférieur 94 p. 100 de l'amidon cuit sont hydrolysés. Seul l'amidon cru passe dans le gros intestin dans la proportion de 22 p. 100. La résorption est également très rapide, mais seulement à partir du jéjunum ; pour l'empois d'amidon, elle atteint chez le chien dans le duodénum 9 p. 100, dans le jéjuno-iléon 35 p. 100 et dans l'iléon inférieur 93 p. 100. Quant à la forme sous laquelle cette résorption a lieu, il est certain que c'est encore au glycose qu'aboutit tout ce travail, puisque tel est aussi, *in vitro*, le produit ultime de la saccharification pancréatique de l'amidon naturel.

Le type hexose, $C^6H^{12}O^6$, représente donc la forme sous laquelle tous les hydrates de carbone arrivent à l'absorption.

## 4. L'absorption des matières minérales. Mécanisme de l'absorption digestive en général.

Pendant longtemps on s'est représenté l'absorption de l'eau et des sels, et d'une manière générale celle des produits solubles de la digestion comme gouvernée par les seules lois de la diffusion et de l'osmose, la paroi intestinale fonctionnant comme la membrane « morte » (papier parchemin) d'un dialyseur. Le sang et la lymphe étant moins riche, le contenu intestinal plus riche en sels, sucres, peptones, etc., la dialyse de ces corps de l'intestin vers le sang ou la lymphe semblait s'expliquer sans effort.

Cette théorie purement physique, qui avec Ludwig avait d'ailleurs pénétré toute la physiologie (notamment celle de la sécrétion urinaire) fut attaquée par Heidenhain d'abord en 1874, puis avec plus de succès en 1894, après que la théorie des solutions se fut constituée sur les travaux de van t'Hoff et de Arrhenius. Heidenhain, Cohnheim, Reid et d'autres observateurs firent ressortir successivement les nombreuses contradictions qu'implique la théorie physique et la nécessité d'admettre une intervention active de la muqueuse intestinale dans l'absorption digestive.

1° La théorie physique implique qu'il existe toujours une différence de tension osmotique, entre le contenu intestinal et le sang. Or, le sérum sanguin d'un animal est rapidement absorbé quand on l'introduit dans l'intestin de cet animal (Voit et Bauer; Heidenhain et Reid), bien qu'ici il y ait égalité de tension entre les deux milieux.

2° L'absorption se produit même quand la tension osmotique du liquide absorbé est moindre que celle du sang. Des solutions d'eau salée, de sucre, de concentration beaucoup plus élevée que celle du sang sont absorbées dans l'intestin (Heidenhain, Cohnheim). Si un intestin d'octopode est garni d'une solution d'iodure de potassium et suspendu dans le sang bien artérialisé de l'animal, on voit tout l'iodure passer dans le liquide extérieur à tel point qu'on n'en trouve plus dans l'intestin. Ce transport *complet* ne peut évidemment être expliqué par le seul jeu des forces osmotiques. Il faut admettre l'intervention active de la muqueuse (Cohnheim).

3° Cette intervention est en outre démontrée par les changements que produit dans la perméabilité de la muqueuse toute atteinte à l'intégrité de l'épithélium. Ainsi le contact de la muqueuse avec une solution de fluorure de sodium (Heidenhain, Cohnheim), ou la suppression même très courte de l'arrivée de sang artériel (Reid) suspend aussitôt la résorption, et entre le contenu intestinal et le sang s'établit alors un échange de matériaux réglé par les seules lois de l'osmose. Pareillement si, dans l'expérience avec l'intestin d'octopode, le sang n'est pas richement oxygéné, l'intestin n'absorbe plus l'iodure et celui-ci se partage également ment entre le contenu intestinal et le sang extérieur (Cohnheim).

En quoi consiste cette intervention de la cellule épithéliale. C'est un *travail*, dit Cohnhein, analogue à celui de la cellule sécrétante, et l'on sait que pour la sécrétion urinaire, par exemple, la réalité de ce travail est démontrée par la forte consommation d'oxygène par le rein, en rapport avec le travail sécrétoire accompli. Certains auteurs parlent ici d'une action physiologique spéciale, liée à la vie des cellules épithéliales, et c'est là notamment une des formes que prend le néo-vitalisme contemporain.

On a déjà montré, à propos de la perméabilité cellulaire, pourquoi il faut se mettre en garde contre des explications de cette nature (voy. p. 121). Il est vraisemblable que le phénomène de l'absorption sera démembré, comme celui de la perméabilité cellulaire, et rapporté pour chacune de ses parties à telle propriété physique ou chimique des constituants cellulaires. Pour l'instant, il faut se borner à observer les faits, non seulement ceux qui se rapportent à l'absorption intestinale, mais encore ceux qui sont relatifs à la production de la lymphe, de l'urine, à l'absorption par la peau, les séreuses, etc... Déjà un nombre considérable de résultats ont été ainsi recueillis, mais qu'on n'étudiera pas ici parce qu'ils ne se prêtent encore à aucun exposé d'ensemble.

**Pourquoi l'estomac et l'intestin ne se digèrent-ils pas eux-mêmes. — Le rôle du mucus.** — Comment se fait-il que les sucs digestifs ne digèrent pas les parois de l'estomac et de l'intestin, composées cependant de matières protéiques. Ce n'est pas parce que ce sont des tissus *vivants*, car une partie d'un animal vivant, introduite par une fistule dans l'estomac d'un autre animal est bientôt attaquée. D'autres explications, présentées en grand nombre, ont de même successivement succombé. On a cru aussi découvrir dans la muqueuse stomacale une *antipepsine*, et dans la muqueuse intestinale une *antitrypsine*, qui seraient les agents de cette protection. Mais d'après Klug, il ne peut s'agir ici d'une antidiastase, car la substance qui dans les extraits de muqueuse de l'estomac et de l'intestin arrête l'action de la pepsine et de la trypsine résiste à l'ébullition. Or, ces extraits ne contiennent guère que de la mucine qui serait donc l'agent protecteur. De fait la mucine de la vésicule biliaire du porc, la pseudomucine des kystes ovariques arrêtent la protéolyse aussi bien que la mucine du tube digestif. De la trypsine dissoute dans de la salive digère beaucoup moins de fibrine que celle qui a été dissoute dans de l'eau.

Ces recherches, dont il sera intéressant de poursuivre la confirmation, soulèvent donc la question du rôle du mucus le long du tube digestif. On sait que déjà dans l'arbre bronchique on a assigné à ce corps un rôle de protection antiseptique. Pour le tube digestif, il paraît bien ressortir des recherches de Surmont et Dubus que les bons effets que donne le pansement de la surface stomacale par le bismuth dans les affections de l'estomac (ulcère, hyperchlorhydrie) sont dus à la forte sécrétion de mucus provoquée par ce médicament. Notons à ce propos que l'intestin sécrète un ferment soluble, une *mucinase*, qui a la propriété de coaguler le mucus intestinal. Celui-ci affecte, en effet, dans les fèces deux aspects : tantôt il est glaireux, c'est-à-dire non coagulé, tantôt il est concrété et ressemble à des fausses membranes (membranes de l'entérite muco-membraneuse). Cette mucinase est arrêtée dans son action par une substance thermostabile contenue dans la bile (H. Roger).

# CHAPITRE XI

# LES MICRO-ORGANISMES ET LA DIGESTION. — LES FERMENTATIONS ET LES PUTRÉFACTIONS INTESTINALES. — LES FÈCES.

Le contenu intestinal du nouveau-né est stérile, mais très vite après la naissance le tube digestif est envahi avec par les micro-organismes, et vers le quatrième jour la flore bactérienne de l'instestin est complètement développée, variablé d'ailleurs selon la nature de l'alimentation (lait de la mère ou lait de vache.) Au moment du passage à l'alimentation mixte cette flore se modifie encore, et finalement il s'installe ainsi chez chaque individu et dans chaque portion de l'intestin de certaines espèces bactériennes en rapport avec les habitudes alimentaires du sujet (Bienstock). C'est la relation étroite que l'on constate ainsi entre l'alimentation et la nature de ces bactéries, qui justifie les tentatives faites en vue d'éliminer de l'intestin certaines espèces bactériennes, ou de limiter le développement de ces espèces, par des changements convenables dans l'alimentation, c'est-à-dire de modifier dans une direction déterminée le chimisme des fermentations intestinales (voy. plus loin).

On trouve des bactéries dans le tube digestif depuis la bouche jusqu'à l'anus. La salive et le suc gastrique en contiennent beaucoup. Elles sont relativement rares dans l'intestin grêle, puis, dans le gros intestin, leur nombre devient, au contraire, si considérable, qu'elles constituent une partie importante, la moitié peut-être, de la masse fécale. Mais partout on note un contraste remarquable entre le nombre énorme de bactéries que l'on aperçoit au microscope et le petit nombre de ceux d'entre ces organismes qui peuvent être cultivés dans des milieux arti-ficiels. Et cependant ils sont capables d'un développement rapide, comme le montrent notamment les accidents infectieux graves que provoque si promptement toute lésion de l'intestin permettant le passage du chyme dans la cavité péritonéale. Les difficultés que l'on rencontre ainsi dans la culture des bactéries du tube digestif, et qui tiennent peut-être à la production de substances empêchantes (p. 209), font qu'un petit nombre seulement d'entre elles sont connues et classées.

Pris dans leur ensemble, ces micro-organismes opèrent, *in vitro*, les mêmes actions diastasiques que nos sucs digestifs, parce que leur nutrition obéit, comme on l'a vu, aux mêmes lois générales que la nôtre (p. 101). Ils dédoublent, en effet, les protéiques[1], ils saponifient les graisses, ils saccharifient les amylacés et dédoublent les saccharoses, et comme leur pullulation n'est qu'incomplètement arrêtée dans le tube digestif, leur *collaboration aux actes chimiques de la digestion* est certaine. Mais dans quelle mesure cette intervention se produit-elle? C'est ce que nous aurons à examiner.

Ces opérations digestives des bactéries ne sont que le prélude de leurs actions chimiques spécifiques. Pour les besoins de leur nutrition, ces organismes décomposent, en effet, dans des directions différentes les produits de ces dédoublements digestifs. Ils disloquent les sucres en acides gras divers (acides lactique, butyrique, acétique), en alcool, en acide carbonique, en hydrogène; ils morcellent les peptones en acides aminés, en bases plus ou moins toxiques, en produits odorants. En un mot ils sont les agents des *fermentations et putréfactions intestinales*, dont nous aurons à mesurer l'importance.

Enfin dans le gros intestin, où rien ne vient plus les modérer, ces actions bactériennes prennent définitivement le dessus, et en grande partie sous leur influence le bol intestinal devient peu à peu le *bol fécal*.

Étudions donc : 1° la collaboration des microbes à la digestion; 2° les fermentations et putréfactions intestinales ; 3° les fèces.

---

1. D'après Pfaundler les bactéries intestinales ne peptonisent pas les protéiques, mais dédoublent activement les albumoses et les peptones, fait que l'on cite souvent comme un intéressant exemple de l'adaptation d'un organisme aux conditions d'existence qui lui sont faites, ces bactéries vivant dans un milieu où abondent les albumines déjà peptonisées.

## § I. — LES MICRO-ORGANISMES ET LA DIGESTION.

C'est Pasteur qui en 1885 a soulevé l'hypothèse d'une collaboration, peut-être indispensable, des microbes intestinaux à la digestion normale, en ce sens qu'il y aurait une véritable symbiose [1] entre ces organismes et leur hôte, et bien que les expériences suggérées par cette hypothèse n'autorisent pas à admettre une telle collaboration chez l'homme, elle n'ont pas entièrement résolu le problème, qui visiblement ne se pose pas de la même manière pour les diverses espèces animales.

De jeunes cobayes, extraits de l'utérus d'une femelle à terme par une opération césarienue aseptique, ont été maintenus pendant huit jours sous une cloche dans un courant d'air stérile, et nourris de lait, ou de lait et de biscuits anglais (cakes) stérilisés. Or, ces animaux se sont développés normalement, bien que leur contenu intestinal ait été trouvé stérile à la fin de l'expérience. A ces recherches, qui sont de Nuttal et Thierfelder, on peut opposer les résultats tout différents obtenus par Schottelius avec des poulets éclos aseptiquement et nourris d'aliments stériles (grains de millet et blanc d'œuf cuit). Ces animaux, en effet, étaient agités, mangeaient plus que les témoins et faisaient plus d'excréments; ils se développaient mal, n'avaient pas encore formé de plumes au vingt et unième jour et périssaient en général du dixième au trentième jour. Si après six à huit jours de ce régime on ajoutait à leurs aliments des bactéries, et spécialement le *Bacillus coli gallinarum*, ils se remettaient, commençaient la formation de leurs plumes et augmentaient de poids. Mme Metchnikoff, Moro, ont vu de même des têtards de grenouilles, ou des larves de crapauds, élevés aseptiquement, marquer un retard de croissance très marqué sur les témoins qui (dans le cas des crapauds) avaient vécu dans une eau additionnée d'excréments de l'animal adulte.

Il semble donc que chez l'oiseau, qui dès sa naissance s'alimente d'une manière indépendante, la digestion ne peut se faire sans le concours des micro-organismes, tandis que l'alimentation stérile réussit chez le mammifère, qui est adapté au lait maternel. Peut-être est-ce dans la dissolution des enveloppes cellulosiques des aliments végétaux que l'intervention des bactéries est nécessaire, et l'on doit se demander à ce propos quels résultats donne-

---

1. Cette expression, qui est due à de Bary, désigne une association dans laquelle « deux êtres spécifiquement distincts, confondent leur corps en un organisme mixte et harmonisent leurs fonctions pour le plus grand bien de la communauté » (Vuillemin). La découverte de ces faits de « mutualisme » — qui se distingue donc nettement du parasitisme ordinaire — constitue l'une des plus remarquables acquisitions que la biologie générale ait faite dans ces dernières années.

rait l'expérience de Nuttal et Thierfelder avec des rations riches en cellulose, dont la digestion chez les herbivores est probablement tout entière un procès bactérien [1].

Quoi qu'il en soit, la question soulevée par Pasteur n'est pas encore mûre pour une conclusion d'ensemble, mais pour beaucoup de raisons on incline à admettre en général que les microbes ne sont pas des adjuvants indispensables de nos sucs digestifs, et que leur présence n'est qu'un phénomène de parasitisme, sans cesse limité et combattu par l'organisme. On fait remarquer, en effet, que les actions diastasiques des divers sucs digestifs sont extrêmement puissantes et rapides, et indépendantes de toute ingérence microbienne (Dastre), tandis que l'action des microbes se fait sentir beaucoup plus lentement, c'est-à-dire que la digestion et l'absorption des aliments sont en grande partie terminées avant que les actions bactériennes aient pu intervenir grandement. D'ailleurs la pullulation des micro-organismes est ralentie dans l'intestin par divers mécanismes de défense (p. 207), et elle ne devient intense que lorsque l'absorption est à peu près terminée. Arthus fait observer, en outre, avec raison que les bactéries ne sécrètent pas inutilement leur diastases digestives, et que dans un milieu contenant de l'amidon et de l'albumine, avec leurs produits d'hydrolyse respectifs, on voit les microbes consommer de préférence les produits déjà simplifiés, maltose, glycose, albumoses, plutôt que les matériaux primitifs, albumine et amidon, dont l'attaque est plus difficile, ce qui revient à dire que ces organismes sont des consommateurs de produits déjà digérés, plutôt que des collaborateurs de la digestion.

Il est vraisemblable que, de plus, ils sont nuisibles par certains produits toxiques qu'ils engendrent. Toutefois nous verrons que les bactéries, ou certaines bactéries, hôtes habituels du tube digestif normal, contribuent peut-être à la défense de l'organisme contre d'autres espèces. En ce sens ces espèces seraient donc des collaborateurs de l'appareil digestif.

---

1. Chez les ruminants, les aliments, le plus souvent très riches en cellulose, séjournent d'abord pendant de longues heures dans la panse, où ils subissent la fermentation dite méthanique avec dédoublement de la cellulose en acides acétique, propionique, butyrique, etc., gaz carbonique, hydrogène et méthane (H. von Tappeiner). Ainsi rendus plus accessibles à l'action des sucs digestifs, les aliments sont, par le fait de la rumination, mastiqués et insalivés à nouveau, puis transportés dans le véritable ostomac, où commence la série des actes digestifs proprement dits. Chez le cheval, le lapin, la digestion bactérienne de la cellulose a lieu surtout dans le cæcum.

## § II. — LES FERMENTATIONS
## ET LES PUTRÉFACTIONS DANS LE TUBE DIGESTIF.

Malgré les conditions favorables de température et de nutrition que le contenu du tube digestif assure aux bactéries, et notamment à celles qui s'attaquent aux protéiques, c'est-à-dire qui produisent la *putréfaction* de ces composés, le chyme ne présente jamais à l'état normal aucune odeur putride. Dans le cas de fistule intestinale au niveau de cæcum, cité plus haut (p. 187), le liquide fourni par la fistule et qui avait donc parcouru toute la longueur de l'intestin grêle, était en général presque sans odeur, et dans 1 000 grammes de ce chyme on ne put caractériser aucun des produits de la putréfaction des protéiques (phénol, indol, scatol, mercaptan, acides oxyaromatiques). Dans l'intestin grêle, en effet, il ne se produit guère que des *fermentations*, en entendant par là des actions bactériennes qui dédoublent les hydrates de carbone en acides divers. Les putréfactions ne commencent que dans le gros intestin. Là on trouve d'une manière constante les produits aromatiques que l'on vient d'énumérer, et il faut des circonstances pathologiques spéciales, telles que des stases du contenu de l'intestin grêle, des obstacles dans le gros intestin faisant sentir leur effet jusqu'au delà de la valvule de Bauhin, pour que les putréfactions remontent en amont de cette valvule. Enfin, même le contenu du gros intestin ne présente jamais, à l'état normal, l'odeur repoussante des matières animales en putréfaction.

L'intestin est donc en mesure de maintenir dans de certaines limites la pullulation de ses hôtes habituels. Il est armé aussi pour détruire rapidement les bactéries étrangères, « sauvages », introduites expérimentalement. Ainsi lorsque des cultures très riches de *Bac. prodigiosus*, de *Vibrio* Metchnikoff sont introduites dans l'intestin du chien par la voie buccale ou par une fistule duodénale (pour ne mettre en jeu que l'intestin), ces organismes disparaissent très vite, à tel point qu'on n'en retrouve plus le lendemain, ou bientôt ils sont dans un état tel qu'ils ne peuvent plus être cultivés (Schütz, Horowitz).

Voyons quels sont les mécanismes qui assurent au tube digestif cette remarquable résistance.

### 1. *Les procès antiseptiques dans le tube digestif.*

On n'a reconnu à la *salive* aucune propriété antibactérienne et on ne connaît aucun mécanisme intervenant dans ce sens au niveau de la bouche, mais il est intéressant de rappeler la facilité remarquable avec laquelle guérissent les plaies de la muqueuse buccale, comme aussi du reste celles de la muqueuse de tout le tube digestif.

**Actions anti-bactériennes dans l'estomac.** — L'action antiseptique si énergique qu'exerce, *in vitro*, le suc gastrique, a fait attribuer à l'acide chlorhydrique un rôle considérable dans la lutte du tube digestif contre les bactéries, à tel point que Bunge apercevait dans cette action la fonction essentielle du suc gastrique. Actuellement ce rôle apparaît comme beaucoup plus limité.

Il est limité d'abord parce que les aliments peuvent séjourner dans l'estomac pendant plusieurs heures avant d'être totalement pénétrés par le suc gastrique (p. 179), et dans l'intérieur du contenu de la région fundique les bactéries peuvent donc se développer, ainsi qu'on le constate après ingestion de lait cru (Tobler).

En outre l'action antiseptique de l'acide chlorhydrique est considérablement diminuée par sa combinaison avec les matières protéiques (p. 151); seul l'acide libre a dans ce sens une action énergique. Toutefois, même dans les conditions les plus défavorables, dans les cas d'achylie, par exemple avec stases prolongées des aliments dans l'estomac, on n'observe jamais de véritables putréfactions. Il arrive, en effet, que les bactéries des hydrates de carbone prennent rapidement le dessus et empêchent, par leurs produits acides de fermentation (acides lactique, acétique, butyrique), toute putréfaction des protéiques. Notons dès à présent que tout le long du tube digestif, ce sont là les deux procès bactériens, fermentations acides des hydrates de carbone et putréfaction des protéiques, qui se disputent la prépondérance.

**Actions anti-bactériennes dans l'intestin.** — Dans l'intestin l'action antiseptique de l'acide chlorhydrique, déjà fortement atténuée par la combinaison avec les protéiques, achève de succomber sous l'afflux des sucs digestifs alcalins. Quels sont les mécanismes de défense qui interviennent alors?

Il ne peut pas être question ici du suc pancréatique, ni du suc intestinal, même aidés par la bile en nature, car ces sucs n'ont aucun pouvoir bactéricide, mais on a invoqué l'action antiseptique des *acides biliaires libres* et celle des *acides de fermentation* résultant du dédoublement des hydrates de carbone. L'inter-

vention des acides biliaires est probablement de médiocre importance, mais la théorie de l'effet antiputride des fermentations
acides est appuyée sur un grand nombre de constatations intéressantes.

Les *acides biliaires* libres ont, *in vitro*, une action antiseptique manifeste (p. 170). Mais dans l'intestin (où ces acides peuvent être mis en
liberté par le chyme stomacal acide, puis par les acides de fermentation), cette action est probablement de peu d'importance, puisque la
suppression de la bile ne paraît pas augmenter les putréfactions intestinales. Cependant la bile, ajoutée au mélange d'un bouillon de culture
avec des fèces, si elle n'arrête pas la pullulation microbienne, influence
la culture en ce sens qu'il ne se produit pas de poisons. Le filtrat de
la culture est, en effet, beaucoup moins toxique pour le lapin. Les substances qui agissent ici sont thermostables et solubles dans l'alcool
(H. Roger).

En ce qui concerne les *acides de fermentation*, on constate
que dans des mélanges de matières protéiques et de sucres,
ensemencés d'un peu de liquide albumineux putréfié, la fermentation des sucres et la putréfaction des protéiques commencent en
même temps, mais la première arrête promptement la seconde, en
sorte que les produits avancés de la putréfaction des protéiques
(phénols, indol, mercaptan) n'apparaissent pas (Tissier et Martelly,
Simnitzki). Ce résultat est particulièrement net avec le lactose.
C'est aussi la fermentation lactique du lactose qui explique la
remarquable résistance du lait à la putréfaction [1], et l'on sait
enfin que des fermentations acides sont employées depuis longtemps comme moyen de conservation de certains aliments (chou-
croute, fourrages ensilés, etc.)

Ces constatations sont en bon accord avec une série de faits
observés sur le vivant. C'est le régime lacté qui réduit au minimum les putréfactions intestinales, celle-ci étant mesurées d'après
l'excrétion de l'indoxyle et des éthéro-sulfates urinaires (p. 217),
ou d'après le nombre de germes par milligramme de fèces (Gilbert et Dominici). Le contenu intestinal de chiens nourris de
viande est bien moins riche en produits de la putréfaction (indol,
scatol, phénol), sitôt que l'on ajoute à la viande du sucre ou de
l'amidon (Hirschler). Le régime végétal, riche en hydrates de

---

1. Pour que le lait se putréfie il faut détruire par chauffage les ferments lactiques qu'il renferme, puis l'ensemencer de *Bac. putrificus*. Si on l'abandonne à
l'ensemencement spontané, les bactéries de la putréfaction sont toujours gagnées
de vitesse par celles de la fermentation lactique.

carbone, agit dans le même sens, et l'on sait d'ailleurs la fétidité des excréments de carnivores, telle qu'on la constate dans une ménagerie par exemple, et la faible odeur des déjections d'herbivores. De même les fèces du nourrisson ne présentent qu'une faible odeur de lait aigri.

Voilà donc une série de faits établissant que les fermentations acides des hydrates de carbone, dont la plus importante est la fermentation lactique, empêchent ou diminuent *in vitro* et dans l'intestin la putréfaction des protéiques, et comme on accuse ces phénomènes de putréfaction d'engendrer des produits toxiques, on a été conduit à favoriser la fermentation lactique en faisant ingérer, avec des aliments convenablement choisis, des ferments lactiques, auxquels on s'efforce ainsi d'assurer la prépondérance dans les procès bactériens de l'intestin. C'est le problème de la *domestication des microbes intestinaux*, posé par Metchnikoff.

On s'est adressé en général soit au lait caillé, préparé de préférence avec de certaines espèces de bacilles lactiques (notamment celui du lait aigri bulgare), soit à des cultures de ces bacilles dans des milieux artificiels, et en favorisant l'acclimatation de ces organismes par un régime convenable (régime végétal, riche en hydrates de carbone) (Tissier, Cohendy). Chez l'homme bien portant on constate ainsi qu'après quelques jours, les bacilles en question apparaissent dans les excréments et qu'ils s'y maintiennent encore un certain temps (quinze jours) (Cohendy), après qu'on a cessé l'ingestion quotidienne du bouillon de culture. Quant à l'action antiputride poursuivie, elle se traduit surtout par une désodorisation très marquée des selles (dont la réaction devient acide à la phénolphtaléine), car les preuves chimiques que l'on en a données (abaissement du rapport des éthéro-sulfates aux sulfates dans l'urine) n'ont pas malheureusement grande valeur. Enfin dans beaucoup d'affections de l'intestin chez l'enfant et chez l'adulte (entérites diverses avec diarrhée ou constipation) on obtient, par cette méthode, d'après Tissier, Cohendy et d'autres, des résultats thérapeutiques remarquables. Mais là aussi la démonstration chimique de l'action antiputride réalisée reste encore à faire.

Quoi qu'il en soit, cette action antiputride des fermentations acides ne peut guère être mise en doute, mais est-elle due aux *acides* produits, comme on l'admet généralement, ou à quelque autre *substance empêchante*, fournie par ces fermentations, et enfin cette action n'est-elle pas aidée par la *muqueuse* qui interviendrait par un mécanisme encore inconnu?

La question doit être posée, car on a vu que l'on est loin d'être d'accord sur la réaction du contenu de l'intestin grêle. D'après

Munk la neutralisation du chyme par le suc intestinal ne laisserait subsister d'autre acide libre que l'acide carbonique (p. 186), ce qui mettrait donc fin, ou peu s'en faut, à toute action antiseptique des acides de fermentation. Aussi a-t-on proposé une autre explication du phénomène, fournie par ce fait que dans toute culture bactérienne on trouve dès les premières heures des quantités croissantes de substances antiseptiques, spéciales pour chaque espèce, thermolabiles, qui apparaissent aussi dans les excréments humains, et qui même à la dose de 1 p. 10 000 exercent encore une action d'arrêt manifeste (antitoxines de Conradi et Kurpjuweit). Pareillement la fermentation alcoolique donne naissance à un corps volatil, antagoniste de la protéolyse bactérienne (Iwanoff).

Au surplus les deux explications ne sont pas essentiellement différentes. De part et d'autre il s'agit d'une production de substances nuisibles, permettant à un groupe d'organismes d'en éliminer d'autres du champ de la lutte, et des constatations de ce genre abondent en bactériologie. Si dans un bouillon de culture on met en concurrence vitale le *B. coli*, hôte habituel de l'intestin, avec des bactéries « sauvages » (*B. prodigiosus, B. luteus, B. cereus albus*, etc.), on constate que dès le second jour le *B. coli* reste seul dans la culture. Au contraire, avec le *B. proteus vulgaris*, autre hôte habituel de l'intestin, le *B. coli* vit très bien en symbiose (Horowitz).

Il est donc possible que les hôtes habituels de l'intestin contribuent à la défense contre l'invasion de bactéries étrangères, mais comme le contenu intestinal normal n'a pas d'action bactéricide, on a l'impression que l'explication n'est pas complète, et l'on a invoqué une action concomitante de la muqueuse [1], dont la nature resterait à déterminer.

Concluons donc que dans la résistance de l'intestin à la pullulation bactérienne interviennent des facteurs qui nous échappent encore.

**Autres influences.** — Notons enfin, comme agissant très efficacement à l'encontre du travail bactérien, *l'absorption rapide* des produits digérés et les *mouvements péristaltiques*.

---

1. De récentes expériences de R. Schütz démontrent, en effet, le pouvoir bactéricide considérable de l'épithélium vivant de la muqueuse intestinale. C'est aussi par l'action de la muqueuse, ajoutée à celle des saprophytes, hôtes habituels de l'organe, que l'on explique la prompte destruction des bactéries étrangères, introduites dans le vagin de la femme.

L'*absorption* des produits digérés, qui est si activé qu'elle suit presque pas à pas la digestion, soustrait aux bactéries les aliments nécessaires. Dans le gros intestin, où la putréfaction prend peu à peu le dessus, celle-ci est à son tour entravée par l'absorption de l'eau et la dessiccation progressive du bol fécal. La contre-épreuve est fournie par l'observation clinique, qui apprend que la fétidité des selles est d'autant plus grande que l'absorption a été moins bonne et que les masses évacuées sont plus liquides, à moins cependant qu'il ne s'agisse de selles très acides.

Les *mouvements péristaltiques* ont aussi un effet antibactérien, d'abord parce que l'agitation du milieu est par elle-même nuisible au développement des micro-organismes (Charrin), et ensuite parce que la traversée digestive étant plus rapide, les microbes ont moins de temps pour développer leurs actions chimiques, beaucoup plus lentes que celles des sucs digestifs. L'influence de ce facteur a été très élégamment mise en lumière par le procédé de l'insertion à rebours d'une anse intestinale (Ellinger et Prutz). On détache par deux sections une anse intestinale et on l'insère à nouveau dans la continuité du tube digestif, mais à rebours, en sorte qu'on l'oblige à travailler par ses contractions péristaltiques en sens inverse du cheminement normal des matières. Or, cet état de choses crée aussitôt une indoxylurie intense (voy. plus loin), chaque fois que l'opération porte, non sur le gros intestin, mais sur l'intestin grêle. En clinique, on constate de même que c'est dans les cas de sténose de l'intestin grêle que l'on observe les putréfactions les plus marquées, tandis que la constipation n'est pas une cause de putréfaction, parce qu'ici les produits putrescibles ont été presque tous éliminés par l'absorption, et que les effets fâcheux de la stase sont compensés par la dessiccation croissante du bol fécal.

## 2. *Les produits des fermentations et des putréfactions intestinales.*

On a vu que le contenu de l'intestin grêle ne renferme comme produits d'actions bactériennes que des acides lactique, formique, acétique, butyrique, résultant de la *fermentation* des hydrates de carbone, et que les produits de la *putréfaction* des protéiques n'apparaissent que dans le gros intestin. Ce sont ces derniers qui méritent seuls une étude spéciale.

**Les produits de la putréfaction intestinale des protéiques.** — Ces produits sont l'*ammoniaque*, l'*hydrogène sulfuré*, l'*acide carbonique*, l'*hydrogène*, et une série de produits caractéristiques, tels que des *phénols*, des *acides oxyaromatiques*, de l'*indol*, du *scatol*, et enfin un grand nombre d'autres corps encore inconnus, et notamment des corps toxiques [1]. Parmi ces

---

1. Les albumines animales ne se putréfient pas plus facilement et elles fournissent les mêmes produits que les albumines végétales, et le soin inquiet avec

produits, les plus intéressants sont les corps toxiques, car on leur a attribué un rôle considérable à l'état normal et surtout dans les affections de l'intestin (voy. plus loin). Mais comme la chimie de ces corps n'est pas faite, on ne peut suivre leurs variations qu'en étudiant sur des animaux la toxicité des fèces et celle des urines. Or, si ce procédé a fourni la plupart des constatations sur lesquelles repose la théorie des auto-intoxications d'origine intestinale, il n'est que difficilement applicable aux recherches courantes, et la clinique lui a souvent préféré une méthode plus simple, consistant dans la recherche et le dosage des produits aromatiques de la putréfaction, phénols, indol, etc. Bien entendu on admet ici implicitement que, lorsque les putréfactions sont plus intenses, la quantité des corps aromatiques et celles de corps toxiques augmentent parallèlement, et que les premiers peuvent donc servir de mesure des seconds. Quant à la toxicité des corps aromatiques eux-mêmes, elle est médiocre ou nulle[1].

Voyons donc ce que l'on sait de ces deux catégories de produits.

**Les produits aromatiques de la putréfaction intestinale des protéiques.** — On peut les classer en trois groupes : 1° les *corps phénoliques*, fournis par la tyrosine; 2° les *corps phényliques* sortis de la phénylalanine; 3° les *corps indoliques*, provenant du tryptophane.

1° La putréfaction fait sortir successivement de la *tyrosine* les produits de simplification que voici :

| | |
|---|---|
| Tyrosine ou ac. p-oxyphényl-α-aminopropionique............ | $OH–C^6H^4–CH^2–CH(AzH^2)–COOH.$ |
| Ac. p-oxyphénylpropionique [2]... | $OH–C^6H^4–CH^2–CH^2–COOH.$ |
| Ac. p-oxyphénylacétique [2]...... | $OH–C^6H^4–CH^2–COOH.$ |
| Paracrésol.................... | $OH–C^6H^4–CH^3.$ |
| Phénol....................... | $OH–C^6H^5.$ |

lequel on proscrit les premières dans certains régimes, uniquement parce qu'elles ont cette origine animale, ne repose, actuellement du moins, sur aucune donnée scientifique précise. Si les putréfactions intestinales augmentent avec le régime animal et diminuent avec le régime végétal, c'est parce que, par leur nature même, le premier de ces régimes est riche en protéiques et pauvre en hydrates de carbone, tandis que le second offre les caractéristiques inverses.

1. L'indol et le scatol ne sont pas toxiques, même à la dose de plusieurs grammes (Hervieux). Quant aux phénols, ils le sont assurément, mais il s'en produit vraisemblablement très peu.

2. On réunit souvent ces acides-phénols sous la dénomination commune d'*acides oxyaromatiques.*

2° Par des procès analogues la *phénylalanine* donne une série très voisine de la précédente, aboutissant à l'acide benzoïque.

Phénylalanine ou ac. phényl-α-
aminopropionique............  $C^6H^5\text{-}CH^2\text{-}CH(AzH^2)\text{-}COOH.$
Ac. phénylpropionique........  $C^6H^5\text{-}CH^2\text{-}CH^2\text{-}COOH.$
— phénylacétique............  $C^6H^5\text{-}CH^2\text{-}COOH.$
— phénylcarbonique ou ac.
benzoïque ..........  $C^6H^5\text{-}COOH.$

3° Enfin le tryptophane est ramené pareillement jusqu'à l'état d'indol :

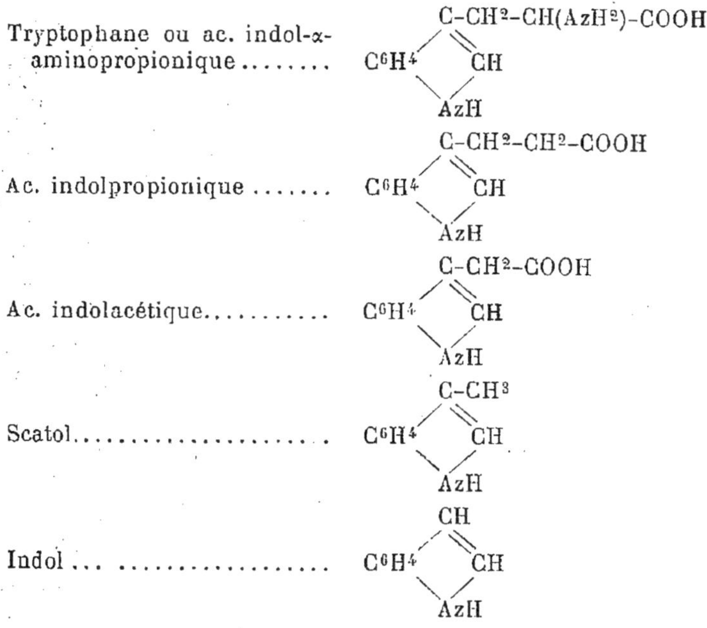

Tryptophane ou ac. indol-α-aminopropionique ........

Ac. indolpropionique .......

Ac. indolacétique..........

Scatol....................

Indol ... ..................

Parmi ces corps aromatiques les corps phényliques et le produit auquel ils aboutissent, à savoir l'acide benzoïque, ne peuvent pas en pratique servir d'indicateurs de la putréfaction intestinale, parce que l'acide benzoïque ainsi produit est en très petite quantité et qu'il se perd dans la masse bien plus considérable de celui qui provient de l'alimentation (p. 320). Ne nous occupons donc que des corps phénoliques et indoliques.

La série des réactions qui à partir de la tyrosine engendrent les phénols a pu être suivie pas à pas en soumettant la tyrosine à l'action de la putréfaction *in vitro*. D'autre part, les phénols ainsi produits dans l'intestin par la putréfaction sont bien l'unique source des phénols urinaires, car dans l'urine des cobayes élevés aseptiquement ces corps font défaut (p. 204).

La question des relations du scatol et de l'indol avec le tryptophane est, au contraire, restée en suspens pendant longtemps, mais elle est résolue aujourd'hui dans ses grandes lignes. En premier lieu l'indol sort bien du tryptophane, puisque les protéiques qui ne possèdent pas ce noyau, la gélatine par exemple, ne donnent pas d'indol par putréfaction, mais en fournissent quand on leur ajoute du tryptophane (Hopkins et Cole). En second lieu, c'est bien par un procès bactérien que l'indol sort du tryptophane. En effet, introduit *per os* ou sous la peau, le tryptophane ne fait pas apparaître dans l'urine le produit de transformation de l'indol, l'indoxyle (voy. plus loin), parce que, dans le premier cas, il est absorbé avant d'arriver dans les régions de la putréfaction intestinale, et que, dans le second, il échappe encore plus sûrement à toute action bactérienne [1]. Injecté, au contraire, à l'aide d'une seringue de Pravaz, directement dans le cæcum du lapin, siège d'un travail bactérien intense, il détermine une indoxylurie marquée (Ellinger et Gentzen).

Ajoutons que l'on connaît mal les conditions qui favorisent la production du crésol et du scatol, ou, au contraire, respectivement celle des produits plus simplifiés, phénol et indol. La nature des bactéries putréfiantes paraît avoir de l'influence en ce qui concerne la production de l'indol ou du scatol (Hopkins et Cole).

**Les produits toxiques de la putréfaction intestinale des protéiques.** — Depuis les belles recherches de A. Gautier (1873), on sait que la putréfaction des protéiques, c'est-à-dire le dédoublement de ces corps par des microbes anaérobies, fournit des bases alcaloïdiques, des *ptomaïnes*, dont quelques-unes sont toxiques, et, d'autre part, Arloing a montré le premier que les bactéries sécrètent aussi des toxines de nature albumosique.

La production de bases (toxiques ou non) à partir des acides aminés, constituants des protéiques, résulte notamment d'un départ d'acide carbonique, d'une « décarboxylation », véritable *combustion interne*, puisque l'oxygène emporté par l'acide carbonique provient de la molécule elle-même et non de l'extérieur. Ainsi la tyrosine est transformée pendant la putréfaction *in vitro* en p-oxyphényléthylamine (A. Gautier).

$$OH-C^6H^4-CH^2-CH(AzH^2)-COOH = CO^2 + OH-C^6H^4-CH^2-CH^2-AzH^2.$$
Tyrosine.        Para-oxyphényléthylamine.

1. Il est alors chez, le chien, la substance mère de l'acide cynurénique des urines.

Pareillement l'ornithine et la lysine fournissent respectivement la *putrescine* ou tétraméthylène-diamine et la *cadavérine* ou pentaméthylène-diamine (Ellinger). Exemple :

$$\underset{\text{Ornithine.}}{\underset{|}{\overset{}{CH^2}}-CH^2-CH^2-\underset{|}{CH}-COOH} = CO^2 + \underset{\text{Putrescine.}}{\underset{|}{\overset{}{CH^2}}-CH^2-CH^2-\underset{|}{CH^2}}$$

$$\text{AzH}^2 \qquad \text{AzH}^2 \qquad\qquad \text{AzH}^2 \qquad \text{AzH}^2$$

D'autres procès interviennent encore dans la production des bases de putréfaction.

De tels corps prennent-ils naissance dans l'intestin ? La cadavérine et la putrescine n'ont été trouvées dans les excréments que chez les cystinuriques [1], et en dehors de ces corps spéciaux, on n'a pas encore isolé, de contenus intestinaux normaux, des bases toxiques *chimiquement définies*. Mais la théorie des intoxications d'origine intestinale, établie par Ch. Bouchard (1882), est appuyée sur des *preuves bactériologiques*, sur des expériences démontrant la *toxicité du contenu intestinal* et sur des *faits cliniques*.

En ce qui concerne d'abord le côté *bactériologique*, on a isolé des excréments humains le *Bac. putrificus*, le principal microbe de la putréfaction des protéiques, en même que d'autres espèces (*Bac. perfringens...*), qui développent en cultures pures des poisons très actifs, thermostabiles et traversant les filtres (Metchnikoff ; Roger et Garnier).

D'autre part on détermine des *intoxications* graves en injectant à des animaux des extraits aqueux d'excréments humains (Bouchard) ou de contenus d'intestin grêle (recueillis chez l'homme dans un cas de fistule iléale, ou sur des animaux) (Falloise ; Roger et Garnier), mais l'interprétation de ces résultats est difficile, parce qu'on produit également des accidents graves par l'injection intraveineuse de suc gastrique, de bile et surtout de suc pancréatique (Ch. Bouchard, Fleig, Cybulski et Tarchanoff) et qu'il semble bien qu'en dehors de toute intervention microbienne, des substances toxiques prennent naissance dans l'intestin sous l'action des sucs digestifs (Roger et Garnier ; Falloise [2]). Enfin les aliments apportent aussi des corps toxiques, notamment des sels de potasse. Dans le cas observé par Falloise sur l'homme, le contenu de l'intestin grêle, où les putréfactions sont cependant médiocres ou nulles, a même été trouvé plus toxique que les excréments. Néanmoins on doit

1. D'ailleurs la toxité de ces deux bases est nulle.

2. Parmi ces substances figurent certainement les produits de la digestion des protéiques, arrivés à un certain niveau. Les produits biurétiques (albumoses et peptones) sont, en effet, très toxiques, tandis que les corps abiurétiques ont une toxicité presque nulle (Roger). Pareillement dans leurs expériences sur la valeur nutritive des protéiques simplifiés par hydrolyse digestive (p. 190), Abderhalden et ses collaborateurs ont noté que ces produits d'hydrolyse sont d'autant mieux supportés (absence de diarrhée, de vomissements,...) que la dégradation a été plus profonde.

admettre que dans ces accidents le travail bactérien a sa part, car la toxicité du contenu de l'intestin grêle du chien augmente par un séjour de vingt-quatre heures à l'étuve à 38° (Roger et Garnier), et chez un chien ayant reçu depuis deux mois du lait aigri à l'aide du bacille bulgare (voy. p. 209), cette toxicité est moins grande que chez un animal autrement alimenté (Cybulski et Tarchanoff).

Enfin on observe fréquemment en *clinique* la coïncidence de phénomènes généraux d'intoxication avec des putréfactions intestinales intenses, et la cessation de ces symptômes aussitôt que l'intestin est débarrassé de son contenu.

Le travail bactérien peut aussi transformer en corps toxiques des substances médicamenteuses. Il est établi que les accidents graves et même mortels (collapsus, cyanose avec méthémoglobinémie...), observés parfois à la suite de l'administration de doses massives de sous-nitrate de bismuth en vue d'un examen radioscopique, sont dus à l'action des nitrites résultant de la réduction du sous-nitrate par la flore intestinale.

L'intestin est donc bien, suivant l'expression de Ch. Bouchard, un laboratoire de poisons. Comment l'organisme se défend-il contre ces corps toxiques? Le foie intervient certainement dans ce phénomène. Il transforme, en effet, les phénols en phénylsulfates, l'indol en indoxylsulfates, l'ammoniaque en urée, ce qui représente, au moins pour les phénols et l'ammoniaque, qui sont des poisons, un procès antitoxique [1]. Mais d'après de récentes expériences de Falloise, les toxines intestinales seraient arrêtées surtout par la muqueuse [2], qui ici encore jouerait donc un rôle capital, comme dans les phénomènes de la nutrition (p. 285). Enfin l'intestin est armé aussi pour détruire les toxines ingérées. Ainsi la toxine tétanique est annihilée par le suc pancréatique kinasé (Vincent).

Cette constante production de substances toxiques au niveau de l'intestin, que des troubles digestifs de médiocre importance peuvent augmenter considérablement sans qu'il en résulte des accidents immédiatement sensibles, a beaucoup attiré l'attention des médecins dans ces dernières années. On a fait remarquer depuis longtemps que la régulation des échanges nutritifs en général

---

1. On admet aussi que c'est le foie qui détruit l'indol, car chez l'homme (mis au régime lacté) l'ingestion d'une petite quantité d'indol n'est pas suivie d'indoxylurie à l'état normal. Chez des sujets atteints d'affections hépatiques diverses, on obtient, au contraire, très souvent, une excrétion d'indoxyle. Le foie aurait donc une *fonction indopexique* (Gilbert et Weill), et cette épreuve de l'indoxylurie provoquée pourrait servir à étudier le degré d'intégrité de cette fonction (M. Dehon).

2. Si parmi ces corps toxiques figurent les albumoses et peptones (voy. la note 2 de la page 215), le rôle antitoxique de la muqueuse à l'égard de ces corps s'explique sans effort: il consiste vraisemblablement dans la simplification de ces produits par l'érepsine de la muqueuse.

n'est pas nécessairement parfaite, qu'elle comporte sans doute certains nombres d'imperfections, de fautes, dont les effets accumulés produisent à la longue la mort naturelle, physiologique. Et déjà en 1880, Maly ajoutait à ce propos que les putréfactions intestinales et l'absorption consécutive de produits toxiques, sont une de ces fautes, que l'organisme ne compense chaque jour qu'incomplètement, et dont les conséquences sont finalement le vieillissement de nos organes et la mort. Il est possible que dans l'état à demi pathologique où vivent tant de personnes en ce qui concerne leurs opérations digestives, c'est-à-dire avec les écarts de régime, les intoxications alimentaires de tous genres que recherche ou que subit si fréquemment l'homme civilisé, l'atteinte ainsi portée quotidiennement à des organes divers, foie, rein, système nerveux, etc., soit plus sensible encore (Metchnikoff). Une connaissance précise de la flore intestinale, de l'origine, de la nature et des destinées des corps toxiques produits dans le tube digestif, et la recherche des moyens qui permettraient de modifier ces phénomènes dans un sens favorable, sont donc des problèmes d'un haut intérêt.

**Les produits aromatiques de l'urine mesurent-ils l'intensité des putréfactions intestinales?** — Voyons maintenant dans quelle mesure la quantité des produits aromatiques urinaires permet d'apprécier l'intensité des putréfactions dans l'intestin, donc la grandeur des intoxications concomitantes possibles.

Remarquons d'abord qu'une partie de ces produits est éliminée par les fèces ; une autre est absorbée par l'intestin, et de cette fraction absorbée, une partie est excrétée sous des formes diverses par l'urine, tandis que l'autre, *de grandeur variable*, est détruite par l'organisme. Voilà donc une première cause d'incertitude. En outre, au lieu de doser ces produits à la fois dans l'urine et dans les fèces, on ne s'est guère adressé dans la pratique qu'à l'urine, et comme la manière dont se partagent ces composés entre l'excrétion par les fèces et l'absorption par l'intestin est certainement *variable* et d'ailleurs mal connue, il résulte de là une nouvelle cause d'incertitude. Enfin on a dû se borner à ne doser dans l'urine que deux sortes de matériaux de putréfaction, à savoir l'*indoxyle*, le produit de transformation de l'indol intestinal (Jaffé), et l'ensemble assez complexe des matériaux éliminés par l'urine sous la forme des composés dits *sulfoconjugués*, ou *éthérosulfuriques* ou *sulfo-éthers* urinaires (Baumann). Or, il est pos-

sible que la production de ces divers corps soit plus active avec
une flore intestinale qui n'est pas la même pour chacun d'eux, en
sorte que les variations de ces produits, en tant, qu'indices de
putréfactions nuisibles, pourraient ne pas avoir la même signification [1].

Voyons néanmoins quelles sont, en dépit de ces incertitudes, les
indications fournies par ces deux signes.

1° L'indol, absorbé par l'intestin, est oxydé par l'organisme à l'état
d'indoxyle et conjugué avec l'acide sulfurique sous la forme d'*acide
indoxylsulfurique* que l'urine élimine ensuite :

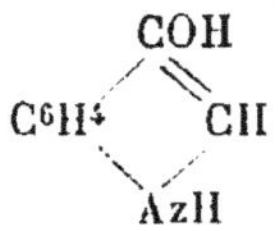

$$
\begin{array}{ccc}
& \text{COH} & \\
C^6H^4 & & \text{CH} \\
& \text{AzH} & \\
& \textit{Indoxyle.} &
\end{array}
\qquad\qquad
\begin{array}{ccc}
& C\text{-}O\text{-}SO^2\text{-}OH & \\
C^6H^4 & & \text{CH} \\
& \text{AzH} & \\
& \text{Acide indoxylsulfurique.} &
\end{array}
$$

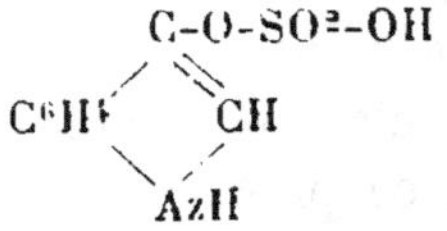

C'est de ce corps que sort l'indigo, lorsqu'on traite l'urine par de
l'acide chlorhydrique et une trace d'un oxydant : un peu de chloroforme
agité avec le liquide se colore alors en bleu. On a appelé ce composé
*indican urinaire*, dénomination doublement impropre , car l'analogie
ainsi établie avec l'indican des plantes, qui est un glycoside, est boi-
teuse, et, d'autre part, on connaît dans l'urine au moins un autre composé indigogène, l'acide *indoxylglycuronique* (Neuberg et Mayer; Hervieux).
Il est donc préférable de réunir avec Maillard tous les producteurs
d'indigo sous la dénomination d'*indoxyle urinaire* et de parler, non d'in-
dicanurie, mais d'*indoxylurie*.

Cette oxydation de l'indol, avec conjugaison de l'indoxyle formé, est
probablement en grande partie le fait du foie, car l'indol qui, injecté
sous la peau, amène chez la grenouille de l'indoxylurie, ne produit plus
ce résultat après extirpation du foie (Hervieux). Il s'interpose donc
beaucoup d'opérations (absorption intestinale ou excrétion par les fèces,
destruction d'une partie de l'indol, intervention du foie et excrétion par
le rein) entre le travail bactérien de l'intestin et l'apparition dans
l'urine du produit de ce travail. Aussi voit-on une fraction très variable
(de 25 à 60 p. 100) de l'indol ingéré reparaître dans l'urine à l'état
d'indoxyle (Ellinger et Wang).

On a soutenu que ce corps peut résulter aussi du travail de désassimilation des tissus, mais aucun fait positif ne permet actuellement de

1. Il faut ajouter que l'indoxyle ne représente pas l'unique produit urinaire auquel aboutit la dégradation bactérienne du tryptophane dans l'intestin, car toutes
les urines normales (homme, cheval, chien) fournissant par distillation de l'indol,
lequel provient probablement des acides indolpropionique, indolacétique, absorbés
directement sans avoir été dégradés jusqu'à l'état d'indol. C'est ce que l'on
observe dans le régime lacté, où l'urine contient de l'indol, sans indoxyle (Jaffé,
Porcher). De plus une partie du tryptophane aboutit à des produits urinaires qui
sont des corps scatoliques (chromogène du rouge de scatol) (Porcher et Hervieux).

renoncer à la théorie classique de l'origine intestinale [1] de l'indol. Si l'on trouve de l'indoxyle dans l'urine des animaux à jeun, c'est parce que les putréfactions post-digestives se continuent aux dépens des sécrétions digestives ou du sang que fournissent les hémorragies intestinales, fréquentes chez les animaux à jeun, et de fait le gros intestin de ces animaux ne cesse de contenir de l'indol (Cl. Gautier et Hervieux). Quand l'intestin est stérile, comme chez le nouveau-né (Senator), ou chez les animaux élevés aseptiquement (p. 204), l'urine reste exempte d'indoxyle, et quand l'alimentation fournie est telle que les putréfactions intestinales sont entravées (régime lacté chez l'homme, lait ou soupe au pain chez le chien, etc.) (p 208), ou lorsqu'on administre des corps à action purgative et antiseptique comme le calomel, on voit la quantité d'indoxyle urinaire diminuer jusqu'à s'annuler pratiquement.

Inversement les régimes riches en protéiques et pauvres en hydrates de carbone, l'existence d'un obstacle dans l'intestin grêle, bref toutes les conditions qui favorisent les putréfactions intestinales augmentent l'indoxylurie. Si malgré la richesse de leurs aliments en hydrates de carbone, les herbivores ont une urine riche en indican (celle du cheval en contient par litre 20 fois plus que celle de l'homme), cela tient à la longue durée de la traversée digestive (plusieurs jours), à la grande étendue du cæcum et peut-être aussi à la nature de la flore intestinale.

On aperçoit donc une relation évidente entre l'accroissement des putréfactions intestinales et l'excrétion de plus grandes quantités d'indoxyle par les urines. Malheureusement ce signe perd une grande partie de sa valeur par ce fait que les limites de l'indoxylurie normale sont mal connues. L'urine normale de l'homme contient de 5 à 20 milligrammes d'indoxyle en vingt-quatre heures [2], mais des excrétions beaucoup plus fortes paraissent compatibles avec des fonctions intestinales normales. Concluons donc que seule une indoxylurie intense est un signe de putréfactions intestinales exagérées, et encore avec cette restriction que ce n'est qu'un signe de probabilité.

2° Les phénols produits par la putréfaction intestinale des protéiques, phénol ordinaire, crésol..., subissent comme l'indoxyle, et vraisembla-

1. Repoussant la théorie de l'origine exclusivement intestinale de l'indol, Labbé et Vitry ont soutenu, après Blumenthal, que ce corps résulte de la désassimilation des protéiques, et que la quantité d'indoxyle éliminée par l'urine est proportionnelle à la quantité de protéique désassimilée. Mais la démonstration de ces auteurs n'est pas convaincante. Ajoutons qu'un procès de putréfaction se produisant ailleurs que dans l'intestin (collection purulente fétide) peut aussi fournir de l'indol.

2. Maillard a constaté des variations allant de 0,9 à 37 milligrammes pour vingt-quatre heures chez dix sujets soumis pendant six jours au même régime alimentaire et au même genre de vie. Chez le sujet qui a fourni la valeur la plus forte, on a vu l'excrétion varier de plus de six fois sa valeur. « De tels caprices s'accordent à merveille avec la conception d'un constituant accidentel, sous la dépendance des mille hasards du péristaltisme intestinal et de la flore bactérienne. »

blement dans le foie, la sulfo-conjugaison [1] et ils sont éliminés par les urines à l'état de phénylsulfates [2]. Avec l'indoxylsulfate et d'autres composés non encore isolés, ces corps constituent l'ensemble des *sulfo-éthers urinaires*. L'urine des vingt-quatre heures renferme de 0 gr. 12 à 0 gr. 25 d'acide sulfurique sulfo-conjugué, et ici encore on constate que la quantité de ces substances augmente ou diminue selon que les putréfactions intestinales sont favorisées ou non. Malheureusement l'excrétion des sulfo-éthers varie considérablement à l'état normal. Les quantités moyennes citées plus haut sont si souvent et si largement dépassées, qu'il est impossible de poser pour l'état de santé des limites présentant quelque sécurité. La considération du rapport de la quantité d'acide sulfurique total à celle de l'acide sulfoconjugué ne présente pas plus de sécurité. Il est reconnu d'ailleurs que cette manière de présenter les résultats a comme point de départ un raisonnement inexact.

On voit donc que le signe fourni par les sulfo-éthers urinaires présente, pour la mesure de l'intensité des putréfactions intestinales, encore moins de sécurité que celui de l'indoxyle [3].

## § III. — LES FÈCES.

Les fèces ont été considérées d'abord comme composées à peu près entièrement par des matériaux alimentaires qui ne sont pas digestibles ou qui ont échappé à la digestion, jusqu'au jour où l'on s'aperçut que la production des excréments ne cesse pas pendant le jeûne, et, d'autre part, que chez le chien et chez l'homme nourris d'aliments animaux ou végétaux de digestion très facile, la compo-

---

1. En ce qui concerne le *mécanisme* de cette réaction, on a admis d'abord avec Baumann que celle-ci a lieu entre l'acide sulfurique et le phénol ou l'indoxyle. Mais en introduisant dans l'organisme, par application sur la peau, de grandes quantités de phénols, Tauber n'a obtenu d'effet antitoxique qu'avec les sulfites et non pas avec les sulfates. Il semble donc que la conjugaison du phénol avec sa copule sulfurée précède l'oxydation de cette dernière à l'état de sulfate. On signalera plus loin un phénomène analogue pour l'acide glycuronique avec lequel se conjuguent aussi une petite partie du phénol (p. 367, note 1).

2. Il ne faut pas confondre ces composés, qui sont des éthers sulfuriques des phénols, avec leurs isomères, les acides phénolsulfoniques, corps de propriétés tout à fait différentes et existant chaque fois sous les trois modifications : ortho, méta et para. Exemple :

$$C^6H^5-O-SO^3H \qquad\qquad C^6H^4\begin{cases} OH \\ SO^3H \end{cases}$$

Acide phénylsulfurique.      Acides phénolsulfoniques
(ortho, méta et para).

3. On a soutenu aussi que les sulfo-éthers sortent directement de la molécule des protéiques, au cours de la désassimilation de ces matériaux (Labbé et Vitry), mais les arguments fournis à l'appui de cette théorie ne sont pas convaincants.

sition des excréments reste constante et à peu près indépendante de la nature de la ration [1]. C'était là, comme nous le montrerons plus loin, la preuve que les excréments correspondant à ces rations proviennent, au moins pour leur majeure partie, non des aliments, mais du tube digestif lui-même, et probablement des sécrétions digestives. On doit ajouter ici : et des excrétions, car la surface intestinale est une voie d'excrétion. Elle constitue même, pour l'élimination de certain matériaux, la voie principale.

Quand les aliments renferment, au contraire, des matériaux non digestibles, comme la cellulose des denrées végétales, ces matériaux s'ajoutent bien entendu aux fèces et, en outre, ils gênent la digestion et l'absorption des aliments, dont une partie plus ou moins importante reste alors dans les fèces.

Enfin les bactéries, mortes ou vivantes, paraissent constituer une partie importante des excréments.

Nous avons donc à étudier comme constituants des matières fécales : 1° Des produits qui proviennent des sécrétions digestives, ou dont l'intestin constitue la voie d'excrétion; 2° des matériaux d'origine alimentaire, mais qui ne forment une partie importante des fèces que dans certaines conditions; 3° les bactéries.

**La part des productions intestinales dans la formation des fèces.** — Il est évident que les matières fécales éliminées pendant toute la durée d'un jeûne prolongé proviennent de l'intestin lui-même, et comme les sécrétions digestives se continuent pendant l'inanition, il devient vraisemblable que les excréments du jeûne sont composés de sucs digestifs épaissis par résorption, et des produits de la desquamation de la muqueuse, le tout modifié par le travail bactérien.

On doit admettre que telle est aussi l'origine, sinon de la totalité, du moins de la majeure partie des matières fécales qui correspondent à des aliments quelconques, pourvu que ceux-ci soient facilement attaqués par les sucs digestifs (viande, pain de premier choix, macaroni, riz, amidon, sucre, graisses). C'est ce qui ressort très nettement des expériences résumées dans les tableaux ci-après (Fr. Müller, Rubner, Rieder) :

---

1. Pendant un jeûne de dix jours, Cetti (p. 561) a éliminé en tout 220 grammes de fèces humides, avec 18 p. 100 de matières sèches. Celles-ci contenaient 8,4 p. 100 d'azote et 12,5 p. 100 de cendres. Avec l'alimentation mixte ordinaire, un adulte fournit par jour de 130 à 150 grammes de fèces humides avec 25 à 30 p. 100 de matières sèches. Celles-ci renferment de 5 à 8 p. 100 d'azote, de 12 à 18 p. 100 d'extrait éthéré et de 11 à 15 p. 100 de cendres.

### Chien.

| Nature des aliments. | Poids des aliments. | Fèces sèches. | Azote des fèces. | Azote p. 100 de fèces sèches. |
|---|---|---|---|---|
| Jeûne. | — | $2^{gr},0$ | $0^{gr},15$ | $7^{gr},9$ |
| Viande. | 500 gr. | 5 ,1 | 0 ,31 | 6 ,5 |
| — | 1 000 — | 4 ,2 | 0 ,55 | 6 ,5 |
| — | 1 500 — | 10 ,2 | 0 ,67 | 6 ,5 |
| — | 1 800 — | 10 ,3 | 0 ,70 | 6 ,5 |

### Homme.

| Nature des aliments. | Poids des aliments secs. | Azote des aliments. | Fèces sèches. | Azote des fèces. | Azote p. 100 de fèces sèches. |
|---|---|---|---|---|---|
| Viande. | 367 gr. | $48^{gr},8$ | $17^{gr},2$ | $1^{gr},16$ | $0^{gr},7$ |
| OEufs. | 247 — | 20 ,7 | 13 ,0 | 0 ,61 | 4 ,7 |
| Pain blanc. | 595 — | 9 ,7 | 26 ,2 | 2 ,19 | 8 ,4 |

### Homme.

| Nature des aliments. | Poids des aliments secs. | Fèces sèches. | Azote des fèces. | Azote p. 100 de fèces sèches. |
|---|---|---|---|---|
| Jeûne. | — | $2^{gr},64$ | $0^{gr},14$ | $5^{gr},0$ |
| Gâteau sans azote [1]. | 132 gr. | 5 ,81 | 0 ,24 | 4 ,2 |
| — | 305 — | 12 ,92 | 0 ,57 | 4 ,5 |

On voit d'abord que dans toutes ces expériences, où cependant l'alimentation a été soit nulle, soit très différente en quantité et en qualité, les fèces ont toujours contenu de 4 à 8 p. 100 d'azote, *même avec des rations exemptes d'azote* (3e tableau); de plus la chaleur de combustion des excréments (homme) est restée comprise entre 6,06 et 6,36 calories par gramme de matière organique, deux constatations qui suffiraient pour démontrer que ces matières fécales sont, non pas des restes d'aliments, mais le produit d'un même procès physiologique. On constate, à la vérité, qu'en valeur absolue les quantités d'azote fécal ont passé progressivement chez le chien de 0 gr. 15 à 0 gr. 70 à mesure que les poids viande ingérés se sont élevés de 0 à 1 800 grammes, mais ce résultat tient uniquement à ce fait que des quantités croissantes de viande ont provoqué la sécrétion de quantités de plus en plus grandes de sucs digestifs. C'est aussi ce que démontrent les résultats du troisième des tableaux ci-dessus, où l'on voit que l'azote fécal a été augmenté (de 0 gr. 14 à 0 gr. 57) par l'ingestion de quantités

---

1. Gâteau fait d'amidon, de sucre et de graisse.

croissantes d'un aliment exempt d'azote. Au surplus, dans l'état de santé, et quand il n'y a pas surcharge anormale imposée au tube digestif, les excréments ne contiennent en général, après ingestion des aliments énumérés plus haut, ni albumines, albumoses et peptones, ni hydrates de carbone, et les graisses n'y sont représentées que par de petites quantités de savons calcaires. L'examen microscopique confirme ces constatations chimiques.

Enfin cette théorie de l'origine sécrétoire d'une partie importante des fèces est confirmée par la classique expérience de L. Hermann sur la production de matières fécales dans une anse d'intestin grêle soigneusement vidée, puis exclue de la continuité du tube digestif.

On sectionne l'intestin grêle d'un chien en deux points distants d'environ 40 centimètres, on rétablit la continuité du tube digestif et l'anse isolée, préalablement bien lavée, est réunie par ses deux bouts, de manière à former un anneau creux, ayant conservé toutes ses connexions vasculaires et nerveuses. L'animal, entièrement rétabli, est sacrifié après seize à vingt-six jours, et l'on trouve l'anneau rempli d'une masse solide, ayant l'aspect et l'odeur des selles et renfermant 72 p. 100 d'eau et 26 p. 100 de matières organiques.

**La part des matériaux alimentaires dans la formation des fèces.** — Quand on substitue aux aliments digestibles en totalité, des denrées végétales où les matériaux à digérer sont encore plus ou moins emprisonnés dans des loges cellulosiques, une partie de ces matériaux échappe à l'action des sucs digestifs et passe avec la cellulose dans les excréments, dont le volume se trouve accru et la composition modifiée [1]. De plus il est probable que de tels aliments sollicitent plus fortement les sécrétions digestives et c'est là, comme on vient de le voir, une autre cause d'augmentation de la quantité des fèces.

On a vu que chez les herbivores, c'est un travail bactérien qui dissout une partie de la cellulose et met à nu les matériaux à digérer (p. 205, note 1). Chez l'homme, seule la cellulose très tendre (salade) disparaît dans l'intestin ; toutefois, grâce à la cuisson qui produit l'éclatement des loges cellulosiques et à d'autres pratiques de l'art culinaire ou de l'industrie alimentaire (trituration, passage au tamis, blutage des farines), qui éliminent les parties cellulosiques, beaucoup d'aliments végétaux sont aussi complètement digérés que des aliments animaux (voy. le tableau de la page 489), tandis que, moins bien préparés, ils laissent passer dans les excréments des quantités importantes de protéiques, de

1. On reviendra sur cette question à propos des caractéristiques du régime végétal et du régime animal (p. 488 et s.).

graisses et d'hydrates de carbone non digérés. C'est avec le pain, fait avec des farines plus ou moins fines, que la démonstration de ce fait apparaît le plus clairement (Expériences de Rubner sur l'homme) :

| | Excréments humides. | Excréments secs. | Azote des excréments. |
|---|---|---|---|
| Pain de farine très fine..... | 133 gr. | 25 gr. | 2$^{gr}$,17 |
| —    moyenne .... | 253 — | 41 — | 3 ,24 |
| Pain fait avec le grain de froment grossièrement moulu. | 318 — | 76 — | 3 ,80 |

Dans la 3ᵉ expérience, les 3 gr. 80 d'azote des fèces représentaient jusqu'à 30 p. 100 de l'azote du pain ingéré, *mais il est impossible de dire quelle fraction de ces 3 gr. 80 provient du pain non digéré et quelle autre est fournie par les sucs digestifs*, dont la sécrétion est sans doute plus active qu'avec un aliment facilement digéré. Du moins constate-t-on chez le chien une production de suc pancréatique et de bile plus abondante après ingestion de pain que lorsqu'on donne de la viande, et d'intéressantes expériences de Neumann sur la digestion du cacao chez l'homme montrent clairement que, par sa richesse en cellulose, cet aliment sollicite très énergiquement les sécrétions digestives et détourne ainsi des quantités importantes d'azote du côté des fèces. Celles-ci emportent donc, pour une double raison, des quantités croissantes d'azote, à mesure que les aliments sont d'attaque plus difficile, phénomène qui atteint son extrême limite chez l'herbivore. Tandis que l'homme élimine, en moyenne par les excréments 1 gr. 5 d'azote et par les urines environ 10 fois plus, un cheval en perd chaque jour par les fèces 50 gr. et par les urines de 70 à 100 gr., soit à peine le double (Tangl).

On voit donc que même là où des résidus alimentaires constituent vraisemblablement une partie notable des excréments, les sécrétions intestinales restent le facteur peut-être prépondérant dans la production des fèces, en sorte que la conclusion suivante de Praussnitz, encore que trop absolue probablement, résume assez bien la question : « C'est pourquoi il paraît plus juste de parler d'aliments formant plus ou moins de fèces [1], que d'aliments bien ou mal utilisés. »

**La part des bactéries dans la formation des fèces.** — Enfin les bactéries constituent certainement une part notable des excréments. Strassburger, qui s'est appliqué à les isoler par un procédé spécial de lévigation, a trouvé que chez l'adulte leur poids représenté un tiers du poids total des matières sèches, et à l'état pathologique souvent davantage. Mais ces évaluations sont encore très incertaines.

---

1. C'est-à-dire provoquant la production, par l'intestin, d'une quantité plus ou moins grande de fèces.

**Composition des fèces.** — Cette composition est très mal connue, du moins en ce qui concerne les *matières organiques*, et la somme des poids de celles d'entre ces matières qui ont pu être dosées reste très loin du poids total de l'ensemble de ces matériaux. Parmi celles qui sont chimiquement bien définies figurent d'abord la lécithine, la cholestérine ou son produit de transformation, la coprostérine, des graisses neutres et des acides gras à l'état de savons calcaires. Ce sont ces corps qui forment la masse principale de l'extrait éthéré. Viennent ensuite de petites quantités d'acide cholalique, de l'indol, du scatol, des bases puriques, des acides gras volatils, enfin des matériaux d'origine alimentaire, dont les uns ont échappé à la digestion (fibres musculaires, petits amas de caséine, grains d'amidon), et dont les autres sont par leur nature inattaquables (parois cellulosiques, kératine). Enfin au microscope on aperçoit des débris épithéliaux et des bactéries mortes ou vivantes en nombre très considérable.

Les *cendres* sont principalement formées d'acide phosphorique [1], de chaux et de magnésie, avec un peu de fer. Les chlorures alcalins ne sont présents qu'en quantités très minimes (quelques décigrammes). Comme la chaux, la magnésie et l'acide phosphorique ne manquent jamais dans les fèces du jeûne, c'est donc qu'une partie au moins de ces matériaux sont fournis, non directement par les aliments, mais par le tube digestif lui-même. De fait la muqueuse intestinale est, pour ces corps, une voie d'élimination plus importante dans certaines conditions que la voie rénale (p. 435 et 437). Il en est de même pour le fer, qui est excrété surtout par l'intestin et très peu par l'urine (p. 438), et à un moindre degré pour l'arsenic.

---

1. Une partie de cet acide provient du phosphore des nucléines et des lécithines.

CHAPITRE XII

## LE SANG

Au point de vue anatomique le sang est un liquide albumineux
.et salé, tenant en suspension des éléments figurés, les globules.
Au point de vue physiologique, il est, du moins chez les animaux
supérieurs, l'intermédiaire par lequel l'organisme opère ses
échanges avec le monde extérieur. Il reçoit, en effet, du milieu
extérieur les matériaux de nutrition (produits de la digestion,
oxygène de l'air) qui lui sont fournis par le tube digestif et par le
poumon et qu'il apporte aux tissus, et ceux-ci, à leur tour, déversent dans le sang des produits de déchets, qui doivent être portés
au dehors. Le sang est donc bien, comme l'a si clairement défini
Cl. Bernard, le *milieu intérieur* dans lequel vivent en réalité ces
organismes.

**Caractères généraux du sang.** — Le sang est un liquide
légèrement visqueux et moussant facilement. Sa couleur varie
du rouge sombre (sang veineux, appauvri en oxygène) au rouge
vermeil (sang artériel, riche en oxygène). Il est opaque, parce
qu'il tient en suspension une infinité de corpuscules rouges, les
*globules rouges* ou *hématies* qui lui confèrent la propriété d'être
une matière colorante opaque, c'est-à-dire capable de *couvrir*.
Lorsque par un artifice quelconque on détruit ces globules (hémolyse), la matière colorante rouge passe en dissolution dans le
liquide sanguin, qui devient transparent et paraît d'un rouge plus
foncé. On dit alors que le sang est *laqué*. — Le sang contient
encore, à côté des globules rouges, des *globules blancs* ou *leucocytes*, beaucoup moins nombreux, et d'autres éléments, plus petits,
les *plaquettes sanguines*.

La *densité* du sang est d'environ 1 050 ; sa *réaction* au tournesol est alcaline et correspond à 1-2 grammes de soude par litre (p. 247).

Le phénomène physique le plus saillant que présente le sang est sa *coagulation* spontanée peu après sa sortie des vaisseaux. Selon que l'on intervient ou non, et de différentes manières, dans ce phénomène, on provoque dans le liquide sanguin des séparations de diverses sortes, qui sont les suivantes et qui ont fourni des cadres commodes pour l'étude de ce liquide si complexe. En effet, selon les conditions de la coagulation, le sang se sépare en :

1° *Sérum et caillot* ;

2° *Plasma et globules* ;

3° *Sang défibriné et fibrine.*

1° Le sang abandonné à lui-même se prend plus ou moins vite en une gelée, le *caillot*, qui, en se contractant peu à peu, expulse un liquide transparent, jaunâtre ou rougeâtre, le *sérum*. Examiné au microscope, le caillot se montre constitué par un réseau de fibrilles, formées par une matière albuminoïde, la fibrine, emprisonnant dans ses mailles les éléments figurés du sang. Lavé et exprimé sous un courant d'eau, le caillot se décolore complètement, et la fibrine reste sous la forme de filaments élastiques, blanchâtres ou grisâtres, auxquels adhèrent encore des globules blancs et la charpente décolorée des globules rouges.

2° Une autre séparation s'effectue, si l'on retarde ou si l'on empêche la coagulation par divers moyens, tels que l'addition de dissolutions salines (NaCl, SO$^4$Na$^2$), de sels décalcifiants (oxalates alcalins) ou de fluorure de sodium, l'injection dans le sang de l'animal, avant la saignée, d'une solution d'albumose (peptone de Witte), ou d'un extrait aqueux de tête de sangsues. Par le repos et plus rapidement par centrifugation, les éléments figurés tombent au fond du liquide, qui se sépare en deux couches, une inférieure, constituée par une purée de *globules* rouges, souvent grisâtre à sa surface parce que les globules blancs se déposent en majeure partie après les globules rouges, et une supérieure, formée par le liquide interglobulaire jaunâtre, le *plasma*.

Si par une intervention convenable, on provoque ensuite la coagulation du plasma ainsi isolé, on obtient un caillot de fibrine, qui cette fois est incolore, et du sérum.

3° Enfin lorsqu'on bat le sang frais, la coagulation se produit plus rapidement, et la *fibrine* formée s'attache à l'agitateur et peut être retirée du liquide sous la forme d'une masse filamenteuse, fortement colorée en rouge. Le liquide restant, passé à travers un linge qui retient le surplus de la fibrine, représente le *sang défibriné*, tout à fait semblable par son aspect extérieur au sang total. Abandonné au repos, ou mieux centrifugé, le sang défibriné fournit une purée de globules, surnagée par le sérum.

Le tableau suivant résume ces diverses séparations :

I. — Sang avant la coagulation :

Séparé par le repos
ou la centrifugation en : { Plasma que la coagulation { Sérum.
dédouble en : } Fibrine.
Globules.

II. — Sang coagulé :

Par battage ; séparé en : { Sang défibriné ; séparé par { Sérum.
centrifugation en : } Globules.
Fibrine.

Par coagulation spontanée ;
séparé en : { Sérum.
Caillot composé de : { Fibrine.
Globules.

On voit que dans les trois cas, ce sont les mêmes matériaux, sérum, fibrine et globules, qui, d'abord diversement associés selon le mode de coagulation, se séparent finalement les uns des autres.


## § I. — LES GLOBULES ROUGES.


**Caractères chimiques des globules rouges.** — Les globules rouges, dont on n'a pas à faire ici la description histologique, sont constitués par une charpente protéique ou stroma, à laquelle sont incorporés d'autres matériaux, minéraux et organiques. Chez l'homme les sels minéraux sont représentés surtout par des sels de potasse (chlorure et phosphates) et les matières organiques par un pigment, l'*hémoglobine*, qui possède, en ce qui concerne les échanges gazeux, des propriétés particulières. Ces globules se distinguent de tous les autres éléments cellulaires par deux caractères chimiques :

1° Par leur extrême richesse en matières solides, car tandis que pour 100 parties en poids les cellules d'un tissu, comme le muscle rouge, renferment 75 parties d'eau et 25 parties de matières solides, les globules rouges contiennent 60 parties d'eau seulement et 40 parties de matières solides ;

2° Par ce fait spécial que la partie organique du globule est constituée essentiellement, non de matières protéiques diverses (p. 108), mais presque uniquement d'hémoglobine, c'est-à-dire d'un protéide adapté à la fonction spéciale des échanges respiratoires et qui représente les 8/10 du poids du globule sec.

Toutefois, il ne faudrait pas conclure de cette constatation que l'hématie n'est qu'un amas de matière colorante. Les globules rouges contiennent, en effet, tout comme les cellules de beaucoup d'organes, des *ferments peptolytiques* (p. 96), qui dédoublent divers polypeptides (dl-alanylglycine, glycyl-l-tyrosine...), et le fait que cette action subsiste, même quand le globule est saturé d'oxyde de carbone, achève de marquer le caractère cellulaire que conserve cet élément, en dépit de sa spécialisation.

Les globules renferment, en outre, en petites quantités, de la *lécithine*, de la *cholestérine*, un ou plusieurs *phosphoprotéides* qui constituent le stroma, et peut-être une substance analogue au fibrinogène et pouvant fournir une sorte de *fibrine*. On suppose que c'est cette fibrine qui produit l'accolement des globules dans le phénomène de l'agglutination. Enfin les globules renferment une *catalase* ou *hémase*[1] dont la signification sera étudiée ailleurs (p. 275).

On a beaucoup étudié la *perméabilité des globules rouges*, parce que ces éléments constituent un matériel d'étude particulièrement commode. Les résultats sont en partie ceux qui ont été exposés à propos de la perméabilité des cellules en général (p. 119).

**L'hémolyse.** — Lorsqu'on laisse tomber un peu d'une purée de globules rouges de mammifères dans de l'eau salée à 7 p. 1 000 et qu'on centrifuge le mélange, on constate que le liquide qui surnage le sédiment des globules reste incolore. Si l'on abaisse le titre de la solution au-dessous de 6 p. 1 000 de chlorure de sodium, le liquide se colore en rouge, parce qu'un peu d'hémoglobine commence à passer des globules dans l'eau salée, et avec des solutions à 3 ou 4 p. 1 000 de sel, le pigment passe entièrement en dissolution. Dans le fond du liquide, on aperçoit alors au microscope les globules complètement décolorés. Enfin dans de l'eau distillée employée en grande quantité par rapport aux globules, dans de la bile ou dans une solution de sels biliaires, de potasse ou de solanine, les globules se dissolvent et disparaissent complètement. C'est l'hémolyse — on dirait mieux : l'érythrocytolyse — complète.

Les agents qui produisent l'hémolyse sont très nombreux. On l'obtient avec l'eau distillée, l'urée, les sels ammoniacaux, les alcalis et les acides dilués, le sublimé, les alcools, l'éther, les aldéhydes,

---

1. Ils ne renferment pas d'oxydase vraie, mais comme ils bleuissent en présence de l'eau oxygénée (ou de l'essence de térébenthine vieillie), la teinture de gaïac, on a conclu de là à la présence d'une peroxydase. Toutefois, comme le sang bouilli se comporte de même, on doit rapporter cette réaction à l'hémoglobine ou à l'hématine. L'hématoporphyrine qui est exempte de fer ne la donne pas. On l'obtient aussi avec les sels de fer (Moitessier).

les acétones, les colloïdes inorganiques (silice colloïdale), les précipités minéraux (sulfate de baryte fraîchement précipité), les glycosides (saponine, solanine, digitaline), les savons et notamment l'oléate de sodium, la bile et les sels biliaires, les diastases (suc pancréatique), les toxines végétales (ricine, abrine), les hémolysines d'origine bactérienne (tétanolysine), ou d'origine animale (hémolysines des sérums, du venin des abeilles, des crapauds, des araignées, des serpents).

L'hémolyse a fait l'objet d'un nombre déjà énorme de recherches. Elle a été étudiée par les cliniciens dans ses rapports avec la pathologie du sang, par les bactériologistes au point de vue des phénomènes d'immunité, par les physiologistes pour qui elle représente un moyen d'étudier les propriétés d'un protoplasma cellulaire, par les chimistes qui ont appliqué à l'examen de ce phénomène les notions acquises en chimie physique sur les équilibres, la vitesse des réactions, l'imbibition des colloïdes, etc. (Nolf). Mais les résultats obtenus, dont beaucoup d'ailleurs ne rentrent pas dans le cadre de ce livre, ne se prêtent pas encore à un exposé systématique.

L'hémolyse est, d'après ce qui précède, une détérioration et finalement une destruction complète du globule, et comme le grand pouvoir colorant de l'hémoglobine rend le dosage de ce pigment très facile, l'usage s'est établi de mesurer le degré de cette détérioration par la quantité de matière colorante abandonnée par le globule, bien qu'il ne soit pas démontré, comme le fait remarquer Nolf, qu'il y ait proportionnalité entre ces deux phénomènes. Quel est le mécanisme de cette détérioration. Il est vraisemblable qu'il varie avec l'agent employé.

En ce qui concerne l'hémolyse par *l'eau* ou les *solutions salines* suffisamment *hypotoniques*, par rapport aux globules, on admet en général que la tension osmotique du contenu globulaire étant supérieure à celle du liquide ambiant, l'eau pénètre dans le contenu, en sorte que les globules, les moins résistants d'abord, abandonnent leur pigment, soit parce qu'ils éclatent, soit parce que leur paroi distendue devient plus perméable.

Mais cette explication purement physique devient insuffisante pour d'autres agents hémolytiques, qui agissent à petites doses et dans des milieux maintenus parfaitement isotoniques aux globules, et qui se comportent comme des toxiques pour ces éléments. Pour ceux de ces agents qui sont, comme l'*éther*, les *alcalis*, les *savons*, les *sels biliaires*, des dissolvants pour les lipoïdes, on a été naturellement conduit à expliquer l'hémolyse par une action sur les lipoïdes (et principalement sur la lécithine) de la paroi globulaire (p. 122) (L. Bayer, K. Meyer), et l'on a pu démontrer pour quelques-uns d'entre eux qu'il y a absorption énergique du toxique par le globule. Ainsi, d'après Arrhenius, les alcalis dilués, ajoutés au sang, se trouvent à une concentration 800 à 900 fois plus grande dans les globules que dans le liquide périglobulaire. Une telle accumulation doit évidemment produire une perturbation considérable dans la perméabilité, puis dans la solidité de la paroi globulaire. Mais les discussions relatives à ce mécanisme sont loin d'être terminées.

Quant aux *hémolysines d'origine animale ou bactérienne*, on possède des données très étendues sur les conditions d'action de ces agents, mais le mécanisme de l'opération reste, là aussi, très obscur.

En ce qui concerne les *conditions* de cette hémolyse, rappelons d'abord que le sérum de certaines espèces animales possède naturellement un pouvoir hémolytique vis-à-vis des globules d'autres espèces[1]. D'autre part, on confère au sérum d'un animal *a* d'une espèce A, un pouvoir hémolytique vis-à-vis des globules d'un animal d'une espèce B, en injectant à l'animal *a* des globules d'un animal de l'espèce B, et l'hémolysine ainsi créée est spécifique, c'est-à-dire qu'elle ne dissout que les hématies de l'espèce B, dont le sang a servi à « préparer » l'animal *a*. Cette hémolyse est le fait de deux agents différents. En effet, le sérum hémolysant de l'animal *a*, chauffé pendant un quart d'heure à 60°, a perdu tout pouvoir hémolytique, mais si on l'additionne de sérum neuf, que l'on a emprunté à un animal quelconque non préparé, et qui est par lui-même absolument inactif, on obtient un mélange fortement hémolytique. C'est donc que le sérum hémolytique contient une substance spécifique, thermostabile et une substance banale, c'est-à-dire existant dans tout sérum normal, et qui est thermolabile. On appelle la première *sensibilisatrice* (ou immunisine), parce qu'elle rend le globule sensible à l'action du sérum neuf, et la seconde *complément* (ou alexine), parce qu'elle complète l'action de la sensibilisatrice. Pareillement l'hémolysine naturelle de certains sérums se décompose en ces deux mêmes facteurs. Enfin l'hémolyse est le résultat de l'action successive de ces deux agents. En effet, si l'on plonge des globules d'un animal d'espèce B dans du sérum qui a été emprunté à l'animal préparé *a*, mais qui a été inactivé par chauffage à 60°, ces globules, séparés par centrifugation, sont aussitôt dissous par immersion dans un sérum normal, quelconque, non chauffé. Ajoutons que le grand intérêt de cette étude de l'hémolyse, c'est que l'histoire de l'hémolyse est comme calquée sur celle de la bactériolyse et que toutes deux sont un chapitre du grand problème de l'immunité.

Enfin si le *mécanisme* de l'action des hémolysines animales ou bactériennes reste très obscur, on a réussi du moins à établir le rôle important que jouent les lipoïdes dans ce phénomène. On voit, en effet, ces corps intervenir dans l'hémolyse soit parce qu'ils sont eux-mêmes l'agent hémolytique, soit parce qu'ils jouent un rôle dans la genèse ou dans l'action de cet agent. En ce qui concerne le premier point, citons les lipoïdes hémolysants, de nature chimique encore inconnue, que l'on a extrait de tissus comme les corps thyroïdes (Iscovesco) ou des proglottides du bothriocéphale[2]. — Les substances lysinogènes des globules

---

1. Ainsi le sérum du chien, du lapin ou du mouton dissout les globules du sang de l'homme. Le sérum connu jusqu'à présent comme le plus hémolytique est le sérum d'anguille (Camus et Gley), qui dissout encore les hématies du lapin ou du cobaye à des dilutions de 1/15000 à 1/20000. Comme cette action dissolvante se produit aussi *in vivo*, on s'explique le danger de : transfusions de sang hétérogène.

2. On a voulu faire jouer à ces hémolysines un rôle dans la genèse de l'anémie produite par ces parasites.

rouges, c'est-à-dire ceux d'entre les constituants du stroma globulaire qui provoquent la formation d'hémolysines, quand ces stromas sont injectés à des animaux, paraissent être aussi de nature lipoïdique (Bang et Forssmann, Takaki). — Le venin de cobra qui hémolyse énergiquement le sang de cheval par exemple, ne dissout les globules lavés avec de l'eau salée à 8 p. 1 000 et mis en suspension dans ce liquide, que si l'on ajoute du sérum normal de cheval (Calmette) ou un peu d'une solution de lécithine à 1 p. 10 000 (P. Kyes). Le sérum agit ici par sa lécithine qui forme, d'après Kyes, avec le venin un lécithide (toxolécithide) hémolysant. Toutefois cette explication a été contestée (Von Dungern et Coca).

Inversement la cholestérine est antihémolytique; elle empêche l'hémolyse par le venin et la lécithine. Elle protège aussi les globules contre l'action dissolvante de la saponine, ou contre celle des hémolysines provenant des bactéries ou des tissus, ou encore contre celle des savons (Ransom, Iscovesco). C'est elle, enfin, qui confère au sérum normal la propriété de s'opposer à l'hémolyse par la saponine ou qui est la cause de la résistance relative qu'opposent à ce toxique les globules de certaines espèces, riches en cholestérine (chien, mouton, bœuf), alors que ceux qui sont pauvres en cholestérine (globules de cheval, de lapin et de porc) sont, au contraire, très vulnérables. Ces faits justifient donc les tentatives que l'on a faites pour combattre à l'aide de la cholestérine certaines anémies rebelles.

*In vivo*, la conservation du globule rouge est assurée notamment par la constance avec laquelle le sang maintient sa tension osmotique voisine de celle d'une solution de sel marin à 9 p. 1 000, et comme les globules de mammifères ne commencent à perdre leur hémoglobine que dans des solutions contenant moins de 6 p. 100 de sel marin, il suit de là que le sérum de ces animaux peut être étendu de plus de 50 p. 100 d'eau avant que l'hémolyse ne commence. Le sang peut donc, par absorption subite d'un volume de boisson considérable, être inondé pendant un instant de grandes quantités d'eau, sans qu'il y ait danger de destruction pour les globules. Il est probable que des mécanismes chimiques entrent en jeu aussi dans cette protection des globules; par exemple on constate que les protéiques protègent les hématies contre l'action hémolytique des savons.

**Les matières colorantes du globule rouge.** — Les hématies contiennent deux matières colorantes, l'oxyhémoglobine et l'hémoglobine, la première se transformant dans la seconde par perte d'oxygène, et inversement la seconde fournissant la première par fixation d'oxygène. Le sang asphyxique ne contient guère que de l'hémoglobine; enfin le sang veineux renferme un mélange des deux pigments.

On admet en général, avec Hoppe-Seyler, que ces matières colorantes sont contenues dans le globule sous la forme de combinaisons avec d'autres matériaux (lécithines), et de toute façon dans un état différent de celui que nous connaissons, quand nous les manions à l'état cristallisé. En effet, la solubilité des hémoglobines dans l'eau est telle que l'eau contenue dans les globules ne suffirait pas à maintenir dissoute la quantité de pigment qu'on trouve dans ces éléments, et chez le rat, le sang laqué laisse déjà, sans concentration préalable, cristalliser sa matière colorante, c'est-à-dire que toute l'eau du sang total, donc encore moins celle des seuls globules, ne suffit pas pour maintenir dissoute l'oxyhémoglobine sortie des globules. De plus, pour que les globules cèdent leur oxygène, il n'est point nécessaire d'abaisser la pression de ce gaz dans l'atmosphère sus-jacente, aussi loin que pour obtenir le même résultat avec une dissolution d'oxyhémoglobine. Aussi verrons-nous que les données acquises par l'étude des dissolutions du pigment ne peuvent pas être transportées sans correction aux globules sanguins. C'est pour bien marquer cette différence que Hoppe-Seyler a appliqué le nom spécial d'*artérine* au pigment globulaire correspondant à l'oxyhémoglobine et celui de *phlébine* à la forme globulaire de l'hémoglobine. Toutefois cette théorie de Hoppe-Seyler est difficile à concilier avec diverses données fournies par l'hémolyse (P. Nolf).

L'oxyhémoglobine et l'hémoglobine appartiennent à la catégorie des chromoprotéides (p. 48). A chaud leurs solutions aqueuses sont, en effet, dédoublées comme il suit. L'oxyhémoglobine se défait en une matière colorante, l'*hématine*, qui emporte avec elle tout le fer de la molécule primitive, et en un corps non coloré, la *globine*, qui appartient sans doute à la catégorie des histones. Pareillement l'hémoglobine est dédoublée en globine et en une matière colorante, l'*hémochromogène*, qui est à l'hématine ce que l'hémoglobine est à l'oxyhémoglobine. En effet, l'oxygène de l'air transforme rapidement l'hémochromogène en hématine, comme il transforme l'hémoglobine en oxyhémoglobine. Enfin il se produit aussi dans ce dédoublement de petites quantités d'acides gras et d'autres substances. Si l'on fait abstraction de ces produits secondaires, on peut donc résumer ainsi qu'il suit ces deux réactions :

Oxyhémoglobine.. ............... { Hématine.
                                  { Globine.

Hémoglobine..................... { Hémochromogène.
                                  { Globine.

Remarquons que dans ces deux molécules, la partie albuminoïde, la globine, est de beaucoup la plus importante comme masse, puisque 100 parties d'oxyhémoglobine donnent environ 94 parties de globine et seulement 4,5 parties d'hématine. Mais on a vu que l'hémochromogène se combine avidement à l'oxygène ; il fixe aussi l'oxyde de carbone, en présentant alors un spectre qui reproduit celui de l'hémoglobine oxycarbonée (voy. plus loin). On doit conclure de là que c'est ce noyau coloré et ferrugineux d'hémochromogène ou d'hématine, qui, dans la molécule de l'hémoglobine ou de l'oxyhémoglobine représente ce que l'on pourrait appeler le noyau respiratoire, celui qui confère à ces deux molécules le pouvoir de se transformer l'une dans l'autre par fixation ou par perte d'oxygène. Pourtant la partie « globine » de la molécule n'est pas sans exercer quelque influence sur ce phénomène, car tandis que l'hématine est, comme nous le verrons, par rapport à l'hémochromogène, un oxyde très stable, auquel le vide n'enlève pas d'oxygène, au contraire dans l'oxyhémoglobine le départ d'oxygène s'effectue aisément sous l'action du vide. Enfin dans le globule, où l'oxyhémoglobine est entrée en combinaison avec d'autres corps encore, la liaison de l'oxygène est encore plus lâche, comme on l'a vu, et le départ de ce gaz encore plus aisé.

Voyons maintenant quelles sont les propriétés de ces deux pigments, pris à l'état cristallisé.

**Oxyhémoglobine.** — Lorsqu'on soumet des globules sanguins, isolés par décantation, à l'action de l'eau et d'un peu d'éther, on provoque la dissolution de l'oxyhémoglobine, et pour beaucoup d'espèces sanguines, chez le cochon d'Inde par exemple, la cristallisation du pigment s'ensuit aussitôt. Pour d'autres (chien, cheval), on n'obtient de cristaux que par certains artifices (action du froid, addition d'alcool). Enfin la cristallisation est très difficile pour le sang d'homme et pour les sangs d'abattoir.

On admet en général que les diverses oxyhémoglobines obtenues ainsi sont, en dépit de très grandes ressemblances, des individus chimiques différents. Leur forme cristalline, leur solubilité dans l'eau, la proportion d'eau de cristallisation qu'elles contiennent, leur composition chimique varient, en effet, d'une espèce à l'autre.

La dissolution aqueuse d'oxyhémoglobine présente un *spectre d'absorption* remarquable, et dont l'aspect le plus caractéristique est obtenu pour des concentrations allant de 0 gr. 10 à 0 gr. 60 de pigment par litre ou pour des dilutions de sang de 1/25ᵉ à

1/100°, ces liquides étant examinés sous une épaisseur de 1 centimètre.

On aperçoit dans ces conditions, entre D et E, donc dans la région du jaune et du vert, deux bandes, la première, située près de D, un peu plus étroite et à bords plus nets, la seconde voisine de E, un peu plus large et à bords plus estompés. Leur milieu (qui se déplace très peu quand on fait varier la dilution) correspond pour la première bande à $\lambda = 577$ et pour la seconde à $\lambda = 539$. En outre l'extrémité violette est aussi obscurcie par une large bande qui empiète plus ou moins sur le bleu et qui termine le spectre de ce côté. Enfin l'oxyhémoglobine absorbe aussi les rayons ultra-violets. Or ces rayons exercent des actions nuisibles sur les cellules et sur les diastases (p. 89). Il est donc possible qu'à la périphérie, où les tissus sont exposés à la lumière, le pigment sanguin joue un rôle protecteur.

Le sang en nature, examiné à l'air en lames suffisamment minces, présente ce même spectre. En outre, lorsqu'on compare au spectrophotomètre une dissolution d'oxyhémoglobine cristallisée et une solution aqueuse de sang, on constate que la marche de l'absorption lumineuse est la même de part et d'autre. On peut donc admettre en pratique que le sang, complètement oxygéné, ne contient pas d'autre pigment à côté de l'oxyhémoglobine. Enfin l'étude spectrophotométrique des diverses oxyhémoglobines a rendu très probable l'identité du noyau coloré de ces molécules.

Les oxyhémoglobines ne dialysent pas et leurs dissolutions présentent le caractère de solutions colloïdales.

La *composition chimique* des oxyhémoglobines est celle d'une matière protéique — puisque c'est un protéique qui constitue plus des 9/10° de leur molécule — à laquelle s'ajoute un peu de fer, et soit environ 0,33 p. 100 (chien, cheval, poule). Mais il semble que lorsqu'on multiplie les recristallisations, cette quantité s'abaisse un peu (voy. plus loin).

Les deux *propriétés chimiques* capitales des oxyhémoglobines sont, d'une part, leur *dédoublement* en globine et en hématine, déjà étudiée plus haut, et, d'autre part, leur *dissociation* sous l'action du vide en oxygène et en hémoglobine.

Cette combinaison de l'hémoglobine avec l'oxygène est bien réellement une combinaison chimique définie, car l'oxygène et l'oxyde de carbone peuvent s'y remplacer volume à volume (Cl. Bernard). Un gramme d'hémoglobine de bœuf fixe, pour se transformer en oxyhémoglobine ou en hémoglobine oxycarbonée, 1 cm³, 34 d'oxygène ou d'oxyde de carbone (mesuré à 0° et à 760°). Comme cette hémoglobine contient 0,336 p. 100 de fer, que c'est là aussi la teneur en fer des pigments du sang de chien, de cheval et de poule, et que nécessairement il doit y avoir un rapport constant entre ces deux éléments de la molécule, fer et oxygène, on admet que 1 gramme de ces hémoglobines, et par analogie, 1 gramme de celle de l'homme, fixent aussi ce volume d'oxygène ou d'oxyde de carbone. Les 14 grammes d'hémoglobine que contiennent en moyenne 100 centimètres cubes de sang humain doivent donc retenir environ 19 centimètres cubes d'oxygène, ce qui concorde bien avec le résultat moyen fourni par l'expérience. Toutefois, comme le volume d'oxygène fixé par 1 gramme d'hémoglobine s'éloigne quelquefois très fortement de la moyenne 1 cm³, 34, et que la teneur en fer a varié aussi, on doit se demander avec Bohr si le sang ne renferme pas plusieurs variétés d'hémoglobine, contenant des quantités différentes de fer et fixant chacune des volumes différents d'oxygène (p. 276).

La *marche de la dissociation* de l'oxyhémoglobine sera étudiée avec la respiration.

**Hémoglobine.** — On obtient des dissolutions d'hémoglobine en traitant celles de l'oxyhémoglobine par des réducteurs (sulfure d'ammonium, putréfaction). On voit apparaître alors le spectre de l'hémoglobine, caractérisé par une bande unique, dite bande de Stockes et occupant à peu près l'espace clair intermédiaire aux deux bandes de l'oxyhémoglobine. Ce pigment ne peut être manié qu'à l'abri de l'air, car l'oxygène le transforme aussitôt en oxyhémoglobine. Cette réaction est d'une sensibilité si exquise, que Hoppe-Seyler s'est servi de dissolutions très étendues d'hémoglobine pour démontrer la présence de l'oxygène dans des sécrétions comme la salive. Celle-ci est amenée au contact de la solution d'hémoglobine, directement au sortir du canal excréteur, et l'on voit aussitôt le spectre de l'oxyhémoglobine remplacer celui de l'hémoglobine. Et d'autre part cette hémoglobine, si sensible à l'air, manifeste vis-à-vis des agents de la putréfaction une résistance remarquable, à tel point que du sang en putréfaction, maintenu à l'abri de l'air, conserve sa teneur en pigment pendant des mois.

**Les dérivés de l'oxyhémoglobine et de l'hémoglobine.** — Hémoglobine oxycarbonée. — Lorsque du sang oxygéné est agité avec de l'oxyde de carbone, il conserve sa couleur rouge cerise éclatante, mais on constate que l'oxygène de l'oxyhémoglobine a été déplacé volume à volume par l'oxyde de carbone qui s'est substitué à lui pour donner un nouveau pigment, l'*hémoglobine oxycarbonée* (Cl. Bernard, Hoppe-Seyler). Celle-ci peut être amenée à cristallisation comme l'oxyhémoglobine et elle présente, pour des dilutions convenables, un spectre d'absorption très semblable à celui de l'oxyhémoglobine, avec cette différence pourtant que les deux bandes sont un peu plus pâles, à bords moins nets, et un peu déplacées vers le violet. Mais tandis que les réducteurs, tels que le sulfure d'ammonium, transforment l'oxyhémoglobine en hémoglobine, et par conséquent substituent aux deux bandes de la première la bande unique de la seconde, ces agents sont sans action sur l'hémoglobine oxycarbonée; ils laissent par conséquent intact le spectre à deux bandes de ce composé. L'hémoglobine oxycarbonée est bien plus stable que l'oxyhémoglobine. Elle résiste énergiquement à la putréfaction et le vide ne lui enlève que très difficilement de l'oxyde de carbone. Nous verrons, à propos de la respiration, dans quelle mesure ces propriétés de l'hémoglobine oxycarbonée rendent compte de l'intoxication par l'oxyde de carbone (p. 282).

MÉTHÉMOGLOBINE. — Des agents très divers, parmi lesquels figurent des oxydants comme le chlorate ou le ferricyanure de potassium, des réducteurs comme le palladium hydrogéné, ou des corps indifférents, tels qu'un grand nombre de corps aromatiques, dont quelques-uns sont employés en thérapeutique (aniline, toluidine, acétanilide, kairine, thalline, pyrodine, bleu de méthylène), transforment l'oxyhémogolbine en *méthémoglobine*, laquelle communique au sang intoxiqué une couleur rouge-brun (sépia) caractéristique. On a isolé ce pigment à l'état cristallisé, et l'on a constaté que le vide ne lui enlève pas d'oxygène, et que les réducteurs le transforment en hémoglobine. Mais ni les conditions de sa formation *in vitro*, ni ses relations avec l'oxyhémoglobine, ni même son spectre d'absorption ne sont encore établis avec certitude. On admet en général que la méthémoglobine n'est pas, comme on l'a soutenu d'abord, un peroxyde, ni un sous-oxyde de l'oxyhémoglobine et qu'elle cède aux réducteurs, pour être transformée en hémoglobine, autant d'oxygène que l'oxyhémoglobine. Mais dans la méthémoglobine cet oxygène est plus solidement fixé que dans l'oxyhémoglobine (Hüfner). — Les conditions de formation de la méthémoglobine *in vivo*, sous l'influence des divers agents cités plus haut, sont très mal connues.

HÉMATINE. — On a vu comment ce pigment résulte du dédoublement de l'oxyhémoglobine. Il se forme aussi par l'action des sucs digestifs sur le sang et se trouve par conséquent dans les fèces après ingestion d'aliments riches en sang, ou à la suite d'hémorragies produites à une distance suffisante de l'anus. C'est une poudre amorphe, noirâtre, soluble dans les alcalis ou dans l'alcool acide, et présentant, surtout en milieu acide, un spectre caractéristique. Le sulfure d'ammonium la transforme en hémochromogène, mais le vide est sans action sur elle. Son éther chlorhydrique, l'*hémine* (ou cristaux de Teichmann) présente au microscope une forme cristalline remarquable et sert en médecine légale à caractériser les taches de sang.

C'est surtout à l'hématine que l'on s'est adressé pour résoudre l'important et difficile problème de la constitution du noyau coloré du pigment sanguin. La composition de l'hématine est le mieux représentée par l'expression $C^{34}H^{34}Az^{4}O^{5}Fe$. Les acides transforment ce corps en *hématoporphyrine*, $C^{32}H^{36}Az^{4}O^{6}$ (voy. plus loin), que les réducteurs font passer à l'état de *mésoporphyrine*, $C^{32}H^{36}Az^{4}O^{4}$; enfin, par une hydrogénation plus énergique, on obtient de l'*hémopyrrol* (Nencki et Zalesky), composé bien défini, contenant $C^{8}H^{13}Az$ et qui est un *diméthyléthylpyrrol*. Ce corps représente le noyau des *acides hématiques* obtenus par Küster en oxydant l'hématine.

L'hématine contient donc un noyau pyrrolique. Or la chlorophylle, agent des synthèses dans les plantes vertes, renferme ce même noyau. En effet la dégradation de ce pigment a fourni à Schunck et Marchlewski la phylloporphyrine, $C^{32}H^{36}Az^{4}O^{2}$, très voisine de l'hématoporphyrine par sa formule brute, et dont Marchlewski a fait sortir ensuite l'hémopyrrol et les acides hématiques. Enfin Nencki et Zalesky ont réussi à transformer l'hématoporphyrine en mésoporphyrine. Ces recherches confirment donc la parenté chimique de la matière colorante du sang avec celle des plantes vertes, déjà démontrée en 1877-1879 par A. Gautier, à l'occasion de la découverte de la chlorophylle cristallisée. Rappelons toutefois la différence importante qui sépare l'hématine, substance ferrugineuse, de la chlorophylle, qui ne contient pas de fer (A. Gautier), mais dont les cendres renferment une importante quantité de phosphate de magnésium [1].

HÉMOCHROMOGÈNE. — On a vu que ce composé représente le noyau coloré et ferrugineux de l'hémoglobine, comme l'hématine représente celui de l'oxyhémoglobine. On l'obtient soit par dédoublement de l'hémoglobine à l'abri de l'air, soit en réduisant l'hématine par le sulfure d'ammonium. Ses dissolutions aqueuses sont rouge brun, et son spectre, très caractéristique, constitue une réaction de recherche du sang encore plus sensible que celui de l'hoxyhémoglobine. A l'air elle reproduit rapidement l'hématine.

HÉMATOPORPHYRINE. — C'est le pigment qui résulte de l'action des acides forts sur l'hématine. Ses dissolutions alcalines sont d'une belle couleur rouge. Il ne contient plus de fer et répond à la formule $C^{32}H^{36}Az^4O^6$, qui en ferait donc un isomère de la bilirubine. Ce pigment n'a présenté pendant longtemps qu'un intérêt théorique, jusqu'au jour où l'on a constaté sa présence constante, en petite quantité dans l'urine normale, en plus fortes proportions dans certaines urines pathologiques, surtout après intoxication par le sulfonal (p. 425).

## § II. — LES GLOBULES BLANCS ET LES PLAQUETTES SANGUINES.

Le sang contient 1 globule blanc pour 350 à 500 globules rouges. Mais la vie de ces éléments n'est pas liée à celle du sang, comme il arrive pour les globules rouges. Ce sont des organismes indépendants, qui peuvent quitter le sang et émigrer à travers les tissus. C'est ainsi qu'on les voit apparaître et se disposer en rangs serrés autour des foyers infectieux, et dans le sang on voit aussi leur nombre augmenter d'une manière considérable sous certaines influences (sang de la digestion, des maladies infectieuses).

Leur rôle, encore incomplètement établi, est sans doute multiple. On admet en général qu'ils interviennent dans l'absorption digestive de certains aliments. C'est ainsi qu'après ingestion de préparations de fer minérales, on peut saisir dans les lymphatiques

---

1. Piettre et Vila ont montré que la saponification de l'hématine par les alcalis libère aussi d'importantes quantités de substances ternaires (jusqu'à 35 p. 100), ayant la composition centésimale des acides gras. La bilirubine présente le même phénomène (Piettre). La présence de longues chaînes grasses dans ces deux molécules est un phénomène très inattendu.

intestinaux, à l'aide du sulfure d'ammonium, des leucocytes abondamment remplis de granulations ferrugineuses, que ces éléments transportent vers les glandes lymphatiques. Ce rôle de véhicule leur a été attribué pour la graisse, et l'on a même soutenu que les globules blancs pénètrent jusque dans la lumière du tube digestif et se charge de gouttelettes graisseuses. Enfin le glycogène que l'on trouve dans le sang serait presque uniquement du glycogène véhiculé par les leucocytes.

Le leucocyte est un organe riche en diastases diverses. Il contient des diastases protéolytiques puissantes (p. 104), qui contribuent peut-être au phénomène de la phagocytose, et en général à celui de la digestion, par les globules blancs, d'éléments vieillis ou morts (hématies, spermatozoïdes). On a trouvé aussi dans les leucocytes du pus des *lipases*, des *amylases*, une *chymosine* (Achalme), et Lépine a démontré que la destruction du sucre dans le sang (*glycolyse*) est sous la dépendance des éléments figurés et principalement des globules blancs. Les globules blancs sont riches aussi en *oxydases*. Celles du pus décomposent énergiquement l'eau oxygénée (catalase), et ils oxydent la teinture de gaïac en bleu, non seulement en présence d'eau oxygénée ou d'un peroxyde (peroxydase), mais encore en l'absence d'un tel corps (oxydase vraie) (p. 97). Enfin les leucocytes fournissent le *ferment de la fibrine* (p. 250) et interviennent sans doute dans la production des hémolysines, bactériolysines, précipitines, etc.

On a commencé à établir quelques différences entre les diverses variétés de globules blancs en ce qui concerne leurs actions diastasiques. Les polynucléaires sont plus riches en diastases protéolytiques que les lymphocytes. C'est pourquoi des gouttes de sang de leucémie myélogène, déposées à l'étuve sur du sérum coagulé, creusent rapidement de profondes cupules de liquéfaction (Müller et Jochmann; N. Fiessinger et P.-L. Marie); c'est pourquoi ce même sang contient des albumoses et des acides aminés, tandis que ces deux caractères manquent au sang de leucémie lymphogène. Les polynucléaires sont aussi plus riches en oxydases; c'est pourquoi le sang de leucémie myélogène, étendu d'eau, bleuit le gaïac, ce que ne fait pas le sang de leucémie lymphogène.

On a déjà vu que la masse principale des leucocytes est constituée par des *nucléoprotéides*. Les autres principes immédiats sont ceux des éléments cellulaires en général (p. 107). Cette richesse en nucléoprotéides, substances mères des bases puriques, fait que la destruction d'un grand nombre de globules est suivie d'une forte élimination d'acide urique (p. 342).

Les *plaquettes sanguines* ou *hématoblastes* de Hayem seraient, d'après Kossel et Lilienfeld, formées d'une combinaison de nucléine et d'albumine. Ces éléments dédoublent la glycyl-l-tyrosine encore plus énergiquement que ne le font les globules rouges; ils contiennent donc une diastase peptolytique.

## § III. — LE PLASMA, LA FIBRINE ET LE SÉRUM.

**Le plasma et la fibrine.** — On a vu que le plasma est le liquide interglobulaire qui se sépare des éléments figurés du sang, lorsque par un artifice quelconque on retarde la coagulation de façon à laisser à ces éléments le temps de se déposer. C'est un liquide jaune ou jaune verdâtre, de densité à peine supérieure à celle du sérum (1 027 environ) et franchement alcalin au tournesol. Ses constituants les plus importants sont, outre des matières minérales, trois matières protéiques, la sérumalbumine, la sérumglobuline et le fibrinogène, et sa propriété la plus remarquable est cette aptitude à la coagulation qu'il partage avec le sang total et qui sera étudiée plus loin. Bornons-nous à dire ici, en négligeant quelques faits accessoires, que ce phénomène consiste essentiellement en ceci que le fibrinogène est transformé en fibrine coagulée. Par là le plasma se trouve dédoublé en un caillot, la fibrine, et en un liquide, le sérum, dans lequel on retrouve tous les matériaux du plasma, moins le fibrinogène, et notamment les deux autres protéiques du plasma, la sérumalbumine et la sérumglobuline, non touchés par la coagulation. C'est parce qu'on les a d'abord étudiés dans le *sérum* que ces deux substances portent cette dénomination spéciale.

*L'étude des matériaux du plasma* comporte donc celle du fibrinogène, substance mère de la fibrine, et celle des matériaux du sérum. Les relations du fibrinogène avec la fibrine seront étudiées avec la coagulation. Nous n'avons donc à nous occuper ici que des constituants du sérum, en faisant remarquer que la coagulation n'introduit qu'une différence quantitative médiocre entre le plasma et le sérum, car sur les 80 grammes de matières protéiques que contient un litre de plasma, le fibrinogène ne figure que pour 4 grammes.

Le *sérum* est un liquide jaunâtre, alcalin au tournesol et renfermant pour 1 000 parties environ 90 parties de matières solides représentées surtout par 75 gr. de protéiques coagulables (sérumalbumine et sérumglobuline), et 8 gr. de sels, dont 5 gr. de chlorure de sodium.

Quand on élimine du sérum, par chauffage après acidification, tous les protéiques coagulables, le filtrat contient encore de petites quantités de corps azotés divers, que l'on réunit sous la dénomination globale d'*azote restant* du sérum (ou du sang, si la coagulation a porté sur le sang total) et dont l'étude touche à des problèmes de la nutrition d'importance capitale. On trouve, en outre, dans ce filtrat des *corps non azotés*, représentés surtout par du glycose, des graisses ou des savons, et dont l'étude touche aussi à ces mêmes problèmes. Enfin les *matières minérales* du sérum, qui sont celles du plasma, jouent dans la constitution du sang un rôle important, notamment comme facteurs de la tension osmotique et de l'alcalinité.

Ce sont ces divers constituants du sérum qui vont être étudiés ci-après.

**Les matières protéiques du sérum.** — Le sérum contient deux protéiques coagulables par la chaleur, une albumine, la *sérumalbumine*, et une globuline, la *sérumglobuline*, accompagnées d'une petite quantité d'une *fibrinoglobuline* qui apparaît au moment de la coagulation (p. 250) et d'un peu d'un *nucléoprotéide*. Ajoutons que par précipitation fractionnée au moyen des sels, les deux principaux protéiques du sérum, la sérumalbumine et la sérumglobuline se laissent dissocier en fractions qui paraissent avoir des propriétés différentes. Mais, comme une séparation précise des divers protéiques en individus chimiques définis avec certitude n'est pas encore possible, il est inutile d'insister sur les caractères de ces fractions.

Une question plus intéressante est celle de *l'origine* et du *rôle* des deux protéiques du sérum, mais on ne possède ici que quelques premières indications.

En ce qui concerne *l'origine* on verra plus loin que la composition des protéiques ingérés n'a aucune influence sur celles des protéiques du sérum, comme si avec les produits de l'hydrolyse digestive des albumines la paroi intestinale reconstruisait aussitôt les protéiques du sérum (p. 285). Mais ce n'est là qu'une hypothèse, et il est certain d'ailleurs que pour assurer au sérum une teneur constante en sérumalbumine et sérumglobuline, l'organisme dispose d'autres sources que celles des protéiques digestifs. Si l'on injecte, en effet, dans la jugulaire de petits chiens des globules rouges empruntés à de grands chiens et lavés à l'eau salée, puis mis en suspension dans du liquide de Locke (p. 78), on parvient, en faisant en même temps des saignées par la carotide, à remplacer la majeure partie du plasma par de l'eau salée et à faire tomber la teneur du plasma en protéiques de 6 p. 100 environ à moins de 2 p. 100[1]. Mais déjà après un à deux jours, la teneur primitive en protéiques est rétablie, même si l'animal est maintenu à jeun (Morawitz). On ignore à quelles sources (lymphe, tissus?) l'organisme emprunte les matériaux d'une régénération si rapide.

On ne connaît pas mieux le *rôle* que jouent ces deux protéiques. Peut-être représentent-ils dans la nutrition azotée la forme à laquelle aboutissent après leur absorption les protéiques alimentaires et sous laquelle ils sont offerts à la nutrition des tissus (p. 286). On les a considérés aussi comme servant de véhicule à d'autres substances, peut-être au glycose, avec lequel ils pourraient contracter une combinaison lâche. Dans le même ordre d'idées, citons une intéressante expérience de Jakoby. Du salicylate de soude ajouté à du sang n'est entraîné qu'en très petite quantité quand on précipite successivement la sérumglobuline, puis la sérumalbumine de ce sérum par addition de quantités croissantes de sulfate d'ammonium. Si le salicylate est au contraire donné *per os*, il est précipité par le sulfate d'ammonium en même temps que la sérumalbumine.

**« L'azote restant » et les constituants non azotés du sérum. — Leur importance au point de vue de la nutrition des tissus.** — Les corps qui forment l'« azote restant » et les constituants non azotés ne sont contenus dans le sang qu'en très petites quantités, puisque 1 litre de sérum ne renferme que 0 gr. 5 à 0 gr. 9 d'azote non coagulable (azote restant) et à peu près 4 grammes de corps non azotés. Et cependant trois grands problèmes, qui résument presque toute la physiologie des échanges nutritifs, sont liés à cette question. En effet, le sang étant le milieu intérieur dans lequel s'effectue la nutrition des tissus, l'étude de

---

1. Chose remarquable, ces animaux ne survivent que lorsqu'on ajoute au liquide de Locke 3 p. 100 de gomme arabique, de façon à donner à la masse injectée une viscosité égale à celle du sang naturel.

ce phénomène se résume nécessairement dans la recherche de trois groupes physiologiques de produits :

1° Les matériaux alimentaires préparés par la digestion et que le sang apporte aux tissus : *glycose, produits de la digestion des protéiques, graisses* ;

2° Les déchets qui vont des tissus aux émonctoires : *urée, acide urique, créatine, ammoniaque* et *acide carbamique, gaz carbonique* (et eau) ;

3° Les matériaux que l'organisme doit transporter d'un tissu ou d'un organe à d'autres, tels que le *glycose*, par exemple, qui va du foie aux tissus, et d'autres produits qui restent à déterminer, notamment tous les *produits des échanges nutritifs intermédiaires* (p. 402 et 472), qui résument un côté si important et encore si mal connu du problème de la nutrition, et aussi toutes ces substances, que l'on commence à entrevoir et par lesquelles est assurée la *coordination chimique des fonctions animales* (p. 459).

Or, c'est dans le groupe des corps de l' « azote restant » et parmi les constituants non azotés du sang ou du sérum que rentrent la plupart des substances énumérées ci-dessus.

1° LES MATÉRIAUX D'ORIGINE ALIMENTAIRE. — Deux aliments surtout, les *protéiques* et les *hydrates de carbone* prennent au moment de leur absorption la voie sanguine. Quant aux *graisses*, elles n'arrivent dans le sang que par les chylifères et par le canal thoracique.

En ce qui concerne d'abord les *protéiques*, on a vu que le débat est encore ouvert. On a soutenu que ces aliments sont absorbés à l'état d'albumoses et de peptones, c'est-à-dire de produits encore biurétiques, mais *non coagulables*, et que l'on doit donc retrouver dans l' « azote restant » du sérum ou du sang. Pour d'autres, l'hydrolyse va jusqu'aux acides aminés, qui doivent donc aussi apparaître dans ce reste. D'autres enfin soutiennent que la composition de l' « azote restant » n'est pas directement influencée par la digestion, parce que les protéiques défaits par l'hydrolyse digestive seraient aussitôt reconstruits par la paroi intestinale à l'état d'albumines coagulables (p. 188 et 285). Finalement on voit que ce débat tourne tout entier autour de la composition de l' « azote restant » du sérum. Que contient donc ce reste ?

Son azote [1] est d'abord fourni pour plus de 75 p. 100 par de

---

1. Le poids absolu de cet azote restant est très faible ; 100 cm³ de sérum de chien

l'urée (avec de petites quantités d'autres déchets azotés). C'est donc surtout de l'azote d'excrétion. Le surplus est représenté par un peu d'azote précipitable et par un peu d'azote non précipitable par le tannin, c'est-à-dire par de l'azote pouvant appartenir soit à des albumoses et peptones, soit à des acides aminés. Mais, en fait, aucune démontration décisive de la présence de ces corps dans le sang n'a pu être donnée encore. Toutefois ce résultat négatif ne constitue pas une preuve décisive, car la rapidité de la circulation permet à l'organisme de travailler à des dilutions si considérables que nos méthodes d'analyses deviennent promptement impuissantes [1].

On a vu que les *hydrates de carbone* arrivent à l'absorption sous la forme sucres en $C^6$, et dans un autre chapitre on montrera comment, grâce au travail régulateur du foie, la quantité de sucre réducteur, que l'on trouve dans le filtrat séparé du sang après coagulation des protéiques, reste sensiblement constante et voisine de 1 gramme environ par litre de sang. Hanriot a montré pour le sang de cheval que la majeure partie de ce sucre est du *glycose*, mais la présence de petites quantités d'autres sucres réducteurs (lévulose, maltose) a été constatée parfois, notamment par Lépine et Boulud. Ces auteurs signalent en outre que le sang contient aussi, mais beaucoup plus dans les globules rouges que dans le sérum, des *combinaisons glycuroniques* qui réduisent immédiatement la liqueur de Fehling.

La quantité de ces divers corps, que l'on peut réunir sous la dénomination de *sucre actuel*, est augmentée quand on ajoute au sang de l'eau, de l'émulsine ou de l'invertine, ou des acides et surtout de l'acide fluorhydrique, à tel point qu'un sang artériel de chien qui a donné 0 gr. 74 de sucre réducteur, en fournit après traitement par cet

contiennent pendant le jeûne 0 gr. 0525 et pendant la digestion 0 gr. 0783 d'azote restant (Hohlweg et Meyer).

1. Si par minute, dit C. von Noorden, il passe de 1 à 2 litres de sang à travers l'intestin de l'homme à l'état de digestion, donc environ 100 litres par heure, un tel volume de sang peut aisément emporter pendant ce temps 50 gr. de sucre, mais guère plus de 10 à 15 gr. d'albumine ou de produits d'hydrolyse de celle-ci, avec 2 gr. d'azote environ. Cela fait pour 100 cm³ de sang un surcroît de 0 gr. 05 de glycose, qui malgré sa petitesse reste encore sensible à nos méthodes d'analyse, puisque la teneur du sang artériel, qui n'est que de 0 gr. 10 p. 100, est ainsi augmentée de 50 p. 100. Mais pour l'albumine, le surcroît d'azote ainsi jeté par la digestion dans le sang pendant le même temps n'est que de 0 gr. 002 p. 100, quantité infime et nécessairement comme perdue dans un liquide qui contient déjà 3 p. 100 d'azote albumineux et environ 0,030 p. 100 d'azote non coagulable. On voit à quelles difficultés analytiques se heurte nécessairement la recherche des produits de la digestion dans le sang.

acide 1 gr. 51. La différence, soit 0 gr. 77, représente ce que Lépine a appelé le *sucre virtuel*. Or, de minimes influences, comme le passage du sang à travers le poumon, suffisent pour faire passer du sucre virtuel à l'état de sucre actuel, réducteur (Lépine et Boulud).

Enfin la quantité de *graisses* que contient le sérum est très variable (de 1 à 7 p. 1 000) selon la richesse en graisse des repas et le moment de la saignée. Elle peut être telle parfois que le sérum présente une apparence laiteuse. Cette graisse est toujours accompagnée d'une petite quantité de *savons*, d'un peu de *glycérine* (Nicloux) et d'un peu de *cholestérine*.

2° LES PRODUITS DE DÉCHETS. — On a caractérisé avec certitude dans le sérum sanguin, l'*urée*[1], des traces d'*acide urique*, souvent à peine saisissables (p. 345), la *créatine*, qui sont évidemment des déchets en route pour l'élimination par le rein. Ici se place aussi un produit d'excrétion important, le *gaz carbonique*, que le sang transporte vers l'émonctoire pulmonaire. Enfin l'*ammoniaque* et *l'acide carbamique*, que l'on a trouvés aussi dans le sang, sont à la fois des produits d'excrétion, puisqu'on les trouve dans les urines, et des produits des échanges nutritifs intermédiaires, puisqu'ils sont l'un et l'autre des producteurs d'urée (p. 310).

Le quantité de ces produits est toujours très faible, même pour l'urée, dont l'organisme élimine cependant de 20 à 30 gr. par jour et souvent davantage. Un litre de sang n'en contient chez l'homme que 0 gr. 50 environ. Aussi l'acide urique, dont la quantité excrétée en vingt-quatre heures est en général inférieure à 1 gr., n'a-t-il pas encore été caractérisé dans le sang avec toute la certitude désirable. Enfin dans l'azote restant figurent aussi des *acides protéiques* analogues à ceux que l'on trouve dans l'urine (p. 324).

3° LES MATÉRIAUX DE TRANSPORT. — Le sang doit transporter nécessairement tous les produits intermédiaires des échanges nutritifs, ceux qui s'intercalent par exemple entre une albumine et les produits ultimes de cet aliment, urée, ammoniaque, etc., et qui formés dans un organe achèvent leur cycle dans un ou plusieurs autres. La détermination de tous ces produits est le problème fondamental d'une physiologie de la nutrition (p. 402 et 472), mais cette tâche est à peine commencée. On ne peut guère citer ici

---

1. La présence de l'urée dans le sang, indépendamment de toute intervention du rein a été démontrée en 1821 par les célèbres expériences de Prévost et Dumas.

que l'*acide lactique*, qui sort des sucres ou des protéiques, quelques *acides gras volatils*, le *glycocolle*, dont la présence dans le sang normal a été affirmée récemment, la *bilirubine*, facteur de la cholémie normale (p. 419), tous corps qui paraissent bien être des produits transitoires de la désassimilation.

Le sang transporte aussi d'un organe à l'autre des matériaux de nutrition, comme le glycose, ou des matériaux résultant de la régression d'un organe et qui servent ailleurs à quelque construction. Ici se placent les classiques observations de Miescher sur les saumons du Rhin (p. 293), celles de Ver Eecke sur l'accroissement du fœtus aux dépens des protéiques des tissus maternels, celles de Pflüger sur le crapaud accoucheur (p. 567, note 1). Comme tous ces transports impliquent des démolitions et des reconstructions de molécules azotées, il est clair qu'ils doivent retentir sur la composition de l' « azote restant ». On peut citer encore ici les opérations de destruction et de réfection des globules rouges, bien plus importantes qu'on ne le croirait au premier abord (p. 412). Mais l'analyse n'a pas encore permis de saisir dans le sang les matériaux de ces transports.

Enfin on doit admettre que le sang transporte aussi les produits à l'aide desquels l'organisme assure la coordination des fonctions animales, par exemple la sécrétine, l'adrénaline et toutes celles que l'on n'a pas encore saisies, mais dont l'action apparaît chaque jour plus clairement (p. 459).

Ici nous pouvons placer aussi les diverses diastases trouvées dans le sérum ou le plasma, à savoir une *amylase*, dont le rôle est sans doute de saccharifier tout hydrate de carbone qui a pénétré dans le sang, une *maltase*, une *lipase* découverte par Hanriot, mais qui ne saponifie que la monobutyrine et non les graisses neutres [1], une *diastase glycolytique* (Lépine et Barral) et sur laquelle on reviendra ailleurs (p. 369), diverses *oxydases*, mais dont le rôle physiologique reste à déterminer, des *antidiastases*. On ne reviendra pas ici sur le groupe des hémolysines, bactériolysines, etc., dont il a été question précédemment.

**Les matières minérales et la concentration osmotique du sérum.** — La masse principale des matières minérales du sérum est formée par le chlorure de sodium (environ 5 grammes sur 8 grammes p. 1 000), accompagné d'un peu de carbonate de

---

1. Cependant le sang aurait le pouvoir de transformer les graisses neutres en une substance soluble dans l'eau et dialysable (Cohnstein et Michaelis). Cet agent lipolytique est détruit à 100°.

sodium et de chlorure de potassium, et secondairement de combinaisons organiques sodées (albuminate de sodium), de phosphate de calcium et de magnésium et de traces de sulfates. C'est en première ligne à l'aide de ces matières minérales que l'organisme maintient et défend cette constance de la tension osmotique du plasma, nécessaire au fonctionnement normal des tissus (p. 125). Si l'on pose, en effet, égale à 100 la concentration osmotique totale d'un sérum de sang (de cheval), c'est-à-dire le nombre de moles, soit donc de molécules intactes ou d'ions libres, on trouve que la part des divers cristalloïdes de ce sérum dans ce phénomène est la suivante :

<pre>
    Matières minérales (électrolytes) :
                 NaCl............   56 )
                 CO³Na² .........   25 )  ........  81
    Matières organiques (non électrolytes) :
                 Urée, glycose, etc..............  19
                                                  ————
                                                   100
</pre>

On a déjà dit ailleurs quelle part considérable revient dans ces 81 p. 100 aux ions Na, Cl et CO³ (p. 128).

Notons à ce propos l'ampleur considérable des mouvements que présentent dans le cours des vingt-quatre heures les matières minérales du sérum. Dans cette période, la quantité du suc gastrique atteint 1 500 centimètres cubes avec 7 gr. de chlore à l'état d'acide chlorhydrique. Or, la masse totale du sang contient 4 litres de sérum avec 11 gr. de chlore. Les deux tiers du chlore du liquide sanguin passent donc chaque jour par le suc gastrique pour être résorbés plus bas. Et comme le volume total des sécrétions digestives atteint en vingt-quatre heures 6 litres environ, c'est donc que la quantité totale de l'eau du sang passe chaque jour près de deux fois à l'état de sucs digestifs. On voit avec quelle précision doivent fonctionner les mécanismes qui maintiennent constante la composition du sang (Cohnheim).

**L'alcalinité du sérum et du sang total**. — Étudiée à l'aide de la méthode électrométrique, la réaction du sang a été trouvée très voisine de la neutralité, puisque la concentration du sang en ions OH est à peu près celle de l'eau pure. Le sang est donc un liquide neutre et il en est de même pour le sérum (Höber, Fränkel, Farkas). Mais cette manière physico-chimique de considérer la réaction du sang est restée jusqu'à présent sans utilité pratique, et pour la discussion des problèmes de physiologie normale et pathologique qui touchent au conflit des acides et des bases dans le sang, il faut continuer à envisager ce liquide comme un milieu alcalin.

Le sérum et le sang total sont, en effet, alcalins au tournesol, à la cochenille, à l'acide rosolique, parce que ces réactifs sont très peu sensibles ou même indifférents à l'action d'acides faibles comme l'acide carbonique, dont ils n'indiquent pas la présence. Au contraire, vis-à-vis de la phénolphtaléine, qui est sensible à de tels acides, le sang est neutre. L'alcalinité du sang ou du sérum n'est donc qu'apparente, et si l'on dose cette alcalinité en ajoutant un acide titré jusqu'à virage de l'indicateur employé, on mesure simplement la quantité d'alcali combinée dans le sang à une série d'acides faibles, comme l'acide carbonique, les protéiques, l'hémoglobine... C'est *l'alcalinité de titration*[1], qui vaut à peu près 320 milligrammes de NaOH pour 100 centimètres cubes de sang[1].

La signification physiologique de cette alcalinité n'apparaît pas encore bien clairement. On aperçoit à la vérité tout de suite le rôle que joue cette provision d'alcalis comme moyen de défense contre l'intoxication par les acides (acidose), et il est certain aussi qu'avec l'alcalinité du sang croît et décroît la quantité de gaz carbonique, cette humeur est en mesure de fixer, donc de transporter des tissus aux poumons. Mais la relation qui existe entre l'alcalinité du sang et d'autres phénomènes, comme les oxydations dans l'organisme, les phénomènes d'immunité, la phagocytose, ne peut encore qu'être soupçonnée.

Les acides qui pénètrent dans le sang sont, en effet, neutralisés par les alcalis des sels à acides faibles du sang, avec mise en liberté, soit de gaz carbonique aussitôt éliminé par les poumons, soit d'acides plus faibles encore, et par conséquent peu nuisibles. De fait l'alcalinité du sang diminue chez le lapin intoxiqué par l'acide chlorhydrique[2], ou par le phosphore, ce dernier provoquant une fonte toxique des tissus avec production de substances acides diverses. Elle diminue de même chez le diabétique, dont le sang est inondé par les acides acétoniques (p. 405). Corrélativement on trouve la quantité de gaz carbonique que transporte le sang extrêmement diminuée, évidemment parce que les acides en question se sont emparés d'une grande partie de l'alcali fixateur de ce gaz.

.1. Les conditions de ce titrage sont encore loin d'être établies avec certitude, et les résultats varient beaucoup selon la méthode employée, par exemple selon que l'on élimine ou non les matières protéiques avant la titration. Il faut au préalable laquer le sang, afin d'éviter qu'une grande partie de l'alcali des globules rouges échappe à la titration (A. Lœwy).

2. La dose mortelle chez cet animal est d'environ 0 gr. 9 par kilogramme.

Il y a longtemps que l'on admet, mais sans preuves précises, que l'alcalinité du sang favorise les oxydations. *In vitro*, le fait est certain, ainsi qu'en témoigne par exemple l'oxydation bien connue du pyrogallol en milieu alcalin au contact de l'air. Sur le lapin L. Lehmann a vu que l'ingestion ou l'injection dans les veines de solutions de carbonate de soude augmente les quantités d'oxygène fixé et d'acide carbonique exhalé, tandis que l'injection d'acide chlorhydrique produit des effets inverses. Mais l'interprétation de telles expériences est toujours très délicate. — La résistance des animaux contre le charbon est accrue par injection d'alcalis dans le sang, et, d'autre part, chez les animaux infectés l'alcalinité du sang diminue quand ils doivent succomber; elle augmente, au contraire, quand ils survivent (Von Fodor). Inversement l'introduction d'acide lactique dans les vaisseaux accentue la virulence du virus charbonneux (Arloing; Roux et Nocard). — Enfin la phagocytose, mesurée d'après le pouvoir d'absorption des leucocytes pour le charbon en poudre, est rendue plus active lorsqu'on ajoute du carbonate de soude à la suspension des leucocytes dans du sérum; elle est gênée quand l'alcalinité est abaissée par addition d'acide sulfurique (Hamburger et Hekma).


## § IV. — LA COAGULATION DU SANG.


Au point de vue physiologique la coagulation apparaît comme un phénomène de défense contre les hémorragies. Elle se présente aussi comme un processus pathologique, par exemple dans la production des embolies. Enfin, considérée en elle-même, elle est intéressante à étudier, dans son mécanisme, à cause de la variété et de la complexité des problèmes qu'elle soulève. Elle a été tour à tour expliquée par une succession de théories auxquelles sont attachés les noms de Denis (de Commercy), d'Alexandre Schmidt, de Brücke, de Hammarsten, de A. Gautier, d'Arthus, mais dont le développement historique, d'ailleurs très intéressant, ne peut trouver place dans cet ouvrage. On s'en tiendra ici aux faits essentiels que nous résumons ci-après en suivant l'excellent exposé qu'en a fait Arthus.

**Production de la fibrine aux dépens du fibrinogène.** — La fibrine, qui constitue le caillot, ne préexiste pas dans le plasma, car aucune des matières protéiques que l'on peut retirer de ce liquide n'est identique avec la fibrine. Celle-ci se forme donc aux dépens d'une matière albuminoïde du plasma. Cette matière, c'est le fibrinogène. En effet, après la coagulation le fibrinogène a entièrement disparu. Le sérum n'en renferme plus, car il peut notamment être porté à 56°, température de coagulation du fibrinogène dans ses solutions pures ou dans le plasma, sans donner de coagulation.

Comment la fibrine sort-elle du fibrinogène? Bien que tout le fibrinogène du plasma disparaisse par le fait de la coagulation, le poids fibrine produite ne représente jamais qu'une fraction (de 60 à 70 p. 100) du poids du fibrinogène disparu. D'autre part on a vu que le sérum contient une globuline nouvelle, la *fibrino-globuline* de Hammarsten, qui fait défaut dans le plasma. On a été dès lors conduit à admettre que par le fait de la coagulation il y a eu dédoublement du fibrinogène en fibrine et en fibrinoglobuline, mais cette interprétation est contestable, et en général les relations du fibrinogène, de la fibrine et de la fibrinoglobuline sont encore obscures sur plus d'un point.

**Le ferment de la fibrine.** — Quelle est la cause qui provoque la transformation du fibrinogène en fibrine? C'est à Alexandre Schmidt, de Dorpat, que revient l'honneur d'avoir compris le premier que cette cause est d'ordre diastasique. En effet, si l'on précipite du sang défibriné ou du sérum par plusieurs volumes d'alcool, que l'on laisse en contact pendant plusieurs semaines avec le caillot formé, on constate que ce précipité, desséché à basse température, puis broyé avec de l'eau, fournit une solution qui coagule un liquide contenant du fibrinogène, et non spontanément coagulable, comme le liquide d'hydrocèle, par exemple. L'agent ainsi dissous par l'eau a tous les caractères d'une diastase : il est soluble dans l'eau, précipité par l'alcool, détruit par l'ébullition, entraîné par les précipités. C'est le *ferment de la fibrine*, appelé encore *thrombine* ou *plasmase*, et considéré par les uns comme une globuline, par d'autres comme un nucléoprotéide. En réalité on ignore pour cette diastase, comme pour toutes les autres, à quelle catégorie chimique elle appartient.

*Le ferment de la fibrine ou thrombine n'existe pas dans le sang circulant.* En effet, si l'on fait arriver du sang directement au sortir du vaisseau dans un grand volume d'alcool, on ne peut pas retirer de ferment de la fibrine du précipité obtenu. Si, au contraire, le sang a été reçu dans un vase entouré de glace, de façon à empêcher la coagulation, et si après quelques heures on ajoute de l'alcool, le coagulum formé contient le ferment de la fibrine.

On démontre en outre par un grand nombre d'expériences ou d'observations que *le ferment de la fibrine est produit par les globules blancs.*

Nous n'en citerons ici que deux : 1° Si l'on isole par deux ligatures un segment de jugulaire de cheval, et si, après avoir sectionné la veine au delà des deux ligatures, on suspend verticalement le segment obtenu, les globules rouges se déposent rapidement en formant dans la moitié inférieure une couche épaisse, au-dessus de laquelle on aperçoit par transparence le plasma translucide, séparé des globules rouges, par une mince couche de globules blancs. Si par des ligatures convenables on se procure un peu du liquide correspondant à ces trois zones, et qu'on l'ajoute chaque fois à un transsudat non spontanément coagulable comme le liquide d'hydrocèle, on constate que les globules rouges n'ont aucun pouvoir coagulant, que le pouvoir du plasma est médiocre, que les globules blancs, au contraire, sont très actifs. — 2° Les transsudats séreux non inflammatoires (liquide d'hydrocèle, etc.), et qui ne sont pas spontanément coagulables ne contiennent pas d'éléments figurés. Au contraire, les exsudats inflammatoires, qui sont spontanément coagulables, sont toujours riches en globules blancs.

Ajoutons que l'on n'est pas d'accord sur la manière dont le ferment de la fibrine sort des globules blancs. Pour Al. Schmidt cette mise en liberté résulte d'une destruction anatomique des leucocytes, pour Dastre et Arthus il s'agit d'une excrétion osmotique, ou d'une sécrétion physiologique (Arthus) de la diastase par le globule blanc.

On ne connaît pas mieux *la cause qui détermine cette mise en liberté du ferment de la fibrine*. Cette cause fait défaut aussi longtemps que le sang est en contact avec la paroi vasculaire saine. Si à l'aide d'une canule paraffinée intérieurement on reçoit du sang dans un vase paraffiné, on peut agiter ce sang avec des baguettes paraffinées sans provoquer la coagulation. Mais, battu avec une baguette non paraffinée, ce sang se coagule aussitôt. Ce serait donc le contact du sang, et probablement le contact des éléments figurés du sang avec une surface étrangère — ainsi agit aussi la paroi malade des vaisseaux — qui provoquerait l'intervention de ces éléments dans le phénomène.

**Le proferment de la fibrine ou prothrombine. — Intervention des sels de calcium dans la coagulation. —** Arthus et Pagès ont démontré que la présence de sels de calcium dissous dans le plasma est une condition essentielle de la coagulation.

En effet, le sang additionné de 1 p. 1 000 d'oxalates d'alcalis ne se coagule plus, parce que les sels de chaux du plasma ont été précipités à l'état d'oxalate de calcium. Si l'on rajoute au sang ainsi décalcifié des traces de sels de chaux, ce sang redevient spontanément coagulable, comme le sang retiré des vaisseaux. Enfin, comme pour précipiter les sels de chaux du sang, il faut employer un excès d'oxalate, il faut démontrer que ce n'est pas cet excès d'oxalate qui a rendu le sang non spontanément coagulable. C'est ce que l'on établit en dialysant du sang oxalaté à 1 p. 1000 contre de l'eau salée à 6 p. 1 000, renouvelée jusqu'à enlèvement complet de l'excès d'oxalate. On obtient ainsi du sang décalcifié sans excès d'oxalate. Or, ce sang ne se coagule pas. Il se coagule, au contraire, très bien, si on l'additionne d'un peu d'un sel de chaux dissous.

Comment agissent les sels de chaux? Arthus et Pagès avaient d'abord admis que les sels de chaux entrent dans la constitution du caillot de fibrine, qu'ils considéraient comme une combinaison calcique. Mais Pekelharing, puis Hammarsten ont montré que la chaux n'intervient pas dans l'acte même de la coagulation, mais qu'elle est nécessaire à la transformation d'un précurseur inactif de la thrombine, la *prothrombine*, en thrombine active.

En effet des solutions de fibrinogène et de ferment de la fibrine, exemptes l'une et l'autre de sels de chaux précipitables par les oxalates, donnent néanmoins par leur mélange un caillot de fibrine. Ou encore on constate que si à du sang oxalaté on ajoute du sérum oxalaté — ce sérum contient de la thrombine — on obtient un caillot typique de fibrine. Les sels de chaux ne sont donc nécessaires ni à la production de la fibrine aux dépens du fibrinogène, ni à la précipitation de la fibrine formée. Ils interviennent dans la production du ferment de la fibrine. En effet, un sang oxalaté au sortir du vaisseau, soumis à la centrifugation, fournit un plasma oxalaté, non spontanément coagulable. Ce plasma ne contient donc pas de ferment de la fibrine, car on vient de voir que s'il en contenait, la présence de l'oxalate n'empêcherait nullement ce ferment de produire la coagulation du fibrinogène. Ce plasma se coagule, au contraire, par addition de sels de chaux. Il contenait donc une substance capable de se transformer en ferment de la fibrine sous l'influence des sels de chaux, soit donc un *proferment de la fibrine* ou *prothrombine*[1].

*En résumé*, la coagulation est produite par la succession des phénomènes que voici : Dans le sang sorti des vaisseaux, les globules blancs abandonnent au plasma une prodiastase, le proferment de la fibrine ou prothrombine, que les sels de chaux solubles du plasma transforment en ferment de la fibrine ou thrombine. Sous l'action de cette diastase, le fibrinogène disparaît et le caillot de fibrine se produit.

1. Notons ici que le plasma fluoré, obtenu par centrifugation de sang fluoré à l'origine, n'est pas un plasma décalcifié, car il ne se coagule pas par addition de sels de chaux. S'il ne se coagule pas spontanément, c'est parce qu'il ne contient pas de ferment de la fibrine, sans doute parce que le fluorure arrêtant toutes les manifestations de la vie cellulaire, a supprimé la production du ferment (ou du proferment) par les globules blancs. Additionné de sérum naturel ou fluoré, le plasma fluoré se coagule.

Toutefois cet énoncé ne doit être entendu que comme un schéma élémentaire du phénomène de la coagulation. Ce procès est en réalité beaucoup plus complexe, mais on ne peut indiquer ici, et très sommairement, que les principales directions dans lesquelles il a été étudié encore.

Les sels de chaux ne sont pas vraisemblablement le seul agent qui intervienne dans la formation de la thrombine. On trouve, en effet, dans l'organisme des substances qui accélèrent la coagulation du sang. Ainsi agissent les extraits de tissus, dont le pouvoir apparait nettement surtout avec le sang d'oiseau. Delezenne a montré que ce sang, recueilli directement au sortir du vaisseau dans un vase bien propre et en évitant tout contact avec la plaie, ne se coagule que très lentement, tandis que l'addition d'une trace d'extrait de tissu produit une coagulation instantanée. Ici apparait donc le rôle des lèvres de la plaie dans la formation du caillot qui arrête une hémorragie.

Comment agissent ces extraits de tissus? Ils ne paraissent pas apporter de thrombine toute formée, car un extrait de tissu ne coagule pas, en présence de sels de chaux solubles, une solution de fibrinogène. Ils agiraient, d'après Morawilz, par une kinase (thrombokinase), qui avec les sels de chaux produirait la transformation de la prothrombine en thrombine. Mais d'autres explications, accompagnées d'une nomenclature chaque jour plus touffue, ont été proposées encore. Dans le sang sortant des vaisseaux, la kinase serait fournie par les éléments figurés (les leucocytes chez les ovipares, les leucocytes et surtout les plaquettes chez les mammifères), et la prothrombine existerait dans le plasma, ou serait sécrétée, comme on l'a admis plus haut, par les leucocytes.

Les tissus et les éléments figurés du sang contiennent aussi des substances qui empêchent ou qui ralentissent *in vitro* la coagulation du sang (A. Schmidt, Lilienfeld). On en connait aussi qui ne produisent cet effet qu'indirectement, c'est-à-dire après injection dans les vaisseaux. Ainsi agissent l'extrait de tête de sangsue, le lait, les diastases diverses, et surtout les albumoses, dont le mode d'action a été étudié par un grand nombre de physiologistes. Le sang d'un animal qui a reçu une injection de peptone du commerce n'est plus coagulable, et l'addition d'une petite quantité de ce sang ou de son plasma à du sang normal empêche la coagulation de ce dernier. La substance anticoagulante qui agit ici prend naissance dans le foie, car lorsque cet organe est détruit ou extirpé, les injections de peptone restent sans effet (Gley et Pachon).

Pour compléter ce qui a trait à l'origine des divers facteurs de la coagulation, ajoutons que le principal lieu de formation du fibrinogène, sinon le seul, est le foie, car l'ablation de cet organe ou sa destruction anatomique (par injection de chloroforme ou de phosphore dans l'estomac, etc.) abaissent la teneur du sang en fibrinogène et rendent ce liquide incoagulable (M. Doyon; P. Nolf).

## § V. — COMPOSITION QUANTITATIVE DU SANG.

Il n'entre pas dans le plan de cet ouvrage de multiplier les tableaux donnant la composition exacte du sang dans les diverses conditions de la vie. On ne fera que réunir ici sous la forme d'un tableau schématique, et en les complétant sur quelques points, les renseignements quantitatifs épars dans ce chapitre et dont la connaissance approximative peut être utile au médecin.

1 000 gr. de sang contiennent environ :

|  |  |  |  |
|---|---|---|---|
| 1° 500 gr. de plasma renfermant | Matières albuminoïdes. | Albumines ... | 22gr. |
|  |  | Globulines.... | 15 |
|  |  | Fibrinogène .. | 2 |
|  | Autres matières organiques (dont environ 1 gr. de glucose et 0 gr. 80 d'urée).... |  | 6 |
|  | Matières minérales (dont environ 2 gr. 5 de sel marin)....................... |  | 4 |
|  | Total des matières solides du plasma..................... |  | 49gr. |
| 2° 500 gr. de globules renfermant | Oxyhémoglobine........................ |  | 130gr. |
|  | Autres matières organiques............ |  | 10gr,5 |
|  | Matières minérales ................... |  | 3gr,5 |
|  | Total des matières solides des globules.................... |  | 150gr. |
|  | Total des matières solides de 1 000 gr. de sang.... |  | 199gr. |

Comme ce sérum ne diffère quantitativement du plasma que par le départ du fibrinogène sous la forme de fibrine, c'est-à-dire très peu, les nombres relatifs aux 500 grammes de plasma s'appliquent aussi approximativement à 500 grammes de sérum.

**La lymphe et le chyle.** — On a dit précédemment que le sang constitue le *milieu intérieur* dans lequel vivent en réalité les éléments anatomiques de l'organique. A la vérité cette expression s'appliquerait plus exactement à la lymphe ou plutôt à ce que l'on a appelé le *plasma interstitiel*. En effet les cellules des tissus sont généralement séparées des capillaires sanguins par des espaces lymphatiques ou interstices des tissus, dans lesquels se répand par transsudation une partie du plasma sanguin. Ce liquide transsudé, c'est le plasma interstitiel, qui apporte aux tissus les matériaux de nutrition et de réparation venant du sang, mais qui sans cesse reçoit aussi, d'autre part, de ces tissus les produits de l'activité cellulaire. C'est pourquoi R. Heidenhain a distingué théoriquement entre une *hémolymphe* ou lymphe du sang et une *histolymphe*, ou lymphe des tissus, qu'il n'est pas possible malheureusement de recueillir séparément, et dont le mélange constitue le plasma interstitiel. Celui-ci, recueilli par les vaisseaux lymphatiques, traverse les ganglions placés sur le trajet de ces vaisseaux, et aboutit finalement au sang veineux.

C'est le contenu de ces gros vaisseaux lymphatiques que l'on étudie pratiquement sous le nom de *lymphe*.

La lymphe des lymphatiques de l'intestin, qui ne présente pendant le jeûne aucun caractère particulier, offre pendant la digestion un aspect et une composition spéciale. Elle prend alors le nom de *chyle*.

Il est impossible de déterminer exactement la quantité totale de lymphe du corps. On a dû se borner à noter la quantité qui s'écoule par des fistules. Chez une jeune fille de dix-huit ans pesant 60 kilogrammes, on a recueilli par une fistule du membre inférieur de 1 134 à 1 372 grammes de lymphe pendant les douze à treize heures consécutives au repas, et après dix-huit heures de jeûne de 50 à 70 grammes par heure (Munk et Rosenstein).

La *lymphe* du canal thoracique est un liquide assez aqueux, et qui même chez les animaux à jeun est opalescent. Elle contient, en effet, en suspension des éléments figurés, des globules blancs (lymphocytes), au nombre d'environ 8 à 10 000 par millimètre cube chez l'homme. Pendant la digestion elle devient fortement laiteuse, à cause de l'arrivée du chyle qui déverse dans le courant lymphatique de notables quantités de graisse, émulsionnée en fines gouttelettes.

On peut préparer un plasma lymphatique, analogue au plasma sanguin, et, sortie des vaisseaux, la lymphe se coagule par un mécanisme identique à celui qui a été décrit pour le sang, et elle fournit un caillot de fibrine, nageant dans un sérum lymphatique. Entre ce plasma, ce caillot et ce sérum, et ceux du sang, on ne saisit que des différences quantitatives. Les constituants essentiels et les propriétés générales sont les mêmes de part et d'autre.

Quant au *chyle*, il se distingue surtout par sa forte teneur en graisse, laquelle se traduit par l'ascension rapide de la quantité de graisse contenue dans la lymphe après le repas. Dans le cas de fistule lymphatique chez l'homme, observé par Munk et Rosenstein, la quantité de graisse s'éleva une fois, après un repas très gras, à 47 grammes p. 1 000.

# CHAPITRE XIII

## LA RESPIRATION

Toute cellule vivante respire, c'est-à-dire qu'elle emprunte de l'oxygène au milieu extérieur et rejette au dehors de l'acide carbonique. C'est là un phénomène constant, et l'on peut dire identique à la vie, quelle que soit l'infinie variété des formes que celle-ci revêt dans le monde animal ou végétal. Ne nous occupons pas ici de la série des actions chimiques qui s'intercalent entre cette absorption d'oxygène et cette production d'acide carbonique et ne considérons que le côté extérieur du phénomène, c'est-à-dire les échanges respiratoires et leur mécanisme.

Chez les êtres monocellulaires ou chez les organismes très simples, ces échanges s'opèrent directement entre les cellules et le milieu extérieur, air ou eau aérée. Chez les organismes plus compliqués, c'est le milieu oxygéné extérieur qui pénètre lui-même jusqu'au contact des tissus, leur apportant l'oxygène nécessaire et remportant l'acide carbonique produit. Tel est, par exemple, le cas des tubes trachéaux des insectes. Enfin, grâce à l'interposition d'un milieu spécial, le sang, la respiration s'accomplit chez les organismes supérieurs en deux phases. Dans l'une le sang reçoit du milieu extérieur l'oxygène, et exhale l'acide carbonique : c'est la *respiration externe*, pulmonaire (ou branchiale). Dans l'autre, les tissus empruntent au sang de l'oxygène et lui cèdent de l'acide carbonique : c'est la respiration proprement dite, la *respiration interne* ou respiration des tissus.

## § I. — LA RESPIRATION PULMONAIRE.

L'air inspiré contient à l'état sec 20,9 p. 100 d'oxygène et 0,03 à 0,04 p. 100 d'acide carbonique, et l'air tel qu'il est expiré renferme chez l'homme respirant normalement environ 16,4 p. 100 d'oxygène et 4,1 p. 100 d'acide carbonique. Au contact du sang des capillaires pulmonaires, l'air inspiré s'est donc appauvri en oxygène et enrichi en acide carbonique.

D'autre part on trouve en moyenne dans le sang artériel 20 cm³ d'oxygène et 43 cm³ d'acide carbonique, et dans le sang veineux 12 cm³ d'oxygène et 50 cm³ d'acide carbonique pour 100 cm³ de sang. Au contact de l'air alvéolaire le sang veineux a donc subi, en devenant artériel, une modification inverse de celle de l'air inspiré : il s'est enrichi en oxygène et il s'est appauvri en acide carbonique. La nature et le sens des échanges gazeux dans le poumon sont donc très nets. Voyons quel est le mécanisme de ces échanges.

On admet, en général, que le phénomène est uniquement déterminé par les différences de tension des deux gaz dans l'air alvéolaire et dans le sang veineux. La tension de l'acide carbonique dans le sang veineux est supérieure à la tension de ce gaz dans l'air alvéolaire : c'est pourquoi l'acide carbonique passe du sang veineux dans l'air alvéolaire. De même la tension de l'oxygène dans l'air alvéolaire est supérieure à la tension de ce gaz dans le sang veineux : l'oxygène passe donc de l'air alvéolaire dans le sang veineux. Chaque gaz marche toujours du milieu où sa pression est plus forte vers le milieu où sa pression est moins forte. C'est la *théorie purement physique de la respiration*.

Il est clair que si vraiment le phénomène est d'ordre purement physique, la tension de l'acide carbonique dans l'air alvéolaire peut devenir tout au plus égale et ne peut jamais devenir supérieure à la tension de ce gaz dans le sang veineux. Pareillement la tension de l'oxygène dans le sang artériel ne peut qu'atteindre et ne peut jamais dépasser la tension de ce gaz dans l'air alvéolaire. C'est l'image de ce qui se passe pour un liquide contenu dans deux vases communicants. Si ce liquide est à un moment donné dans l'un des vases à un niveau inférieur à celui qu'il occupe dans l'autre vase, et s'il est ensuite abandonné à lui-même, le niveau inférieur s'élèvera jusqu'à atteindre le supérieur, mais sans pouvoir jamais le dépasser. Toute la théorie physique de la respiration repose sur cette constatation.

Mais cette théorie succomberait aussitôt si le contraire était démontré, c'est-à-dire si la mesure des tensions gazeuses fournissait, par exemple pour l'oxygène du sang artériel, une valeur *supérieure* à celle que donne en même temps l'air alvéolaire. Un tel résultat impliquerait évidemment l'intervention active de l'épithélium pulmonaire, de même qu'il faut admettre l'intervention d'une force extérieure, lorsque dans deux vases communicants, contenant un liquide, on voit dans l'un des vases le niveau d'abord inférieur atteindre le niveau supérieur dans l'autre vase, puis le *dépasser*. C'est la *théorie de la sécrétion gazeuse* par le poumon. Nous verrons que cette théorie a été soutenue et qu'elle s'impose aujourd'hui à l'attention des physiologistes.

Il résulte de ce qui précède que tout le problème du mécanisme de la respiration pulmonaire aboutit à la mesure exacte des tensions gazeuses dans l'air alvéolaire et dans le sang. Le même problème se pose bien entendu pour la respiration des tissus.

**Tension des gaz dans l'air alvéolaire.** — Il est intéressant de connaître cette tension : 1° au moment de l'inspiration, c'est-à-dire au moment où les échanges gazeux vont commencer à modifier la provision d'air frais apporté jusqu'aux alvéoles ; 2° au moment de l'expiration, c'est-à-dire au moment où ces modifications sont terminées. Directement on ne peut déterminer que la composition de l'air expiré, lequel contient en moyenne 16,4 p. 100 d'oxygène et 4,1 p. 100 d'acide carbonique. Mais l'air des alvéoles présente une composition différente, parce que sur les 500 cm³ d'air qu'une inspiration tranquille introduit en moyenne dans le poumon chez l'homme, 360 cm³ seulement arrivent jusqu'aux alvéoles, où ils se mêlent à l'air alvéolaire qui n'a pas été expulsé. Par divers artifices, pour le détail desquels nous renvoyons le lecteur aux traités spéciaux, les physiologistes ont calculé, d'après la composition de l'air expiré, celle de l'air alvéolaire à l'inspiration et à l'expiration. Les résultats, qui varient un peu d'un auteur à l'autre, ne sont bien entendu qu'approximatifs. Nous donnons ci-après ceux qu'a adoptés Arthus.

**Composition de l'air alvéolaire en volumes p. 100 :**

| | CHEZ L'HOMME NORMAL | | CHEZ LE CHIEN TRACHÉOTOMISÉ | |
|---|---|---|---|---|
| | A l'expiration. | A l'inspiration. | A l'expiration. | A l'inspiration. |
| Oxygène. | 15,4 | 16,2 | 18,0 | 18,4 |
| Acide carbonique | 5,4 | 4,6 | 2,8 | 2,4 |

Remarque. — On peut laisser les résultats sous cette forme, c'est-à-dire exprimer les tensions en fractions (en centièmes) d'atmosphère. On les exprime souvent aussi en millimètres de mercure. La pression atmosphérique étant de 760 millimètres, la tension de 15,4 p. 100 d'atmosphère mesurée pour l'oxygène, par exemple, dans l'air alvéolaire à l'expiration sera en millimètres de mercure de :

$$\frac{760 \times 15,4}{100} = 117 \text{ millimètres.}$$

Notons que ce calcul n'est pas tout à fait exact, car la composition centésimale des gaz expirés est déterminée sans qu'on tienne compte de l'espace occupé par la vapeur d'eau. Il faut donc défalquer aussi de la pression atmosphérique la tension maxima (environ 50 millimètres) de la vapeur d'eau à la température du corps, car les gaz expirés sont saturés de vapeur d'eau. Il vient donc pour la pression atmosphérique 760 — 50 = 710 millimètres, et la tension de 15,4 p. 100 d'atmosphère, prise comme exemple, devient en millimètres de mercure :

$$\frac{710 \times 15,4}{100} = 109 \text{ millimètres,}$$

au lieu de 117. L'écart est d'ailleurs sans importance pour la discussion qui va suivre. Au surplus la composition de l'air dont on part n'est elle-même qu'approximative.

Les tensions de l'oxygène et de l'acide carbonique dans les alvéoles se déduisent donc immédiatement de la proportion centésimale de ces deux gaz dans l'air alvéolaire. Pareillement, si ces gaz étaient simplement dissous dans le sang, on pourrait calculer aussitôt leur tension [1] d'après le volume de ces gaz qu'abandonnerait dans le vide un volume donné de sang et d'après le coefficient de solubilité de ces gaz dans ce liquide [2]. Mais on va voir qu'ici les choses sont plus compliquées, à cause des combinaisons chimiques que contractent ces deux gaz dans le sang.

**État de l'oxygène dans le sang.** — Tout l'oxygène que contient le sang ne peut se trouver à l'état de simple dissolution dans

1. Rappelons que l'on appelle tension ou pression d'un gaz dans un liquide la tension que ce gaz devrait posséder dans l'atmosphère en contact avec ce liquide pour qu'il y ait équilibre entre le liquide et l'atmosphère, c'est-à-dire pour qu'il n'y ait ni départ du gaz en question du liquide dans l'atmosphère, ni pénétration de ce gaz de l'atmosphère dans le liquide.

2. Ainsi à 20° le coefficient de solubilité de l'oxygène dans l'eau est de 0,031, ce qui veut dire que 1 cm³ d'eau dissout à 20° 0 cm³,031 d'oxygène (mesuré à 0° et à 760 mm.). Comme la quantité de gaz dissoute par un liquide est proportionnelle à la pression de ce gaz, on voit que si 1 cm³ d'eau abandonne dans le vide, par exemple, 0 cm³,006 d'oxygène, c'est que ce gaz avait dans cette solution une tension $x$ donnée par la proportion :

$$\frac{0,031}{0,006} = \frac{760}{x}; \quad x = 147 \text{ mm.}$$

ce liquide. Cela résulte immédiatement des deux constatations suivantes :

1° Du sang de chien agité jusqu'à saturation avec de l'air, soit donc avec de l'oxygène à 150 millimètres de pression environ, fixe à 15° en moyenne 24 cm³ de ce gaz pour 100 cm³, alors qu'un égal volume d'eau en dissout à peu près 0 cm³, 7.

2° On sait que la quantité d'un gaz dissoute dans un liquide à une température donnée varie proportionnellement à la pression. Or, on verra plus loin que les volumes d'oxygène fixés par le sang pour des pressions croissantes de ce gaz augmentent entre certaines pressions plus vite que la pression.

Le sang contient donc nécessairement, à côté de l'oxygène simplement *dissous*, de l'oxygène *combiné*. On démontre que cet oxygène est retenu par les globules sous la forme d'une combinaison chimique.

Si l'on centrifuge, en effet, du sang saturé d'air à 15°, on constate que le plasma n'a dissous qu'une petite quantité d'oxygène, environ 0 cm³, 65 p. 100. Le reste se trouve retenu dans les globules. Nous savons déjà que la substance qui intervient ici, c'est l'hémoglobine, qui fixe l'oxygène en se transformant en oxyhémoglobine (p. 232), et c'est bien ce pigment seul qui intervient dans le phénomène. En effet, aux erreurs d'analyse près, le sang ne contient d'autre substance ferrugineuse que l'oxyhémoglobine. Or, si l'on détermine la quantité maxima d'oxygène que fixe par agitation à l'air, d'une part, un échantillon donné de sang (de chien), et d'autre part la dissolution de l'oxyhémoglobine retirée de ce sang, on trouve sensiblement, par gramme de fer, le même volume, et soit environ 366 cm³ (Chr. Bohr).

Notons ici que l'on appelle souvent *capacité respiratoire* d'un sang, le nombre de centimètres cubes d'oxygène que 100 cm³ de ce sang peuvent fixer, lorsqu'on les sature jusqu'à refus par agitation à l'air.

Voyons maintenant *quelle est la relation de mutuelle dépendance* que l'on constate entre les deux fractions de l'oxygène du sang, l'oxygène dissous et l'oxygène combiné aux globules.

Si l'on agite du sang en nature ou des dissolutions d'oxyhémoglobine avec des atmosphères à tensions d'oxygène variant de 0 à 150 millimètres (valeur approximative de la tension de l'oxygène dans l'air), les quantités variables d'oxygène que ces liquides abandonnent ensuite dans le vide se composent chaque fois de la fraction physiquement dissoute et de la fraction chimiquement combinée. Comme on a pu déterminer le coefficient de solubilité de l'oxygène dans ces liquides [1], on

---

1. Le coefficient de solubilité de l'oxygène à 38° est de 0,023 pour le plasma o de 0,022 pour le sang total (Chr. Bohr). Sous une pression en oxygène de 760 mm. et à 38°, 100 cm³ de sang dissolvent donc 2 cm³, 2 de ce gaz.

peut calculer quelle est, pour chaque tension d'oxygène, la fraction physiquement dissoute, et connaître ainsi par différence la fraction chimiquement combinée. Les résultats obtenus avec le sang en nature sont très semblables, mais non exactement superposables à ceux que donnent les dissolutions d'oxyhémoglobine, ce qui constitue une nouvelle preuve de la non-identité du pigment des globules avec l'oxyhémoglobine cristallisée (p. 232). Voici les résultats fournis par un échantillon de sang de cheval à 38° (Chr. Bohr) [1] :

| Tensions de l'oxygène (en millim. de mercure). | 100 CM³ DE SANG CONTIENNENT (EN CM³) : | |
| --- | --- | --- |
| | Oxygène chimiquement combiné. | Oxygène dissous dans le plasma [2]. |
| 10 | 6,0 | 0,020 |
| 20 | 12,9 | 0,041 |
| 30 | 16,3 | 0,061 |
| 40 | 18,1 | 0,081 |
| 50 | 19,1 | 0,101 |
| 60 | 19,5 | 0,121 |
| 70 | 19,8 | 0,141 |
| 80 | 19,9 | 0,162 |
| 90 | 19,95 | 0,182 |
| 150 | 20,0 | 0,303 |

Si l'on porte en abscisse les tensions et en ordonnées les volumes d'oxygène chimiquement combinés, on obtient la courbe suivante

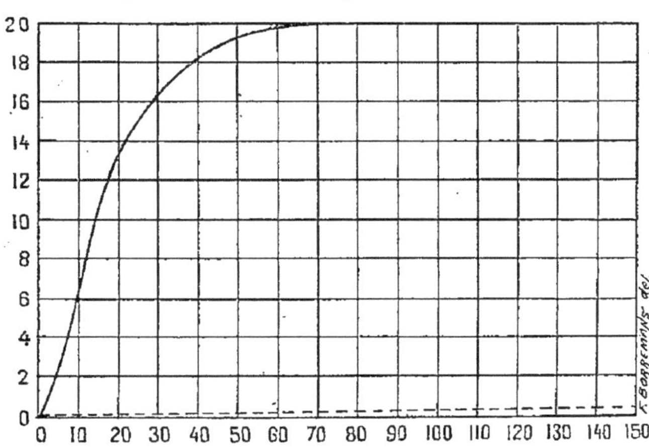


(trait plein). Pareillement les quantités physiquement dissoutes dans le plasma sont représentées par le trait ponctué qui figure au bas du rectangle. Cette seconde courbe est, bien entendu, une droite — puisque les quantités d'oxygène dissoutes varient proportionnellement à la pres-

1. Ces expériences ont été faites en présence d'une quantité d'acide carbonique dont la tension était de 6 mm. (p. 266, note 1).

2. Volumes calculés d'après le coefficient de solubilité de l'oxygène dans le plasma à 38° (0,023) et en admettant que le plasma occupe les deux tiers du volume du sang.

sion — et une droite qui s'élève à peine au-dessus de la ligne des abscisses — puisque ces quantités sont très faibles (Chr. Bohr).

Le tableau et la courbe montrent donc que lorsque la tension de l'oxygène dans le plasma dépasse 100 millimètres, la quantité d'oxygène combiné est près d'atteindre un maximum. C'est qu'à ce moment presque toute l'hémoglobine présente est transformée en oxyhémoglobine [1]. Quand la tension dans le plasma tombe au-dessous de 100 millimètres, le volume d'oxygène combiné diminue, parce que pour cette tension une partie seulement du pigment peut persister à l'état d'oxyhémoglobine; le reste est là sous la forme d'hémoglobine. Enfin quand la tension de l'oxygène dans le plasma s'annule le sang ne contient plus que de l'hémoglobine.

**Signification physiologique de l'oxygène dissous et de l'oxygène combiné.** — Il est dès lors aisé de démontrer que *l'oxygène combiné joue par rapport à l'oxygène dissous le rôle d'une réserve.* Supposons le sang, dont il est question dans le tableau ci-dessus, quittant le poumon avec une tension en oxygène de 90 millimètres. Le tableau ou la courbe nous apprend que ce sang contient alors, pour 100 cm³, environ 19 cm³, 95 d'oxygène combiné et 0 cm³, 18 d'oxygène dissous dans le plasma. Admettons que, devenu veineux, ce sang ne renferme plus, pour 100 cm³ que 12 cm³ de ce gaz; 8 cm³ ont donc été consommés par les tissus qui les ont reçus du plasma. Il est clair que la quantité disponible dans le plasma (0 cm³, 18) est loin d'avoir suffi, et qu'elle a dû être renouvelée un grand nombre de fois. Il est arrivé, en effet, qu'à mesure que cette fraction dissoute a été consommée par les tissus, la tension de l'oxygène dans le plasma s'est abaissée, et, comme pour ces tensions plus faibles la quantité d'oxygène que le sang peut retenir chimiquement est aussi plus faible, une certaine quantité d'oxyhémoglobine a dû se dissocier, et l'oxygène libéré, se dissolvant dans le plasma, y a rétabli une pression suffisante, mais qui va sans cesse en diminuant, à mesure que s'épuise la réserve d'oxygène combiné.

Lorsqu'ensuite ce sang veineux redevient artériel en passant par le poumon, c'est-à-dire lorsqu'il vient relever sa tension en oxygène dissous et refaire sa provision d'oxygène chimiquement combiné, c'est encore par l'intermédiaire de l'oxygène dissous

---

1. Environ les 97 centièmes.

dans le plasma que se fait ce ravitaillement. L'oxygène fourni par la respiration se dissout d'abord dans le plasma où il fait remonter la tension de ce gaz — mettons, pour continuer l'exemple choisi, de 20 millimètres à 90 millimètres. Mais, à mesure que la tension s'élève ainsi, la quantité d'oxygène que ce sang peut fixer chimiquement augmente, ainsi que le montre la courbe. La provision d'oxygène combiné se refait donc par l'intermédiaire de l'oxygène physiquement dissous, qui, aussitôt introduit dans le plasma, *s'écoule sans cesse sur les globules comme dans un réservoir.*

On voit donc que la petite quantité d'oxygène physiquement dissoute, à laquelle on attachait autrefois si peu d'importance, *joue en réalité le rôle prépondérant,* car c'est le plasma qui dans les poumons reçoit l'oxygène apporté par la respiration, et c'est lui aussi qui, au niveau des tissus, cède ce gaz aux cellules [1]. Mais il en dissout une si faible proportion, qu'il ne pourrait en recevoir et ensuite en céder aux tissus qu'une quantité qui serait tout à fait insuffisante. C'est pourquoi nous le trouvons complété dans ce rôle par l'adjonction de ce réservoir en oxygène combiné que représentent les globules. Mais c'est par l'intermédiaire du plasma que ce réservoir se remplit au niveau du poumon, et qu'il se vide au niveau des tissus, et l'alternance de ces deux phénomènes est réglée par la tension de l'oxygène dans le plasma. Quand cette tension augmente, le réservoir se remplit; quand elle diminue, le réservoir se vide.

Rappelons ici une belle expérience de Haldane qui montre bien que les globules jouent dans la respiration uniquement ce rôle de porteurs d'une réserve d'oxygène. On fait respirer à des rats une atmosphère assez riche en oxyde de carbone pour que pratiquement toute l'hémoglobine des globules soit immobilisée pour l'acte respiratoire à l'état d'hémoglobine oxycarbonée. Or, ces animaux continuent à vivre à condition que la tension de l'oxygène dans l'air qu'ils respirent soit portée à 2 atmosphères, soit à une valeur 10 fois plus forte que dans l'air ordinaire. La quantité d'oxygène physiquement dissous dans la plasma, devenue ainsi 10 fois plus grande, a suffi aux besoins des tissus.

---

1. Et il le cède d'autant plus rapidement que sa tension en oxygène domine d'une plus grande hauteur la tension de ce gaz dans les tissus. C'est pourquoi la mesure de cette tension indique l'abondance avec laquelle les tissus sont pourvus en oxygène, tandis que la détermination de la quantité d'oxygène contenue dans un volume donné de sang ne mesure que la grandeur de la réserve d'oxygène dont dispose ce sang pour alimenter son plasma en oxygène dissous.

**État de l'acide carbonique dans le sang.** — Tout l'acide carbonique que contient le sang ne peut pas se trouver à l'état de simple dissolution dans ce liquide, pour les raisons que voici :

1° La tension moyenne de l'acide carbonique dans le sang est d'environ 30 millimètres. Or, le coefficient de solubilité de l'acide carbonique dans le sang à 38°[1] permet de calculer que, pour cette tension, 100 cm³ de sang ne dissolvent physiquement que 2 cm³ de ce gaz environ, alors qu'ils en contiennent en fait plus de 40 cm³.

2° Tandis que les quantités d'un gaz dissoutes par un liquide à une température donnée varient proportionnellement à la pression, nous verrons plus loin que les volumes d'acide carbonique fixés par le sang pour des pressions croissantes de ce gaz n'augmentent pas proportionnellement à la pression.

De même que pour l'oxygène, le sang contient donc nécessairement, à côté d'un peu d'*acide carbonique dissous*, une quantité considérable d'*acide combiné*, mais avec cette différence que ces combinaisons sont multiples, comme nous allons le voir, et qu'elles se produisent à la fois dans le plasma et dans les globules. D'après Chr. Bohr 100 cm³ de sang, sous une tension moyenne de 30 mm. d'acide carbonique, renferment environ 41 cm³ de ce gaz, dont 27 cm³ dans le plasma et 14 cm³ dans les globules.

Ces combinaisons de l'acide carbonique dans le sang sont, comme celles de l'oxygène avec l'hémoglobine, dissociables dans le vide, et par des opérations en tout semblables à celles qui ont été décrites à la page 261, on peut déterminer quel est, pour chaque valeur de la tension de l'acide carbonique, le volume de ce gaz chimiquement retenu par 100 cm³ de sang.

| Tensions de l'acide carbonique. | Acide carbonique chimiquement retenu par 100 cm³ de sang. |
|---|---|
| 0$^{mm}$,6 | 7$^{cm³}$,1 |
| 5  ,1 | 19  ,5 |
| 10  ,6 | 27  ,0 |
| 28  ,3 | 38  ,1 |
| 54  ,3 | 46  ,7 |

Comme pour l'oxygène, il arrive donc qué, lorsque la tension de l'acide carbonique dissous diminue, une partie des combinaisons chimiques de l'acide carbonique se dissocie, et l'acide carbonique ainsi libéré se dissout dans le plasma. Inversement, lorsque la

---

1. Ce coefficient, que l'on a pu déterminer par des voies détournées, est à 38° de 0,511 pour le sang total. Il est de 0,541 pour le plasma et de 0,450 pour les globules (Chr. Bohr).

tension de ce gaz augmente dans le plasma, une certaine quantité d'acide dissous passe à l'état d'acide combiné.

Quelles sont maintenant dans le plasma et dans les globules les substances auxquelles se combine l'acide carbonique.

**Les combinaisons de l'acide carbonique dans le plasma.** — L'attention a été d'abord attirée par Fernet sur le phosphate bisodique, mais lorsqu'on eut reconnu que dans les cendres du sang ce sel provient presque exclusivement de la destruction des substances organiques phosphorées, on se tourna du côté des *carbonates alcalins* (Gaule). Le carbonate de soude fixe, en effet, l'acide carbonique d'après l'équation :

$$CO^3Na^2 + CO^2 + H^2O = 2CO^3NaH,$$

et dans le vide le bicarbonate formé est dissocié conformément à la même équation, lue en sens inverse. Mais les carbonates alcalins ne suffisent pas pour expliquer la fixation de tout l'acide carbonique du plasma et l'on admet, en général, mais sans preuves décisives, que le surplus est combiné aux *protéiques* du sérum et à l'*alcali* enlevé aux globulinates alcalins. Il est possible que d'autres substances (lécithine, etc.), interviennent encore ici.

Dans une solution de carbonate de soude de même concentration (0,155 p. 100) que celle du sérum (de 0,1 à 0,2 p. 100), la transformation du carbonate en bicarbonate est déjà presque complète (95,5 p. 100) pour une tension en acide carbonique de 5 millimètres (Chr. Bohr). Pour des tensions supérieures à 5 millimètres, ce sel ne peut donc plus jouer aucun rôle dans la fixation de l'acide carbonique. Or, le tableau de la page 264 montre que dans le sang cette fixation se continue encore pour des tensions de 50 millimètres et au delà, et Jaquet a montré que le sérum se comporte de même. D'autres substances interviennent donc nécessairement. Ce seraient d'après Setschenow d'abord la sérumalbumine et la sérumglobuline, dont les solutions retiennent, en effet, plus d'acide carbonique que l'eau pure [1], mais il faudrait compléter cette démonstration en recherchant si ces combinaisons sont dissociables. Quant aux globulinates alcalins, il est certain que l'acide carbonique peut leur enlever leur alcali, mais seulement pour des tensions supérieures aux tensions moyennes (30 millimètres) de ce gaz dans le plasma.

1. Les protéiques étant des agrégats d'acides aminés, la fixation d'acide carbonique par ces corps s'explique aisément, depuis que l'on sait que ces acides fixent ce gaz en présence de l'eau de chaux pour donner les sels de chaux des acides carbamiques correspondants. Le glycocolle, par exemple, donne l'acide carbamique que voici :

$$CH^2\text{-}AzH\text{-}CO\text{-}OH$$
$$|$$
$$CO\text{-}OH.$$

Pour de faibles tensions (inférieures à 5 mm.), l'acide carbonique se fixe donc dans le plasma d'abord sur les carbonates alcalins, puis pour les tensions moyennes vraisemblablement sur les protéiques, enfin pour des tensions supérieures sur l'alcali enlevé aux globulinates (Chr. Bohr).

Au point de vue quantitatif, Bohr admet que sur les 27 cm³ de gaz carbonique que contient, sous la tension moyenne de 30 mm. de $CO^2$, le plasma de 100 cm³ de sang, 1 cm³, 5 sont en simple dissolution, 13 cm³ sont à l'état de bicarbonate, et environ 12 cm³ sont fixés sur les matières albuminoïdes et sur l'alcali enlevé aux globulinates.

**Les combinaisons de l'acide carbonique dans les globules.** — A côté d'un peu d'acide carbonique dissous (environ 0 cm³, 6 pour les globules de 100 cm³ de sang), les globules contiennent, comme le plasma, de l'acide en combinaison chimique, et ces combinaisons sont dissociables par le vide, ainsi qu'il ressort des anciennes expériences de Setschenow sur la fixation de ce gaz par les globules sous diverses pressions. Cette combinaison a lieu surtout par l'intermédiaire de l'*hémoglobine*, èt soit de deux façons. Pour des tensions moyennes l'acide carbonique est fixé par la *copule protéique de l'hémoglobine* et pour des tensions supérieures à l'*acali* enlevé à ce pigment.

Déjà pour de faibles tensions, l'hémoglobine (exempte d'alcali) fixe de l'acide carbonique, en sorte que les 15 grammes de pigment contenus dans 100 cm³ de sang peuvent retenir 8 cm³ d'acide carbonique. Chr. Bohr a montré que cette combinaison est tout à fait indépendante de la fixation simultanée de l'oxygène [1] ou de l'oxyde de carbone, et même de la transformation du pigment en méthémoglobine, ce qui conduit à admettre qu'elle porte sur la partie protéique de la molécule. En outre les globules contiennent un peu d'alcali combiné à l'hémoglobine [2], et

1. L'inverse n'est pas vrai, c'est-à-dire que la fixation de l'acide carbonique sur l'hémoglobine modifie au contraire, non le volume maximum d'oxygène fixé par ce pigment, mais la marche de la dissociation de l'oxyhémoglobine. La courbe de la page 261 a été déterminée en présence d'acide carbonique à 6 mm. de pression. Pour des tensions en acide carbonique plus fortes (de 10 à 80 mm. dans les expériences de Chr. Bohr), la courbe obtenue se tient au-dessous de la précédente, et d'autant plus près de la ligne des abscisses, que la tension de l'acide carbonique est plus forte, ce qui revient à dire qu'à *une même réserve en oxygène combiné correspond une tension en oxygène d'autant plus forte que la tension de l'acide carbonique présent en même temps est plus forte.* On verra que Chr. Bohr a tiré de ce fait des conclusions intéressantes en ce qui concerne la régulation de respiration interne.

2. Ce pigment se comporte, en effet, comme un acide faible, car ajouté à une solution de carbonate de soude, il en déplace dans le vide l'acide carbonique. C'est pourquoi du sang épuisé dans le vide à 40° fournit plus d'acide carbonique que n'en donnent le plasma et les globules épuisés séparément, les carbonates du plasma étant, dans le second cas, décomposés par l'hémoglobine sortie des globules.

l'acide carbonique qui pénètre dans le globule concourt avec le pigment pour la possession de cette base, mais il ne décompose sensiblement cet hémoglobinate que pour des tensions élevées (plus de 70 millimètres) (Zuntz).

Bohr calcule que sur les 14 cm³ de gaz carbonique que fixent les
globules de 100 cm³ de sang, 0 cm³, 6 sont à l'état de dissolution,
8 cm³ sont en combinaison avec l'hémoglobine et le reste est fixé
à d'autres substances ou à l'alcali enlevé au pigment.

**Signification physiologique des combinaisons de l'acide
carbonique dans le sang.** — Nous avons dit que l'oxygène
combiné à l'hémoglobine joue le rôle d'une réserve d'un gaz *peu
soluble* et qui, grâce à cette combinaison, peut être accumulé
dans le sang en grande quantité. L'acide carbonique est beaucoup
*plus soluble* dans le sang que l'oxygène, et les 40 à 50 cm³ de ce
gaz, que contiennent 100 cm³ de sang, pourraient s'y trouver à
l'état de simple dissolution, mais alors la tension de ce gaz dans
le sang serait voisine d'une atmosphère. Or, les hautes tensions
d'acide carbonique sont dangereuses pour l'organisme, et les combinaisons chimiques de ce gaz dans le sang sont précisément un
moyen de défense contre ces hautes tensions. Grâce à ces combinaisons, en effet, les 40 à 50 cm³ de gaz carbonique, que transportent 100 cm³ de sang, n'exercent dans ce liquide qu'une tension
de 30 à 40 millimètres environ.

**Les tensions gazeuses dans le sang.** — Voici, d'après Arthus,
les résultats moyens obtenus chez le chien :

Pour l'acide carbonique :

    Sang veineux.....   5,4 p. 100 d'atmosphère ou 38 mm.
      —   artériel.....   2,6     —            —       ou 18 —

Pour l'oxygène :

    Sang veineux.....   2,9 p. 100 d'atmosphère ou 21 mm.
      —   artériel.....  13,0     —            —       ou 92 —

D'après Chr. Bohr la tension de l'oxygène atteint dans le sang
artériel des valeurs bien plus considérables, et soit 120 millimètres
en moyenne. D'ailleurs ces résultats sont très variables, surtout
dans le sang veineux, selon l'intensité des combustions dans les
tissus et le rythme des mouvements respiratoires. On n'insistera
pas davantage sur cette question, car pour la discussion qui va
suivre ces moyennes n'ont pas grande valeur.

Il est nécessaire, en vue de cette discussion, de donner ici une idée sommaire de l'instrument appelé aérotonomètre, et à l'aide duquel on a déterminé les tensions des gaz dans le sang. L'appareil se compose d'une enceinte en verre renfermant une atmosphère de composition connue et maintenue dans un bain à la température du corps. Le sang fourni par le bout central d'une artère coule à travers l'appareil en s'étalant en nappe mince sur les parois, puis retourne à l'animal par le bout périphérique de l'artère ou par une veine. On a eu soin de le rendre incoagulable au moyen d'une injection d'extrait de têtes de sangsues. Dans l'atmosphère du tonomètre on a donné au gaz en question, à l'oxygène par exemple, une tension voisine de celle que l'on suppose à ce gaz dans le sang. Si après une circulation d'une durée suffisante, on trouve que l'atmosphère du tonomètre s'est·enrichie en oxygène aux dépens du sang, c'est que la tension de ce gaz était plus forte dans le sang que dans l'atmosphère de l'appareil. Si, au contraire, l'atmosphère du tonomètre a cédé de l'oxygène au sang, c'est que la tension de ce gaz était plus forte dans l'atmosphère que dans le sang. On peut ainsi, par plusieurs expériences successives, déterminer une tension supérieure et une tension inférieure, peu éloignées l'une de l'autre, et entre lesquelles se trouve comprise la tension de l'oxygène dans le sang examiné.

**Les échanges gazeux dans le poumon. — La théorie physique de la respiration.** — Dans la respiration pulmonaire l'oxygène passe de l'air alvéolaire, où sa tension est d'environ 16 p. 100 d'atmosphère, dans le sang veineux, où sa tension (chez le chien) est de 2,9 p. 100 d'atmosphère, et l'acide carbonique passe du sang veineux où sa tension (chez le chien) est de 5,4 p. 100 d'atmosphère dans l'air alvéolaire où sa tension est à l'inspiration de 2,4 p. 100 d'atmosphère. Le sens du phénomène est donc conforme à ce que nous apprend la physique, quant aux échanges gazeux à travers une membrane perméable aux gaz, à savoir que le gaz passe de l'enceinte où sa tension est le plus élevée dans l'enceinte où sa tension est le moins élevée. Mais cette explication purement physique des phénomènes de la respiration n'est complète, que si l'on démontre en outre que ces échanges gazeux s'arrêtent aussitôt que l'équilibre de tension est établi, pour les deux gaz, entre le sang et l'air alvéolaire, et que jamais l'oxygène, par exemple, n'acquiert dans le sang artériel une tension *supérieure* à celle qu'il possède dans l'air alvéolaire.

Or, cette démonstration n'est pas encore faite. Chr. Bohr fait remarquer avec raison que l'on cite toujours ici les classiques expériences faites dans le laboratoire de Pflüger par Wolffberg, Strassburg et Nussbaum, mais que lorsqu'on examine en détail les résultats de ces expériences, on n'y trouve pas la démonstration que d'autres auteurs ont cru pouvoir en faire sortir plus tard.

En ce qui concerne d'abord l'oxygène, on sait aujourd'hui que les tensions de ce gaz mesurées à cette époque dans le sang artériel par Strassburg (à peine 4 p. 100 d'atmosphère) sont manifestement beaucoup trop faibles. La théorie physique de la respiration pulmonaire repose donc uniquement sur la considération des tensions de l'acide carbonique. Voyons, d'après Chr. Bohr, ce que valent ces résultats. Ils sont de deux ordres :

1° La tension moyenne de l'acide carbonique est de 2,8 p. 100 d'atmosphère dans le sang artériel du chien d'après Strassburg. Elle est aussi de 2,8 p. 100 dans l'air expiré chez le même animal d'après Wolffberg. La concordance est donc remarquable, et on l'invoque comme démontrant qu'un parfait équilibre de tension s'est établi, en ce qui concerne ce gaz, entre l'air et le sang au moment où tous deux quittent le poumon ; malheureusement les résultats que l'on rapproche ainsi ne sont pas comparables. Les échanges gazeux respiratoires varient si rapidement et sous l'influence de tant de facteurs, que pour la solution du problème posé on ne peut évidemment comparer entre elles que des tensions mesurées *en même temps* dans le sang et dans l'air alvéolaire *chez le même animal.* Il faut remarquer de plus que, dans ces expériences, les résultats ont en réalité varié de 2,2 à 3,8 p. 100 chez Strassburg, et de 2 à 2,9 chez Wolffberg. De plus la moyenne donnée par Wolffberg résulte de quatre expériences seulement faites sur *un seul* chien, qui respirait très irrégulièrement et dans des conditions peu normales, comme le montre la valeur aberrante (0,59) du quotient respiratoire déterminée en même temps (p. 507). Enfin l'air expiré était puisé au niveau de la trachée, et sa richesse en acide carbonique était évidemment moindre que celle de l'air alvéolaire, La concordance toute fortuite des deux moyennes 2,8 p. 100 ne prouve donc rien.

2° Si la théorie physique est conforme aux faits, l'acide carbonique d'un lobule pulmonaire, dans lequel la ventilation est supprimée, doit se mettre finalement en équilibre de tension avec celui du sang veineux du cœur droit. Cette expérience a été réalisée au moyen du cathéter pulmonaire [1] de Pflüger. Ici encore les moyennes ont été très concordantes de part et d'autre : Dans les expériences de Nussbaum 3,8 p. 100 d'atmosphère pour le sang et pour l'air ; dans celles de Wolffberg 3,43 p. 100 pour le sang et 3,56 p. 100 pour l'air. Mais Chr. Bohr a montré que si l'on compare les résultats un à un, en ne tenant compte que des expériences où la mesure de la tension a été faite *simultanément* dans l'air et dans le sang, on trouve chez Wolffberg, par exemple, en centièmes d'atmosphères :

---

1. C'est une sonde spéciale, très mince et que l'on peut pousser jusqu'à une petite bronche sans que la ventilation du reste de l'organe soit sensiblement gênée. Par insufflation d'air on gonfle une ampoule qui se trouve à l'extrémité de la sonde et qui, bouchant la bronche, isole le contenu d'un lobule pulmonaire. Quand on suppose après quelques minutes que l'air du lobule s'est mis en équilibre de tension avec le sang, on puise un échantillon de cet air à l'aide d'un tube fin qui traverse tout l'instrument, et on en détermine la composition.

Tension de l'acide carbonique :

| Dans l'air du lobule. | Dans<br>le sang du cœur droit. |
|:---:|:---:|
| 2,5 | 4,1 |
| 3,6 | 2,4 |
| 4,6 | 4,9 |

Les résultats de Nussbaum présentent des irrégularités analogues, c'est-à-dire qu'en réalité *les deux observateurs ont trouvé la tension de l'acide carbonique dans l'air du lobule, tantôt sensiblement égale, tantôt inférieure, tantôt enfin supérieure à la tension de ce gaz dans le sang.* Ces constatations plaident donc aussi nettement pour que contre la théorie physique.

Finalement il faut reconnaître avec Chr. Bohr que les expériences sur lesquelles on a appuyé jusqu'à présent cette théorie ne sont nullement démonstratives.

**La théorie de la sécrétion gazeuse.** — Chr. Bohr a repris l'étude de cette question avec une technique plus précise. A l'aide d'un tonomètre très ingénieux (hémataéromètre) il mesure, chez un chien trachéotomisé, la tension de l'oxygène et celle de l'acide carbonique dans le sang artériel, et il analyse en même temps l'air expiré. Connaissant en outre le volume de l'inspiration, celui de la trachée depuis la bifurcation des deux bronches jusqu'à la soupape de la canule — ce volume est mesuré après la mort de l'animal — il calcule la composition de l'air au niveau de la bifurcation. Comme cet air est nécessairement un peu plus riche en oxygène et un peu moins riche en acide carbonique que l'air alvéolaire, il représente à ce double point de vue une limite extrême que l'air alvéolaire ne dépasse certainement jamais. Or, Chr. Bohr a trouvé ainsi dans un assez grand nombre d'expériences la tension de l'oxygène plus forte dans le sang artériel que dans l'air de la bifurcation, et la tension de l'acide carbonique plus forte dans l'air que dans le sang artériel. Exemples (les tensions sont exprimées en millimètres de mercure) :

| TENSIONS DE L'OXYGÈNE : | | TENSIONS DE L'ACIDE CARBONIQUE : | |
|:---:|:---:|:---:|:---:|
| Dans l'air. | Dans le sang<br>artériel. | Dans l'air. | Dans le sang<br>artériel. |
| 127 | 144 | 16,6 | 10,1 |
| 110 | 122 | 34,6 | 17,4 |

Le passage de l'oxygène de l'air alvéolaire dans le sang, ou celui de l'acide carbonique du sang dans l'air ne s'est donc pas arrêté au moment où l'équilibre de tension a été réalisé entre ces deux milieux ; il s'est continué sous l'influence d'une force qui ne peut être, d'après Chr. Bohr, que l'action sécrétante propre à la glande pulmonaire.

On a opposé à ces résultats que l'équilibre de tension n'a pas été réalisé complètement dans l'hémataéromètre, spécialement en ce qui concerne l'oxygène, dont la tension dans le sang aurait donc été trouvée plus forte qu'elle ne l'est en réalité. Mais Bohr répond à cette objection en ne conservant que : 1° les expériences dans lesquelles l'équilibre dans le tonomètre a été obtenu en partant d'abord d'une tension en oxygène, dans l'atmosphère de l'appareil, supérieure, puis d'une tension inférieure à la tension présumée de ce gaz dans le sang étudié (voy. p. 267); 2° les expériences dans lesquelles la tension en oxygène dans le tonomètre était à la fin de l'expérience plus forte qu'au début, c'est-à-dire où le sang avait enrichi en oxygène l'atmosphère tonométrique, de telle sorte que la tension finalement mesurée était nécessairement un peu inférieure et ne pouvait donc être supérieure à la véritable tension de ce gaz dans le sang.

Ces résultats ne peuvent évidemment être interprétés que dans le sens indiqué plus haut, à savoir que l'endothélium pulmonaire intervient dans les échanges gazeux par un travail de sécrétion. Ils ont été confirmés par J. Haldane et L. Smith au cours d'expériences, dont ni le principe, ni la technique ne peuvent être indiqués ici.

Chr. Bohr s'est efforcé de réunir encore *d'autres preuves de l'existence de sécrétions gazeuses chez les animaux*. D'intéressantes expériences faites par Krogh sous sa direction tendent à démontrer que chez la grenouille on saisit, fonctionnant dans deux organes différents, les deux types de respiration opposés l'un à l'autre dans cette discussion. La respiration cutanée, en effet, est à la fois indépendante du système nerveux et soumise uniquement aux lois de la diffusion. Dans la respiration pulmonaire, au contraire, la dépendance vis-à-vis du système nerveux est évidente et les échanges gazeux observés sont inexplicables, si l'on n'admet pas l'intervention sécrétoire du poumon.

Une preuve plus frappante encore est fournie par l'étude de la sécrétion d'oxygène dans la vessie natatoire des poissons [1]. Déjà Biot avait constaté en 1807 que (chez les animaux pêchés au fond) les gaz de cet organe renferment jusqu'à 80 p. 100 d'oxygène. Si la vessie est vidée par un trocart, l'animal la remplit à nouveau, et d'oxygène presque pur,

1. On sait que par un mécanisme qui a été très bien étudié par Moreau, l'animal se sert des variations qu'il imprime au volume de cet organe pour modifier ses conditions d'équilibre vis-à-vis de l'eau du fond ou de la surface.

c'est-à-dire à une tension très supérieure à celle de ce gaz dans le sang de l'animal et dans le milieu ambiant (Moreau). De plus si l'on coupe le rameau intestinal du nerf vague, la sécrétion cesse et la vessie reste vide (Chr. Bohr). Enfin l'épithélium de l'organe, aussi longtemps qu'il est intact, ne se laisse pas traverser par l'oxygène. Il semble donc bien que l'on assiste ici à une véritable sécrétion d'oxygène, emprunté probablement au sang, car l'organe est richement vascularisé.

La théorie du rôle sécrétoire du poumon dans les échanges gazeux respiratoires, telle que nous l'avons exposée d'après Chr. Bohr, n'a pas été, en général, acceptée par les physiologistes, et dans la plupart des traités classiques on continue à s'en tenir à la théorie de la simple diffusion. Mais, d'une part, on a vu combien peu convaincantes sont les preuves données en faveur de cette théorie. D'autre part, les résultats produits par Chr. Bohr et sans cesse fortifiés par lui n'ont été jusqu'à présent l'objet d'aucune réfutation [1].

Le problème de l'existence d'une sécrétion gazeuse par le poumon s'impose donc à l'attention des physiologistes.

### § II. — LA RESPIRATION DES TISSUS.

**Le siège des combustions respiratoires.** — L'étude des échanges gazeux respiratoires entre le sang et les tissus soulève une question préjudicielle, avec laquelle elle est intimement liée : C'est celle du siège des combustions respiratoires. Deux hypothèses se sont trouvées en présence ici. On peut admettre que les matériaux combustibles fournis par les tissus passent dans le sang, et qu'au contact de l'oxygène apporté par les globules ils sont brûlés avec production d'acide carbonique, lequel est emporté ensuite par le sang veineux. Il se peut aussi qu'au contact des tissus, le sang cède son oxygène qui, se portant vers les cellules, y oxyde les produits combustibles, tandis que l'acide carbonique produit, marchant en sens inverse, passe des tissus dans le sang.

Le débat entre ces deux opinions, pendant longtemps très animé, est aujourd'hui clos. On sait que le sang n'est pas le siège des combustions respiratoires. Les preuves de ce fait sont nombreuses. N'en citons ici qu'une des plus frappantes. Si le sang recevait des tissus des produits combustibles, qui seraient ensuite

1. Sauf cependant dans un récent travail de Krogh, l'élève même de Bohr (1910).

brûlés au contact de l'oxygène des globules, ces produits devraient s'accumuler, particulièrement abondants, dans le sang asphyxique. Or, un tel sang, agité avec de l'oxygène, ne fait disparaître que de petites quantités de ce gaz, et ne produit que peu d'acide carbonique. On ne trouve pas davantage dans la lymphe asphyxique des produits consommant facilement de l'oxygène avec production d'acide carbonique. La petite quantité d'oxygène que fait disparaître le sang asphyxique, additionné de ce gaz, s'explique par ce fait que le sang est un tissu, dont les éléments figurés sont le siège de combustions respiratoires, comme il arrive pour toutes les cellules.

On admet donc aujourd'hui que les combustions respiratoires ont leur siège au niveau des tissus et non dans le sang. Mais cette conclusion est peut-être trop absolue, car voici des expériences de Chr. Bohr et Henriques, tendant à établir qu'une partie des matériaux de déchets fournis au sang par les tissus sont brûlés dans ce liquide pendant son passage à travers les poumons.

La part du poumon dans les combustions respiratoires. — *A priori* on peut dire que si la destruction des matériaux organiques est évidemment le fait du travail cellulaire, il ne s'en suit pas nécessairement que cette destruction s'achève dans le tissu où elle a commencé, car nous concevons aujourd'hui la désassimilation comme se faisant par étapes successives, et la dégradation d'une molécule comme pouvant donc être commencée dans un organe et achevée dans un autre. Tout ce que l'on sait sur les associations fonctionnelles de divers organes rendent d'ailleurs cette hypothèse très vraisemblable.

Il y aurait, d'après Chr. Bohr et Henriques, une telle association entre les tissus et le poumon, au moins pour une partie des combustions respiratoires. Ils trouvent, par exemple, chez un chien de 17 kg, 4, que le poumon a exhalé en 21 minutes 698 cm³ de gaz carbonique et qu'il a absorbé 680 cm³ d'oxygène. Ils déterminent, d'autre part, que pendant ce temps le poumon a été traversé par 7 490 cm³ de sang [1], et ils dosent dans ce sang, avant et après son passage à travers le poumon, l'oxygène et l'acide carbonique. Ils trouvent ainsi que pendant son passage à travers le poumon ce sang a gagné 5 cm³, 57 d'oxygène par 100 cm³, soit en tout 417 cm³, et qu'il a perdu 5 cm³, 95 d'acide carbonique par 100 cm³, soit en tout 446 cm³. Comme les échanges pulmonaires observés pendant le même temps accusent des volumes bien plus grands, soit 680 cm³ d'oxygène et 698 cm³ d'acide carbonique, il y a donc eu 263 cm³ d'oxygène et 252 cm³ d'acide carbonique, dont l'analyse du sang ne rend aucun compte. Évidemment ces 263 cm³ d'oxygène

---

1. L'aorte descendante était obturée à l'aide d'une pince, et, toutes les branches de la crosse étant liées sauf une, on introduisait dans celle-ci une canule qui conduisait le courant sanguin à travers un compteur de Ludwig, au sortir duquel le sang rentrait dans l'artère fémorale.

que le poumon a absorbés, mais que l'on ne retrouve pas dans le sang
artériel, *ont servi sur place à des combustions*, et les 252 cm³ d'acide carbonique, que le poumon a exhalés, sans que le sang veineux les ait
apportés, sont le produit des dites combustions.

Dans ce cas particulier la part du poumon dans les combustions respiratoires a été du tiers environ, mais ce rapport est très variable. Il a
oscillé dans les expériences de Chr. Bohr et Henriques entre une fraction
insignifiante et 60 p. 100 environ (moyenne : 30 p. 100). D'autres expériences tendent à établir que cette part du poumon grandit avec le
travail musculaire, comme si dans ces conditions le muscle abandonnait
des produits encore oxydables, qui, portés ensuite par le sang jusqu'au
poumon, subiraient là la combustion totale. Or, on sait par les recherches
de A. Gautier sur la vie anaérobie que de tels produits prennent naissance dans les tissus et spécialement pendant la vie sans air du muscle
(p. 295).

Ces expériences posent donc d'une façon très nette le problème d'une
participation importante du poumon aux combustions respiratoires.

**Les échanges gazeux entre le sang et les tissus.** — On a
vu que la tension de l'oxygène dans le sang peut atteindre des
valeurs considérables (120 mm. en moyenne d'après Bohr), mais
on est très mal renseigné sur la tension de ce gaz au contact des
tissus. Tout indique cependant que cette tension doit être faible.
A. Gautier nous a appris, en effet, que dans la profondeur de nos
tissus la vie cellulaire est anaérobie, et qu'elle engendre des
produits de réduction (leucomaïnes, etc.), dont la formation continue rend tout à fait improbable l'existence de fortes tensions
d'oxygène à ce niveau. Corrélativement on constate que les tissus
possèdent un pouvoir réducteur souvent très énergique, qu'Ehrlich
notamment a mis en évidence par sa méthode des injections de
matières colorantes réductibles. Si l'on introduit, par exemple, du
bleu de méthylène dans le sang d'un animal, on trouve à l'autopsie
que le foie, le poumon, les muscles ont leur aspect normal, mais
qu'ils se colorent au contact de l'air. C'est le bleu qui, réduit et
décoloré par le tissu, se réoxyde et reprend sa couleur au contact
de l'oxygène.

Ces constatations, qui conduisent à admettre que dans la profondeur des tissus la tension de l'oxygène est faible ou nulle, sont
confirmées par ce fait que, dans la lymphe, le lait, les exsudats, on
ne trouve que des traces d'oxygène, et qu'on n'en trouve pas dans
la bile et dans l'urine. Comme ces liquides se sont formés et ont
circulé au contact des tissus, la tension de leurs gaz représente
sans doute une valeur approchée des tensions au contact des
cellules.

La tension de l'oxygène est donc beaucoup plus forte dans le sang artériel que dans les tissus et l'on comprend que ce gaz, s'écoulant dans le sens des tensions décroissantes, passe des capillaires artériels dans les tissus.

On est conduit à la même conclusion en ce qui concerne l'acide carbonique. La tension de ce gaz est de 7,7 à 11,3 p. 100 d'atmosphère dans l'urine, de 6,7 p. 100 dans la bile, de 6,6 p. 100 dans le liquide d'hydrocèle, de 6,6 à 9,4 dans un liquide ayant séjourné de une à trois heures dans une anse intestinale. Ces tensions étant supérieures aux tensions moyennes de l'acide carbonique dans le sang artériel et même dans le sang veineux, les seules lois de la diffusion suffisent pour expliquer provisoirement la marche de ce gaz des tissus vers le sang.

Si la chute de tension que l'on observe pour l'oxygène, quand on passe du sang artériel aux tissus, suffit pour expliquer pourquoi ce gaz marche des capillaires vers les cellules, elle ne rend pas compte de *la rapidité* de ce phénomène, laquelle est surprenante, étant donné que le passage du sang à travers les capillaires ne dure que quelques secondes. Or, les solutions d'oxyhémoglobine, mises dans des atmosphères pauvres en oxygène, sont loin de perdre leur oxygène avec une telle rapidité, et, quand elles sont étendues, leur réduction se fait avec une extrême lenteur, même dans le vide le plus parfait. Mais, on a constaté que la catalase du sang ou *hémase*, c'est-à-dire cette diastase du sang qui a la propriété de décomposer rapidement l'eau oxygénée en oxygène libre et en eau, hâte aussi le dédoublement de l'oxyhémoglobine en oxygène et en hémoglobine. Du moins voit-on que du sang artériel dilué est réduit par le sulfure d'ammonium beaucoup plus rapidement quand on laisse son hémase intacte, que lorsqu'on « empoisonne » cette dernière par le cyanure de potassium (p. 93). Pareillement du sang, que l'on a appauvri en hémase par un chauffage à 65°, est réduit plus vite par le sulfure, quand on lui ajoute une solution d'hémase. Cette diastase remplirait donc la fonction qui est propre à ces agents, à savoir celle d'accélérer, de « catalyser » la dissociation de l'oxyhémoglobine (p. 90).

**Régulation de la concentration de l'oxygène dans le plasma sanguin.** — Cette question a été surtout étudiée par Chr. Bohr, qui a introduit dans ce problème un certain nombre de données nouvelles.

On a vu que c'est par le plasma que l'oxygène est fourni aux tissus à travers l'endothélium capillaire, mais que la faible quantité d'oxygène disponible dans ce liquide est sans cesse renouvelée par de l'oxygène provenant des globules (p. 262). Ce renouvellement est pour ainsi dire instantané, grâce à l'énorme surface de diffusion qui existe entre les globules et le plasma. Or, ce n'est pas la *quantité* d'oxygène contenue dans le sang qui exprime l'abondance avec laquelle ce liquide est en mesure de pourvoir aux besoins des tissus, mais la *tension*, c'est-à-dire la concentration [1] de ce gaz dans le plasma. Et lorsque le sang, devenu veineux, a perdu une partie de son oxygène, ce n'est pas la diminution relative de la *quantité d'oxygène* qui mesure la grandeur de cette perte, mais la diminution relative de la tension de ce gaz.

Or, l'organisme dispose d'un certain nombre de moyens de régulation, qui lui permettent de s'adapter aux variations de la consommation d'oxygène au niveau des tissus, et notamment de *renforcer la tension de l'oxygène, lorsque, par une consommation brusque et considérable de ce gaz par les tissus, cette tension tend à s'abaisser trop fortement.*

**Les mécanismes de cette régulation.** — D'après Chr. Bohr les mécanismes physiologiques que nous devons nous borner à citer sont : 1° *L'augmentation de la rapidité du courant sanguin,* telle que la provoque, par exemple, le travail musculaire ou le travail sécrétoire des glandes, et d'où résulte que la quantité d'oxygène consommée par les tissus pendant un temps donné est prélevée sur un volume de sang plus considérable, ce qui diminue évidemment la chute de tension résultant de ce prélèvement ; 2° *L'augmentation de la richesse globulaire du sang,* obtenue par une exsudation d'eau, telle que la produit le travail musculaire (Zuntz, von Willebrand), ou, d'une manière plus frappante encore, le séjour dans l'air raréfié des hautes altitudes (Viault).

Quant aux mécanismes chimiques, Bohr a décrit les deux suivants :

1° Lorsque des combustions très actives tendent, d'une part, à faire baisser très fortement la tension de l'oxygène dans le sang, elles accumulent, d'autre part, dans ce liquide, une plus grande quantité d'acide carbonique. Or, quand la tension de ce dernier gaz s'élève, la courbe de dissociation de l'oxyhémoglobine est plus près de la ligne des abscisses, ce qui veut dire qu'à un même volume d'oxygène combiné correspond, dans le plasma, une tension plus forte. L'accumulation croissante d'acide carbonique dans le sang a donc pour effet de faire remonter la tension de l'oxygène dans le plasma, et cette conclusion est vérifiée par une intéressante expérience de Lœwy, qui a constaté que le séjour dans l'air raréfié est mieux supporté, lorsqu'on mélange de l'acide carbonique à l'air inspiré ;

2° Le volume maximum d'oxygène fixé par le sang (de bœuf) est resté, dans toutes les expériences, voisin du chiffre de 1 cm³, 34 par gramme de pigment (p. 235), soit donc de 399 cm³ d'oxygène par gramme de fer. Dans d'autres expériences de Hüfner, et pour d'autres espèces sanguines (chien, bœuf, lapin, homme), les volumes observés se sont

---

1. La quantité d'un gaz qui est dissoute dans un liquide étant proportionnelle à la tension de ce gaz dans le liquide, cette tension mesure la concentration de la solution gazeuse.

dispersés entre des limites beaucoup plus étendues, par exemple entre 1 cm³, 21 et 2 cm³, 10 par gramme de pigment et entre 371 et 426 cm³ par gramme de fer (L.-G. de Saint-Martin, Krauss, Kossler et Scholz). Ces oscillations, qu'il est impossible d'expliquer par des erreurs d'expériences, tiendraient, d'après Bohr, à l'existence dans le sang de plusieurs variétés de pigment, contenant des quantités différentes de fer et fixant des volumes différents d'oxygène, et ne présentant pas la même courbe de dissociation. Ces divers pigments se transformeraient les uns dans les autres sous des influences minimes, car chez le même individu du sang artériel et du sang veineux, prélevés en même temps, fixent par exemple respectivement 468 et 420 cm³ d'oxygène par gramme de fer. Or, dans le sang veineux la dissociation du pigment est représentée par une courbe plus rapprochée de la ligne des abscisses, ce qui veut dire que pour une même quantité d'oxygène subsistant dans le sang, la tension de l'oxygène est plus forte dans le sang veineux que dans le sang artériel. Par ce mécanisme de la substitution d'une variété de pigment à une autre, la chute de tension, que provoque la consommation de l'oxygène dans les capillaires, se trouverait donc compensée (Chr. Bohr).

Cette explication de Bohr, et notamment l'existence de plusieurs hémoglobines a été contestée (Hüfner), mais les déterminations sur lesquelles repose cette théorie restent debout.

## § III. — QUESTIONS DIVERSES RELATIVES A LA RESPIRATION.

Il n'entre pas dans le plan de ce livre d'exposer les méthodes employées pour recueillir et étudier les gaz de la respiration, telles qu'elles ont été établies par Lavoisier, Regnault et Reiset, Voit et Pettenkofer, Richet et Hanriot. D'autre part, l'exposé des variations de ces échanges sous diverses influences (taille, poids, âge, travail ou repos), viendra mieux au cours de l'étude des échanges nutritifs. Dans ce qui suit, on se bornera à compléter sur deux points l'exposé qui précède, et soit en ce qui concerne l'influence des variations de tension de l'oxygène dans l'air inspiré et l'action de l'oxyde de carbone.

**Influence d'une augmentation de la tension de l'oxygène. — La thérapeutique des inhalations d'oxygène. —** Examinons quelle est l'influence de cette augmentation : 1° sur la respiration pulmonaire ; 2° sur la respiration des tissus, c'est-à-dire sur les combustions organiques.

En ce qui concerne d'abord les *échanges pulmonaires*, on a constaté depuis longtemps que l'inhalation d'air enrichi en oxygène ou d'oxygène pur augmente un peu la quantité de ce gaz fixée par le sang (Quinquaud). Ce fait s'explique sans effort. Quand la pression augmente, la quantité d'oxygène physiquement dissous augmente dans la même proportion. Corrélativement la quantité chimiquement fixée s'accroît aussi, car dans les conditions ordinaires le sang artériel n'est pas saturé d'oxygène, c'est-à-dire qu'il contient encore, à côté de l'oxyhémoglobine, un peu d'hémoglobine, pouvant donc fixer, pour des pressions croissantes, un surplus de gaz. Dans les expériences très précises de Durig sur l'homme respirant de l'air à 73 p. 100 d'oxygène, ce surplus de gaz a pu être évalué à 270 centimètres cubes, qui ont pénétré dans le sang en trois minutes, puis la saturation de l'organisme a été complète. A partir de ce moment la quantité d'oxygène que l'on a vu disparaître dans le poumon, c'est-à-dire la consommation d'oxygène, a été la même que dans le cas de la respiration ordinaire à l'air libre.

C'est que *l'action de ce surplus d'oxygène sur la respiration des tissus est nulle.* Déjà Lavoisier et Séguin, et après eux Regnault et Reiset, avaient constaté ce fait, à savoir que le séjour dans l'oxygène pur ou dans l'air enrichi en oxygène ne provoque aucune augmentation des combustions respiratoires, et toutes les recherches modernes ont confirmé ce résultat de la manière la plus nette (L.-G. de Saint-Martin, Durig). On touche ici à une loi physiologique fondamentale, à savoir que ce n'est pas, comme il arrive dans un foyer, *la quantité d'oxygène offerte aux tissus qui règle l'intensité des combustions et par suite la grandeur de la consommation de l'oxygène. Ce sont les cellules, qui règlent cette consommation d'après l'intensité de leur travail chimique.* Quand à l'apport d'oxygène par le sang, nous allons voir qu'il est toujours largement supérieur aux besoins des tissus (p. 280).

Il est surprenant de voir combien les résultats si précis de Lavoisier ont été après lui méconnus ou ignorés par les médecins. Fourcroy ayant rapporté que des animaux plongés dans de l'oxygène pur sont pris d'une « fièvre inflammatoire et d'accidents très graves du côté des poumons », phénomènes dus sans doute à des impuretés irritantes du gaz employé, l'oxygène fut considéré pendant longtemps comme un gaz dangereux à respirer à cause de « ses propriétés trop actives pour la respiration » (Longet). Ce n'est que lentement qu'il fut réintroduit dans la thérapeutique (car on l'avait essayé dès sa découverte), grâce aux travaux de Demarquay et de Lecomte.

Dans quelle mesure *l'emploi thérapeutique des inhalations*

*d'oxygène est-il justifié?* D'après ce qui précède, on voit que l'inhalation d'oxygène pur fait hausser la quantité de ce gaz qui pénètre dans le sang, mais sans que les combustions respiratoires soient en aucune façon augmentées. Faire inhaler de l'oxygène pur à un malade respirant normalement, à un goutteux par exemple, dans l'espoir d'augmenter l'intensité des combustions au niveau des tissus et d'améliorer ainsi la désassimilation, est donc une pratique qui paraît vaine *a priori*.

Il n'en est plus de même lorsqu'il s'agit d'un sujet menacé d'asphyxie, et chez lequel l'apport d'oxygène aux tissus n'est plus surabondant, mais tend à devenir d'autant plus insuffisant que, par un cercle vicieux pathologique, les efforts respiratoires violents provoqués par l'anxiété du malade augmentent encore la consommation d'oxygène et par conséquent la dyspnée. Ici l'apport du moindre surplus d'oxygène est un bénéfice précieux. Or, ce surplus peut être assez important, puisqu'à l'état normal, la respiration dans l'oxygène pur ajoute 3 à 4 centimètres cubes aux 18 à 20 centimètres cubes d'oxygène emportés par 100 centimètres cubes de sang, en même temps que la tension de ce gaz dans le plasma peut quintupler de valeur. La pratique des inhalations d'oxygène est donc parfaitement justifiée ici.

**Influence d'une diminution de la tension de l'oxygène.** — Montrons d'abord comment les choses se présentent dans les expériences de laboratoire. Chez des animaux maintenus dans de l'air raréfié jusqu'à une pression de 400 millimètres environ, soit donc à une pression en oxygène de 80 millimètres environ, la quantité de ce gaz contenue dans le sang n'est pas sensiblement abaissée. Il faut descendre jusqu'à 300 millimètres pour observer de ce côté des diminutions sensibles (P. Bert, Fränkel et Geppert). Ce fait s'explique bien par la forme de la courbe de dissociation de l'oxyhémoglobine dans le sang (p. 261). On voit en effet que pour un abaissement de la tension de l'oxygène de 150 à 80 millimètres, la quantité d'oxygène retenue par le sang ne diminue que d'une quantité insignifiante. Mais si la grandeur de la provision d'oxygène véhiculée par les globules n'est pas atteinte, la tension de ce gaz dans le plasma, donc la quantité immédiatement disponible à chaque instant pour les tissus, est diminuée. Les combustions dans les cellules *pourraient* donc être moins rapides.

L'observation montre que, jusqu'à une certaine limite, qui est située très bas, il n'en est rien. Même un séjour prolongé à l'altitude de 4 350 mètres (mont Blanc) ne modifie pas chez l'homme la grandeur des combustions respiratoires (Küss). Le résultat est le même quand on fait inspirer un air à la pression ordinaire, mais ne contenant que 11 et même 8 p. 100 d'oxygène (Speck, Lœwy, Durig). Et cependant un air à 8 p. 100 d'oxygène ne fournit, même avec bonne ventilation pulmonaire, qu'un air alvéolaire à 5,5-6 p. 100 de ce gaz, ce qui correspond à une tension en oxygène de 42-45 millimètres. Or, pour cette tension la richesse du sang en oxygène commence déjà à fléchir. Si néanmoins les combustions respiratoires ne sont point diminuées, cela prouve un fait important au point de vue physiologique et pathologique, à savoir *que le courant d'oxygène apporté par le sang à l'état normal est très largement supérieur aux besoins des tissus.*

Ainsi s'explique pourquoi de *larges saignées* (Gürber), pourquoi des états d'*anémie* ou de *leucémie* très prononcés (Kraus et Chvostek) laissent subsister néanmoins des combustions respiratoires aussi actives qu'à l'état normal, en dépit de la diminution souvent considérable de la richesse globulaire.

Voici, par exemple, en centimètres cubes, les quantités d'oxygène consommé et d'acide carbonique exhalé par kilogramme et par minute chez divers malades (au repos) :

|  | Oxygène absorbé. | Acide carbonique exhalé. |
|---|---|---|
| Chlorose prononcée | 5,11 | 3,70 |
| Anémie pernicieuse | 4,53 | 3,22 |
| Leucémie | 3,47 | 4,42 |

Ce sont là des valeurs qui restent comprises entre les limites normales et qui sont même voisines des limites supérieures (p. 512).

L'état de souffrance de ces malades ne peut donc plus être expliqué par cette affirmation courante que les cellules n'arrivent pas à emprunter au sang des quantités suffisantes d'oxygène. La question est plus compliquée. Peut-être les tissus n'arrivent-ils à s'oxygéner suffisamment qu'au prix d'un « effort » anormal. Cette hypothèse a été examinée, mais on n'aperçoit pas clairement en quoi peut consister cet effort.

Si l'on pousse plus loin encore la diminution de la tension de l'oxygène inspiré, on constate que les *accidents mortels apparaissent pour une tension de l'oxygène alvéolaire de 30 à 35 mm.* (P. Bert, Lœwy). Quel est le mécanisme de ces accidents?

Pour une tension de 30 mm. la courbe de dissociation de l'oxyhémoglobine ne présente aucun changement brusque (p. 261) et elle montre, en outre, que la provision d'oxygène combinée n'est tombée que de 20 à 16 cm³ pour 100 cm³ de sang. On n'aperçoit donc là rien qui explique les accidents observés. C'est qu'il faut en chercher la cause dans l'action d'un facteur, dont Hüfner avait déjà saisi l'importance et qui est le *temps* (Chr. Bohr).

La quantité d'oxygène, que les tissus empruntent au sang, est en moyenne, pour un adulte au repos, de 350 centimètres cubes par minute. Sous peine d'asphyxie, il faut donc que, d'autre part, au moins 350 centimètres cubes d'oxygène passent chaque minute des alvéoles dans le sang. Or, quand un gaz est mis en contact avec de l'eau, il traverse la surface du liquide et se dissout avec une vitesse, qui est variable d'un gaz à l'autre et qui est d'autant plus grande que la pression du gaz est plus grande. Bohr a donc déterminé ce qu'il appelle le *coefficient d'invasion* de l'oxygène pour l'eau (ou le plasma), c'est-à-dire le nombre de centimètres cubes d'oxygène qui, sous une pression de 760 millimètres et à 38°, traversent pendant une minute 1 centimètre carré d'une surface d'eau. Connaissant ce coefficient et la surface totale de l'épithélium pulmonaire[1] (que l'on peut évaluer à 1,25 mètre carré par kilogramme du poids), il a calculé que 350 centimètres cubes d'oxygène ne peuvent traverser en une minute la surface pulmonaire, que si la tension de ce gaz dans les alvéoles est d'au moins 30 millimètres.

Donc si *la mort se produit, quand la tension de l'oxygène alvéolaire est descendue à 30 ou 35 mm., ce n'est pas parce que, pour cette tension, le sang ne peut plus fixer une quantité suffisante d'oxygène, mais parce qu'il ne peut plus fixer cette quantité assez vite.*

Nous devrions maintenant essayer d'appliquer ces données à une explication du *mal des montagnes*[2], à l'étude de la respiration dans les *climats d'altitude*, ou dans des espaces clos artificiellement décomprimés, dont on a essayé l'emploi en thérapeutique. Mais les phénomènes sont ici si complexes et leur analyse encore si incomplète qu'un exposé élémentaire de ces questions n'est pas encore possible.

Bornons-nous à noter que dans l'explication du mal des montagnes, le facteur « temps », exprimé par le coefficient d'invasion de Bohr doit certainement entrer en ligne de compte. En ce qui concerne l'action des climats d'altitude, dont on a déjà signalé les effets sur la richesse globulaire du sang (p. 276), on ne notera ici que l'un des aspects de ce problème si complexe. On sait qu'au repos et loin des repas les quantités d'oxygène absorbé et d'acide carbonique exhalé descendent jusqu'à une

---

1. On peut admettre que cet épithélium est couvert d'une mince lame d'humidité que le gaz doit d'abord traverser.

2. Ensemble des accidents éprouvés par les habitants des plaines transportés à des altitudes élevées, comme celles de hauts plateaux des Andes (plus de 2 800 m.).

valeur minimum, un *seuil* très constant (p. 512). Ce seuil èst-il le même pour les climats d'altitude que pour la plaine? Zuntz et ses élèves répondent par l'affirmative, en ce qui concerne les altitudes allant jusqu'à 3 000 mètres, et ils soutiennent que l'augmentation souvent observée au début tient à des facteurs du climat autres que la raréfaction de l'air et qu'elle disparaît aussitôt que l'organisme est adapté à ces nouvelles conditions. Pour Jaquet, au contraire, l'altitude mettrait l'organisme dans un autre état physiologique, auquel correspondraient des échanges respiratoires et par conséquent des échanges nutritifs accrus, et qui se continuerait encore pendant quelque temps, après le retour dans la plaine.

**Action de l'oxyde de carbone.** — On a vu que l'oxyde de carbone déplace l'oxygène de l'oxyhémoglobine et se substitue à ce gaz pour former l'hémoglobine oxycarbonée, combinaison très stable, résistant à l'action du vide, en sorte que l'hémoglobine ainsi occupée est devenue impropre à la respiration. Déjà 15 à 16 cm³ de ce gaz par litre d'air amènent la mort chez le lapin en une heure, et si le mélange toxique est respiré pendant six heures 4 cm³, 60 et même 2 cm³, 75 par litre suffisent (L.-G. de Saint-Martin). A l'autopsie on constate que le sang contient jusqu'aux 3 cinquièmes de sa matière colorante à l'état d'oxyhémoglobine. L'étude des tensions de dissociation de l'hémoglobine oxycarbonée va nous donner la raison d'une action aussi puissante.

Lorsque l'oxyde de carbone est seul en présence de l'hémoglobine, sans qu'il y ait concurrence de ce gaz avec l'oxygène, la saturation du pigment est extrêmement rapide. Déjà pour des tensions de 0 mm. 5 et 1 millimètre d'oxyde de carbone, soit donc pour 0 cm³, 65 et 1 cm³, 3 de gaz répandus dans un espace de 1 litre, on constate respectivement que les 84 et 97 centièmes du pigment sont combinés au toxique (Bock). Lorsque l'oxyde de carbone concourt avec l'oxygène pour la possession de l'hémoglobine, ce qui représente les conditions réalisées dans l'intoxication oxycarbonée, la saturation est moins rapide, mais encore très redoutable. Voici, en effet, les résultats obtenus par Haldane et Smith en agitant à la température ordinaire une dilution sanguine à 1 p. 100 avec de l'air mélangé de quantités croissantes d'acide carbonique.

| Tension de CO<br>en millimètres. | CO fixé en centièmes<br>de la quantité maximum. |
| --- | --- |
| 0,25 | 33 |
| 0,50 | 49 |
| 1,00 | 66 |
| 1,50 | 74 |

Ainsi pour une tension de 1 millimètre d'oxyde de carbone dans l'air atmosphérique, soit environ 1 cm³, 3 de gaz toxique par litre d'air,

66 p. 100 de la matière colorante passent à l'état d'hémoglobine oxycarbonée.

Bien que ces résultats ne puissent pas être transportés sans
correction à l'être vivant, ils suffisent néanmoins pour rendre
compte clairement de l'action redoutable de l'oxyde de carbone
comme toxique du sang. On admet en général que ce gaz n'agit
que par ce mécanisme, et l'on fait valoir notamment que l'oxyde
de carbone est un gaz indifférent pour tous les animaux dépourvus
de sang rouge. Ainsi la blatte commune (*Blatta orientalis*) peut
être maintenue sans dommage pendant huit et même dix-huit
jours dans un mélange de 20 p. 100 d'oxygène et de 80 p. 100
d'oxyde de carbone (Haldane). Pareillement l'élégante expérience
de Haldane rapportée à la page 263, montre qu'il suffit d'assurer
par un détour l'approvisionnement des tissus en oxygène pour
enlever à des doses énormes d'oxyde de carbone toute action
nuisible. Il faut reconnaître cependant que l'état du sang né suffit
pas toujours pour expliquer les suites mortelles ou non d'une
intoxication par l'oxyde de carbone (L. Garnier). Aussi a-t-on
soutenu de divers côtés que ce gaz agit aussi sur les centres
nerveux.

Les *destinées ultérieures de l'oxyde de carbone* ont beaucoup
préoccupé Cl. Bernard et après lui N. Gréhant. On admet en
général qu'une partie du gaz toxique est peu à peu éliminée
en nature, et que le reste disparaît par destruction chimique,
sans doute par transformation en acide carbonique. On observe
d'ailleurs cette destruction chimique *in vitro*, sur le sang en nature
additionné de sang oxycarboné, et ce phénomène est d'autant plus
prononcé que le sang est plus riche en oxygène. La pratique des
inhalations d'oxygène, pour hâter à la fois l'élimination et la
destruction chimique du toxique, serait donc justifiée. Toutefois
cette destruction par oxydation a été niée (Gaglio).

CHAPITRE XIV

# LES TRANSFORMATIONS
# ET LA DÉGRADATION DES MATIÈRES
# PROTÉIQUES DANS L'ORGANISME

Les destinées des matières protéiques par delà la paroi intestinale sont encore très obscures, et nos connaissances sur ce point
se composent de plus d'hypothèses que de faits bien établis. Si,
dans ce qui suit, on a néanmoins donné, dans une certaine mesure,
une place à ces hypothèses à côté des faits, c'est parce que, dans
une question aussi capitale que la nutrition azotée, il n'est pas
moins nécessaire de mesurer l'importance de ce qui reste encore
hypothétique, que de comprendre ce qui est acquis et démontré.
C'est aussi parce que ces hypothèses permettent un classement
provisoire des faits acquis et qu'elles ont déjà conduit à des
expériences très fructueuses.

## § I. — LA RECONSTRUCTION DES ALBUMINES.

Dans un précédent chapitre on a abouti à cette conclusion que
la signification physiologique du travail digestif consiste vraisemblablement en ceci que, par une démolition plus ou moins profonde
des protéiques alimentaires, l'hydrolyse digestive prépare la
reconstruction de protéiques spécifiques, c'est-à-dire propres à
l'espèce considérée. Admettons donc provisoirement que les choses
se passent réellement ainsi, et demandons-nous à quelles vérifications expérimentales nous conduit cette hypothèse.

**Lieu de la reconstruction des protéiques et nature du protéique reconstruit.** — La première question qui se pose est celle de déterminer l'organe qui est chargé de cette synthèse. Il est possible que ce soit la paroi intestinale, dont nous savons déjà qu'elle opère la synthèse de la graisse, ou le foie, qui est chargé de faire celle du glycogène à partir des hexoses. Il se peut aussi que des fragments plus ou moins volumineux des protéiques alimentaires, albumoses, polypeptides, acides aminés, passent dans le sang pour être portés aux divers tissus, chacun de ceux-ci puisant ensuite, dans ce qui lui est ainsi offert, de quoi reconstruire les protéiques qui lui sont propres.

Écartons tout de suite la dernière de ces trois hypothèses, que rien dans les données actuellement fournies par l'analyse du sang, et spécialement par celle du « reste azoté » de cette humeur, ne rend actuellement vraisemblable (p. 191 et 243). Voici une belle expérience de Abderhalden et Samuely qui est, au contraire, nettement favorable à l'hypothèse d'une reconstruction dans la paroi intestinale ou dans le foie.

On fait à un cheval, jusque-là nourri d'avoine et de foin, une saignée de 6 litres, et l'on détermine la teneur des protéiques du sérum (albumine et globuline) en acide glutamique. Après un jeûne d'une semaine, pendant lequel l'intestin de l'animal se vide complètement, on fait une nouvelle saignée de 6 litres et une nouvelle analyse. Puis on donne à l'animal un repas de 1 500 grammes, et, dans une autre expérience, de 2 500 grammes de gliadine (de froment), matière protéique qui contient 36,5 p. 100 d'acide glutamique, tandis que celles du sérum de l'animal ne renfermaient qu'environ 8,5 p. 100 de cet acide. Or, une nouvelle saignée faite après ce repas montre que la teneur des protéiques du sérum en acide glutamique est restée sensiblement la même. Et cependant le sang de l'animal, appauvri à la fois par les saignées et le jeûne, avait dû refaire, aux dépens de la gliadine, une partie de ses protéiques.

Cette reconstruction a donc pu se faire au niveau de l'intestin ou dans le foie. Les expériences que voici ne permettent pas de faire intervenir le foie.

Chez trois chiens munis d'une fistule d'Eck [1] et nourris l'un de viande, l'autre de gliadine et le troisième d'ovalbumine — aliments qui contiennent respectivement 10,5, 36,5 et 8 à 9 p. 100 d'acide glutamique,

---

1. Cette opération consiste à lier la veine porte près du hile du foie et à établir ensuite une communication entre ce vaisseau et la veine cave inférieure, de façon que le sang de la veine porte cesse de passer par le foie.

le plasma n'a présenté aucune différence quant à la teneur de ses protéiques en acide glutamique ; de plus le sang ne donnait aucune réaction de précipitine, révélant l'absorption de ces protéiques en nature, et il ne contenait ni albumoses ou peptones, ni acides aminés (Abderhalden, Funk et London). D'autre part, un chien à fistule d'Eck a pu être maintenu pendant huit jours en équilibre azoté et sans perte de poids, tout en ne recevant comme aliment azoté que de la viande ayant subi une hydrolyse digestive poussée à fond (Abderhalden et London).

On est donc conduit à admettre, au moins provisoirement : 1° que la synthèse en question a lieu dans la paroi intestinale ; 2° qu'elle aboutit à la production de quelque matière protéique du sérum, un protéique « neutre », comme on l'a dit, c'est-à-dire qui n'est pas plus adapté aux besoins d'un tissu qu'à ceux d'un autre, mais qui est indifféremment offert à tous par le sang. Par ce mécanisme, dit Abderhalden, l'organisme mettrait donc sa nutrition cellulaire à l'abri des variations de composition des albumines alimentaires. Le sang apportant toujours aux tissus la même matière première azotée, ceux-ci peuvent adapter leurs moyens d'action, et en particulier leurs diastases, à cette nourriture spécifique.

**Rendement utile de la reconstruction des protéiques.** — Si vraiment l'organisme commence toujours par refaire avec toute albumine étrangère une albumine spécifique, il est clair que le déchet que comporte cette opération sera d'autant plus grand que l'albumine consommée sera plus éloignée par sa composition, c'est-à-dire par la nature, la quantité et le mode d'association de chacun de ses acides aminés, de l'albumine spécifique qui doit être reconstruite. Or, on constate, en général, que les albumines végétales s'éloignent assez fortement des albumines animales, par exemple par leur grande richesse en acide glutamique, qui forme jusqu'au tiers du poids de la molécule (p. 31). Les albumines animales sont, au contraire, plus voisines les unes des autres, et le déchet de reconstruction à prévoir serait donc ici moins grand que pour les albumines végétales. Théoriquement ce déchet devra être minimum, lorsque la consommation porte sur des albumines de la même espèce, de telle sorte, comme le dit Magnus-Levy, que c'est pour le cannibale, c'est-à-dire pour l'être qui se nourrit de son semblable, que sont réalisées peut-être les conditions de l'assimilation protéique la moins coûteuse au point de vue physiologique.

Ce ne sont là que des hypothèses assurément, mais qui doivent être examinées ici, parce qu'elles conduisent tout droit à des expériences du plus haut intérêt sur la valeur alimentaire des divers protéiques.

**Comparaison de la valeur alimentaire des divers protéiques.** — Cette étude comparative est à peine commencée, mais déjà elle a donné des résultats intéressants, et soulevé des problèmes nouveaux.

Tout d'abord, il semble bien que les protéiques de la même espèce possèdent, au point de vue alimentaire, une supériorité marquée sur les autres.

Bousquet a constaté chez la grenouille que, par ingestion de chair de la même espèce, on obtient le maintien du poids avec un apport d'albumine moindre que par ingestion de viande de veau ou de mouton, et que, chez les grenouilles amaigries par le jeûne, une augmentation pondérale déterminée est atteinte aussi, avec un apport d'albumine moindre, par ingestion de chair de grenouille que par un apport de viandes étrangères. Et voici un résultat encore plus frappant. On verra plus loin (p. 521) que jamais on ne réussit à maintenir un chien en équilibre azoté en ne lui donnant, sous la forme d'albumines étrangères, que la quantité de protéiques que cet animal emprunte à ses tissus pendant qu'il est au jeûne complet. Au contraire, l'équilibre en question est obtenu, d'après L. Michaud, si ce minimum d'albumine est donné sous la forme de *viande de chien.*

Il semble donc bien que c'est lorsque l'organisme consomme ses propres tissus, qu'il peut se contenter de la plus petite quantité d'albumine. Magnus-Levy, à qui l'on doit une étude très pénétrante de ces questions, ajoute cette intéressante remarque qu'au début de leur développement les animaux les plus élevés dans la série, les oiseaux et les mammifères, ne reçoivent en fait d'albumine que celle de leur propre espèce, les premiers par l'œuf, les seconds par le lait.

Ce dernier cas doit nous arrêter un instant. Chez le nouveau-né, en effet, le *rendement de l'opération synthétique, qui nous occupe, est particulièrement élevé.*

L'usure des tissus étant, en effet, très médiocre chez le nouveau-né, comparativement à la construction des tissus nouveaux, l'organisme fixe presque toute l'albumine qu'il absorbe. Ainsi sur 100 parties d'albumine résorbées par l'intestin, le veau à la mamelle en garde 72 et l'enfant au sein de 73 à 85 ou même de 77 à 89 (Soxhlet, Michel), résultat que Magnus-Levy explique par la similitude des protéiques ingérés et des protéiques à reconstruire. Hamburger a même soutenu que les protéiques du lait de la mère ne sont pas hydrolysés par le tube digestif du nouveau-né, mais, au contraire, absorbés directement. Mais comme Langstein a trouvé des acides aminés dans le contenu intestinal du veau à la mamelle, il semble bien que le phénomène est général et que même les protéiques fournis par la mère doivent subir là reconstruction. L'avantage fait au nouveau-né consisterait donc uniquement dans le bon rendement de cette reconstruction.

Au contraire, quand le protéique consommé s'éloigne beaucoup par sa composition en acides aminés du protéique qui doit être reconstruit, sa valeur alimentaire doit être moindre, et à la limite, on prévoit qu'*un protéique auquel manqueraient certains acides aminés indispensables*, ne suffirait plus à lui seul à la nutrition azotée de l'organisme[1].

Ici se présente la question de *la valeur alimentaire de la gélatine,* qui a donné lieu à des débats si prolongés (p. 551). Voit a montré que ce protéique ne peut pas constituer à lui seul une ration azotée, mais qu'il peut être substitué à une partie des albumines alimentaires, sans troubler l'équilibre azoté. On s'est demandé si cette infériorité de la valeur alimentaire de la gélatine ne serait pas due à l'absence des groupes de la tyrosine, de la phénylalanine et du tryptophane dans sa molécule (p. 31) et l'on a étudié sur l'animal et sur l'homme la valeur alimentaire du mélange de la gélatine avec ces acides, mais les résultats obtenus sont trop complexes pour qu'on puisse les discuter ici (Kauffmann, Rona et Müller, Abderhalden et Bloch). — Dans le même ordre d'idées, Hopkins et Willcock ont étudié la *zéine* à laquelle manque le groupe tryptophane. Des souris, qui ne reçoivent d'autre aliment azoté que la zéine, meurent toutes. La survie est doublée si l'on ajoute à la ration du tryptophane. — Citons enfin l'expérience de Abderhalden qui, ayant mis un chien en état d'équilibre azoté en lui donnant comme aliment azoté de la caséine complètement défaite en ses acides aminés constituants, n'obtint plus cet équilibre en donnant le même mélange d'acides aminés débarrassé au préalable de la majeure partie du tryptophane.

On prévoit aussi que *cette reconstruction doit être réglée par la loi du minimum,* ce qui veut dire que la mesure dans laquelle les divers produits de l'hydrolyse digestive d'un protéique pourraient rentrer dans le protéique reconstruit serait réglée par la quantité de celui d'entre les fragments nécessaires, qui est le moins abondamment représenté.

C'est ainsi qu'il faut interpréter probablement une intéressante expérience d'Abderhaden. De la caséine est complètement hydrolysée par

1. En admettant que l'organisme est incapable de produire lui-même l'acide aminé manquant (p. 289).

une digestion pepsique, trypsique et érepsique prolongée, puis on concentre le liquide à cristallisation, de façon à obtenir deux fractions : cristaux et eaux-mères, les acides aminés peu solubles prédominant dans la première, et les acides plus solubles l'emportant dans la seconde. Or, avec le mélange des deux fractions on a obtenu chez le chien l'équilibre azoté et même des bénéfices d'azote, tandis qu'avec l'une des deux fractions (cristaux), comme unique aliment azoté, c'est le déficit d'azote qui s'est installé aussitôt, bien que l'animal reçut plus d'azote qu'il ne lui en fallait pour se mettre en équilibre azoté.

**L'organisme peut-il produire lui-même les acides aminés manquants?** — On remarquera que tout le raisonnement qui précède implique que l'organisme n'est pas en mesure de produire lui-même de toutes pièces les acides aminés manquants, ou de transformer certains acides aminés en d'autres, de structure plus simple. En ce qui concerne le premier point aucun fait positif ne peut être cité actuellement. Pour ce qui regarde le second, il semble bien que, dans sa résistance à l'intoxication par l'acide benzoïque (p. 298), l'organisme met en œuvre des quantités de glycocolle bien supérieures à celles qu'ont pu lui apporter ses protéiques alimentaires. Nos tissus pourraient donc faire eux-mêmes du glycocolle, peut-être à partir d'acides plus élevés, l'alanine par exemple. Mais pour résoudre cette question, dont on comprend la capitale importance, il faudrait faire la démonstration directe d'une telle production.

Voici quelques premières expériences dans cet ordre d'idées. Abderhalden et Kempe ont déterminé la teneur des œufs fécondés en tyrosine, acide glutamique et glycocolle au cours du développement, mais ils n'ont pas pu tirer de leur travail des preuves décisives dans le sens d'une production de ces acides. Abderhalden et Dean ont repris ce problème en recherchant si le ver à soie accumule dans les protéiques du cocon plus d'acides aminés qu'il n'en trouve dans la feuille du mûrier. Mais ces expériences sont encore en cours d'exécution.

**La reconstruction porte-t-elle sur tout l'apport azoté.** — On a montré plus haut que, chez le nouveau-né, on saisit une reconstruction portant une fraction importante des protéiques résorbés. Mais chez l'adulte à l'état d'entretien, on verra que sur les 60 à 100 grammes d'albumine consommés par jour, 30 à 40 grammes seulement, et peut-être moins encore, sont indispensables en tant que matière protéique. La question se pose alors de rechercher si l'organisme ne reconstruit à l'état d'albumine que ce minimum et laisse le surplus sous la forme d'acides aminés qui, après avoir

LAMBLING. — Précis de biochimie.                              19

perdu leur ammoniaque, seraient brûlés comme d'autres combustibles alimentaires, ou employés à d'autres opérations (voy. p. 303). Ou bien, au contraire, — mais cette seconde hypothèse paraît peu vraisemblable — reconstruit-il toute la ration azotée, pour ne détruire ensuite que ce qu'il n'a pas besoin de conserver à l'état d'albumine. On ne peut encore que poser ce problème.

Notons que chez le carnivore, il se présente, comme le fait ressortir Magnus-Levy, avec une particulière netteté. Voici un chien de 30 kilogrammes qui vit avec un minimum de 40 grammes d'albumine et un complément convenable de graisses et d'hydrates de carbone. Mais il peut aussi satisfaire tous ses besoins avec une ration de viande contenant 400 grammes d'albumine. Or, il est possible que, dans ce second cas, il ne reconstruise que les 40 grammes d'albumine dont il a besoin, et qu'il se serve du reste sous la forme d'acides aminés. Il vivrait donc avec le mélange : minimum d'albumine + acides aminés, comme il vit avec le mélange : minimum d'albumine + graisses et hydrates de carbone.

Quoi qu'il en soit, on énonce donc une conclusion dépassant les faits, lorsque, d'après le dosage de l'azote total de l'urine, on calcule le poids d'*albumine* détruite par l'organisme, car il se peut qu'une partie seulement de cet azote — et peut-être une petite partie — ait été de l'albumine.

**Que deviennent les protéiques fournis à l'organisme par la digestion? Albumine fixée et albumine circulante.** — C'est un autre côté du même problème, du moins pour une partie. Toute l'albumine mise à la disposition de l'organisme par la digestion devient-elle de l'albumine *fixée* ou *fixe*, c'est-à-dire sert-elle à la réparation des tissus, où elle prendrait la place d'une égale quantité d'albumine détruite, ou bien une partie reste-t-elle à l'état d'albumine *circulante*, qui serait ensuite détruite sans avoir jamais été « organisée »? On verra dans une autre partie de ce livre de quelles observations Voit est parti pour faire cette distinction (p. 574). Ici nous nous bornerons à poser les termes essentiels du problème.

Rappelons d'abord que l'aliment protéique est soumis à la loi de l'équilibre azoté (p. 573), c'est-à-dire que si la plus petite quantité d'albumine nécessaire chaque jour à l'entretien d'un adulte est de 50 grammes par exemple, et qu'on en fasse ingérer 100 ou 150 grammes, cette quantité sera néanmoins détruite chaque jour tout entière. L'organisme élève donc toujours sa désassimilation azotée au niveau de l'apport azoté alimentaire, et cette destruction quotidienne d'albumine n'a d'autre limite que celle qu'impose la puissance de l'appareil digestif. Dès lors, il devient difficile d'admettre que chaque jour une telle quantité de matière protéique est si vite organisée pour être ensuite si vite détruite, et surtout que c'est la grandeur de l'apport alimentaire qui règle la grandeur de cette usure et de cette réparation quotidienne des tissus. D'ailleurs on ne saisit nulle part, au microscope, des destructions et des reconstructions cellulaires de cette ampleur [1]. •

On est donc conduit à admettre qu'une partie seulement — et probablement une petite partie — de l'albumine quotidiennement fournie par la digestion sert à remplacer une quantité égale d'albumine détruite par l'usure des tissus. Le reste demeurerait à l'état non organisé et serait brûlé au contact des tissus, comme les autres combustibles alimentaires.

Mais cette notion de l'albumine non organisée, circulante, demeure quelque chose de tout à fait théorique. On n'a jamais saisi nulle part dans l'organisme ce combustible protéique, comme on touche dans le foie les réserves de glycogène ou dans le tissu adipeux les provisions de graisse. Peut-être est-ce parce que, les tissus et les sucs de l'organisme étant par eux-mêmes riches en albumine, il est difficile de distinguer ce qui est simple combustible protéique de ce qui est partie intégrante des tissus. Peut-être est-ce aussi parce qu'il n'y a pas lieu de faire la distinction créée par Voit et que l'organisme ne reconstruit que la quantité de protéique nécessaire à la réparation des tissus, le reste de l'apport azoté demeurant à l'état de fragments (acides aminés), qui seraient brûlés tels quels. C'est une hypothèse que nous avons déjà été conduits à envisager précédemment (p. 289). C'est aussi la théorie défendue par Abderhalden, et sur laquelle nous reviendrons encore plus loin. Pour l'instant, bornons-nous à noter encore qu'elle rend compte, d'une manière intéressante, de la *grandeur du besoin d'albumine*.

**Cause de la grandeur du besoin d'albumine.** — On montrera plus loin (p. 542) que notre ration doit apporter un certain minimum d'albumine, pour lequel cet aliment ne peut être remplacé par aucun autre et qui s'élève pour un adulte à une cinquantaine de grammes par jour, ou peut-être seulement à 20 ou 30 grammes. Or, en dehors du cas d'excrétions ou de sécrétions spéciales (sang menstruel, sperme, lait), nos pertes quoti-

---

1. 50 gr. d'albumine représentent, en effet, environ 250 gr. d'un tissu tel que celui du muscle ou d'un organe glandulaire.

diennes en protéiques (desquamations instestinale et cutanée, muscus nasal...), sont très minimes. On vient de voir que, d'autre part, le microscope ne révèle nulle part de renouvellements cellulaires en rapport avec cette quantité d'albumine, et l'on a vainement cherché ailleurs une fonction, dont le jeu expliquerait ce besoin quotidien. Voici quelle serait, d'après Abderhalden, la cause de ce phénomène. •

On a vu que la reconstruction des protéiques au niveau du tube digestif implique un certain déchet, surtout si elle est réglée par la loi du minimum (p. 288). S'il est vrai qu'avec l'albumine « neutre » ainsi offerte, chaque tissu se refait ensuite ses protéiques spécifiques, cette seconde reconstruction implique un nouveau déchet, et l'on comprendrait ainsi que, pour faire face à la réfection quotidienne d'une masse, même petite, de protoplasmes cellulaires, l'organisme ait besoin de disposer dans sa ration d'une quantité assez considérable d'albumine. De cette quantité, une partie, représentée par les déchets de ces diverses reconstructions, seraient employée comme simple combustible alimentaire ; le reste, produit des reconstructions, servirait à la réparation des tissus.

**Distinction de deux désassimilations azotées différentes. — Les déchets endogènes et les déchets exogènes.** — Que l'on adopte la théorie de l'albumine circulante ou celle d'Abderhalden, il est clair que ce qui précède conduit à distinguer *a priori* deux désassimilations azotées, de dignité physiologique inégale, et aboutissant à deux sortes de déchets. Il y aurait, en effet, à considérer d'une part l'usure des *tissus*, aboutissant à la destruction d'une certaine quantité d'albumine organisée, avec production de déchets qui serait donc d'origine *endogène* et dont l'importance serait considérable, puisqu'ils ont été de l'albumine de protoplasme et que leur quantité mesurerait l'intensité du jeu de la vie. Et, d'autre part, on aurait la dégradation de cette partie des protéiques *alimentaires*, qui n'ont jamais été partie intégrante des tissus, qui n'ont été que de l'albumine circulante, ou même que l'organisme a laissés à l'état de fragments aminés, et qu'il a traités en simples combustibles. Cette désassimilation aboutit à des déchets, dont l'origine serait directement alimentaire, donc à des déchets *exogènes*, dont la quantité ne mesurerait que les variations toutes contingentes de l'apport alimentaire.

Or, nous verrons qu'en étudiant la composition de l'urine dans des conditions, qui doivent *a priori* donner la prépondérance à l'un ou l'autre de ces deux procès, O. Folin a distingué deux sortes de déchets urinaires, qu'il a été conduit à rapporter respectivement à ces deux formes de la désassimilation azotée (p. 318).

**Transformation des albumines de l'organisme les unes dans les autres.** — Il est certain que l'organisme possède le pouvoir de réaliser de telles transformations. Les preuves en sont nombreuses. L'exemple le plus frappant est fourni par les classiques observations de Miescher sur les saumons du Rhin. Pendant que ces animaux remontent le fleuve pour frayer, migration qui dure de quatre à quatorze mois, ils ne prennent aucune nourriture. Le poids des ovaires augmente néanmoins et va de 0,4 à 19 et même 27 p. 100 du poids du corps. Parallèlement on voit fondre les muscles, et notamment les muscles du tronc. Comme les œufs sont très riches en paranucléoprotéides et que les muscles, au contraire, n'en contiennent que très peu, on assiste là évidemment à une transformation des albumines musculaires en paranucléoprotéides.

Un autre exemple est fourni par la vache qui, bien que soumise au jeûne, n'en continue pas moins à sécréter encore pendant quelque temps du lait, c'est-à-dire à produire de la caséine aux dépens de ses albumines, ou par un malade atteint de catarrhe bronchique qui, bien qu'à jeun, déverse néanmoins de la mucine à la surface de sa muqueuse irritée (Magnus-Levy). On pourrait multiplier ces exemples (voy. aussi p. 567, note 1).

**Considérations pathologiques.** — On a développé précédemment cette notion qu'en préparant par une hydrolyse convenable la reconstruction des aliments azotés sous la forme de protéides propres à chaque espèce, le tube digestif nous apparaît comme le gardien de la spécificité des organismes (p. 188). Envisageant le côté pathologique de ce problème, on est conduit à examiner si, dans ce rôle, le tube digestif ne vient pas à faiblir quelquefois. A *priori*, cela paraît vraisemblable. Déjà à l'état normal, on conçoit que cette défense des organismes pour le maintien de leur spécificité ne soit pas absolue, et qu'en modifiant les conditions d'existence, d'alimentation, etc., d'un être vivant, il soit possible de faire varier la structure des molécules constitutives de cet être, c'est-à-dire en définitive de modifier l'espèce. C'est le problème que s'était posé A. Gautier dans ses belles recherches sur les variations de l'espèce *Vitis vitifera*, corrélatives de celle du pigment rouge, des tannins, etc., qu'elle produit (p. 132). C'est d'une manière générale, envisagé par son côté chimique, le grand problème de la variation des espèces.

La même question se pose évidemment au point de vue pathologique. On doit se demander si, au cours des affections du tube digestif, l'hydrolyse des protéiques s'opère toujours correctement, c'est-à-dire d'une manière qui permette la reconstruction des protéiques propres à l'espèce, ou encore, si au cours des maladies de la nutrition générale, cette reconstruction elle-même se fait toujours convenablement. Il est certain que si ces deux opérations viennent à subir des déviations vicieuses, l'organisme cesse de maintenir sa spécificité chimique, et toute la délicate adaptation des moyens dont il dispose pour ses actes nutritifs s'en trouve aussitôt troublée. Il suffit, pour se rendre compte de la gravité possible de ces troubles, de se reporter à ce qui a été dit précédemment au sujet de l'exacte adaptation des diastases à l'attaque de telles ou telles substances (p. 99 et 112)[1].

On comprend aussi, dit Abderhalden, pourquoi les affections du tube digestif retentissent d'une façon si profonde sur tout l'organisme. Ce n'est pas seulement parce que l'absorption digestive tend à ne plus fournir *assez* d'aliments azotés à l'organisme, c'est peut-être plus encore parce qu'elle en fournit, qui sont de moins en moins utilisables pour la réfection des tissus. Ici encore on n'est qu'en présence d'hypothèses, mais qui conduisent droit à des expériences. On pourra rechercher, par exemple, si les protéiques d'un organisme cachectisé, ou soumis pendant longtemps à l'inanition, sont encore constitués des mêmes matériaux qu'à l'état normal. Sur ce dernier point des expériences ont déjà été instituées. On voit que l'on touche ici *à la notion proprement chimique de la dégénérescence*, qui jusqu'à présent n'a été offerte aux réflexions des médecins que sous sa forme anatomo-pathologique.

---

1. Il est clair que les albumines étrangères que laisse passer une barrière digestive devenue insuffisante, exerceront aussi l'action toxique et notamment néphrotoxique qui leur est propre (p. 188, note 1 et 189, note 1). C'est ainsi que l'on a expliqué l'aggravation de l'albuminerie provoquée chez certains malades par des aliments (lait cru) mal digérés (Linossier et Lemoine).

## § II. — LA RÉTROGRADATION DES ALBUMINES.

A la suite des découvertes fondamentales de Lavoisier et sous l'empire de la doctrine des combustions respiratoires (p. 13), on a admis pendant longtemps, comme une conséquence nécessaire, que la rétrogradation des matériaux organiques, et en particulier celle des albumines, se fait par voie d'oxydation, et, corrélativement, on a considéré le principal produit de cette opération, à savoir l'urée, comme un produit d'oxydation (p. 313). Puis l'importance des phénomènes de dédoublement et d'hydratation apparut peu à peu, et, dès 1864, Berthelot appelait, au point de vue thermique, l'attention des physiologistes sur le rôle considérable que peuvent jouer ces réactions dans la thermogenèse animale. En même temps l'étude du dédoublement des matières albuminoïdes en présence des acides ou des diastases, activement poursuivie en Allemagne et en France, faisait apparaître des fragments — les acides aminés — dont plusieurs avaient été rencontrés dans l'organisme (leucine, tyrosine, glycocolle, etc.). On était donc ainsi conduit à admettre que, dans la rétrogradation des albumines *in vivo*, les réactions de dédoublement interviennent à tout le moins à côté des oxydations. Mais la vraie signification de ces phénomènes n'est apparue qu'à la suite d'un travail fondamental de A. Gautier, qui a montré que, contrairement à ce que l'on croyait, les animaux supérieurs vivent pour une large part à la façon des êtres anaérobies, c'est-à-dire désassimilent sans intervention d'oxygène extérieur.

**Les dédoublements anaérobies dans les tissus. — Travaux de A. Gautier.** — Cette conclusion est déduite de deux ordres de preuves.

1º Un chien de 33 kgr., observé par Pettenkofer et Voit, absorbe par jour, en oxygène, défalcation faite de l'oxygène de l'eau consommée qui entre et sort sous le même état :

Oxygène emprunté à l'air par la respiration.. 477 gr.
— des aliments secs................... 77. —
Total.................... 554 gr.

Dans le même temps cet animal élimine par tous ses émonctoires (poumon, reins, etc.), défalcation faite de l'oxygène de l'eau absorbée :

Oxygène excrété.......................... 587 gr.

La respiration n'ayant fourni que 477 gr. d'oxygène, la différence 587 — 477 = 110 gr. « provient de la combustion autonome des aliments et des tissus, passant à l'état d'acide carbonique, d'eau, d'urée, etc., sans nul apport d'oxygène extérieur ».

2° La putréfaction bactérienne des matières albuminoïdes, qui est une décomposition anaérobie de ces matières, fait apparaître par des procès dont on a déjà donné un exemple (p. 214) des *ptomaïnes* et d'autres produits réducteurs. Or, A. Gautier a montré que de tels produits, c'est-à-dire des bases toxiques qu'il a appelées *leucomaïnes*, se forment aussi dans nos tissus et peuvent être retirés de nos diverses excrétions (1881-1886) (voy. plus loin et p. 453).

Ces produits peuvent être plus facilement encore saisis dans les tissus eux-mêmes, quand on étudie ce que A. Gautier appelle la vie résiduelle des cellules (1892). Si l'on maintient des fragments de tissus frais (muscles) dans une atmosphère d'acide carbonique, à l'abri de toute contamination bactérienne, et à une température variant de 2 à 25 et à 40°, on constate que ce tissu continue à vivre d'une vie résiduelle. Il fait disparaître ses réserves et les remplace par des produits de désassimilation. Et cette vie autonome des cellules fournit bien les mêmes produits que la vie normale. Les bases, notamment, que l'on trouve dans la viande ainsi conservée, sont celles de la viande fraîche, et l'on n'en trouve pas d'autres. Certaines d'entre elles disparaissent, à la vérité, et d'autres deviennent plus abondantes, mais les divers groupes qu'elles constituent et leur action physiologique demeurent les mêmes. Bref la vie résiduelle continue la suite des réactions de la vie normale, avec cette seule différence qu'en les continuant, elle les exagère et en accumule les produits (voy. aussi p. 274).

On est donc conduit à admettre, avec A. Gautier, que *la rétrogradation des albumines commence par des réactions de dédoublement, et que l'oxydation n'intervient qu'en second lieu,* pour achever la destruction de ces produits de dédoublement. Or, si, durant la vie, les oxydations sont enrayées, si la circulation ou la respiration languissent, les bases toxiques s'accumulent dans les tissus, comme dans le muscle séparé. On sait, en effet, que la chair des animaux surmenés, fiévreux, etc., est malsaine et riche en leucomaïnes (A. Gautier). On saisit toute l'importance de ces conclusions au point ce vue du mécanisme des auto-intoxications, auxquelles la pathologie moderne fait jouer, depuis Ch. Bouchard, un rôle si important.

Ajoutons que les dédoublements anaérobies remplissent sans doute ce rôle éminent de *préparer le terrain aux combustions* qui doivent leur succéder. Les matériaux que l'organisme doit brûler, et notamment les protéiques, sont, *in vitro*, d'une oxydation difficile. Dans l'organisme, au contraire, leur combustion est opérée avec une facilité surprenante, et l'on a soutenu depuis longtemps que ce résultat est obtenu par des dédoublements, qui scindent ces matériaux en produits plus facilement accessibles à l'oxydation (p. 119). Or, le dédoublement anaérobique paraît bien constituer une telle opération, et, dès 1886, A. Gautier avait noté la facile oxydation des leucomaïnes (voy. plus loin, p. 300).

On assisterait donc là à des phénomènes analogues à ceux qui déterminent l'inflammation spontanée du foin humide, mis en tas. A l'abri de l'air, les ferments figurés ou les diastases opèrent dans la profondeur du tas et grâce à l'humidité, des dédoublements par hydrolyse, et la chaleur dégagée par ces réactions élève peu à peu la température de la masse et accélère encore ce travail. Puis, lorsque le foin est étalé et que les produits oxydables ainsi formés sont brusquement mis au contact de l'air, leur oxydation est si énergique, qu'il y a inflammation spontanée du foin.

Admettons donc que la rétrogradation des protéiques commence par des dédoublements et cherchons quels sont les produits de ces opérations.

**Les produits du dédoublement des albumines par les tissus.** — On a vu que, sous l'action des acides forts ou des diastases digestives, les albumines sont scindées par hydrolyse en un nombre considérable de fragments, dont la plupart sont des acides aminés (p. 25). Quand il s'opère au niveau des tissus, ce dédoublement passe-t-il aussi par ces mêmes produits ?

On sait déjà que, du *point de vue chimique*, cette conclusion paraît vraisemblable (p. 32). Elle est fortifiée aussi par ce que l'on observe au cours des phénomènes d'*autolyse*, qui font apparaître à peu près les mêmes produits que l'hydrolyse pancréatique des protéiques, c'est-à-dire notamment des acides aminés (p. 103). Enfin montrons que ces mêmes acides ont été saisis aussi comme *produits de la vie normale et pathologique.*

A l'*état normal* les acides aminés n'ont été jusqu'à présent trouvés dans l'organisme — au delà bien entendu de la paroi digestive — que très exceptionnellement et en petite quantité, sans doute parce que ces produits, à peine formés, continuent aussitôt leur descente vers des déchets plus simples encore, ou servent, au contraire, à des opérations de synthèse (p. 303). C'est pourquoi on ne peut guère citer que l'arginine, rencontrée dans la rate, la leucine, extraite du foie de chien tout à fait frais et le glycocolle, signalé dans l'urine (en dehors de celui qui s'y rencontre à l'état d'acide hippurique [1]). Mais d'autres preuves d'une

---

1. Cependant on a signalé tout récemment la présence, dans la chair fraîche de plusieurs espèces de poissons, de quantités importantes (jusqu'à 1 et 3 gr. p. 1 000) de leucine, de tyrosine, d'alanine et de proline (Suzuki et Joshimara).

production constante de ces composés dans les tissus peuvent être fournies. Il arrive, en effet, que certains acides aminés sont préservés d'une destruction ultérieure, parce qu'il se combinent à des produits qu'ils rencontrent normalement dans l'organisme, ou que l'on y a introduits dans un but d'expérimentation.

Ainsi, dans ses deux acides biliaires, les acides glycocholique et taurocholique, la bile élimine, liés à l'acide cholalique, deux acides aminés, le *glycocolle* et la *taurine*. A la vérité, cette dernière ne préexiste pas à cet état, dans la molécule albumine comme le glycocolle, mais elle provient directement du noyau de *cystine*, contenu dans cette molécule. On a réussi, en effet, à transformer *in vitro* la cystéine (dont la cystine est le disulfure) en acide cystéique, qui par perte de $CO^2$ donne la taurine (Friedmann).

$$
\begin{array}{ccccc}
CH^2.SH & & CH^2\text{-}SO^2OH & & CH^2\text{-}SO^2OH \\
| & & | & & | \\
CH.AzH^2 & \longrightarrow & CH.AzH^2 & \longrightarrow & CH^2.AzH^2. \\
| & & | & & \\
COOH & & COOH & & \\
\text{Cystéine.} & & \text{Acide cystéique.} & & \text{Taurine.}
\end{array}
$$

De plus, quand on fait ingérer à un chien muni d'une fistule biliaire totale, de la cystéine et de l'acide cholalique, la quantité d'acide taurocholique de la bile augmente (von Bergmann).

Le *glycocolle* se trouve encore dans l'organisme, copulé avec l'acide benzoïque, à l'état d'acide hippurique. On sait, en effet, que l'acide benzoïque ingéré est éliminé par l'urine à l'état d'acide hippurique. C'est une réaction de défense, un procès antitoxique (p. 322). Or, en donnant à des lapins la dose maximum d'acide benzoïque qu'ils sont capables de transformer en acide hippurique, et en les maintenant en état d'intoxication benzoïque chronique, on peut soutirer à ces animaux encore et toujours du glycocolle. Il arrive même que la quantité de glycocolle ainsi éliminée contient chez le lapin ou le mouton jusqu'à 28 p. 100, et même jusqu'à 62 p. 100, chez l'homme jusqu'à 34 p. 100 de l'azote total de l'urine (A. Magnus-Levy; Wiechowski, Lewinski). Comme aucune matière albuminoïde ne contient cette proportion de glycocolle, et que d'ailleurs celles qui en contiennent beaucoup, comme l'élastine, sont des substances de soutien, qui sont en dehors du courant naturel des échanges nutritifs, il faudrait donc admettre que des acides aminés plus compliqués peuvent, au cours de leur simplification, passer par l'étape du glycocolle. Quoi qu'il en soit, ces expériences démontrent que le glycocolle est l'un des produits intermédiaires de la rétrogradation des albumines.

Chez l'oiseau l'acide benzoïque ingéré est éliminé à l'état de benzoylornithine ou acide ornithurique (Jaffé), c'est-à-dire que pour résister à l'intoxication benzoïque, l'organisme s'est servi ici de l'ornithine, donc du noyau d'*arginine* de ses protéiques. Pareillement le chien auquel on fait ingérer du benzène monobromé, élimine un acide complexe, l'acide bromophénylmercapturique, qui est une cystéine substituée. La *cystine*, ou son dérivé immédiat, la cystéine, qui à l'état normal ne passe pas dans les urines, a donc été préservée ici de la destruction, grâce au benzène bromé qu'elle a rencontré.

2° Un grand nombre de faits pathologiques viennent confirmer et étendre ces constatations physiologiques. Au cours de l'atrophie jaune aiguë du foie, de l'intoxication par le phosphore, de la fièvre typhoïde, de la variole grave, etc., on trouve dans l'urine divers acides aminés, *leucine, tyrosine, glycocolle, phénylalanine*. Dans la cystinurie, l'urine renferme de la *cystine*, et dans l'alcaptonurie on y trouve l'acide homogentisinique, qui provient des noyaux *tyrosine* et *phénylalanine* des matières albuminoïdes (p. 307).

Il est vrai que l'apparition de ces produits à l'état pathologique ne démontre pas qu'ils se forment nécessairement à l'état normal. Mais rapprochées des faits physiologiques signalés plus haut, ces constatations pathologiques s'interprètent très simplement en admettant que ces acides aminés, qui à l'état normal n'apparaissent que transitoirement, persistent dans certains états pathologiques, parce que l'organisme a perdu le pouvoir de les détruire (voy. plus loin).

On peut donc admettre provisoirement que *le dédoublement des albumines dans les tissus fournit d'abord les mêmes fragments que l'hydrolyse* in vitro, *à savoir les acides aminés* [1].

**Autres produits de dédoublements. — Formation de produits de réduction.** — Parmi les produits ainsi formés, on en saisit qui continuent d'abord leur simplification par de nouveaux dédoublements. Lorsque ces dédoublements ont lieu sans fixation d'eau, il peuvent constituer, dans certains cas, ce que l'on appelle une *oxydation interne* et donner naissance à des produits de réduction.

Un exemple typique d'une oxydation interne, produite par le travail cellulaire, nous est offert par le dédoublement du glycose en alcool et en acide carbonique sous l'action de la levure de bière. On assiste là, en effet, à une véritable *combustion*, puisque du carbone est détaché de la molécule sous la forme d'acide carbonique, produit complètement brûlé, et cette combustion est *interne*, puisque l'oxygène emporté par l'acide carbonique est emprunté à la molécule elle-même [2]. Or, on sait depuis longtemps, par les travaux de A. Gautier, que de telles combustions se pro-

---

1. Il n'est pas démontré cependant que la molécule protéique *tout entière* passe ainsi dans sa rétrogradation par l'étape des acides aminés. Il est vraisemblable qu'elle fournit aussi des fragments plus gros, que l'oxydation attaque directement sans qu'ils aient été simplifiés davantage. La nature de certains déchets azotés éliminés par l'urine (acides protéiques) plaide nettement dans ce sens (p. 324).

2. D'une manière générale, il y a combustion interne, chaque fois que les fragments, que la réaction de dédoublement détache de la molécule, emportent avec eux la totalité ou la majeure partie de l'oxygène. Par rapport à la substance primitive, ces fragments sont des produits d'oxydation, et corrélativement les fragments restants, pauvres en oxygène ou même complètement désoxydés, représentent des produits de réduction.

duisent au cours du travail anaérobie de la putréfaction bactérienne des protéiques, et qu'elles aboutissent à la formation d'alcaloïdes de putréfaction, les ptomaïnes. On a déjà cité deux exemples typiques de ces réactions, la production de la para-oxyphényléthyl-amine à partir de la tyrosine (A. Gautier), et la formation de putrescine et de cadavérine, sorties respectivement de l'ornithine et de la lysine (Ellinger) (p. 214; voy. aussi p. 298). Mais que de tels produits de réduction, que des alcaloïdes identiques ou du moins analogues à ces ptomaïnes puissent prendre naissance dans les tissus des animaux supérieurs, que l'on se représentait comme baignés par un large courant d'oxygène sanguin, c'est là une affir-mation qui eût paru absolument paradoxale, jusqu'au jour où A. Gautier montra que, dans la profondeur des tissus, les cellules vivent d'une vie anaérobie, et qu'une des preuves d'une telle vie est précisément, comme on l'a dit plus haut, la formation de produits de réduction et notamment de bases alcaloïdiques, analogues aux ptomaïnes, les *leucomaïnes* (p. 296).

Il y a des leucomaïnes dont le type et le mode de formation sont exactement ceux qui viennent d'être décrits, et qui sont analogues ou identiques aux ptomaïnes ou bases de putréfaction. Ainsi l'urine de certains cystinuriques contient de la putrescine et de la cadavérine, et ces bases proviennent bien de l'ornithine et de la lysine des protéiques par le mécanisme de la combustion interne, car chez un cystinurique qui n'éliminait pas ces diamines, on a pu les faire apparaître en lui faisant ingérer de l'ornithine (sous la forme d'arginine) et de la lysine (A. Lœwy et Neuberg). Enfin on a démontré, d'autre part, que ces bases se produisent bien au niveau des tissus, et non par putréfaction dans l'intestin. Voilà donc des leucomaïnes qui se confondent avec des bases de putréfaction et qui sont entièrement désoxygénées. Mais A. Gautier a donné à ce mot un sens plus large et il appelle en général leucomaïnes des corps plus ou moins basiques, produits du dédoublement anaérobique des protéiques par l'activité des tissus. Toutes les leucomaïnes ne sont donc pas des produits de réduction. Beaucoup naissent de simples réactions d'hydrolyse. Enfin un grand nombre d'entre elles ne sont pas encore définies exactement en tant qu'individus chimiques [1] (voy. aussi p. 453).

**Les destinées ultérieures des produits de dédoublement. — La désamination.** — A ces réactions de dédoublement succèdent vraisemblablement des phénomènes d'oxydation, mais on a été conduit à admettre ici qu'avant d'être brûlés les acides aminés

---

1. Les mieux connues constituent les deux grands groupes des *leucomaïnes xanthiques*, xanthine, hypoxanthine, guanine, adénine, etc., sorties des nucléines des tissus, et des *leucomaïnes créatiniques*, créatine, xanthocréatine, etc. (A. Gautier).

perdent d'abord leur azote sous la forme d'ammoniaque. C'est la réaction de la *désamination*, qui transforme, par exemple, l'alanine en acide lactique, lorsque le départ d'ammoniaque a lieu par hydratation, ou en acide propionique, lorsque la réaction s'effectue avec réduction :

$$CH^3\text{-}CH.AzH^2\text{-}COOH + H^2O = CH^3\text{-}CHOH\text{-}COOH + AzH^3$$

Alanine.     Ac. lactique.

$$CH^3\text{-}CH.AzH^2\text{-}COOH + H^2 = CH^3\text{-}CH^2\text{-}COOH + AzH^3$$

Alanine.     Ac. propionique.

On invoque ici trois ordres de preuves.

1° La désamination est une réaction dont le travail des bactéries de la putréfaction fournit de nombreux exemples.

2° On constate directement la désamination des acides aminés que l'on introduit dans l'organisme ou que l'on maintient en contact, *in vitro*, avec des tissus ou des extraits de tissus.

3° Après un fort repas de viande, on constate chez le chien que l'azote de l'albumine ingérée est éliminée beaucoup plus vite que le carbone, comme si la formation des déchets azotés (urée) au dépens de l'azote du protéique, et la combustion du reste carboné de la molécule étaient deux procès distincts, séparés dans le temps.

1° C'est un procès de désamination (auquel succède ou qu'accompagne un procès de réduction), qui, au cours de la putréfaction des protéiques, transforme l'alanine en acide propionique, la phénylalanine en acide phénylpropionique, la tyrosine en acide para-oxyphénylpropionique, le tryptophane en acide indolpropionique, l'isoleucine en acide méthyléthylpropionique [1] (qui par raccourcissement de sa chaîne donne ensuite de l'acide méthyléthylacétique) (voy. p. 212 et s. les formules qui rendent compte de quelques-unes de ces transformations) [2].

2° L'urine du lapin renferme de l'acide lactique après ingestion d'alanine, ou de l'acide glycérique après introduction d'acide diamino-propionique *sous la peau* (ce qui répond à l'objection d'une intervention

---

1. Si la désamination intervenait seule, d'après la réaction donnée ci-dessus pour l'alanine, cet amino-acide devrait donner de l'acide lactique, la phénylalanine l'acide phényl-α-oxypropionique, etc. En réalité ces corps donnent respectivement l'acide propionique et l'acide phénylpropionique, à cause des phénomènes de réduction très actifs au cours de la putréfaction, et qui transforment respectivement les acides lactique et phényl-α-oxypropionique en acides propionique et phénylpropionique.

2. Notons que les bactéries de la putréfaction combinent souvent la désamination avec une « décarboxylation », c'est-à-dire l'amputation d'un groupe $CO^2$. C'est d'ailleurs en ces deux procès, succédant au dédoublement hydrolytique, que A. Gautier résumait, il y a vingt-cinq ans déjà, tout le travail de la putréfaction.

possible des bactéries de l'intestin). Pareillement la transformation des amino-purines (adénine, guanine) en oxypurines (hypoxanthine, xanthine) chez l'homme normal (p. 336), celle de la tyrosine et de la phénylalanine en acide homogentisinique (p. 307) impliquent également une désamination. Enfin, à des degrés divers, le foie, le rein, les capsules surrénales, les testicules, etc. du bœuf ou du chien produisent par autolyse antiseptique un surplus d'ammoniaque, quand on ajoute à la masse des acides aminés (leucine, glycocolle), et l'on a invoqué ici l'action de diastases désaminantes (Lang). Le rôle de ces agents serait donc de détacher des acides aminés l'ammoniaque, dont le foie ferait ensuite de l'urée.

3° Après un repas de viande, le rapport $\dfrac{\text{Az urinaire}}{CO^2 \text{ expiré}}$, qui devrait avoir une certaine valeur si la destruction atteignait en même temps toute la molécule, présente d'abord, pendant les quatorze premières heures après le repas, une valeur beaucoup plus grande, puis, pendant les dix heures suivantes, une valeur beaucoup plus faible que cette valeur prévue. Les choses se passent donc comme si les groupements azotés (AzH²) des protéiques passaient à l'état d'urée plus vite que les restes carbonés de ces molécules ne sont conduits à l'état d'acide carbonique. Cette constatation est confirmée par le calcul des quantités de chaleur fournies d'heure en heure par la destruction de l'albumine, si cette destruction, calculée d'après la quantité d'azote qui apparaît dans l'urine, était d'emblée totale. On trouve, en effet, que, dans les quatorze premières heures qui suivent le repas, l'organisme disposerait d'une quantité de chaleur à peu près double de ce qu'est en réalité sa dépense horaire moyenne, et dans les dix dernières heures de la journée sa dépense énergétique n'atteindrait pas la moyenne horaire d'un premier, ni même celle d'un deuxième jour de jeûne (Gruber).

La désamination est donc certainement une réaction de l'organisme normal, mais celui-ci l'applique-t-il vraiment à la masse si considérable d'acides aminés que doit produire la destruction

Ainsi l'acide butyrique, dont A. Gautier et Étard ont signalé la production au cours de la putréfaction des albumines, provient surtout de la réduction de l'acide glutamique par désamination et perte de $CO^2$ :

Acide glutamique........... $COOH-CH^2-CH^2-CH(AzH^2)-COOH.$
— butyrique ............. $COOH-CH^2-CH^2-CH^3.$

Pareillement l'acide aspartique donne par désamination l'acide succinique, également signalé par Gautier et Étard parmi les produits de la putréfaction des protéiques, et qui par perte de $CO^2$ se transforme ensuite en acide propionique (Neuberg et Rosenberg ; Borchardt).

Acide aspartique................. $COOH-CH^2-CH(AzH^2)-COOH.$
— succinique ................. $COOH-CH^2-CH^2-COOH.$
— propionique ................. $COOH-CH^2-CH^3.$

Les procès par lesquels la levure transforme respectivement la valine, la leucine et l'isoleucine en alcool isobutylique, alcool amylique inactif et alcool amylique actif, sont aussi des réactions de désamination et de décarboxylation. Il est vraisemblable que dans l'organisme animal aussi ces deux procès s'accompagnent fréquemment.

quotidienne de notre ration d'albumine? La plus grande richesse du sang en ammoniaque au niveau des organes digestifs et après le repas plaide dans ce sens, mais la preuve la plus décisive que l'on pourrait administrer ici, ce serait la démonstration définitive d'une production régulière de sucre aux dépens des albumines, c'est-à-dire au dépens des acides aminés résultant du dédoublement des albumines et ayant perdu par désamination leurs groupes $AzH^2$. On reviendra plus loin sur cette question.

**Les destinées ultérieures des produits de dédoublement. — L'oxydation.** — Ainsi débarrassés de leur azote, signe de leur origine protéique, les produits du dédoublement des albumines, maintenant transformés en simples acides gras, confondent leur destinée avec celle des acides produits par la simplification des graisses. Cette destinée est évidemment que tous ces corps sont finalement ramenés à l'état d'eau et d'acide carbonique, et nous verrons que, pour quelques-uns d'entre les acides aminés, il est démontré qu'après leur désamination, ils passent, au cours de cette dégradation, par l'étape de l'acide β-oxybutyrique (p. 400). Toutefois, avant de subir cette destruction finale, ils servent peut-être à des constructions synthétiques, et c'est ici que se pose le problème de la production des sucres et des graisses à partir des protéiques. Mais cette étude viendra mieux dans un autre chapitre (p. 355 et 359).

Notons encore que, même après leur désamination, il est des morceaux de la molécule protéique, qui conservent encore la marque de cette origine, ce sont la tyrosine, la phénylalanine, le tryptophane, que leur noyau cyclique permet de reconnaître aisément et aussi qu'il rend plus stables. On a déjà vu quel est leur sort au cours de la putréfaction intestinale (p. 212 et s.), et dans le chapitre suivant on montrera quels sont les produits ultimes auxquels ils aboutissent.

Enfin on ignore si la désamination et l'oxydation sont toujours deux opérations distinctes. Il est possible que l'organisme effectue aussi ces deux réactions d'un seul coup. Du moins Hofmeister a-t-il montré que la production de l'urée peut être expliquée par des procès de ce genre (p. 315). Pareillement il est possible que l'oxydation porte aussi sur des fragments beaucoup plus gros que les acides aminés. La présence dans l'urine de molécules très grosses du genre de l'acide oxyprotéique est un argument en faveur de cette hypothèse (p. 324).

*En résumé*, ce que l'on sait ou que l'on soupçonne touchant la rétrogradation des albumines dans l'organisme peut être ramené aux propositions que voici [1] :

1° Le dédoublement des matières albuminoïdes par les tissus donne naissance aux mêmes fragments que l'hydrolyse *in vitro* de ces matières par les diastases ou par les acides, c'est-à-dire aux acides aminés. Mais il est possible qu'il se produise aussi des fragments d'une autre nature, plus volumineux que les acides aminés (acides protéiques).

Ces dédoublements représentent la phase du travail anaérobie des tissus, tel qu'il a été défini par A. Gautier.

2° Ces acides aminés perdent ensuite leur azote sous la forme d'ammoniaque (désamination), et celle-ci est rapidement éliminée par l'urine, sous la forme d'urée principalement.

Il semble bien que l'oxydation n'intervient qu'ensuite, ces deux procès, la désamination et l'oxydation étant distincts et séparés dans le temps. Toutefois on ne peut pas affirmer que les choses se passent toujours ainsi et que la « désamination » et l'oxydation ne sont jamais effectuées d'un seul coup.

3° Les acides aminés, une fois amputés de leur azote, représentent de simples acides gras, qui se confondent avec les acides résultant de la saponification des graisses ou du dédoublement des hydrates de carbone. A cet état ils achèvent leur descente jusqu'à l'état d eau et d'acide carbonique, ou bien, dans certains cas, ils serviraient à la production d'hydrates de carbone et peut-être de graisses.

### § III. — LES DÉVIATIONS PATHOLOGIQUES DE LA RÉTROGRADATION DES ALBUMINES.

Il est certain qu'un grand nombre de maladies sont préparées par des troubles préalables de la nutrition et sont constituées, une fois établies, par une déviation vicieuse des phénomènes de la désassimilation. Ainsi se présente tout le groupe des affections par ralentissement de la nutrition, dont Ch. Bouchard a montré qu'elles « font cortège au diabète » (rhumatisme, obésité, lithiase urique, etc.). Dans d'autres maladies, les troubles de la nutrition

---

1. Ces propositions sont en partie empruntées à Magnus-Levy.

ne sont qu'un effet secondaire de la cause morbide, mais leur importance clinique n'est pas moins considérable. Or, quand on recherche en quoi consistent chimiquement ces altérations de la nutrition, on s'aperçoit que nous ne possédons que bien peu de précisions. Pour le sucre et les graisses, nous avons quelques clartés en ce qui concerne deux déviations importantes de leur désassimilation, le diabète et l'obésité, mais pour les albumines, tout est obscurité.

L'analyse des urines nous apprend à la vérité que dans certaines affections la répartition de l'azote entre les divers déchets urinaires (urée, ammoniaque, matières extractives, etc.), est autre qu'à l'état normal, ou que la quantité absolue de ces déchets est anormale (p. 439 et s.), mais ces signes ne sont que la traduction de déviations dans les *phénomènes intermédiaires* de la désassimilation, dont nous continuons à ignorer la nature. Il sont, par exemple, le résultat d'une rétrogradation de l'albumine qui a passé par d'autres chemins qu'à l'état normal, ou qui, pour certains déchets, s'est arrêtée en route, de telle sorte que l'urine élimine maintenant des molécules plus grosses qu'à l'état normal ou un plus grand nombre de molécules toxiques (p. 456 et s.).

Mais si ces signes sont des moyens d'exploration clinique infiniment précieux, ils ne nous disent rien sur la chimie des déviations qu'ils révèlent, c'est-à-dire sur les produits intermédiaires par lesquels a passé cette désassimilation anormale.

Comment connaîtrions-nous, d'ailleurs, la succession de ces réactions dans l'état de maladie, alors que nous les soupçonnons à peine en ce qui concerne l'état de santé. Il arrive même ici que c'est la pathologie qui vient au secours de la physiologie. Il existe, en effet, deux affections, la *cystinurie* et l'*alcaptonurie*, très rares et très bénignes toutes deux, peu importantes par conséquent au point de vue clinique, très intéressantes, au contraire, au point de vue physiologique, *parce qu'elles font apparaître des produits intermédiaires de la désassimilation, qui à l'état normal ne peuvent pas être saisis.*

**La cystinurie.** — La cystinurie est caractérisée par l'apparition, dans les urines, d'un dépôt sablonneux de cystine, identique à la cystine des protéiques. Parfois aussi il y a formation de calculs vésicaux de cystine, et chez un cystinurique mort à l'âge de vingt et un mois on a trouvé les organes, et surtout la rate, gorgés de cristaux de cystine. On a vu que la cystine est la substance mère de la taurine de l'acide taurocholique (p. 298). De fait la cystine introduite par la veine mésaraïque est arrêtée par le foie (L. Blum), mais on ignore si toute la cystine des protéiques désassimilés prend ce chemin par la taurine.

Comme l'urine de certains cystinuriques contient parfois de la cadavérine et de la putrescine, c'est-à-dire des bases de putréfaction, on a essayé, mais sans succès, de rattacher cette affection à des putréfactions intestinales spéciales. Aujourd'hui on admet qu'il s'agit d'un vice de la désassimilation des protéiques. Ce vice ne consiste pas dans l'impuissance de l'organisme à faire entrer dans la construction de ses tissus la cystine fournie par l'hydrolyse digestive des aliments. Du moins on a constaté la présence de la cystine comme constituant des protéiques du tissu splénique d'un cystinurique. Plus généralement on admet que ces malades sont devenus impuissants à brûler la cystine résultant de la rétrogradation des protéiques au niveau des tissus. En effet, un malade de Lœwy et Neuberg ajoutait simplement à la cystine de ses urines celle qu'on lui faisait ingérer, tandis que l'homme normal en détruit dans ces conditions des quantités considérables (jusqu'à 8 grammes). Cette manière de voir est confirmée par ce fait que cette impuissance de l'organisme s'étend à d'autres acides aminés. Chez ce même malade, la tyrosine et l'asparagine passaient inaltérées par les urines, et la lysine et l'arginine (ou l'ornithine), incomplètement simplifiées, étaient éliminées respectivement à l'état de cadavérine et de putrescine (voy. les formules de la page 215). Chez un autre cystinurique on a trouvé dans l'urine, à côté de la cystine, de la leucine et de la tyrosine.

Il semble donc que, chez ces malades, c'est toute la physiologie des acides aminés qui est troublée. Si la cystine a dominé la scène, c'est parce que son insolubilité relative la fait cristalliser aisément dans l'urine ou dans les tissus. Quant à la cause de cette impuissance, il est indiqué de la chercher d'abord du côté du foie, puisque c'est là que la cystine est transformée en taurine, et que les autres acides aminés abandonnent leur ammoniaque pour la production de l'urée.

**L'alcaptonurie.** — L'alcaptonurie, décrite pour la première fois par Bœdeker, est caractérisée par ce fait que l'urine, additionnée d'un alcali, se colore rapidement en brun foncé au contact de l'air. Elle se colore aussi en l'absence d'alcali, mais plus lentement. Cette anomalie, que l'on observe souvent chez les membres d'une même famille, et qui paraît être héréditaire, peut durer toute la vie, sans être accompagnée d'aucun autre signe clinique. Elle est due à la présence, dans l'urine, d'un acide aromatique, l'*acide homogentisinique* ou hydroquinone-acétique[1] (Wolkow et Baumann) (voy. p. 307 la formule de cet acide).

Comme la quantité de cet acide augmente avec celle des protéiques ingérés, on a cherché, dans les deux noyaux aromatiques de ces aliments, la tyrosine et la phénylalanine, la source de ce produit. De fait la tyrosine et la phénylalanine ingérées par l'alcaptonurique se transforment à peu près quantitativement en acide homogentisinique, que l'on retrouve dans l'urine[2] (Falta).

---

1. Quelques auteurs ont signalé, à côté de l'acide homogentisinique, un acide uroleucique dont l'existence dans l'urine alcaptonique est d'ailleurs très contestée (O. Adler).

2. Le mécanisme de cette transformation, qui a été bien étudiée surtout par L. Blum, a beaucoup préoccupé les chimistes. Pour la phénylalanine, la réaction est à la vérité assez simple, comme le montrent les formules ci-dessous. Il suffit que la chaîne latérale soit désaminée et raccourcie, et que le noyau soit oxydé

Quelle est maintenant la cause de cette anomalie. On a dû renoncer a la rapporter à des putréfactions intestinales spéciales. Il n'est pas admissible, d'autre part, qu'elle consiste en une impuissance de l'organisme à faire servir à la reconstruction des albumines la tyrosine mise en liberté par l'hydrolyse digestive, car l'alcaptonurie se continue pendant le jeûne, et les protéiques du sérum des alcaptonuriques, les cheveux et les ongles de ces malades, contiennent la quantité ordinaire de tyrosine. Il faut donc admettre que l'on est en présence d'une anomalie de la régression des albumines. Cette anomalie ne consiste pas vraisemblablement dans la production même de l'acide homogentisinique. En effet, cet acide ingéré par l'homme bien portant ne fournit pas d'urine alcaptonurique. Il est totalement détruit. L'alcaptonurique, au contraire, l'élimine intégralement. On est donc conduit à cette hypothèse provisoire, d'abord proposée par Kirk, par L. Garnier et Voirin, à savoir que la régression de la tyrosine et de la phénylalanine passe *normalement* par l'acide homogentisinique. Chez l'homme bien portant cet acide serait détruit aussitôt; chez l'alcaptonurique la dégradation s'arrête, au contraire, au stade de l'acide homogentisinique. Mais la preuve décisive, qui consisterait à saisir cet acide dans les tissus à l'état normal, n'a pas encore pu être fournie.

On voit donc que, si cette démonstration était achevée, l'alcaptonurie nous aurait révélé le chemin que prennent, dans leur rétrogradation, deux d'entre les fragments de la molécule protéique, la tyrosine et la phénylalanine.

Ce sont des acquisitions de cette nature, qui patiemment, étendues à toutes les parties de la molécule protéique, constitueront plus tard le fondement d'une physiologie et d'une pathologie vraiment scientifique des échanges nutritifs azotés. Mais on vient de voir que cette enquête n'est partout qu'ébauchée.

aux sommets convenables, toutes réactions dont les phénomènes de la vie offrent de nombreux exemples. Mais pour la tyrosine, on se heurtait à cette difficulté que l'oxhydrile situé en para devrait subir une transposition à un autre sommet. Toutefois, depuis que l'on a observé, *in vitro*, des réactions analogues (transformation du paracrésol en toluhydroquinone par les persulfates), cette migration n'a plus rien de surprenant.

Phénylalanine.      Acide homogentisinique.      Tyrosine.

CHAPITRE XV

# LES DERNIERS PRODUITS
# DE LA RÉTROGRADATION
# DES PROTÉIQUES

On a montré dans le précédent chapitre combien sont encore clair-
semées nos connaissances sur les produits intermédiaires de la rétrogradation des matières protéiques dans l'organisme. On connaît
mieux, parce qu'on les saisit aisément dans l'urine, les derniers produits auxquels aboutit ce travail, et de la structure de ces produits,
des conditions de leur apparition, on a pu déduire quelques conclusions en retour, sur les dernières étapes de la désassimilation.

Un certain nombre d'entre les déchets ultimes des protéiques
sont tout de suite reconnaissables à la présence, dans leur molécule, du soufre, de l'azote ou des groupements aromatiques,
corps simples ou noyaux qui n'appartiennent qu'à l'aliment protéique. Mais les déchets qui ne contiennent que du carbone, de
l'hydrogène et de l'oxygène, peuvent provenir aussi bien des albumines que des graisses et des hydrates de carbone, en sorte que
l'origine de quelques-uns d'entre eux est restée indéterminée.

De ce que l'on vient de dire, découle pour les déchets des protéiques le classement que voici, en donnant à l'expression de matières
protéiques son sens le plus étendu, c'est-à-dire en comprenant
parmi ces matières les protéides, et notamment les nucléoprotéides.

*Déchets azotés* : Urée, ammoniaque, acide urique et bases
puriques, créatinine, acide hippurique, urobiline, autres matériaux azotés.

*Corps aromatiques* : Dérivés phénoliques, phényliques et
indoliques.

*Déchets sulfurés* : Sulfates, éthéro-sulfates et « soufre neutre ».

*Corps d'origine douteuse ou inconnue* : Acide oxalique, acides gras volatils.

Notons que cette classification n'a rien d'absolu, puisque l'acide hippurique et l'indol, par exemple, sont à la fois aromatiques et azotés. En outre l'acide urique et les bases puriques étant des déchets d'une catégorie spéciale de matières protéiques, les nucléoprotéides, seront étudiés dans le chapitre où sera traitée la rétrogradation de ces matériaux (p. 329).

## § I. — LES DÉCHETS AZOTÉS.

### 1. *L'urée.*

L'urée est le produit principal de la désassimilation des matières protéiques, puisque les huit dixièmes environ de l'azote de ces matières sont éliminés sous cette forme. Voyons quels sont dans la rétrogradation des albumines, les *précurseurs de l'urée,* c'est-à-dire les substances d'où sort immédiatement l'urée. Nous examinerons aussi de *quelle nature* sont les *réactions* qui donnent naissance à ce produit, car lorsque ce déchet, ou tout autre, augmente ou diminue, toutes choses égales d'ailleurs, il est utile que nous sachions interpréter ce phénomène et dire si c'est tel procès chimique, celui des oxydations par exemple, ou tel autre, qui a été plus ou moins actif.

Les substances que l'on a lieu de considérer comme des précurseurs de l'urée sont *l'ammoniaque* et les *carbamates,* les *acides aminés* et *l'acide urique.* Notons que les deux premiers représentent deux sources qui sont nécessairement connexes, puisque le carbamate d'ammonium diffère du carbonate par une molécule d'eau en moins et que la même différence existe entre l'urée et le carbamate.

$$CO\begin{cases} O.AzH^4 \\ O.AzH^4 \end{cases} \xrightarrow{-H^2O} CO\begin{cases} O.AzH^4 \\ AzH^2 \end{cases} \xrightarrow{-H^2O} CO\begin{cases} AzH^2 \\ AzH^2 \end{cases}$$

Carbonate d'ammonium.     Carbamate d'ammonium.     Urée.

Nous verrons que, de même, la production d'urée aux dépens des acides aminés n'est pas sans lien avec la formation d'urée à partir de l'ammoniaque, et que des problèmes analogues se posent pour l'acide urique.

**Production de l'urée à partir de l'ammoniaque et des carbamates.** — La production de l'urée à partir de l'ammoniaque introduite artificiellement dans l'organisme est un fait nettement établi aujourd'hui. C'est une observation sur les destinées de certains sels ammoniacaux dans l'organisme qui a mis M. von Knierim sur la trace de ce phénomène (1874).

Lorsqu'on fait ingérer à un chien quelques grammes d'un sel de potasse ou de soude à acide organique, tel que le citrate de potasse, les urines deviennent alcalines, parce que ce sel s'est transformé par combustion en carbonate de potassium, qui rend l'urine alcaline. Au contraire, avec une dose équivalente de citrate d'ammonium, les urines restent acides, et la quantité d'ammoniaque, que l'urine contient à l'état de sels ammoniacaux, n'est que très peu augmentée. En même temps on constate que l'urée s'est accrue d'une quantité qui correspond à peu -près à l'ammoniaque disparue. Les quantités d'ammoniaque, dont on peut obtenir ainsi la tranformation en urée, sont très considérables, jusqu'à 5 grammes chez un chien de 10 kilogrammes et jusqu'à 10 grammes chez l'homme (Hallervorden, Coranda, Weintraud). Pour les sels à acides forts, comme le chlorure d'ammonium, on ne retrouve à l'état d'urée chez le chien et chez l'homme que la moitié environ de l'ammoniaque ingérée. Le reste demeure lié à l'acide fort et passe à cet état dans l'urine, tandis que chez les herbivores la transformation en urée est à peu près complète, que l'acide du sel ammoniacal soit fort ou faible. On verra plus loin la raison de cette différence (p. 316).

Ces résultats ont été vérifiés par la méthode des circulations artificielles. M. von Schröder a montré que le foie du chien à jeun, qui n'abandonne pas d'urée au sang défibriné dirigé à travers l'organe, en fournit des quantités notables sitôt que ce sang est additionné de carbonate ou de formiate d'ammonium.

Enfin une preuve très forte du rôle de l'ammoniaque comme producteur d'urée est fournie par le fait suivant. Lorsque la quantité d'acides introduits dans l'organisme ou produits par la désassimilation augmente, l'urine excrète un surplus d'ammoniaque, pour des raisons que nous aurons à étudier plus loin. Or, on voit alors corrélativement l'urée diminuer d'une quantité à peu près correspondante.

Ces faits établissent donc clairement que l'organisme est capable de transformer en urée l'ammoniaque qui lui vient du dehors, mais ils ne démontrent pas que dans les conditions ordinaires de la vie, l'urée a cette origine. Les sels ammoniacaux étant beaucoup plus toxiques que l'urée, on pourrait, en effet, soutenir que cette transformation de l'ammoniaque en urée n'est qu'une opération de défense de l'organisme contre l'intoxication par l'ammoniaque. Il n'en est rien en réalité. Les expériences de l'École de Saint-Pétersbourg sur les chiens porteurs de la fistule d'Eck (p. 285), et l'étude de la topographie de l'ammoniaque dans l'organisme démontrent que la production de l'urée à partir de cette base est bien réellement un phénomène physiologique. C'est ici qu'apparaissent, comme précurseurs de l'ammoniaque, une autre catégorie de corps ammoniacaux, les carbamates.

*Les carbamates, précurseurs de l'urée.* — Déjà Nencki avait attiré l'attention sur le carbamate d'ammonium comme précurseur possible de l'urée (1872), et cette manière de voir fut ensuite fortifiée par Drechsel et ses élèves qui montrèrent que ce sel existe d'une manière constante dans le sang et dans l'urine de l'homme et du chien. Le rôle de ce corps comme précurseur de l'urée ressort, d'autre part, nettement des classiques expériences de Nencki et Hahn, Massen et Pawlow sur les chiens ayant subi l'opération de la fistule d'Eck.

Chez les animaux ainsi opérés, on trouve bien plus de carbamates dans le sang et dans l'urine que chez des chiens normaux, et c'est à l'accumulation de ces sels dans l'organisme que sont dus les accidents toxiques très graves (convulsions, analgésie, cécité), produits par la fistule d'Eck, car on peut provoquer à volonté ces accidents en faisant ingérer à ces chiens du carbamate de sodium, ou encore en leur donnant un repas de viande (voy. plus loin). Chez les chiens normaux les carbamates, introduits directement dans le sang, produisent les mêmes accidents, mais par l'estomac, ils sont inoffensifs.

D'autre part, la composition de l'urine est modifiée d'une façon significative, à condition toutefois que l'on achève d'isoler le foie du circuit circulatoire en liant l'artère hépatique, ou qu'on le supprime par extirpation. Pendant les quelques heures de survie (douze à vingt-cinq heures) on constate que la quantité d'urée de l'urine diminue, et que celle de l'ammoniaque augmente, de telle façon que, dans un cas par exemple, l'azote de l'urée, qui représentait avant l'opération 81,5 p. 100 de l'azote total, n'en faisait plus que 42,6 p. 100, tandis que celui de l'ammoniaque passait de 5 p. 100 à 21,4 p. 100 de l'azote total.

Tous ces faits se classent très logiquement si l'on admet que les carbamates sont des produits normaux de la désintégration des protéiques, que le foie arrête et rend inoffensifs en les tranformant en urée, mais qui chez le chien à fistule d'Eck ne subissent plus cette transformation d'une manière suffisante à cause de la circulation hépatique réduite ou supprimée.

Le dosage de l'ammoniaque totale (ammoniaque des sels ammoniacaux et ammoniaque provenant, par le fait même du dosage, de la décomposition des carbamates) dans l'organisme vient confirmer ces conclusions. En effet, tous les organes contiennent, donc vraisemblablement produisent, de l'ammoniaque, mais le lieu de production le plus actif est au niveau de l'intestin, surtout après les repas. A ce moment la teneur en ammoniaque du sang de la veine porte augmente, mais le foie intervenant comme un organe antitoxique, cette ammoniaque, et celle que fournissent les autres tissus, sont transformées en urée. Ainsi se trouve maintenue, à un niveau constant et très bas, la teneur du sang artériel en ammoniaque, teneur très inférieure à celle du sang veineux périphérique. Chez le chien à fistule d'Eck, recevant les repas pauvres en albumine, la production d'ammoniaque reste limitée, et l'intervention du foie, quoique très réduite, suffit pour préserver l'animal d'accidents graves, mais sitôt qu'à la suite d'un repas de viande, la veine porte déverse dans la circulation générale de grandes quantités de carbamates, la crise d'intoxication éclate.

Ajoutons que le foie paraît être le seul organe pouvant transformer en urée l'ammoniaque et les carbamates.

De l'urée se forme donc certainement dans l'organisme à partir de ces deux composés. Mais peut-on expliquer ainsi la production de la totalité de l'urée ? La suite de cet exposé montrera qu'il est actuellement impossible de répondre à cette question.

**Production d'urée à partir des acides aminés.** — L'ingestion de glycocolle ou de leucine augmente chez le chien, parfois d'une quantité presque équivalente, l'urée excrétée (Schultzen et Nencki), et cette démonstration, étendue à d'autres acides aminés, a été répétée aussi à l'aide d'expériences de circulation artificielle à travers le foie, lequel transforme en urée le glyco-colle, la leucine, l'acide aspartique, ajoutés au sang afférent.

Il est très probable que les acides aminés ne sont producteurs d'urée, que parce qu'ils sont producteurs d'ammoniaque, grâce au procès de la désamination dont on a démontré précédemment le grand caractère de généralité. Mais il est possible aussi que l'urée sorte directement des acides aminés, car l'oxydation de ces acides par le permanganate de potassium donne *in vitro* de l'urée (voy. plus loin), en sorte qu'il y aurait peut-être plusieurs chemins conduisant des acides aminés à l'urée.

Parmi ces acides, l'*arginine* prend, en tant que précurseur de l'urée, une position particulière.

*In vitro* ce corps est dédoublé par hydrolyse en ornithine et en urée, et ce même dédoublement est opéré par une diastase, l'arginase, trouvée par Kossel et Dakin dans le foie, la muqueuse intestinale, le rein, etc. [1]. D'autre part, l'arginine, ingérée ou introduite sous la peau chez le chien, augmente l'urée de l'urine d'un surplus qui correspond à la totalité de l'azote du produit absorbé, ce qui signifie que ce sont à la fois les groupes azotés du complexe guanidine et ceux du complexe ornithine qui, dans l'arginine ingérée, ont été producteurs d'urée. Enfin des expériences de Kossel et Dakin ont rendu très probable ce fait que l'arginase peut détacher directement, des molécules protéiques contenant de l'arginine, ce complexe uréogène.

On doit donc admettre que de l'urée peut prendre naissance dans l'organisme directement par *simple hydrolyse*.

**Production d'urée à partir de l'acide urique.** — L'acide urique est un diuréide, c'est-à-dire un corps formé par l'association de deux molécules d'urée, liées par un reste d'acide, et comme, *in vitro*, l'acide urique fournit de l'urée dans un grand nombre de réactions, une production d'urée dans l'organisme, à partir de l'acide urique, s'explique *a priori* sans effort. Mais on doit être provisoirement très réservé sur ce point, depuis que l'on sait que les animaux à urine pauvre en acide urique font, avec l'acide urique qu'on leur donne, de l'allantoïne et que chez l'homme cet acide serait un produit terminal, que l'organisme ne conduirait pas plus loin (p. 340).

Les acides aminés, l'ammoniaque, les carbamates, voilà donc les précurseurs de l'urée dans l'organisme. Dans quelle mesure chacun d'eux concourt-il à la production de ce corps? Les données actuelles ne permettent pas de répondre à cette question, même approximativement. On peut dire cependant que le rôle prépondérant est tenu vraisemblablement par les acides aminés et l'ammoniaque. Au surplus, il y a tant de relations entre ces divers composés, et surtout entre les acides aminés et l'ammoniaque, que la question posée ne comporte pas de réponse précise.

Il est plus intéressant de se demander de quelle nature sont les réactions chimiques que nous avons vues, dans ce qui précède, donner naissance à l'urée.

**Nature des réactions chimiques qui donnent naissance à l'urée.** — Sous l'empire de la doctrine de la combustion respira-

---

1. Déjà Ch. Richet avait démontré l'existence, dans le foie, d'une diastase productrice d'urée ou d'une substance très voisine.

toire, qui après Lavoisier a dominé et pénétré toute la physiologie, on a pendant longtemps considéré l'urée comme un produit
d'*oxydation* des matières albuminoïdes. L'urine normale contient
pour 100 parties d'azote total environ 80 à 85 parties sous la
forme d'urée. Lorsque sous une influence quelconque l'azote de
l'urée ne représentait plus que les 60 centièmes de l'azote total, on
disait volontiers que « les oxydations avaient diminué d'intensité »
dans l'organisme considéré, parce que le « coefficient d'oxydation » de l'urine était tombé de 0,80-0,85 à 0,60.

Peut-on dire que l'urée est un produit d'oxydation ? Passons en
revue, à ce point de vue, les divers modes de formation de l'urée
à partir des précurseurs que nous lui avons reconnus.

Urée par hydrolyse. — Le plus simple d'entre les procès forma-
teurs de l'urée est cette production d'urée par l'*hydrolyse* du groupe
uréogène (guanidine) de l'arginine, décrite plus haut (p. 312). Selon la
richesse des divers protéiques en arginine, il peut ainsi se former par
simple hydrolyse une certaine quantité d'urée, mais qui ne peut représenter qu'une petite fraction (le dixième au plus) de la quantité totale
(Schützenberger, Drechsel).

Urée par synthèse et déshydratation. — Pour la formation du
reste, soit donc de la majeure partie de l'urée, il faut nécessairement
admettre l'intervention de réactions de synthèse. En effet, parmi tous
les fragments de la molécule albumine actuellement connus, l'arginine
est le seul qui possède un complexe :

$$-C\begin{cases} AzH^2 \\ AzH \end{cases}$$

avec *deux atomes d'azote* liés à un même atome de carbone, et constituant donc, déjà tout formé, le squelette de l'urée :

$$CO\begin{cases} AzH^2 \\ AzH^2. \end{cases}$$

Dans tous les autres acides aminés, dont sont formés les protéiques,
on ne trouve que le groupement :

$$=C\begin{cases} AzH^2 \\ \phantom{} \end{cases}$$

avec *un seul atome d'azote* lié au carbone. Pour que ces acides aminés
donnent de l'urée, il faut donc que, par une opération de *synthèse*, un
second atome d'azote vienne se fixer sur le carbone.

Enfin c'est une *synthèse* encore plus complète qui intervient, si l'urée se forme, non directement à partir des acides aminés, mais à partir de l'ammoniaque fournie par la désamination de ces acides. Alors ce sont deux atomes d'azote qui doivent venir se fixer sur le carbone pour faire de l'urée. Or, le mécanisme de cette synthèse serait, d'après Schmiedeberg, que l'ammoniaque ayant formé avec l'acide carbonique du carbonate d'ammonium, ce sel donnerait de l'urée par perte de deux molécules d'eau, ou, d'après Nencki, que le carbonate engendrerait d'abord du carbamate, puis de l'urée (voy. les formules de la p. 309), ce qui revient au même. A la synthèse du carbonate d'ammonium succéderait donc la *déshydratation* de ce sel.

On voit donc finalement que les réactions qui, d'après ce qui précède, conduisent des protéiques à l'urée impliqueraient les opérations chimiques que voici :

1° Une *hydrolyse*, qui scinde le protéique en ses acides aminés constituants ;

2° Une désamination, qui par *hydrolyse* sépare sous la forme d'ammoniaque le groupe $AzH^2$ de ces acides ;

3° Une *combinaison synthétique* de cette ammoniaque avec l'acide carbonique sous la forme de carbonate d'ammonium, que la *déshydratation* transforme ensuite en urée.

Les phénomènes d'oxydation n'auraient donc qu'un rôle tout à fait secondaire, celui de fournir l'acide carbonique nécessaire à la formation du carbonate d'ammonium.

Remarquons cependant qu'en oxydant des acides aminés par le permanganate de potassium en présence de l'ammoniaque, Hofmeister a obtenu des quantités d'urée parfois considérables. Dans cette réaction le complexe $\equiv C - AzH^2$ que contient l'acide aminé s'oxyde donc en même temps que par synthèse un second groupe $AzH^2$ vient se fixer sur l'atome de carbone pour faire de l'urée. Celle-ci prend donc naissance, directement à partir de l'acide aminé, par *synthèse avec oxydation*. Mais rien n'est venu démontrer jusqu'à présent que cette réaction de Hofmeister se passe réellement dans l'organisme.

## 2. *L'ammoniaque*.

A côté de l'urée, les protéiques fournissent à l'urine, comme déchet azoté, de l'ammoniaque, dont l'azote représente de 2 à 5 p. 100 de l'azote total et dont l'urine des vingt-quatre heures renferme chez l'adute de 0 gr. 40 à 1 gramme [1]. Or, on assiste ici au

1. Dans l'urine normale des vingt-quatre heures, qui est toujours acide dans le cas d'une alimentation mixte ordinaire, cette ammoniaque, est bien entendu,

phénomène intéressant que voici : L'ingestion d'acides minéraux (limonades acides) ou le régime carné augmentent la quantité de l'ammoniaque urinaire, l'ingestion d'alcalis fixes (sous la forme de bicarbonate de soude, par exemple) ou le régime végétal la diminuent. Et quand par ingestion d'acides minéraux on produit une augmentation sensible de l'ammoniaque, on constate une diminution correspondante de la quantité d'urée.

L'explication de ces faits est la suivante. Ce sont autant de cas particuliers de ce phénomène général, à savoir que *la neutralisation par l'ammoniaque constitue le mécanisme par lequel l'organisme résiste à l'intoxication par les acides* venus du dehors ou produits au cours de la désassimilation (acidose). Plus la quantité de ces acides est grande, plus grande est aussi la quantité d'ammoniaque qu'ils fixent et qui se trouve ainsi soustraite au procès formateur d'urée :

Chez le chien l'ingestion d'acides minéraux augmente la quantité de l'ammoniaque urinaire d'un surplus qui correspond à peu près aux deux tiers de l'acide ingéré (Walther). Chez l'homme l'ingestion de 2 gr. 81 d'acide chlorhydrique par jour pendant deux jours, a fait monter de même, dans une expérience de Hallerworden, l'excrétion d'ammoniaque de 0 gr. 8 à 1 gr. 1 et à 1 gr. 31. Les acides organiques combustibles, comme l'acide tartrique, ne produisent pas cet effet, parce qu'ils sont brûlés à l'état d'acide carbonique. Au contraire, ceux qui résistent à la combustion, comme l'acide benzoïque (que l'urine élimine à l'état d'acide hippurique), comme les acides acétoniques que produisent le diabétique ou l'homme normal soumis au jeûne hydrocarboné (p. 398 et 403), s'emparent d'ammoniaque pour leur neutralisation et augmentent par conséquent la quantité de cette base dans l'urine, à tel point que les diabétiques en éliminent par cette voie jusqu'à 7 à 8 grammes en vingt-quatre heures (p. 405). Enfin on comprend que le régime carné, riche en protéiques et en nucléoprotéides, agisse dans le même sens que l'introduction d'acides, parce que le soufre et le phosphore de ces aliments fournissent par oxydation des acides sulfurique et phosphorique (p. 80), qui fixent et conduisent jusqu'au rein une certaine quantité d'ammoniaque.

Inversement l'introduction d'alcalis à l'état normal et chez le diabétique, ou le régime végétal, qui est producteur de carbonates alcalins dans l'organisme (p. 80), abaissent la quantité d'ammoniaque urinaire, parce que, ces bases assurant la neutralisation des acides, l'ammoniaque demeure libre, donc disponible pour la fabrication de l'urée. Et ici nous trouvons aussi l'explication du fait signalé plus haut (p. 310), à savoir que l'ingestion de sels ammoniacaux à acides forts, tels que le chlorure d'ammonium, ne produit une augmentation de la quantité

éliminée à l'état de sels (chlorure d'ammonium, etc.). On en constate la présence et on la dose, par exemple, en additionnant l'urine d'un lait de chaux; l'ammoniaque déplacée se dégage et peut être recueillie dans un acide titré.

d'urée de l'urine que chez les herbivores et non chez les carnivores. Cela tient à ce fait que, chez les premiers, l'alimentation fournit des quantités surabondantes de carbonates alcalins. Ces carbonates faisant la double décomposition avec le chlorure d'ammonium, celui-ci se trouve transformé en carbonate d'ammonium avec lequel le foie peut faire de l'urée. Au contraire, chez le carnivore, l'ammoniaque, demeurant liée à l'acide chlorhydrique, est soustraite par ce fait à la transformation en urée [1].

Ce mécanisme de résistance à l'intoxication acide entre en jeu chez l'homme et chez le carnivore (chien) dans des limites beaucoup plus larges que chez l'herbivore (lapin). La dose mortelle d'acide chlorhydrique est de 0 gr. 9 par kilogramme chez le lapin, tandis que le chien supporte encore une dose double, et l'on verra plus loin à quelles quantités considérables d'acides acétoniques le diabétique peut résister pendant longtemps (p. 403). La raison de cette différence n'est pas encore clairement établie. On a soutenu qu'elle n'a rien de spécifique, et que le carnivore résiste mieux, uniquement parce que nourri surtout de protéiques, il trouve dans ses aliments une source d'ammoniaque plus abondante que celle dont dispose l'herbivore, dont les aliments sont moins riches en azote (Eppinger). Mais les expériences sur lesquelles repose cette thèse sont devenues très contestables (J. Pohl).

### 3. *La créatinine.*

Avec l'alimentation mixte ordinaire, l'urine des vingt-quatre heures renferme de 1 gr. 5 à 2 grammes de créatinine, représentant de 3 à 5 p. 100 de l'azote total. Cette créatinine provient en partie de la créatine qu'apporte la viande ingérée, et dont la créatinine est l'anhydride :

$$AzH = C\begin{cases} AzH^2 \\ Az(CH^3)\text{-}CH^2\text{-}COOH \end{cases} \qquad AzH = C\begin{cases} AzH\text{---}CO \\ | \\ Az(CH^3)\text{-}CH^2 \end{cases}$$

Créatine.             Créatinine.

1. Toutefois, il faut remarquer que, quelle que soit la quantité d'alcalis dont on inonde l'organisme, l'urine contient toujours un peu d'ammoniaque, même si elle est rendue fortement alcaline (ce qui démontre que l'organisme a disposé d'une quantité surabondante de bases). Magnus-Levy explique cette apparente contradiction en faisant remarquer que le sang reçoit d'une manière constante et transporte vers le foie l'ammoniaque produite par les tissus, mais que pendant ce trajet une petite partie de l'ammoniaque, en passant par le rein, est éliminée avec les urines.

Mais cette fraction est minime, et même avec des rations exemptes de créatine préformée (lait, œufs, pain, pommes de terre), la quantité de créatinine urinaire reste élevée (en moyenne de 1 gr. 85 et de 1 gr. 97 chez deux sujets observés pendant de longues périodes par van Hoogenhuyze et Verploegh).

La physiologie de la créatinine est restée pendant longtemps obscure et pleine de contradictions. Mais depuis qu'une méthode de dosage très expéditive [1] a permis de multiplier les recherches, on a été conduit à voir dans la créatinine un produit de la dégradation, non des protéiques d'origine alimentaire, mais des protéiques des tissus. Ce serait donc un déchet résultant de cette *désassimilation azotée endogène*, dont il a déjà été question dans le précédent chapitre (p. 292).

Quand à une ration d'entretien normale et assez riche en albumine (119 grammes par jour), on substitue une ration pauvre en azote (amidon et crème de lait), on assiste, dit Folin, à une modification caractéristique de la composition des urines, en ce qui concerne les déchets des protéiques. Les uns, comme l'urée et les sulfates minéraux, diminuent considérablement en valeur absolue et en valeur relative, tandis que d'autres, comme la créatinine et le soufre neutre, restent au même niveau en valeur absolue — c'est-à-dire que leur quantité se montre indépendante de l'alimentation — et augmentent en valeur relative. Ainsi dans l'une des expériences de Folin l'urée est tombée à 14 gr. 7 (pour vingt-quatre heures), représentant 87,5 p. 100 de l'azote total, à 2 gr. 20 représentant 61,7 p. 100 de l'azote total, et les sulfates minéraux sont descendus de 3 gr. 27 (en $SO^3$), valant 90 p. 100 du soufre total, à 0 gr. 46 valant 60,5 p. 100 du soufre total. Au contraire, la créatinine a passé seulement de 1 gr. 55 (en vingt-quatre heures), valant 3,6 p. 100 de l'azote total, à 1 gr. 60, valant maintenant 17,2 p. 100 de l'azote total, et le soufre neutre seulement de 0 gr. 18, valant 4,8 p. 100 du soufre total, à 0 gr. 20, valant maintenant 26,3 p. 100 du soufre total.

Folin et d'autres après lui (van Hoogenhuyze et Verploegh, Pekelharing) interprètent de tels résultats de la manière suivante. L'urée et les sulfates minéraux varient avec l'apport d'albumine alimentaire, parce qu'ils sont en majeure partie des déchets de cette albumine venue de dehors : ce sont des déchets *exogènes*. La créatinine et le soufre neutre sont, toutes choses égales d'ailleurs, indépendants de l'alimentation, parce qu'ils proviennent de l'usure de la partie protéique des tissus, usure qui dépend, non de l'alimentation, mais de l'activité plus ou moins grande de ces tissus : ce sont des déchets *endogènes*. La créatinine, qui a surtout été étudiée à ce point de vue, est excrétée en quantité un peu variable d'un individu à l'autre, mais remarquablement constante chez un même sujet, pendant des mois et des années.

1. C'est le procédé chromométrique de Folin, substitué à l'ancienne méthode par pesée de Neubauer, très laborieuse et peu exacte.

A quelle forme de l'activité cellulaire correspond la production de la créatinine. Ce n'est pas au travail musculaire, comme on l'a cru pendant longtemps, car même poussé jusqu'à l'extrême fatigue, ce travail ne modifie pas la quantité de créatinine urinaire. Mais celle-ci augmente ou diminue sous l'influence de tous les facteurs, dont on peut présumer qu'ils augmentent ou diminuent l'activité ou l'usure des tissus. Ainsi l'état de veille, l'ingestion d'alcool, de toniques (sirop contenant de la kola, de la quinine, de la strychnine et des glycérophosphates), la fièvre, l'agitation chez les aliénés font monter la quantité de créatinine urinaire, tandis que le sommeil, l'ingestion de bromure de potassium, la disparition de la fièvre, ou le retour au calme chez les aliénés agités la font descendre (van Hoogenhuyze et Verploegh).

D'autres expériences, mais dont l'interprétation est encore discutée, rendent vraisemblable que ce n'est pas la créatinine, mais la créatine qui se produit au niveau des tissus, et que par déshydratation, principalement dans le foie, cette créatine serait transformée en créatinine, puis éliminée par les urines. Mais il semble bien qu'une fraction de cette créatine est, d'autre part, détruite par oxydation [1]. La créatine serait donc un *produit intermédiaire* de la désassimilation endogène des protéiques, et la créatinine qui apparaît dans l'urine ne serait, comme il arrive pour l'acide urique qu'un reste, une différence entre la quantité produite et la quantité détruite. D'intéressantes recherches de Mellanby sur l'apparition de la créatine et de la créatinine, au cours du développement de l'œuf de poule, font apercevoir aussi des relations intéressantes entre l'activité du foie et l'apparition de la créatine musculaire. Mais la raison pour laquelle l'organisme accumule dans les muscles des quantités si considérables de créatine [2] échappe encore complètement. Peut-être ce phénomène est-il en rapport avec le tonus musculaire (Pekelharing).

*En résumé* on voit que la créatinine est un produit de l'activité cellulaire, un déchet traduisant donc l'usure des tissus, mais sans qu'on puisse distinguer si ce corps est fourni par tous les tissus, ou s'il est le produit spécifique d'un tissu ou d'une fonction déterminés. On n'aperçoit pas davantage si la créatinine provient plutôt d'un protéique que d'un autre [3].

1. Dans la purée d'organes (foie, muscles, rein) on assiste à une production de créatine, à une transformation de cette substance en créatinine et à une destruction d'une partie de la créatinine et de la créatine, le tout sous l'influence d'agents diastasiques. Quand le foie est atteint dans son activité (jeûne, cancer), l'urine qui d'ordinaire n'élimine guère que de la créatinine, contient aussi de la créatine, tandis que la quantité de créatinine diminue (Gottlieb et Stangassinger; Cathcart).

2. La musculature totale d'un adulte peut contenir jusqu'à 90-100 gr. de créatine.

3. L'ingestion de gélatine, protéique riche en arginine, c'est-à-dire en guanidine (laquelle constitue le squelette de la créatinine), ne produit pas plus de créatinine que l'ingestion de caséine, protéique pauvre en arginine.

## 4. *L'acide hippurique*.

La quantité d'acide hippurique éliminée en vingt-quatre heures par l'urine de l'adulte, recevant une alimentation mixte, oscille ordinairement entre 0 gr. 7 et 1 gramme, mais lorsqu'il y a large consommation de fruits et de légumes, elle peut atteindre 2 grammes et davantage. C'est pourquoi on en trouve jusqu'à 150 grammes dans l'urine des vingt-quatre heures chez les grands herbivores (bœuf).

L'origine de cet acide, qui est du benzoylglycocolle, a été expliquée par la classique observation de Ure, puis de Wœhler (1841-1842), qui ont montré que l'acide benzoïque ingéré reparaît dans l'urine sous la forme d'acide hippurique. Or, l'alimentation végétale apporte, à côté de petites quantités d'acide benzoïque préformé, des corps aromatiques plus complexes, que l'oxydation transforme dans l'organisme en acide benzoïque. Quant au glycocolle, il est fourni par la désassimilation des protéiques.

La réaction est une synthèse par déshydratation, exprimée par l'équation que voici :

$$C^6H^5\text{-}COOH \;+\; \begin{array}{l} CH^2\text{-}AzH^2 \\ | \\ COOH \end{array} \;=\; \begin{array}{l} CH^2\text{-}AzH\text{-}CO\text{-}C^6H^5 \\ | \\ COOH \end{array} \;+\; H^2O$$

Ac. benzoïque.     Glycocolle.     Ac. hippurique.

Presque tout l'acide hippurique, qu'élimine l'urine de l'homme et des herbivores, provient de l'acide benzoïque, que les aliments végétaux apportent, soit à l'état d'acide benzoïque préformé (dans quelques fruits à baies), soit plus souvent sous la forme de corps tels que l'acide quinique, contenus dans beaucoup de végétaux, ou la coniférine du foin, etc., que l'organisme ramène à l'état d'acide benzoïque. D'ailleurs une telle transformation a été observée après ingestion d'un grand nombre de corps, tels que :

| | |
|---|---|
| Le toluène | $C^6H^5\text{-}CH^3$, |
| L'éthylbenzène | $C^6H^5\text{-}CH^2\text{-}CH^3$, |
| Le propylbenzène | $C^6H^5\text{-}CH^2\text{-}CH^2\text{-}CH^3$, |
| L'acide phénylpropionique | $C^6H^5\text{-}CH^2\text{-}CH^2\text{-}COOH$, |
| La benzylamine | $C^6H^5\text{-}CH^2\text{-}AzH^2$, |

qui tous sont éliminés à l'état d'acide hippurique. Cependant comme le chien à jeun ou uniquement nourri de viande continue à éliminer de l'acide hippurique, il faut qu'il existe dans les tissus animaux une source d'acide benzoïque, qui est vraisemblablement la phénylalanine sortie des protéiques. On a déjà vu comment, sous l'action des bactéries intestinales, cet acide aminé peut devenir un producteur d'acide benzoïque (p. 213). Or, même pendant le jeûne, il y a des protéiques qui se putréfient dans l'intestin (p. 219).

Cette production synthétique de l'acide hippurique est un phénomène intéressant à plus d'un titre.

1° Elle constitue la *première réaction de synthèse* qui ait été constatée chez les animaux, et ce phénomène a paru d'autant plus remarquable qu'à cette époque (1842) de tels procès paraissaient être l'apanage exclusif des organismes végétaux. Puis des réactions de synthèse de ce genre ont été observées avec un nombre très considérable d'autres substances qui, introduites dans l'organisme, fixent ainsi une « copule » avec laquelle ils forment un corps « conjûgué ».

Non seulement un grand nombre de dérivés de l'acide benzoïque (acides amidobenzoïque, nitrobenzoïque, etc., ac. salicylique), se copulent de même dans l'organisme avec le glycocolle, mais d'autres corps à chaîne fermée se comportent de même. Ainsi, par conjugaison avec le glycocolle, les acides naphtoïques donnent les acides naphturiques; le furfurol (ou aldéhyde pyromucique), l'acide pyromucurique; l'acide α-thiophénique, l'acide α-thiophénurique; l'α-méthylpyridine, l'acide α-pyridinurique, etc. On citera encore plus loin d'autres exemples de ces copulations.

2° Le *lieu* et les *conditions* de la synthèse de l'acide hippurique ont été très bien étudiés. On peut même dire que, par la nature des problèmes soulevés et des méthodes mises en œuvre, l'étude de cette synthèse présente, au point de vue du développement des méthodes et des idées en physiologie, une importance considérable, et que le travail classique de Bunge et Schmiedeberg sur cette question est demeuré comme le type des recherches de ce genre.

Ces deux savants ont montré d'abord que, chez le chien, le lieu de formation de l'acide hippurique est le rein. Lorsqu'on injecte, en effet, de l'acide benzoïque et du glycocolle dans le sang de chiens, chez lesquels on a supprimé par des ligatures convenables toute circulation dans le rein, on ne retrouve dans le sang, le foie et le muscle de ces animaux que de l'acide benzoïque et point d'acide hippurique. Si l'on fait circuler à travers un rein de chien, détaché de l'animal, du sang additionné d'acide benzoïque, ou d'acide benzoïque et de glycocolle, le sang de sortie ou le liquide qui s'écoule par l'uretère contient de l'acide hippurique, et, en plus grande quantité, lorsque le sang a reçu à la fois les deux composants de cet acide. Mais si l'addition d'acide benzoïque seul suffit à la synthèse, celle de glycocolle seul est impuissante à provoquer ce phénomène. Dans cette réaction le sang paraît jouer surtout le rôle de véhicule de l'oxygène nécessaire à la vie du tissu rénal, car si l'on emploie du sang saturé d'oxyde de carbone, la synthèse ne se fait plus (A. Hoffmann). Toutefois les globules ne sont pas indispensables, car du sang laqué par addition d'eau entretient le phénomène aussi bien que du sang à globules intacts (I. Munk).

Comme le tissu rénal, dont les cellules ont été complètement détruites par trituration, ne produit plus en présence de sang oxygéné la synthèse en question, et que des toxiques de la cellule, comme la quinine [1], produisent le même effet, Bunge et Schmiedeberg avaient fait de cette réaction une propriété de la *cellule* rénale. Mais ce procès est sans doute de nature diastasique, puisque Abelous et Ribaut l'ont obtenu avec des extraits aqueux de rein, en se plaçant dans des conditions particulières (p. 97). Notons que chez les herbivores l'acide hippurique se forme aussi dans le foie et dans les muscles.

3° La synthèse de l'acide hippurique est, en outre, l'un des exemples les mieux étudiés de ces *réactions de défense*, dont l'organisme se sert pour remplacer un corps toxique par un autre qui ne l'est pas ou qui l'est moins. A l'acide benzoïque, dont le noyau cyclique n'est que difficilement brûlé, l'organisme, par le procès de la copulation, substitue l'acide hippurique, moins toxique, surtout en ce qui concerne l'action sur le système nerveux.

Chez le lapin des doses atteignant 1 gr. par kgr. et introduites, sous la peau, produisent déjà des accidents (diarrhées), qui deviennent mortels pour 1 gr. 7 environ par kgr. Mais si l'on injecte en même temps du glycocolle, on peut rendre inoffensives des doses atteignant 2 gr. 3 par kgr. (H. Wiener; Wiechowski), (p. 298). Ces expériences constituent l'un des rares exemples d'un contrepoison au sens chimique et physiologique du mot, c'est-à-dire d'une substance qui saisit le toxique et le rend inoffensif, par delà les parois intestinales. S'il n'y a pas en même temps injection de glycocolle, on constate que, pour les fortes doses d'acide benzoïque, l'organisme est comme débordé par le toxique, car il en élimine alors une partie en nature. Une petite partie se copule aussi d'une autre façon, et notamment avec l'acide glycuronique sous la forme d'*acide benzoylglycuronique*.

4° Enfin cette mainmise de l'acide benzoïque sur du glycocolle, démontre que ce corps est un *produit normal de la désassimilation des protéiques*. Dans les conditions ordinaires de la vie, on ne saisit dans l'organisme que des traces de ce produit, sans

---

1. On sait que la quinine supprime, par exemple, les mouvements amœboïdes des globules blancs.

doute parce qu'il est simplifié par désamination et oxydation, mais lorsqu'il rencontre de l'acide benzoïque, il est préservé de la destruction et devient accessible à nos recherches. On a déjà vu que, chez l'oiseau, l'ingestion d'acide benzoïque permet de saisir un autre déchet des protéiques, l'ornithine (p. 298).


## 5. *L'urobiline*.

L'urobiline dérive de l'oxyhémoglobine, mais elle sort, non de la copule protéique, mais de la copule colorée de ce protéide, de même que l'acide urique et les bases puriques sortent de la partie phosphorée des nucléoprotéides. L'origine et les destinées de ce corps seront donc étudiées dans le chapitre consacré à la physiologie des pigments de l'organisme (p. 419).


## 6. *Les autres déchets azotés des protéiques*.

Les autres déchets azotés sortis des protéiques, et que l'on saisit dans l'urine, sont l'*indol*, le *scatol*, ou des dérivés du scatol que nous retrouverons l'un et l'autre parmi les déchets aromatiques, un peu d'*acide carbamique*, de très petites quantités d'*acides aminés*, parmi lesquels figure probablement le glycocolle [1], de la *cystine* ou des produits analogues et de l'*acide sulfocyanique*, c'est-à-dire des corps contenant du soufre et que nous retrouverons parmi les produits sulfurés, des *bases toxiques* (A. Gautier, E. Pouchet) dont la séparation a fait d'intéressants progrès dans ces dernières années [2] (Kutscher et Lohmann).

Mais tous ces matériaux, même en y ajoutant l'urobiline et l'acide hippurique, font à peine 1 p. 100 de l'azote total de l'urine. Or, quand on dose dans l'urine des vingt-quatre heures l'urée, l'ammoniaque, la créatine, l'acide urique et les bases puriques, on constate que l'on a laissé en dehors du dosage environ 7 p. 100, de l'azote total. L'urine contient donc évidemment d'autres corps azotés en quantité assez importante et dont la détermination précise reste à faire (Bouchez, Donzé et Lambling).

---

1. Indépendamment de celui que contient l'acide hippurique.

2. On a caractérisé notamment la méthylguanidine, la choline et une série d'autres bases (novaïne, etc.) appartenant aussi au groupe de la choline (p. 453).

Parmi les corps qui constituent ce « non dosé azoté » figurent une série d'acides azotés et sulfurés, *acides oxyprotéique, alloxyprotéique, antoxyprotéique, uroferrique*, mais dont aucun ne présente encore les caractères indiscutables. d'un individu chimique (Bondzynski et ses collaborateurs ; Thiele). L'urine des vingt-quatre heures en renferme, avec le régime mixte, en moyenne 6 gr. représentant de 4,5 à 6,8 p. 100 de l'azote total, et jusqu'à 14 p. 100 chez certains malades (Gawinski). Ce sont certainement de *grosses molécules*, que leur composition centésimale et surtout leur richesse en oxygène (jusqu'à 34 p. 100) caractérisent nettement comme des produits d'oxydation des protéiques. D'ailleurs, par des procédés tout à fait semblables, Abderhalden et Pregl ont isolé de l'urine un corps dialysant très lentement (voy. ci-après) et dont l'hydrolyse a fourni un mélange d'acides aminés (glycocolle, leucine, acide glutamique, avec un peu d'acide aspartique et de phénylalanine, mais pas de tyrosine). C'était donc bien un fragment de la molécule protéique, ayant résisté à la dégradation (p. 299, note 1).

Avant que ces acides protéiques fussent connus, A. Gautier avait déjà montré que l'urine normale, soumise à une dialyse prolongée fournit un reste non dialysable, renfermant de l'azote et formé évidemment de grosses molécules, puisqu'il ne dialyse pas. Mais ce résidu était moins riche en oxygène que les acides protéiques (12,5 p. 100 seulement) (Mme Eliacheff). Cet « adialysable » est toxique, et cette toxicité, comme aussi la quantité par litre augmente dans l'état de maladie (par exemple 0 gr. 44 p. 1 000 chez les femmes bien portantes contre 1 gr. 38 p. 1 000 dans un cas d'éclampsie mortelle) (Savaré).

Constatons donc que, par des voies différentes, on arrive à saisir dans l'urine des corps azotés, à grosse molécule, dont quelques-uns sont toxiques, et dont la quantité et la toxicité est augmentée dans l'état de maladie. Il sera intéressant de rechercher si ces corps sont, comme la créatinine, des produits du métabolisme endogène, où s'ils sont sous la dépendance de l'alimentation.

## § II. — LES DÉCHETS AROMATIQUES.

Ces déchets sont, pour leur majeure partie, des produits de la dégradation des protéiques, non par les tissus, mais par les bactéries intestinales. En effet, on a vu précédemment que des noyaux aromatiques des protéiques, tyrosine, phénylalanine et tryptophane, la putréfaction intestinale fait sortir respectivement trois séries de produits aromatiques, les corps phénoliques, les corps phényliques et les corps indoliques, qui absorbés au niveau de l'intestin subissent des destinées diverses (p. 212 et s.).

Les acides oxyaromatiques (acides p-oxyphénylpropionique et p-oxyphénylacétique) passent en nature dans l'urine, et les phénols (crésol, phénol) sous la forme d'acide phénylsulfurique (p. 220). L'acide benzoïque sorti de la phénylalanine devient de l'acide hippurique (p. 213 et 320). Enfin le scatol apparaît dans l'urine sous la forme d'un chromogène encore indéterminé (p. 218, note 1) et l'indol à l'état d'acide indoxylsulfurique, en petite quantité sous la forme d'acide indoxylglycuronique (p. 218). L'urine élimine aussi un peu d'indol (p. 218, note 1).

Toutefois l'excrétion aromatique de l'urine n'est pas tout entière d'origine bactérienne. L'urine des animaux élevés aseptiquement continue à donner la réaction des acides oxyaromatiques (p. 204). On doit donc admettre que ces acides sont aussi des produits de travail cellulaire. On a vu que pour l'indol la même origine a été soutenue, mais sans preuves décisives jusqu'à présent (p. 219, note 1).

## § III. — LES DÉCHETS SULFURÉS.

Le seul noyau sulfuré des protéiques qui soit reconnu avec certitude, c'est la cystine, et le seul produit intermédiaire de la rétrogradation de ce corps que nous ayóns rencontré, c'est la taurine biliaire (p. 298). Mais une partie seulement du soufre des protéiques, environ 30 p. 100 chez le chien, passe par ce stade taurine [1]. Le reste suit un chemin qui est encore inconnu. Quant à la taurine elle-même, on perd aussitôt ses traces, mais ses destinées varient certainement selon l'espèce.

Lorsqu'on fait ingérer de la taurine à des lapins, le soufre reparaît presque intégralement dans l'urine à l'état de sulfates et d'hyposulfites. Chez l'homme et chez le chien l'ingestion de taurine n'augmente pas les sulfates et ne fait pas apparaître d'hyposulfites. Le produit ingéré passe dans les urines en partie inaltéré, en partie sous la forme d'une urée substituée, l'acide taurocarbamique, qui augmente donc la quantité de « soufre neutre » (voy. plus loin) (Salkowski). Au contraire, la cystine, introduite dans l'organisme de l'homme, du chien et du lapin, fait monter la quantité des sulfates, et chez le lapin elle fournit en outre des hyposulfites. Ceux-ci sont d'ailleurs un principe constant de l'urine du chien et du chat.

La question des destinées de la taurine biliaire et en général celle du métabolisme du soufre des matières albuminoïdes est

---

1. Il faut, en effet, faire ingérer à cet animal un poids de viande environ huit fois plus grand pour que la quantité du soufre biliaire — c'est-à-dire celle de la taurine — soit doublée.

donc encore pleine d'obscurités, et il faut se borner pour l'instant à faire l'inventaire des déchets sulfurés que nous apporte l'urine.

Ces déchets ont été divisés par Salkowski en deux groupes. Le premier comprend les sulfates — sulfates et éthéro-sulfates (phénylsulfates, indoxylsulfates, etc.) — représentant le *soufre complètement oxydé*, appelé encore *soufre acide*. Dans le second, qui est le groupe dit du *soufre neutre*, et qui contient de 14 à 25 p. 100 du soufre total rentrent tous les produits renfermant le soufre à un état d'oxydation moins avancée, et dont une fraction est certainement représentée par les acides protéiques, dont il a été question précédemment. A côtés de ces acides figurent aussi des déchets dérivant de la taurine biliaire, car lorsque la bile, donc l'acide taurocholique, s'écoule au dehors par une fistule, la quantité du soufre neutre diminue (Lépine et Guérin) ; elle augmente, au contraire, quand la bile reflue vers le sang (Lépine et Flavard). Lépine a distingué dans ce groupe une partie facilement oxydable (par le chlore ou le brome) et une autre difficilement oxydable.

## § IV. — LES DÉCHETS D'ORIGINE MIXTE OU DOUTEUSE.

**Acide oxalique.** — L'acide oxalique n'apparaît dans l'urine qu'en très petite quantité (depuis des traces jusqu'à 20 mgr. par jour) et sous la forme d'oxalate de calcium, dissous vraisemblablement à la faveur des phosphates acides. Mais comme ce composé forme souvent des sédiments et parfois aussi des calculs, remarquables par leur dureté et leurs aspérités, les conditions de son apparition ont de bonne heure préoccupé les médecins.

Une partie de cet acide oxalique provient certainement des aliments. Beaucoup d'aliments végétaux (oseille, épinards, rhubarbe, haricots verts, thé, etc.) en contiennent des quantités importantes (jusqu'à 3 gr. pour 1 000 gr. de substance fraîche). Même le pain, la bière, le vin et parmi les aliments d'origine animale, la viande, et divers autres tissus ou organes en apportent un peu. D'autre part, cet acide alimentaire n'est certainement pas brûlé complètement par l'organisme. A la vérité les indications des auteurs sont ici assez divergentes [1], mais il en ressort néanmoins,

---

1. Quand on donne l'acide *per os*, il faut se rappeler qu'une partie peut être détruite dans l'intestin par la putréfaction, qu'une autre partie passe dans les

avec une netteté suffisante, ce fait que l'acide oxalique est d'une combustion difficile dans l'organisme. Il faut donc tenir pour démontré qu'il existe une oxalurie alimentaire et que c'est là la source principale des oxalates urinaires.

Mais l'organisme en produit aussi de son côté, puisqu'au 5e jour de jeûne le chien continue encore à éliminer de l'acide oxalique (Lütthje). Quelle est l'origine de cette *fraction endogène?* On a expérimenté ici avec les trois catégories d'aliments organiques, mais sans résultats décisifs. Magnus-Levy fait remarquer très justement la disproportion énorme que l'on constate entre les faibles augmentations d'acide oxalique obtenues par les expérimentateurs (ordinairement 10 à 20 milligrammes et souvent moins) et le poids considérable de l'aliment qu'il a fallu donner en surplus pour obtenir cette augmentation. Ainsi on a essayé de démontrer que la gélatine est productrice d'acide oxalique parce qu'elle apporte beaucoup de glycocolle, composé que l'oxydation *in vitro* transforme facilement en acide oxamique ou monamide de l'acide oxalique. Mais il faut 40 grammes de gélatine pour obtenir chez l'homme une augmentation de 10 à 20 milligrammes d'acide oxalique. Pareillement on a observé des augmentations de 10 à 100 milligrammes d'acide oxalique chez le lapin après ingestion de glycose, d'acides glycuronique ou saccharique, mais en donnant jusqu'à 30 grammes de glycose par kilogramme (P. Mayer, Hildebrand)! Au total, dit Magnus-Levy, on a l'impression que l'acide oxalique est produit par un phénomène accessoire, peut-être par quelque trouble local des oxydations.

Cliniquement on rattache l'oxalurie à un ralentissement de la nutrition (Ch. Bouchard). Chez le chien la dyspnée artificielle par constriction du thorax augmente la quantité d'acide oxalique des urines (Reale et Boeri, Terray).

**Acides gras volatils.** — L'urine normale de l'homme contient par jour environ 60 milligrammes d'acides gras volatils et peut-être plus encore. Ces acides sont formés principalement d'acide

fèces. L'état de l'estomac exerce aussi une influence considérable sur l'absorption des oxalates de la ration. Plus l'estomac sécrète d'acide chlorhydrique ou en reçoit du dehors, plus est grande la quantité d'acide oxalique des urines. Dans le cas d'achylie, cet acide manque dans l'urine, même s'il y a ingestion d'oseille, et il y reparaît aussitôt, lorsqu'on donne de l'acide chlorhydrique. Ajoutons que, même avec les derniers perfectionnements qu'elles ont reçus, les méthodes de dosage de l'acide oxalique sont encore peu satisfaisantes, surtout si l'on considère qu'il s'agit de retrouver quelques milligrammes de cet acide dans une grande quantité d'urine. Toutes ces difficultés expliquent sans doute bien des divergences entre les différents expérimentateurs.

acétique accompagné d'acide formique et butyrique. La majeure
partie de ces composés provient des fermentations des hydrates de
carbone dans l'intestin, mais il s'en produit aussi vraisemblablement dans l'organisme (Von Jaksch), et ici une origine albuminoïde n'est pas improbable, puisque nous voyons les acides cités
plus haut se produire dans l'oxydation des matières protéiques
*in vitro*, et que la désamination des acides aminés fournit des
acides gras: Enfin ces acides gras pourraient être aussi un reste
physiologique de la destruction des graisses (p. 402).

# CHAPITRE XVI

## LES
## PRODUITS DE LA RÉTROGADATION
## DES NUCLÉOPROTÉIDES

Les nucléoprotéides constituent une fraction si considérable des noyaux cellulaires, et ceux-ci remplissent dans la cellule une fonction évidemment si essentielle, qu'une participation active de ces protéides aux phénomènes de la vie est *a priori* très vraisemblable (p. 50). Mais à cette constatation se bornerait à peu près ce que nous aurions à dire de la physiologie de ces composés, si entre certains fragments de leur molécule, les *bases puriques*, d'une part, et l'*acide urique*, d'autre part, des relations n'étaient apparues, qui éclairent d'un jour tout nouveau la physiologie normale et pathologique de cet acide. Ce sont ces relations qui seront étudiées surtout dans le présent chapitre.

### § I. — LES DESTINÉES DES NUCLÉOPROTÉIDES.
### L'ORIGINE ENDOGÈNE ET EXOGÈNE
### DE L'ACIDE URIQUE.

On a vu que la forme sous laquelle le composant nucléique des nucléoprotéides arrive à l'absorption reste encore à déterminer, mais que l'hypothèse actuellement la plus vraisemblable est celle d'une démolition complète des acides nucléiques, prélude de la reconstruction ultérieure de ces acides et de la molécule des nucléoprotéides (p. 194).

Bien que les nucléoprotéides soient des édifices encore plus compliqués que les protéiques, il n'est pas téméraire d'admettre la possibilité d'une telle synthèse, étant donné ce que nous savons déjà du pouvoir de reconstruction de l'organisme (p. 190 et 196). On assiste d'ailleurs dans certaines conditions à l'apparition des matériaux d'une synthèse complète des nucléines. Ainsi Kossel a constaté que l'œuf de poule couvé contient au 15$^e$ jour des bases puriques (xanthine et hypoxanthine), tandis que l'œuf non couvé n'en fournit pour ainsi dire pas. La même constatation a été faite sur des œufs d'insectes et aussi sur de jeunes mammifères (chien, lapin), dont l'organisme s'enrichit constamment en bases puriques, bien que le lait consommé n'en apporte que des traces (Burian et Schur).

Quoi qu'il en soit, et comme la destinée finale des nucléoprotéides, qu'ils aient fait partie ou non des tissus, est toujours de subir la désintégration, demandons-nous ce que l'on sait sur le sort de chacune des parties de cette molécule. Il n'y a rien à dire sur la copule protéique, qui subit vraisemblement les mêmes transformations que les autres albumines de la ration. Quant aux produits de démolition de la copule nucléique, deux seulement ont pu être suivis. Ce sont l'*acide phosphorique* que l'on retrouve dans les urines, et les *bases puriques*, qui sont, comme nous allons le montrer, la source des purines, c'est-à-dire de l'acide urique et des bases puriques, éliminées par l'urine.

C'est cette relation entre les purines urinaires et les nucléoprotéides qu'il convient de démontrer d'abord. Faisons remarquer que ce problème est surtout celui des origines de l'acide urique, puisque les 9 dixièmes des purines urinaires sont représentés par cet acide, et montrons d'abord que l'acide urique n'est pas, comme on l'a cru pendant si longtemps, un produit de la dégradation des protéiques.

**L'acide urique n'est pas un produit de la dégradation des protéiques.** — Aussitôt que les relations de l'acide urique avec l'urée ont été connues (1838), et que l'on a su, notamment par l'action des oxydants, dédoubler cet acide avec production d'urée, on a été conduit naturellement à voir dans ce corps un produit de la désintégration des albumines, moins simplifié que l'urée, donc *un produit vers l'urée*. « Dans la dégradation progressive de la matière, écrivait Lehmann dans son *Traité de Chimie physiologique* (1853), l'acide urique est situé à un échelon au-dessus de l'urée. » On envisageait donc l'acide urique comme de l'urée qui serait restée en route par suite d'une oxydation moins complète, et l'on était confirmé dans cette manière de voir par ce fait que, dans des affections que l'on considérait pour d'autres raisons comme caractérisées par une nutrition ralentie, on observait ou l'on croyait observer une excrétion exagérée d'acide urique.

Mais si cet acide était vraiment comme un reste physiologique de la production de l'urée, on devrait en trouver dans l'urine des quantités croissantes à mesure que l'on augmente la quantité d'albumine consommée. Or, il n'en est rien.

L'expérience la plus décisive que l'on puisse citer ici est celle de Siven, qui ayant consommé sous la forme de pain, d'œufs, de fromage, de lait, de pommes de terre et de fruits, des rations de plus en plus riche en protéiques, trouva dans l'urine les quantités d'acide urique que voici :

| Durée des périodes. | Albumine détruite par jour. | Acide urique excrété par jour. |
|---|---|---|
| 17 jours | 18$^{gr}$,5 | 0$^{gr}$,433 |
| 4 — | 25 ,0 | 0 ,449 |
| 7 — | 80 ,9 | 0 ,441 |
| 6 — | 145 ,3 | 0 ,478 |

On voit que la ration d'albumine a pu être portée à 7 fois sa valeur primitive, sans que la quantité d'acide urique ait été sensiblement augmentée. C'est que la ration était choisie de telle façon qu'elle fut exempte de nucléoprotéides ou de purines préformées, tandis que les expérimentateurs qui nous ont précédés, se servaient le plus souvent, comme aliment protéique, de la viande, laquelle apporte des nucléoprotéides et surtout des purines libres, c'est-à-dire des producteurs d'acide urique, comme nous allons le montrer, en sorte que plus le sujet consommait de viande, plus il faisait d'acide urique, non par le fait du surplus d'albumine, mais à cause du surplus de purines ingéré (p. 334).

**Origine nucléique de l'acide urique.** — Une production d'acide urique à partir des nucléoprotéides a été constatée pour la première fois par Horbaczewski, puis confirmée par un grand nombre d'expériences, dont il ressort définitivement que *c'est par leurs groupes puriques que les nucléoprotéides sont producteurs d'acide urique.*

Lorsque de la pulpe de divers organes riches en noyaux cellulaires (rate, foie) est mise à digérer avec du sang à 40°, on voit apparaître, en l'absence d'oxygène, des bases puriques (xanthine et hypoxanthine), et sous l'action d'un courant d'air de l'acide urique [1] (Horbaczewski). En

1. On verra plus loin (p. 336) la raison de l'action du courant d'air.

même temps que l'acide apparaît, la quantité des bases puriques diminue, et si l'on ajoute de la xanthine et de l'hypoxanthine à la masse, ces bases disparaissent aussi, et l'acide augmente (Spitzer; Wiener). Comme on savait déjà par les travaux de Kossel que les bases puriques sont des produits du dédoublement des nucléines, et que l'on connaissait aussi depuis Liebig l'étroite parenté chimique de l'acide urique avec ces bases, Horbaczewski considéra les noyaux cellulaires comme la source de l'acide urique dans l'organisme, mais comme il lui semblait, non sans raison, que la destruction des noyaux dans les tissus n'est pas assez active pour rendre compte de toute la production quotidienne d'acide urique, il rapporta dans la suite cette production à la destruction des leucocytes. Mais cette théorie dut reculer devant les faits, et avec Marès et d'autres observateurs, on admit que l'acide urique est un produit de déchet des noyaux cellulaires en général.

Par ces expériences on était donc conduit à considérer l'*acide urique comme un produit de la rétrogradation des nucléoprotéides des tissus.* Mais on ne tenait là qu'une des sources de l'acide urique dans l'organisme. Il en est une autre, à savoir les nucléoprotéides et les purines apportées par l'alimentation et si, même après Horbaczewski, cette source a été méconnue pendant quelque temps, cela a tenu à ce fait que l'action des nucléoprotéides et des purines de la ration sur l'excrétion de l'acide urique a été étudiée d'abord sur le chien, et que cet animal possède précisément une grande aptitude à pousser plus loin la dégradation de l'acide urique (p. 339). Mais quand on opère sur l'homme, on réussit *par l'ingestion de nucléoprotéides ou de purines libres à faire monter à volonté la quantité de l'acide urique dans l'urine.*

Après consommation de quantités considérables de thymus de veau, chez l'homme, l'acide urique s'éleva dans une expérience de Weintraud à 2 gr. 50 en vingt-quatre heures, avec une augmentation parallèle de l'acide phosphorique, et chez un diabétique qui avait reçu 1 500 gr. de pancréas, Lütthje vit l'urine éliminer jusqu'à 6 gr. 70 d'acide urique. La petite quantité de bases puriques, qui dans l'urine normale de l'homme accompagne toujours l'acide urique, est également augmentée. L'ingestion de nucléoprotéides isolés à l'état de pureté ou celle d'acide nucléique produisent les mêmes effets. On en peut dire autant des bases puriques libres, xanthine, hypoxanthine, guanine, adénine, qui toutes, à des degrés divers [1], sont productrices d'acide urique chez l'homme. Notons qu'on ne

1. La guanine, par exemple, ne donne après ingestion que très peu d'acide urique, peut-être parce qu'étant très peu soluble, elle passe en grande partie dans les excréments. Ingérée, au contraire, sous la forme d'acide guanylique, elle produit une abondante excrétion d'acide urique. Notons que c'est là un argument en faveur de l'opinion de Abderhalden et Schittenhelm, qui soutiennent que le dédoublement des acides nucléiques n'a lieu qu'après absorption et dans la muqueuse même (p. 194).

retrouve jamais dans l'urine, sous la forme d'acide urique, qu'une fraction des purines libres ou combinées, apportées par les aliments. Le reste est éliminé aussi, mais sous la forme de produits plus simplifiés que l'acide urique, du moins chez le chien. Dans la dégradation des purines sorties des nucléines, cet acide est donc une étape, mais non la dernière. On reviendra plus loin sur cette question, qui ne se présente pas de la même manière chez l'homme et chez les animaux (p. 338).

Quant aux purines méthylées, caféine du thé et du café, théobromine du chocolat, elles augmentent aussi la quantité des bases puriques urinaires, mais non celle de l'acide urique (Burian et Schur; P. Fauvel).

**Importance de la source exogène et de la source endogène de l'acide urique.** — On voit que l'excrétion de l'acide et des bases puriques s'alimente à deux sources qui sont : 1° Les nucléoprotéides des *tissus*, fournissant des purines dont l'*origine* est donc *endogène*; 2° les nucléoprotéides (et les purines libres) apportées du *dehors* par les aliments et donnant des purines dont l'*origine* est donc *exogène*.

On met très bien en évidence cette double origine en soumettant le sujet à l'inanition. Pendant le jeûne de vingt et un jours soutenu par le jeûneur professionnel Succi, l'urine a continué à renfermer d'une manière constante de l'acide urique et d'autres purines (O. et E. Freund). Elle en renferme aussi quand, par un choix convenable d'aliments, on réduit à des traces l'apport des purines du dehors. L'excrétion d'acide urique descend dans ces conditions jusqu'à un minimum, assez constant pour chaque individu, et il est clair qu'alors cet acide ne peut avoir d'autre source que les tissus mêmes du sujet. Quand ensuite on introduit dans la ration des aliments plus ou moins riches en purines (combinées dans les nucléoprotéides, ou libres), on voit s'ajouter aux purines urinaires endogènes, le surplus variable des purines exogènes.

Une ration composée de pain blanc, de biscuits, de choux, de pommes de terre, de farine de maïs, de beurre, de coco, d'oranges et de confitures est, d'après P. Fauvel, une des plus pauvres en purines que l'on puisse constituer. La quantité des purines urinaires s'abaisse alors à 0 gr. 30-0 gr. 50 en vingt-quatre heures, dont 0 gr. 25 à 0 gr. 35 d'acide urique. En général les résultats observés se meuvent entre 0 gr. 36 et 0 gr. 60, dont 0 gr. 30 à 0 gr. 48 pour l'acide urique, le rapport entre l'azote de l'acide urique et l'azote des bases puriques qui accompagnent cet acide variant de 4:1 à 8:1. On a soutenu que le « seuil » auquel descend ainsi l'excrétion de l'acide urique, quand on supprime les purines venues du dehors, est le même chez tous les individus (comme aussi qu'ils traiteraient tous de la même façon une même quantité de purines venues du dehors) (voy. plus loin). Mais cela est certainement inexact.

L'acide urique endogène, assez constant chez un même sujet, varie certainement d'un individu à l'autre, et, à ce qu'il semble, plus avec le poids de la musculature qu'avec celui de l'organisme entier. Exceptionnellement on trouve des individus bien portants chez qui l'acide endogène excrété est très élevé (jusqu'à 1 gr.) [1]. Citons aussi le cas du nourrisson, qui ne reçoit avec le lait maternel que des traces de purines, et qui excrète néanmoins jusqu'à 100 mgr. d'acide urique par jour, soit donc une quantité qui est en grande partie d'origine endogène et qui est proportionnellement bien plus élevée que chez l'adulte.

**Choix de rations riches ou pauvres en purines.** — On sait depuis longtemps que le régime animal, ou plus exactement le régime carné, fournit plus d'acide urique que l'alimentation végé- ou lacto-ovo-végétale. C'est que le lait, les œufs et les végétaux en général sont pauvres en purines. Pour les végétaux, il y a bien une restriction à faire en ce qui concerne les légumineuses (lentilles, haricots blancs) et les asperges, qui sont un peu plus riches en purines, et qu'il convient donc d'éliminer de la ration quand on veut atteindre exactement le seuil des purines endogènes. Mais leur influence reste toujours loin derrière celle des aliments carnés. La viande est, en effet, dans nos rations habituelles le grand producteur d'acide urique, non pas parce qu'elle est riche en nucléoprotéides — elle en contient très peu — mais parce qu'elle apporte des quantités importantes de purines libres (xanthine, hypoxanthine) et comme ces bases passent facilement dans l'eau, le bouillon est aussi un producteur important d'acide urique. Enfin, les tissus riches en noyaux, comme le foie et surtout le ris de veau, ont dans ce sens une action plus nette encore. Il est à peine nécessaire d'ajouter ici combien il est vain de déduire une conclusion quelconque de dosages de l'acide urique dans l'urine, si l'on ne connaît pas la composition des rations consommées [2].

Pour chaque addition de 100 gr. de viande ajoutés en vingt-quatre heures à une ration sans purines, Piettre a vu la quantité des purines urinaires s'élever de 0 gr. 127, et pour chaque addition de 100 gr. de ris

1. Comme aussi on en trouve qui répondent à l'ingestion d'une quantité donnée de purines exogènes par une excrétion urique bien plus abondante que chez la moyenne des sujets normaux. C'est à de tels cas que s'applique, avec un sens maintenant très précis, l'ancienne expression de « diathèse urique » (Magnus-Levy).

2. Dans ce cas, c'est ce dosage qui renseignera, au contraire, le médecin sur la nature du régime adopté. Lorsque dans l'urine d'un sujet à qui l'on a prescrit le régime lacto-végétal, on trouve par exemple 0 gr. 75 d'acide urique en vingt-quatre heures (souvent avec beaucoup d'azote total), il est presque certain que l'on obtiendra du malade l'aveu que le régime n'a pas été suivi ce jour-là.

de veau, l'augmentation a été de 0 gr. 210. L'addition de 1 litre de bouillon riche à la ration mixte habituelle a fait passer l'acide urique de 0 gr. 75 à 1 gr. 15 en vingt-quatre heures (Collot).

Voici enfin quelques indications numériques sur les poids de purines (exprimées en acide urique) que contiennent divers aliments pesés à l'état frais (pour transformer ces poids en azote, il suffit de les diviser par 3) :

Purines pour 100 gr.<br>de substance fraîche.

| | |
|---|---|
| Thymus (veau)............................. | $1^{gr},287$–$1^{gr},446$ |
| Pancréas (porc, bœuf)................. | 0,369–0,549 |
| Rate..................................... | 0,480 |
| Foie (veau)............................. | 0,360 |
| Viande (bœuf, cheval, veau)........... | 0,165–0,213 |
| Farine d'avoine, de pois, de haricot.... | 0,063–0,078 |
| Pain noir............................... | 0,030 |
| Pommes de terre....................... | 0,0015–0,0018 |
| Lait de vache ......................... | 0,0012–0,0018 |
| Œufs, pain blanc, riz, choux, salade... | 0 ou traces. |

## § II. — LE RÔLE DES DIASTASES DANS LA PRODUCTION ET DANS LA DESTRUCTION DE L'ACIDE URIQUE.

On vient de montrer que les nucléoprotéides et les purines des tissus et des aliments sont la source où s'alimente la production d'acide urique. Étudions maintenant le mécanisme de cette opération, puis montrons ce que devient ensuite l'acide urique ainsi produit.

**Le dédoublement diastasique des nucléoprotéides dans les tissus.** — Quand on abandonne à l'autolyse des tissus animaux riches en noyaux (thymus, pancréas, rate, capsules surrénales, foie), on constate qu'il se forme des bases puriques, ce qui implique un dédoublement diastasique des nucléoprotéides de ces organes (p. 103). D'ailleurs, quand on isole ces nucléoprotéides (du thymus) en précipitant par l'acide acétique l'extrait aqueux (chloroformé) de la glande, on constate qu'il adhère au précipité une diastase qui, à 37° et en milieu légèrement acide, dédouble les nucléoprotéides avec production de bases puriques. Cet agent est donc une *nucléase*, analogue à celle que contient la muqueuse intestinale.

On l'a trouvée encore dans la rate (porc), le poumon et le foie (bœuf), les capsules surrénales, et aussi chez les organismes inférieurs (*Peni-*

*cillium glaucum, Aspergillus niger*) et dans les jeunes plantules. Il semble bien que partout, à côté des nucléoprotéides, se trouve cette nucléase, qui paraît donc être l'agent dont se sert la cellule pour attaquer ces protéides. Ajoutons qu'il y aura lieu de rechercher si cette diastase est unique, ou si la dégradation des nucléoprotéides en nucléine, acide nucléique, puis enfin en bases puriques, etc., a lieu, comme dans l'intestin, par étape et sous l'action successive de plusieurs diastases (p. 194).

Voyons maintenant comment l'acide urique sort des bases puriques ainsi libérées ou de celles qu'a pu fournir le dédoublement des nucléoprotéides alimentaires dans l'intestin.

**La transformation diastasique des bases puriques en acide urique.** — Quand on dédouble l'acide nucléique (du thymus) par les acides chauds, on obtient de la guanine et de l'adénine, les deux seules purines qui préexistent dans la molécule des acides nucléiques (p. 51). Laisse-t-on, au contraire, cette décomposition se faire par *autolyse* de la glande (p. 102), on obtient de la xanthine et de l'hypoxanthine. En réalité il se forme d'abord, de part et d'autre, les mêmes bases, adénine et guanine, mais dans l'autolyse interviennent ensuite : 1° une *diastase désaminante*, qui transforme l'adénine en hypoxanthine et la guanine en xanthine [1]; et 2° une *diastase oxydante*, qui transforme l'hypoxanthine en xanthine (W. Jones). Enfin si dans la masse autolysée on fait passer un courant d'air, la xanthine n'apparaît pas ou se produit en moindre quantité, et à sa place on recueille de l'acide urique.

Le schéma que voici résume la nature et la suite de ces transformations :

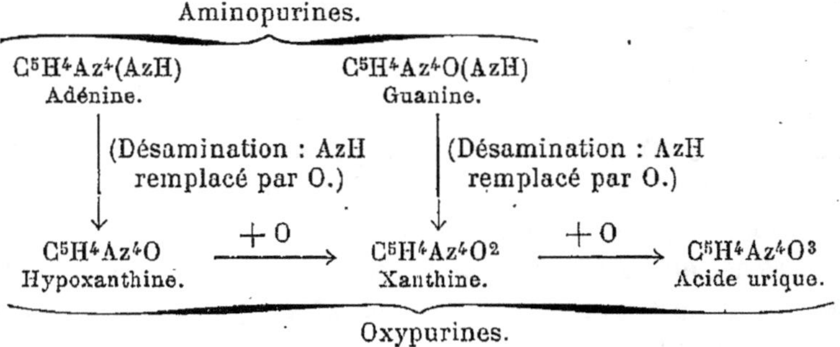


---

1. W. Jones admet que ce sont deux diastases désaminantes différentes qui entrent ici en jeu, et il les appelle respectivement *adénase* et *guanase*. Mais cette distinction est contestée. La même question se poserait pour les diastases oxydantes.

On voit donc que le procès a consisté d'abord dans la transformation respective des deux aminopurines, adénine et guanine, en deux oxypurines, hypoxanthine et xanthine, par une réaction de désamination semblable à celle que subissent les acides aminés (p. 301) :

$$C^5H^4Az^4(AzH) \ + H^2O = C^5H^4Az^4O \ + AzH^3$$
Adénine.                           Hypoxanthine.
$$C^5H^4Az^4O(AzH) + H^2O = C^5H^4Az^4O^2 + AzH^3$$
Guanine.                           Xanthine.

Vient ensuite la transformation de l'hypoxanthine en xanthine et de celle-ci en acide urique, par deux fixations successives d'un atome d'oxygène (voy. le schéma).

Les agents de ces transformations sont bien des diastases, que l'on a pu isoler dans une certaine mesure en soumettant des extraits d'organes, par exemple de rate, à une précipitation fractionnée convenable par le sulfate d'ammonium. Le précipité obtenu, mis en suspension dans de l'eau, puis dialysé longuement, fournit finalement un liquide d'un pouvoir diastasique considérable.

Exemple : 250 cm³ de ce liquide sont additionnés de 0 gr. 200 de guanine et de chloroforme et sont maintenus pendant trois jours à 43°, en même temps qu'on fait passer un courant d'air. On retrouve au bout de ce temps 0 gr. 203 d'acide urique, soit 91,2 p. 100 de la quantité théorique. Si l'on supprime le courant d'air, on voit apparaître, comme terme intermédiaire, la xanthine. Ainsi 0 gr. 90 de guanine ont donné dans ces conditions 0 gr. 77 de xanthine et seulement 0 gr. 18 d'acide urique (Schittenhelm).

Il semble bien que la diastase désaminante se trouve, chez les animaux domestiques, dans tous les organes, tandis que la diastase oxydante paraît plus exactement localisée. Chez le bœuf on l'a trouvée dans la rate, le foie, le poumon, l'intestin, les muscles et le rein. L'accord n'est d'ailleurs pas complet entre les divers chercheurs. Il faut se rappeler que les résultats varient beaucoup d'une espèce à l'autre et se garder de faire servir à des raisonnements sur une espèce, les résultats obtenus sur d'autres espèces. Ainsi la rate du bœuf et celle du cheval transforment quantitativement les aminopurines (adénine et guanine) en acide urique, tandis que les rates de chien et de porc sont tout à fait inactives à cet égard [1] (Schittenhelm).

Concluons donc que la grande diffusion de ces diastases dans les organes animaux, la puissance de leur action dans les phénomènes d'autolyse des organes, ne laissent guère de doutes quant à leur intervention dans le métabolisme des bases puriques pendant la vie, et comme les quelques résultats que l'on a pu réunir sur

---

[1] Il est intéressant de signaler ici le cas du porc, dont la rate est impuissante à transformer la guanine en acide urique, et de rapprocher ce fait d'une curieuse observation de pathologie faite par Virchow sur le même animal. C'est l'apparition chez le porc d'une *goutte à la guanine*, caractérisée par des dépôts cristallins de guanine dans les tissus et l'excrétion par les urines de grandes quantités de cette substance.

LAMBLING. — Précis de biochimie.                          22

l'homme chaque fois que l'on a pu opérer sur des organes encore frais (enfants morts-nés, etc.), ne diffèrent pas de ceux qui viennent d'être exposés, on peut conclure que, chez l'homme aussi, la succession des opérations qui conduisent des purines nucléiques à l'acide urique est bien celle que résume le schéma ci-dessus.

Voyons maintenant si l'acide urique est le dernier terme de ce travail ou, au contraire, une étape vers d'autres produits. Pour la pathologie de l'acide urique, la question est de première importance.

**La destruction diastasique de l'acide urique chez les animaux.** — Il y a longtemps que Frerichs et Wöhler (1848) ont constaté que les animaux, auxquels on fait ingérer de l'acide urique, font disparaître presque entièrement cet acide, et ce résultat a été souvent confirmé depuis, notammment sur le chien, le chat et le lapin après injection dans les veines (Croftan). Laissons de côté pour le moment à la fois la question de la variation de ce pouvoir selon l'espèce, et celle des produits de cette décomposition, et constatons d'abord que ce résultat s'accorde bien avec ce que l'on sait depuis quelques années touchant la destruction de cet acide par des purées ou des extraits aqueux d'un grand nombre de tissus.

Cette destruction, constatée par un grand nombre d'observateurs (Stockvis, Chassevant et Richet, Ascoli, Wiener), est le fait d'une *diastase* dite *uricolytique* ou *uricase*, qui paraît être différente de celle qui transforme la xanthine en acide urique. En précipitant notamment des extraits aqueux de rein par l'acétate d'urane, Schittenhelm a obtenu, à la manière habituelle, des solutions diastasiques très actives. Ainsi, dans 250 cm³ d'une solution diastasique additionnée de 0 gr. 300 d'acide urique à l'état d'urate de sodium et maintenue à 40° sous l'action d'un courant d'air, on n'a plus retrouvé après trois jours que 0 gr. 050, soit donc seulement 17 p. 100 de l'acide mis en œuvre. Souvent on n'en retrouve plus du tout (Schittenhelm, Wiechowski).

D'après Ascoli et ses élèves, cette action uricolytique serait limitée par l'opération inverse de reconstruction, qui reprend le dessus sitôt que l'on interrompt le courant d'air. Dans du foie de bœuf en purée, qui a détruit de l'acide urique qu'on lui a ajouté, on voit cet acide se reformer quand on supprime le courant d'air (Ascoli et Izar). De même le foie (de chien) qui, traversé en circulation artificielle par du sang additionné d'acide urique, a détruit cet acide, en reproduit, au contraire, quand, au lieu de sang aéré, on emploie du sang saturé d'acide carbonique. La diastase qui agit ici appartiendrait au sang et non au foie (Bezzola, Izar et Preti).

Ce pouvoir uricolytique des tissus varie selon l'organe et selon l'espèce. Très énergique pour le foie de chien, il est quasinul pour le foie de canard (Ch. Richet). Chez le carnivore (chien, chat), le foie le possède à un degré bien plus élevé que le rein, tandis que chez l'herbivore, c'est l'inverse que l'on observe [1]. Beaucoup moins actif que le rein et le foie, sont le muscle, puis le sang et la rate, mais il est probable que le muscle rachète son infériorité par la masse considérable qu'il représente. Il y a là à établir, pour chaque espèce animale, toute une physiologie de l'uricolyse, qui n'est encore qu'à ses débuts.

Quant aux *produits de cette destruction*, ils sont représentés chez le chien et le lapin, le bœuf, vraisemblablement aussi chez le chat et le singe, par l'*allantoïne* [2], qui d'après Wiechowski représente chez ces espèces le produit auquel aboutit finalement le métabolisme des purines. Cette transformation de l'acide urique en allantoïne a été obtenue par Wiechowski à la fois à l'aide d'extraits aqueux d'organes (foie de chien, rein de bœuf) et sur l'animal vivant (chien, lapin).

Ainsi 1 gr. 554 d'acide urique (à l'état d'urate de sodium) ont fourni, sous l'action d'un extrait de rein de bœuf à 40°, 1 gr. 104 d'allantoïne, soit 75,5 p. 100 de la quantité théorique. Aucune autre substance azotée, et notamment aucune trace d'urée, n'a pu être isolée. D'autre part, l'urine du chien et celle du lapin contiennent d'une manière constante de l'allantoïne, même pendant le jeûne ou au cours d'une alimentation exempte de purines. Elles renferment, au contraire, très peu d'acide urique, par exemple 0 gr. 29 d'allantoïne contre 0 gr. 02 d'acide urique chez un chien d'environ 5 kgr. Enfin sur 100 parties d'acide urique injectées sous la peau (par exemple 0 gr. 598 à un chien), l'animal en rend par les urines 21,4 à l'état d'acide urique, et le reste à peu près quantitativement à l'état d'allantoïne (Wiechowski).

Chez le chien et chez le lapin, l'*acide urique n'est donc qu'une étape vers un produit encore plus simple, l'allantoïne*, et comme ce corps, introduit dans l'organisme (chien), passe inaltéré dans l'urine, il démontre par là sa qualité de *produit final du métabolisme purique*.

1. Peut-être parce que chez les premiers, qui ingèrent d'un seul coup avec leur repas de grandes quantités de purines, le foie doit être mieux armé pour préserver le sang d'un excès d'acide urique, tandis que chez l'herbivore, dont les aliments sont pauvres en purines et sont ingérés lentement tout le long de la journée, l'encombrement par l'acide urique n'est pas à craindre (Croftan).

2. C'est un diuréide glyoxylique $C^4H^6Az^4O^3$ ou

$$CO\begin{array}{c} AzH\!-\!CH\!-\!\!AzH \\ | \\ AzH\!-\!COH\!-\!AzH \end{array}CO,$$ qui

se produit *in vitro* par l'oxydation de l'acide urique au moyen du peroxyde de plomb.

Il faudrait mettre maintenant ce résultat en bon accord avec ce fait que déjà Frerichs et Wöhler, et d'autres après eux, ont signalé une augmentation de l'urée après ingestion ou injection d'acide urique, notamment chez le chien. Mais Wiechowski fait remarquer ici que l'injection d'acide urique accélère la désassimilation azotée, donc la production d'urée. Notons aussi que les procédés classiques de dosage de l'urée dosent en général ce corps par des réactions de décomposition, qui sont communes à l'urée et à l'allantoïne. La démonstration d'une production d'urée, chez le chien, à partir de l'acide urique, serait donc à reprendre.

Voyons maintenant comment les choses se passent chez l'homme.

**L'uricolyse chez l'homme.** — Ici on est encore en présence de résultats contradictoires. Ce qui est acquis, c'est que l'urine humaine ne contient jamais que des traces d'allantoïne, environ 2 p. 100 du poids de l'acide urique, et, tandis que la formule des urines de chien et de lapin est : *beaucoup d'allantoïne et peu d'acide urique*, celle de l'urine humaine est, au contraire : *peu d'allantoïne et beaucoup d'acide urique*. Comme on constate, d'autre part, que l'acide urique injecté sous la peau chez l'homme est éliminé en majeure partie (60 à 80 p. 100) par l'urine sans avoir été transformé (Sœtbeer et Ibrahim ; Wiechowski), et que les organes de l'homme paraissent dépourvus d'uricase (Battelli et Stern ; Miller et W. Jones), Wiechowski conclut que l'acide urique représente chez l'homme, avec une petite quantité de bases puriques et d'allantoïne, le produit terminal principal du métabolisme des purines. Mais cette conclusion soulève un certain nombre d'objections.

La manière dont l'homme traite l'acide urique injecté sous la peau varie d'un sujet à l'autre, Burian n'a excrété que 50 p. 100 de l'acide ainsi introduit. En outre, cet acide ne suit pas évidemment le même chemin et n'est pas offert à l'action des cellules dans les mêmes conditions que l'acide produit dans l'intimité des tissus. D'autre part, quand on fait ingérer à l'homme des acides nucléiques à teneur en purines exactement déterminée, on ne retrouve à l'état d'acide urique dans l'urine qu'une petite portion de cet azote purique ; le reste est néanmoins éliminé et dans le même temps que l'acide, ainsi qu'en témoigne l'augmentation correspondante de l'azote total de l'urine, mais probablement sous la forme de produits plus simplifiés que l'acide urique, et autres que l'allantoïne, peut-être à l'état d'urée. Dans une très belle expérience faite sur l'homme, avec 10 gr. d'acide nucléique donnés par la bouche et complètement résorbés, Schittenhelm et Schmid ont constaté que l'acide urique de l'urine était peu augmenté, tandis que la quantité d'urée était nettement accrue et représentait 87 p. 100 de l'azote total, au lieu de 84 p. 100[1]. Le surplus d'acide phosphorique apporté par l'acide nucléique a été retrouvé aussi dans l'urine, ce qui constitue un excellent contrôle. Les auteurs concluent de là que l'acide urique n'est certainement pas le produit final du métabolisme des purines chez l'homme. En outre, le foie, le rein et le muscle d'enfants mort-nés détruisent énergiquement l'acide urique et contiennent aussi une nucléase, les diastases désaminantes (guanase et adénase) et la xanthinoxydase, en sorte que le nouveau-né de l'homme serait donc muni du même appareil diastasique que les autres mammifères (Schittenhelm et Schmid). Enfin, le fait que les organes de l'adulte ont été trouvés dépourvus du pouvoir uricolytique ne démontre pas que l'uricase leur fasse défaut, car ici, dit Schittenhelm, c'est toujours l'expérimentation *in vivo* qui doit prononcer en dernier ressort. En effet, chez le chien, le seul organe uricolytique *in vitro*, c'est le foie. Et cependant la suppression de cet organe par l'établissement d'une fistule d'Eck ne diminue l'uricolyse *in vivo* que de très peu. C'est donc que d'autres organes interviennent dans ce phénomène, et pourtant l'uricase n'a pas pu y être décelée, sans doute à cause de l'intervention de substances empêchantes. De telles actions ont d'ailleurs été observées par Battelli et Stern.

Bien que la question demeure ouverte, il semble donc bien que, chez l'homme aussi, l'acide urique produit est en partie détruit.

Dans ce qui précède on a toujours considéré les purines libres ou incluses dans les nucléoprotéides comme étant les seuls précurseurs de l'acide urique. Ce n'est pas que d'autres origines n'aient pas été mises en avant, qui doivent être brièvement indiquées ici. Ce sont : 1° une production d'acide urique dans le muscle ; 2° une formation synthétique de cet acide. Bien que ni l'une ni l'autre ne soient actuellement démontrées, il est utile de ne point les perdre de vue.

**Production d'acide urique dans le muscle. — L'hypothèse d'une formation synthétique de l'acide urique.** — 1° La destruction des nucléoprotéides des noyaux cellulaires est-elle assez intense pour expliquer la production quotidienne des 30 à 50 centigrammes de purines endogènes. Burian estime que non, et il a cherché du côté du muscle une autre source de purines. Par une série d'expériences qui ne peuvent pas être expliquées ici, il s'est efforcé d'établir que le muscle au repos produit constamment de l'hypoxantine, qu'il en produit plus pendant le travail, et que cette base est ensuite transformée en acide urique dans le muscle. Celui-ci contient d'ailleurs l'oxydase nécessaire à cette transformation. Ces résultats très intéressants appellent de nouvelles expériences.

2° On sait que, chez les oiseaux, l'acide urique tient dans l'urine la place de l'urée dans celle des mammifères. Dans l'urine normale de

---

1. Il ne semble pas qu'il se produise, en même temps que l'urée, des corps moins simplifiés, comme l'allantoïne. L'ingestion d'acide nucléique ne produit pas d'augmentation de la quantité de l'allantoïne urinaire chez l'homme.

l'oie 66 à 70 p. 100 de l'azote total sont contenus dans l'acide urique et 9 à 18 p. 100 dans l'ammoniaque. Or, quand on pratique la ligature de la veine porte et celle de l'artère hépatique [1], avec ou sans ablation du foie, l'urine, au lieu d'être trouble, devient claire, et l'acide urique ne constitue plus que 3 à 4 p. 100 de l'azote total, tandis que la part de l'ammoniaque monte à 55 ou 70 p. 100. Elle contient aussi de notables quantités d'acide lactique (Minkowski). On a conclu de là, que l'oiseau fait la synthèse de l'acide urique à partir de l'acide lactique et de l'ammoniaque, à quoi l'on a objecté, non sans raison, que l'accident primaire provoqué par l'opération est la production d'une quantité exagérée d'acide lactique, contre les effets nuisibles duquel l'organisme se défend en produisant l'ammoniaque nécessaire à la neutralisation de l'acide lactique (Salaskin et Zaleski; Lang). Mais par des circulations artificielles sur le foie d'oie, Kowalewsky et Salaskin ont montré que l'on provoque une production d'acide urique dans l'organe en ajoutant au sang d'arrivée du lactate d'ammonium et mieux encore de l'arginine, c'est-à-dire un acide aminé. Il y a longtemps d'ailleurs que l'on sait que la leucine, la tyrosine, l'acide aspartique augmentent chez les oiseaux l'excrétion de l'acide urique (Von Knierim).

Il est donc très vraisemblable que, chez les oiseaux, l'acide urique se forme par une synthèse entre l'acide lactique et l'ammoniaque, cette dernière étant sans doute transformée d'abord en urée, et cette conclusion est confirmée par ce fait que l'ingestion d'urée et d'acide lactique (ou d'autres acides gras) augmente la quantité de l'acide urique chez les oiseaux (Wiener).

Une telle synthèse se produit-elle chez les mammifères. On l'a soutenu, et l'on a émis aussi l'hypothèse d'une synthèse à partir des bases pyrimidiques (p. 53), mais sans preuves expérimentales convaincantes. Rappelons cependant la forte production d'acide urique chez le nourrisson, qui reçoit si peu de purines alimentaires (p. 334), et les intéressantes expériences d'Ascoli et de ses élèves sur la reconstruction de l'acide urique par les purées d'organes (p. 338).

## § III. — FAITS RELATIFS A LA PATHOLOGIE DE L'ACIDE URIQUE.

Les troubles que l'on constate dans les mouvements de l'acide urique au cours de certaines affections ne jouent visiblement aucun rôle pathogénique important, du moins primitivement. Ainsi se présente, par exemple, l'exagération énorme de l'excrétion d'acide urique dans la leucémie. Ici le sang est envahi par un nombre considérable de globules blancs, qui sont ultérieure-

---

1. On sait que, chez les oiseaux, il existe une veine porte rénale, qui va de la veine cave inférieure vers le rein, et qui communique, par une anastomose appelée veine de Jacobson, avec la veine porte hépatique. Cette disposition permet de lier les vaisseaux sanguins afférents du foie sans provoquer la mort immédiate, comme chez les mammifères. La survie, chez les oiseaux, est de douze à vingt heures.

ment détruits[1], et cette sorte de digestion intra-sanguine d'élément riches en noyaux, c'est-à-dire en purines, produit naturellement le même effet que l'ingestion d'aliments porteurs de nucléoprotéides. Le sang contient alors des quantités importantes d'acide urique (jusqu'à 10 milligrammes p. 100), et dans l'urine l'excrétion de cet acide atteint, en vingt-quatre heures, 3, 4 et 5 grammes et même davantage. La même remarque s'applique à l'augmentation d'acide urique dans l'urine au décours de la pneunomie franche. Là il y a liquéfaction et résorption particlle d'un exsudat, que l'invasion des leucocytes à rendu riche en noyaux (p. 104).

Dans la goutte, au contraire, le rôle pathogénique de l'acide urique est visiblement de premier ordre, et, dans ce qui suit, c'est surtout de cette affection qu'il sera question. Il n'entre pas dans le plan de ce livre de discuter méthodiquement toutes les théories pathogéniques qui ont été proposées pour cette maladie. On se bornera à passer en revue les principaux faits qui peuvent servir d'arguments pour ou contre ces théories.

Comme dans cette affection tout le débat tourne autour de la question d'une augmentation de la quantité d'acide urique en circulation dans l'organisme ou en voie d'excrétion, il est utile de montrer d'abord la complexité avec lequelle se présente ce phénomène.

**Complexité du phénomène d'une excrétion exagérée d'acide urique.** — Des données physiologiques qui précédent, il résulte que des facteurs de nature bien différentes peuvent augmenter la quantité d'acide urique éliminée par l'urine.

1° Cette augmentation peut tenir à un plus fort apport de purines alimentaires (ou secondairement une meilleure résorption de celles-ci).

2° Elle peut être aussi le résultat d'une désagrégation plus abondante de nucléoprotéides de l'organisme, comme il arrive par exemple dans la leucémie ou la pneumonie fibrineuse.

3° Une plus forte excrétion d'acide urique peut résulter aussi d'une destruction moins active de cet acide par les tissus (s'il est vrai qu'une telle destruction a lieu chez l'homme).

4° Enfin, rien n'étant changé dans la production ni dans la destruction de l'acide urique, il peut arriver qu'une partie de cet acide soit retenu dans le sang ou dans les tissus pendant quelque

---

1. Cette destruction porte aussi sur les globules blancs des ganglions et d'autres organes.

temps et s'élimine à un moment donné, par exemple parce que la perméabilité rénale s'est améliorée ou parce que des boissons abondantes ont assuré une meilleure lixiviation des tissus.

Il convient de rappeler aussi les précautions qu'impose, dans l'étude de ces phénomènes, la double origine endogène et exogène de l'acide urique. Avant tout il faut pour chaque sujet, au moyen d'une alimentation exempte de purines (p. 334) et continuée au moins pendant quelques jours, faire descendre l'excrétion de l'acide endogène jusqu'à son seuil physiologique, puis étudier les variations de cette fraction, et, enfin, déterminer comment le sujet traite les purines venues du dehors. De là résulte évidemment que, sauf de rares exceptions, les résultats si nombreux, accumulés par les cliniciens à une époque où l'on ignorait l'influence du régime sur la production de l'acide urique, sont malheureusement à jeter par-dessus bord. Il en va de même de tous ceux qui ont été obtenus par des méthodes inexactes (par exemple par l'ancienne méthode de précipitation de Heintz ou par des méthodes gazométriques, souvent encore plus illusoires).

## 1. *L'acide urique chez le goutteux en dehors des accès.*

**L'acide urique endogène.** — Soumis à un régime exempt de purines, les goutteux éliminent des quantités d'acide endogène qui se tiennent tantôt au-dessous du minimum physiologique, tantôt dans les limites entre lesquelles se meut l'excrétion endogène chez les individus bien portants, mais, dans ce cas, souvent près de la limite inférieure. De plus, chez le même individu, la quantité de l'acide endogène, au lieu d'être sensiblement constante, présente des variations beaucoup plus étendues qu'à l'état normal.

Chez 6 goutteux observés durant des périodes allant de trois à trente et un jours, Brugsch et Schittenhelm ont trouvé des excrétions qui étaient en moyenne respectivement de 0 gr. 248, 0 gr. 306, 0 gr. 280, 0 gr. 263, 0 gr. 127 et 0 g. 314, et pour 30 autres malades étudiés par divers auteurs, ils ont relevé 12 fois des valeurs inférieures à 0 gr. 30 et 10 fois des valeurs comprises entre 0 gr. 30 et 0 gr. 40. De très faibles excrétions ont été constatées par d'autres auteurs (H. Labbé et H. Hancu). Voici, d'autre part, un exemple des variations considérables observées pour l'acide endogène trois mois après le précédent accès et six mois avant le suivant : 0 gr. 521, 0 gr. 328, 0 gr. 301, 0 gr. 298, 0 gr. 487, 0 gr. 561, 0 gr. 472 et 0 gr. 444 (Kaufmann et Mohr).

Ces résultats appelaient un complément important, à savoir *la détermination de l'acide urique dans le sang des goutteux*, toujours pendant une alimentation sans purines. Or, tandis que l'on ne parvient pas, en général, dans ces conditions à caractériser l'acide urique dans le sang de l'homme bien portant, cette opération réussit constamment avec le sang des goutteux. C'est là un fait capital, établi d'abord par Garrod à l'aide de sa fameuse *épreuve du fil* [1], et que des déterminations quantitatives précises sont venues confirmer ensuite.

Dans 11 cas de goutte, Brugsch et Schittenhelm ont constamment réussi à démontrer la présence de l'acide urique dans le sang pendant une alimentation sans purines, et 4 déterminations quantitaves leur ont donné de 2 à 4 mgr. d'acide urique pour 100 cm$^3$ de sang. Dans 200 cm$^3$ de sang prélévés sur un goutteux, après deux mois d'un régime sans purines institué à la suite d'un accès, B. Bloch a trouvé de même 8 mgr. 9 d'acide urique, soit donc 4 mgr. 45 pour 100 cm$^3$.

**L'acide urique exogène.** — Chez l'individu normal, réduit à ses purines endogènes, on trouve que sur 100 de purines venues du dehors (sous la forme de viande), de 40 à 55 p. 100, en moyenne 50 p. 100 apparaissent dans l'urine en sus du minimum endogène (C. von Noorden). Mais là aussi les dispositions individuelles jouent peut-être un grand rôle. En se servant d'acide nucléique à teneur en purine bien connue, Brugsch et Schittenhelm n'en ont retrouvé que 23-24 p. 100. Quoi qu'il en soit, il semble bien que, chez le goutteux, le rendement est encore moins bon, au moins dans une partie des cas. Quelquefois même il est nul, ce que l'on n'observe jamais à l'état normal [2].

Voyons maintenant quelle est, chez le goutteux et chez l'individu normal, la marche de l'excrétion de l'acide exogène, et cherchons ce qu'est devenu, chez le goutteux, l'acide manquant. Ici on a trouvé que *l'excrétion de l'acide est bien plus lente* chez le premier que chez le second et, de plus, que *l'acide manquant n'est pas resté dans le sang du goutteux*, mais qu'il a été éliminé sous la forme d'autres déchets azotés (Brugsch et Schittenhelm).

1. Épreuve consistant à provoquer, par addition d'un acide, la cristallisation (et le dépôt sur un fil) de l'acide urique contenu dans le sérum d'une petite prise de sang.

2. C. von Noorden et Schliep ont proposé de déterminer de la sorte la tolérance des goutteux pour les purines, c'est-à-dire la quantité de purines dont ils sont en mesure de tirer, comme l'individu normal, environ 50 p. 100 d'acide urique et de calculer ainsi la quantité de viande qu'il sera permis au malade de consommer chaque jour, comme on détermine chez un diabétique sa tolérance aux hydrates de carbone.

1° Tandis qu'à l'état normal l'excrétion de l'acide urique exogène est le plus souvent terminée en un à deux jours, elle se prolonge, au contraire, chez le goutteux beaucoup plus longtemps.

2° Au bout de ce temps, le goutteux n'a éliminé en acide urique que 0 à 20 p. 100 des purines ingérées, contre 23 à 24 p. 100 chez l'individu bien portant. La différence n'a pas été retenue dans l'organisme, car chez le goutteux comme chez l'homme normal, tout l'azote apporté par l'acide nucléique apparaît dans l'urine, et soit sous la forme d'urée, de bases puriques et d'acide urique, avec cette seule différence que, chez le premier, l'exécrétion de tous ces produits — surplus d'urée, bases puriques, acide urique — se prolonge pendant plusieurs jours, tandis que chez le second elle est rapidement terminée.

3° Pour la raison qui vient d'être dite, c'est-à-dire parce qu'une partie de l'acide urique manque à l'appel, la proportion de l'acide urique aux bases puriques est modifiée. Chez le sujet normal qui a reçu de l'acide nucléique, elle est revenue déjà le 2ᵉ ou le 3ᵉ jour à 10 : 1 ou même à 15 : 1 ; chez le goutteux elle se maintient d'une manière plus durable à 5 : 1 et même à 3 : 1.

4° L'ingestion de quantités considérables de thymus, d'extrait de viande, d'acide nucléique (20 grammes) et même de viande, produit chez l'individu normal une accumulation momentanée d'acide urique dans le sang) (Weintraud, Strauss, Bloch, Schur). Chez le goutteux, Brugsch et Schittenhelm ont constaté, au contraire, ce fait remarquable, à savoir qu'après ingestion de 50 grammes d'acide nucléique, le sang ne renferme pas plus d'acide urique qu'au cours d'une alimentation sans purines.

De cet ensemble de faits, Brugsch et Schittenhelm ont tiré cette conclusion que c'est à la fois la *production* de l'acide urique à partir des bases puriques et la *destruction* de cet acide (ou du moins d'une partie de cet acide) qui sont ralenties et traînantes chez le goutteux. Mais on ne suivra pas ici le raisonnement de ces auteurs, car ils admettent comme démontré qu'il y a uricolyse chez l'homme aussi bien que chez les animaux, ce que d'autres contestent nettement. Or, il est clair que cette contradiction devra être résolue avant qu'on puisse tenter une explication d'ensemble.

Quoi qu'il en soit, il paraît bien démontré que le goutteux n'est nullement ce producteur de quantités exagérées d'acide urique que l'on a décrit jusqu'à présent.

## 2. *L'acide urique chez les goutteux au moment de l'accès.*

**L'acide urique endogène.** — On admettait autrefois, d'après Garrod, qu'au moment de l'accès l'excrétion de l'acide urique est diminuée. On sait aujourd'hui qu'il n'en est rien et que l'accès est, au contraire, accompagné d'une débâcle d'acide, même chez le goutteux mis au régime sans purines.

Un peu avant l'accès (un à quatre jours), on observe souvent, mais non d'une façon constante, une diminution de l'acide urique, puis, le jour de l'accès, l'excrétion monte brusquement, se maintient élevée pendant un à deux jours, rarement trois, puis diminue lentement et s'abaisse même au-dessous de la normale. Exemple (Brugsch) :

Acide urique<br>en 24 heures.

| | |
|---|---|
| Au moment de l'accès.............. | $0^{gr}$,708 et $0^{gr}$,675 |
| Intervalle de 4 jours (moyenne) ..... | $0^{gr}$,376 |
| Autre accès (1 jour) ................ | 0 ,618 |
| Après l'accès (moyenne de 8 jours)... | 0 ,375 |
| Petit accès (moyenne de 2 jours).... | 0 ,585 |

Toutefois on connaît quelques cas bien étudiés où la débâcle au moment de l'accès a fait défaut (His, Zagari, Vogt).

Que se passe-t-il, d'autre part, *du côté du sang*? On a cru pendant longtemps, sur la foi d'expériences faites par Garrod par sa méthode au fil, très insuffisante au point de vue quantitatif, que l'acide urique s'accumule dans le sang avant l'accès et diminue après celui-ci. En réalité on ne peut saisir aucune variation régulière de la richesse du sang en acide.

Dans ses recherches systématiques sur le sang des goutteux, Magnus-Levy a trouvé tant avant que pendant l'accès, et sans aucune régularité, de 3 à 8 milligrammes, et comme valeurs moyennes de 5 à 7 milligrammes d'acide dans 100 centimètres cubes de sang. Deux saignées de 200 centimètres cubes chacune ont de même fourni à B. Bloch, au moment de l'accès, 9,7, et, après deux mois d'un régime sans purines, institué au moment de cet accès, 8,9 milligrammes, soit donc pratiquement le même résultat.

**L'acide urique exogène.** — Lorsqu'on donne des aliments à purines au moment de l'accès, on recueille en général dans l'urine moins d'acide urique que chez des sujets normaux et moins qu'en dehors de l'accès. Tout de suite après l'accès, au moment où l'excrétion des purines endogènes est diminuée, au point qu'elle s'abaisse au-dessous de la normale, celle des purines exogènes est aussi très mauvaise.

Voici quelques résultats obtenus chez des malades recevant de la viande ajoutée à une ration sans purines. Les quantités d'acide urique sont exprimées en centièmes de la quantité qui peut théoriquement sortir des purines ingérées, la quantité recueillie chez l'homme bien portant étant en moyenne 50 p. 100 (L. Schliep).

Acide urique<br>recueilli<br>(en centièmes).

|  |  |
|---|---|
| I. — Avant l'accès | 49 |
| Tout de suite après l'accès | 19 |
| Quinze jours plus tard | 41 |
| II. — Sujet à forts gonflements articulaires | 15 |
| III. — Autre sujet ayant sans cesse de petits accès. | 0 |

Ajoutons que l'on a réussi à plusieurs reprises à provoquer un accès chez des goutteux en leur donnant des aliments riches en purines. Cette expérience a réussi notamment chez le goutteux de Br. Bloch dont il est question ci-dessus (p. 345 et 347) et chez lequel Reach a réussi à provoquer un accès en lui faisant ingérer du pancréas. Mais on a vu que l'accès peut éclater aussi en dehors de tout apport de purines extérieures. Ce qui est singulier, c'est que cette ingestion de purines alimentaires, qui pourrait donc être la cause déterminante d'un accès, ne provoque d'après Brugsch et Schittenhelm aucune augmentation de l'acide urique dans le sang. On n'aperçoit donc de ce côté aucune explication du mécanisme de l'accès, et notamment de la débâcle urique au moment de l'accès.

### 3. *La précipitation de l'acide urique dans les tissus*.

**État de l'acide urique dans le sang.** — Le sang étant alcalin, on en a conclu que l'acide urique doit s'y trouver à l'état d'*urate monosodique* et il est, en effet, possible qu'une partie au moins de l'acide prenne dans le plasma cette forme saline (Gudzent). On a avancé aussi que l'acide urique est lié dans le sang à des matières organiques complexes, *acide nucléique*, *acide thymique*, mais de telles combinaisons n'ont jamais été saisies dans le sang, et le fait qu'elles peuvent être obtenues *in vitro* et qu'elles soustraient cet acide à ses réactifs habituels est une constatation très intéressante au point de vue analytique, mais que rien n'autorise actuellement à transporter à l'être vivant. Il y a cependant quelques indices qui doivent encourager à la recherche de telles combinaisons dans le sang.

Il ne faudrait pas croire que l'acide urique du sang est maintenu en dissolution d'autant plus sûrement que ce liquide est plus riche en carbonate de sodium. *In vitro* on constate, en effet, que l'addition de sels de sodium en général et de carbonate de sodium en particulier diminue la solubilité de l'urate de sodium (Roberts), résultat que la théorie de la dissociation électrolytique faisait d'ailleurs prévoir. D'autre part, si le sérum sanguin (de bœuf) dissout, d'après les expériences de Talyor, 1 gramme d'acide urique p. 1000, soit donc beaucoup plus que l'eau distillée, ce résultat n'est pas dû à l'alcalinité du sérum qui, dans ces essais, avait été légèrement acidifié. Enfin on verra plus loin que les variations de l'alcalinité du sang chez le goutteux ne fournissent aucune explication de la production des dépôts d'acide urique dans les tissus.

Quant aux acides nucléique et thymique, il est certain que, dans une solution contenant un mélange d'urate et de nucléate de sodium, l'acide urique n'est pas précipité par les acides, ni par le réactif argento-magnésien (Goto, Minkowski). De telles combinaisons existent-elles dans le sang? Cela est possible; car, quand on agite avec un cristal d'acide urique de l'urine acidifiée, on en précipite par une agitation prolongée tout l'acide urique, tandis que du sang chargé d'acide urique par ingestion abondante de purines (acide nucléique) et traité de la même façon n'en laisse précipiter que la moitié environ (4,3 milligrammes sur les 8 milligrammes décelés par l'analyse) (Bloch). Une partie de l'acide urique existerait donc dans le sang, non à l'état salin, mais engagé dans une combinaison plus solide, dont la nature reste à déterminer. Le fait qu'en dissolvant de l'acide urique dans le sérum, on ne modifie pas la conductibilité électrique, plaide dans le même sens (Taylor).

Concluons que l'on ignore la forme sous laquelle l'acide urique circule dans le sang chez le goutteux. C'est pourquoi on ne parlera pas ici des théories de la goutte dont le point de départ est fourni par des hypothèses sur l'état de cet acide dans le sang.

**Causes qui provoquent le dépôt d'acide urique dans les tissus.** — On sait que ces dépôts (tophus) consistent essentiellement en urate acide de soude[1] et qu'ils se forment avec prédilection dans les articulations. Quelle est la cause qui détermine ces précipitations?

La première explication qui se présente est celle d'une *sursaturation du sang* par l'acide urique. Mais les quantités d'acide urique trouvées dans le sang des goutteux restent très loin derrière celles que le sérum normal et le sérum goutteux peuvent dissoudre (Klemperer, C. von Noorden)[2]. On a fait appel aussi à une *diminution de l'alcalinité du sang*, soit générale, soit locale (au

---

1. Les tophus contiennent p. 100 de substance sèche environ 60 d'acide urique, 9 à 12 de $Na_2O$ et 3 de $K_2O$.

2. Un sérum de goutteux, prélevé tout au début d'un accès grave et qui contenait 8,6 mgr. d'acide urique pour 100 cm³, a pu en dissoudre encore 43,6 mgr.

niveau des tissus frappés par les tophus). Mais, ni au moment des accès, ni en dehors des accès, l'alcalinité de titration du sang des goutteux n'est inférieure à la normale (Magnus-Levy, Drouin)[1]. Pareillement, la résorption des dépôts d'urates, produits artificiellement ou formés spontanément dans les tissus, ne tient en aucune façon à une augmentation de cette alcalinité. Elle est le résultat d'un travail de phagocytose (Freudweiler, van Loghem)[2]. La reprise de cristaux d'acide urique a lieu, au contraire, directement par les sucs de l'organisme (van Loghem), mais le tophus goutteux n'est pas formé d'acide libre. Quant à l'explication de Kionka, qui fait jouer un rôle au glycocolle dans la production des dépôts uratiques, elle vient de perdre, par des déterminations très démonstratives de Brugsch et Schittenhelm, toute base expérimentale.

On a cherché aussi la raison des dépôts d'acide urique au niveau des tissus du goutteux dans une altération primitive de ces tissus, par laquelle la précipitation de l'acide urique serait sollicitée (Ebstein). Peut-être la composition chimique de certains tissus rend-elle, avant toute altération, cette précipitation plus facile. Tel serait le cas du cartilage, pour lequel les cristallisations uratiques ont, chez le goutteux, une préférence marquée. Quand on dépose, en effet, dans une solution d'urate de sodium des tranches de cartilage de cheval ou d'homme, on constate que le liquide s'appauvrit en urates, et que le cartilage présente après quelques jours des taches, qui rappellent les dépôts uriques des cartilages des goutteux et qui sont constitués par des amas cristallins d'urate de sodium (Roberts, Almagia, Brugsch et Citron).

1. On a fait remarquer très justement que la seule maladie où l'on ait nettement constaté une diminution de l'alcalinité de titration du sang, à savoir le diabète, ne conduit nullement à des dépôts uratiques dans les tissus, et cependant ces malades consomment souvent des quantités énormes d'aliments à purines (viande) (C. von Noorden).

2. Voici cependant des expériences qui démontrent l'importance de la réaction des humeurs dans la production expérimentale de tophus chez l'animal, mais il est difficile d'en tirer quelque chose de précis pour la pathologie humaine. Une émulsion de cristaux d'acide urique dans de l'eau, injectée sous la peau d'un chien, disparaît totalement en quelques jours. Chez le lapin, au contraire, les cristaux sont de même dissous, mais se reprécipitent, *in loco*, sous l'influence d'un travail d'exsudation leucocytaire et à l'état de cristaux aiguillés d'urate, ayant tout à fait l'aspect de choux-fleurs que présentent les cristallisations uratiques dans les tophus goutteux. On obtient ce même résultat chez le chien, si on lui donne en même temps beaucoup de bicarbonate de soude, et on cesse de l'obtenir chez le lapin, à qui l'on fait ingérer en même temps de l'acide chlorhydrique étendu (Van Loghem).

# CHAPITRE XVII

# ORIGINES ET TRANSFORMATIONS DES HYDRATES DE CARBONE DANS L'ORGANISME

La digestion des hydrates de carbone contenus dans nos rations habituelles fournit au sang, comme on l'a vu, principalement du glycose, et secondairement d'autres hexoses, matériaux qui sont arrêtés par le foie sous la forme de glycogène. C'est surtout ce dépôt de glycogène hépatique qui alimente l'organisme en hydrates de carbone : c'est lui qui fournit le glycose que le sang apporte aux tissus et que ceux-ci fixent à leur tour sous la forme de glycogène, ou qu'ils consomment en le conduisant jusqu'à l'état d'eau et d'acide carbonique.

Mais on a soutenu que l'organisme dispose encore d'autres sources d'hydrates de carbone. Ce sont les albumines, et peut-être les graisses, dont il peut tirer du glycogène ou du glycose dans certaines conditions physiologiques spéciales, peut-être même d'une manière constante.

Quand l'afflux de sucre d'origine alimentaire est maintenu pendant un certain temps à un niveau tel que les dépôts de glycogène sont portés à leur maximum ou qu'ils sont du moins très abondants, le surplus de sucre est fixé à l'état de graisse.

Enfin, dans certaines conditions, une partie du sucre peut être éliminée en nature par les urines, sans avoir été brûlée. C'est la glycosurie normale ou pathologique.

Telles sont les diverses origines que l'on a attribuées aux hydrates de carbone de l'organisme, et les diverses voies que ces matériaux prennent au cours des échanges nutritifs. Ce sont là aussi les questions qui sont l'objet du présent chapitre.

On saisit donc des hydrates de carbone dans l'organisme sous deux formes : 1° à l'état de glycogène déposé dans certains organes et surtout dans le foie et dans les muscles ; 2° sous la forme de glycose, qui circule à l'état de dissolution dans les humeurs et principalement dans le sang. Voyons d'abord quelles sont les origines de ces deux formes d'hydrate de carbone.

## § I. — LA PRODUCTION DU GLYCOGÈNE DANS L'ORGANISME.

Cette question paraissait, il y a quelques années, résolue dans ses parties essentielles. On admettait que le glycogène de l'organisme provient d'abord des hydrates de carbone alimentaires et que les protéiques aussi en peuvent fournir ; seule la question d'une production de glycogène à partir des graisses restait discutée. Puis, E. Pflüger ayant soumis à une vérification et à une critique sévère les expériences qui avaient conduit à ces conclusions, a remis en question presque toutes les parties de notre physiologie actuelle des hydrates de carbone. Bien qu'on ait soutenu, non sans raison peut-être, que la critique de Pflüger a été par endroits d'une rigueur excessive, on doit reconnaître que beaucoup de résultats que l'on croyait inattaquables ont succombé, que d'autres sont devenus suspects, et d'une manière générale que plus de rigueur et de circonspection ont été imposées aux physiologistes dans l'étude de ces questions.

Voici sur quoi ont porté surtout les critiques de E. Pflüger. Il a montré d'abord l'insuffisance des divers procédés d'extraction et de dosage du glycogène. L'extraction n'est complète qu'au prix d'une dissolution presque complète des tissus dans de la potasse concentrée et chaude[1], et dans le produit encore impur auquel on aboutit, le glycogène doit être dosé par transformation en glycose. C'est pourquoi l'évaluation de la grandeur des réserves de glycogène dont peut disposer l'organisme animal est resté pendant longtemps très au-dessous de la vérité (p. 360).

E. Pflüger a insisté aussi sur la difficulté qu'il y a de s'assurer que l'accroissement des réserves de glycogène, que l'on trouve chez un

1. L'extraction à l'eau bouillante, même prolongée jusqu'au moment où elle n'enlève plus de glycogène, laisse encore dans le tissu musculaire 25 p. 100 du glycogène total (R. Külz).

animal, provient bien réellement de telle substance que l'on a fait ingérer à cet animal. Il faut, en effet, toujours se défier des actions indirectes. Ainsi l'urée et les sels ammoniacaux, qui ne peuvent pas évidemment être des producteurs directs de glycogène, font cependant augmenter le glycogène du foie lorsqu'on les ajoute aux aliments, sans doute par suite de quelque action de stimulation sur la cellule hépatique, ou par un effet de ralentissement de la consommation des hydrocarbonés. Il peut arriver aussi qu'un aliment, sans être formateur de glycogène, accroisse néanmoins les réserves de glycogène, parce que sa destruction aura permis l'épargne d'une quantité correspondante d'hydrate de carbone.

Lorsqu'on essaye l'action d'un aliment sur la grandeur des réserves en glycogène d'un animal, il est impossible de savoir combien de glycogène existait dans l'organisme avant l'expérience. On tourne cette difficulté en faisant jeûner l'animal, de façon à réduire à un minimum les réserves de glycogène de ses tissus et en déterminant sur des animaux témoins, de même taille, la valeur de ce minimum [1]. Ici Pflüger montre combien les limites entre lesquelles se meut ce minimum sont étendues, et combien le terme de comparaison fourni par un seul témoin est sujet à caution. Ainsi, dans une expérience de von Mering, un chien a reçu après vingt et un jours de jeûne 400 à 500 grammes de fibrine, et l'animal ayant été sacrifié six heures après, on a trouvé dans son foie 16 gr. 3 de glycogène, tandis que le foie d'un témoin de même taille, ayant jeûné aussi vingt et un jours, n'en donnait que 0 gr. 48. Il semblait donc que cette augmentation considérable du glycogène hépatique pût être rapportée avec sécurité à la fibrine. Pflüger montre qu'il n'en est rien, puisque chez un chien d'un poids double à la vérité, mais qui avait jeûné vingt-huit jours, il a trouvé dans le foie 22 gr. 5 de glycogène. Il faut donc que les déterminations de contrôle dont on dispose soient nombreuses, et de plus qu'elles aient été faites dans des conditons identiques à celle de l'expérience principale, car en hiver, par exemple, le foie des lapins et l'organisme des grenouilles sont toujours plus riches en glycogène qu'en été (Gürber, Athanasiu).

En outre, on ne doit pas se contenter, comme on le fait souvent, de constater que sous l'influence d'un aliment la quantité de glycogène a augmenté dans le foie, car il se peut qu'elle ait en même temps diminué dans les autres organes. Or, on s'est contenté souvent de faire le dosage du glycogène hépatique, en admettant que le reste de l'organisme en renferme autant que le foie, ce qui est bien aventuré, car E. Külz a montré que, chez les poules à jeun depuis trois à dix jours, le poids de glycogène contenu dans le reste du corps est bien plus considérable (en moyenne 20 fois) que celui du glycogène hépatique, et chez le cheval on a noté des différences du même ordre. Il ne faut pas davantage conclure d'un animal à l'autre, quant aux quantités de glycogène qu'accumule dans

---

1. Chez le chien on a essayé aussi de compléter ou de remplacer l'action du jeûne par un travail musculaire prolongé (à la roue) (Bendix), et que Külz a fait suivre d'ingestions répétées de chloral, médicament qui, s'éliminant sous la forme d'un acide glycuronique conjugué, soustrait chaque fois des hydrates de carbone aux tissus. Chez le lapin on a fait suivre aussi un jeûne de plus courte durée de convulsions strychniques prolongées pendant cinq heures (Frentzel). Mais même le travail musculaire avec jeûne et sommeil chloralique prolongé laisse encore subsister beaucoup de glycogène musculaire.

LAMBLING. — Précis de biochimie.     23

l'organisme une alimentation donnée. Chez 16 pigeons d'une même couvée et nourris de la même façon pendant dix jours E. Külz a trouvé, en effet, de 0 à 8,89 p. 100 de glycogène hépatique.

**La production du glycogène à partir des hydrates de carbone.** — Quand à un animal (poule, lapin) appauvri en glycogène par le jeûne, on fait ingérer de l'amidon, de la dextrine, du maltose, du saccharose, du glycose ou du lévulose, on trouve, dans le corps de l'animal sacrifié quelques heures plus tard, une quantité de glycogène bien supérieure à celle que contient le corps des animaux de contrôle. Ce glycogène est-il sorti directement de l'hydrate de carbone ingéré, ou bien celui-ci a-t-il simplement préservé de la destruction un autre aliment, producteur du glycogène, à savoir l'albumine ou la graisse (théorie de l'épargne)? Comme une ingestion même abondante de graisse ne produit aucune accumulation de glycogène, on peut écarter l'hypothèse d'une intervention de cet aliment. D'autre part, en calculant d'après l'azote excrété, la quantité d'albumine que l'organisme a décomposé pendant la durée de l'expérience, on trouve que la quantité maximum de glycogène, qui a pu sortir de cette albumine, est très inférieure au surplus de glycogène trouvé chez l'animal en expérience. *Une partie au moins de ce surplus de glycogène provenait donc certainement de l'hydrate de carbone ingéré.*

Voici le détail d'une des expériences de J. Otto. Un coq de 1 728 grammes reçoit, après cinq jours de jeûne, 50 grammes de glycose pur ; il est sacrifié sept heures plus tard, et on trouve dans son foie 5 gr. 37, et dans le reste de son corps 4 gr. 98, soit donc en tout 10 gr. 35 de glycogène. La quantité maximum de glycogène qui a pu exister dans tout le corps de l'animal après cinq jours de jeûne est de 2 gr. 13. La différence, qui est de 8 gr. 22, ne peut pas provenir de l'albumine décomposée en même temps. En effet, dans les excréments il y avait 0 gr. 724 d'azote provenant de 4,52 grammes d'albumine détruite, lesquels renfermaient 2 gr. 385 de carbone. Mais tout ce carbone n'a pas pu servir à faire du glycogène, puisqu'une partie, et soit 0 gr. 875, a passé dans les excrétions [1]. Il ne reste donc que 2,385 − 0,875 = 1 gr. 51 qui ont pu produire du glycogène, et soit au maximum une quantité de 3 gr. 397. On trouve donc que 8,22 − 3,397 = 4 gr. 823 de glycogène ne peuvent provenir que du glycose ingéré.

1. D'après Rubner chaque gramme d'azote apparaissant dans les excréments de la poule en inanition correspond à 1 gr. 208 de carbone éliminé en même temps. Dans l'espèce, 0 gr. 724 d'azote correspondaient donc bien à 0 gr. 875 de carbone.

D'après E. Külz le galactose, le lactose, et un grand nombre d'autres corps, dont quelques-uns très éloignés des hydrates de carbone (mannite, dulcite, quercite, inosite, glycérine, glycol propylénique, etc.), seraient aussi des producteurs directs de glycogène. Mais les critiques de Pflüger doivent faire considérer beaucoup d'entre ces résultats comme très suspects.

Comme ces divers sucres, producteurs de glycogène, ont une structure chimique différente, et que le glycogène trouvé dans l'organisme donne, au contraire, par hydrolyse toujours le même hexose, à savoir du glycose, il faut admettre que le foie transforme d'abord en glycose tous les sucres que lui fournit la digestion, avant de les condenser sous la forme de glycogène [1].

Notons d'abord que la réalité d'une telle transformation a été définitivement démontrée par E. Pflüger qui, ayant nourri des chiens, à jeun depuis six jours, de viande et de grandes quantités de lévulose, n'a trouvé dans le foie de ces animaux que le glycogène droit ordinaire. Que l'organisme possède un tel pouvoir de transformation, c'est ce que démontre aussi la sécrétion du lactose. Il est établi, en effet, que dans la mamelle ce sucre se forme à partir du glycose (Porcher), d'où il résulte que cet organe a d'abord fait du galactose avec du glycose et qu'il a ensuite réalisé la synthèse du lactose par l'union de ces deux hexoses. Quant au mécanisme chimique de telles transformations, il est devenu moins mystérieux, depuis que l'on sait qu'en milieu alcalin le glycose, le lévulose et le mannose s'engendrent réciproquement avec facilité (Lobry de Bruyn et van Eckenstein).

**La production du glycogène à partir des protéiques. —** On a envisagé dans ce qui précède la possibilité d'une production de glycogène à partir des protéiques. C'était l'opinion défendue par Cl. Bernard à la suite d'expériences sur des chiens nourris de viande. Mais on ignorait à cette époque la présence du glycogène dans cet aliment. Cette démonstration a été reprise par un grand nombre d'observateurs (Stokvis, Wolfberg, Mering, Külz) sur des animaux (poules, pigeons, chiens) appauvris en glycogène par les procédés décrits ci-dessus, puis nourris d'aliments protéiques, et chez lesquels on trouvait ensuite, dans le foie et dans les autres

1. La liste des sucres qui sont producteurs de glycogène, quand on les introduit *per os*, se modifie, quand on conduit le sucre directement dans le foie, en supprimant par conséquent l'action préalable des sucs digestifs. Ainsi un foie de tortue que l'on fait traverser par du liquide de Ringer, tenant en dissolution les sucres étudiés, fait du glycogène avec le glycose ordinaire, le lévulose, le galactose ; il n'en fait pas avec le saccharose et le lactose. K. Grube a constaté ainsi que la plus petite molécule qui soit, dans ces conditions, productrice de glycogène est la formaldéhyde (voy. p. 9).

organes, du glycogène en quantité bien supérieure à celle que fournissaient dans les mêmes conditions les animaux de contrôle.

Pflüger a soumis toutes ces expériences à une critique très serrée, d'où il résulte pour lui qu'aucune d'elles n'est convaincante, soit parce que la technique analytique a été insuffisante, ou parce que l'aliment protéique employé apportait des hydrates de carbone, soit parce que la quantité de glycogène, qui subsistait encore dans l'organisme au moment de l'ingestion de l'aliment, a été évaluée trop bas. Bien qu'il soit difficile de mesurer partout la valeur de ces critiques, on a néanmoins l'impression que la plupart d'entre elles sont justifiées. Quoi qu'il en soit, après avoir passé au crible tous les résultats réunis jusqu'à présent, Pflüger arrive finalement à cette conclusion que les protéiques ne produisent du glycogène que dans la mesure où ils sont de nature glycosidique, c'est-à-dire lorsqu'ils apportent eux-mêmes un groupe hydrocarboné dans leur molécule [1], et il aperçoit la vérification de cette proposition dans des expériences de son élève Schœndorf, qui, ayant donné à des grenouilles à jeun depuis longtemps de la caséine pure, soit donc un protéique exempt de tout groupe hydrocarboné, n'a pas constaté la moindre formation de glycogène. Au contraire, avec l'ovalbumine, qui est pourvue d'un tel groupe, on obtient chez ces animaux une notable production de glycogène (Blumenthal et Wohlgemuth).

Comme il s'est agi dans ces recherches d'animaux à sang froid, Bendix, reprenant la question dans le laboratoire de Zuntz, a expérimenté sur le chien avec de la caséine (2 expériences) et avec de la gélatine (1 expérience), en essayant d'établir d'abord qu'après vingt-quatre jours de jeûne, suivis d'un travail musculaire de quatre heures, ces animaux sont entièrement dépourvus de glycogène. Mais il est certain que cette démonstration préalable a succombé sous les critiques de E. Pflüger, qui du reste a mis en évidence encore d'autres causes d'erreur pesant sur les expériences mêmes de Bendix. Comme enfin les expériences de Rolly sur le lapin n'ont pas mieux résisté à l'impitoyable inventaire de Pflüger, on doit conclure finalement que *la production du glycogène à partir des protéiques, généralement admise il y a quelques*

---

1. Il faudrait tenir compte ici non seulement des groupes hydrocarbonés que l'hydrolyse des protéiques détache à l'état de sucres réducteurs (glycosamine), mais encore des polyalcools aminés non réducteurs, que Hugounenq a trouvés récemment dans l'ovalbumine, grâce à sa méthode de l'hydrolyse fluorhydrique (p. 28), et qui sont très voisins des sucres.

*années, ne peut plus être considérée aujourd'hui comme démontrée avec une rigueur suffisante* (voy. p. 363).

**La production du glycogène à partir des graisses.** — Quand on fait ingérer à des chiens, appauvris en glycogène par un jeûne prolongé, des quantités considérables de graisses, on ne trouve dans le foie que de petites quantités de glycogène (par exemple 0 gr. 56 après ingestion de 980 grammes de graisse), inférieures à celles que contient souvent le foie de ces animaux après un jeûne prolongé. *Ces expériences n'apportent donc aucune preuve en faveur d'une production de glycogène à partir des graisses.*

Toutefois, si l'ingestion de graisses est sans effet sur le glycogène hépatique, elle augmente, chez l'animal à jeun, les réserves de glycogène musculaire (Ch. Bouchard et Desgrez).

La production du glycogène, disons plus simplement du glycose,

$$CH^2OH\text{-}(CHOH)^4\text{-}COH,$$

c'est-à-dire d'un corps dont *tous les chaînons carbonés sont oxygénés*, à partir d'un acide gras, comme l'acide stéarique,

$$CH^3\text{-}(CH^2)^{16}\text{-}COOH,$$

dont la longue chaîne de 18 atomes de carbone ne comprend qu'*un maillon porteur d'oxygène*, implique évidemment une *fixation de ce gaz*. Or, ce phénomène a été observé chez les végétaux dès 1859 par J. Sachs et Wiesner, qui ont montré que si l'on fait germer à l'obscurité, dans un tube placé sur le mercure, des graines riches en amidon, on n'observe aucun changement du volume de l'air inclus dans le tube, mais que ce volume diminue, au contraire, si l'on prend une graine riche en graisse. Corrélativement on constate que les graisses disparaissent des cotylédons pour être remplacées par des hydrates de carbone (amidon, sucre).

La transformation chimique qui accompagne cette fixation d'oxygène est une oxydation incomplète. On peut la représenter par l'équation que voici (Ch. Bouchard), qui est celle de Chauveau légèrement modifiée :

$$C^{55}H^{104}O^6 + 30O^2 = 12H^2O + 7CO^2 + 8C^6H^{10}O^5$$

Oléo-stéaro-palmitine.  Glycogène.

Remarquons que 860 grammes de graisse, en se transformant dans les tissus en 1 296 grammes de glycogène, *fixent* 960 grammes d'oxygène inspiré et ne *perdent* que 308 grammes d'acide carbonique exhalé. On prévoit donc que cette transformation doit être accompagnée d'*une augmentation de poids*. Tel est précisément le phénomène observé en premier lieu par Ch. Bouchard. Quand un adulte, qui ne reçoit du dehors que de l'air atmosphérique, est installé sur le plateau d'une balance enregistrante, la diminution régulière que subit son poids fait place, en effet, dans certaines conditions à une augmentation pouvant atteindre 40 grammes. Ayant donc donné à des chiens, préalablement maintenus à jeun pendant deux à quatre jours[1], de grandes quantités de graisses pendant vingt à soixante-douze heures (jusqu'à 1 100 grammes en soixante-douze heures), Ch. Bouchard et Desgrez ont constaté que, de six à onze heures après l'ingestion de la graisse, le poids de l'animal cesse de diminuer, puis se met à augmenter et que la quantité de glycogène que l'on trouve dans les muscles est de beaucoup supérieure à celle que fournissent les muscles d'animaux témoins (3 gr. 26 contre 1 gr. 73), mais que malgré l'ingestion de graisse le foie avait continué à perdre de son glycogène, comme si l'inanition avait été maintenue.


## § II. — LA PRODUCTION DU GLYCOSE
## DANS L'ORGANISME.


**La transformation du glycogène en glycose**. — Bien que la digestion déverse quotidiennement dans le sang, sous la forme de sucres réducteurs, des quantités d'hydrates de carbone très variables et parfois très considérables (jusqu'à 400 grammes et plus encore), la teneur du sang en sucre reste toujours comprise entre les mêmes limites (de 0 gr. 65 à 1 gr. 5 chez l'homme), ce qui implique évidemment l'existence d'un mécanisme régulateur. On sait que c'est à Cl. Bernard que l'on doit la découverte fondamentale de cette régulation et du rôle que joue le foie dans ce phénomène.

C'est le foie qui arrête le glycose fourni par la digestion et qui le transforme en glycogène, c'est-à-dire en un colloïde qui, déposé dans les cellules hépatiques, constitue une réserve immobilisée et soustraite à l'oxydation. C'est cet organe qui fait repasser le glycogène à l'état de glycose, c'est-à-dire le remet en circulation, en le déversant dans le sang sous la forme d'un produit soluble, opération qui constitue donc une véritable sécrétion interne, la première qui ait été saisie en physiologie. Si la teneur du sang en sucre demeure néanmoins constante, c'est parce que du sucre est sans cesse détruit dans les organes périphériques. En effet le sang qui sort des organes, à l'exception du foie, bien entendu, est toujours plus pauvre en sucre que le sang d'arrivée (A. Chauveau). Et le rôle régulateur du foie consiste finalement en ceci que, placé

---

1. L'animal est, en outre, maintenu au repos et dans une enceinte chaude, le jeûne devant créer le besoin anatomique de glycogène, et le repos et l'enceinte chaude devant préserver le glycogène formé de la destruction.

entre la surface absorbante de l'intestin qui fournit le sucre, et les organes périphériques qui le consomment, le foie arrête plus ou moins de sucre sous la forme de glycogène et transforme plus ou moins de glycogène en sucre, selon les variations des recettes du côté de l'intestin ou celles des dépenses du côté des tissus.

Notons ici que le foie n'est pas le seul organe où se dépose du glycogène : on en trouve aussi dans le poumon, le rein, le placenta, le tissu conjonctif, les globules blancs, surtout dans le tissu musculaire qui, grâce à sa masse, en fixe des quantités considérables. Mais cette réserve de glycogène musculaire n'a pas la même signification que la réserve hépatique ; elle ne sert pas, comme cette dernière, à l'organisme tout entier, mais uniquement au muscle lui-même, qui la consomme sur place pendant le travail de la contraction.

Laissons ici de côté, parce qu'elles sont d'ordre proprement physiologique, les expériences par lesquelles Cl. Bernard a établi ce rôle régulateur du foie et l'étude des conditions physiologiques de ces phénomènes (action du système nerveux), et bornons-nous à examiner *le mécanisme chimique de la transformation du glycogène en glycose*. On a vu combien est encore mystérieuse la production synthétique du glycogène à partir du glycose. L'opération inverse est mieux connue : elle est l'œuvre d'une diastase, *l'amylase hépatique*.

Voici deux groupes d'expériences qui démontrent que cette transformation ne peut être rapportée ni directement à l'activité des cellules hépatiques, ni à une amylase du sang. 1° Un foie débarrassé de sang par lavage, puis durci par l'alcool (v. Wittich), ou encore un foie lavé par une solution de fluorure de sodium à 1 p. 100, qui met fin, comme l'alcool, à toute vie cellulaire (Arthus et Huber), cède à la glycérine une diastase amylolytique; 2° Le foie d'un lapin, qui a reçu quelques heures auparavant un repas de sucre, est réduit en purée et divisé en deux portions. La première est additionnée d'eau chloroformée, qui arrête toute vie cellulaire ou bactérienne, et la seconde est mise à bouillir, puis additionnée du même volume d'eau chloroformée. Après un séjour de soixante-huit heures à l'étuve on trouve dans la première beaucoup de sucre et peu de glycogène, dans la seconde beaucoup de glycogène et très peu de sucre (Salkowski).

**La production du glycose à partir des protéiques.** — L'organisme peut-il produire du glycose à partir des protéiques? Sous une forme un peu différente, c'est le problème de la production des hydrates de carbone à partir des protéiques, déjà examiné précédemment à propos du glycogène, et qui se pose à nouveau devant nous, mais ici il n'a pu être pratiquement abordé que pour l'animal ou l'homme rendus diabétiques. Il arrive, en effet, que l'organisme diabétique, réduit à une alimentation exempte d'hydrates de carbone, continue néanmoins à éliminer du sucre pendant de longs jours. Si l'on constate donc que la quantité de sucre excrétée est certainement supérieure à celle qu'ont pu fournir les réserves hydrocarbonées de l'organisme, on a établi par là l'existence d'une autre source de glycose, qui ne peut être représentée que par les protéiques ou par les graisses.

Les expériences faites sur ce plan ont été très nombreuses, mais nous laisserons de côté toutes celles qui sont antérieures aux travaux de Lüthje et de Pflüger, parce que, en appliquant à ces premières recherches [1] les nouvelles données de Pflüger sur la grandeur maximum des réserves de glycogène, à savoir 40 à 41 grammes par kilogramme chez le chien [2], on arrive partout à cette conclusion que ces réserves ont pu suffire pour faire face à l'excrétion de sucre urinaire. Les expériences de Lüthje et celles de Pflüger résistent, au contraire, à cette critique.

Voici le résumé de l'expérience la plus démonstrative de Lüthje. On extirpe le pancréas à un chien à jeun depuis cinq jours, on laisse ensuite l'animal jeûner encore pendant douze jours, puis on lui donne de la caséine (nutrose) pendant dix jours et enfin on le soumet encore à l'inanition pendant sept jours. Les quantités de sucre urinaire ont été :

| | |
|---|---|
| Pendant les 12 jours de jeûne............... | 228$^{gr}$,8 |
| — les 10 — à la caséine .......... | 975 ,3 |
| — les 7 derniers jours de jeûne........ | 150 ,4 |
| Soit au total............... | 1 354$^{gr}$,5 |

A raison de 40 gr. par kgr. et pour un poids initial de 18 kgr., l'animal pouvait posséder une réserve de 720 gr. de glycogène valant 800 gr. de glycose. Il reste donc 1 354 — 800 = 554 gr. de sucre qui ne proviennent certainement pas du glycogène [3].

L'expérience de Pflüger a consisté à nourrir un chien dépancréaté de

1. Elles ont porté sur des chiens rendus et maintenus glycosuriques à l'aide d'injections de phlorizine ou par extirpation du pancréas (v. Mering, Grunow, Hartogh et Schumm, Hédon) ou sur des malades diabétiques (Külz, Kratschmer Naunyn).

2. On a d'abord évalué ces réserves chez le chien à 8 gr. 5, puis à 11 gr. Mais Pflüger les porte aujourd'hui à 40 ou 41 gr. par kilogramme.

3. Si l'on tient compte des groupes hydrocarbonés que contiennent un grand nombre de protéiques de l'organisme (protéiques du sérum, glycoprotéides divers) et que Hammarsten évalue à 5 gr. par kilogramme, il y aurait encore à défalquer de ce chef 90 gr. Mais il resterait toujours 554 — 90 = 464 gr. de sucre ayant une origine autre que les hydrates de carbone de l'organisme.

chair de cabillaud, qui est pratiquement exempte de glycogène et de glycose, et qui apportait en outre 0,55 p. 100 de graisse. Du 24 décembre 1904 au 26 février 1905, l'animal, qui pesait 10 kgr. 3, a éliminé 3 097 gr. 1 de glycose. Or, ses réserves en glycogène ne pouvaient s'élever au maximum qu'à $10,3 \times 41 = 422$ gr. 3. La différence, soit $3\,097,1 - 422,3 = 2\,674$ gr. 8, n'a donc pu provenir que des protéiques ou des graisses.

Par ces expériences il était donc établi pour la première fois d'une façon irréfutable que *l'organisme diabétique peut tirer des quantités considérables de glycose d'une source autre que les hydrates de carbone.*

Lüthje soutient que *ce sucre provient des protéiques*, pour les raisons suivantes :

1ª Dans ces expériences, et notamment dans celle qui est citée ci-dessus, on voit le chien diabétique répondre nettement à l'ingestion de caséine par une plus forte excrétion de sucre, et à la suppression de la caséine par une diminution de ce sucre. C'est aussi ce que l'on constate chez les diabétiques à forme grave, ne recevant que des albumines et des graisses. Plus ces malades détruisent d'albumine, c'est-à-dire plus ils excrètent d'azote par l'urine, plus aussi ils éliminent de sucre, en sorte que le quotient $\dfrac{\text{Sucre urinaire}}{\text{Azote urinaire}}$, que les auteurs allemands représentent par le symbole $\dfrac{D}{N}$[1], est sensiblement constant chez ces malades et chez les chiens diabétiques, et voisin de 2,8 (de 2,62 à 3,05 ; Minkowski) ;

2° La quantité de sucre éliminée pendant de longs jours par des chiens diabétiques, ne recevant que de l'albumine, est souvent telle que les réserves de graisses, dont disposait l'organisme, sont insuffisantes pour couvrir cette perte de sucre, en sorte que celui-ci n'a pu sortir que de l'albumine.

A ces arguments Pflüger oppose les critiques et explications que voici :

1° L'action de l'albumine peut être indirecte, comme l'est celle de beaucoup de substances (oxyde de carbone, sels d'urane, sublimé), qui produisent de la glycosurie sans pouvoir fournir elles-mêmes du sucre. Cette action indirecte pourrait s'expliquer comme il suit. Dans l'organisme diabétique, tout pouvoir de détruire du sucre n'est pas aboli. Mais quand on donne à ces malades des quantités surabondantes d'albumine, ils les détruisent en vertu de la loi de l'équilibre azoté (p. 573), en sorte que du sucre, qui auparavant était brûlé, peut se trouver maintenant épargné. Il circule donc dans le sang plus de sucre non utilisé, et ce surplus s'écoule par les urines, en quantité d'autant plus grande que la quantité d'albumine consommée a été elle-même plus grande.

---

1. D désignant le glycose (ou *dextrose*) et N l'azote (ou *nitrogène*).

De là cette proportionnalité souvent observée entre le sucre et l'azote urinaire. Au surplus ce quotient $\frac{D}{N}$ n'est nullement aussi constant qu'on l'avance : il peut descendre à 0,41 et il peut s'élever jusqu'à 14,6, c'est-à-dire atteindre des valeurs telles que l'on est obligé de faire appel à l'hypothèse d'une production de sucre à partir des graisses.

En effet 100 gr. d'albumine à 52 p. 100 de carbone et à 16 p. 100 d'azote peuvent fournir un *maximum théorique* de 112 gr. de glycose [1]. La valeur la plus grande que pourrait prendre le quotient $\frac{D}{N}$ est donc $\frac{112}{16} = 7$ (ou même 8, si l'on adopte pour l'albumine une teneur moyenne en carbone un peu plus forte et une teneur moyenne en azote un peu plus faible). Or, comme ce quotient s'élève quelquefois jusqu'à 9 et même jusqu'à 14,6, il est clair que la quantité d'albumine détruite ne suffit plus pour rendre compte du poids de sucre produit, et qu'il faut faire appel aux graisses (voy. plus loin).

2° Quant au deuxième argument de Lüthje, il est sans valeur, car la quantité de graisse que possède encore un animal même amaigri est bien plus considérable qu'on ne le croit généralement et serait toujours plus que suffisante pour couvrir la quantité de sucre excrétée.

La démonstration de Lüthje n'est donc pas absolument convaincante, et la question demeure ouverte. On a essayé de la résoudre en donnant à des chiens, rendus diabétiques par extirpation du pancréas, les acides aminés constituants des protéiques, alanine, glycocolle, etc. (Embden et Salomon), et l'on a observé dans ces conditions une hausse considérable du sucre excrété, allant par exemple de 16 grammes, excrétion moyenne des jours précédents, à 29 gr. 3 le jour de l'introduction *per os* et sous la peau, de 34 grammes d'alanine, et à 19 gr. 3 le lendemain de ce jour. Mais rien ne permet d'affirmer qu'il s'agit d'une transformation directe de l'alanine en glycose, et non de quelque action indirecte.

Si ces acides aminés fournissent réellement du sucre, c'est qu'ils subissent la désamination préalable. L'alanine fournirait ici l'acide lactique (p. 301), et de fait l'urine de lapins ayant reçu de l'alanine contient de l'acide lactique, et, d'autre part, l'injection sous-cutanée de lactate de sodium à des chiens dépancréatés fait monter l'excrétion du sucre (Neuberg et Langstein; Embden et Salomon). Cette production synthétique de glycose, corps en $C^6$, à partir de l'acide lactique, corps en $C^3$, serait l'opération inverse du dédoublement du glycose en cet acide, réaction qui représente, on l'a vu, l'un des modes suivant lesquels la molécule du sucre se fragmente le plus volontiers sous l'influence d'agents chimiques ou biologiques (p. 60). Ce serait une « réversion »

---

1. En admettant que les 16 p. 100 d'azote se transforment en urée, on trouve que cette urée emporte 6 gr. 86 de carbone. Il reste donc pour faire du glycose 52 — 6,86 = 45 gr. 14 de carbone, lesquels peuvent fournir 112 gr. 8 de glycose.

dont la chimie biologique connaît d'autres exemples. Il était donc intéressant de faire ici ces constatations, bien qu'on ne puisse pour l'instant en tirer aucun argument pour la question qui nous occupe. Ajoutons que le foie (de tortue) ne fait pas de glycogène avec les acides aminés (glycocolle, alanine, leucine) qu'on lui offre par circulation artificielle, mais ce résultat ne prouve pas bien entendu que, *in vivo*, cette transformation soit impossible, car le foie a peut-être besoin de la collaration d'autres organes, comme il a besoin de celle des sucs digestifs, pour faire du glycogène avec le saccharose (p. 355, note 1).

Concluons donc qu'*une production de glycose à partir des protéiques*, admise sans contestation il y a quelques années, *ne peut plus être considérée aujourd'hui comme rigoureusement démontrée*, mais apparaît cependant comme très vraisemblable.

De divers côtés on a trouvé, en effet, excessive la critique exercée par Pflüger sur tous les résultats que l'on vient de passer en revue, et l'on continue à regarder comme établie une production d'hydrates de carbone à partir des protéiques. Mais il faut se rappeler que cette démonstration n'a été faite que dans des conditions spéciales, à savoir, pour le glycogène, chez les animaux tenus à jeun depuis très longtemps, et pour le glycose chez des diabétiques laissant s'écouler par l'urine des quantités considérables de sucre. Il ne s'en suivrait pas nécessairement que dans les conditions ordinaires de la vie, où la ration fournit un large apport d'hydrates de carbone, l'organisme fasse aussi appel à ses protéiques comme source de glycogène ou de glycose. Chauveau, Ch. Bouchard, A. Gautier et d'autres considèrent néanmoins une telle transformation comme un phénomène régulier, et en partant d'une équation de A. Gautier, Ch. Bouchard calcule que 100 grammes d'albumine donnent 50 grammes de glycogène ou 55 grammes de glycose. D'après Landergreen, l'organisme n'utilise cette source de glycose que comme un pis-aller.

**La production du glycose à partir des graisses.** — On a vu que des valeurs du quotient $\frac{D}{N}$ supérieures à 7 ou 8 impliquent, chez le diabétique nourri de protéiques et de graisses, que du sucre a été produit à partir de substances autres que les protéiques, donc à partir des graisses. La question d'une transformation des graisses en sucre se trouve donc ainsi posée.

Il faut d'abord écarter ici une objection qui paraît au premier abord décisive : c'est que l'ingestion de quantités croissantes de graisses est sans effet chez le diabétique sur l'excrétion du sucre.

Pflüger rappelle d'abord cette loi physiologique générale, à savoir que les organismes ne règlent pas la grandeur de leurs combustions d'après la quantité de combustible alimentaire qui leur est offert, mais d'après leurs besoins (p. 537 et 571). Si les recettes dépassent les dépenses, le surplus d'aliments n'est pas détruit, mais mis en réserve. Considérons maintenant un chien à jeun : il pourvoit à ses dépenses surtout à l'aide de ses graisses et pour une petite partie à l'aide de ses protéiques. Si l'on donne ensuite à cet animal des quantités croissantes de protéiques, on le verra restreindre peu à peu ses prélèvements de graisses, jusqu'au moment où ceux-ci seront réduits à zéro, l'animal vivant alors exclusivement aux dépens des protéiques, qui ont donc éliminé les graisses du champ des échanges nutritifs.

Chez l'homme et d'une manière générale chez les omnivores et chez les herbivores, un tel état de choses ne peut jamais être atteint, parce que le tube digestif de ces organismes est impuissant à maîtriser la quantité de protéiques qui serait nécessaire. Ici intervient donc nécessairement, en sus d'une quantité variable d'albumine, un complément convenable d'hydrates de carbone et de graisses. Or, on verra dans un autre chapitre que l'organisme détruit toujours toute l'albumine qu'il reçoit et ne demande aux deux autres aliments, et notamment aux graisses, qu'un complément dont la grandeur dépend nécessairement de la grandeur de l'apport en protéiques. On peut donc dire, avec Pflüger, que la quantité de protéiques dégradée dépend de la quantité de protéiques ingérée, tandis que la quantité de graisses dégradée, c'est-à-dire pouvant, s'il y a lieu, servir à une production de sucre, est, au contraire, indépendante de la quantité de graisses introduite. Elle est réglée uniquement par l'intensité du travail cellulaire. Tout ce qui est donné en surplus des besoins de ce travail est simplement mis de côté et ne peut donc pas servir à une production de sucre.

On voit donc que, si le diabétique ne répond pas à l'ingestion d'un surplus de graisse par l'excrétion d'un surplus de sucre, cela ne prouve pas que la graisse ne puisse pas fournir de sucre. Ce qui précède montre aussi que la marche expérimentale suivie pour constater une production de sucre à partir des protéiques ne peut pas être employée pour étudier la transformation des graisses en sucre. Pour aborder ce problème, il ne reste que le chemin que voici, indiqué par Pflüger. On nourrit uniquement de protéiques un chien dépancréaté, et on pousse l'expérience jusqu'à ce que l'animal soit complètement débarrassé de ses graisses. A ce moment l'excrétion de sucre devra s'arrêter, si vraiment le sucre excrété par l'animal ne provient que des graisses. Mais les chiens meurent toujours avant d'être complètement privés de leurs graisses.

On ne peut donc faire état que de la preuve indirecte qu'apportent les valeurs très élevées du quotient $\frac{D}{N}$, en faisant valoir, en outre, que ce qui se passe chez les plantes semble indiquer que la transformation en question est possible (p. 357). *La production du glycose à partir des graisses dans l'organisme diabétique n'est donc pas démontrée.*

Pflüger la considère cependant comme vraisemblable. Sa conclusion finale est que les variations si étendues du quotient $\frac{D}{N}$ semblent indiquer qu'il y a plusieurs sources de sucre dans l'organisme en dehors des hydrates de carbone, et qu'en parlant de ces sources *il ne faudrait pas dire : albumine ou sucre, mais peut-être : albumine et sucre.*

Cette conclusion est en bon accord avec ce que nous savons de la confusion des produits de la dégradation des protéiques, à partir d'un certain niveau, avec ceux que fournit la simplification des graisses. Un acide aminé, une fois qu'il est désaminé, n'a plus rien qui le distingue d'un acide gras ordinaire, et les destinées de ces deux sortes de produits sont évidemment communes (p. 303). Or, on ne s'explique guère la production du sucre chez les animaux autrement que par un procès de synthèse (probablement de polymérisation aldéhydique) portant sur des fragments assez petits (en $C^2$ ou en $C^3$) et tels qu'en produit la simplification des acides gras. Et ces acides, on vient de le voir, ont leur origine à la fois dans les graisses et dans les protéiques.

Il convient de faire ici une remarque analogue à celle qui a été faite à la page 363 pour la transformation des protéiques en glycose, à savoir que la démonstration d'une production de sucre à partir des graisses chez le diabétique n'implique pas que ce phénomène se produise aussi dans les conditions ordinaires de la vie. Seegen, Chauveau, qui admettent que la graisse consommée par le travail musculaire est au préalable transformée en glycose, considèrent la production du sucre à partir de la graisse comme une opération régulière et constante des échanges nutritifs. Mais cette manière de voir n'est pas en général acceptée (p. 529).

## § III. — LA DESTRUCTION DU SUCRE DANS L'ORGANISME.

La destinée des hydrates de carbone dans l'organisme est d'être ramenés finalement à l'état d'eau et d'acide carbonique. Cependant la totalité des hydrates de carbone ingérés ne prend pas ce chemin. Lorsque la ration en apporte des quantités surabondantes, une partie est mise en réserve à l'état de graisses. Mais c'est là une opération qui sera étudiée dans un autre chapitre (p. 389). Ne nous occupons ici que de la destruction des hydrates de carbone, c'est-à-dire de la destruction du glycose, puisque c'est à cet état que le combustible hydrocarboné paraît aborder la cellule.

**Les étapes de la destruction du glycose dans l'organisme.** — L'analyse comparative des sangs artériel et veineux démontre que du sucre est sans cesse détruit à la périphérie, et, d'autre part, de la hausse des combustions respiratoires après un repas de sucre, on peut déduire que cette destruction est une oxydation, dont les derniers termes sont l'eau et l'acide carbonique. Comment s'opère cette destruction? La question est très importante au point de vue physiologique, car il s'agit d'un produit qui représente plus de 50 p. 100 de la valeur énergétique totale de la ration, que tous les tissus consomment à des degrés divers, et qui est notamment l'aliment le plus important du travail musculaire. Du point de vue pathologique la question ne nous intéresse pas moins, car pour bien comprendre comment le diabétique a perdu, ainsi que nous le verrons, le pouvoir de détruire le sucre, il serait bon de savoir par quel mécanisme et par quels chemins s'opère cette destruction à l'état normal.

L'oxydation du glycose porte-t-elle *directement sur la molécule encore intacte*, et dans ce cas fournit-elle des produits intermédiaires avant d'aboutir à l'eau et à l'acide carbonique? Ou bien, au contraire, la destruction commence-t-elle par un *dédoublement* en divers fragments, opération à laquelle succéderait la *combustion* de ces fragments?

1° A l'appui de la première de ces deux hypothèses, c'est-à-dire l'*oxydation directe du glycose, sans dédoublement préalable,* on a fait valoir le fait de la présence constante de l'*acide glycuronique* dans le sang.

Cet acide dérive, en effet, du glycose par simple oxydation d'un chaînon-alcoolique $CH^2OH$ en un groupement acide $COOH$ :

Glycose.............. $COH\text{-}CHOH\text{-}CHOH\text{-}CHOH\text{-}CHOH\text{-}CH^2OH$.
Acide glycuronique.. $COH\text{-}CHOH\text{-}CHOH\text{-}CHOH\text{-}CHOH\text{-}COOH$.

L'acide glycuronique, dont l'urine normale ne contient que de petites quantités (à l'état d'acides phénol- et indoxylglycuronique), est excrété en plus fortes proportions après ingestion d'un grand nombre de corps, tels que le chloral, les phénols, les camphres, etc., substances contre la toxicité desquelles l'organisme se protège en les copulant avec de l'acide glycuronique, après les avoir, ou non, plus ou moins modifiées. Et l'on est certain que cet acide provient ici du glycose, car chez l'animal à l'état d'inanition tout le camphre n'est plus copulé à l'acide glycuronique, sans doute parce que la matière première sucrée a fait défaut, tandis que si l'on donne à la fois du sucre et du camphre, l'excrétion d'acide camphoglycuronique s'élève aussitôt. Mais Magnus-Levy fait remarquer avec raison qu'aussi longtemps qu'un corps n'a pas été rencontré dans l'organisme à l'état de liberté, on n'est pas fondé à admettre qu'il représente un produit de la dégradation régulière. Le fait qu'on le saisit uniquement à l'état conjugué, comme c'est le cas pour l'acide glycuronique, autorise à croire, au contraire, que l'organisme ne produit ce corps que dans la mesure où il en a besoin en vue de cette copulation antitoxique.

La question de l'oxydation directe du sucre avec production intermédiaire d'acide glycuronique demeure donc finalement sans réponse précise [1].

2° En faveur de la théorie du *dédoublement préalable du glycose, précédant l'oxydation*, plaide ce fait intéressant, que le muscle, dont le travail est alimenté par le glycose, peut fournir des contractions prolongées dans un milieu exempt d'oxygène, ce qui implique que l'énergie nécessaire à ce travail a été fournie non par l'oxydation, mais par des dédoublements du sucre. Quant aux produits de ces dédoublements, ils seraient représentés par l'*acide lactique*, que l'on trouve dans le muscle fatigué, dans le sang et dans d'autres organes, ou par l'*alcool* (et l'*acide carbo-*

---

1. On comprend mal d'ailleurs pourquoi, dans le passage du glycose à l'acide glycuronique, l'oxydation porte uniquement sur le groupe alcoolique $CH^2OH$ en respectant le chaînon aldéhydique, qui cependant est bien plus oxydable. Aussi E. Fischer est-il d'avis que la copulation précède l'oxydation et qu'elle se fait par le chaînon aldéhydique qui se trouve par là protégé contre l'action oxydante. C'est donc la copulation qui rend possible la naissance de l'acide glycuronique, et l'on voit aussitôt combien ce raisonnement plaide en faveur de l'opinion de Magnus-Levy. — Au surplus cette question de l'acide glycuronique est encore pleine d'obscurités. Lépine a montré récemment qu'il existe dans le sang au moins deux sortes de conjugués glycuroniques, de stabilité différente.

*nique*) dont la présence constante dans le sang et les tissus est aussi un fait bien établi. Que valent ces constatations?

Un muscle détaché de l'animal, et qui ne contient plus d'oxygène pouvant être enlevé par le vide, fournit encore pendant longtemps dans une atmosphère exempte d'oxygène des contractions énergiques et dégage de l'acide carbonique (Hermann). Pareillement une grenouille se maintient en vie pendant vingt-cinq heures dans une atmosphère exempte d'oxygène et pendant ce temps exhale abondamment de l'acide carbonique (E. Pflüger). Enfin Bunge a montré que des vers parasites de l'intestin du chat (*Ascaris mystax*), plongés dans de l'eau salée et bouillie, se meuvent encore énergiquement pendant quatre à cinq jours, en dégageant d'importantes quantités d'acide carbonique.

D'autre part, on sait que le muscle fatigué devient acide et contient de l'acide lactique, et l'on admet en général que cet acide s'accumule surtout dans le muscle, lorsque l'oxygène vient à faire défaut, et qu'il est, au contraire, brûlé aussitôt, lorsque ce gaz a largement accès. On trouve aussi de petites quantités d'acide lactique dans le sang et on le voit apparaître dans l'autolyse du foie, des testicules, mais comme cet acide peut sortir aussi par désamination de l'alanine (p. 301) et vraisemblablement encore d'autres acides aminés comme la sérine, c'est-à-dire qu'il peut reconnaître une origine protéique, il est impossible d'en faire avec certitude un produit intermédiaire de la dégradation du glycose.

On en peut dire autant de l'alcool. Depuis longtemps on a signalé la présence normale de ce corps dans le sang et les tissus, en dehors de tout apport extérieur, et A. Gautier l'a trouvé parmi les produits de la vie résiduelle du muscle (p. 103). Comme beaucoup d'organismes inférieurs font apparaître ce produit lorsqu'ils consomment le sucre, il ne serait pas surprenant que les cellules des organismes supérieurs fissent prendre aussi au glycose qu'elles détruisent ce chemin par l'alcool. Mais de telles réactions se produisent-elles réellement chez les animaux et avec quelle ampleur? Ce sont là autant de questions qui demeurent ouvertes.

La théorie du dédoublement préalable du glycose, avec oxydation subséquente des produits formés, n'est donc pas mieux établie que celle de l'oxydation directe, mais elle s'impose évidemment à l'attention des physiologistes. Elle est d'ailleurs en bon accord avec la manière dont on envisage aujourd'hui le mécanisme des oxydations chez les êtres vivants (p. 119 et 296).

**Les agents de la destruction du glycose.** — On n'est pas mieux fixé en ce qui concerne les agents de ces opérations. On suppose, mais sans preuves décisives, que ce sont des diastases et l'on s'efforce de démontrer que ce travail diastasique est soutenu par des produits d'origine pancréatique.

Déjà Cl. Bernard avait remarqué que, dans le sang extrait de l'animal, le sucre disparait peu à peu, et l'on sait aujourd'hui que cette destruction est le fait d'une *diastase glycolytique*, qui provient des globules blancs (Lépine et Barral). Mais il n'est pas encore démontré que cette *glycolyse* entre en jeu *in vivo*. Elle ne suffirait pas d'ailleurs pour rendre compte de la destruction de l'apport quotidien d'hydrates de carbone (F. Krauss). Au surplus les purées et sucs d'organes sont aussi glycolytiques; ils détruisent, avec dégagement d'acide carbonique, le sucre qu'on leur ajoute. On ne connaît pas les produits de la glycolyse hématique, et pour celle que produisent les tissus, Stoklasa soutient qu'il s'agit d'une fermentation alcoolique, tandis que, pour Battelli, Portier et d'autres, l'alcool obtenu résulte de la collaboration accidentelle de micro-organismes. Cependant, d'après Stoklasa, l'alcool éthéré précipite des sucs d'expression de divers organes (foie, poumon, pancréas, muscles), une diastase ou un mélange de diastases, qui dans une solution stérilisée de glycose produirait une fermentation alcoolique.

On a soutenu aussi que les oxydases que l'on trouve dans le sang et les tissus interviennent dans la destruction du sucre, mais il n'est pas vraisemblable que l'attaque de ces agents, si elle a lieu, porte directement sur le glycose. Du moins le sérum sanguin, qui contient une oxydase, est-il sans action glycolytique (Lépine et Barral).

Mais il est possible que des oxydases interviennent pour brûler les produits d'un dédoublement préalable du sucre, et ici il faut citer l'*alcoolase*, diastase oxydante que Battelli et Stern ont retiré récemment du foie (cheval, bœuf, mouton, cobaye) et qui fixe directement l'oxygène de l'air sur l'alcool pour en faire de l'acide acétique.

Enfin, ce travail de la glycolyse serait soutenu par des produits de sécrétion interne du pancréas (Lépine), qui ne seraient pas de nature diastasique comme on l'a cru d'abord, mais qui seraient des substances thermostables, à action favorisante. Ainsi Lépine et Martz ont vu qu'un fragment de pancréas bouilli accélère la fermentation alcoolique, et Vahlen a retiré du même organe deux substances dont l'une accélère et dont l'autre retarde cette fermentation. Pareillement un extrait musculaire, dont le pouvoir glycolytique est médiocre, produirait une glycolyse active, quand on lui ajoute un extrait pancréatique, même bouilli (Cohnheim). Mais ces derniers résultats ont été vivement contestés (voy. aussi p. 378 et 467).

## § IV. — LA GLYCOSURIE.

Dans certaines conditions on voit le sucre échapper à la destruction que l'on vient d'étudier, et s'éliminer par les urines. C'est le phénomène de la glycosurie. On distingue la glycosurie alimentaire et les glycosuries pathologiques.

### 1. *La glycosurie alimentaire.*

L'origine des recherches si nombreuses qui ont été faites sur ce sujet se trouve dans une série d'expériences de Cl. Bernard, établissant dans quelles conditions un fonctionnement insuffisant du foie, absolu ou relatif, entraîne à la suite d'un repas d'hydrates de carbone, une excrétion de glycose par l'urine.

L'oblitération partielle de la veine porte produit chez le chien, peu après un repas de féculents, une glycosurie. Il arrive, en effet, qu'une circulation complémentaire s'organise qui, par des voies collatérales et en contournant donc le foie, conduit directement une partie du glycose dans la circulation générale. De petites quantités de sucre (10 à 12 gr.) suffisent dans ces conditions pour produire la glycosurie, alors qu'à un chien normal il faut en faire ingérer 50 à 80 gr. pour que du sucre passe dans les urines. Au lieu de forcer le sucre à *contourner* le foie, on peut aussi, en injectant des doses massives de glycose dans la veine porte, faire en sorte que le foie soit *débordé*, à cause de là masse trop considérable de sucre que l'organe doit arrêter et transformer tout d'un coup. Dans ce cas encore il y aura glycosurie. Ce phénomène se produit aussi chez l'homme après ingestion de grandes quantités de glycose (voy. plus loin). C'est là proprement la *glycosurie alimentaire*.

Comme la glycosurie alimentaire se produit souvent chez les malades à veine porte plus ou moins oblitérée (cirrhose du foie), on fit de ce phénomène un signe clinique de l'oblitération de ce vaisseau (Colrat), puis, par extension, un signe *d'insuffisance hépatique*. On reconnaît aujourd'hui que cette conclusion était manifestement exagérée, à cause du nombre considérable de facteurs divers qui interviennent dans la production de la glycosurie chez l'individu normal, et plus encore chez ceux qui sont à la marge d'accidents pathologiques.

Déjà la difficulté que l'on a éprouvée [à fixer les limites de la tolérance de l'homme bien portant pour le sucre, c'est-à-dire la quantité maximum de sucre qui peut être ingérée en une fois, sans qu'il se produise de glycosurie, révélait la complexité du phénomène. Linossier et Roque ont vu la glycosurie apparaître chez certains sujets déjà avec 50 gr. de saccharose, chez d'autres avec 350 gr. seulement, et pour le glycose on a indiqué comme limite chez un seul et même individu 50 ou 100 gr. et plus encore, et chez divers sujets de 50 à 300 gr.

Un premier facteur à considérer est le chemin que prend le sucre au moment de son absorption. On a soutenu que lorsqu'une grande quantité de sucre inonde brusquement l'intestin, l'absorption de ce produit ne peut plus se faire tout entière par la voie sanguine, comme à l'état normal. Elle s'opère alors en même temps par les voies lymphatiques, et d'après Naunyn la glycosurie serait due à cette partie du sucre qui, arrivant ainsi directement dans la circulation générale, a échappé à l'action fixatrice du foie. De fait, chez un chien, auquel on lie le canal thoracique, on n'obtient plus de glycosurie avec une dose de sucre double de celle qui, avant la ligature, provoquait l'apparition de ce symptôme (Schlesinger). Pareillement on ne produit chez l'homme une glycosurie par injection rectale de glycose, que lorsque l'on s'arrange de telle sorte que l'absorption se fasse dans l'extrémité inférieure du rectum, parce qu'alors le sucre, au lieu d'être conduit au foie par le système porte, est déversé par les veines hémorroïdales dans la veine cave (Schœnborn). Il y aurait donc glycosurie parce que du sucre *a contourné* le foie.

Une fois que le sucre a pris, au contraire, le chemin habituel de la veine porte, il y a plusieurs mécanismes qui interviennent pour combattre une hyperglycémie possible. L'excès de sucre disparaît en effet : 1° parce qu'il est mis en réserve à l'état de glycogène et secondairement sous la forme de graisse ; 2° parce qu'il est détruit par les tissus. Si, néanmoins, du sucre s'accumule dans le sang, un troisième régulateur intervient, à savoir le rein, qui corrige cette hyperglycémie par une glycosurie (p. 373). Quand ce dernier phénomène se produit, la cause qui est d'ordinaire invoquée en premier lieu, c'est que le foie a été *débordé* par l'afflux brusque et trop considérable du sucre. Mais si cette explication suffisait à elle seule, des chiens à fistule d'Eck devraient présenter de la glycosurie après l'ingestion de quantités, même médiocres, d'hydrates de carbone. Or, ces animaux maîtrisent aussi bien que des chiens normaux, c'est-à-dire sans glycosurie, des repas très riches en amidon (400 gr.). Et si leur tolérance vis-à-vis des sucres solubles est moins bonne que celle des chiens normaux, elle reste encore très élevée (dose limite : 5 gr. de glycose par kilogramme au lieu de 9 à 10 gr.), et elle s'améliore pour des doses croissantes. Il n'y a donc entre les chiens normaux et les chiens opérés que des différences quantitatives, et non un contraste absolu, indiquant que l'organe supprimé remplissait une fonction spécifique dans la nutrition hydrocarbonée. D'autres organes interviennent, en effet, chez ces animaux, pour la fixation du glycose, car si leur foie a été trouvé aussi pauvre en glycogène que celui des chiens à jeun, leurs muscles en renfermaient les quantités habituelles (F. De Filippi).

Il semble donc bien que, chez ces animaux, la fixation du sucre à l'état de glycogène musculaire, la destruction de ce corps par les tissus, peut-être aussi sa transformation en graisse, ont suffi en l'absence du foie, pour mettre dans une large mesure l'organisme à l'abri de la glycosurie, en sorte que la glycosurie alimentaire ne peut pas être inscrite uniquement au compte du foie. Elle peut être due aussi à quelque trouble dans ces autres mécanismes, et notamment à la diminution de l'énergie avec laquelle les tissus détruisent ou fixent à l'état de glycogène le sucre que le foie a laissé passer. Et ce qui prouve que cette énergie est variable, c'est qu'on voit l'organisme tolérer sans glycosurie des quantités de sucre plus considérables, quand il y a travail musculaire (Comessatti), moins considérables, au contraire, quand les animaux ont été affaiblis par le jeûne (Hofmeister).

L'épreuve de la glycosurie alimentaire est donc un phénomène très complexe, et il n'est pas surprenant que, devant ces constatations, la clinique, après avoir attendu beaucoup de ce signe pour la pathologie du foie, soit devenue plus réservée. D'ailleurs les contradictions nombreuses, que présentent entre eux les résultats obtenus chez les malades, ne sont pas encourageantes. L'épreuve de la lévulosurie alimentaire, que l'on a considérée pendant quelque temps comme plus étroitement caractéristique des affections du foie que celle de la glycosurie, ne paraît pas avoir mieux résisté à la critique.

Ces contradictions sont dues d'abord en partie à ce fait que les différents sucres donnent, à l'état normal, des limites de tolérance très différentes. Il faut donc toujours employer le même sucre, et de préférence le glycose [1]. Mais, même avec cette précaution, l'interprétation des résultats est devenue très difficile, depuis que l'on a vu la glycosurie alimentaire manquer dans des affections avec dégénérescences graves du foie, même pour des doses considérables de glycose (jusqu'à 150 gr.) (Linossier, Dehon), tandis qu'elle apparaît dans des maladies où le foie n'est pas en jeu (infections, hystérie, neurasthénie, etc.).

Toutefois une glycosurie alimentaire se produisant régulièrement chez un sujet, après ingestion de quantités modérées de sucre (*glycosuria e saccharo*), reste un signe important, car elle révèle une atteinte de l'un des mécanismes qui servent à l'organisme pour combattre l'hyperglycémie (voy. plus haut). Elle serait plus significative encore et serait d'après Naunyn caractéristique du diabète à ses débuts, quand elle apparaît après l'ingestion d'une grande quantité d'amylacés, dont l'absorption est plus lente et qui chez un individu bien portant ne fournit jamais de sucre à l'urine (*glycosuria ex amylo*). Mais on a signalé aussi cette glycosurie dans d'autres affections (pneumonie grippale, alcoolisme, maladie de Basedow).

## 2. *La glycosurie diabétique*.

On ne fera pas ici un tableau complet de la biochimie du diabète; on se bornera à montrer comment se présentent chez le diabétique les problèmes de la production et de la dégradation du sucre, que l'on vient d'étudier chez l'homme bien portant. Nous

1. Le saccharose ou sucre ordinaire trouble et complique le problème. En effet, tout le saccharose, qui dans l'intestin échappe au dédoublement en glycose et en lévulose, passe dans les urines, car il n'existe, par delà la paroi intestinale, aucun mécanisme assurant l'interversion du sucre de canne. L'apparition de ce sucre dans l'urine n'indique donc pas du tout que le foie a été débordé et s'est montré inférieur à sa tâche, ce qui constitue le problème en question, mais simplement que l'intestin n'a pas pu intervertir assez vite le sucre qui lui est arrivé. Le foie ne peut être rendu responsable que du glycose que l'urine éliminerait; il faudrait donc que, dans l'urine, ce glycose fut dosé à part, ce qui compliquerait bien l'opération (C. von Noorden).

allons rencontrer successivement ces problèmes en essayant de remonter méthodiquement à la cause de la glycosurie diabétique.

**La glycosurie diabétique résulte d'une hyperglycémie.** — Tandis que le sang normal de l'homme contient environ 1 p. 1 000 et au plus 1 gr. 3 p. 1 000 de sucre réducteur, celui des diabétiques en contient le plus souvent de 3 à 4 et même jusqu'à 7 (Naunyn) et 10,6 p. 1 000 (Lépine). Corrélativement on trouve en général dans l'urine d'autant plus de sucre que le sang en contient davantage.

Il est difficile de dire pour quel degré d'hyperglycémie la glycosurie s'installe. Après ingestion de grandes quantités de glycose (150 gr.), la glycémie s'accentue d'une manière constante et peut, en trois heures, s'élever chez des sujets sains jusqu'à 1,30 p. 1 000, sans glycosurie consécutive (A. Gilbert et A. Baudouin). Cependant C. v. Noorden n'a trouvé que 1 p. 1 000 de sucre dans le sang d'un homme bien portant après une ingestion de 200 grammes de sucre, suivie de glycosurie. Mais peut-être faudrait-il tenir compte ici de la différence des procédés de dosage employés [1]. Quoi qu'il en soit, le mécanisme régulateur que représente le rein est probablement très délicat. Ne voit-on pas avec quelle sensibilité le rein règle la teneur du sang en urée? Le litre de sang ne contient guère que 0 gr. 50 de ce corps et cependant l'urine en élimine par jour de 20 à 30 gr.

Cherchons maintenant la cause de cette hyperglycémie. Deux explications se présentent tout d'abord : Il y a, ou bien production d'une quantité de sucre supérieure à celle que l'organisme est apte à détruire ou à transformer (en graisse), ou bien diminution ou suppression de cette aptitude, la quantité de sucre produite restant normale.

**La glycosurie diabétique ne résulte pas d'une production exagérée de sucre.** — On connaît une glycosurie qui est due à la brusque production d'une quantité de sucre supérieure à celle que l'organisme peut maîtriser. C'est celle qu'a révélée la célèbre expérience de Cl. Bernard sur les effets de la piqûre du plancher du 4° ventricule, et qui est due à ce fait que, par voie nerveuse, cette intervention oblige le foie à déverser dans le sang, à l'état de glycose et dans l'espace de quelques heures, toute sa provision de glycogène. Mais une telle explication est inapplicable au diabète, ainsi que Ch. Bouchard l'a clairement établi dès 1873. Si

1. Les auteurs allemands emploient en général la méthode volumétrique de Knapp au cyanure de mercure ou la méthode gravimétrique, tandis qu'en France on se sert le plus souvent de la liqueur de Fehling.

l'on admet, en effet, que le diabétique a conservé intact son pouvoir normal de détruire ou de transformer le sucre, et qu'il n'en laisse échapper par le rein que parce que les quantités dont il dispose ont dépassé les limites de ce pouvoir, on aboutit à des invraisemblances.

Voici un diabétique de 65 kgr. qui, malgré la suppression des hydrates de carbone dans sa ration, élimine 50 gr. de glycose par jour. C'est donc qu'il aurait détruit ou transformé le maximum de ce qu'il peut maîtriser, et que, disposant encore d'un surplus de 50 gr., il s'en est débarrassé par les urines. Or, ce maximum est très considérable; il dépasse de beaucoup la consommation habituelle, qui est de 300 à 400 gr. Ch. Bouchard l'a vu monter jusqu'à 600 gr. par jour, sans glycosurie, et il évalue à une dizaine de grammes par kilogramme [1] le maximum de sucre, venu du dehors [2], qui peut être détruit. On arrive donc dans l'exemple choisi à 650 gr. de sucre détruit, plus 50 gr. de sucre urinaire, soit un total de 700 gr., qui ne pouvant provenir des hydrates de carbone, puisque le sujet n'en a pas consommé, n'ont pu sortir que des protéiques ou des graisses. S'ils proviennent des protéiques, cela implique une destruction d'au moins 625 gr. d'albumine (c'est-à-dire plus de 3 kgr. de viande consommée ou de tissu musculaire détruit); et s'ils proviennent des graisses, il faut admettre une destruction de 419 gr. de graisses [3]. On assisterait donc à une polyphagie ou à une autophagie invraisemblables, malgré la petitesse de l'excrétion de sucre admise (50 gr. seulement par jour).

La glycosurie diabétique n'étant donc pas le résultat d'une production exagérée de sucre, on est conduit à l'expliquer par une diminution de l'aptitude normale de l'organisme à détruire cet aliment. C'est l'opinion défendue depuis longtemps par Ch. Bouchard qui considère le diabétique comme un malade à *nutrition ralentie*. Possède-t-on des preuves d'une telle diminution?

**Diminution du pouvoir glycolytique de l'organisme chez le diabétique.** — Quand on fait ingérer du sucre à un sujet normal, le quotient respiratoire s'élève et s'approche de l'unité (p. 391). Chez les diabétiques le quotient présente déjà pendant le jeûne des valeurs faibles, ce qui indique que la part des hydrates de carbone dans les combustions est fortement diminuée. Et quand on donne à ces malades du glycose, le quotient ne

1. Soit donc à une soixantaine de grammes par kilogramme d'albumine fixe (p. 428).

2. Peut-être, en effet, faudrait-il encore ajouter à ce sucre celui qui peut provenir de l'albumine et des graisses de la ration (p. 363 et 365).

3. En admettant que 100 gr. d'albumine peuvent fournir un maximum de 112 gr. de glycose (p. 362) et que de 100 gr. de graisses peuvent sortir 167 gr. de glycose, d'après une équation de Chauveau, un peu modifiée par Ch. Bouchard.

s'élève pas comme chez les sujets sains, ou s'élève à peine. Il monte, au contraire, quand on fait ingérer du lévulose que certains diabétiques peuvent brûler en partie.

Exemple : Le quotient respiratoire d'un sujet sain est, à jeun, de 0,72 ; à la suite d'un repas de 295 gr. de pain blanc il s'élève après une, trois et quatre heures respectivement à 0,82, 0,86 et 0,90 (Magnus-Levy). — Un diabétique présente à jeun un quotient respiratoire de 0,69 et après ingestion de 100 gr. de glycose un quotient égal à 0,67 (H. Salomon).

D'autre part, le travail musculaire, qui chez le sujet sain a lieu surtout aux dépens du sucre et qui devrait donc chez le diabétique faire diminuer la quantité de sucre perdue par les urines, est sans effet sur cette excrétion, du moins dans les cas avancés.

Au début de l'affection, on observe souvent sous l'influence du travail musculaire une forte diminution du sucre dans l'urine et une tolérance plus grande pour les aliments hydrocarbonés, observation dont la thérapeutique du diabète tire souvent des effets très heureux. Mais dans les cas quelque peu avancés ce résultat fait complètement défaut [1] ; il manque aussi chez les chiens rendus diabétiques par ablation du pancréas. Évidemment, dans ces conditions, le travail musculaire s'est fait aux dépens d'un autre combustible, les graisses probablement [2].

Cherchons maintenant les causes de cette diminution du pouvoir glycolytique des tissus.

**Causes de la diminution du pouvoir glycolytique des tissus.** — L'utilisation du sucre par les tissus consiste non seulement en une destruction du sucre (glycolyse), mais encore en une transformation du sucre en graisse. Laissons de côté la seconde de ces deux opérations, sur laquelle on reviendra plus loin (p. 379), et cherchons pourquoi le diabétique est incapable de détruire convenablement le sucre. Il est impossible de répondre d'une manière précise à cette question, surtout parce que l'on ignore comment ces opérations s'effectuent à l'état normal.

On s'est demandé d'abord *si d'une manière générale le pou-*

[1]. Quelquefois même le travail musculaire augmente la quantité du sucre urinaire.

[2]. En déterminant, par une épreuve conduite comme celle de la glycosurie alimentaire, la quantité maximum de glycose qu'un diabétique est encore en mesure de détruire ou de transformer, Ch. Bouchard mesure la diminution qu'a subie le pouvoir glycolytique de l'organisme. Il constate, par exemple, qu'au lieu de détruire une soixantaine de grammes de sucre par kilogramme d'albumine fixe, un malade n'en maîtrise plus qu'une vingtaine : le pouvoir glycolytique est donc tombé au tiers de sa valeur normale (p. 374, note 1).

*voir d'oxydation de l'organisme est diminué chez le diabétique.*
Aucune constatation ne justifie une telle explication.

Pris au repos et loin du dernier repas, les diabétiques consomment
par kilogramme et par minute de 3 cm³, 47 à 4 cm³, 47 d'oxygène (9 sujets;
Leo, Magnus-Levy, etc.). Or, ce sont là les limites dans lesquelles se
meut la consommation d'oxygène chez les adultes bien portants (p. 512),
et ce résultat est en bon accord avec les observations de M. Kaufmann
qui n'a pas trouvé de différences sensibles dans l'intensité de la thermogenèse et des échanges respiratoires chez des chiens dépancréatés
et chez des animaux normaux. De plus le diabétique oxyde, aussi bien
que l'individu normal, les lactates, tartrates, citrates alcalins, l'inosite,
la mannite, et il transforme en phénol, aussi activement que les sujets
sains, le benzène qu'on lui fait ingérer.

Il semble donc bien que ce n'est que vis-à-vis du sucre que
l'organisme diabétique a perdu son pouvoir normal d'oxydation.

Il est remarquable de constater ici que *le diabétique fait disparaître facilement des corps très voisins du glycose*, et qui ne
diffèrent de ce dernier que par une légère modification dans le
sens d'une oxydation un peu plus avancée, ou par la fixation d'un
radical quelconque sur un maillon de la chaîne carbonée.

Les corps suivants, qui sont des produits d'une oxydation partielle
du glycose disparaissent complètement, quand on les fait ingérer à des
diabétiques (O. Baumgarten). On a reproduit comme terme de comparaison la formule du glycose.

Glycose............. $CH^2OH-CHOH-CHOH-CHOH-CHOH-COH.$
Acide glycuronique . $COOH-CHOH-CHOH-CHOH-CHOH-COH.$
  — glyconique ... $CH^2OH-CHOH-CHOH-CHOH-CHOH-COOH.$
  — saccharique [1]. $COOH-CHOH-CHOH-CHOH-CHOH-COOH.$
  — mucique [1] .... $COOH-CHOH-CHOH-CHOH-CHOH-COOH.$

On voit donc que notamment les acides glycuronique et glyconique,
qui ne diffèrent du glycose que par l'oxydation d'un seul chaînon, sont
détruits, alors que le glycose ne l'est pas. De même la glycosamine

$$CH^2OH-CHOH-CHOH-CHOH-CH(AzH^2)-COH,$$

qui ne diffère du glycose que par l'introduction d'un radical $AzH^2$ mis
à la place d'un oxhydrile, est complètement détruite par le chien dépancréaté (J. Forschbach). Ajoutons que des corps comme les acides lactique, tartrique, succinique, qui pourraient être des produits de simplification du glycose, ou d'autres, comme l'aldéhyde salicylique ou la
vaniline, qui partagent avec le glycose la propriété d'être des aldéhydes,
sont aussi très bien détruits par le diabétique.

1. Les différences de structure qui existent entre ces deux acides n'apparaissent
pas dans ces formules, à cause de la notation simplifiée dont on s'est servi.

C'est donc bien le pouvoir d'attaquer la molécule du glycose que le diabétique semble avoir perdu. Comme, d'autre part, on incline à admettre aujourd'hui que c'est par des agents diastasiques que l'organisme procède à de telles opérations, et que souvent ces agents nous apparaissent comme spécialement adaptés à l'attaque de telle ou telle molécule (p. 99 et 112), on est conduit à rechercher si *quelque chose dans l'outillage diastasique nécessaire à l'attaque du sucre fait défaut au diabétique*. Par exemple, il se pourrait que l'organisme eut conservé les diastases nécessaires à l'oxydation des produits de dédoublement du sucre, mais fut dépourvu de celles qui opèrent ce dédoublement préalable.

Beaucoup de recherches ont été conduites dans cette direction, mais avec peu de résultats : c'est ici surtout que se fait sentir cruellement l'insuffisance de nos renseignements sur la destruction physiologique du sucre.

Dès 1890, Lépine a signalé la forte diminution que présente le pouvoir glycolytique du sang chez les chiens dépancréatés. Maintenu à 38-39°, le sang de ces animaux ne perd souvent que moins de 20 et même moins de 10 p. 100 de son sucre, alors que chez le chien normal cette perte est de 30 p. 100 au moins. Mais comme la signification physiologique de ce phénomène n'est pas encore établie (p. 368), on ne peut rien tirer de précis de cette intéressante découverte. F. Kraus soutient d'ailleurs que la diminution en question est trop faible pour qu'on puisse par là expliquer l'hyperglycémie. Les belles recherches auxquelles ont donné lieu la découverte, faite par v. Mering et Minkowski, du diabète produit chez le chien par l'extirpation du pancréas n'ont pas apporté plus d'éclaircissements au problème qui nous occupe. On incline, en général, à admettre que cette intervention du pancréas dans la dégradation du sucre s'exerce par l'intermédiaire d'une sécrétion interne (Minkowski, Hédon, Lancereaux, Thiroloix, etc.), procédant des îlots de Langerhans (Laguesse), et agissant concurremment avec une diastase glycolytique venue des tissus. Mais cet agent n'a pas été isolé avec précision, son mode d'action et les produits de cette action restent à établir (p. 368). Enfin il faudrait montrer qu'en restituant cet agent à l'organisme dépancréaté, on supprime les effets de cette mutilation. — Notons que l'on a soutenu aussi que la régulation des échanges nutritifs hydrocarbonés résulte d'une collaboration de la sécrétion interne du pancréas avec celle des capsules surrénales (Frouin, Zülzer) (p. 467).

L'étude de la destruction diastasique du sucre chez les diabétiques n'a donc fourni jusqu'à présent aucune explication de la diminution du pouvoir glycolytique de ces organismes. Au surplus, remarquons que l'intégrité de cet appareil diastasique ne constitue que l'un des facteurs de la destruction du sucre. Pour qu'une réaction biochimique ait lieu, il ne suffit pas d'une diastase et d'un corps à attaquer. Il faut encore vraisemblablement l'intervention de la cellule, et tout porte à croire que celle-ci n'entre en action qu'après que son protoplasme a chimiquement fixé le corps à détruire. Et nous voici conduit à examiner un côté du problème du diabète, qui n'a pas été touché dans ce qui précède, à savoir l'impuissance des tissus du diabétique à fixer le glycogène.

**Impuissance des tissus du diabétique à fixer le glycogène.** — Les tissus du diabétique sont très pauvres en glycogène (*azoamylie* de Lépine). On a constaté ce fait pour le foie à l'autopsie, pas d'une manière constante, il est vrai, et ensuite sur le vivant [1] et on a vérifié le fait sur le chien dépancréaté, dont le foie ne contient que des traces de glycogène, malgré une alimentation copieuse (von Mering et Minkowski, Hédon). Le muscle aussi est pauvre en glycogène chez l'homme (Abeles, C. von Noorden) et chez le chien (Hédon).

Remarquons que cette impuissance du foie et des tissus à fixer le glycogène semble au premier abord contenir une explication complète de la glycosurie diabétique. Le sucre, déversé par la digestion dans le sang, ne pouvant plus être mis en dépôt à l'état de glycogène, reste en excès dans le sang. Or, on verra que le fait qu'un excès de combustible est offert aux cellules n'est pas pour celles-ci une raison d'en brûler au delà de leurs besoins du moment. Il reste donc, dans le sang, un excès de sucre non utilisé qui s'écoule par l'urine. Mais une difficulté se présente aussitôt, dit C. von Noorden, c'est que, si cette impuissance du foie et des tissus à servir de réservoir de glycogène était l'unique cause du diabète, on devrait constater que par le travail musculaire, qui est un si puissant consommateur de sucre, on peut faire diminuer dans une large mesure la glycosurie diabétique. Or, on a vu qu'il n'en est rien (p. 375), ce qui prouve qu'un autre facteur intervient, à savoir cette diminution du pouvoir glycolytique des tissus, dont il a été question plus haut.

La cause de cette impuissance du diabétique à fixer du glycogène dans ses tissus nous échappe encore entièrement [2], mais les

---

1. Expérience faite par Ehrlich dans la clinique de Frerichs, où l'on a ponctionné le foie de trois individus, un sujet sain, un peu alcoolique, et deux diabétiques. La purée hépatique aspirée par l'instrument ne contenait pas de glycogène chez l'un des deux malades, et chez l'autre elle en renfermait beaucoup moins que chez l'individu bien portant. Les trois sujets avaient reçu un repas riche en amylacés.

2. Chauveau et Kaufmann admettent que c'est la sécrétion interne du pancréas qui agit sur le foie pour régler et modérer la formation du sucre, et Gley, puis Lafon ont supposé que cette sécrétion fournit un agent rendant possible la transformation du glycogène en glycose par le foie. D'autre part, on a constaté des

conséquences de ce fait apparaissent plus clairement. Modérée ou bien bornée au foie, elle rendrait compte de ce qui se passe au début de la maladie, où la glycosurie est déjà continue, mais où le muscle détruit encore le sucre parce qu'il est encore capable de le fixer. Puis ce pouvoir de fixation est peu à peu aboli et avec lui va diminuant l'activité glycolytique des tissus. C'est la théorie de C. von Noorden.

A l'appui de cette conception C. von Noorden fait valoir ce fait que le chien dépancréaté qui reçoit du lévulose (400 gr.) n'en élimine qu'une partie (200 gr.) par les urines et en fixe à l'état de glycogène une fraction importante dans le foie et dans les muscles (environ 90 gr. en tout) (Minkowski). D'autre part, on constate que le diabétique est capable de brûler en partie le lévulose qu'il ingère, ainsi qu'en témoigne notamment la hausse du quotient respiratoire. En rapprochant ces deux ordres de faits, on doit conclure, dit C. von Noorden, que si le diabétique peut encore utiliser le lévulose comme combustible, ce n'est pas parce qu'il a conservé l'aptitude à attaquer ce sucre, mais bien celle de le fixer à l'état de glycogène. C'est cette fixation qui, visiblement, a rendu possible l'utilisation.

**La transformation du sucre en graisse chez le diabétique.** — En même temps qu'il perd le pouvoir de transformer le glycose en glycogène et celui de détruire le sucre, le diabétique devient aussi de plus en plus incapable de faire de la graisse avec le sucre. Si ce pouvoir leur était conservé il suffirait, en effet, le plus souvent pour préserver ces malades de la glycosurie.

La quantité de sucre que les diabétiques déversent dans l'urine, quand ils sont soumis à un régime pauvre en hydrates de carbone, ne dépasse pas d'ordinaire ce qu'un organisme sain peut transformer chaque jour en graisse. Et comme le diabétique peut encore brûler ses graisses, l'organisme serait par ce détour préservé des pertes en sucre. Il est possible que, chez beaucoup de malades, c'est là ce qui se passe dans une première phase de l'affection, où le diabète se dissimule encore derrière l'obésité. L'organisme est déjà incapable de détruire tout son sucre, mais au lieu d'écouler par les urines la fraction qui dépasse ses forces, il la déverse dans ses dépôts adipeux sous la forme de graisse. De fait on voit souvent l'obésité précéder le diabète chez un même individu, ou lui « faire cortège » dans une même famille (Ch. Bouchard). On ne sait rien de précis sur la cause de ce trouble nutritif. Il est vraisemblable que c'est encore à une atteinte du foie que l'on doit rapporter cette autre anomalie des échanges nutritifs du diabétique.

relations étroites entre le foie et le pancréas. Quand on lèse le premier, le second répond souvent par des modifications histologiques intéressantes (Gellé). On ignore aussi de quelle nature est l'action du pancréas sur la glycogénie musculaire.

**Conséquence de la glycosurie diabétique pour la nutrition générale**. — Considérons d'abord le diabétique, arrivé à la période d'état et qui est abandonné à lui-même, c'est-à-dire qui pratique le régime alimentaire ordinaire. Si sur une ration valant 2 400 calories, il perd par les urines 200 grammes de glycose, valant environ 800 calories, c'est environ un tiers de l'énergie totale des aliments dont son organisme se trouve ainsi spolié. Le malade est donc en état d'alimentation insuffisante, d'où appétit plus vif et augmentation instinctive de la ration. Mais si celle-ci garde sa composition habituelle, c'est-à-dire si les hydrates de carbone continuent à constituer 50 ou 60 p. 100 de l'apport calorifique total, elle ne donnera satisfaction, pour un instant, qu'à la « faim stomacale », comme dit C. v. Noorden, et ne calmera guère mieux la « faim des tissus », le surplus d'aliments ingérés se composant surtout d'hydrates de carbone qui s'écoulent au dehors, inutilisés. De là *polyphagie* croissante. De plus, la ration étant quand même insuffisante, l'organisme la complète par des prélèvements faits sur ses réserves d'albumine et de graisse, ce qui explique l'*amaigrissement* et aussi l'*azoturie*, c'est-à-dire la dépense d'une quantité d'azote urinaire supérieure à la recette.

Si l'on supprime les hydrates de carbone, ou du moins tout ce qui dépasse la petite quantité encore tolérée, en donnant en compensation des quantités suffisantes d'albumine et de graisses, la polyphagie s'arrête, en même temps que l'azoturie et l'amaigrissement. Ils s'arrêtent aussi longtemps que le tube digestif, maîtrisant convenablement les rations ainsi constituées, fournira à l'organisme des recettes égales aux dépenses. Et pendant tout le temps qu'un tel équilibre est réalisé, on ne saisit aucune différence entre les échanges nutritifs — dépenses de calories et d'albumine, échanges gazeux respiratoires — du diabétique et ceux d'un sujet normal nourri de la même manière. Mais si des défaillances se produisent du côté du tube digestif, l'équilibre nutritif cesse d'être réalisé, et l'amaigrissement et l'azoturie recommencent.

Ajoutons cependant que, dans certains cas, où l'apport en calories et en albumine fourni par l'absorption digestive suffirait largement à l'entretien d'un sujet sain, on voit l'organisme du diabétique se livrer au gaspillage d'un supplément d'azote, comme si quelque agent toxique démolissait les protoplasmes cellulaires.

Enfin, le diabétique qui vit en état de jeûne hydrocarboné, excrète comme l'individu normal, des corps acétoniques, et dans la dernière période de la maladie, on assiste souvent, pour des causes encore inconnues, à l'excrétion de quantités considérables de ces composés. Mais l'étude du coté chimique de cette anomalie viendra mieux dans un autre chapitre (p. 403).

# CHAPITRE XVIII

# ORIGINES ET TRANSFORMATIONS DES GRAISSES DANS L'ORGANISME

Le problème que pose d'abord l'étude biochimique des graisses est celui de l'*origine* des réserves adipeuses dont dispose l'organisme. Ces réserves proviennent-elles directement des graisses ingérées, ou bien sortent-elles de quelque autre aliment, protéiques ou hydrates de carbone? Il nous faut ensuite suivre les *transformations* que subissent les graisses dans l'organisme, puis établir les étapes de leur *destruction*, et ici nous serons conduits à étudier la *production des corps acétoniques* dans l'organisme normal et à l'état pathologique.

## I. — ORIGINE DES GRAISSES DE L'ORGANISME.

Les trois catégories d'aliments organiques ont été successivement considérés comme étant la source des réserves adipeuses dont dispose l'organisme. D'abord ce sont naturellement les graisses apportées par les aliments auxquelles on a attribué ce rôle. C'était l'opinion de Prout, de Dumas, qui admirent même que c'est là la seule source des graisses de l'organisme. Puis, l'expérience ayant vérifié et établi d'une manière précise ce fait d'observation vulgaire, déjà affirmé par Brillat-Savarin, à savoir que les aliments riches en amylacés amènent l'engraissement, la production des graisses à partir des hydrates de carbone de nos aliments devint la théorie dominante, jusqu'au jour où Voit et Pettenkofer crurent avoir démontré, à l'aide de leur grand appareil pour l'étude de la respiration que les graisses de nos tissus proviennent des matières albuminoïdes.

De ces trois théories, les deux premières sont demeurées debout, fortifiées par un apport toujours plus important de vérifications nouvelles. Il est démontré aujourd'hui qu'au moins une partie des réserves adipeuses de l'organisme est fournie directement par les graisses de nos aliments, et qu'une autre partie résulte de la transformation des hydrates de carbone. Quant à la théorie de l'origine protéique des graisses, les diverses démonstrations sur lesquelles on l'appuyait encore il y a une quinzaine d'années avec tant de sécurité, ne sont plus considérées aujourd'hui comme convaincantes par la majorité des physiologistes. C'est une question qui demeure ouverte.

**La production des graisses de l'organisme à partir des graisses alimentaires.** — La démonstration de ce fait a été réalisée de deux manières :

1° On nourrit avec très peu de viande et beaucoup de graisse un chien très amaigri par un jeûne prolongé, et on démontre que la quantité de graisse que l'on trouve dans les tissus de l'animal après un certain nombre de jours, est très supérieure aux réserves adipeuses que l'organisme devait posséder encore, augmentées de la quantité de graisse qui a pu sortir des albumines consommées. Ce surplus ne peut donc provenir que de la graisse ingérée.

Lorsqu'on soumet à un jeûne prolongé un chien bien musclé, mais à réserves adipeuses médiocres, on constate que l'excrétion d'azote, qui se maintient d'abord assez constante, augmente brusquement après un certain nombre de jours, en même temps que la température rectale s'abaisse. A ce moment les réserves adipeuses sont aussi diminuées qu'il est possible et réduites à environ 8 p. 1 000 du poids. Partant de ces données on a fait jeûner pendant trente jours un chien de 26 kgr. 45, puis en cinq jours, on a donné à l'animal, réduit au poids de 16 kgr. une quantité de lard et de viande apportant 248 gr. d'albumine et 2 389 gr. de graisse, dont 1 854 gr. ont été résorbés. L'animal ayant été sacrifié, on trouva dans son corps 1 353 gr. de graisse. En admettant que les réserves adipeuses présentes à la fin du jeûne s'élevaient à 8 p. 1 000, soit à 128 gr., il reste 1 353 — 128 = 1 225 gr. de graisse provenant de la ration, et comme les 248 gr. d'albumine ingérés n'ont pu fournir au maximum que 69 p. 100 de leur poids en graisse, soit 171 gr., on trouve finalement que 1 225 — 171 = 1 054 gr. de graisse fixée ne peuvent avoir d'autre origine que la graisse ingérée (F. Hofmann). On pourrait objecter, il est vrai, que cette graisse provient des réserves en albumine dont disposait encore l'animal à la fin du jeûne, mais si vraiment ces

réserves s'étaient transformées en graisse, l'azote qui leur correspond
serait apparu dans l'urine, et l'on peut calculer que l'on aurait assisté
chaque jour à l'énorme excrétion d'environ 50 gr. d'azote! Or, au sortir
d'un jeûne prolongé l'organisme, bien loin de gaspiller ainsi ses réserves
d'albumine, réduit, au contraire, à un minimum très abaissé son excrétion d'azote, à tel point qu'on le voit faire des gains d'albumine même
avec des rations très pauvres en protéiques (p. 569).

2° On donne à un animal amaigri par le jeûne une alimentation
apportant une graisse de composition chimique et de propriétés
chimiques différentes de celles de la graisse propre à cette espèce,
et l'on trouve au bout d'un certain temps, dans les tissus de l'animal, une graisse dont les caractères sont très voisins de ceux de la
graisse ingérée. C'est Kühne qui a le premier énoncé le principe
de ces expériences.

Deux chiens, qui ont perdu par un jeûne d'un mois 40 p. 100 de
leur poids, sont nourris l'un de viande et d'huile de lin, l'autre de
viande et de graisse de mouton. Après trois semaines les animaux,
qui ont retrouvé leur poids primitif, sont tués, et des tissus du chien à
huile de lin on retire plus d'un kilogramme d'une graisse encore liquide
à 0° et très semblable à l'huile de lin, tandis que la graisse de l'animal
nourri au suif de mouton fond au-dessus de 50°, alors que celle d'un
chien nourri à la manière habituelle fond vers 20° (Lebedeff). D'autres
expérimentateurs ont réalisé chez le chien des fixations analogues, avec
l'huile de navette (Munk) et avec le beurre de coco (Rosenfeld).

*La fixation directe des graisses alimentaires se trouve donc
démontrée.*

Il faut ajouter que cette fixation ne constitue pas une sorte de
violence expérimentale, que l'organisme subirait momentanément,
quitte à transformer ultérieurement la graisse ainsi fixée en graisse
propre à l'espèce. On constate, en effet, qu'un chien qui a déposé
dans ses tissus du suif de mouton, est encore porteur de cette
graisse, même après un mois d'une alimentation où les graisses
étaient absentes (Rosenfeld). Il devient donc probable que les propriétés caractéristiques de la graisse de chaque espèce animale
(consistance, odeur, saveur, composition), tiennent moins à
l'intervention de l'organisme, qu'à la nature des graisses que cette
espèce trouve dans sa nourriture *habituelle.*

Ainsi la graisse du cheval est d'ordinaire onctueuse, comme celle de
l'avoine dont on nourrit l'animal; elle est, au contraire, semblable à
celle du bœuf, quand le cheval reçoit surtout du fourrage vert (Rosenfeld). Toutefois l'organisme ne se laisse pas imprégner de graisses ali-

mentaires d'une façon tout à fait passive. Ainsi ces graisses ne passent dans le lait qu'en très petites quantités, et l'organisme les dirige visiblement vers certains dépôts adipeux plutôt que vers d'autres (Leube). Les expériences de Henriques et Hansen (p. 63) faisaient d'ailleurs prévoir cette indépendance relative de l'organisme.

Toutefois, même en tenant compte de la restriction qui vient d'être faite, on remarquera combien *cette fixation directe des graisses étrangères par l'organisme donne à cette catégorie d'aliments une position particulière vis-à-vis des albumines et même vis-à-vis des hydrates de carbone.* Tout fait présumer, en effet, que l'organisme ne possède pas de dépôt où il puisse mettre en réserve des protéiques venus du dehors. Lorsqu'il fixe une albumine, c'est pour l'adapter à un tissu ou l'ajouter à une humeur, ce qui implique une exacte transformation de l'albumine étrangère en une albumine spécifique, c'est-à-dire propre à l'espèce considérée (p. 188). On observe quelque chose d'analogue pour les nombreuses variétés d'hydrates de carbone alimentaires, que l'organisme n'admet dans le courant de ses opérations nutritives qu'après les avoir toutes ramenées à l'état de glycogène, et si ce produit constitue une réserve, celle-ci présente cette double particularité d'être peu abondante et d'être incessamment renouvelée. Tout autre est le caractère des dépôts adipeux. Ceux-là constituent le grand réservoir où l'organisme accumule ses provisions d'énergie. Là des masses considérables de graisse, placées en dehors du mouvement de la nutrition, attendent le moment où elles seront utilisées. Corrélativement on voit les graisses alimentaires se déverser simplement dans ce réservoir, sans avoir subi au préalable cette exacte transformation que l'on observe pour les deux autres catégories d'aliments.

**La production des graisses à partir des protéiques.** — La transformation des albumines en graisses dans l'organisme animal a été, en général, considérée comme établie, principalement par les classiques expériences de Voit et Pettenkofer (1862-1871), jusqu'au moment où Pflüger (1891), attaquant avec beaucoup de vivacité les conclusions des deux physiologistes de Munich, refusa à leurs résultats toute force probante.

Théoriquement on ne peut rien objecter à la possibilité d'une telle transformation, que Liebig déjà déclarait vraisemblable, et pour laquelle A. Gautier a calculé une équation très simple. Quant à la réalité de l'opération, on a essayé de l'établir : 1° par des expériences dans lesquelles interviennent des organismes inférieurs ; 2° par des observations faites chez les animaux supérieurs. Disons tout de suite que beaucoup de ces résultats sont devenus chancelants, depuis que l'on connaît mieux les difficultés d'une extraction complète des graisses contenues dans les tissus animaux [1].

Nous laissons de côté les premières, parce qu'aucune d'entre elles n'est entièrement convaincante, et que si une production de graisse à partir des protéiques sous l'action des organismes inférieurs devait être admise, il ne suivrait pas de là qu'une telle transformation a lieu nécessairement chez les animaux supérieurs. Celle-ci doit être prouvée par des expériences directes. Voici par quelles constatations on a cru pouvoir la démontrer.

1° *Preuves fournies par le phénomène de la dégénérescence graisseuse.* — Sous l'influence de certains toxiques, phosphore, alcool, chloroforme, essence de menthe pouliot, le foie, le cœur, etc., subissent le phénomène dit de la dégénérescence graisseuse, que l'on a expliqué par une transformation, sur place, des protéiques de l'organe en graisse. Mais on sait aujourd'hui que le phosphore ne produit aucune augmentation de la quantité de graisse dont dispose l'organisme (Athanasiu, Taylor) et que la graisse qui apparaît dans le foie est de la *graisse de transport*, venue d'autres organes (Rosenfeld).

Chez deux chiens aussi amaigris qu'il est possible par le jeûne et lentement intoxiqués par le phosphore, on trouve dans le foie 9,7 et 6,14 de graisse p. 100 de substance sèche, tandis que le foie d'un chien moins amaigri et celui d'un autre animal plus gras encore, tous deux intoxiqués de même, en renfermaient respectivement 17,4 et 36,98 p. 100. Sous l'influence du phosphore *le foie ne devient donc gras, que lorsque l'organisme dispose de réserves adipeuses qu'il puisse transporter dans cet organe.* Et voici la preuve directe qu'il s'agit bien d'un transport et non d'une production de graisse. Dans tout le corps et dans le foie de poules maintenues à jeun et empoisonnées par le phosphore, on ne trouve pas plus de graisse que dans tout le corps et dans le foie de poules témoins, simplement maintenues à l'inanition (Rosenfeld).

1. Pflüger a montré, en effet, que l'extraction à l'éther, même prolongée pendant des jours entiers, ne fournit pas toute la graisse, si l'on n'a pas au préalable détruit toutes les cellules par un traitement à la pepsine chlorhydrique (méthode de Pflüger-Dormeyer, 1897). Des extractions successives à l'alcool bouillant et au chloroforme seraient encore préférables et donneraient souvent un rendement supérieur de 40 p. 100 à celui de l'opération d'après Pflüger-Dormeyer (Rosenfeld). On comprend dès lors combien deviennent incertains les résultats de beaucoup d'anciennes expériences, où l'on se bornait à une extraction par l'éther, prolongée pendant quelques heures.

On sait que l'intoxication par la phlorizine produit une surcharge de graisse dans le foie, mais seulement après un jeûne de plusieurs jours. Quatre chiens sont donc soumis à un jeûne prolongé, puis ils sont nourris uniquement de viande maigre. On leur donne ensuite des quantités considérables de suif de mouton jusqu'à engraissement manifeste, et, après les avoir fait jeûner pendant cinq jours, on en sacrifie deux. Tous les dépôts adipeux de ces animaux sont trouvés abondamment garnis d'une graisse très semblable au suif de mouton. Le foie seul ne contient que 10 p. 100 d'une graisse ayant les caractères de la graisse de chien. Les deux autres animaux sont alors intoxiqués par la phlorizine, et l'on trouve finalement dans leur foie de 45 à 55 p. 100 d'une graisse semblable au suif. *La graisse de mouton des dépôts adipeux avait donc été transportée dans le foie* [1]. Et cette conclusion est encore confirmée par ce fait que pendant cette intoxication le sang contient jusqu'à 0,8 p. 100 de graisse (Rosenfeld).

*Le phénomène de la dégénérescence graisseuse du foie dans l'intoxication phosphorée ne prouve donc rien en faveur d'une transformation des albumines en graisse.*

2° *Démonstration de Pettenkofer et Voit.* — Elle a consisté à montrer à l'aide du grand appareil de Munich pour l'étude des gaz de la respiration que, chez un chien nourri de viande, on retrouve dans les fèces et dans l'urine tout l'azote, mais que les fèces, les urines et les gaz expirés ne restituent pas tout le carbone de viande ingérée. La quantité de carbone ainsi retenue est trop grande pour qu'on puisse admettre qu'elle a été fixée à l'état de glycogène. Elle a donc été retenue à l'état de graisse. Mais cette conclusion, longtemps admise sans contestation, a succombé sous

---

1. Cette explication ne s'applique qu'aux organes tels que le foie, le cœur, le pancréas, dont la teneur en graisse est fortement augmentée par la dégénérescence. Pour le rein, la rate, le poumon qui, sous l'influence de toxiques comme le phosphore, se garnissent aussi de graisse visible au microscope, l'analyse montre que la richesse en graisse n'est pas augmentée par rapport à l'état normal, que parfois même elle est diminuée. Il ne peut donc pas être question ici d'un transport de graisse, et *la dégénérescence a simplement rendu visible de la graisse qui auparavant échappait à l'examen histologique.* Il semble donc que sous l'influence du toxique, de la graisse, auparavant combinée, a été mise en liberté. Cette hypothèse est en bon accord avec ce fait que l'extraction des graisses d'un tissu au moyen de dissolvants n'est complète qu'après l'intervention de réactifs de dédoublement (pepsine chlorhydrique, alcalis chauds) (p. 386), et, au contraire, que cette intervention n'est plus nécessaire, là où le toxique a agi. En effet, dans l'intoxication par le phosphore, la graisse du sang n'est pas augmentée, mais elle présente cette particularité d'être enlevée presque en totalité par l'éther, tandis que dans le sang normal ce dissolvant n'emporte guère que la moitié de la graisse, le reste ne passant dans l'éther qu'après l'action des réactifs chimiques (Mansfeld). Notons encore que l'on observe dans l'autolyse aseptique des tissus un phénomène analogue à celui de la dégénérescence : là aussi on voit apparaître des gouttelettes graisseuses, sans que la quantité totale de graisse dans l'organe soit augmentée (Saxl).

les critiques de Pflüger. D'ailleurs, en nourrissant de viande un chien très amaigri par un jeûne de vingt-quatre jours, on n'est pas arrivé à constater une fixation de graisse telle qu'elle pût être rapportée avec certitude aux protéiques ingérés.

Voit et Pettenkofer n'ont dosé dans la viande ingérée que l'azote, et ils ont calculé la quantité de carbone en admettant que la viande renferme pour 1 d'azote 3,682 de carbone. Or, ce rapport est tout au plus égal à 1 : 3,28, et si l'on calcule d'après cette nouvelle donnée la quantité de carbone retenue, on la trouve si petite qu'il n'y a aucune difficulté à admettre qu'elle a pu être retenue à l'état de glycogène. A la vérité l'école de Voit ne s'est pas tenue pour battue. Gruber notamment, reprenant l'expérience de Pettenkofer et Voit, a observé chez une chienne de 21 kgr. 5 des rétentions de carbone correspondant à 256 gr. et à 471 gr. de glycogène, fixés respectivement en sept et en huit jours par l'animal, et comme ce seraient là des quantités bien supérieures à celles que l'on trouve au maximum dans l'organisme du chien, il faudrait conclure qu'une grande partie de ce carbone a été retenue à l'état de graisse. Mais comme on sait aujourd'hui qu'un chien de 21 kgr. 5 peut contenir jusqu'à $21,5 \times 40 = 860$ gr. de glycogène (p. 360), cette démonstration a perdu toute valeur.

D'autre part, M. Kumagawa a fait jeûner pendant vingt-quatre jours deux chiens de la même portée, puis l'un d'eux, servant de témoin, a été tué et l'on a dosé la graisse contenue dans son corps. L'autre a été nourri de viande de cheval maigre, dont il a consommé en quarante-neuf jours 49 kgr. De 6 kgr. 08, le poids monta à 10 kgr. et, l'animal ayant été sacrifié, on put extraire de son corps 1 088 gr. de graisse. Or, d'après les indications fournies par le témoin, sa réserve de graisse devait être au début de la période d'alimentation d'environ 120 gr. La différence, soit $1 088 - 120 = 968$ gr. provenait donc de la viande. Or, celle-ci a apporté, déduction faite de la graisse perdue par les excréments, 1 084 gr. de graisse. On voit que la quantité de graisse de la viande consommée suffisait pour couvrir celle que l'organisme avait fixée, sans compter que cette viande a encore apporté 356 gr. de glycogène, qui ont pu également être producteurs de graisse. Il n'est donc pas nécessaire de faire appel aux albumines pour expliquer l'augmentation des réserves adipeuses.

Concluons donc que *la transformation des albumines en graisses chez les animaux supérieurs n'est pas démontrée*, ce qui ne signifie pas que cette transformation est impossible ou ne se produit jamais. La question demeure ouverte, d'autant plus que les destinées du reste non azoté de la molécule protéique nous sont encore inconnues et que cette grosse lacune dans l'histoire biochimique des protéiques impose une grande prudence, quand on touche à ces questions. En effet, tandis que l'azote de l'albumine consommée chaque jour apparaît très vite dans l'urine (en n'emmenant avec lui qu'une petite fraction du carbone de la molécule) (p. 453), le carbone, au contraire, n'est éliminé sous la forme d'acide carbonique que plus tard (p. 302). Par quelles transforma-tions passe ce reste carboné et non azoté de la molécule [1]. Subit-il régulièrement la transformation en sucre? C'est une question qui a déjà été examinée (p. 303 et 362). Ou bien, comme le veut Chauveau, fournit-il d'abord, par une oxydation incomplète de la graisse, en même temps que de l'urée, de l'acide carbonique et de l'eau, puis, par une nouvelle oxydation de cette graisse, du sucre, que la combustion achève enfin de conduire à l'état d'eau et d'acide carbonique? On ne peut que poser ces questions.

**La production des graisses à partir des hydrates de carbone.** — Lorsqu'à une ration suffisante on ajoute pendant longtemps un surplus important d'hydrates de carbone, les réserves en glycogène atteignent leur maximum ou s'en rappro-chent tellement que ce surplus quotidien ne pouvant plus trouver de place à l'état de glycogène, l'organisme le déverse à l'état de graisse dans ses réserves adipeuses. C'est là un des résultats les mieux établis de la physiologie de la nutrition et que vérifient chaque jour les observations des éleveurs.

Rappelons d'abord que, chez les plantes, on observe cette trans-formation des hydrates de carbone en graisse avec une netteté toute particulière. Ainsi dans l'amande, on voit de juin à octobre la richesse du fruit frais en huile s'élever de 2 à 46 p. 100, tandis que la teneur en hydrates de carbone (glycose, saccharose, amidon) tombe de 34,3 à 7,8 p. 100 (Leclerc du Sablon). Chez les ani-maux la démonstration de ce fait a été préparée par les observations de Milne Edwards sur la production de la cire chez les abeilles nourries uniquement de sucre, et par les observations de Persoz et Boussingault sur l'engraissement du porc à l'aide d'aliments riches en hydrates de carbone ; puis elle a été achevée en Allemagne à l'aide de deux méthodes, dont voici le principe :

1° On engraisse un animal à l'aide de rations riches en hydrates de carbone et contenant des quantités connues d'albumine et de graisses, et l'on constate que le poids de graisse gagnée au bout d'un certain temps est bien supérieur à celui qui peut provenir des albumines et des graisses ingérées. La différence ne peut donc provenir que des hydrates de carbone.

---

1. Si l'on admet que la dégradation des protéiques commence par un dédouble-ment hydrolytique en acides aminés, suivi d'une désamination de ces acides, le reste carboné et non azoté de la molécule protéique, dont il est question ici, est constitué par l'ensemble de ces acides aminés, après qu'ils ont subi la désami-nation (p. 303).

2° Chez un animal mis de même à l'engraissement, on dose le carbone et l'azote dans les aliments et dans les excrétions (fèces, urine et air expiré), et l'on constate qu'une fraction importante du carbone introduit a été retenue dans l'organisme. Sous quelle forme? Comme l'animal a retenu en même temps une partie de l'azote qui lui a été fourni, c'est qu'il a fixé de l'albumine, et l'on calcule d'après l'azote retenu, le carbone resté dans l'organisme sous la forme d'albumine. La différence a été fixée à l'état de glycogène ou de graisse. Or, cette différence est telle que, transformée par le calcul en glycogène, elle dépasse de beaucoup ce qu'un organisme peut fixer en fait d'hydrates de carbone. Le reste du carbone a donc été retenu à l'état de graisse. Ajoutons que cette deuxième méthode donne moins de sécurité que la première, à cause de l'incertitude de nos connaissances sur la teneur maximum de l'organisme en glycogène. — Voici les résultats d'une expérience de Tscherwinski, conduite d'après la première de ces deux méthodes.

On a choisi deux jeunes porcs de dix semaines, appartenant à la même portée et pesant l'un 7 300 gr. et l'autre 7 290 gr. On pouvait donc admettre qu'ils étaient porteurs à peu près des mêmes quantités d'albumine et de graisse. Le premier est tué et on détermine le poids de graisse contenu dans tout l'animal, et en même temps le poids d'azote, ce dernier permettant de calculer la quantité maximum d'albumine que contenait tout l'organisme. Le second est nourri pendant quatre mois avec de l'orge, dont on connaissait la teneur en graisse et en albumine. D'autre part, l'analyse des fèces donnait en même temps les quantités de ces deux aliments qui avaient échappé à l'absorption. On savait donc ainsi combien d'albumine et de graisse avaient été résorbés pendant ces quatre mois. L'animal, dont le poids était monté à 24 kgr., est alors sacrifié et l'on détermine la teneur en albumine et en graisse de tout l'organisme. Les résultats obtenus donnent le bilan que voici :

|  | Albumine. | Graisse. |
|---|---|---|
| L'animal engraissé contenait......... | 2$^{kg}$,52 | 9$^{kg}$,25 |
| —      témoin      —   ......... | 0 ,96 | 0 ,69 |
| —   engraissé avait donc fixé... | 1$^{kg}$,56 | 8$^{kg}$,56 |

D'autre part l'animal a résorbé pendant l'expérience les quantités suivantes :

|  | Albumine. | Graisse. |
|---|---|---|
| L'animal a emprunté à sa ration..... | 7$^{kg}$,49 | 0$^{kg}$,66 |

On voit donc que l'animal a fixé pendant l'expérience environ 8 kgr. 56 de graisse. Sur cette quantité, 0 kgr. 66 lui ont été fournis par sa ration.

La différence, soit 8,56 — 0,66 = 7 kgr. 90, ne peut donc provenir que des albumines et des hydrates de carbone. Or, l'animal a trouvé dans sa ration 7 kgr. 49 d'albumine et il en a fixé 1 kgr. 56. La différence, soit 7,49 — 1,56 = 5 kgr. 93 a donc pu servir à faire de la graisse et soit au maximum 5,93 × 0,69 = 4 kgr. 09 [1]. Il reste donc finalement au moins 7,90 — 4,09 = 3 kgr. 81 de graisse, qui ne peuvent provenir que des hydrates de carbone.

*Il est donc démontré que l'organisme peut transformer en graisse les hydrates de carbone de ses aliments.*

Que sait-on sur le *mécanisme chimique de cette transformation* ? Pour que d'un corps en $C^6$, tel que le glycose,

$$CH^2OH\text{-}CHOH\text{-}CHOH\text{-}CHOH\text{-}CHOH\text{-}COH,$$

*où tous les chaînons sont porteurs d'oxygène*, naisse un acide gras élevé en $C^{18}$, comme l'acide stéarique, $CH^3\text{-}(CH^2)^{16}\text{-}COOH$, dont la chaîne carbonée est *trois fois plus longue*, et dont *tous les chaînons*, sauf un, *sont dépourvus d'oxygène*, il faut évidemment un phénomène de réduction, soit donc un départ d'oxygène, suivi d'une synthèse. La réduction consiste vraisemblablement en ceci qu'une partie du carbone et de l'hydrogène du sucre s'en vont, complètement oxydés, sous la forme d'acide carbonique et d'eau, et que le fragment ou les fragments restants, pauvres en oxygène, donnent par soudure la longue chaîne de l'acide gras. Voici l'équation hypothétique par laquelle M. Hanriot traduit le phénomène :

$$13C^6H^{12}O^6 \;=\; C^{55}H^{104}O^6 \;+\; 23CO^2 \;+\; 26H^2O$$

Glycose.      Oléostréaro-palmitine.

De fait l'ingestion de grandes quantités de sucre est suivie d'une hausse considérable du quotient respiratoire, dont la valeur s'élève même parfois au-dessus de l'unité (Richet et Hanriot). L'organisme a donc produit un volume d'acide carbonique plus grand que le volume d'oxygène consommé, ce qui signifie qu'une partie de l'acide carbonique provient de réactions où l'oxygène venu du dehors n'a pris aucune part. Or, tel est bien le sens de la réaction qu'exprime l'équation ci-dessus. Ajoutons que c'est là un nouvel exemple de ces *combustions internes*, telles que les réalise, suivant A. Gautier, la vie anaérobie des tissus (p. 299).

---

1. En admettant que les graisses sont à 76,5 p. 100 et les albumines à 53 p. 100 de carbone, et que tout le carbone de l'albumine devient de la graisse, on calcule que 100 grammes d'albumine peuvent donner au maximum 69 gr. de graisse.

## § II. — LES TRANSFORMATIONS DES GRAISSES DANS L'ORGANISME.

Les graisses représentent le plus ample réservoir d'énergie dont dispose l'organisme, à la fois à cause de l'importance que peuvent prendre les dépôts adipeux (p. 385), que par le fait de leur grand pouvoir calorifique (p. 500). On ne sait encore que très peu de choses sur le mécanisme chimique de la double opération qui doit se passer ici, à savoir la mise en réserve des graisses et plus tard la mobilisation, la rentrée de ces dépôts dans le courant des actes nutritifs.

La graisse absorbée au niveau de l'intestin est déversée dans le sang par le chyle sous la forme de fines gouttelettes, dont la présence explique l'aspect laiteux offert par le sérum sanguin environ deux heures après le repas. Mais vers la 6ᵉ ou la 7ᵉ heure après le repas ces graisses en suspension ont en général disparu (H. Bräuning). Par quel mécanisme? Il ne paraît pas que ces gouttelettes franchissent en nature la paroi des capillaires. On est donc conduit à admettre qu'elles quittent le sang sous la forme de matériaux solubles dans l'eau, et qu'au niveau des tissus une opération inverse assure le dépôt de ces matériaux sous la forme de graisse. Mais les quelques faits que l'on peut citer à l'appui de cette hypothèse sont manifestement insuffisants.

La présence d'une lipase dans le sérum, établie par M. Hanriot, plaide en faveur d'une transformation des graisses en savons. Mais s'il est vrai que la reconstruction des graisses par la paroi intestinale, faisant suite à la saponification de ces aliments, doit être considérée comme un mécanisme de défense contre la toxicité des savons (p. 197), on comprend mal le rôle d'une diastase saponifiante dans le sang. D'après Cohnstein et Michaelis le sang contiendrait un agent qui, sous l'action d'un courant d'air, transforme la graisse du chyle en produits solubles dans l'eau et dialysables. Mais, en reprenant cette expérience, H. Bräuning n'a observé aucune diminution de la graisse en suspension dans le sang, et il explique les résultats de Cohnstein et Michaelis par des actions bactériennes. Quant au mécanisme inverse de la mise en dépôt des graisses, on ne peut le concevoir actuellement que par une réversion de l'action lipasique (p. 88). Mais ce sont là de pures hypothèses.

On ne sait pas mieux comment s'opère la reprise des graisses. On suppose que, là aussi, interviennent une saponification qui mobilise la graisse et la fait sortir de la cellule adipeuse, puis une synthèse qui reconstitue la graisse primitive. Il est remarquable de voir avec quelle promptitude les dépôts adipeux répondent, à l'appel de l'organisme, lorsque le jeûne exige des prélèvements sur ces réserves. Là est sans doute la raison du contact intime que l'on constate entre la cellule adipeuse et son réseau capillaire; peut-être le protoplasma de cette cellule joue-t-il, dans la mise en réserve et la mobilisation de la graisse, un rôle régulateur analogue à celui de la cellule hépatique dans les mouvements des hydrates de carbone (E. Abderhalden).

On a signalé la présence d'une lipase dans le foie (M. Hanriot) et dans divers tissus. Ce sont d'ailleurs des lipases, qui opèrent la saponification des graisses dans les tissus soumis à l'autolyse. En faveur d'une reconstruction de la graisse qui succéderait à cette hydrolyse, on peut citer ce fait que, pendant le jeûne, le sang est plus riche en graisse qu'au cours d'une alimentation pauvre en graisse, et il est logique d'admettre que ce surplus représente de la graisse empruntée aux réserves adipeuses et que le sang est en train de conduire aux tissus. On a vu que ce transport s'opère aussi dans des conditions pathologiques, et notamment vers le foie (p. 386).

En ce qui concerne enfin les transformations subies par la graisse, on a vu que cet aliment peut fournir du glycogène musculaire (p. 357). D'après Chauveau et d'après Seegen, le foie aussi pourrait faire du glycogène avec la graisse, mais, aussi longtemps que cette transformation n'aura pas été démontrée, il est tout aussi logique d'admettre que la graisse hépatique constitue un dépôt où l'organisme peut puiser au moment des besoins plus rapidement que dans les autres réserves adipeuses (Magnus-Levy). La production du glycose à partir de la graisse a été étudiée dans le précédent chapitre (p. 363).

A supposer même qu'une transformation de la graisse en sucre soit démontrée, rien n'oblige actuellement à admettre que *toute* la graisse prend dans sa destruction ce chemin par le sucre. Une partie, certainement, est consommée par les tissus et conduite par eux jusqu'à ses déchets ultimes, l'eau et l'acide carbonique. Voyons ce que l'on sait sur cette opération.

## § III. — LA DESTRUCTION DES GRAISSES.
## LA PRODUCTION DES CORPS ACÉTONIQUES.

Les graisses contenant dans leur molécule environ 90 p. 100 d'acide gras, représentés surtout par les acides palmitique, stéarique et oléique, il s'agit de déterminer la manière dont s'y prend l'organisme pour simplifier et conduire jusqu'à l'état d'eau et d'acide carbonique la longue chaîne carbonée de ces acides. Il n'est pas vraisemblable que cette combustion soit d'emblée totale. Le fait que l'on trouve dans le beurre des glycérides de tous les acides gras pairs [1], c'est-à-dire contenant un nombre pair d'atomes de carbone, depuis l'acide stéarique en $C^{18}$ jusqu'à l'acide butyrique en $C^4$ et même jusqu'à l'acide acétique en $C^2$, est au moins un indice que cette simplification pourrait avoir lieu par étapes.

Ce problème n'a pas encore pu être abordé directement, car les acides gras élevés de nos graisses alimentaires, aussi bien que les acides à chaîne plus courte, quand on les ajoute volontairement à la ration, butyrates, valérianates, caproates, disparaissent dans l'organisme sans laisser de traces. Pour saisir quelque chose du mécanisme de cette destruction, *il faut rendre plus difficile la combustion de ces corps, en les prenant accolés à des complexes aromatiques qui ralentissent leur oxydation*. Tel a été le point de départ du travail qui a conduit F. Knoop à sa théorie de la β-oxydation dans l'organisme.

**La théorie de la β-oxydation.** — L'observation fondamentale de F. Knoop est la suivante. Les acides aromatiques, dont la chaîne latérale grasse [2] contient un nombre *impair* d'atomes de carbone, sont éliminés par l'urine à l'état d'acide benzoïque; lorsque cette chaîne est faite d'un nombre *pair* d'atomes de carbone, l'acide quitte l'organisme sous la forme d'acide phénylacétique [3].

Voici comment F. Knoop interprète ces résultats. Si l'acide phénylvalérianique, par exemple, qui est à chaîne grasse *impaire*, passe dans l'urine à l'état d'acide benzoïque, cela tient à ce fait que l'oxydation

1. Sauf l'acide laurique en $C^{12}$, que l'on saisira aussi vraisemblablement.
2. On n'entend parler ici que de chaînes linéaires, c'est-à-dire non bifurquées (chaînes normales).
3. En réalité ces deux acides benzoïque et phénylacétique apparaissent dans l'urine respectivement à l'état d'acide hippurique et phénacéturique, à cause de leur copulation ultérieure avec le glycocolle.

s'attaque au chaînon $\beta$ et produit par la rupture entre $\alpha$ et $\beta$ l'amputation de deux maillons carbonés. Le nouvel acide formé, qui est ici l'acide phénylpropionique, est encore attaqué en $\beta$, et l'amputation de deux nouveaux chaînons aboutit finalement à l'acide benzoïque :

$$\text{Acide phénylvalérique...} \quad C^6H^5-CH^2-CH^2-CH^2\underset{\beta}{\overset{|}{\vphantom{|}}}CH^2-COOH.$$

$$\text{— phénylpropionique.} \quad C^6H^5-CH^2\underset{\beta}{\overset{|}{\vphantom{|}}}CH^2-COOH.$$

$$\text{— benzoïque........} \quad C^6H^5-COOH.$$

Au contraire, un acide à chaîne latérale *paire*, comme l'acide phénylbutyrique, donnera par l'attaque en $\beta$, suivie de l'amputation de deux chaînons, l'acide phénylacétique qui, ne possédant qu'un chaînon $\alpha$, ne peut pas être attaqué en $\beta$ et s'élimine par conséquent tel quel :

$$\text{Acide phénylbutyrique........} \quad C^6H^5-CH^2-CH^2\underset{\beta}{\overset{|}{\vphantom{|}}}CH^2-COOH.$$

$$\text{— phénylacétique........} \quad C^6H^5-CH^2-COOH.$$

En conformité avec ces résultats, on incline donc à admettre que la simplification d'un acide gras tel que l'acide palmitique :

$$CH^3-(CH^2)^{12}-CH^2\underset{\beta}{\overset{|}{\vphantom{|}}}CH^2-COOH,$$

commencerait par une oxydation du chaînon $CH^2$ situé en $\beta$, suivie de la chute de deux maillons carbonés de la chaîne et de la production d'un nouvel acide plus court de deux chaînons. Cet acide, subissant une nouvelle attaque en $\beta$, serait amputé de même, et ainsi de suite. Nous verrons plus loin ce que l'on sait quant à la manière dont ce procès se termine, lorsque la chaîne est suffisamment raccourcie (p. 401). Quant aux destinées des deux maillons détachés chaque fois, on ne peut faire à leur sujet que des hypothèses.

Cette théorie, d'abord appuyée uniquement sur les expériences de Knoop, a été fortifiée récemment par un apport de faits nouveaux, venus à la fois de la chimie pure et de la chimie biologique.

Au *point de vue purement chimique*, on a démontré que la destruction des acides gras *in vitro*, au moyen de l'eau oxygénée (aidée d'une trace de sulfate ferreux), s'opère par ce procès de la $\beta$-oxydation [1]. Ainsi

1. Pour une partie de l'acide, l'attaque a lieu aussi en $\alpha$, mais l'intérêt de cette réaction réside dans cette constatation que l'oxydation en $\beta$, dont on contestait la possibilité du point de vue chimique, se produit réellement.

l'acide butyrique fournit dans ces conditions les produits que voici (Dakin) :

$$\text{Acide butyrique} \dots\dots\dots\dots \overset{\hphantom{CH^3-}\beta\hphantom{H^2-}\alpha}{CH^3-CH^2-CH^2-COOH.}$$

[Acide β-oxybutyrique [1] ] . . . . . . . . . . . $CH^3-CHOH-CH^2-COOH$].

— acétylacétique . . . . . . . . . . . . . . $CH^3-CO-CH^2-COOH.$

Acétone et ac. carbonique . . . . . . . . . $CH^3-CO-CH^3+CO^2.$

Cette production d'acétone tient à la facilité avec laquelle les acides β-cétoniques, comme l'acide acétylacétique, perdent $CO^2$, pour donner l'acétone renfermant un atome de carbone de moins, en sorte que là où l'acide β-cétonique ne peut pas être saisi, l'acétone, lorsqu'elle apparaît, révèle la formation transitoire de cet acide et *démontre par conséquent qu'il y a eu oxydation en β.* C'est ce que Dakin a observé avec les homologues supérieurs de l'acide butyrique, les acides caprique, caprylique, laurique, myristique, qui tous ont donné, en présence de l'eau oxygénée, l'acétone renfermant chaque fois un atome de carbone de moins que l'acide.

Tel paraît être aussi le mécanisme de l'*oxydation des acides gras in vivo.* Ici on a d'abord complété la démonstration de Knoop. Pour l'acide phénylpropionique, par exemple, Knoop déduisait que l'oxydation débute en β, uniquement de ce fait que l'urine élimine cet acide à l'état d'acide benzoïque. Or, après ingestion d'acide phénylpropionique, Dakin a réussi à isoler de l'urine de l'acide phényl-β-oxypropionique, ce qui démontre bien que l'oxydation a attaqué le corps en β, puis que la rupture entre α et β a amputé la molécule de deux chaînons, avec production finale d'acide benzoïque [2].

$$\text{Acide phénylpropionique} \dots\dots \overset{\hphantom{C^6H^5-}\beta\hphantom{H^2-}\alpha}{C^6H^5-CH^2-CH^2-COOH.}$$

— phényl-β-oxypropionique . . $C^6H^5-CHOH \vert CH^2-COOH.$

— benzoïque . . . . . . . . . . . . . . $C^6H^5-COOH.$

Ce procès de la β-oxydation *in vivo*, conduisant chaque fois à l'amputation de deux chaînons carbonés, a trouvé encore une démonstration très élégante dans une série d'expériences de Embden et Marx sur la production de l'acétone par circulation artificielle d'acides gras dans le foie. Du sang de bœuf, additionné d'acide butyrique et passant en circulation artificielle à travers un foie de chien, ressort chargé d'acide acétylacétique et d'acétone (voy. les formules ci-dessus), produits dont la

1. A la vérité, l'acide β-oxybutyrique n'a pas été saisi dans cette réaction, mais comme l'eau oxygénée transforme très facilement ce corps en acide acétylacétique, il est certain qu'il représente l'étape intermédiaire entre l'acide butyrique et l'acide acétylacétique.

2. L'urine contenait aussi de l'acétophénone $C^6H^5-CO-CH^3$. Il semble donc qu'arrivée au niveau de l'acide phényl-β-oxypropionique, la réaction peut prendre deux directions différentes : ou bien la rupture se fait entre α et β avec production d'acide benzoïque (et sans doute d'acide acétique pour l'autre fragment de la molécule), ou bien l'oxydation se poursuit en β avec formation de l'acide β-cétonique correspondant, à savoir l'acide benzoylacétique $C^6H^5-CO-CH^2-COOH$, qui par perte de $CO^2$ donne ensuite l'acétophénone.

formation démontre que l'acide butyrique a été attaqué en β. Or, si la règle de Knoop quant à l'amputation de *deux* chaînons carbonés, consécutive chaque fois à la β-oxydation, est conforme aux faits, la dégradation de ceux d'entre les homologues supérieurs de l'acide butyrique dont la chaîne contient un nombre *pair* de maillons carbonés, comme les acides caproïque, caprylique et caprique (respectivement en $C^6$, $C^8$ et $C^{10}$) devra, dans l'expérience ci-dessus, aboutir finalement à l'acide acétylacétique, puis à l'acétone, tandis que les acides *impairs*, comme les acides, valérique, œnanthique et pélargonique (respectivement en $C^5$, $C^7$ et $C^9$) devront ne pas être cétogènes. C'est ce que l'expérience vérifie : seuls les acides pairs sont cétogènes.

Enfin le fait que l'on ne trouve dans l'organisme, dans le lait par exemple, que des acides gras pairs, et aucun acide impair, est aussi une confirmation de la règle de Knoop, car les acides gras des graisses avec lesquelles l'organisme travaille, étant tous *pairs* (acides palmitique, stéarique, oléique), leur raccourcissement par des amputations successives de *deux* chaînons ne peut produire que des acides pairs.


Admettons donc provisoirement que les choses se passent ainsi, et que les petites quantités d'acides myristique, caprique, caprylique, caproïque et butyrique que l'on a trouvées dans l'organisme, représentent les restes physiologiques de la dégradation des acides gras alimentaires par le procès de la β-oxydation. Arrivée à ce niveau de l'acide butyrique, l'opération présente un intérêt tout particulier. On a vu, en effet, à la page 396, que les produits de la β-oxydation de l'acide butyrique *in vitro* sont l'acide β-oxybutyrique, l'acide acétylacétique et l'acétone, c'est-à-dire les composés constituant cette famille clinique des *corps acétoniques* [1], qui se produisent au cours du diabète, et parfois en si grandes quantités, surtout au moment du coma. Cette *acétonurie diabétique* a été considérée jusqu'à présent comme l'expression d'une déviation vicieuse de la désassimilation chez ces malades. Au contraire, ce que l'on vient de rappeler quant aux produits de la β-oxydation de l'acide butyrique, l'existence d'une acétonurie physiologique, et d'autres raisons qui seront exposées plus loin, inclinent aujourd'hui les physiologistes à considérer ces corps comme marquant des étapes *normales* de la désassimilation. S'il en est vraiment ainsi, le problème de l'acétonurie diabétique se présente aussitôt tout différemment.

---

1. Bien que l'acide acétylacétique et l'acétone soient seuls à posséder la fonction cétonique, il est commode, au point de vue physiologique et clinique, de comprendre aussi l'acide β-oxybutyrique dans le groupe des corps acétoniques, puisqu'il est le producteur direct de ces corps. Pour la même raison, on dit souvent en parlant des deux acides en question : les *acides acétoniques*.

Voyons d'abord en quoi consiste l'acétonurie physiologique, et recherchons si les corps acétoniques n'ont d'autre origine que les graisses.

**L'acétonurie physiologique et l'acétonurie du jeûne hydrocarboné.** — Il existe une acétonurie physiologique. Elle consiste dans l'excrétion d'un peu d'acide acétylacétique et d'acétone, qui évalués en acétone[1] font de 10 à 30 mgr. en vingt-quatre heures (Embden et Schliep). L'air expiré en contient aussi, et même plus que l'urine (de 30 à 80 mgr. par jour). Mais l'acide β-oxybutyrique n'a pas encore été saisi dans l'urine normale.

Une acétonurie bien plus intense que celles des sujets alimentés à la manière habituelle apparaît chez l'homme normal à la suite du jeûne complet, et l'on sait aujourd'hui que le seul facteur qui agit ici, c'est le *jeûne hydrocarboné*, c'est-à-dire la suppression, non de tous les aliments, mais du seul aliment hydrocarboné (Hirschfeld). Il suffit, en effet, de nourrir un individu presque uniquement d'albumines et de graisses (viande, œufs, fromage, légumes verts), pour provoquer promptement une acétonurie intense.

Exemple (Les quantités indiquées sont exprimées en grammes et se rapportent à l'urine des vingt-quatre heures) :

#### I. — *Jeûne total.*

| Jours. | Acétone. | Ac. β-oxybutyrique. |
|---|---|---|
| 1 | 0,027 | 0 |
| 2 | 0,721 | 6,20 ⎱ Jeûne. |
| 3 | 2,990 | 10,85 ⎰ |

#### II. — *Jeûne hydrocarboné.*

| | Acétone. | Ac. β-oxybutyrique. |
|---|---|---|
| 1 | 0,062 | 0,84 |
| 2 | 0,660 | 0,73 |
| 3 | 2,550 | 3,56 |
| 4 | 3,110 | 14,70 |

Et voici la contre-épreuve, montrant l'action anticétogène immédiate des hydrates de carbone ajoutés à la ration. Elle se rapporte au sujet de l'expérience I ci-dessus :

---

1. Sauf indications contraires, les quantités d'acétone qui seront citées ci-après comprendront à la fois l'acétone et l'acide acétylacétique, parce qu'au cours du dosage de l'acétone, tel qu'on le pratique habituellement, cet acide est décomposé en acétone et en acide carbonique.

| Jours. | Acétone. | Ac. β-oxybu-tyrique. | Remarques. |
|---|---|---|---|
| 1............. | 1,890 | 4,810 | OEufs et bouillon. |
| 2............. | 0,248 | 0,023 | } Addition d'hydrates de carbone. |
| 3............. | 0,090 | 0,020 | |
| 4............. | 0,012 | 0,014 | |
| 5............. | 0,010 | néant | { Alimentation habituelle. |

Mais l'acétonurie du jeûne n'est pas toujours aussi marquée. Souvent l'urine ne contient que 50 à 75 cgr. d'acétone en vingt-quatre heures. En général l'ingestion de 50 à 60 gr. d'hydrates de carbone, ajoutés à une ration auparavant exempte de cet aliment, suffit chez l'homme non diabétique pour réduire l'acétonurie aux traces normales.

C'est donc bien la *suppression des hydrates de carbone* qui produit l'acétonurie du jeûne [1], et telle est aussi la cause principale, sinon la cause unique, de l'acétonurie diabétique. — On ne sait rien de précis sur le mécanisme de l'action anticétogène des hydrocarbonés.

Cette acétonurie consistant surtout dans l'excrétion de substances *acides*, le mécanisme antitoxique de la production d'ammoniaque entre en jeu (p. 316). C'est pourquoi le jeûne augmente si nettement la part relative de l'azote de l'ammoniaque dans l'azote total (p. 443 et 566).

**Origine des corps acétoniques.** — Ce qui a été dit précédemment au sujet de la dégradation des acides gras indique déjà que les graisses doivent être productrices de corps acétoniques dans l'organisme. Mais elles ne sont pas la seule source de ces corps, et une origine protéique, autrefois admise sans preuves directes, puis contestée, doit être considérée aujourd'hui comme démontrée. Quant aux hydrates de carbone, on peut les écarter du débat, puisque c'est en l'absence de ces aliments que l'acétonurie est maximum.

En ce qui concerne d'abord les *graisses*, que Geelmuyden et Rumpf ont les premiers mis en cause, il est bien établi aujour-

---

1. Beaucoup d'acétonuries pathologiques que l'on a distinguées au début, acétonurie des aliénés, des névrosés, des fébricitants, s'expliquent par le même mécanisme. Toutes ces affections ont, en effet, ceci de commun qu'elles sont accompagnées d'inanition ou d'alimentation insuffisante. Toutefois cette explication ne suffit pas partout. On observe parfois des acétonuries fébriles, qui sont loin de rétrograder aussi nettement que l'acétonurie du jeûne, lorsqu'on administre des hydrates de carbone, en sorte qu'il faudrait admettre ici l'action de deux facteurs cétogènes, l'inanition hydrocarbonée et une action spéciale de l'agent infectieux.

d'hui que chez le diabétique, chez le chien en état de diabète phlorizique et chez l'homme privé d'hydrates de carbone, l'ingestion de butyrate de sodium ou d'une graisse riche en butyrine, comme le beurre, augmente nettement l'acétonurie. Par exemple, dans une expérience de A. Loeb sur l'homme, l'ingestion de 18 gr. de butyrate de sodium a été suivie de l'excrétion d'un surplus de 7 gr. d'acide β-oxybutyrique, résultat que confirment d'autre part les expériences de circulation artificielle d'acide butyrique à travers le foie (p. 396). Avec les acides gras supérieurs, qui représentent la masse principale des graisses alimentaires, les résultats ont été moins constants et moins prononcés, le diabétique ne répondant pas toujours à une augmentation de la graisse ingérée par une acétonurie plus forte [1]. Mais, comme en circulation artificielle à travers le foie les homologues supérieurs pairs de l'acide butyrique jusqu'au terme en $C^{10}$ ont fourni de l'acétone, on est en général d'accord pour reconnaître à ces aliments un rôle cétogène important [2] (p. 396).

On a été, d'autre part, ramené à la théorie de l'*origine protéique* d'une partie des corps acétoniques, d'abord par l'observation des diabétiques, chez qui l'ingestion d'acides aminés, leucine, tyrosine, phénylalanine, accroît nettement la quantité des corps acétonique excrétés. Par exemple 33 gr. de leucine ingérés par un diabétique ont provoqué l'excrétion de 13 gr. d'acide β-oxybutyrique (Baer et Blum). D'autre part, en circulation artificielle à travers le foie du chien, les trois acides aminés ci-dessus se sont montrés des producteurs énergiques d'acétone et d'acide acétylacétique, et l'on sait que cet acide a pour précurseur immédiat et nécessaire l'acide β-oxybutyrique. Il est possible que d'autres acides aminés se comportent de même. L'acide glutamique, si abondant dans certains protéiques, est peut-être aussi un producteur important d'acides butyrique et β-oxybutyrique (p. 302).

**Les corps acétoniques sont-ils des produits de la désassimilation normale?** — De ce qui précède il ressort ce fait capital que ce n'est pas seulement l'organisme diabétique,

---

1. Peut-être parce que l'acétonurie tient moins à la quantité de graisse offerte à la cellule qu'à l'état même de cette cellule.

2. Souvent on cite encore, comme preuve indirecte, le cas d'un diabétique observé par Magnus-Levy, et qui a éliminé en trois jours 342 gr. de corps acétoniques. Comme ce malade ne recevait que des albumines et des graisses, et que la quantité d'albumine détruite en même temps n'a été que de 242 gr., le calcul montre qu'une partie importante de ces 342 gr. de corps acétoniques n'a pu être fournie que par les graisses, donc par les acides gras supérieurs.

mais aussi le foie normal, qui conduit les acides gras et les acides aminés jusqu'au niveau de l'acide β-oxybutyrique, substance mère des corps acétoniques. Or, nous consommons par jour sous la forme de graisse de 80 à 100 gr. d'acides gras, et sous la forme de protéiques à peu près autant d'acides aminés. Ce sont donc des quantités considérables de matériaux alimentaires qui, dans leur dégradation, peuvent passer — il serait peut-être prématuré de dire qu'elles passent nécessairement — par cette étape de l'acide β-oxybutyrique, en sorte que les corps acétoniques nous apparaissent comme des produits réguliers de la désassimilation, que l'organisme produirait transitoirement en quantité peut-être considérable.

On peut objecter ici que ce n'est que chez le diabétique que l'action cétogène des acides gras et des acides aminés s'est manifestée avec intensité, tandis que, pour le foie normal, c'est par milligrammes (une centaine au plus) qu'il a fallu compter l'acétone emportée en une heure par un litre de sang. Mais on va voir que les corps acétoniques produits sont ensuite nécessairement détruits. D'autre part, on sait bien que, grâce à la rapidité de la circulation, des corps, dont l'organisme transporte en vingt-quatre heures des quantités considérables, n'apparaissent à chaque instant dans le sang qu'en très faibles proportions, par exemple 1 gr. de glycose par litre de sang, pour un corps dont nous détruisons chaque jour de 300 à 400 gr. Comme on estime à 100 litres environ, la quantité de sang qui traverse le foie en une heure, on voit quelles quantités considérables peuvent représenter en vingt-quatre heures des milligrammes de corps acétoniques par litre de sang.

**La destruction des corps acétoniques à l'état normal.** — Il se peut donc que l'organisme produise à l'état normal des quantités considérables de corps acétoniques; comme il n'en élimine, d'autre part, que des traces, c'est donc qu'il détruit la différence. Que nos tissus possèdent un tel pouvoir de destruction, c'est ce que démontrent un grand nombre d'expériences. Mais les étapes de cette dégradation ne sont pas encore bien connues.

Chez l'homme bien portant, et alimenté à la manière ordinaire, des doses de 25 gr. d'acide β-oxybutyrique données *per os* disparaissent complètement (Schwartz, Waldvogel, Mac Kenzie), et des doses de 20 à 21 gr. d'acide acétylacétique sont détruites aussi jusqu'à la proportion de 99,3 p. 100 (Schwartz, Geelmuyden). L'acétone est plus difficilement brûlée : avec des doses de 0 gr. 3 à 0 gr. 6 par kilogramme chez le chien, 60 à 76 p. 100 du produit ingéré s'éliminent par l'urine et par l'air expiré. Ce n'est donc pas le chemin de l'acétone que prend vraisemblablement, dans sa dégradation, l'acide acétylacétique. L'étude de la destruction de cet acide au contact des tissus, *in vitro*, conduit à la même conclusion. Des purées de rein, de rate et surtout de foie, et le sang font, en effet, disparaître des fractions considérables (jusqu'à 64 p. 100) de l'acide acétylacétique qu'on leur ajoute, sans qu'il se forme d'acétone. Le produit formé est peut-être de l'acide acétique (voy. ci-après).

On ne sait donc pas exactement comment s'achève la dégradation des acides gras à partir de l'étape de l'acide β-oxybutyrique. Le fait qu'après ingestion d'acide phénylpropionique l'urine contient à la fois de l'acide benzoïque et de l'acétophénone — cette dernière étant le témoin de la production de l'acide β-cétonique correspondant (voy. p. 396, note 2) — conduirait à admettre que la dégradation peut prendre à la fois deux chemins, qui pour l'acide butyrique seraient représentés par le schéma suivant (C. von Noorden) :

$$CH^3-CH^2-CH^2-COOH$$
Ac. butyrique.
$$CH^3-CHOH-CH^2-COOH$$
Ac. β-oxybutyrique.

$$CH^3-COOH + CH^3-COOH \qquad CH^3-CO-CH^2-COOH$$
Deux molécules d'ac. acétique. \qquad Ac. acétylacétique.

Mais l'hypothèse, qui fait de l'acide acétique le produit auquel aboutirait l'opération, a contre elle le fait de la stabilité relative de cet acide dans l'organisme. Tandis que les butyrates, valérianates, caproates alcalins, introduits *per os*, n'augmentent pas chez le chien la quantité d'acides gras volatils de l'urine, l'ingestion des acétates (et plus nettement encore celle des formiates) est suivie, en effet, d'une forte excrétion d'acides volatils (Schotten). De nouvelles recherches sont donc nécessaires ici.

**Importance des corps acétoniques au point de vue de la physiologie de la nutrition**. — Sur le chemin que suivent dans leur dégradation les acides gras et les acides aminés sortis des protéiques, les corps acétoniques marquent donc une étape, et c'est là la raison du grand intérêt que présentent ces produits. La connaissance de ces étapes constitue, en effet, la partie essentielle du problème physiologique *des échanges nutritifs intermédiaires*, problème capital, dont l'importance n'est pas toujours suffisamment mise en lumière et qui se pose pour tous nos aliments. Nous savons que tel aliment aboutit à tels déchets, mais nous ignorons souvent presque entièrement quel est le chemin qui va de cet aliment à ces déchets. Et, cependant, c'est sur ce trajet que se produisent toutes les déviations pathologiques, qui sont vraisemblablement la cause profonde des maladies de la nutrition, et tout phénomène qui permet de saisir au passage une étape dans ce travail de simplification prend, pour cette raison, un intérêt considérable.

Or, la production des corps acétoniques nous apparaît comme étant précisément un phénomène de cet ordre ; elle nous permet, en effet, de saisir une étape des échanges nutritifs intermédiaires, étape trop fugitive pour qu'on puisse l'étudier à l'état normal, plus accusée, au contraire, et par là accessible à nos recherches chez le diabétique ou dans l'inanition hydrocarbonée, grâce au trouble produit par la maladie ou par le jeûne. Et ce qui augmente encore l'intérêt de cette étude, c'est qu'en même temps qu'une *étape* on saisit là, en outre, le jeu d'un *mécanisme* de la désassimilation, qui est celui de la $\beta$-oxydation.

## § IV. — PATHOLOGIE DES CORPS ACÉTONIQUES.

**L'acétonurie diabétique.** — On a signalé l'acétonurie comme accompagnant beaucoup d'affections (p. 399, note 1), mais c'est au cours du diabète que ce syndrome se présente avec le plus d'intensité et qu'il a été le plus étudié.

Bien que les quantités de corps acétoniques, et spécialement d'acide $\beta$-oxybutyrique qu'excrètent les diabétiques aient été évaluées trop haut au début [1], elles n'en restent pas moins très considérables ; dans les cas avancés, elles peuvent s'élever d'une façon continue à 50-60 grammes d'acide $\beta$-oxybutyrique par jour.

Pendant la période du coma, et surtout quand on administre largement le bicarbonate de soude, l'urine des vingt-quatre heures en contient plus encore, par exemple, dans un cas de Magnus-Levy jusqu'à 119 gr., avec 24 gr. d'acide acétylacétique, soit donc en tout 143 gr. d'acides acétoniques, sans compter l'acétone de l'air expiré. Au début de la maladie, l'urine ne donne d'abord que les réactions de l'acétone, puis la coloration rouge par le perchlorure de fer indique l'apparition de l'acide acétylacétique [2] ; enfin, quand la quantité d'acétone approche de 1 gr., on saisit aussi l'acide $\beta$-oxybutyrique, et dans les cas plus avancés cet acide finit par représenter les deux tiers ou les trois quarts de la totalité des corps acétoniques. Cette circonstance est à noter, car le dosage de cet acide étant très laborieux, on s'en tient souvent à la détermination de l'acétone totale (acétone préformée et acétone de l'acide acétylacétique), ce qui est donc peu exact, et de plus dangereux, car aux approches du coma l'acétone diminue parfois (Magnus-Levy).

**Causes de l'acétonurie diabétique.** — Un facteur important de l'acétonurie diabétique est évidemment le jeûne hydrocarboné que

1. Par exemple la quantité de 226 gr. par jour indiquée par Külz et dont l'exagération évidente tient à l'imperfection du procédé de dosage employé par cet auteur.

2. En ne tenant pas compte ici des traces normales d'acétone et d'acide acétylacétique, qui ne peuvent pas être décelées directement dans l'urine par les réactions en question.

subissent ces malades. Leur organisme, en effet, ou bien ne reçoit plus d'hydrates de carbone, à cause du régime qui leur est imposé, ou bien il élimine par l'urine la totalité de ceux qu'il reçoit. Les tissus vivent donc bien en état de jeûne hydrocarboné, et pour cette raison il y a acétonurie comme chez l'individu normal, privé de ces mêmes aliments [1]. Toutefois cette explication ne donne pas la clef de toutes les acétonuries diabétiques. Il y a, en effet, des sujets qui, sur 150 grammes d'hydrates de carbone que contient par exemple, leur ration, n'en perdent guère que la moitié par les urines. Ils ont donc brûlé l'autre moitié, soit donc 75 grammes, c'est-à-dire une quantité qui suffit largement pour préserver d'acétonurie un sujet normal (p. 399). Et cependant ces malades éliminent, par exemple, 2 à 4 grammes d'acétone en vingt-quatre heures [2]. Il semble donc que l'acétonurie du diabétique reconnaît encore d'autres causes tenant à la maladie elle-même.

Peut-être est-ce le foie qui est en cause ici. On a vu que le foie normal du chien, détaché de l'animal, fait des corps acétoniques avec un grand nombre d'acides gras ajoutés au sang (p. 396). Il en fait aussi quand on l'irrigue simplement avec du sang et soit environ 12 à 27 milligrammes (en acétone) par litre de sang traversant l'organe. Or, la même expérience répétée sur un foie de chien enlevé à un animal phloriziné ou dépancréaté, c'est-à-dire en état d'acétonurie pathologique, fournit de 69 à 139 milligrammes d'acétone par litre de sang. Cette différence tient-elle à une *exagération de la production* ou au contraire à une *diminution de la destruction* des corps acétoniques par le foie? Pour l'instant, c'est la seconde de ces hypothèses qui se présente avec le plus de vraisemblance, puisque le foie du chien diabétique détruit encore, *in vitro*, autant d'acide acétylactique que celui du chien normal (Embden et Michaud).

---

1. Ce qui démontre qu'il en est bien ainsi, c'est que beaucoup de diabétiques, que l'on fait passer du régime ordinaire au régime aussi pauvre en hydrocarbonés qu'il est possible, répondent à ce changement par une acétonurie brusquement augmentée. C'est qu'avec leur régime antérieur, ils brûlaient encore une partie de leurs hydrates de carbone, ce qui les préservait, totalement ou en partie, de l'acétonurie; avec le régime strict, au contraire, cette action anticétogène des hydrates de carbone fait défaut, et l'acétonurie devient plus intense. Ajoutons qu'elle s'atténue, en général, dans la suite.

2. On saisit ici l'intérêt que présente l'étude des corps tels que les pentoses, la glycérine, l'acide citrique, l'acide glutarique, qui sont comme les hydrates de carbone des anticétogènes. L'acide glutarique surtout est actif. Chez le chien dépancréaté il diminue nettement non seulement l'acétonurie, mais encore la glycosurie. Peut-être trouvera-t-on de ce côté des agents thérapeutiques précieux.

## Conséquences de la production des corps acétoniques. — L'acidose diabétique.

— Cette production de corps acétoniques a deux conséquences pour le diabétique. Elle est d'abord une *perte d'énergie*, car 50 à 60 grammes d'acide de β-oxybutyrique représentent de 227 à 272 calories. Sur un apport total de 2 200 calories, par exemple, c'est un déchet de 10 p. 100 s'ajoutant à celui que constitue la perte quotidienne de sucre. Si cette dernière est de 100 grammes, soit de 410 calories, on voit que l'excrétion des corps acétoniques augmente de 50 p. 100 environ la quantité d'énergie chimique, qui s'écoule inutilisée par les urines.

Une conséquence plus grave est l'intoxication produite par les corps acétoniques, et spécialement l'*intoxication acide* due aux acides β-oxybutyrique et acétylacétique. A la vérité, on voit le plus souvent le diabétique, en dépit d'une acétonurie se comptant par grammes d'acides acétoniques, résister pendant des années à cette « acidose », comme disent les auteurs allemands, grâce à une production supplémentaire d'ammoniaque [1], et l'on a étudié ailleurs les conditions qui assurent à ce mécanisme son jeu le plus sûr (p. 316). Mais souvent aussi, on voit, sous des influences encore mal déterminées, éclater les redoutables accidents du coma diabétique. Ces accidents sont-ils vraiment le résultat d'une intoxication acide? D'après Magnus-Levy, cette intoxication est démontrée : 1° par l'abaissement considérable de l'alcalinité de titration du sang; 2° par la masse souvent colossale d'acides acétoniques éliminée par l'urine, quand le malade triomphe du coma; 3° par la masse considérable d'acides acétoniques que l'on trouve dans les tissus, quand le malade succombe, au contraire, sous l'accès; 4° par les quantités énormes de bicarbonate de soude qu'il faut administrer pour obtenir l'émission d'une urine acide.

1° L'*abaissement de l'alcalinité de titration est très sensible*. L'alcalinité de 100 cm³ de sang normal vaut de 250 à 380 (en moyenne 320) milligrammes de NaOH. Or, chez trois diabétiques marchant vers un coma mortel on a mesuré successivement des alcalinités décroissantes, dont

1. Le dosage de l'ammoniaque urinaire est, pour cette raison, un moyen de déceler chez ces malades la menace d'une intoxication acétonique. C'est aussi par cette voie que Stadelmann est arrivé méthodiquement à l'importante découverte de l'acide β-oxybutyrique (qu'il prit d'abord pour de l'acide crotonique) dans l'urine des diabétiques. Il avait remarqué la forte teneur de ces urines en ammoniaque, et, concluant justement de là à une intoxication acide, il se mit systématiquement à la recherche d'acides anormaux. Bien entendu on constate, en même temps, une diminution corrélative de la part de l'urée dans l'azote total (p. 442 et s).

voici un exemple : 361, 234 et 144 mgr. pour 100 cm³ de sang, ce dernier dosage ayant été fait au moment de la mort dans le coma.

2° Voici maintenant un exemple *des quantités énormes d'acides acétoniques dont l'organisme se débarrasse en cas de coma guéri.*

| État du malade. | Bicarbonate de soude ingéré par jour. | Acide β-oxybutyrique dans l'urine par jour. | Acide acétylacétique (calculé d'après l'acétone totale) dans l'urine par jour. |
|---|---|---|---|
| Début du coma. | 60 gr. | 56$^{gr}$,6 | 18$^{gr}$,3 |
| Maximum — . | 210 — | 81 ,6 | 33 ,8 |
| Diminution — . | 90 — | 119 ,0 | 23 ,6 |
| Fin — . | 80 — | 57 ,4 | 25 ,6 |
| Total............... | | 314$^{gr}$,6 | 101$^{gr}$,3 |

En quatre jours ce malade a donc éliminé 416 gr. d'acides acétoniques, et il s'agissait d'un garçon de treize ans, pesant 32 kgr. !

3° Lorsque le malade meurt dans le coma, on n'observe pas en général cette décharge considérable d'acides par les urines, mais alors on constate à l'autopsie que *l'organisme a retenu des quantités importantes d'acides acétoniques.* Hugounenq a trouvé le sang d'un diabétique en période de coma très riche en acide β-oxybutyrique, et, d'après des dosages faits dans les tissus de sujets ayant succombé au coma, Magnus-Levy estime à 100-200 gr. la quantité d'acide restée dans l'organisme, évaluation qui est certainement au-dessous de la vérité.

4° Enfin, *il faut administrer des quantités énormes d'alcalins pour obtenir la réaction alcaline de l'urine chez les malades en période de coma.* Exemple :

| | Bicarbonate par jour. | Réaction de l'urine. |
|---|---|---|
| I. — Coma guéri [1]. | | |
| 1$^{er}$ jour du coma..... ......... | 109 gr. | Acide. |
| 2$^e$ — (fin)................... | 102 — | Alcaline. |
| II. — Coma mortel. | | |
| 1$^{er}$ jour du coma.............. | 85 gr. | Acide. |
| 2$^e$ — (mort)................ | 110 — | Acide. |

Ainsi dans le second cas, avec 195 gr. de bicarbonate administrés en deux jours, l'urine est demeurée acide jusqu'à la mort.

Il semble donc bien que *le facteur principal du coma est l'intoxication acide,* mais est-ce là la seule cause qui conduise le diabétique au-devant de ces accidents. Il n'est pas vraisemblable, dit C. von Noorden, que nous connaissions dès à présent tous les corps toxiques que peut engendrer la nutrition déviée du diabé-

1. La quantité d'acides acétoniques excrétée pendant ces deux jours fut de 200 gr. 9.

tique. Peut-être aussi faudrait-il revenir sur la question de la toxicité propre des acides acétoniques, en dehors de leur action comme acides. Cette toxicité a été trouvée, à la vérité, médiocre ou nulle, mais ces résultats ont été contestés (Desgrez et Saggio; Wilbur). La question est donc à reprendre.

Au surplus la théorie de l'intoxication acide se heurte aussi à des difficultés. On explique souvent les effets mortels de cette intoxication en admettant que les acides acétoniques, insuffisamment neutralisés par l'ammoniaque, arrachent aux cellules leurs alcalis constitutifs et mettent ainsi fin à toute vie normale des tissus. Mais il faudrait démontrer cette spoliation d'alcalis, et l'unique recherche que Magnus-Levy a faite dans cette direction a donné un résultat tout à fait négatif [1]. Une autre explication, fournie par le même auteur, consiste à admettre que, les acides se fixant sur les protéiques, les chaînes latérales de ces derniers sont immobilisées par cette combinaison et sont ainsi rendues impropres aux fonctions du protoplasma. Mais ce n'est là qu'une hypothèse ingénieuse.

1. Magnus-Levy s'est borné à cette constatation grossière, à savoir que dans les tissus diabétiques le rapport de l'azote aux cendres est resté le même qu'à l'état normal.

# CHAPITRE XIX

## LES MATIÈRES COLORANTES DE L'ORGANISME LEUR ORIGINE ET LEURS TRANSFORMATIONS

De toutes les matières colorantes de l'organisme, la mieux connue est celle des globules rouges du sang, l'*hémoglobine*, dont les propriétés et les premiers produits de transformation et de dédoublement ont été étudiés avec le sang et la respiration (p. 232 et 260).

De l'hémoglobine sort dans l'organisme le groupe des matières colorantes biliaires, et notamment les deux pigments biliaires principaux, la *bilirubine* et la *biliverdine* (p. 170). Ceux-ci, à leur tour, engendrent l'*urobiline* qu'éliminent les excréments et l'urine, et à laquelle on a essayé de rattacher l'*urochrome*, le pigment jaune des urines. Une autre matière colorante urinaire, l'*hématoporphyrine*, est certainement aussi d'origine hématique, puisqu'on l'obtient, *in vitro*, par l'action des acides sur l'hématine (p. 238).

Tous ces corps constituent donc le groupe des *matières colorantes d'origine hématique*. La formation de leur chef de file, l'hémoglobine, la suite des transformations, qui de l'hémoglobine font sortir les autres pigments de ce groupe, sont liées à une série de problèmes de physiologie normale ou pathologique ou de diagnostic, qui seront étudiés dans le présent chapitre. Les autres matières colorantes de l'organisme sont très mal connues. On ne sait que peu de choses sur l'important groupe des *mélanines*, dont la chimie est à peine ébauchée et dont l'origine est encore controversée.

## §I. — LES PIGMENTS D'ORIGINE HÉMATIQUE.

### 1. *L'hémoglobine.*

**Formation de l'oxyhémoglobine.** — On a vu que l'oxyhémoglobine (ou l'hémoglobine) est constituée par l'association d'une matière protéique, la globine, avec un noyau ferrugineux, l'hématine (ou l'hémochromogène). D'autre part, comme les acides décomposent l'hématine en fer et en un autre pigment rouge, l'hématoporphyrine, qui n'est plus ferrugineux, on voit que le problème de la formation de l'hémoglobine revient à expliquer l'origine du complexe :

Globine-noyau coloré-fer.

On ne sait rien sur l'origine de la *globine*. C'est un protéique du groupe des histones, dont la production dans l'organisme est aussi mal connue que celle des autres matières albuminoïdes (voy. au chapitre XIV).

En ce qui concerne l'origine de la *copule colorée*, on est de même réduit à des hypothèses, mais qui du moins ont comme point de départ des faits chimiques bien établis. On connaît, en effet, au moins en gros, la constitution de l'hématine, qui est vraisemblablement une association de groupes d'hémopyrrol, unis à du fer (p. 237). Comment l'organisme se procure-t-il cette molécule? Peut-être en opère-t-il lui-même la synthèse? Et alors il est intéressant de rappeler que parmi les matériaux qui constituent les protéiques, il trouve dans la proline ou acide pyrolidine-carbonique un noyau de pyrrol déjà préparé. Il se peut aussi qu'il ne soit pas obligé à une synthèse aussi profonde, et que sous la forme de chlorophylle, qui contient comme l'hématine le noyau de l'hémopyrrol (p. 237), les aliments végétaux lui apportent cet édifice chimique tout formé. Par l'intermédiaire des herbivores et des omnivores, une partie de ce travail de synthèse serait donc épargnée au monde animal. Mais les destinées des pigments du groupe chlorophyllien dans l'organisme animal sont très mal connues [1].

---

1. Bien que la chlorophylle se retrouve dans les excréments des herbivores, une partie est certainement absorbée, puisqu'on a isolé de la bile des herbivores un

En ce qui concerne, au contraire, le *fer* nécessaire à cette synthèse, on a fait un grand nombre de recherches, qui ont eu comme point de départ l'emploi des préparations martiales dans le traitement de la chlorose et de l'anémie, et qui visaient surtout à établir sous quelle forme ce métal doit être offert pour que la régénération du sang soit le plus active[1]. Voici les principaux résultats de ces recherches.

**L'assimilation du fer et la formation de l'oxyhémoglobine.** — Plaçons-nous d'abord dans les conditions ordinaires de la vie, c'est-à-dire en dehors de tout apport de fer médicamenteux. Ici apparaît un premier fait, d'importance capitale, et qui a été mis en lumière par G. Bunge, c'est que *nos aliments habituels n'apportent avec eux que du fer en combinaison organique.*

Il existe des substances organiques ferrugineuses, comme l'hématine, dans lesquelles le fer échappe absolument aux réactifs habituels (sulfure d'ammonium, ferrocyanure de potassium) et qui ne cèdent pas ce métal même sous l'action de réactifs énergiques (potasse, acide chlorhydrique). C'est du fer dit en combinaison *organique*. Toutes les combinaisons organiques du fer ne sont pas cependant aussi résistantes, et il en est qui, traitées par le sulfure d'ammonium, par exemple, donnent après un temps variable la coloration verdâtre, puis noire du sulfure de fer, mais toutes ont ce caractère commun de ne pas abandonner immédiatement leur métal à l'alcool chlorhydrique (réactif de Bunge). Au contraire, des corps tels que les albuminates de fer, sont en réalité des combinaisons salines, dont le fer passe immédiatement dans ce réactif. C'est du *fer minéral*, comme celui d'un oxalate ou d'un chlorure ferreux. Or, quand on recherche sous quelle forme le fer est offert au futur poulet dans le jaune d'œuf, on n'y trouve pas de fer minéral et on constate, en outre, que tout le métal reste dans le résidu insoluble qui persiste après des digestions répétées du jaune avec de la pepsine chlorhydrique. Ce résidu est constitué par une substance phosphorée, l'*hématogène*, renfermant 0,45 p. 100 de fer et qui n'est pas une nucléine, comme l'a admis d'abord Bunge, mais une sorte d'hémoglobine non encore différenciée, formée par l'association d'un complexe protéique avec un noyau coloré ferrugineux (Hugounenq et Morel) (p. 55). Dans ce composé le fer ne réagit pas tout de suite avec le sulfure d'ammonium et le ferrocyanure de potassium, mais seulement après quelques heures de contact. Le lait, les céréales, les légumineuses, les feuilles vertes (épinards) contiennent des combinaisons analogues.

pigment vert (*cholohématine* ou *bilipurpurine* des auteurs), que l'on a identifié récemment avec un produit de transformation de la chlorophylle dans l'intestin la *phylloérythrine* (Marchlewski).

1. C'est même d'une façon trop exclusive que l'étude de la production du pigment sanguin a été bornée à ce côté de la question, à savoir l'accession du fer. On a trop oublié que, du point de vue chimique, la construction de l'autre partie de la molécule de l'oxyhémoglobine, la globine, nous apparaît comme un phéno-

*Ce fer organique est absorbé le long du tube digestif.* C'est ce qui ressort d'abord de ce fait bien connu que nos aliments habituels, qui contiennent tout leur fer sous cette forme, suffisent à assurer le ravitaillement en fer de l'organisme, et mieux encore la réfection du sang après des hémorragies abondantes. D'ailleurs cette absorption a été démontrée aussi chez des animaux rendus anémiques par une alimentation pauvre en fer (voy. plus loin), et qui recevaient ensuite avec cette même alimentation diverses substances ferrugineuses, et notamment ces combinaisons organiques du fer (Socin, Häusermann, Abderhalden).

Ici on a constaté ce fait important que si l'on fait ingérer du lait à un animal (rat), les parois intestinales ne donnent aucune réaction du fer avec le sulfure d'ammonium ; cette réaction apparaît, au contraire, lorsqu'on ajoute au lait de l'hématine ou de l'hémoglobine. On doit conclure de là que l'absorption de l'hématine a été précédée ou accompagnée d'une séparation du fer, ou du moins d'un changement dans le mode de liaison de ce métal. Cette absorption a surtout lieu au niveau du duodénum, tandis que le gros intestin est, au contraire, pour le fer une surface d'élimination (p. 438).

On a cherché, en outre, *vers quels organes est dirigé le fer absorbé* par l'intestin. Chez les animaux auxquels on donne des sels de fer à doses thérapeutiques, la réaction du sulfure d'ammonium montre que du métal a été fixé par le foie, la rate, et aussi par la moelle osseuse et par le muscle, et, lorsqu'on introduit le fer dans la circulation, une petite partie est éliminée par l'urine et surtout par l'intestin, et la majeure partie est fixée par les tissus et surtout par le foie (Jacobi). Il semble donc que dans les conditions ordinaires de la vie, on doive saisir aussi l'intervention du foie en tant qu'organe de réserve pour le fer alimentaire. Il n'en est rien, car la richesse en fer du tissu hépatique n'est pas modifiée par l'inanition [1]. D'ailleurs on ignore ce que devient, aussitôt après son absorption, le fer organique de nos aliments. Quant à cet arrêt, par le foie, du fer minéral ingéré ou injecté, il faut y voir

mène bien plus complexe, que la simple entrée du fer ou du noyau coloré ferrugineux dans la molécule (Abderhalden).

1. Dans le foie de chiens adultes, alimentés normalement ou pris après un jeûne prolongé, Lapicque a trouvé à peu près la même quantité de fer (environ 0 gr. 10 pour 1 000 gr. de tissu frais), et Dastre et Floresco signalent que, chez l'escargot soumis pendant l'hivernation à un jeûne prolongé, le foie est aussi riche en fer qu'au printemps, après un mois d'alimentation (voy. aussi p. 469).

sans doute une manifestation du pouvoir antitoxique de cette glande [1].

Mais si le foie n'apparaît donc pas comme un organe de réserve pour le fer alimentaire, on le saisit nettement, comme tenant ce rôle, dans d'autres conditions. En effet, c'est *dans le foie que se dépose le fer devenu libre par la transformation de l'hémoglobine en pigments biliaires.*

On verra plus loin que, lorsqu'on injecte dans les veines d'un chien une solution d'oxyhémoglobine ou de globules rouges, la bile élimine un surplus de bilirubine (p. 416). En même temps on constate que le foie [2] s'est enrichi en fer (jusqu'à 0 gr. 34, au lieu de 0 gr. 10 pour 1 000 gr. de tissus frais) (L. Lapicque). Inversement, quand on provoque à l'aide d'une nourriture convenable une anémie expérimentale (p. 415), on trouve, après un certain temps, la quantité de fer du foie très diminuée (Kunkel, Cloetta). Selon qu'une hémolyse active rend disponible un excès de fer, ou que le fer consommé par l'hématopoïèse n'arrive plus du dehors en quantité suffisante, on voit donc les réserves du foie augmenter ou diminuer. Toutefois ces réserves ne s'annulent jamais complètement, parce que le fer, outre la fonction hématique, remplit encore dans le foie une autre fonction [3].

La *quantité d'hémoglobine à la reconstruction de laquelle le fer doit participer chaque jour est assez considérable.* On peut la calculer approximativement d'après la quantité de bilirubine excrétée en vingt-quatre heures.

Les observations faites sur des sujets atteints de fistules biliaires permettent d'évaluer la quantité de bile sécrétée chaque jour à 500-1 100 cm³, avec une quantité moyenne de 0 gr. 5 de bilirubine. Or, 1 gr. d'hématine ne peut pas donner plus de 1 gr. de bilirubine, et comme 100 gr. d'hémoglobine fournissent à peu près 4 gr. d'hématine, on voit qu'une production de 0 gr. 5 de bilirubine exigerait la destruction de 12 gr. 5 d'hémoglobine, quantité de pigment qui est contenue dans

---

1. L'injection de sels de fer dans les veines provoque, en effet, des accidents toxiques (Kobert).

2. Les phénomènes sont différents quand on injecte du sang en nature, dans la cavité péritonéale par exemple. Le fer s'accumule alors surtout dans la rate et dans les ganglions lymphatiques voisins du lieu d'injection, et le métal se dépose sous la forme d'un pigment en grains rouge-brun, identique à celui de la cirrhose pigmentaire des pathologistes et qui est constitué par un hydrate ferrique $2Fe^2O^3$, $3H^2O$, la *rubigine* de L. Lapicque.

3. Il ne faut pas, en effet, conclure de ce qui précède que le fer n'est dans le foie que *par le sang* et *pour le sang* (Dastre), car chez les invertébrés dépourvus d'hémoglobine, le fer est un élément constant du foie, qui en contient toujours à poids égal beaucoup plus (jusqu'à 25 fois chez les céphalopodes) que le reste du corps, (Dastre et Floresco). On a vu que ce métal tient vraisemblablement dans le foie, et en général dans les tissus le rôle d'un agent d'oxydation (p. 118).

90 gr. de sang et qui renferme elle-même à peu près 4 centigrammes de fer. Ce calcul n'est qu'approché, notamment parce qu'une partie des pigments biliaires est absorbée dans l'intestin et éliminée de nouveau par la bile, mais il suffit pour montrer avec quelle rapidité l'anémie peut s'installer, si la réfection du sang cesse d'être à la hauteur de l'hémolyse. Ajoutons que le fer libéré reste en majeure partie fixé dans le foie. La bile n'en excrète que très peu (Dastre), et l'urine à peine des traces (p. 438). La grande voie d'élimination est le gros intestin. Les fèces de l'homme adulte contiennent de 2 à 3 centigrammes de fer en vingt-quatre heures (L. Lapicque) et ce métal est en partie du fer éliminé par la muqueuse intestinale (p. 439).

Il est donc utile d'être renseigné sur la teneur en fer des divers aliments [1]. Les plus riches sont, après le sang, et venant même avant la viande et le jaune d'œuf, les feuilles vertes, tandis que le lait est, au contraire, très pauvre en fer, bien qu'il soit l'unique aliment d'un organisme en train d'accroître rapidement la masse de ses tissus, qui tous contiennent du fer, et surtout celle de son sang. Bunge, qui a le premier attiré l'attention sur ce fait, explique cette contradiction singulière par *l'existence, dans les tissus du nouveau-né, d'une réserve de fer, qui est utilisée peu à peu pendant la période de l'allaitement.*

Voici quelles sont, en effet, les quantités relatives de fer que contient l'organisme des jeunes lapins à mesure que l'on s'éloigne du moment de la naissance.

| Age des lapins. | Milligrammes de fer pour 100 gr. de poids. | Age des lapins. | Milligrammes de fer pour 100 gr. de poids. |
|---|---|---|---|
| 1 heure | 18,2 | 17 jours | 4,3 |
| 1 jour | 13,9 | 22 — | 4,3 |
| 4 jours | 9,9 | 24 — | 3,2 |
| 6 — | 8,5 | 27 — | 3,4 |
| 7 — | 6,0 | 35 — | 4,5 |
| 11 — | 4,3 | 41 — | 4,2 |
| 13 — | 4,5 | 46 — | 4,1 |

On voit que la richesse relative en fer, très grande au moment de la naissance, diminue jusque vers la fin de la troisième semaine et passe pendant la quatrième semaine par un minimum, pour se relever ensuite. Or, c'est pendant la quatrième semaine que les lapins cessent

---

1. Les divers aliments contiennent, pour 100 gr. de substance sèche, les quantités de fer que voici, exprimées en milligrammes : sang (porc) 226; épinards 33-39; choux (feuilles vertes extérieures) 17-38; jaune d'œuf 10-24; viande de bœuf 16,9; pissenlits 14,3; son de froment 8,8; carottes 8,6; pommes de terre 6,4; cerises 5,6; froment 5,5; prunes 2,8; lait de femme 2,3-3,1; lait de vache 2,3; farine de froment blutée 1,6; riz 1,0-2,5; blanc d'œuf 0 (Bunge : Häusermann).

peu à peu de consommer le lait maternel et commencent à se nourrir de feuilles vertes, qui sont très riches en fer. Tout se passe donc comme si ces nouveau-nés apportaient avec eux une provision de fer qui serait peu à peu utilisée pour l'accroissement de la masse des tissus et du sang, le sevrage spontané intervenant au moment où cette réserve est épuisée [1].

Chez le lapin et chez l'homme, *cette réserve est*, au moins en partie, déposée *dans le foie*, et cet organe paraît jouer un rôle important dans l'administration du fer, non seulement chez le nouveau-né, mais aussi chez l'adulte, et ici on saisit des *différences sexuelles importantes* dans la richesse du foie en fer.

Le foie du lapin est environ 5 fois plus riche en fer au moment de la naissance que chez l'animal adulte (Bunge, L. Lapicque). Chez l'homme, le fer du foie s'élève chez le nouveau-né en moyenne à 0 gr. 25 (garçons) et 0 gr. 27 (filles) pour 1 000 grammes d'organe frais [2], puis cette quantité tombe vers douze à vingt mois à 0 gr. 05-0 gr. 07, pour remonter ensuite vers deux ans à 0 gr. 16 et 0 gr. 15, niveau auquel elle se maintient sensiblement constante jusqu'à dix ans environ. De dix à quatorze ans on la trouve chez les garçons à 0 gr. 14 et chez les filles à 0 gr. 22 (Mlle Baillet) [3], et enfin à l'état adulte chez les hommes à 0 gr. 23 et chez les femmes à 0 gr. 09. (Lapicque et Guillemonat). Au point de vue de la pathogénie de la chlorose, il y aurait grand intérêt à étudier de plus près chez la jeune fille, pendant la période de la puberté, la courbe de ces variations du fer dans le foie (Lapicque) [4].

De ce qui a été dit plus haut, il ressort en outre qu'au sortir de la période normale d'allaitement, *le lait représente un aliment manifestement trop pauvre en fer*, et ce serait là d'après Bunge la cause des résultats médiocres que donne, au dire de beaucoup de médecins, l'allaitement maternel prolongé au delà des limites

1. Cette plus grande richesse en fer des jeunes organismes pourrait aussi s'expliquer par une plus grande richesse en hémoglobine. De fait, les jeunes lapins et les jeunes rats contiennent par kilogramme d'autant plus d'hémoglobine qu'on les prend plus près de la naissance. Toutefois quand on défalque ce fer de l'hémoglobine du fer total, on trouve que le fer autre que celui de l'hémoglobine va aussi en diminuant à mesure qu'on s'éloigne de la naissance (Abderhalden).

2. Le fer du sang étant toujours déduit.

3. D'après 4 observations seulement pour chacun des deux sexes.

4. Il serait intéressant de suivre aussi, chez les diverses espèces animales, la marche de la fixation du fer par le fœtus. Chez l'homme cette fixation ne commence à se faire abondamment que pendant les trois derniers mois de la vie intra-utérine (Hugounenq).

habituelles (jusqu'à dix-huit mois ou deux ans dans certains pays).
De fait cette pratique constitue un procédé très sûr pour créer
chez de jeunes animaux *une véritable anémie expérimentale.*

Ce résultat est, en effet, obtenu régulièrement chez le chien, le chat,
le lapin, le cobaye, le rat qui, au sortir de la période normale d'allaitement, sont maintenus au régime du lait, ou mieux à un régime de lait
additionné de riz et de pain blanc, aliments aussi pauvres en fer que le
lait (p. 413, note 1). Bunge et ses élèves se sont servis de cette méthode
pour comparer, chez des animaux anémiés, l'efficacité des diverses préparations martiales.

Enfin *une participation directe des préparations de fer
minéral à la synthèse de l'hémoglobine est encore discutée,* et il
est possible que l'action curative incontestable des préparations
martiales dans le traitement de l'anémie et de la chlorose doive
être expliquée par quelque action indirecte du fer.

Chez des animaux rendus anémiques par le procédé que l'on vient
d'indiquer, Bunge et ses élèves ont constaté que l'addition de préparations de fer minéral à la ration pauvre en fer, ne produit qu'une
augmentation médiocre ou nulle de la quantité d'hémoglobine absolue
ou relative contenue dans l'organisme. Avec le fer organique (hématine
ou hémoglobine) ajouté à ces mêmes aliments, on obtient, au contraire,
des augmentations sensibles, quoique toujours inférieures à celles que
donnent les aliments naturels de l'animal (par exemple les feuilles
vertes pour le lapin ou la viande pour le chien). Il devient donc vraisemblable que l'incontestable efficacité des sels de fer dans le traitement de l'anémie n'est pas due à une participation directe du fer à la
réfection des nouveaux globules, mais à quelque action indirecte, peut-
être à une excitation spéciale des organes hématopoïétiques. Ainsi
s'expliquerait ce fait que tant d'autres agents, arsenic, manganèse,
cures d'air, produisent le même effet que le fer (von Noorden,
Immermann).

## 2. *Les pigments biliaires.*

**Origine hématique des pigments biliaires.** — L'origine
hématique des pigments biliaires est démontrée : 1° par la parenté
chimique que des réactions *in vitro* établissent entre ces pigments
et l'hématine ; 2° par des expériences *in vivo*, où l'on saisit directement la production des matières colorantes biliaires à partir de
l'hémoglobine.

En ce qui concerne la *parenté chimique*, il y a d'abord ce fait
que l'hématoporphyrine, c'est-à-dire le pigment rouge que l'on

obtient, quand on dépouille l'hématine de son fer par l'action des acides, a la même formule brute que la bilirubine. Mais quand il s'agit d'aussi grosses molécules, il ne faut pas attacher trop d'importance à de telles concordances. Un argument de plus de poids consiste en ceci que la bilirubine, fournit par oxydation les mêmes acides hématiques que l'hématine et que l'hématoporphyrine (Küster) et enfin que toutes deux donnent par réduction des corps à réaction d'urobiline (voy. plus loin).

La *transformation de l'hémoglobine en pigments biliaires dans l'organisme* est un fait aujourd'hui bien établi. Quand on injecte dans le sang des solutions d'hémoglobine, ou quand on provoque le passage de l'hémoglobine des globules dans le plasma par l'injection d'eau distillée ou d'une solution de sels biliaires, ou par intoxication avec l'éther, le chloroforme, l'hydrogène arsénié, la toluylène-diamine, on assiste, en effet, à la série des phénomènes que voici : 1° Si l'hémoglobinémie est médiocre, c'est-à-dire si la quantité d'hémoglobine dissoute dans le plasma est petite, on ne constate qu'une augmentation de la quantité des pigments dans la bile (*pléiochromie de la bile*, de Stadelmann) (Tarchanoff, Stadelmann, etc.). 2° Si l'hémoglobinémie est plus forte, le foie ne parvient plus à maîtriser la totalité du pigment sanguin brusquement mise à sa disposition, et à côté d'une quantité plus grande de pigments biliaires, la bile élimine de l'hémoglobine (Vossius, Wertheimer et Meyer, etc.). 3° Si l'hémoglobinémie est très forte, il se produit, en outre, de l'hémoglobinurie, c'est-à-dire que, outre le foie biliaire, un autre émonctoire, le rein, entre en jeu pour débarrasser le sang du pigment sanguin dissous. — Notons que, dans ces expériences, l'augmentation de la quantité de pigment éliminée par la bile a été très importante : elle a atteint 61 p. 100 de la quantité normale dans une expérience de Stadelmann et Gorodecki.

L'hématine contenant du fer, qui fait défaut à la bilirubine, on doit se demander ce que devient ce métal au moment de la production des pigments biliaires à partir de l'hémoglobine. Ce fer n'est pas éliminé par la bile, car celle-ci n'en renferme que très peu (Dastre). Il reste dans le foie : l'injection, dans le sang, d'hémoglobine dissoute accroît, en effet, la quantité de fer fixée par cet organe (L. Lapicque, p. 412).

C'est donc le foie qui transforme l'hémoglobine en matières colorantes biliaires. Mais *cet organe est-il l'unique lieu de pro-*

*duction de ces pigments?* C'est surtout par l'étude clinique des diverses formes d'ictère que cette question a été posée, et elle prend alors la forme que voici : L'ictère est-il toujours hépatogène?

**L'ictère est-il toujours hépatogène?** — Dans l'ictère classique la pathogénie de l'affection est claire : L'écoulement de la bile vers l'intestin étant gêné par un obstacle quelconque, gonflement catarrhal de la muqueuse des voies biliaires, calculs, tumeurs, le liquide reflue vers le sang et va colorer les tissus. Mais dans les expériences exposées ci-dessus, on constate que, lorsque l'hémoglobinémie est intense, elle est souvent accompagnée d'ictère avec cholurie, c'est-à-dire avec élimination de pigments biliaires par l'urine. Et comme ici on n'aperçoit pas, tout d'abord, d'obstacle opposé à l'écoulement normal de la bile, on a été conduit à rechercher si les pigments, qui produisent alors l'ictère, ne proviennent pas d'une transformation de l'hémoglobine en bilirubine par les tissus et non pas par le foie. C'est la théorie de l'*ictère anhépatogène* opposé à l'*ictère ordinaire ou hépatogène*.

Cette théorie paraissait d'autant plus acceptable, que, dans d'autres conditions, on assiste à une production anhépatogène de pigments biliaires. Il y a longtemps que Virchow a signalé dans les vieux extravasats sanguins, la présence d'une substance en cristaux de couleur orangée, l'*hématoïdine*, dont l'origine hématique est évidente et dont l'identité avec la bilirubine semble ne plus pouvoir être contestée aujourd'hui. D'autre part, pendant les transformations que subit le sang extravasé dans les tissus (ecchymoses) ou dans des cavités aseptiques (hématome pleural, hémorragies méningées), il est certain qu'il se forme, *in loco*, de la bilirubine (Quincke, Froin, Widal et Joltrain).

Mais contre cette théorie de l'ictère anhépatogène, l'école de Naunyn a fait valoir que l'ictère par hémoglobinémie intense, tel qu'il est produit par les toxiques destructeurs des globules rouges, comme la toluylène-diamine ou l'hydrogène arsénié, résulte en réalité de la stase et du reflux biliaire, tout comme l'ictère ordinaire. Il arrive, en effet, que dans ces conditions, la bile devient plus riche, non seulement en matières colorantes (pléiochromie de Stadelmann), mais aussi en mucus. Sa viscosité est donc très augmentée, et comme l'écoulement de la bile se fait sous une pression très faible, l'obstacle ainsi créé suffit pour renverser le sens de cette pression et pour faire refluer la bile vers le sang. Enfin l'expérience suivante de Minkowski et Naunyn fournit une contre-partie à ces constatations. On extirpe le foie à une oie, et on la soumet, en même temps qu'une oie normale, à des inhalations d'hydrogène arsénié. Tandis que l'animal normal élimine une urine riche en biliverdine, l'oie privée de son foie perd, au contraire, par le rein de l'hémoglobine. En l'absence du foie, les tissus n'ont donc pas transformé le pigment sanguin en pigments biliaires.

La conclusion qu'en général les auteurs allemands tirent de ces faits est que, s'il existe une production anhépatogène de pigments biliaires, comme la formation d'hématoïdine par exemple, la quantité de ces pigments est toujours trop faible pour produire un ictère généralisé. *L'ictère serait donc toujours hépatogène*, c'est-à-dire que le pigment qui vient colorer les tissus a toujours été produit dans le foie, d'où il a reflué ensuite vers le sang, à cause d'un obstacle mécanique quelconque opposé à l'écoulement normal de la bile [1]. Mais cette conclusion est probablement trop absolue.

Remarquons que le problème posé est uniquement de savoir si les pigments biliaires qui colorent les tissus ont pu être produits ailleurs que dans le foie, et non point de déterminer si le trouble primitif qui produit l'ictère a toujours son siège dans cet organe. Dans les formes d'ictère congénital acholurique (c'est-à-dire sans pigments biliaires dans l'urine), avec urobilinurie et splénomégalie, telles qu'elles ont été décrites d'abord par Minkowski, on sait aujourd'hui, par les recherches de Chauffard, que les globules présentent une fragilité marquée vis-à-vis de l'action hémolytique des solutions salines hypotoniques [2], et, pour un certain nombre d'entre eux, des altérations histologiques (hématies granulées de Chauffard et Fiessinger). C'est donc une hémolyse exagérée [3] qui est la cause première de l'affection (ictère hémoly-

1. Les partisans de cette théorie reconnaissent que dans un grand nombre de formes d'ictère (ictère au cours de la pneumonie, des pyémies, des maladies du cœur) on n'aperçoit ni la nature, ni le siège de cet obstacle, mais il n'en maintiennent pas moins qu'il s'agit d'ictères hépatogènes, parce qu'on a trouvé dans ces cas des acides biliaires dans l'urine, signe irréfutable de la nature hépatogène de l'ictère. Quant à la cause du passage de la bile dans le sang, on tend à la rapporter dans ces cas à une atteinte spéciale de la cellule hépatique (diabète biliaire). Ce passage n'est d'ailleurs que l'exagération d'un phénomène normal (voy. ce qui est dit p. 419 sur la cholémie normale).

2. Dans l'ictère catarrhal la résistance des globules est, au contraire, augmentée (Vaquez et Ribierre). Il faut ajouter que, dans certains cas d'ictères hémolytiques (non congénitaux), la fragilité des globules n'apparaît que lorsqu'on élimine au préalable tout le plasma (procédé des hématies déplasmatisées de Widal, Abrami et Brulé). Parfois, cependant, la résistance normale est conservée, en sorte qu'il faudrait admettre alors l'intervention d'un poison hémolysant (Tixier).

3. On ignore encore quelles relations existent entre cette hémolyse et la splénomégalie. Cette hémolyse tient à la fragilité globulaire, et non à une action dissolvante exercée par le plasma, comme il arrive dans l'hémoglobinurie paroxystique, où la résistance globulaire reste normale (Widal et Abrami).

tique), et non un trouble fonctionnel du foie. Mais comme la grande quantité d'hémoglobine, qui par le fait de cette hémolyse est offerte constamment au foie, doit déterminer de la pléiochromie avec sécrétion d'une bile visqueuse, pouvant produire de la stase biliaire (voy. plus haut), on voit que l'ictère en question serait encore hépatogène, au point de vue chimique, puisque c'est le foie qui aurait produit le pigment, cause de la coloration des tissus.

Toutefois cette explication est difficilement conciliable avec ce que l'on sait de l'évolution de cette affection. Cette forme d'ictère congénital est à peine une maladie; elle dure toute la vie, sans s'accompagner souvent d'aucun signe anatomique ou fonctionnel du côté du foie, ni d'aucun des symptômes d'intoxication que l'on attribue d'ordinaire aux acides biliaires; les selles sont toujours colorées et le régime alimentaire est sans action. Tous ces signes s'accordent mal avec l'hypothèse d'un obstacle mécanique apporté pendant des années à l'écoulement de la bile. Alors il faudrait donc mettre le foie hors de cause, et admettre que le pigment qui colore les tissus de ces malades n'a pas été produit dans cet organe, mais dans le sang ou au niveau des tissus. Il est vrai qu'on ne sait pas si ce pigment est de la bilirubine. Les urines de ces malades ne contiennent, en effet, que de l'urobiline, et peut-être est-ce ce pigment qui colore les tissus. Mais la question posée demeure la même, à savoir : l'urobiline peut-elle sortir de l'hémoglobine sans l'intervention du foie? Nous allons retrouver plus loin ce problème.

Le problème est d'autant plus complexe qu'il existe une cholémie physiologique congénitale. Le sérum normal de l'homme contient environ 1 gr. de bilirubine pour 36 litres. A l'état normal le foie laisse donc passer constamment un peu de bilirubine dans le sang, et la cholémie familiale, puis l'ictère chronique simple de Gilbert, ne seraient, d'après cet auteur, que des manières d'être plus accusées de la cholémie normale (Gilbert, Lereboullet et Herscher).

### 3. *Les autres pigments d'origine hématique.*

Nous étudierons ici l'urobiline, l'urochrome et l'hématoporphyrine.

**L'urobiline.** — Ce pigment a été extrait de l'urine par Jaffé, qui a reconnu ses deux propriétés les plus caractéristiques, à savoir le spectre d'absorption et la forte fluorescence verte de ses solutions. Il dérive de la bilirubine et de la biliverdine déversées dans l'intestin par la bile et que le travail de réduction des bactéries du gros intestin transforme en urobiline. Une partie de cette urobiline passe dans les urines, une autre est éliminée avec les fèces, où elle représente l'ancienne *stercobiline* de Masius et Vanlair.

Ce qui démontre clairement que les choses se passent bien ainsi, c'est que deux conditions sont nécessaires pour qu'il y ait apparition d'urobiline : arrivée de bile dans l'intestin et présence de bactéries dans celui-ci. Quand la bile cesse de se déverser dans l'intestin, on constate en effet, tant chez l'homme que chez le chien, que l'urobiline disparaît des fèces et de l'urine, et d'autre part, chez le nouveau-né dont l'intestin est stérile, le méconium, quoique riche en pigments biliaires, ne renferme pas d'urobiline. Quand les deux conditions en question sont, au contraire, toutes deux remplies, la bilirubine et la biliverdine de la bile font toujours défaut dans les excréments. Ceux-ci n'en contiennent qu'en cas de diarrhée intense, c'est-à-dire quand les bactéries intestinales n'ont pas eu le temps d'opérer leur travail de réduction. Enfin la bilirubine ingérée fait monter aussitôt la quantité d'urobiline des fèces et un peu aussi celle des urines (voy. plus loin), ce qui complète bien la démonstration (Ladage).

D'après ce qui précède, il n'y aurait donc à l'état normal pour l'urobiline qu'une seule origine, les pigments biliaires, et qu'un seul lieu de production, l'intestin. C'est la théorie dite de l'origine entérogène. On va voir que l'étude de l'urobilinurie pathologique a conduit à toute une série d'autres explications, dont les contradictions sont actuellement insolubles et qui font de cette question une des plus confuses qui soient en physiologie. Il n'est pas inutile de montrer quelles sont vraisemblablement les causes de cette confusion.

Ces causes se résument en ce fait capital, qu'on ne connaît pas, au point de vue chimique, le corps en question. L'urobiline n'a pas encore été isolée à l'état de pureté et l'on ne connaît donc pas exactement sa composition chimique. Son extraction se fait au moyen de dissolvants neutres, chloroforme, alcool amylique, dont la valeur est inégale, et la réaction de fluorescence qui sert ensuite à reconnaître sa présence est d'une sensibilié très variable selon la technique employée [1], en sorte que bien des travaux auraient conduit leurs auteurs à des conclusions toutes différentes, si la technique employée avait été plus fine. Quant au dosage de l'urobiline, les méthodes chimiques essayées quelquefois sont très incertaines, puisque la substance isolée ne peut présenter aucune garantie de pureté, et que les méthodes optiques ne peuvent prétendre qu'à des évaluations grossières. Enfin il semble bien qu'il existe un chromogène de l'urobiline (urobilinogène) que la lumière et l'air transforment en urobiline (Jaffé, Saillet). .

Ce qui complique encore la question, c'est qu'il existe probablement plusieurs urobilines. Celle des excréments et celle de l'urine sont probablement un seul et même corps, qui sort des pigments biliaires par

1. Par exemple selon que l'on opère à la simple lumière du jour ou que l'on observe le liquide à la chambre noire, dans un faisceau lumineux puissant.

réduction dans l'intestin, car la putréfaction de la bilirubine avec une dissolution de matière fécale fournit de l'urobiline (Salkowski, Huber). Mais ce produit n'est certainement pas identique à l'hydrobilirubine de Maly (p. 171), autrefois confondue à tort avec l'urobiline. Il paraît s'éloigner aussi des substances à réaction d'urobiline (urobilinoïdes), que fournit la réduction de l'hématine ou de l'hématoporphyrine par l'étain ou le zinc en présence des acides (Hoppe-Seyler) [1].

L'hémopyrrol, qui sort, comme on l'a vu, de l'hématine par une réduction profonde, fournit aussi à l'air un urobilinoïde, et quand on l'introduit dans l'organisme, il fait monter la quantité d'urobiline urinaire (Nencki et Zaleski).

Du moins tous ces corps ont-ils vis-à-vis des pigments biliaires ou hématiques la même position chimique, à savoir celle de *produits de réduction*. Mais la question se complique plus encore, si l'on veut tenir compte des corps à réactions d'urobiline, que l'on a obtenus de divers côtés en faisant agir des *oxydants* sur la bilirubine, sur la bile ou sur l'hématine (Stokvis, Mac Munn, Lemaire).

**Urobilinurie pathologique.** — La quantité d'urobiline dans l'urine est augmentée dans un grand nombre d'affections et notamment dans l'ictère, surtout au moment où l'obstacle au flux biliaire est levé et où la bile recommence à s'écouler abondamment vers l'intestin, dans les cas de cirrhose du foie, dans les maladies ou intoxications liées à une active destruction de globules rouges, dans l'alcoolisme, le saturnisme, dans les affections fébriles, etc. La question est surtout intéressante en ce qui concerne les affections du foie, l'urobilinurie étant, dans certains cas, considérée par beaucoup d'auteurs comme un signe d'insuffisance hépatique. En laissant de côté une foule de faits intéressants, mais accessoires, on peut dire que la discussion tourne autour des deux questions que voici :

1° L'urobilinurie pathologique est-elle toujours, comme nous l'avons admis pour l'état normal, entérogène?

2° L'urobiline sort-elle toujours des pigments biliaires ou peut-elle provenir directement de l'hémoglobine?

Voici, en partie, d'après un exposé qu'en a fait récemment Weintraud, un court résumé des diverses théories qui ont été soutenues.

1° *Théorie de l'urobilinurie hépatogène.* — Le foie fait normalement de la bilirubine; il fait, au contraire, de l'urobiline, quand il est débordé par la trop grande quantité d'hémoglobine à transformer (insuffisance

---

1. Il se produit d'abord un urobilinogène, qui par absorption d'oxygène se transforme à l'air en urobiline (Disqué).

relative) ou quand il devient inférieur même à sa tâche normale (insuffisance absolue) (Gubler, Dreyfus-Brissac, Tissier).

2° *Théorie de l'urobilinurie hématogène.* — L'hémoglobine, que des causes diverses font passer dans le plasma, se transforme *in loco* en urobiline. C'est pourquoi on la trouve dans les foyers hémorragiques (Hayem), où elle apparaît en même temps que la bilirubine (D. Gerhardt, Troisier et Guillain, Widal et Joltrain).

3° *Théorie de l'urobilinurie néphrogène.* — Lorsqu'il y a cholémie, le rein arrête la bilirubine, la transforme en urobiline et l'élimine par les urines. L'urobilinurie est donc un signe de cholémie et n'est que très rarement d'origine hépatique (Leube, von Jaksch, Gilbert et Herscher, Brissaud et Bauer).

4° *Théorie de l'urobilinurie histogène.* — Le foie ne produit pas d'urobiline, mais lorsque les pigments biliaires passent dans le plasma, ils sont fixés par les tissus qui, pour se défendre contre leur action toxique, les transforment en urobiline. Plus diffusible que la bilirubine, ce pigment quitte alors les tissus et est éliminé par les urines (Engel et Kiener, Kunkel, Cordua.).

5° *Théorie de l'urobilinurie entérogène.* — C'est la seule que nous étudierons avec quelques détails, parce que, avec les modifications qu'elle a reçues, c'est celle qui résume le mieux la plupart des faits acquis.

A la suite d'une hémolyse exagérée, on a vu que la viscosité consécutive de la bile produit la stase biliaire, puis l'ictère avec bilirubinurie (voy. p. 417). Mais l'écoulement de la bile n'est souvent que diminué, et comme la richesse en pigment est très augmentée, l'intestin reçoit quand même plus de bilirubine qu'auparavant et fait donc plus d'urobiline qu'à l'état normal, d'où bilirubinurie et urobilinurie intenses. Dans d'autres cas, la quantité de bile déversée dans le sang est si faible que la peau ne prend qu'un ton jaûnatre et que la bilirubine n'apparaît pas dans l'urine. Mais la pléiochromie de la bile est suffisante pour produire, comme dans le cas précédent, une urobilinurie intense. C'est l'ictère, dit à tort hémaphéique (Gubler) ou urobilinurique, car en réalité c'est la bilirubine qui colore la peau, comme l'ont démontré directement Quincke et Leube.

Cette théorie strictement entérogène a été très en faveur en Allemagne depuis les travaux de Fr. Müller, mais on commence à reconnaître qu'elle ne rend pas compte de tous les faits (Gerhardt, Weintraud, Fischler). La pléiochromie biliaire, qu'elle est obligée d'invoquer d'une manière constante, comme facteur d'une production plus active d'urobiline dans l'intestin, n'a été vérifiée que dans peu de cas, et, d'autre part, fait important, l'arrivée d'un excès de bilirubine dans l'intestin n'est pas toujours suivie d'une urobilinurie plus intense (Ladage). C'est que d'autres facteurs interviennent, sans doute, et notamment le foie.

Il existe, en effet, une circulation entéro-hépatique d'urobiline. La bile contient régulièrement de l'urobiline et de l'urobilinogène (Beck, Fischler), mais tous deux sont d'origine entérique, car ils disparaissent de la bile chez un chien à fistule biliaire, dont toute la bile est détournée au dehors, et ils reparaissent quand on laisse l'animal lécher le produit de sa fistule. Mais la quantité d'urobiline ainsi ramenée dans l'intestin par la bile est bien inférieure à celle que le foie reçoit de l'intestin (Fischler), en sorte que l'on est conduit à supposer que la différence est retenue par cet organe et probablement transformée en bilirubine. De fait, l'urobiline, introduite dans l'intestin de la grenouille, est arrêtée par le foie ; elle passe, au contraire, dans les urines, lorsque le foie a été extirpé (Lesieur, Monod et Morel). Or, ce pouvoir que possède le foie de retenir l'urobiline venue de l'intestin peut être diminué sous des influences pathologiques. En effet, des chiens porteurs d'une fistule biliaire et intoxiqués par de l'alcool et de l'alcool amylique jusqu'à ivresse lourde, ou par le phosphore ou la toluylène-diamine, n'éliminent pas d'urobiline par leur bile, quand on les empêche de lécher le produit de leur fistule. Si, au contraire, on leur donne de la bile de bœuf, ou si on les laisse libres de lécher leur bile, la quantité d'urobiline fournie par la fistule est énormément augmentée, en même temps qu'il y a urobilinurie (Fischler).

Il y a plus. Cette altération du foie conduit cet organe à produire lui-même de l'urobiline. En effet, si chez les animaux ainsi intoxiqués et ne léchant pas leur bile, on provoque par une injection d'eau dans les veines une fonte importante de globules rouges, on voit apparaître l'urobiline dans la bile, qui auparavant en était exempte, et il en passe aussi un peu dans l'urine (Fischler).

On voit donc qu'une atteinte toxique du foie peut produire de l'urobilinurie pour deux raisons : parce que l'organe est devenu moins apte à retenir l'urobiline venue de l'intestin et parce que l'hémoglobine, mise à sa disposition par l'hémolyse, n'est plus tout entière transformée en hémoglobine, mais aboutit en partie à l'urobiline. Et ces résultats expliquent bien la coïncidence si souvent constatée entre les lésions du foie (cirrhose, intoxication par le chloroforme) et l'urobilinurie (Doyon, Gautier et Policard). La théorie strictement entérogène devient donc une *théorie entéro-hépatogène*.

Ajoutons cependant qu'une production directe d'urobiline à partir de l'hémoglobine des foyers hémorragiques ne paraît pas contestable.

De ce qui précède, on peut tirer les conclusions provisoires que voici :

1° L'intestin, qui est à l'état normal la seule source d'urobiline bien démontrée, devient sans doute le point de départ d'une urobilinurie pathologique, lorsqu'après avoir reçu avec la bile une quantité exagérée de pigments biliaires, il fournit à son tour au sang une quantité d'urobiline plus forte qu'à l'ordinaire (urobilinurie d'origine intestinale sans insuffisance hépatique).

2° Quand le foie est atteint par certains toxiques (alcool amylique, phosphore), on constate qu'il n'est plus en état de maîtriser le courant normal d'urobiline que lui amène l'intestin, d'où urobilinocholie intense et urobilinurie (urobilinurie d'origine intestinale, mais par insuffisance hépatique).

3° Dans les mêmes conditions, le foie ne maîtrise plus les quantités d'hémoglobine dissoutes que peut lui amener brusquement le sang, et il fait, à côté de la bilirubine, de l'urobiline, d'où urobilinocholie et urobilinurie (urobilinurie d'origine hépatique, par insuffisance hépatique).

4° Une production d'urobiline dans les tissus à partir de l'hémoglobine du sang extravasé paraît bien établie aujourd'hui.

**L'urochrome.** — A côté de l'urobiline on place généralement l'urochrome, la matière colorante jaune de l'urine normale, parce qu'on a soutenu que ces deux pigments peuvent se transformer l'un dans l'autre (Riva, Garrod). Mais le fait a été contesté (Dombrowski). On connaît d'ailleurs très mal ce produit, puisque celui que Dombrowski a isolé contient du soufre, tandis que le pigment de Salomonsen et Mancini n'en renferme pas. Le seul fait sur lequel on soit d'accord est la présence d'un noyau de pyrrol dans cette molécule, mais ce noyau serait différent de l'hémopyrrol que donne l'hématine. On ne sait donc pas si l'urochrome sort ou non de l'hémoglobine. Des recherches récentes tendent à en faire le produit d'une désassimilation incomplète des protéiques, qui serait du même ordre que les acides protéiques (p. 324) (Browinski et Dombrowski).

**L'hématoporphyrine.** — Ce pigment est évidemment d'origine hématique, puisqu'on l'obtient, *in vitro*, en enlevant à l'hématine son fer au moyen des acides. L'urine normale n'en contient que des traces, et celles-ci augmentent après ingestion de viandes rouges (et non de viandes blanches) ou d'aliments riches en chlorophylle, comme si l'hématoporphyrine provenait aussi bien de l'hémoglobine que de la chlorophylle, ce qui n'a rien de surprenant étant donnée l'analogie chimique de ces deux matières colorantes (p. 237).

La quantité de ce pigment est parfois augmentée dans diverses affections (pleurésie, mal de Bright, syphilis); elle l'est d'une manière constante au cours des coliques saturnines et surtout à la suite de l'ingestion prolongée de sulfonal (Stokvis, Salkowski). L'urine prend alors une couleur vin de Bourgogne, symptôme grave, puisqu'une proportion importante des cas observés s'est terminée par la mort. On a essayé de rattacher cette hématoporphyrinurie du sulfonalisme à des hémorragies intestinales occultes (Stokvis), mais cette explication a dû être abandonnée (Kast et Weiss).

## § II. — LES PIGMENTS D'ORIGINE INDÉTERMINÉE.

Parmi les pigments d'origine indéterminée, on distingue le groupe des *mélanines*, matières colorantes noires ou brunes que l'on trouve dans la peau des races noires, dans les cheveux, la choroïde, dans divers néoplasmes (mélanosarcomes chez l'homme, tumeurs mélaniques chez le cheval...). Pour simplifier, *in vitro*, ces produits, qui sont très résistants, il faut employer des agents chimiques si énergiques, que l'étude des produits de dédoublement de ces corps n'a pas encore fourni de renseignements utilisables. Toutefois, dans ces dernières années, ce problème de la mélanogenèse, et celui de la chromogenèse en général ont pu être abordés par une autre méthode, à savoir l'étude de la production de pigments à partir des fragments de la molécule protéique.

Dans cet ordre d'idées, on a déjà vu comment du tryptophane dérivent les corps indigogènes (p. 213), et pour quelle raison la proline et l'oxyproline représentent une matière première d'où peut sortir l'hématine (p. 409). Pareillement on sait par les recherches de Bourquelot, de G. Bertrand, que la tyrosine est transformée par la tyrosinase en pigments roses, rouge-brun et finalement noirs. Or, on saisit l'action de telles diastases dans la production de beaucoup de pigments végétaux ou animaux. C'est une tyrosinase qui produit la coloration du pain bis (Bertrand et Muttermilch), le noircissement du suc de racines de betteraves, de l'hémolymphe ou des téguments de certains insectes (O. von Fürth, Gessard), qui intervient dans la formation de l'encre de seiche, des tumeurs mélaniques du cheval (Gessard). Et les pigments noirs ainsi produits par l'action de la tyrosinase sur la tyrosine auraient beaucoup d'analogies avec les mélanines naturelles [1] (O. von Fürth et Jerusalem).

On trouve encore dans l'organisme d'autres pigments, dont la composition et l'origine sont très mal connues. Telles sont, par exemple, la *lutéine* des corps jaunes, les substances jaunes qui colorent les graisses, le *pourpre rétinien*, divers pigments urinaires normaux ou pathologiques (*uro-érythrine*, etc.). Et plus encore dans la série animale, où les pigmentations sont si variées et si riches, la chimie des matières colorantes et leur physiologie sont encore tout à leurs débuts.

1. Notons ici que l'*uroroséine*, trouvée par Nencki et Sieber dans certaines urines normales et pathologiques, ne préexiste pas dans ces urines, mais se forme par l'action d'un acide sur l'acide indolacétique de l'urine en présence des nitrites. Mais il faut que l'urine ait subi au préalable l'action réductrice de certaines bactéries, qui transforment en nitrites la petite quantité de nitrates éliminée normalement par l'urine. Voilà donc encore un pigment, dont l'origine protéique (tryptophane) est établie maintenant (Herter) (p. 213).

# CHAPITRE XX

## L'URINE

L'urine est la voie par laquelle la majeure partie des sels et
des déchets azotés quittent l'organisme. Sans doute un certain
nombre de matériaux inorganiques, comme la chaux et le fer, sont
éliminés plus abondamment par la voix intestinale que par le rein,
mais cet organe n'en reste pas moins la grande voie d'excrétion
des sels. En ce qui concerne, d'autre part, les déchets non minéraux, remarquons que des trois classes d'aliments organiques, qui
constituent presque toute la masse de notre ration d'entretien,
albumines, graisses et hydrates de carbone, les deux dernières ne
donnent, comme produits ultimes de leur destruction, que de
l'acide carbonique et de l'eau, tandis que les albumines fournissent de l'acide carbonique, de l'eau et des déchets azotés. Or,
l'acide carbonique est éliminé par la voie pulmonaire, et l'eau
(300 grammes au plus) se perd dans le large courant de ce liquide
qui traverse chaque jour l'organisme. Les déchets azotés, au
contraire, urée, ammoniaque, corps puriques, etc., prennent
la voie urinaire et les renseignements qu'ils nous apportent sont
de deux ordres : par le poids d'azote total qu'elle élimine, l'urine
nous donne, d'une part la *quantité* d'aliment protéique usée par
l'organisme, et, d'autre part, l'étude des divers déchets azotés
apprend dans une certaine mesure de quelle manière s'est opérée
cette désagrégation, c'est-à-dire qu'elle nous renseigne sur la
*qualité* de l'opération.

Notons tout de suite que parmi ces déchets minéraux et organiques, il en est deux qui l'emportent en quantité sur tous les
autres : ce sont le sel marin et l'urée, à tel point que l'on a pu

dire avec raison que l'urine est une solution d'urée dans de l'eau salée.

Mais l'urine n'est pas seulement une voie d'élimination des déchets normaux ou pathologiques de la nutrition. La sécrétion urinaire joue aussi un rôle essentiel dans le maintien de la composition du sang, c'est-à-dire de la fixité du milieu intérieur. C'est par l'urine surtout que l'organisme se débarrasse des substances étrangères apportées par le courant alimentaire et qui ont pénétré dans le sang, ou encore des constituants normaux de cette humeur, mais dont la quantité dépasse le taux physiologique.

Il est impossible de faire dans ce qui suit une étude complète de l'urine. Il suffit d'ouvrir un traité moderne d'urologie pour se rendre compte du nombre considérable de produits normaux ou pathologiques que l'on a rencontrés dans ce liquide, et de la variété des problèmes de physiologie, de diagnostic médical, de thérapeutique expérimentale qui s'insèrent aujourd'hui dans l'étude de l'urine. On se bornera donc, dans ce qui suit, à un choix de questions d'un intérêt physiologique ou clinique de premier ordre.

## § I. — LA COMPOSITION DE L'URINE NORMALE.

**Manière d'exprimer les résultats analytiques.** — On a successivement exprimé les résultats des analyses d'urine en énonçant : 1° la quantité des déchets urinaires par litre d'urine ; 2° la quantité de ces déchets en vingt-quatre heures pour l'individu tout entier ; 3° leur quantité en vingt-quatre heures par kilogramme d'individu.

De ces trois modes d'expression le premier est dénué de toute signification à cause des variations incessantes du volume de l'eau urinaire. Les deux autres sont plus précis. Ils nous rapprochent du but cherché, qui est d'exprimer la quantité de chaque déchet par unité de quantité de matière vivante. L'individu est une telle unité, mais de poids trop variable d'un sujet à l'autre ; le kilogramme d'individu fournit un mode d'expression meilleur, mais cette unité varie trop de composition (par exemple d'un sujet gras à un sujet maigre), et l'on ne peut continuer a en faire usage qu'à condition de ne pas perdre de vue cette variabilité. Une unité de quantité de matière vivante plus précise est le *kilogramme d'albumine fixe*, dont la considération a été introduite en médecine par Ch. Bouchard. C'est la première tentative faite pour rapporter à une unité précise les produits du travail vital, c'est-à-dire pour mesurer chez chaque individu l'intensité de ce travail.

Le kilogramme d'individu n'est pas une unité constante. Sa composition varie d'un homme bien portant à un autre, plus encore d'un homme sain à un malade, pour cette raison très simple que pour un poids donné les sujets diffèrent par leur taille, leur complexion, leur musculature. Ne prenons ici qu'un exemple très gros de ces différences. Soit un adulte pesant 100 kilogrammes et excrétant en vingt-quatre heures 12 gr. 2 d'azote urinaire. Il vient donc par kilogramme 0 gr. 122 d'azote, alors qu'un adulte normal de 65 kilogrammes et qui excrète aussi 12 gr. 2 d'azote en vingt-quatre heures, en donne par kilogramme 0 gr. 187. La nutrition azotée semble avoir été chez ce sujet beaucoup moins active qu'à l'état normal. Il n'en est rien en réalité, car la taille de cet homme est de 1 m. 66. Or, un adulte mesurant 1 m. 66 et normalement construit, pèse en général 66 kilogrammes ou un peu moins. Il existait donc dans l'espèce une surcharge adipeuse de 34 kilogrammes environ, lesquels représentent un poids mort, sans échanges nutritifs et sans besoins. Le poids à faire entrer en ligne de compte est donc, non le poids réel de 100 kilogrammes, mais le poids normal pour cette taille, soit 66 kilogrammes. Par kilogramme d'individu il vient alors 0 gr. 185 d'azote en vingt-quatre heures, soit autant que chez l'individu normal.

On voit donc que le kilogramme d'obèse ne peut pas être comparé au kilogramme d'individu normal. Il en va de même du kilogramme d'individu amaigri ou marastique. Dans la pratique quotidienne, on se tire d'affaire, comme on vient de le faire pour l'obèse, en prenant comme poids de l'individu, celui qui correspond normalement à sa taille et que la statistique des tailles et des poids nous fait connaître, mais il serait facile de montrer que, pour l'obèse, cette correction n'est qu'approximative, et que pour le marastique elle est encore moins exacte (Ch. Bouchard). Ni le kilogramme réel, ni le kilogramme du corps supposé ramené à son poids normal ne constituent donc une unité exacte.

Ch. Bouchard a proposé de rapporter les quantités de tous les déchets au *kilogramme d'albumine fixe*. « Ce qui est actif, dit-il, ce qui commande et effectue les métamorphoses de la matière, ce n'est pas l'eau, ce ne sont pas les sels qui incrustent le squelette, ce n'est pas la graisse qui représente dans l'économie quelque chose comme les dépôts de charbon que la machine, la partie active, utilisera à un moment donné..., c'est l'ensemble des tissus azotés, et dans ces tissus azotés, c'est l'albumine. Ce n'est pas toute l'albumine, ce n'est pas l'albumine circulante, l'albumine du plasma sanguin ou du plasma lymphatique; c'est l'albumine des cellules, c'est l'albumine fixe. » On peut admettre que le kilogramme de corps humain normal contient 160 grammes d'albumine, dont 12 grammes sont représentés par de l'albumine circulante (sanguine et lymphatique) et 148 grammes par l'albumine fixe (globulaire, musculaire et des autres tissus). Un homme normal de 65 kilogrammes renferme donc 65 × 0,148 = 9 kgr. 62 d'albumine fixe, et s'il a éliminé, par exemple, 12 grammes d'azote urinaire en vingt-quatre heures, il vient par kilogramme d'albumine fixe 1 gr. 247 d'azote excrété. Pour les individus qui s'éloignent du type normal par leur corpulence, Ch. Bouchard a établi des formules qui permettent de calculer pour chacun d'eux la quantité d'albumine fixe qu'ils possèdent, et de rapporter par-conséquent chaque déchet urinaire au kilogramme de cette albumine, véritable unité de quantité de matière vivante. Mais cette manière d'exprimer les résultats d'analyse ne s'est encore guère répandue, et c'est presque toujours la composition de l'urine des vingt-quatre heures qui est indiquée.

**Urines normales et urines pathologiques.** — Une urine devient anormale qualitativement, par la présence d'une substance étrangère comme le sucre ou l'albumine, ou quantitativement, par une association anormale de ses principes normaux. Ne nous occupons ici que du second cas. Quand dira-t-on qu'une urine a une composition anormale? Trop souvent on tranche cette question en comparant la composition de l'urine considérée à celle de l' « urine normale ». Mais ce qui précède montre déjà qu'une urine normale par rapport à un individu ne l'est plus par rapport à un autre, ou par rapport au même sujet, placé dans des conditions différentes. Achevons de montrer par quelques exemples qu'une telle comparaison est dénuée de toute signification.

Voici un sujet normal, pesant 50 kilogrammes, et qui maintient son poids depuis des mois avec une élimination quotidienne de 8 grammes d'azote urinaire. On en conclut qu'il vit avec une dépense quotidienne de $8 \times 6,25 = 50$ grammes d'albumine, soit 1 gramme d'albumine par kilogramme de poids, ce qui est en effet, un apport suffisant. Un autre sujet élimine aussi 8 grammes d'azote par jour, mais pour un poids de 80 kilogrammes, ce qui fait 0 gr. 62 d'albumine par kilogramme de poids. La première urine est donc normale en ce qui concerne le total des déchets azotés; la seconde est une urine pauvre, révélant une désassimilation azotée très réduite, comme celle des sujets en état d'inanition ou d'alimentation insuffisante.

Une urine normale pour une alimentation donnée ne l'est plus pour une autre. Soit un sujet qui élimine 50 grammes d'urée en vingt-quatre heures. Comme l'urine « normale » ne contient que 18 à 30 ou 35 grammes d'urée, trop souvent on conclut sans autre enquête qu'il y a excrétion exagérée d'urée, et le sujet est dit azoturique. Mais il y a de gros mangeurs de viande qui consomment par jour jusqu'à 160 ou 175 grammes d'albumine et qui peuvent donc normalement fournir cette quantité d'urée. Les diabétiques surtout, que la suppression des hydrates de carbone dans leur ration et les pertes de sucres qu'ils font par les urines, obligent à enfler considérablement leur consommation d'albumine (et de graisses), en arrivent souvent à excréter quotidiennement cette quantité d'urée. Il n'y a pas chez eux, le plus souvent du moins, une désassimilation azotée exagérée; celle-ci s'est tout simplement haussée jusqu'au niveau d'un apport azoté considérable.

Prenons, au contraire, le sujet cité à la page 549, et qui élimine au septième jour de sa maladie 17 gr. 1 d'azote total, ce qui correspond à une trentaine de grammes d'urée, soit donc l'excrétion d'un sujet normal largement alimenté. En réalité ce malade est en état d'azoturie, car, pour la ration qu'il reçoit, il ne devrait excréter que 7 à 8 grammes d'azote et par le fait des influences toxiques qu'il subit, il en perd, au contraire, 17 grammes.

Pareillement un sujet mis à un régime exempt de purines (p. 333) ne doit excréter environ que 0 gr. 25 à 0 gr. 35 d'acide urique en vingt-quatre heures. S'il en excrète dans ces conditions 0 gr. 80 ou 1 gramme, c'est qu'on est en présence d'un fait pathologique (p. 342). Une excrétion de 1 gramme, de 1 gr. 50 ou même davantage ne présentera, au contraire, rien d'anormal si le sujet reçoit une ration très riche en purines (viande, ris de veau, etc., p. 334).

L'urine élimine d'ordinaire de 1 gr. 5 à 3 ou 4 grammes de phosphates (en anhydride phosphorique) en vingt-quatre heures. Quand elle en contient beaucoup plus, il ne faut point prononcer tout de suite le mot de phosphaturie, mais rechercher s'il n'y a pas eu ingestion d'aliments riches en phosphore. Chaque litre de lait de vache apporte environ 2 grammes de $P^2O^5$; il ne faut donc pas être surpris d'en trouver plus que les quantités habituelles dans l'urine d'un sujet mis au régime lacté. Le chemin que prend l'acide phosphorique (urine ou intestin) dépend aussi d'autres facteurs alimentaires (p. 435).

## § II. — LA RÉACTION DE L'URINE.

Avec l'alimentation mixte ordinaire, l'urine des vingt-quatre heures est toujours, chez l'homme, acide au tournesol. D'ailleurs, quand on dose dans ce liquide la totalité des acides minéraux ($HCl$, $SO^4H^2$, $PO^4H^3$) et celle des bases ($K^2O$, $Na^2O$, $CaO$, $MgO$, $AzH^4$), on trouve par le calcul que le total des acides dépasse ce qui est nécessaire pour neutraliser le total des bases (Stadelmann).

L'urine contient encore, il est vrai, de petites quantités de bases organiques (p. 453), mais elle renferme aussi des acides organiques, dont quelques-uns, comme les acides urique, hippurique, oxalique font virer le tournesol, tandis que d'autres, comme les acides aminés, ne sont décelés que par la phénolphtaléine.

Comme tout acide, même très faible, mis en dissolution avec un sel, déplace une fraction, si minime soit-elle, de l'acide de ce sel, même s'il s'agit d'un acide fort, il est assez vain de chercher à énumérer les substances auxquelles l'urine doit sa réaction. Bornons-nous à noter que le principal facteur de cette acidité est le phosphate biacide de sodium $PO^4NaH^2$, et en outre, qu'après beaucoup de discussions, la phénolphtaléine reste l'indicateur de choix pour obtenir une valeur approchée de cette acidité. On verra plus loin en quoi cette *acidité de titration* diffère de l'*acidité ionique*.

**La réaction de l'urine et le régime alimentaire**. — La réaction de l'urine est dans une dépendance étroite vis-à-vis de l'alimentation. L'urine des herbivores est alcaline, celle des carnivores est acide, et l'on connaît l'observation classique de Cl.´Bernard, qui a montré que, chez le lapin mis au jeûne complet, c'est-à-dire réduit à consommer ses propres tissus, l'urine devient acide, comme celle d'un carnivore. Chez l'homme recevant l'alimentation mixte ordinaire, l'urine des vingt-quatre heures est toujours acide; elle devient moins acide, neutre ou même alcaline à mesure que l'on fait prédominer davantage dans la ration les végétaux, et surtout les fruits acides. Notons que dans ce qui précède il s'agit toujours de la réaction au sens habituel du mot, c'est-à-dire prise au papier de tournesol.

L'explication de ces faits est la suivante. On a vu que la désassimilation des aliments fournit des quantités importantes d'acides, et notamment des acides sulfurique et phosphorique, contre l'action nuisible desquels l'organisme doit être protégé. Chez l'*herbivore* la saturation de ces acides est largement assurée grâce à un apport surabondant de matériaux alcalins, car si les sucs et tissus végétaux sont acides, leurs cendres, pour des raisons qui ont été expliquées, sont presque toujours alcalines, ce qui veut dire que les bases l'emportent sur les acides créés par la combustion de ces aliments (p. 79). C'est pourquoi ces organismes font une urine constamment *alcaline*. Les aliments d'origine animale, que consomment les *carnivores* laissent, au contraire, une cendre acide, c'est-à-dire que les acides formés pendant la combustion de ces aliments, dans le creuset aussi bien que dans l'organisme, l'emportent sur les bases. Aussi, pour compléter la défense de l'organisme contre l'action nuisible de ces acides, voit-on les carnivores faire appel à une production complémentaire d'ammoniaque (p. 316). Mais, pour des causes que nous ignorons, cette neutralisation n'est pas complète et l'urine est *acide*, c'est-à-dire que la défense de l'organisme contre l'action nuisible des acides est complétée par le rein, qui soutire au sang les acides en excès.

Chez l'*homme* recevant une alimentation mixte, l'urine des vingt-quatre heures est acide, mais une ingestion plus abondante de végétaux abaisse cette acidité. Elle installe même la réaction neutre ou alcaline, si la ration apporte une grande quantité de fruits acides, tels que les pommes, les cerises, les groseilles, etc., ou des pommes de terre, qui contiennent en abondance ces sels organiques à bases alcalines, que la combustion ramène à l'état de carbonates de ces alcalis. De plus les rations, dont une fraction importante est constituée par les aliments végétaux en question, sont nécessairement moins riches en protéiques que les rations à type carné. Elles fournissent donc peu d'acides sulfurique et phosphorique. L'acidité de l'urine est donc abaissée pour deux raisons : plus de substances basiques disponibles et moins d'acides à neutraliser (Bunge). Toutefois, les céréales et les légumineuses, dont nous consommons les graines, c'est-à-dire des organes riches en albumines et en protéides phosphorés, donnent chez l'homme, comme la viande, une urine acide. Pour la même raison un lapin nourri d'avoine fait une urine acide.

**Applications thérapeutiques.** — Voilà donc un moyen de diminuer à l'aide du régime l'acidité de l'urine, c'est-à-dire de combattre l'un des facteurs qui facilitent la précipitation de l'acide urique dans l'urine (p. 449). Et l'innocuité de ce moyen est complète, tandis qu'on ne peut pas avec certitude en dire autant de l'usage constant et prolongé d'eaux minérales alcalines.

Le régime végétal diminue encore l'acidité urinaire parce qu'il apporte beaucoup de chaux. Aussi réalise-t-on le même effet en administrant du carbonate de chaux, de 10 à 20 grammes par jour.

Ce sel n'agit pas parce que sa base est éliminée par l'urine. Même avec ces fortes doses, il en passe très peu par le rein (p. 437). La chaux est, en effet, éliminée par l'intestin, mais combinée à l'acide phosphorique, dont la quantité dans l'urine est de ce fait notablement diminuée [1]. Par là on réalise une diminution notable de l'acidité; en même temps le phosphate disodique est augmenté aux dépens du monosodique, ce qui facilite aussi la dissolution de l'acide urique (p. 450, note 1). Et comme, par ce procédé, on n'arrive jamais jusqu'à l'alcalinité de l'urine, on a l'avantage d'éviter ainsi les précipitations de phosphates de chaux (C. von Noorden), danger auquel on est exposé avec les eaux alcalines, car il est difficile de rester toujours en deçà des doses qui rendraient l'urine alcaline.

Notons qu'il faut, selon les individus, des quantités très différentes de bicarbonate de soude pour obtenir une urine légèrement alcaline. Chez les uns, 4 à 6 grammes de ce sel, c'est-à-dire la valeur d'un litre d'eau de Vichy, répartis dans la journée, suffisent pour rendre alcalines toutes les portions d'urine. Chez d'autres, l'alcalinité n'est obtenue que pour les portions émises quelques heures après le repas (voy. plus loin pour quelle raison); chez d'autres enfin, l'acidité persiste, et il faut pour la vaincre 10 à 12 grammes de bicarbonate par jour. Dans beaucoup d'affections fébriles, la dose nécessaire est plus grande qu'à l'état normal. Dans trois cas de pneumonie fibrineuse C. von Noorden a vu ces doses osciller entre 15 et 25 grammes par jour, tandis que plus tard, pendant la

---

1. C'est pourquoi l'urine des grands herbivores domestiques, dont les aliments sont riches en chaux, contient si peu de phosphates. Les calculs intestinaux de phosphates terreux sont, au contraire, fréquents chez ces animaux.

convalescence, la faible quantité de 3 grammes, répartie dans la journée en six doses, a suffi pour rendre alcalines toutes les portions urinaires. Enfin on a vu quelles quantités formidables d'alcalins il faut administer pour obtenir ce même résultat chez les diabétiques en période de coma (p. 406).

**Autres causes agissant sur la réaction de l'urine.** — L'acidité de l'urine est très variable aux différentes heures de la journée, et des portions isolées peuvent être neutres et même alcalines au tournesol. Ces variations traduisent surtout l'*influence des repas*. Cinq à six heures après les repas abondants, surtout lorsque ceux-ci sont riches en viandes, trois heures environ après les repas plus petits, l'acidité de l'urine présente une baisse considérable et peut même être remplacée par une réaction alcaline au tournesol (Bence-Jones).

. Ce phénomène correspond au maximum de la sécrétion du suc gastrique, laquelle a pour effet de soutirer au sang des quantités considérables d'acide et par suite de réduire d'autant ou même d'annuler l'excrétion d'acides par le rein. Puis l'acidité urinaire se relève à cause de l'action inverse exercée par la sécrétion pancréatique alcaline et par la résorption, dans l'intestin, de l'acide sécrété par l'estomac. L'influence du repas du soir est moins nette, parce que la baisse d'acidité provoquée par ce repas est en partie compensée par le relèvement qui suit le repas du midi, d'ordinaire plus important. Ce qui démontre que les choses se passent bien ainsi, c'est que si le suc gastrique, au lieu d'être résorbé plus bas est éliminé au dehors par des vomissements, le relèvement de l'acidité ne se produit plus ; l'urine est faiblement acide et peut même rester constamment alcaline. Ainsi une femme observée par Quincke et qui vomissait par jour jusqu'à 3 000 centimètres cubes de liquides acides, excrétait une urine constamment alcaline, bien que l'alimentation fut exclusivement azotée. Inversement, un chien muni d'une fistule pancréatique, par laquelle le suc s'écoule constamment au dehors, émet une urine plus acide qu'auparavant. C'est précisément grâce à ce mécanisme compensateur de l'excrétion urinaire, que le sang maintient à peu près constante son alcalinité, ou du moins ne suit que de très loin les variations de la réaction de l'urine, malgré les demandes variées (demande d'acide, puis demande d'alcali) que le tube digestif lui adresse successivement (voy. aussi p. 247).

*Au point de vue pathologique*, cette influence des repas sur l'acidité urinaire n'est pas moins intéressante à suivre. Ainsi la baisse de l'acidité urinaire quelques heures après le repas est très forte et peut même aboutir à l'alcalinité (au tournesol), quand il y a sécrétion exagérée de suc gastrique ou production d'un suc très acide (Sticker et Hübner, Gley et Lambling), et lorsque cette hyperacidité gastrique est associée à une insuffisance motrice très prononcée, l'alcalinité est de règle (Klemperer). Au contraire, dans l'hypo-acidité (gastrite, achylie, cancer), la baisse de l'acidité urinaire après le repas est médiocre ou même fait défaut. Les indications qui viennent d'être données contiennent l'explication de ces phénomènes.

L'urine devient encore alcaline, quand il y a résorption rapide d'épanchements (liquides d'ascite) à réaction alcaline [1].

**L'acidité ionique de l'urine.** — On sait que l'acidité de titration, dont il a été question jusqu'ici, représente la somme de l'acidité actuelle et de l'acidité potentielle d'un liquide; l'acidité ionique, au contraire, ne mesure que l'acidité actuelle. *A priori*, on prévoit que l'acidité ionique d'un liquide physiologique ne varie pas nécessairement dans le même sens que l'acidité de titration, et l'expérience montre qu'il en est ainsi pour l'urine. L'acidité ionique peut être comprise dans les limites normales, alors que l'acidité de titration ne l'est pas (Höber). C'est là une question qui vient à peine d'être abordée.

Au point de vue de l'acidité ionique, l'urine normale de l'homme est un liquide très près de la neutralité, puisque sa teneur en ions libres H la place entre l'eau pure et une solution d'acide chlorhydrique normale au 800 000° (Foa).

<h2 style="text-align:center">§ III. — LES MATIÈRES MINÉRALES.</h2>

Ces matières sont représentées surtout par des chlorures, des sulfates, des phosphates, de la potasse, de la soude, de la chaux, de la magnésie et un peu de fer. On n'étudiera ici que quelques grosses variations de ces matériaux sous l'influence du régime.

**Les chlorures.** — Le rein est pour ces sels la voie d'excrétion tout à fait prépondérante. Les fèces n'en renferment à l'état normal que quelques décigrammes au plus. On les évalue par un dosage de chlore dont on exprime d'ordinaire les résultats en chlorure de sodium, bien que l'on ne sache pas exactement comment les divers acides de l'urine se partagent en réalité les bases. La

---

1. Il ne s'agit jamais dans ce qui précède que d'une alcalinité au tournesol. Vis-à-vis de la phénolphtaléine ces urines continuent à être acides; elles manquent d'acides forts réagissant sur le tournesol, mais elles contiennent encore des acides faibles, révélés par la phénolphtaléine. Celle-ci n'indique une réaction alcaline que quand il y a eu fermentation ammoniacale de l'urée.

quantité de sel marin en vingt-quatre heures, comprise entre 7 et 15 grammes et souvent davantage (jusqu'à 25 et 30 grammes), varie beaucoup avec l'alimentation. Elle est faible avec le régime carné, naturellement pauvre en chlorures ; elle augmente avec le régime végétal qui, plus volumineux et moins savoureux par lui-même, incite à l'addition de plus grandes quantités de sel. Enfin pendant le jeûne, l'excrétion des chlorures descend et s'installe à un minimum très caractéristique.

Cette faible teneur en sel marin des urines du jeûne tient à la pauvreté en chlore des tissus consommés (muscle à 0,4 p. 100 de sel et graisse). Ainsi chez le jeûneur Cetti, qui éliminait avant le jeûne 8 gr. 95 de NaCl, l'excrétion est descendue au premier jour de jeûne à 2 gr. 65, puis peu à peu à 1 gr. 81 (sixième jour) et enfin à 0 gr. 99 (dixième jour). Mais ce sel ne peut pas provenir uniquement des tissus détruits ; une fraction importante est fournie par l'abondante provision de chlorures que nos habitudes culinaires introduisent dans l'organisme. C'est pourquoi, chez des sujets qui subissent depuis longtemps les effets d'une alimentation insuffisante et qui ont donc eu le temps de se débarrasser de cette provision, le jeûne total succédant à une telle alimentation se traduit par excrétion de chlorures encore plus faible (quelques centigrammes seulement), que chez l'homme bien nourri et soumis brusquement à l'inanition. C'est pourquoi aussi les uns et les autres, lorsqu'on leur redonne du sel, continuent à faire pendant quelque temps une urine pauvre en chlore, les tissus et humeurs, appauvris en sel marin, refaisant aussitôt leur provision première. Ainsi un malade, avec rétrécissement œsophagien et réduit à la dernière maigreur, a reçu en trois jours sous la peau 40 gr. 5 de NaCl et n'en a excrété pendant ce temps par l'urine que 6 gr. 5 (C. v. Noorden). Notons enfin qu'un sujet, qui déclare qu'il ne mange pas depuis quelque temps et qui élimine néanmoins quelques grammes de chlorures chaque jour, devra être soupçonné de simulation.

**Les phosphates.** — La majeure partie des phosphates de l'urine provient des phosphates préformés des aliments ; le reste sort des protéides phosphorés et des lécithines. Mais tous les phosphates ne quittent pas l'organisme par la voie urinaire. Une partie prend la voie intestinale, et cette fraction grandit quand la richesse des aliments en chaux augmente et elle diminue à mesure que la quantité des acides venus du dehors ou formés dans l'organisme est plus grande. C'est pourquoi *la voie d'excrétion prépondérante des phosphates est le rein avec le régime animal, et l'intestin avec le régime végétal.*

Voici un certain nombre de preuves de cette proposition, citées d'après Magnus-Levy. Les aliments animaux donnent une cendre acide (p. 80), et ils sont pauvres en chaux ; les aliments végétaux donnent une cendre alcaline et ils sont riches en chaux. Corrélativement on observe les répartitions suivantes de l'acide phosphorique entre l'urine et les excréments chez le carnivore, chez l'homme omnivore, et chez l'herbivore (Bertram).

|  | SUR 100 PARTIES DE $P^2O^5$ INGÉRÉES, ON EN TROUVE : | |
| --- | --- | --- |
|  | Dans l'urine. | Dans les fèces. |
| Chez le chien (nourri à la viande). | 92 | 8 |
| — l'homme [1] | 60-75,8 | 27-39 |
| — l'herbivore [1] | 0,4-1,7 | 81-101 |

On verra que lorsque l'acide phosphorique fécal est ainsi augmenté aux dépens de celui des urines, la chaux et la magnésie le sont aussi. L'action des ingestions de carbonate de chaux sur cette répartition a déjà été signalée (p. 432).

Ces résultats montrent combien il est vain de tirer des conclusions d'un dosage de phosphates urinaires, quand on ne connaît pas la nature de l'alimentation.

Pendant le *jeûne* absolu, l'urine continue à éliminer de l'acide phosphorique (de 0 gr. 75 à 1 gr. 54 par jour chez Cetti, du 23e au 30e jour de jeûne) (Brugsch), qui provient en partie des tissus albumineux détruits, en partie des os (Munk).

Si cet acide phosphorique provenait, en effet, uniquement des tissus consommés par le jeûne (muscles, glandes), le rapport de l'azote à l'acide phosphorique devrait, dans l'urine, être égal à 6,6 : 1. En réalité ce quotient Az : $P^2O^5$ prend des valeurs comprises entre 3,8 : 1 et 5,68 : 1, ce qui indique qu'un autre tissu, non azoté, fournit aussi de l'acide phosphorique. I. Munk a établi que c'est le tissu osseux, qui, atteint par le jeûne, cède aussi de l'acide phosphorique (avec de la chaux).

**Les sulfates (et le soufre total) de l'urine.** — On a vu que le soufre des protéiques aboutit à deux sortes de déchets urinaires. Une partie, incomplètement oxydée, fournit ces produits sulfurés de l'urine, que l'on a réunis sous la dénomination de « soufre neutre », et qui représentent de 14 à 25 p. 100, de 12,8 à 29,7, du soufre urinaire total. Le reste, complètement brûlé, donne de l'acide sulfurique que l'urine élimine à l'état de sulfates et d'éthéro-sulfates. C'est le soufre dit « acide » (p. 326). Pratiquement ces

---

1. Lorsque l'homme omnivore et l'herbivore ne reçoivent que du lait, aliment *animal*, le tableau change. Les fèces du nourrisson et celles du veau à la mamelle n'éliminent respectivement que 24,5 et 1,1 p. 100 du phosphore ingéré.

sulfates peuvent être rapportés uniquement au soufre protéique, car nos aliments n'apportent que très peu de sulfates préformés (sulfate de calcium des eaux séléniteuses).

La quantité de soufre total de l'urine pourrait donc servir, comme l'azote, à calculer le poids d'albumine détruit dans l'organisme, si la teneur des divers protéiques en soufre n'oscillait pas dans des limites si larges (p. 24). Quant au rapport qui existe entre le soufre acide et le soufre neutre, on verra plus loin, à propos des matières extractives azotées et sulfurées, l'intérêt que présente l'étude de cette grandeur (p. 453). Enfin on a discuté ailleurs les indications que l'on peut tirer des variations des éthéro-sulfates dans l'urine (p. 217).

L'urine est la grande voie d'élimination du soufre. Les excréments n'emportent, en effet, que 3 à 10 p. 100 du soufre ingéré (chien).

**La soude et la potasse.** — La soude suit en général, dans l'organisme, le même chemin que le chlore et trouve dans l'urine sa principale voie d'élimination. Les excréments en renferment très peu. Ils contiennent plus de potasse, en sorte que le rein n'a pas, dans l'élimination de cette base, un rôle aussi prépondérant que dans celle de la soude.

Dans l'urine le rapport $Na^2O : K^2O$ est égal en moyenne à 64 : 36; c'est à peu près le rapport de ces deux bases dans notre alimentation mixte ordinaire. Comme dans les tissus animaux (muscles, viande), il y a plus de potasse que de soude, la première de ces deux bases tend à l'emporter sur la seconde dans l'urine du jeûne, non pas tout de suite, parce que l'organisme dispose de réserves de sel marin qu'il perd d'abord (p. 435), mais après un certain nombre de jours seulement. Ainsi Cetti a perdu au septième jour de jeûne 2 gr. de $K^2O$ contre 0 gr. 7 de $Na^2O$. Sitôt qu'on alimente les sujets, la soude l'emporte de nouveau sur la potasse dès le premier ou le deuxième jour.

**La chaux et la magnésie.** — L'urine n'est, pour la chaux, qu'une voie d'élimination d'importance secondaire. C'est, en effet, surtout l'intestin qui excrète cette base. Cela est vrai à la fois pour la chaux introduite par les aliments et pour celle que met en liberté la fonte des tissus. Et la manière dont a lieu ce partage entre les fèces et l'urine dépend de conditions qui sont à peu près les mêmes que pour l'acide phosphorique. La présence de beaucoup de phosphates dans les aliments conduit plus de chaux vers les fèces et moins vers l'urine. L'introduction dans l'organisme ou la production par les tissus de beaucoup d'acides amène un effet inverse. C'est pourquoi, comme pour l'acide phosphorique, *le régime animal augmente la quantité de la chaux urinaire aux dépens de la chaux fécale, tandis que le régime végétal produit l'effet inverse.* La magnésie présente des variations de même sens, avec cette différence que la fraction éliminée par l'urine, tout en restant toujours inférieure à celle des excréments, est plus forte que pour la chaux.

Voici quelques preuves de cette proposition, citées d'après Magnus-Levy. On sait que le régime animal est producteur d'acides (p. 80) et que le régime végétal apporte beaucoup d'acide phosphorique. Corrélativement on observe les répartitions suivantes de la chaux chez le carnivore, chez l'homme omnivore et chez l'herbivore.

|  | SUR 100 PARTIES DE CaO INGÉRÉES, ON EN TROUVE : | |
| --- | --- | --- |
|  | Dans l'urine. | Dans les fèces. |
| Chez le chien (nourri de viande)... | 27 | 73 |
| — l'homme...................... | 18-43 | 60-82 |
| — l'herbivore.................. | 4-5 | 94-110 |

De toutes façons l'urine emporte donc beaucoup moins de chaux que les fèces. La chaux injectée dans les veines ou sous la peau s'élimine de même en majeure partie par les fèces, et la chaux absorbée au niveau de l'estomac ou de l'intestin supérieur a le même sort : elle est en partie rejetée à nouveau dans les fèces par la muqueuse du gros intestin. C'est pourquoi il est impossible de mesurer exactement, du moins sur un tube digestif intact, quelle est la fraction de la chaux ingérée qui a été absorbée, c'est-à-dire offerte aux tissus, question si capitale dans l'étude du rachitisme.

Pendant le jeûne, la chaux diminue naturellement dans les excréments, puisque tout l'apport de la chaux alimentaire fait défaut. Au contraire, la chaux urinaire augmente au point qu'elle dépasse la quantité de la magnésie, contrairement à ce qui se passe en période d'alimentation. Et cette hausse de la chaux urinaire — comme celle de l'acide phosphorique (p. 436) — tient à la fonte du tissu osseux.

**Le fer.** — L'urine n'est pour le fer qu'une voie d'élimination accessoire. De même que la chaux, ce métal est surtout excrété par l'intestin, et comme les quantités de fer nécessaires pour ravitailler l'organisme ne sont pas grandes, la fraction que l'urine élimine est tout à fait minime par rapport à celle que l'on trouve dans les fèces (voy. aussi p. 410 et s.).

Contrairement aux indications qui ont été données de divers côtés, l'urine des vingt-quatre heures n'excrète que des traces de fer, quelques décimilligrammes en vingt-quatre heures chez l'adulte (L. Lapicque); l'intestin, au contraire, en élimine beaucoup plus, environ 2 mgr. par mètre de longueur, ainsi que l'ont appris des expériences sur des chiens porteurs d'une anse intestinale exclue d'après le procédé de Hermann (p. 223); le contenu de l'anse renferme toujours du fer (F. Voit; L. Lapicque). Cette prépondérance de l'intestin sur le rein, en tant que voie d'élimination du fer, apparaît mieux encore, quand on injecte ce métal dans le sang. Sur 50 mgr. de fer injecté à l'état de citrate de fer ammoniacal, l'urine n'en emporte guère que le vingtième environ, et cette excrétion par le rein est terminée en une heure, ce qui montre bien que l'intervention momentanée de cet organe n'est qu'une conséquence de la *brusque* introduction d'un excès de fer dans le sang.

On comprend dès lors pourquoi le problème soulevé il y a quelques années par Bunge, sous cette forme : Le fer médicamenteux minéral est-il absorbé par l'intestin? a été résolu par la négative aussi longtemps que l'on a essayé de mesurer cette absorption d'après la quantité de fer éliminée par l'urine. Le fer ingéré, en combinaison minérale ou organique, est effectivement absorbé en partie par la surface intestinale; on le suit à l'aide de réactions microchimiques dans la muqueuse duodénale, et jusque dans le foie (p. 411). Mais, comme ce fer ne pénètre que *lentement* dans le sang, le rein n'entre pas en jeu, comme lorsqu'il y a injection brusque de fer dans les veines, et la quantité de ce métal dans l'urine reste réduite aux traces habituelles (L. Lapicque). C'est l'intestin qui élimine le surplus du fer non retenu par l'organisme.

## § IV. — LES PRINCIPAUX DÉCHETS AZOTÉS.

Les déchets azotés de l'urine, urée, ammoniaque, acide urique, créatinine, etc., ont déjà été étudiés dans un autre chapitre (p. 308 et 329), en tant que produits ultimes de la simplification des protéiques et des nucléoprotéides. Il nous reste à exposer ici comment ils varient en quantité dans l'état de santé ou de maladie et quels renseignements peut fournir l'étude de ces variations.

Voyons d'abord quelles sont les variations de l'ensemble de ces produits, évalués d'après la quantité d'*azote total* de l'urine.

### 1. *L'azote total.*

L'azote total de l'urine des vingt-quatre heures mesure la quantité d'albumine qui a été détruite dans l'organisme pendant le même temps[1]. On verra que, pour un adulte moyen, cette quan-

---

1. Il suffit de multiplier le poids de l'azote urinaire par 100 : 16 = 6,25 pour avoir le poids d'albumine correspondant (p. 24).

tité peut varier entre une trentaine de grammes et environ 200 grammes par jour. L'azote total des urines se meut donc entre 5 et 32 grammes environ en vingt-quatre heures [1].

**La répartition de l'azote total entre les divers déchets azotés.** — D'après trois séries de déterminations faites à l'aide des meilleures méthodes par Donzé et Lambling sur 18 urines des vingt-quatre heures fournies par 6 adultes, par Bouchez et Lambling sur 7 urines fournies par un adulte (I) et par Maillard sur 60 urines des vingt-quatre heures provenant de 10 jeunes soldats, suivis pendant six jours consécutifs (II), cette répartition est la suivante :

**Sur 100 parties d'azote total, on trouve :**

|  | I | II |
|---|---|---|
| Dans l'urée | 82,3 | 81,3 |
| — l'ammoniaque | 5,5 | 5,8 |
| — la créatinine | 4,4 | — |
| — l'acide urique | 1,6 | 1,4 |
| — les bases puriques | 0,1 | 0,2 |
| — les matières azotées non dosées (matières extractives azotées) | 6,1 | — |
| — les matières azotées non dosées, augmentées de la créatinine [2] | 10,5 | 11,1 |

On voit combien ces résultats ont été remarquablement concordants. Ils montrent que la part de l'urée dans l'azote total est moins élevée qu'on ne l'admet généralement dans les ouvrages, et que les matériaux qui se placent immédiatement après l'urée, comme importance quantitative, sont l'ammoniaque, la créatinine et les matières azotées non dosées. Cette répartition varie un peu à l'état normal sous diverses influences. Elle varie aussi dans l'état de maladie, mais en dehors de quelques faits assurément très intéressants et qui seront exposés plus loin, il faut bien reconnaître que l'étude de ces variations n'a pas révélé en général, d'une affection à l'autre, des différences bien caractéristiques, même pour des maladies avec lésions profondes du foie, où l'on

---

1. Voy. p. 542 et 544.

2. Comme dans les expériences de Maillard la créatinine n'a pas été dosée et que l'azote de cette base est donc resté compris dans celui des matières azotées non dosées (11,1), on a calculé aussi pour les résultats de Donzé et Lambling le total : azote de la créatinine + azote des matières azotées non dosées, afin de pouvoir comparer dans cette dernière ligne, les résultats des deux séries d'expériences. Tous ces sujets recevaient l'alimentation mixte ordinaire.

pouvait s'attendre à des changements profonds dans cette répartition. Peut-être saisira-t-on des variations plus tranchées, quand on saura mieux dissocier cet ensemble des matières azotées non dosées, dans lequel l'insuffisance de nos moyens analytiques nous oblige à confondre encore tant de corps différents.

## 2. *L'urée*.

**Les variations de la quantité absolue d'urée.** — L'urée représentant environ les 82 centièmes de l'azote total, la quantité de ce déchet suit à peu près les variations du poids de l'azote total de l'urine. Cela est si vrai qu'au début des études sur les échanges nutritifs azotés, le dosage de l'urée (par le procédé de Liebig principalement) servait, comme aujourd'hui celui de l'azote total, à mesurer la grandeur de la désassimilation azotée. Tout comme l'azote total, l'urée varie donc avec la quantité d'albumine détruite, et celle-ci dépend en premier lieu de la quantité d'albumine ingérée [1]. Or, dans nos rations d'entretien, cette quantité peut osciller entre une trentaine de grammes et 200 grammes et même davantage, et elle se tient le plus souvent entre 50 et 150 grammes. C'est donc entre 9 et 56 grammes que peut se mouvoir, et c'est de 14 à 42 grammes environ que varie le plus souvent la quantité d'urée des vingt-quatre heures. Toute étude des variations de l'urée sous l'action d'un agent quelconque implique donc que l'on a, au préalable, institué un régime alimentaire rigoureusement constant. Il ne manque pas d'observations où cette règle si élémentaire est restée méconnue.

Les variations de la quantité absolue d'urée ayant donc à peu près la même signification que celles de la quantité d'azote total, et le dosage précis de l'azote total étant devenu très commode, grâce à la méthode de Kjeldahl, celui de l'urée est, à ce point de vue, non sans raison délaissé. Il reprend de l'intérêt, quand il est fait en vue de rechercher la fraction de l'azote total, qui est éliminée sous la forme d'urée.

**Les variations de la quantité relative d'urée à l'état normal.** — On a vu qu'à l'état normal on trouve en moyenne dans l'urée 82 p. 100 de l'azote total, mais les limites entre lesquelles

---

1. Nous verrons que parfois l'organisme ne détruit pas toute l'albumine qu'il reçoit, ou bien en détruit plus qu'il n'en reçoit (p. 548, 573 et 576).

se meut ce rapport à l'état de santé, chez un même individu ou d'un individu à l'autre, pour des conditions physiologiques données (nature de l'alimentation, importance du travail musculaire) ne peuvent pas être indiquées avec précision. On doit sans doute les prendre assez largement.

Chez les 10 jeunes soldats étudiés par Maillard, et qui étaient soumis au régime mixte habituel, ce rapport a varié entre 61 et 87,3 p. 100, mais la majeure partie des résultats se sont groupés assez près de la moyenne de 81,3 p. 100. Chez les sujets de Donzé et Lambling, les limites extrêmes ont été, en laissant de côté un résultat unique de 91 p. 100, 78,9 et 83,5, et chez celui de Bouchez et Lambling 80,4 et 84,4 (voy. plus haut). Les auteurs allemands s'en tiennent en général aux limites indiquées par C. von Noorden et qui vont de 84 à 87 p. 100. Ce rapport varie à chaque changement de régime, mais tend à revenir, après quelques jours de régime constant, à la valeur qui est habituelle à l'individu, même pour des régimes assez différents (M. Dehon). Une détermination isolée de ce rapport n'a donc qu'une valeur limitée.

Que nous apprend la considération de ce rapport? Notons d'abord qu'à l'époque où, sous l'influence de la doctrine des combustions respiratoires, on tenait l'urée pour un produit d'oxydation des protéiques, on a naturellement considéré ce rapport comme mesurant le plus ou moins de perfection de l'oxydation des protéiques, et on l'a appelé *coefficient d'oxydation*. Puis, lorsqu'on eut démontré que l'urée sort, en grande partie, de réactions d'hydrolyse et de synthèse (p. 313), on adopta l'expression de *coefficient* ou *rapport azoturique*, qui a l'avantage de ne rien préjuger quant au mode de production de l'urée, et l'on va voir combien cette réserve est justifiée.

En général, on fait d'une valeur élevée de ce coefficient le signe d'une désassimilation plus parfaite des protéiques, le but de cette opération étant, en effet, de ramener ces aliments à un état où le rapport du carbone à l'azote soit, comme dans l'urée, très bas (p. 453). Mais un coefficient même fortement diminué n'est pas nécessairement le signe d'une dégradation *moins parfaite* de la molécule protéique, c'est-à-dire la preuve qu'une partie de l'azote, plus grande que d'ordinaire, est restée sous la forme de produits *moins simplifiés* que l'urée. Il faut, en effet, rechercher chaque fois ce qu'est devenu l'azote apparu en moins sous la forme d'urée. Le plus souvent on constate qu'à ce déficit d'azote uréique correspond une augmentation d'azote ammoniacal, ce qui signifie, nous l'avons vu, que l'organisme a restreint sa production d'urée et qu'il s'est servi de l'ammoniaque ainsi devenue disponible pour se défendre contre une intoxication acide. C'est ce qui se produit au cours du jeûne, où l'organisme est obligé de pourvoir à la neutralisation d'acides divers, acides sulfurique et phosphorique provenant de la fonte des tissus, et surtout d'acides acétoniques résultant du jeûne hydracarboné (voy. p. 316 et 398). Exemples (C. von Noorden, Brugsch, M. Dehon) :

|  | sur 100 p. d'azote total, on en a trouvé : | |
|  | Dans l'urée. | Dans l'ammoniaque. |
| --- | --- | --- |
| Sujet normal (alimentation mixte) (moyenne). | 82,3 | 5,5 |
| Homme au 3ᵉ jour de jeûne (N.) | 76 | 14 |
| Le même au 4ᵉ — — | 74 | 18 |
| Jeûneur professionnel Succi au 23ᵉ jour de jeûne (B.) | 58 | 29 |
| Sujet avec inanition partielle prolongée (rétrécissement cicatriciel du pylore) (D.) | 54 | — |

On voit donc que l'azote uréique qui manque dans les urines d'inanition, a été éliminé à l'état d'ammoniaque, c'est-à-dire *sous une forme aussi simplifiée* que celle que représente l'urée. On ne peut donc pas dire que la désassimilation azotée a été moins parfaite. On ne peut pas affirmer davantage que le foie est resté inférieur à sa tâche de producteur d'urée à partir de l'ammoniaque, car s'il y a eu plus d'ammoniaque excrétée, ce n'est pas parce que le foie a été impuissant à en faire de l'urée, mais bien parce que cette base a servi à neutraliser un excès d'acides [1].

1. Dans les cas que l'on vient de discuter, des acides ont donc apparu en quantité anormale, et dans le cas du jeûne, il s'agit surtout d'acides organiques, produits d'une dégradation vicieuse des protéiques et des graisses (p. 399). A l'état normal ces acides sont entièrement brûlés : ici ils ne l'ont pas été, et cette insuffisance dans les *oxydations* est révélée, comme on vient de le voir, par l'abaissement du coefficient azoturique et l'augmentation corrélative de la part de l'ammoniaque dans l'azote total. Il y aurait donc avantage, comme l'ont fait remarquer Arthus, puis Maillard, à substituer à la considération isolée du coefficient azoturique, celle des variations réciproques de l'azote uréique et de l'azote ammoniacal et à calculer le rapport $\dfrac{\text{Azote de AzH}^3}{\text{Azote de AzH}^3 + \text{Azote de l'urée}}$. Ce nouveau coefficient prendrait à l'état normal la valeur moyenne de $\dfrac{5,5}{5,5 + 82,3} \times 100 = 6,2$ et chez le sujet au troisième jour de jeûne du tableau ci-dessus la valeur de 15,5, ce qui veut dire que sur 100 parties d'azote descendues jusqu'à l'état d'ammoniaque, il y en a respectivement 6,26 et 15,5 qui n'ont pas pu être employées à la production de l'urée, parce qu'elles ont été saisies par des acides et surtout par des acides organiques, que le sujet n'a pas réussi à brûler. Mais ce coefficient

Il y a cependant des cas où, la part de l'azote uréique dans l'azote total étant diminuée, on ne retrouve ce « manquant » ni dans l'ammoniaque, ni dans les autres matériaux azotés habituellement dosés. C'est ce que E. et O. Freund ont constaté, par exemple, sur le jeûneur Succi. Dans ces cas, c'est donc parmi les matières azotées non dosées qu'il faut chercher les produits dont la part dans l'azote total a été augmentée, et comme la masse la plus importante de ces déchets est représentée par des molécules bien plus compliquées que celle des matériaux dosés, ce serait donc bien une dégradation moins parfaite des matériaux que traduirait dans ces cas l'abaissement du coefficient azoturique.

**Les variations pathologiques de la quantité relative d'urée.** — Il est particulièrement intéressant d'étudier ces variations dans deux groupes d'affections, celles du foie, organe de l'uropoïèse, et celles des appareils ou humeurs qui alimentent les tissus en oxygène, c'est-à-dire les maladies du cœur et du poumon et celles du sang.

1° Dans les *affections du foie* (atrophie jaune aiguë, cirrhose, intoxication par le phosphore), on observe souvent une diminution de la quantité relative de l'urée, et la tentation est grande d'expliquer ce fait par une atteinte du pouvoir uréogène de l'organe. Mais il semble bien que — sauf pour ce qui se passe peu avant la mort, où toutes les fonctions succombent — cette diminution n'est que la conséquence indirecte d'une acidose. Une partie de l'ammoniaque cesse d'être transformée en urée, uniquement parce qu'elle sert à neutraliser des acides.

Voici des exemples de cette diminution (Weintraud ; M. Dehon) :

|  | SUR 100 PARTIES D'AZOTE TOTAL, ON EN A TROUVÉ : | |
| --- | --- | --- |
|  | Dans l'urée. | Dans l'ammoniaque. |
| Cirrhose alcoolique hypertrophique (D.). | 77,0 | 12,1 |
| Atrophie jaune aiguë du foie (W.)[1].... | 75,4 | 14,2 |
| — — .... | 71,0 | 18,1 |
| — — .... | 52,4 | 37,1 |

On voit que la diminution croissante de la quantité relative d'urée a comme pendant une augmentation croissante de la quantité relative

mesurerait donc, non pas les imperfections du travail de simplification des déchets azotés, mais l'insuffisance des oxydations portant sur des fragments, qui ne sont pas ou qui ne sont plus azotés.

1. Trois cas mortels.

d'ammoniaque. C'est bien ce qui se passe dans l'acidose. Celle-ci est d'ailleurs directement démontrée par la présence dans l'urine, au cours de l'atrophie jaune aiguë du foie, d'acides anormaux (acides lactique, acétylacétique), et d'acides gras en quantité exagérée (acides formique, acétique, propionique, butyrique) et aussi par la diminution de l'alcalinité du sang [1]. Enfin la quantité d'ammoniaque urinaire baisse sitôt que l'on fait ingérer du bicarbonate de soude, ce qui démontre bien que s'il y a eu plus d'ammoniaque excrétée, ce n'est pas parce que le foie ne pouvait plus en faire de l'urée, mais parce que l'organisme en avait besoin pour neutraliser un excès d'acide (Weintraud, Münzer).

Au surplus, cet abaissement de la quantité relative d'urée n'est nullement constant dans ces maladies. En dépit de lésions hépatiques très avancées, révélées ultérieurement à l'autopsie, on constate souvent que la production d'urée reste normale et que les sels ammoniacaux ingérés (épreuve de l'ammoniurie expérimentale de Gilbert et Carnot) continuent, comme à l'état normal, à être transformés en urée (Ingelrans et Dehon).

On a trouvé, à la vérité, que dans l'atrophie jaune aiguë du foie, l'urine élimine beaucoup de leucine et de tyrosine, dont la présence fait, bien entendu, reculer la part de l'urée dans l'azote total, et comme ces acides sont abondants aussi dans l'urine d'oies à qui l'on a extirpé le foie, leur apparition dans l'urine s'expliquerait donc par l'impuissance de cet organe à détacher de ces acides l'ammoniaque nécessaire à la production de l'urée. Mais dans la cirrhose cette excrétion d'acides aminés semble être l'exception [2], et dans l'intoxication par le phosphore la somme : azote de l'urée $+$ azote de l'ammoniaque, retranchée de l'azote total, donne une différence qui n'est pas plus grande qu'à l'état normal. Tous ces résultats montrent que les parties de la glande demeurées saines suffisent pendant longtemps pour fournir une dégradation à peu près normale des matériaux azotés.


2° Dans les *maladies du poumon, du cœur et du sang* (tuberculose, emphysème, lésions cardiaques diverses, chlorose, anémie pernicieuse ou par hémorragie), on a trouvé en général un rapport azoturique normal. Seule la part de l'ammoniaque a été parfois un peu élevée. La diminution de la quantité d'oxygène offerte aux tissus par le sang a donc été sans influence marquée sur la répartition de l'azote. Il est vrai que, chez ces malades, la grandeur des échanges respiratoires n'est nullement diminuée (p. 280). Mais même quand une telle diminution est constatée, comme il arrive dans l'intoxication cyanhydrique, où l'aptitude des cellules à fixer de l'oxygène et à produire de l'acide carbo-

---

1. De plus, en déterminant dans les urines de ces malades la totalité des bases et des acides minéraux, et l'acidité de titration, on arrive aussi à démontrer la présence nécessaire d'acides organiques anormaux (Münzer ; Soetbeer).

2. On incline d'ailleurs à voir dans ces corps, non des matériaux résultant d'un travail hépatique insuffisant, mais simplement des produits de la dégénérescence de l'organe, que la lixiviation des tissus a conduits ensuite au rein.

nique est fortement diminuée, et qui est donc une véritable asphyxie interne (Geppert), la part relative de l'urée et celle de l'ammoniaque dans l'azote total restent normales (A. Lœwy). C'est là une nouvelle raison, ajoutée à d'autres (p. 314), pour *ne pas attribuer un rôle important aux oxydations dans la production de l'urée*. Toutefois, si la quantité relative des produits autres que l'urée et l'ammoniaque reste la même, la qualité de ces produits se trouve probablement modifiée. En effet, chez le chien qui a été intoxiqué par l'acide cyanhydrique ou qui a subi de fortes saignées, le pouvoir calorifique de l'urine par milligramme d'azote est augmenté [1], ce qui indique l'excrétion de déchets dont la dégradation a été poussée moins loin qu'à l'état normal (voy. aussi p. 458) (A. Lœwy; D. Fuchs).

Exceptionnellement on voit aussi la part relative de l'urée dans l'azote total reculer, parce que celle de l'acide urique augmente, non dans la *goutte*, où les poids absolus de cet acide ne sont jamais très élevés, mais dans la *leucémie*. Ainsi un malade de Magnus-Levy, atteint de leucémie aiguë, éliminait par jour 28 gr. 7 d'azote et 8 gr. 7 d'acide urique; cet acide emportait donc 10 p. 100 de l'azote total au lieu de 1 à 2 p. 100 comme à l'état normal.

### 3. *L'ammoniaque*.

On a exposé ailleurs les causes qui font varier la quantité de l'ammoniaque urinaire, et dont la principale est la quantité d'acides dont l'organisme doit assurer la neutralisation (voy. p. 316 et 442). Pour une alimentation mixte, l'urine contient en vingt-quatre heures de 0 gr. 4 à 1 gramme d'ammoniaque, représentant en moyenne de 5 à 6 p. 100 de l'azote total. Sitôt que ces quantités sont dépassées, on doit soupçonner l'intoxication acide (acidose) et rechercher les acides anormaux (acide lactique, acides acétoniques).

Il ne faudrait pas cependant, d'une augmentation de la quantité *absolue* d'ammoniaque, conclure tout de suite à une intoxication acide. Magnus-Levy fait ici remarquer très justement que la quantité d'acides

1. On exprime ce pouvoir par le quotient de la chaleur de combustion de 1 cm³ d'urine par le nombre de milligrammes d'azote contenus dans ce volume (« quotient calorique de l'urine » de Rubner : $\frac{Cal.}{Az}$ ). Ce quotient monte par exemple de 6 à 8 (état normal) à 11,6.

à neutraliser croît nécessairement avec la quantité des protéiques de la ration. Pour 100 gr. d'albumine détruite, soit donc pour un apport de 16 gr. d'azote, avec environ 3 gr. 20 d'acide sulfurique à neutraliser (p. 80), une excrétion de 2 gr. d'ammoniaque serait déjà suspecte [1], et l'acidose serait démontrée par la part excessive de l'azote ammoniacal dans l'azote total, laquelle atteindrait ici 10,3 p. 100. Ces 2 gr. d'ammoniaque n'auraient, au contraire, rien d'excessif avec une destruction de 175 gr. d'albumine, fournissant 28 gr. d'azote et 5 gr. 60 d'acide sulfurique à neutraliser, et ici le rapport en question n'atteindrait, en effet, que 5,89 p. 100. Il faut donc toujours considérer la quantité *relative* de l'azote ammoniacal et soupçonner une production d'acides anormaux, sitôt que cette quantité dépasse 8 ou 10 p. 100 de l'azote total. C'est là le vrai signe de l'acidose.

## 4. *La créatinine*.

Les variations quantitatives de ce corps dans l'urine et leur signification biologique ont été étudiées ailleurs (p. 317).

## 5. *L'acide urique*.

Les facteurs qui font varier la quantité d'acide urique dans l'urine ont été étudiés en même temps que l'origine de cet acide et des corps puriques (p. 329 et s.). On n'examinera donc ici que la question de l'état de l'acide urique dans l'urine et celle des conditions de la précipitation de ce corps.

**État de l'acide urique dans l'urine.** — L'urine normale, acidifiée par l'acide chlorhydrique, puis additionnée d'un cristal d'acide urique et agitée pendant un temps suffisant à la machine, laisse précipiter tout son acide (His). Si l'on répète la même expérience sur une urine naturelle non acidifiée, on ne précipite que les 47 à 88 centièmes de l'acide urique (Klemperer). On doit donc admettre qu'une partie de l'acide urique, celle dont l'amorçage par un cristal et l'agitation détermine la précipitation, se trouve dans l'urine à l'état libre, et que le reste y est contenu sous la forme d'urates acides d'alcalis. D'ailleurs, quand elles se refroidissent après l'émission, beaucoup d'urines laissent précipiter une partie de leur acide à l'état d'urates acides d'alcalis, et, d'autre part, l'ingestion d'eaux alcalines diminue ou même réduit

---

1. 3 gr. 20 de $SO^3H^2$ exigent pour leur neutralisation environ 1 gr. de $AzH^3$.

à zéro la fraction d'acide qui est précipitable sans acidification par amorçage et agitation, sans doute parce que des quantités croissantes de l'acide libre ont passé à l'état d'urates.

Les urates acides d'alcalis (de soude, de potasse) sont assez solubles dans l'eau, en sorte que même la totalité de l'acide contenu dans l'urine pourrait le plus souvent rester dissoute à cet état, mais la solubilité de l'acide urique libre est si faible, que la fraction de cet acide que l'urine contient, d'après ce qui précède, à l'état de liberté ne peut pas y être dissoute par sa solubilité propre[1]. Des facteurs spéciaux à l'urine[2] augmentent donc la solubilité de cet acide, et le fait que l'amorçage et l'agitation suffisent pour mettre fin à l'action de ces facteurs montre que ceux-ci sont d'ordre physique, et qu'il ne s'agit point de quelque combinaison de l'acide urique avec une matière organique, ainsi qu'on l'a supposé pour le sang (p. 348), et parfois aussi pour l'urine (Bunge).

On admet en général que le facteur physique, qui intervient ici, consiste dans l'action favorisante qu'exercent sur la solubilité de l'acide urique certains colloïdes urinaires et notamment l'urochrome (Klemperer).

Les solutions colloïdales d'amidon, de savon, de gélatine dissolvent beaucoup d'acide urique, et, d'autre part, l'urochrome extrait de l'urine se montre adialysable comme un colloïde, et ses solutions sont aptes à maintenir en dissolution beaucoup plus d'acide urique que l'eau pure (Klemperer). Enfin une urine légèrement acidifiée (au rouge Congo) par l'acide chlorhydrique, puis traitée par de la poudre de talc, laisse précipiter tout son acide, tandis que, dans une urine légèrement alcalinisée (à la phénolphtaléine) par de la soude, le talc ne précipite plus d'acide urique (Lambling et Vallée). Étant donné que la poudre de talc constitue avec l'urine une suspension colloïdale, et que les colloïdes se précipitent réciproquement, on voit que l'action du talc, qui est très rapide, implique que quelque chose a été modifié dans l'état des colloïdes urinaires.

1. Cette fraction variant de 47 à 88 p. 100 de l'acide total, on voit que sur les 50 centigrammes que contient d'ordinaire le litre d'urine, il y en a 0 gr. 23 à 0 gr. 44 qui sont à l'état libre; or, le litre d'eau ne dissout à 18° que 0 gr. 025 de cet acide (la solubilité plus grande indiquée par les auteurs tient surtout à ce fait que l'on ignorait l'action dissolvante exercée par les petites quantités d'alcali que cède à l'eau bouillante le verre ordinaire) (His et Paul).

2. Il y a longtemps que l'on a été averti de l'action de tels facteurs, notamment par ce fait que, dans l'urine additionnée d'un excès même considérable d'acide chlorhydrique, le quart ou le tiers ou même la totalité de l'acide urique peuvent rester dissous (c'était l'ancien procédé de dosage de Heintz, si défectueux), tandis qu'une dissolution d'urate alcalin, traitée de même, laisse précipiter en vingt-quatre heures tout son acide.

**La formation des sédiments uriques.** — En général, l'urine normale, abandonnée à elle-même après l'émission, ne fournit pas de sédiment urique. Cependant, quand l'urine est concentrée et haute en couleur, ou sous l'influence d'autres facteurs encore mal connus, il se dépose parfois, un nombre d'heures variable après l'émission, soit un sédiment d'urates acides, qui se redissout rapidement quand on réchauffe l'urine, soit des cristaux rouge-brun d'acide urique libre. Le fait qu'une urine fournit des sédiments uriques, quand elle est abandonnée à la température de la chambre, et plus encore quand elle est exposée aux froids rigoureux de l'hiver [1], ne prouve pas assurément que le sujet qui l'a émise soit menacé de telles précipitations le long de ses voies urinaires, où la température est de 38°, mais il est clair que ce danger est plus proche pour ces sujets-là que pour d'autres. Les conditions de la formation *in vitro* de ces sédiments et surtout des sédiments d'acide urique, sont donc d'un intérêt pratique considérable, car il y a des malades, dont l'urine charrie fréquemment des cristaux de cet acide, et tout cristal qui reste déposé dans quelque endroit des voies urinaires *peut* devenir le centre de formation d'un calcul.

L'observation a montré sur ce point : 1° qu'il y a des urines dont l'acide urique est en imminence de précipitation ; que d'autres, au contraire, sont loin de cet état et peuvent encore dissoudre de nouvelles quantités d'acide ; 2° que parmi les facteurs sans doute multiples et encore mal définis, qui déterminent cette différence, l'acidité joue un rôle bien plus important que la richesse de l'urine en acide urique.

Si l'on fait passer de l'urine sur un filtre garni d'acide urique, on constate que certaines urines empruntent, que d'autres abandonnent [2] de l'acide urique au filtre (Pfeiffer) [3]. L'ingestion d'eau de Vichy (600 à 1000 cm³ de Grande-Grille) augmente nettement la puissance dissolvante de l'urine vis-à-vis de l'acide urique (Posner et Goldenberg), en

1. Lorsqu'elle est exposée aux froids de l'hiver, l'urine des sujets qui consomment beaucoup d'aliments à purines (viande) abandonne fréquemment un sédiment d'urates. De même, chez les jeunes enfants, qui font plus d'acide urique que les adultes (p. 334), on observe souvent que l'urine rapidement refroidie, par exemple lorsqu'elle tombe en hiver sur le sol glacé, devient aussitôt comme laiteuse, par suite de la précipitation des urates.

2. Dans ce dernier cas on réalise, en somme, l'expérience de la précipitation de l'acide urique par amorçage et agitation (voy. p. 447), avec cette différence que le filtre à acide urique précipite probablement l'acide urique moins complètement.

3. Cette observation a été pour Pfeiffer le point de départ d'une théorie de la goutte aujourd'hui abandonnée, mais le fait en question n'est pas contestable.

même temps que la quantité d'acide urique précipitable par amorçage et agitation diminue ou même s'annule. Comme, à cette dose, l'eau de Vichy atténue fortement ou même annule l'acidité de l'urine (p. 432), ces résultats mettent en lumière l'importance de l'acidité en tant que facteur favorisant la précipitation de l'acide urique. Il arrive probablement que plus l'acidité s'élève, plus devient grande la fraction de l'acide urique maintenue à l'état d'acide libre [1], et plus aussi on s'approche du point où, l'urine étant saturée d'acide, la précipitation devient imminente. Au contraire, l'arrivée d'un surplus de matériaux alcalins dans l'urine fait passer une partie de l'acide libre à l'état d'urates d'alcalis et l'urine redevenant ainsi apte à tenir dissous plus d'acide libre, on s'éloigne de ce point de saturation.

On s'explique, d'après ce qui précède, pourquoi les urines qui abandonnent des sédiments d'acide urique ne sont pas nécessairement celles qui contiennent le plus d'acide urique. Très souvent elles en contiennent moins que d'autres, qui ne précipitent pas. On voit aussi qu'il importerait moins, à ce point de vue spécial de la formation des sédiments uriques, de doser l'acide urique total d'une urine, que de déterminer si l'urine contient une grosse fraction de son acide à l'état libre et si elle est près de la limite de précipitation de cet acide. Enfin l'action des eaux alcalines est importante à noter au point de vue thérapeutique, mais on devra veiller à ne point arriver à l'alcalinité franche, afin d'éviter le danger des précipitations de sels terreux et la production de calculs de phosphates et de carbonate de chaux. On a déjà fait ressortir quel est l'avantage que présente ici l'emploi du carbonate de chaux (p. 432). Le régime mixte, avec prédominance des aliments végétaux (fruits acides, etc.), vaut mieux encore, car on n'obtient ainsi le plus souvent qu'une atténuation de l'acidité de l'urine, et non la réaction alcaline (p. 431).

1. L'expérience que voici plaide nettement dans ce sens, en même temps qu'elle explique la précipitation d'acide urique dans certaines urines au moment du refroidissement. Quand on mêle à 37° une solution d'urate acide de sodium, alcaline au tournesol, à une solution de phosphate biacide de sodium, acide au tournesol, le mélange obtenu est acide, mais par refroidissement il devient alcalin, en même temps que de l'acide urique se précipite par la réaction que voici (Camerer) :

$$C^5H^2Az^4O^3.NaH \;+\; PO^4NaH^2 \;=\; C^5H^2Az^4O^3.H^2 \;+\; PO^4Na^2H$$

| Urate acide de sodium. | Phosphate biacide de sodium. | Ac. urique. | Phosphate monacide de sodium. |
| --- | --- | --- | --- |

Le phosphate biacide a donc déplacé l'acide urique de sa combinaison avec la soude et l'acide ainsi mis en liberté, étant peu soluble, s'est précipité et est donc sorti du champ de la réaction, d'où ce renversement vers l'alcalinité.

## 6. *Les matières extractives azotées.*

Ces matières sont étudiées ci-après en même temps que les matières extractives non azotées.

## § V. — LES MATIÈRES EXTRACTIVES.

On entend, en analyse, par *matières extractives* l'ensemble des substances connues et inconnues, qui constituent la différence entre le poids total des matières organiques et la somme des poids des matières organiques dosées. Ce ne sont donc pas des substances réunies par le lien de quelque parenté chimique ou de réactions analytiques communes, mais simplement l'ensemble de tous les corps que l'on n'a pas dosés, les uns parce qu'on n'a pas jugé à propos de les doser, les autres parce qu'ils sont actuellement indosables ou même totalement inconnus. Les matières extractives sont donc constituées par le « non-dosé organique », et d'une analyse à l'autre un corps rentre dans cet extractif ou s'en détache, selon qu'il n'a pas été dosé ou qu'il l'a été.

Un premier point qui nous intéresse, c'est que le *poids total* de tous ces matériaux ainsi laissés de côté dans nos analyses habituelles, même lorsque celles-ci sont poussées très loin, est *bien plus important* qu'on ne l'a cru jusqu'à présent.

En dosant dans 21 urines normales des vingt-quatre heures, fournies par 8 personnes, l'urée, l'acide urique, les corps xanthiques, l'ammoniaque et la créatinine, matériaux qui renferment en moyenne les 93 centièmes de l'azote total, on a constaté que le total des matières organiques laissées en dehors de l'analyse (donc les matières extractives) pèse en moyenne 10 gr., soit 26 p. 100 du total de matières organiques (maximum : 35,1 ; minimum : 16,7 p. 100). Ces matières extractives, qui ne contenaient donc que peu d'azote, renfermaient, au contraire, environ *le tiers du carbone total* (Donzé et Lambling). D'autre part, dans 15 urines des vingt-quatre heures provenant d'un même adulte, soumis à des régimes différents (régime mixte, régime lacté, alimentation insuffisante, jeûne complet), le poids des matières extractives s'est élevé en moyenne à 33,98 p. 100 des matières organiques totales (maximum :44,2 ; minimum : 19,4), et ces matières contenaient une quantité de carbone s'élevant en moyenne à 40,6 p. 100 du carbone total (maximum : 50,8 ; minimum : 30,3) (Bouchez et Lambling ; Bouchez).

Ces matières comprennent des corps non azotés, des corps azotés, et des corps à la fois azotés et sulfurés.

Les *corps non azotés* sont représentés, d'une part, par des matériaux bien définis comme les *acides gras volatils*, acides formique, acétique, butyrique (environ 54 mgr. par jour), l'*acide oxalique* (20 mgr. par jour et moins), l'*acide glycuronique*, conjugué avec l'indoxyle et le phénol, des *acides oxyaromatiques* (de 15 à 30 cgr.) et, d'autre part, par un peu de *glycose*, dont la présence, longtemps discutée, est bien démontrée aujourd'hui (Baisch), et par d'autres hydrates de carbone, moins bien définis, analogues à la dextrine (gomme animale). La quantité de ces hydrates de carbone serait de 1 à 5 gr.

Les *corps azotés* nous intéressent davantage. Ici nous trouvons d'abord des corps chimiquement bien définis, comme l'*acide hippurique*, l'*indoxyle*, etc., de petites quantités d'*acides aminés* [1] (en azote de 2 à 3 p. 100 de l'azote total) et d'*allantoïne*, l'*urobiline*, etc., mais l'azote de tous ces corps réunis ne représente qu'une assez petite fraction de l'azote extractif. L'urine renferme donc en quantité relativement importante d'autres matériaux azotés non dosés, parmi lesquels on distingue actuellement : 1° Des *corps à la fois azotés et sulfurés*, dont les plus importants, comme masse, sont ces acides protéiques, dont il a été question dans un autre chapitre (p. 324). 2° Les *corps adialysables* de l'urine [2], étudiés d'abord par A. Gautier et Mme Éliacheff et qui contiennent aussi de l'azote et du soufre ; 3° des corps à allure de *polypeptides* (Abderhalden et Pregl) [3] ; 4° Des *bases organiques*, étudiées dès 1878, par G. Pouchet sous la direction de A. Gautier et dont la liste s'allonge chaque jour. On ignore encore dans quelle mesure les grosses molécules des acides protéiques entrent aussi dans la composition de l'adialysable urinaire, ou se confondent avec les polypeptides en question.

On ne décrira pas ici ces acides protéiques, parce qu'ils ne se présentent pas encore comme des individus chimiques définis avec certitude. Ces corps sont caractérisés au point de vue analytique par ce fait

---

1. On n'a encore saisi avec certitude que du glycocolle, indépendamment de celui que contient l'acide hippurique.

2. C'est l'ensemble des corps solubles, qui restent dans le dialyseur, quand on soumet l'urine à une dialyse très prolongée. L'inaptitude de ces corps à la dialyse indique qu'on est en présence de molécules assez grosses.

3. Dans l'extractif azoté figurent aussi des traces de matières protéiques, à savoir un mucoïde coagulé par l'acide acétique et une très faible quantité d'albumine (K. A. H. Mörner).

qu'ils donnent des sels de baryte solubles dans l'eau et insolubles dans l'alcool, et c'est sur cette double propriété qu'est appuyé essentiellement le dosage global de ces corps dans l'urine (Gawinski). On a trouvé ainsi que l'azote protéique représente dans l'urine normale en moyenne 6,6 p. 100 de l'azote total (C. Vallée) et qu'il est augmenté dans divers états pathologiques (Gawinski). Tout le soufre neutre des urines serait, d'après Gawinski, constitué par le soufre de ces acides protéiques, mais C. Vallée signale que le second fait au plus 60 p. 100 du premier et souvent beaucoup moins. Une partie du soufre neutre appartiendrait donc à des corps autres que les acides protéiques. De fait on peut citer ici l'*acide sulfocyanique* et peut-être des corps analogues à la *taurine*. D'ailleurs le soufre neutre se compose visiblement de fractions chimiquement différentes; une partie de ce soufre est, en effet, facilement oxydable (par le brome), tandis que le reste ne fournit son soufre à l'état d'acide sulfurique que par fusion avec du nitre et de la potasse. Notons encore que ces corps ont pris dans l'étude de l'urine un intérêt plus considérable, depuis que l'on a montré, d'une part, que le soufre neutre est un produit de la désassimilation azotée endogène (p. 318), et, d'autre part, que l'asphyxie interne, telle que la produit l'acide cyanhydrique (p. 445), porte la quantité de ce soufre jusqu'à 54 p. 100 du soufre total contre 13 à 29 p. 100 à l'état normal, en sorte que ce seraient ces produits sulfurés, dont les variations traduiraient le plus fidèlement le plus ou moins de perfection du travail d'oxydation des tissus (A. Lœwy).

Les corps à allures de polypeptides retirés de l'urine par Abderhalden et Pregl ont donné par hydrolyse beaucoup de glycocolle, de la leucine, de l'alanine, de l'acide glutamique, de la phénylalanine et probablement de l'acide aspartique. Quant à l'adialysable étudié par Mme Éliacheff, il présentait une toxicité prononcée (voy. aussi p. 324).

En ce qui concerne enfin les bases organiques, il faut ajouter à celles de G. Pouchet les corps bien définis que Kutscher a successivement extraits de l'urine humaine (méthylguanidine, novaïne, réductonovaïne, méthylpyridine, gynésine, mingine, vitiatine). L'urohypertensine de Abelous et Bardier rentre aussi dans ce groupe des bases, tandis que l'urohypotensine (urocongestine) de ces auteurs paraît se rapprocher plutôt des protéiques (voy. p. 468). La production constante de bases organiques toxiques au cours des phénomènes de la vie, dont A. Gautier a établi la réalité par l'analyse chimique des tissus (p. 299), que Ch. Bouchard a démontrée par l'étude de la toxicité des excrétions (p. 172, 215, 457), se vérifie donc d'une manière chaque jour plus précise.

## § VI. — LES RÉSULTATS DE LA DÉSASSIMILATION DE L'ALBUMINE. — L'ÉLABORATION URINAIRE.

**Carbone et azote éliminés par l'urine.** — Presque tout l'azote de l'albumine détruite chaque jour se retrouve dans l'urine. Pendant que l'urine élimine 1 gramme d'azote, les excréments n'en emportent, en effet, que 0 gr. 053, soit donc environ 5 p. 100

(Ch. Bouchard) [1]. Il n'en va pas de même pour le carbone de l'albumine, que le travail de désassimilation conduit vers trois émonctoires différents : le poumon, l'intestin et l'urine, et Ch. Bouchard a mis en vive lumière ce fait intéressant, à savoir que moins l'azote urinaire emmène de carbone avec lui, plus le travail de désassimilation doit être considéré comme parfait.

Rapprochons en effet, à cet égard, le point de départ et le point d'arrivée du travail de l'élaboration urinaire. Le point de départ, c'est une très grosse molécule, l'albumine, contenant dans 100 gr. 15 gr. 63 [2] d'azote pour 53 gr. 6 de carbone. Le rapport du carbone à l'azote est donc dans l'albumine :

$$\frac{C}{Az} = \frac{53,6}{15,63} = 3,43,$$

c'est-à-dire que pour 1 gr. d'azote l'albumine contient 3 gr. 43 de carbone. Le point d'arrivée, c'est une série de déchets azotés, urée, ammoniaque, produits extractifs divers. Admettons pour un instant que l'urée, qui emporte avec elle 82 p. 100 de l'azote de l'albumine, soit le seul déchet organique de l'urine. Comme l'urée renferme pour 100 gr. 46 gr. 66 d'azote et 20 gr. de carbone, le rapport du carbone à l'azote est ici :

$$\frac{C}{Az} = \frac{20}{46,66} = 0,43 ;$$

en sorte que chaque gramme d'azote, qui dans l'albumine était accompagné de 3 gr. 43 de carbone, n'en emporte plus dans l'urée que 0 gr. 43. En réalité l'urine élimine avec l'urée d'autres déchets azotés, plus riches en carbone et moins riches en azote que l'urée (et même quelques-uns, comme de petites quantités d'hydrates de carbone, qui ne contiennent pas d'azote du tout). Ainsi, pour 1 gr. d'azote, l'acide urique contient 1 gr. 07, la créatinine 1 gr. 14 et l'ensemble des matières extractives en moyenne 5 gr. 4 de carbone. C'est pourquoi le rapport du carbone total à l'azote total dans l'urine, $\frac{C^t}{Az^t}$, est plus fort que dans l'urée et prend les valeurs moyennes de 0,87 (Ch. Bouchard), de 0,66 (Donzé et Lambling), de 0,74 (Bouchez et Lambling, Bouchez).

L'urée, produit le plus parfait [3] de la simplification de l'albumine, donne donc, par sa composition, la formule chimique idéale d'une

1. Défalcation faite, bien entendu, de tout l'azote fécal qui n'est pas fourni par l'excrétion intestinale.
2. Chiffre exact pris au lieu du chiffre moyen de 16 p. 100 dont on se sert habituellement.
3. L'idéal serait, semble-t-il, que la combustion du carbone étant complète, c'est-à-dire poussée jusqu'à l'état d'acide carbonique, l'azote fut éliminé à l'état d'ammoniaque et non pas d'urée. Mais l'ammoniaque est une matière excrémentielle moins « parfaite » que l'urée, car, à quantités égales d'azote, elle est 40 fois plus toxique que l'urée (Ch. Bouchard).

bonne désassimilation, formule que l'on peut traduire ainsi : *L'azote doit emmener avec lui dans l'urine la plus petite quantité possible de carbone.*

**Rôle du foie dans la distribution du carbone entre l'urine et les autres émonctoires.** — Sur les 3 gr. 43 de carbone, qui dans l'albumine accompagnent chaque gramme d'azote, on n'en retrouve donc dans l'urine que 0 gr. 66 à 0 gr. 87. Qu'est devenue la différence? Elle a été éliminée par le poumon et par l'intestin, et dans cette distribution du carbone de l'albumine entre les divers émonctoires, il apparaît que le foie joue un rôle capital : 1° en produisant vraisemblablement à partir de l'albumine, du glycogène ou du glycose, lequel emporte avec lui une partie de ce carbone; 2° en en éliminant une autre partie sous la forme de matériaux biliaires.

On ne pourra donner de précisions sur ces points, que quand on connaîtra les étapes par lesquelles passe la simplification des matières protéiques dans l'organisme. On a vu qu'au dédoublement de ces matières en acides aminés et à la « désamination » de ces acides succède peut-être une production de glycose ou de glycogène aux dépens des fragments non azotés ainsi produits (voy. p. 303, 355 et 359). Puis ce glycose est brûlé et son carbone est expulsé par le poumon à l'état d'acide carbonique. Le siège de cette production de sucre est vraisemblablement le foie. Mais cet organe produit aussi la bile, et cette humeur emporte, sous la forme de glycocolle, de taurine, d'acide cholalique, etc. des fragments de la molécule albumine, riches en carbone. Les acides biliaires contiennent, en effet, par gramme d'azote environ 22 gr. de carbone? Ces matériaux sont, à la vérité, en grande partie résorbés et soumis à un nouveau travail de simplification, mais il n'en reste pas moins certain que, sous la forme de dérivés des acides biliaires et des pigments biliaires, la bile élimine par les excréments une importante partie du carbone de l'albumine. Ch. Bouchard l'évalue en moyenne à 1 gr. 18 de carbone par gramme d'azote urinaire.

Ainsi, sous la forme de glycogène qui est ensuite brûlé, sous la forme de produits biliaires qui sont éliminés avec les fèces, le foie détourne vers le poumon et vers l'intestin une partie du carbone de l'albumine, et il diminue d'autant la quantité de carbone qui s'en va par l'urine. Et quand l'urine élimine peu de carbone avec l'azote, nous savons que cela veut dire que son azote est surtout à l'état d'urée, puisque, après l'ammoniaque, l'urée est le corps qui contient dans l'urine par gramme d'azote le moins de carbone possible.

La plus ou moins grande perfection de l'opération est donc mesurée par cette fraction du carbone de l'albumine détruite qui est éliminée par l'urine. Plus cette fraction est petite, plus la désassimilation aura été près d'être parfaite. Ce quotient du carbone total de l'urine $C^t$ par le carbone de l'albumine détruite $C^a$, donc $\dfrac{C^t}{C^a}$, prend dans l'urine normale une valeur moyenne de 0,23 (Ch. Bouchard), de 0,18 (Donzé et Lambling) ou de 0,20 (Bouchez et Lambling; Bouchez), ce qui veut dire que l'urine n'élimine guère que le quart ou le cinquième du carbone de l'albumine détruite — alors qu'elle emmène plus des huit dizièmes de l'azote de cette albumine. C'est avec raison que Ch. Bouchard a insisté sur l'importance clinique de ce coefficient [1].

**Poids de la molécule élaborée moyenne.** — Ainsi ce travail de l'élaboration de l'albumine aboutit à ce résultat de fournir à l'urine des fragments de cette molécule contenant pour un poids d'azote le moins de carbone possible, et l'urée représente à ce point de vue le produit le plus parfait de cette élaboration. Parallèlement ce travail tend à cet autre résultat, à savoir que ces fragments soient aussi petits qu'il est possible, et ici encore l'urée apparaît comme représentant le déchet le plus parfait, puisqu'elle est la plus petite molécule organique de l'urine; c'est ce que montre la liste ci-après, extraite du tableau plus étendu dressé par Ch. Bouchard.

| Substances. | Formules. | Poids moléculaires. |
| --- | --- | --- |
| Urée | $COAz^2H^4$ | 60 |
| Créatinine | $C^4H^7Az^3O$ | 113 |
| Xanthine | $C^5H^4Az^4O^2$ | 152 |
| Acide urique | $C^5H^4Az^4O^3$ | 160 |
| Acide hippurique | $C^9H^9AzO^3$ | 179 |
| Indoxylsulfate de potassium | $C^8H^6AzSO^4K$ | 251 |
| Urobiline | $C^{32}H^{40}Az^4O^7(?)$ | 592 |
| Acide oxyprotéique | $C^{43}H^{82}Az^{14}O^{31}S(?)$ | 1 322 |

Parti d'une molécule qui pèse au moins 6 000, le travail d'éla-

1. On calcule très facilement ce coefficient de la manière suivante. Rappelons d'abord que 100 d'albumine renfermant 15,63 d'azote, il vient pour 1 d'azote 6,397 d'albumine. Mais comme pour 1 d'azote urinaire, il y a 0,053 d'azote fécal excrété, soit donc en tout 1,053 d'azote sécrété, le calcul montre qu'à 1 d'azote urinaire correspond 6,737 d'albumine détruite. On dosera donc dans l'urine l'azote total et le carbone total. On multipliera l'azote total par 6,737 et l'on aura l'albumine détruite. Celle-ci contenant 53,6 de carbone, on multipliera l'albumine détruite par 0.536 et l'on aura le carbone de l'albumine détruite. Plus simplement on fera ces deux opérations en une fois en multipliant l'azote total par 3,6, ce qui donnera immédiatement le carbone de l'albumine $C^a$, et en divisant par cette quantité le carbone total de l'urine $C^t$, on trouvera le coefficient cherché (Ch. Bouchard).

boration tend donc vers une molécule qui pèse 60. Il y aurait intérêt à savoir, pour chaque cas, dans quelle mesure il se rapproche de ce but d'une désassimilation idéale. On vient de voir que le dosage du carbone et de l'azote dans l'urine a fourni à Ch. Bouchard un moyen d'apprécier ce degré de perfection. La cryoscopie appliquée à l'urine lui en a fourni un autre. Cette méthode permet, en effet, de mesurer le poids moléculaire moyen des corps organiques contenus dans l'urine, ce que Ch. Bouchard appelle le *poids de la molécule élaborée moyenne*[1]. Pour les urines normales ce poids est en moyenne de 76 (de 68 à 82), donc très proche de celui de l'urée qui vaut 60. Pour les urines pathologiques, il a été presque toujours plus élevé et a atteint 145, sans doute à cause de la présence d'un nombre de grosses molécules plus considérable qu'à l'état normal.

**Toxicité urinaire.** — A ce second moyen de mesurer la perfection plus ou moins grande de l'élaboration de l'albumine, l'étude de la *toxicité urinaire*, introduite en médecine par Ch. Bouchard, en ajoute un troisième. Pendant que la molécule protéique se désagrège, elle fournit des fragments, qui non seulement vont s'appauvrissant en carbone, qui non seulement deviennent de plus en plus petits, c'est-à-dire plus capables de franchir les filtres, mais qui aussi, dans leur ensemble du moins, deviennent de moins en moins toxiques. L'extrait aqueux de tissu frais est très toxique (Ch. Bouchard; Charrin et Rüffer; Roger), parce qu'il contient des poisons dont la chimie a, de son côté, démontré l'existence (A. Gautier). L'urine normale l'est, au contraire, beaucoup moins et sa toxicité minérale[2] l'emporte en général sur sa toxicité organique, qui est modérée. Le travail de dédoublement et d'oxydation de l'organisme a donc eu pour effet de rendre moins toxiques dans leur ensemble les produits élaborés par les cellules, mais il laisse néanmoins subsister une certaine toxicité, dont la mesure renseignera donc sur le plus ou moins de perfection de ce travail[3].

---

1. Ce poids est donné par la formule $M = \dfrac{KP}{\delta}$, dans laquelle M désigne le poids cherché, K la constante 18,5, P le poids de matières organiques contenues dans 100 cm³ d'urine et δ l'abaissement dû à ces matières.

2. La toxicité de l'urine a été d'abord reconnue par Feltz et Ritter et attribuée par eux à la potasse; puis Ch. Boudard a établi qu'à cette toxicité minérale s'ajoute la toxicité par les matières organiques, qui parfois l'emporte sur la première.

3. On sait que Ch. Bouchard exprime cette toxicité à l'aide d'une unité physiologique, l'*urotoxie*, qui est la quantité de poison urinaire nécessaire pour tuer par injection intraveineuse un kilogramme de lapin.

Et ce qui justifie ce mode d'investigation, c'est que, dans un grand nombre d'affections, on trouve cette toxicité augmentée ; elle l'est surtout dans les maladies du foie (Roger ; Surmont), dont on a montré plus haut le rôle important dans la répartition du carbone entre l'urine et les autres déchets urinaires. Notons ici que ces corps toxiques se trouvent parmi les matières extractives, substances qui sont précisément, parmi les déchets urinaires, les plus riches en carbone pour une même quantité d'azote et qui comptent aussi parmi elles les plus grosses molécules urinaires. Ainsi une grande richesse de l'urine en carbone pour un même poids d'azote, une molécule élaborée moyenne plus grosse et une plus grande toxicité sont trois choses qui vont en général ensemble [1] (Ch. Bouchard). Elles sont probablement accompagnées aussi d'une plus grande valeur du quotient calorique de l'urine (voy. p. 446).

1. Ce qui ne veut pas dire que ces trois choses soient directement dépendantes l'une de l'autre, par exemple que « la toxicité soit un attribut des substances riches en carbone, ni qu'elle soit proportionnelle à cette richesse ».

# CHAPITRE XXI

# LES COORDINATIONS CHIMIQUES DES FONCTIONS ANIMALES

Le maintien de la vie chez les animaux supérieurs implique évidemment une coordination parfaite d'un nombre très considérable d'opérations, qui toutes concourent vers un même but, à savoir la conservation de l'individu et de l'espèce. Quels sont les mécanismes qui assurent cette coordination?

Pendant longtemps le système nerveux est apparu comme l'agent sinon unique, du moins prépondérant, de cette harmonie des fonctions, et il est évident que l'intervention de ce système est indispensable, notamment à tous les actes vitaux qui exigent une adaptation rapide du fonctionnement d'un organe à celui d'un autre organe. Mais pour des coordinations qui n'ont point besoin d'être assurées aussi rapidement, n'existe-t-il pas, en outre, d'autres mécanismes, chimiques ou physico-chimiques? *A priori* cela apparaît comme vraisemblable, puisque chez les végétaux, où tout système nerveux fait défaut, on assiste, dans des organismes compliqués et de dimensions souvent très considérables, à une coopération exacte des diverses parties, et que l'on ne peut guère s'expliquer autrement que par des actions chimiques. Il est au surplus peu vraisemblable que par l'intermédiaire du milieu intérieur commun, que la circulation assure à toutes les cellules, les produits chimiques élaborés par un organe n'exercent pas une action sur tel autre organe situé plus loin.

Un exemple classique d'une régulation par voie chimique est fourni par l'ac'ion bien connue de l'acide carbonique sur les centres respiratoires, mécanisme qui assure à chaque instant aux muscles la quantité convenable d'oxygène. Des contractions musculaires plus actives augmentent, en effet, la quantité d'acide carbonique déversée par le muscle dans le sang veineux et font monter par conséquent la tension de ce gaz dans le plasma. Les centres nerveux, excités par ce surplus d'acide carbonique, agissent sur les mouvements respiratoires, qui deviennent plus profonds et plus rapides, jusqu'au moment où la ventilation pulmonaire, ainsi rendue plus efficace, a ramené à sa valeur habituelle la tension de l'acide carbonique dans le sang. Si les contractions musculaires sont portées à un degré extrême d'activité, il en résulte le passage dans le sang de substances acides, comme l'acide lactique, qui augmentent encore la tension de l'acide carbonique dans le plasma, donc aussi l'activité des centres respiratoires.

Ainsi que le fait remarquer Starling, l'agent de la coordination est ici l'un des produits ordinaires des échanges nutritifs, acide carbonique, acide lactique. Dans d'autres régulations on voit apparaître des substances particulières, excitants spécifiques, sécrétés par un organe ou un tissu, pour agir sur tel organe, et que Starling compare aux substances de notre arsenal pharmaceutique [1]. Nous avons déjà rencontré un type très caractéristique de telles substances. C'est la sécrétine. Un autre de ces excitants est représenté par les produits de la digestion stomacale des protéiques, qui seraient des excitants de la sécrétion du suc gastrique (p. 154). Pareillement, par le moyen de la diastase spéciale qu'il contient (*vésiculase* de L. Camus et E. Gley), le liquide prostatique des rongeurs coagule le produit des vésicules, formant ainsi le « bouchon vaginal » qui assure la rétention du sperme dans le vagin.

Mais avant que fussent connus ces exemples de corrélations chimiques, l'étude des glandes à sécrétion interne avait déjà imposé à l'attention des physiologistes ce problème des coordinations chimiques. On sait qu'il y a des glandes qui déversent leur produit vers l'extérieur, comme le font les reins ou les glandes digestives [2], par exemple. Ce sont les *glandes à sécrétion externe*. D'autres versent, au contraire, leur produit dans le milieu inté-

---

1. Starling propose de réunir toutes ces substances sous la dénomination commune de *hormones* de (ὁρμάω, j'excite).

2. Si anatomiquement la cavité du tube digestif est dans l'intérieur du corps, physiologiquement l'organisme ne commence que par delà la paroi intestinale. On peut donc dire que la bile, par exemple, est déversée au dehors. Elle ne rentre dans l'organisme que par une absorption consécutive.

rieur, sang ou lymphe. Ce sont les glandes à *sécrétion interne*, dont la notion éminemment féconde a été introduite dans la science par Cl. Bernard (1855), et surtout par Brown-Séquard (1889-1891). Or, on ne peut plus douter aujourd'hui que les produits de ces glandes, transportés à travers l'organisme par le sang, n'exercent une action profonde sur la nutrition et sur le développement d'autres organes ou tissus.

Ces sécrétions internes peuvent d'ailleurs coexister dans une même glande avec une sécrétion externe. Nous avons déjà vu un exemple d'un tel parallélisme à propos du pancréas. L'étude des glandes génitales et surtout celle du testicule nous en fourniront d'autres encore, et l'histologie a confirmé de la manière la plus nette ces constatations physiologiques, en établissant l'existence, dans ces organes, de deux sortes d'éléments glandulaires, de deux glandes distinctes, associées en une seule, et dont la dissociation fonctionnelle a pu ensuite être obtenue dans certains cas (testicule, pancréas).

Voyons donc ce que l'on sait sur ces sécrétions internes et en général sur les coordinations chimiques dans l'organisme, et sur les troubles pathologiques de ces coordinations.

## § I. — L'APPAREIL THYROIDIEN.

L'ablation ou la supression fonctionnelle de l'appareil thyroïdien produit, chez l'homme et chez les animaux, une série de manifestations morbides, que la greffe d'une partie de la glande, l'injection d'extraits aqueux de l'organe, ou l'ingestion de la glande fraîche permettent de combattre efficacement.

On sait que l'extirpation totale de l'appareil thyroïdien, corps thyroïde et glandules parathyroïdes [1], produit chez l'animal des accidents graves, puis la mort, et que l'ensemble des symptômes observés offre une identité profonde avec ceux que présentent, soit les opérés de goitre (myxœdème post-opératoire), soit les malades atteints de myxœdème, affection dans laquelle la glande est fonctionnellement détruite par un

---

1. L'appareil thyroïdien se compose du corps thyroïde et des glandules parathyroïdes ; ces dernières ont été décrites en 1880 par l'anatomiste suédois Sandström, mais elles n'ont attiré l'attention des physiologistes qu'après les expériences de E. Gley (1891-1893). Les physiologistes appellent *thyroïdectomie* l'ablation de la glande thyroïde, et *thyro-parathyroïdectomie* l'ablation de tout l'appareil thyroïdien, glande et glandules.

processus pathologique. Ces accidents ont bien pour cause unique la suppression de l'appareil thyroïdien, car si l'ablation, n'est que partielle, l'animal survit, ou si l'on fait la greffe d'un lobe de l'organe, le reste de l'appareil étant enlevé, l'animal ne succombe avec les accidents caractéristiques, que si on le prive ultérieurement de la portion greffée. Chez l'homme on a réussi de même à guérir des cas de myxœdème en greffant sous la peau du tissu provenant d'un autre sujet. D'autre part l'injection intraveineuse ou intrapéritonéale d'extraits de glande thyroïde atténue chez les animaux thyroïdectomisés les accidents habituels, et c'est même sur ces expériences (Vassale, E. Gley, 1890-1891), venues immédiatement après celles de Brown-Séquard avec l'extrait testiculaire, et sur les heureuses applications à la médecine humaine qui en découlèrent tout de suite, que fut solidement assise la méthode thérapeuthique dite *opothérapie*. Chez l'homme on guérit maintenant le myxœdème et les états myxœdémateux (myxœdèmes frustes) par l'ingestion de glande thyroïde fraîche ou de produits divers extraits de cette glande.

Ajoutons que les physiologistes discutent encore au sujet du rôle respectif du corps thyroïde et des glandules parathyroïdes, les uns faisant une distinction absolue entre la thyroïde, à l'ablation de laquelle seraient dus les troubles trophiques, et les glandules, dont la suppression amènerait les troubles nerveux (tétanie), les autres, au contraire, admettant, avec E. Gley, une association fonctionnelle entre les deux parties de l'organe.

**Action de l'appareil thyroïdien sur la nutrition.** — Par quel mécanisme l'appareil thyroïdien intervient-il dans la régulation des fonctions animales. On peut essayer de répondre à cette question en analysant les troubles produits par la suppression de cet appareil et l'action curative des produits thyroïdiens sur ces troubles. Ces accidents sont de deux sortes : des accidents de nature toxique (convulsions, affaiblissement musculaire, dépression nerveuse, lésions aiguës du foie et du rein) et des troubles généraux de la nutrition. Laissons de côté les premiers, qui échappent encore à toute étude chimique, et bornons-nous à l'analyse des troubles de la nutrition.

Les troubles de la nutrition, qui se traduisent chez le myxœdémateux par des signes cliniques divers [1], consistent d'abord en *une diminution considérable des échanges nutritifs*, que l'on observe aussi chez les animaux opérés et que l'on mesure à *l'abaissement de la dépense de calories et de la dépense d'albumine.*

Les sujets atteints de myxœdème mangent très peu, et cependant ils ne diminuent pas de poids en général. Cet abaissement des dépenses

---

1. Notamment la sécheresse de la peau, l'œdème spécial de la face, la chute des poils, la déformation des mains, etc.

de l'organisme ne tient pas seulement à l'extrême paresse musculaire des malades, qui réduit bien entendu les besoins, mais aussi à une diminution de la dépense de fond (voy. p. 512). En effet, par kilogramme et par minute, ces malades ne consomment à l'état de repos que 50 à 60 p. 100 de la quantité d'oxygène fixée par un sujet normal (Magnus-Levy). La quantité d'azote total qu'ils éliminent est aussi diminuée (souvent moins de 8 à 9 gr. par jour), ce qui ne tient pas uniquement au médiocre appétit de ces sujets, car sur des chiens privés de leur thyroïde, on a constaté que la quantité d'albumine détruite pendant le jeûne absolu dépasse à peine la moitié de celle que des animaux normaux de poids égal sont obligés, dans ce cas, d'emprunter à leurs tissus (Eppinger, Falta et Rudinger). C'est donc bien le *besoin d'albumine* qui est réduit chez ces malades. Ajoutons que la répartition de l'azote entre les divers déchets azotés reste la même qu'à l'état normal.

Inversement, *l'ingestion de glande thyroïde produit chez ces malades un relèvement puissant de la dépense totale de calories et de la dépense d'albumine*. Mais cette dernière est alimentée non seulement par les apports azotés de la ration, mais encore par des prélèvements faits sur les tissus. Il y a fonte toxique des protoplasmes cellulaires.

Sitôt que l'on administre des préparations thyroïdiennes, les échanges respiratoires augmentent. La consommation d'oxygène (mesurée bien entendu au repos et loin des repas) s'accroît de 45 à 72 p. 100 de sa valeur primitive, et dépasse souvent celle que l'on observe à l'état normal. Cette augmentation se fait lentement, en quelques semaines, elle se maintient aussi longtemps que l'on continue le traitement, et quand on le suspend, l'ancien état de choses se rétablit avec la même lenteur (Magnus-Levy). En même temps les échanges azotés se relèvent puissamment (E. Mendel)[1], non seulement parce que l'appétit, devenu meilleur, assure des apports d'albumine plus abondants, mais aussi parce que le médicament produit une fonte toxique des tissus, en sorte que les malades perdent plus d'azote qu'ils n'en ingèrent. Ainsi une malade de Widal et Javal, qui recevait sous la forme de lait 9 gr. d'azote par jour, en perdit en neuf jours sous l'influence du traitement thyroïdien 51 gr. de plus qu'elle n'en avait reçu, sacrifiant ainsi environ 1 500 gr. de sa chair musculaire[2]. Même avec des rations surabondantes en azote et en calories, cette azoturie ne peut pas, le plus souvent, être complètement évitée. Notons que ce gaspillage d'azote est indépendant de la hausse des combustions respiratoires, car on observe qu'il s'installe presque tout de suite.

Enfin l'*ingestion de glande thyroïde détermine aussi chez les*

1. Chez un malade de Zumbusch, l'excrétion d'urée passa de 16 gr. au début du traitement, à 58 gr. par jour après cinq semaines d'opothérapie thyroïdienne.

2. Comme l'œdème sous-cutané était peu accentué et appréciable seulement à la face, il est certain que l'azote perdu n'a pu provenir que pour une très faible partie de la « mucine » accumulée dans le tissu cellulaire.

*individus bien portants une augmentation de la quantité d'albumine détruite*, accompagnée souvent du même gaspillage d'azote. Quant à l'accroissement de la dépense totale de calories, elle est moins constante que chez les myxœdémateux. Cette dernière action a surtout été étudiée chez les obèses, chez lesquels on a essayé de provoquer ainsi une fonte de leur surcharge adipeuse. Mais par le gaspillage d'azote que l'on détermine en même temps, et qui est obtenu bien plus sûrement qu'une fonte des graisses, on risque de produire une déchéance organique grave.

L'ingestion prolongée de quantités importantes de glande thyroïde, parfois sans action marquée, produit au contraire, chez d'autres sujets, des phénomènes pouvant aller jusqu'à reproduire le tableau d'un accès aigu de maladie de Basedow [1]. La consommation d'oxygène au repos, donc la dépense totale de calories, est augmentée, en général moins cependant que chez les myxœdémateux, et les rations, qui précédemment étaient suffisantes ou fournissaient un bénéfice d'azote, provoquent maintenant des déficits d'azote ou déterminent des bénéfices moindres. Parfois cette fonte de l'albumine des tissus se produit même avec des rations assez riches en graisses et en hydrocarbonés pour amener une fixation de graisse. Le traitement de l'obésité par l'opothérapie thyroïdienne doit donc être surveillé avec soin, à cause de la déchéance organique grave, que peuvent produire des déficits d'azote longtemps prolongés.

On a pu saisir l'*un des produits par lesquels la glande thyroïde ingérée exerce dans le myxœdème spontané ou post-opératoire l'action curative* ci-dessus indiquée. Ce corps est une globuline iodée, l'*iodothyroglobuline*, dont on a d'abord isolé un produit de dédoublement, l'*iodothyrine* de Baumann. Mais ces produits ne sont pas évidemment l'unique substance active de la glande, car la clinique a établi qu'ils ne peuvent pas remplacer complètement la glande totale dans son action thérapeutique.

C'est Baumann, qui après avoir constaté la présence normale de l'iode dans la glande thyroïde (de 2 à 9 mgr. par glande chez l'homme) en a isolé, par ébullition de l'organe avec de l'acide sulfurique fort, une

---

1. Dans cette maladie, caractérisée surtout par de la tachycardie, des tremblements musculaires et une tuméfaction de la glande thyroïde, on observe, à l'inverse de ce qui se passe chez les myxœdémateux, une hausse considérable de la dépense d'albumine et de la consommation d'oxygène. Cette dernière n'est pas due uniquement aux tremblements musculaires, car elle persiste pendant le sommeil (Magnus-Levy), et l'on admet en général que l'on assiste ici à un fonctionnement exagéré de la glande thyroïde. De fait, les malades sont améliorés par l'extirpation d'une partie de la glande, en même temps que l'on constate un retour des échanges nutritifs à leur niveau normal.

substance iodée, spécifiquement active, à teneur variable en iode (jusqu'à 10 p. 100), et qui est un produit d'hydrolyse du principe actif iodé de la glande, l'iodothyroglobuline de Oswald. Cette globuline renferme 0,34 p. 100 d'iode chez l'homme et elle est contenue dans cette substance colloïde, que les histologistes désignent comme étant le produit de sécrétion déversé par la glande dans la circulation. Mais il est remarquable de voir que l'iode manque complètement dans la glande de certaines espèces, notamment chez les carnivores purs. Ce métalloïde est apporté par nos aliments (p. 107), et des rations riches en iode, ou l'ingestion de préparations iodées augmentent la teneur en iode de la glande et la rendent plus active.

Les tentatives faites pour substituer aux produits thyroïdiens des protéiques artificiellement iodés n'ont donné jusqu'à présent que des résultats incertains, mais peut-être aboutiront-elles un jour, quand on connaîtra quels sont les noyaux de la molécule qui sont porteurs de l'iode. Comme l'iodothyrine ne donne plus la réaction de Millon, mais la retrouve après chauffage avec de l'eau sous pression, on suppose que l'iode est fixé sur le noyau phénolique du groupe tyrosine. Mais peut-être le tryptophane entre-t-il aussi en jeu. L'hydrolyse pepsique ou trypsique de l'iodothyroglobine ne supprime pas l'action spécifique de ce corps; elle reste donc attachée à un fragment relativement petit de la molécule, mais on a vainement cherché quel est ce fragment. Ce n'est pas de l'iodothyrine.

Enfin *la glande thyroïde intervient dans la nutrition par la sécrétion d'autres produits.* A. Gautier a montré que, de tous les organes, c'est la glande thyroïde qui est la plus riche en *arsenic* (0 mgr. 15 pour une glande). Ce métalloïde accompagne les nucléines, et c'est par les nucléines arsenicales et par les produits iodés que la thyroïde agit, d'après A. Gautier, sur la nutrition. Le surplus de ces produits s'écoule chez la femme par le sang menstruel, qui est en effet arsenical et iodé, tandis que le sang normal est pauvre en iode et ne renferme pas d'arsenic.

Il y a aussi vraisemblablement des relations entre l'appareil thyroïdien et les mouvements de la *chaux*. Du moins a-t-on établi ce fait intéressant que l'ingestion de sels de chaux supprime la tétanie due à la parathyroïdectomie (A. Frouin). Il semble que la thyroïde agit aussi sur la destruction du *sucre*.

L'ingestion de glande thyroïde facilite la glycosurie alimentaire ou bien installe parfois la glycosurie à demeure pour quelque temps. Chez le diabétique elle augmente la quantité de sucre dans l'urine (de 40 à 80 gr. dans un cas de Gravitz) et comme la glycosurie accompagne parfois la maladie de Basedow, que chez les myxœdémateux, au contraire, la tolérance pour les hydrates de carbone paraît plus forte, il semble donc que toute augmentation du fonctionnement de l'appareil thyroïdien diminue la quantité de glycose que l'organisme est capable de maîtriser (Magnus-Levy).

## § II. — LES CAPSULES SURRÉNALES.

On sait que le syndrome morbide appelé maladie d'Addison (1855) et caractérisé par une forte pigmentation de la peau et une faiblesse générale, est lié à des lésions des capsules surrénales. Cette relation, qui ressortait déjà des observations d'Addison et des expériences de Brown-Séquard (1856) sur les effets de l'extirpation de ces organes chez les animaux, s'est imposée depuis les recherches de E. Abelous et J.-P. Langlois (1892-1893).

Les animaux acapsulés présentent, dès les premières heures qui suivent l'opération, de la faiblesse musculaire, de la parésie, puis de la paralysie, et ils meurent après quelques heures ou quelques jours selon l'espèce. On démontre que ces accidents sont dus uniquement à la suppression des surrénales, que le sang des animaux opérés paraît contenir des poisons curarisants et que la fatigue musculaire survient chez eux plus vite que chez les animaux normaux et ne disparaît pas par le repos même prolongé. Abelous et Langlois, et avec eux beaucoup de physiologistes, expliquent ces faits en admettant que les surrénales détruisent ou neutralisent normalement des substances toxiques résultant de la contraction musculaire. Mais on ignore si cette fonction s'exerce dans la glande ou dans le sang, car les injections d'extrait surrénal aux animaux acapsulés n'ont encore donné que des résultats inconstants.

Sur un seul point on a réussi à établir une relation précise entre l'un des effets de l'ablation des surrénales et la composition chimique des extraits de cet organe. Les animaux acapsulés présentent, en effet, une tension artérielle très abaissée, et, d'autre part, les extraits en question, injectés dans les veines, élèvent, au contraire, cette pression d'une manière surprenante (Oliver et Schafer). Or, cette action est le fait d'un constituant chimique bien défini, fourni par la moelle de l'organe, l'*adrénaline* ou *suprarénine* ou *épinéphrine*.

L'adrénaline, déjà entrevue en 1856 par Vulpian, qui avait observé la propriété que possèdent les extraits de surrénales d'être colorés en brun par l'air et en vert par les sels ferriques (voy. plus loin), a été isolée à l'état de pureté par Takamine et par Aldrich. C'est une base azotée, bien cristallisée, à réactions basiques, brunissant à l'air humide. Elle est lévogyre [1], elle renferme $C^9H^{13}AzO^3$ (Aldrich ; G. Bertand) et sa

1. Ce corps possède, en effet, un atome de carbone asymétrique (marqué par un astérisque dans la formule de structure), et le produit naturel est le gauche. La synthèse fournit, comme toujours, un racémique, que l'on a dédoublé en un produit gauche, identique à l'adrénaline naturelle, et en un produit droit à peu près inactif (Abderhalden).

structure est celle d'une pyrocatéchine substituée (Friedmann), dont la synthèse a été faite (Stoltz), et dont la production industrielle est aujourd'hui courante :

$$HO\!-\!\!\bigcirc\!\!-\overset{*}{C}H(OH)\text{-}CH^2\text{-}AzH\text{-}CH^3.$$

La glande fraîche en renferme de 0,10 à 0,17 p. 100, et de 118 kgr. de surrénales, provenant de 3 900 chevaux, G. Bertrand a pu retirer 125 gr. d'adrénaline cristallise pure. Il suffit de 0 mgr. 0013 du chlorhydrate pour élever nettement la pression artérielle chez le chien, et pour obtenir la réaction dite de Meltzer ou de Ehrmann (dilatation de la pupille de l'œil de grenouille énucléée) des dilutions de 1 : 10 millions sont encore efficace. Mais cette réaction, dont on s'est servi pour rechercher l'adrénaline dans le sang au cours des maladies où la pression sanguine est augmentée, est peut-être moins sûrement spécifique que celle de O. B. Meyer, à savoir la contraction de fragments de vaisseaux.

Les glandes surrénales déversent constamment de l'adrénaline dans le sang veineux efférent; celui-ci possède, en effet, des propriétés vaso-constrictives (L. Camus et J.-P. Langlois) et donne la réaction de Meltzer. L'une des fonctions de la glande est donc vraisemblablement d'entretenir ainsi un tonus vasculaire moyen. On a soutenu que les surrénales produisent aussi de la choline, dont l'effet serait, au contraire, hypotenseur. Mais ces faits sont très contestés. Ajoutons que les tissus ont la propriété de détruire l'adrénaline (J.-P. Langlois).

Il est certain que les capsules surrénales interviennent aussi dans la *dégradation des hydrates de carbone*, et l'étude de cette question a fait apparaître entre ces glandes, le pancréas et l'appareil thyroïdien des corrélations fonctionnelles encore mal connues, mais à coup sûr importantes, et où des coordinations d'ordre chimique jouent visiblement un rôle éminent.

L'injection d'adrénaline produit de la glycosurie (F. Blum) en même temps qu'une augmentation considérable de la quantité d'albumine que prélève sur les tissus l'organisme à l'état d'inanition. Au contraire, après ablation de l'appareil thyroïdien, ces deux effets ne sont plus obtenus, et ils reparaissent lorsqu'en même temps que l'injection d'adrénaline, les animaux reçoivent *per os* de la glande thyroïde (Eppinger, Falta et Rudinger). En outre, la piqûre du ventricule, qui produit la glycosurie (p. 373), fait apparaître en même temps l'adrénaline dans la circulation générale [1], et cette adrénalémie est passagère. Chez les chiens acapsulés la piqûre ne produit plus de glycosurie, ni d'hyperglycémie (André Mayer) et chez les chiens dépancréatés l'injection d'adrénaline produit à la fois

---

1. Du moins on constate que le sang présente la réaction mydriatique de Ehrmann avec l'œil de grenouille énucléé.

une augmentation de la quantité d'albumine détruite et de la quantité
de sucre perdue. Enfin on réussit à empêcher : 1° par l'injection d'extraits
pancréatiques la glycosurie adrénalienne des animaux normaux ; 2° par
la ligature des veines surrénales, la glycosurie des animaux dépancréatés (Eppinger, Falta et Rudinger).

Il semble donc que, par sa sécrétion interne, le pancréas exerce une
action d'arrêt sur la glande thyroïde et sur les capsules surrénales et
réciproquement. Le rôle de la glande thyroïde et des capsules surrénales serait de provoquer, par l'action des produits spéciaux qu'ils
sécrètent, une mise en circulation des réserves d'hydrates de carbone et
par conséquent l'hyperglycémie ; celui du pancréas serait de modérer
cette « mobilisation » des hydrocarbonés, et le diabète pancréatique
serait donc le résultat de la suppression de cette action modératrice
exercée par le pancréas sur l'action hyperglycémique des deux autres
glandes (Eppinger, Falta et Rudinger).

## § III. — AUTRES EXEMPLES DE SÉCRÉTIONS INTERNES.

L'existence de sécrétions internes, allant agir loin de l'organe
sécréteur sur le développement d'organes divers ou sur la nutrition générale, a été établie ou doit être soupçonnée pour un grand
nombre d'autres glandes, les glandes de l'appareil génital, l'hypophyse, le thymus, la rate, mais sans que l'on ait pu saisir les
agents chimiques par lesquels s'exercent ces actions. Nous nous
bornerons donc ici à quelques indications sommaires.

**Les glandes de l'appareil génital.** — Les histologistes ont établi que
dans le testicule sont enchevêtrées l'une dans l'autre deux glandes
distinctes, la glande séminale, productrice du sperme, et une glande
interstitielle (P. Ancel et P. Bouin). Or, si par l'injection d'une substance
sclérogène dans l'épididyme, on réalise la dégénérescence de la glande
séminale, avec conservation de la glande interstitielle, les animaux
(lapins) ainsi traités conservent leurs caractères sexuels et leur activité
génitale ; ils sont seulement inféconds (P. Ancel et P. Bouin). On sait
aussi faire dégénérer la glande interstitielle, et alors les animaux
deviennent semblables aux castrats (squelette et musculature peu développés, tractus génital infantile). Au contraire, si à des animaux
(cobayes) castrés très jeunes, on injecte de l'extrait de glande interstitielle, on leur assure en dépit de leur castration un développement
normal (Ancel et Bouin). Comme il existe de même dans l'ovaire deux
appareils glandulaires, homologues de ceux du testicule, et donnant
lieu à des constatations analogues (P. Ancel, P. Bouin et F. Villemin),

1. Rappelons ici, comme nouvelle preuve de régulations coordonnées par voie
chimique, l'existence dans l'urine d'une urohypertensine et d'une urohypotensine
ou urocongestine, exerçant sur la circulation comme l'indique leur nom, deux
actions antagonistes (Abelous et Bardier) (voy. p. 453).

on voit donc que, *par le moyen d'une sécrétion interne*, dont la nature chimique reste à déterminer, *le testicule et l'ovaire exercent une action puissante sur le développement et la nutrition d'autres organes ou tissus.*

Parmi ces actions une mention spéciale doit être faite de celle qu'exerce l'ovaire sur toute l'évolution de la glande mammaire au moment de la puberté et pendant la gestation. On sait que toute l'évolution de cette glande est arrêtée par l'extirpation de l'ovaire, et cette action est bien de nature chimique et non d'ordre nerveux, car chez des cobayes femelles, à qui l'on avait transplanté les deux glandes mammaires dans le voisinage de l'oreille, la gestation détermina ultérieurement un accroissement de la glande, et, après la mise à bas des jeunes, il s'établit une sécrétion lactée. D'après P. Bouin et P. Ancel l'excitant chimique qui agit ici part des corps jaunes ; d'après H. Starling et Mlle Clayton il serait fourni par le fœtus.

Le testicule et l'ovaire agissent aussi sur la *nutrition générale*. On a été conduit à examiner cette question notamment à cause de la tendance à l'obésité que manifestent les femmes après la ménopause et à cause de l'engraissement plus aisé des animaux castrés, phénomène utilisé depuis longtemps par les éleveurs. Chez un chien et chez une chienne castrés, A. Lœwy et P. Fr. Richter ont observé un abaissement de 10 à 20 p. 100 de la consommation d'oxygène à l'état de repos. Mais chez 4 femmes castrées, qui à la vérité n'étaient pas obèses, L. Zuntz a trouvé cette consommation normale. La question reste donc en suspens. Quant à la consommation d'albumine, elle n'est nullement diminuée (P. Mossé et Oulié ; Lüthje). Enfin, comme dans l'ostéomalacie, affection qui atteint surtout la femme, l'os s'appauvrit en phosphate de chaux (J. Galimard et P. Kœnig) et que les malades sont améliorés par la castration (rétention des phosphates de la ration, consolidation du squelette), on doit admettre que l'ovaire malade exerce une action puissante sur les mouvements de ce sel. Il faudrait donc, dit très justement Magnus-Levy, que l'expérimentation établît maintenant que l'ovaire normal joue le même rôle.

**Autres glandes à sécrétion interne.** — Depuis que P. Marie a établi une relation entre l'acromégalie [1] et des lésions de *l'hypophyse*, on a attribué aussi à cette glande des fonctions d'ordre nutritif, mais dont la valeur reste encore indéterminée. Tout ce que l'on sait de l'évolution du *thymus* conduit de même à attribuer à cet organe une action morphogénique importante. Enfin la *rate* paraît jouer un rôle dans la vie du sang et plus spécialement dans l'administration des réserves en fer de l'organisme.

C'est donc l'étude des glandes à sécrétion interne qui fournit, comme on vient de le voir, les exemples les mieux connus et les plus frappants de coordinations réalisées par voie chimique. Mais cela ne signifie pas que ces organes soient les seuls par lesquels s'opèrent de telles actions. Pour tous les procès d'assimilation et de désassimilation, en lesquels se résume essentiellement la

---

1. Les principaux troubles de l'acromégalie sont le développement exagéré des os des extrémités et de la face et un état de fatigue et de faiblesse.

vie (p. 2), il n'est point de cellule dont le travail ne soit dépendant du travail chimique d'autres cellules. Quand par l'action de ses diastases, la muqueuse digestive morcelle, puis reconstruit des molécules d'albumine, pour les adapter aux besoins alimentaires des tissus, elle remplit une fonction de coordination chimique. Et quand le foie transforme en urée l'ammoniaque venant des tissus, ou lorsque, au contraire, cette production d'urée est restreinte et que l'ammoniaque disponible est employée à neutraliser un excès d'acide produit par d'autres organes, quand, remplissant sa fonction antitoxique, la glande hépatique transforme en phénylsulfates le phénol venu de l'intestin, quand un tissu continue la dégradation d'un produit commencé ailleurs, on assiste à des phénomènes de coordination chimique.

De ce point de vue général, on peut donc dire que tous les tissus possèdent une sécrétion interne, et ainsi se réalise entre eux cette « symbiose dont le mécanisme était resté jusque-là ignoré » (A. Gautier). C'est par les produits solubles qu'elles élaborent, bien plus que par l'intermédiaire du système nerveux, que les cellules maintiennent entre elles l'équilibre vital.

Ces mutuelles dépendances chimiques entre divers tissus ou organes constituent des mécanismes si délicats, qu'à l'état normal on soupçonne à peine leur jeu. On ne les saisit guère que lorsque la maladie ou quelque intervention expérimentale trouble leur fonctionnement, et alors apparaît aussi la contre-partie du mécanisme qui nous occupe, à savoir la solidarité pathologique de tous ces organes au point de vue chimique. Lorsqu'un groupe de cellules est malade, il se peut que non seulement il cesse d'envoyer à d'autres cellules les produits qu'il leur doit, ou leur envoie ces produits en trop grande quantité, mais encore qu'il leur fournisse des substances toxiques. C'est tout le problème des phénomènes d'auto-intoxication, qui se pose ici devant nous, avec les mécanismes de défense qui entrent alors en jeu et qui sont aussi autant d'exemples de coordinations chimiques. De même toute l'étude des phénomènes d'immunité constitue un aspect du grand problème des coordinations chimiques.

Et parce que ces substances toxiques peuvent agir à la fois sur un grand nombre d'organes, et avec une intensité variable selon les dispositions individuelles, on s'explique la riche diversité du tableau clinique de ces affections. Enfin cette solidarité humorale des divers organes, si elle complique la tâche du médecin, est aussi, d'autre part, d'un secours précieux, car outre qu'il s'efforce d'agir sur l'organe malade, le clinicien ne perd jamais de vue, comme le fait remarquer Krehl, le traitement de l'état général. Mais qu'est-ce cela, sinon le relèvement des fonctions des autres organes, c'est-à-dire une action bienfaisante exercée à la fois sur ces organes et, indirectement, par le fait de la solidarité en question, sur l'organe malade.

Quelles sont ces substances toxiques par lesquelles un organe malade agit ainsi sur les autres? On ne les connaît que dans un petit nombre de cas. Ce sont, par exemple, les acides biliaires, qui dans l'ictère refluent vers le sang, ou les acides acétoniques, qui probablement sont aussi le résultat d'un trouble des fonctions hépatiques. Mais combien sont nombreuses les affections, où la clinique soupçonne des actions toxiques, sans que la chimie ait encore réussi même à entrevoir les substances responsables de ces actions. Citons ici les *accidents urémiques*, dans lesquels interviennent peut-être, comme poisons, non seulement ceux de la désassimilation normale, que le rein n'élimine plus suffisamment, mais peut-être aussi des corps toxiques résultant de l'atteinte subie par le travail chimique du tissu rénal lui-même [1]. Les lésions de la rétine, l'œdème brightique, les troubles circulatoires et nerveux ont été souvent rapportés à l'action de poisons chimiques (Krehl). Pareillement la mort par *brûlures étendues de la peau*, les accidents de l'*éclampsie* ont été expliqués aussi par une intoxication, partant, dans le premier cas, des surfaces brûlées et, dans le second, du fœtus [2]. On pourrait multiplier ces exemples.

1. On a fait remarquer, en effet, avec raison combien sont réduites nos connaissances sur les opérations chimiques du tissu rénal. La synthèse de l'acide hippurique, quelques données relatives à l'action de ce tissu sur les bases puriques, voilà à quoi se réduit ce que l'on sait sur ce travail.

2. Les produits toxiques fournis par le fœtus joueraient, vis-à-vis de l'organisme maternel, le même rôle que les protéiques étrangers, dont l'injection provoque la formation de précipitines, c'est-à-dire que, dans une certaine mesure, le fœtus se comporterait vis-à-vis de la mère comme un organisme étranger. Et, de fait, les lésions de l'éclampsie sont des coagulations multiples, des hémorragies, des nécroses — ces dernières surtout dans le foie — c'est-à-dire tout l'ensemble des désordres que produisent aussi les injections de tissus étrangers dans l'organisme, et que l'on explique en général par l'action toxique de diastases. Enfin, on sait que la meilleure thérapeutique de l'éclampsie est la prompte extraction du fœtus. Une légère atteinte du rein et l'albuminerie gravidique qui en résulte représenteraient la forme banale et habituelle de cette intoxication, dont l'éclampsie serait la forme grave et exceptionnelle (L. Krehl).

CHAPITRE XXII

# LES ÉCHANGES NUTRITIFS EXTÉRIEURS : LES ALIMENTS SIMPLES ET LES ALIMENTS COMPOSÉS

La succession des réactions chimiques par lesquelles s'opère la simplification progressive des matériaux alimentaires, et qui sont intercalées entre l'absorption digestive et l'élimination des déchets de l'organisme, constitue ce que l'on appelle les *échanges nutritifs intermédiaires*, et tout l'exposé qui précède a visé essentiellement à faire l'inventaire de ce que l'on sait sur les diverses *étapes* de cette dégradation. Il nous faut maintenant, considérant l'*ensemble* de ce travail, établir en recettes et en dépenses le bilan de l'opération pour l'organisme tout entier. Les recettes sont constituées, ainsi qu'il ressort de ce qui a été dit dans le premier chapitre de ce livre, par un apport de matière et par un apport d'énergie, représentés respectivement par les aliments et par l'énergie chimique dont ceux-ci sont porteurs, et les dépenses consistent aussi en une perte de matière et en une perte d'énergie, représentées, celle-là par les déchets qu'éliminent les divers émonctoires, et celle-ci par la chaleur et le travail mécanique fournis par l'organisme. Selon la constitution de la ration et les conditions dans lesquelles vit l'organisme considéré, cette opération se solde par des bénéfices ou par des pertes, ou bien elle aboutit à un état où les recettes équilibrent les dépenses. C'est l'ensemble de ces phénomènes que l'on résume par l'expression d'*échanges nutritifs généraux* ou *extérieurs*, ou simplement d'*échanges nutritifs*, par opposition aux échanges nutritifs intermédiaires, définis plus haut.

Des deux parties, recettes et dépenses, dont se compose le bilan des échanges nutritifs, nous connaissons suffisamment, au point de vue qualitatif, les dépenses, par l'étude, qui a été faite précédemment, des déchets éliminés par la respiration et par les excrétions urinaire et intestinale. Mais en ce qui concerne les recettes, c'est-à-dire les aliments, leur étude préalable est ici indispensable. C'est cette étude qui fait l'objet du présent chapitre.

Ces matériaux alimentaires sont fournis à l'homme par les divers tissus animaux et végétaux dont il se nourrit, ou dont il tire ce qui est nécessaire à sa subsistance (pain, viande, lait, végétaux divers), et qui constituent les *aliments composés*. Ce sont des mélanges d'un grand nombre de principes immédiats minéraux et organiques, mais dont quelques-uns seulement ont le caractère d'aliments. Ceux-là sont dits les *aliments simples*. Nous les étudierons en premier lieu.

## § I. — LES ALIMENTS SIMPLES.

Des discussions copieuses se sont engagées sur la définition de l'aliment. On ne les reproduira pas ici. Aussi bien ce serait anticiper sur le contenu des chapitres qui vont suivre, et dans lesquels les divers aspects, sous lesquels se présente la notion d'aliment, s'offriront à nous successivement. Bornons-nous donc à dire avec Lapicque et Richet que les aliments sont des substances introduites dans l'organisme : 1° pour subvenir à des dépenses d'énergie; 2° pour fournir des matériaux de croissance ou de réparation.

### 1. De la détermination des aliments simples nécessaires et suffisants.

Posons d'abord ce principe fondamental en matière de nutrition, à savoir que l'analyse chimique ne fournit, quant au caractère alimentaire d'une substance, que des probabilités. Seule l'expérimentation physiologique donne ici une démonstration valable, ce qui veut dire que l'aliment ne peut être défini que par rapport à l'organisme qui le consomme. Une substance pleinement alimentaire pour une espèce, peut ne pas l'être pour une autre espèce, par exemple parce que cette dernière ne possède les diastases digestives nécessaires pour donner à l'aliment en question la forme qui le rend assimilable.

L'alimentation d'un organisme est connue lorsqu'on a déterminé non seulement la liste des substances nécessaires et suffisantes, mais encore le degré d'importance de chacune d'elles. A cet effet il semble que l'on n'ait qu'à faire l'analyse immédiate des rations qui maintiennent cet organisme en bon état d'entretien et qui sont connues, soit par le choix instinctif du sujet, soit par une série de tâtonnements. Puis, constituant cette ration de toutes pièces avec des matériaux bien purs, on vérifierait successivement le rôle et le degré d'importance de chacun des aliments, en les supprimant l'un après l'autre dans la ration.

Ce programme n'a guère reçu son application complète que dans l'étude des organismes inférieurs. Par toutes leurs conditions d'existence, les infiniment petits, en effet, se prêtent admirablement à l'étude précise de ce problème. C'est à partir du jour où Pasteur eut montré que la levure de bière peut être cultivée dans des milieux artificiels, de composition exactement connue, que les principes fondamentaux des essais de nutrition ont pu être posés dans toute leur rigueur. Le modèle d'une telle étude est cette belle série d'expériences de Raulin sur l'*Aspergillus Niger*, travail toujours cité, et qui reste comme un modèle de l'ensemble des conditions à réaliser dans une recherche de ce genre.

Après avoir établi la composition du liquide [1], qui assure à l'*Aspergillus* un développement complet, et qui fournit, comme récolte, un poids de plante sensiblement constant dans des conditions déterminées, Raulin a montré que si l'on supprime, dans le milieu nutritif, par exemple la potasse, l'ammoniaque ou l'acide phosphorique, ces suppressions font tomber le poids de la récolte respectivement au 25e, au 150e et au 180e du poids primitif. Les nombres 25, 150, 180 mesurent donc respectivement l'importance de ces trois matériaux dans la nutrition de l'*Aspergillus*.

Dans l'alimentation de l'homme et des animaux supérieurs, nous sommes encore loin d'une telle précision. Les rations, avec lesquelles on a jusqu'à présent expérimenté ici, étaient formées, en effet, par l'association de divers aliments composés, pain, lait,

1. Ce liquide contient en grammes : eau 1 500 ; sucre candi 70 ; acide tartrique, 4 ; nitrate d'ammoniaque 4 ; phosphate d'ammoniaque 0,6 ; carbonate de potasse 0,6 ; carbonate de magnésie 0,4 ; sulfate d'ammoniaque 0,25 ; sulfate de zinc 0,07 ; sulfate de fer 0,07 ; silicate de potasse 0,07.

viande, légumes, dont la composition n'est pas entièrement connue, et dès lors certains facteurs de l'expérience restaient indéterminés. Que de tels facteurs interviennent, c'est ce qu'établit nettement l'impossibilité, où l'on s'est trouvé jusqu'à présent, de maintenir en vie des animaux, en leur donnant des rations constituées de toutes pièces par l'association de tous les aliments simples supposés nécessaires, préparés un à un à l'état de pureté. Mais la cause précise de ces échecs reste encore à déterminer.

Des souris nourries avec du lait peuvent être conservées pendant longtemps. Elles périssent, au contraire, toutes après vingt à trente jours quand on les nourrit avec une sorte de lait artificiel préparé de la manière suivante et que ces animaux ont accepté jusqu'au bout. Du lait étendu d'eau est précipité par l'acide acétique, et le caillot (caséine et beurre) est lavé avec soin. A ce mélange d'un protéique et d'une graisse, qui ne contenait que très peu de sels, on ajoutait du sucre de canne pur et un mélange artificiel de tous les sels du lait, associés dans la proportion où ce liquide les contient naturellement (Lunin). On a de même échoué en essayant de nourrir des souris avec du sérum de cheval, de la graisse, de l'amidon, du sucre, de la cellulose [1], des sels et un aliment ferrugineux (Socin). Et comme on peut objecter avec raison que peut-être plusieurs protéiques sont nécessaires à l'entretien de la vie (p. 288), et qu'outre les protéiques, les graisses, les hydrates de carbone et les sels, il est possible que l'entretien de la vie exige encore d'autres substances (lécithine, nucléine), Falta et Nœggerath ont nourri des rats avec des rations plus complexes (ovalbumine, caséine, globuline et albumine du sang, fibrine, hémoglobine, nucléinate de soude, cholestérine, lécithine, graisse, amidon, glycose et sels), mais sans plus de succès. La survie a été au maximum de quatre-vingt-quatorze jours, avec une baisse continue du poids du corps.

Que manquait-il dans ces rations? Est-ce tel protéique déterminé, ou au contraire quelque aliment spécifique, nécessaire seulement en très petite quantité, comme le sont l'iode ou l'arsenic ,dont dépend l'activité de la glande thyroïde (p. 465)? Ou bien les manipulations qu'avaient subies quelques-uns de ces aliments ont-elles modifié ces substances au point de les rendre inutilisables [2]? Entre ces diverses hypothèses, et d'autres que l'on pourrait soulever, il est impossible actuellement de faire un choix. Il faudrait, au surplus, par un bilan exact des recettes et des dépenses, démontrer d'abord que ces animaux, qui ont accepté cette

---

1. Sans cette addition de cellulose, les animaux périssent d'obstruction intestinale (p. 490).

2. Ainsi le traitement à l'alcool éthéré, employé pour préparer la zéine, matière protéique du maïs, confère à cette substance une résistance considérable aux sucs digestifs (W. Szumowski), et Cohnheim rapporte qu'il a vu la méthode de purification ordinairement employée, transformer la caséine en une substance toxique, provoquant chez le chien des diarrhées et des hémorragies de la muqueuse intestinale. Pareillement la viande chauffée à 130° pendant quinze heures et la farine portée à la même température pendant cinq jours perdent une partie de leur pouvoir nutritif (Lassablière).

nourriture jusqu'à la mort, en ont consommé une quantité suffisante, et qu'ils n'ont pas succombé à une alimentation insuffisante chronique, résultant de l'uniformité de la nourriture offerte.

Tirons de ce qui précède un double enseignement. Il n'est pas sage de se nourrir exclusivement d'un très petit nombre de denrées alimentaires, parce qu'il se peut que de telles rations ne contiennent pas toutes les substances nécessaires, et il est peut-être plus dangereux encore de s'en tenir à des aliments ayant subi des manipulations trop compliquées, comme il peut arriver pour les diverses farines employées au moment du sevrage, car il est possible que de telles opérations éliminent ou altèrent à notre insu des matériaux indispensables.

Il est donc impossible, pour l'instant, de dresser une liste complète des aliments nécessaires à l'entretien de la vie, et il faut se contenter des renseignements approximatifs fournis d'abord par l'examen des rations instinctivement adoptées par l'homme, puis par une expérimentation physiologique pratiquée à l'aide des mélanges complexes que représentent nos aliments naturels. Ici on a constaté que trois sortes d'aliments organiques jouent un rôle absolument prépondérant. Ce sont ceux dont nous avons déjà suivi les transformations à travers l'organisme, à savoir les protéiques, les graisses et les hydrates de carbone. Dans la pratique de l'alimentation ou dans les expériences de laboratoire, on se contente d'établir, par l'association d'aliments composés divers (pain, viande, légumes), des rations contenant des quantités suffisantes de ces trois sortes d'aliments organiques, sans se préoccuper des autres matières organiques qui peuvent être nécessaires, et en admettant que nos denrées alimentaires, si elles sont suffisamment variées, nous apportent toujours des quantités suffisantes de ces matières. On ne s'inquiète pas davantage des sels minéraux, dont nos rations habituelles contiennent toujours des quantités suffisantes, le plus souvent même surabondantes. Pour le sel marin seulement, l'homme en ajoute lui-même un surplus à ses aliments, mais probablement plutôt comme condiment que comme aliment (p. 81).

Notre bromatologie ou science des aliments est donc bien plus rudimentaire qu'on ne le croit généralement, et dans l'énumération des aliments nécessaires, qui doit être tentée ci-après, nous aurons à signaler plus de lacunes que de faits bien établis.

Montrons d'abord quelles sont, au point de vue alimentaire, les

caractéristiques des trois grandes classes d'aliments organiques
que nous venons de distinguer. Nous dirons ensuite le peu que
l'on sait des autres aliments organiques et des matières minérales.


## 2. *Les trois grandes classes d'aliments organiques.*


**Les protéiques, les graisses et les hydrates de carbone
alimentaires.** — En ce qui concerne d'abord les protéiques, on a
vu que la notion chimique de l'albuminoïde est allée en s'élargis-
sant de plus en plus, et qu'elle embrasse aujourd'hui des corps,
comme la spongine de l'éponge ou la fibroïne de la soie, qui évidemment n'ont plus pour nous aucun caractère alimentaire
(p. 23). Dans la grande famille *chimique* des protéiques, il faudrait donc découper la famille *physiologique*, plus restreinte, des
protéiques alimentaires pour l'homme et pour les animaux supérieurs, et établir leur valeur comparative en tant qu'aliments. Mais
cette question a été à peine abordée. Comme on obtient l'entretien de la vie avec des rations où les protéiques du lait, du blanc
et du jaune de l'œuf, de la chair musculaire ou du sang, tiennent
tour à tour une place importante, on conclut justement de là que
la caséine du lait, l'albumine et la vitelline de l'œuf, les albumines
et les globulines du muscle ou du sérum, la globine de l'hémoglobine sont des protéiques alimentaires. Mais une comparaison
méthodique de la valeur alimentaire de tous ces corps reste encore
à faire, et ce qui a été dit à propos de la reconstruction des protéiques étrangers, sous la forme de produits propres à chaque
espèce, montre assez l'importance fondamentale des problèmes
qui se posent ici (p. 284, 287 et suiv.).

En ce qui concerne les *graisses*, on a constaté le caractère alimentaire de toutes celles dont le point de fusion n'est pas trop
élevé. Même la graisse de mouton, qui n'est fondue que vers 50°,
est encore bien absorbée, quoique moins complètement que les
graisses plus fusibles. Mais la stéarine pure, qui fond à 53° et
même au delà, passe presque entièrement dans les excréments.
Notons que le pouvoir nutritif des graisses alimentaires tient tout
entier aux acides gras (palmitique, stéarique et oléique), qui
d'ailleurs constituent à peu près les 9 dixièmes du poids de la
molécule. On ne sait pas exactement comment décroît la valeur
nutritive des acides gras, à mesure que leur poids moléculaire

diminue. Quant à la glycérine, sa valeur alimentaire reste douteuse, car ingérée à doses un peu élevées, elle passe pour une moitié environ dans les urines, et elle ne produit pas, comme le font les graisses et les acides gras, l'épargne de l'albumine (p. 576).

Parmi les *hydrates de carbone*, les divers hexoses, glycose, lévulose, galactose, les disaccharides, saccharose, lactose, maltose, et les polysaccharides, amidons, dextrines, glycogène, dont il a été question dans un précédent chapitre (p. 56), ont tous le caractère alimentaire. Les celluloses, au contraire, paraissent entièrement dépourvues de cette propriété pour l'homme. On ne sait rien de précis quant aux autres hydrates de carbone encore mal définis, matières gommeuses et mucilagineuses, etc., si abondamment représentées dans le règne végétal.

L'expérimentation physiologique, qui seule peut établir le caractère alimentaire d'une denrée, fait, en effet, défaut pour la plupart de ces produits. Que ce soit là une épreuve tout à fait indispensable, c'est ce que montre bien l'exemple de l'inuline. De ce corps, l'hydrolyse fait sortir très facilement, *in vitro*, du lévulose, hexose alimentaire, et si, d'autre part, le tube digestif des animaux supérieurs ne sécrète aucune diastase (inulase), capable de produire ce dédoublement, il est certain que le suc gastrique le réalise aisément à l'étuve (Richaud). Il semble donc qu'on puisse conclure de là avec sécurité au caractère alimentaire de cet hydrate de carbone. Or, quand on passe en revue les quelques observations faites *in vivo*, on constate que cette démonstration est à peine ébauchée (L.-B. Mendel). On doit faire les mêmes réserves pour des produits végétaux, comme certains lichens, dont l'industrie introduit, paraît-il, des quantités considérables dans le commerce des denrées alimentaires en Extrême-Orient, bien qu'aucune démonstration de la valeur nutritive de ces produits n'ait été fournie (L.-B. Mendel).

**Composition centésimale et quotient respiratoire des trois sortes d'aliments organiques.** — Il est utile de rapprocher ici la composition centésimale moyenne des trois espèces d'aliments organiques.

|  | Protéiques. | Graisses. | Hydrates de carbone. |
|---|---|---|---|
| Carbone | 52 | 76,5 | 40,0 |
| Hydrogène | 7 | 11,9 | 6,6 |
| Oxygène | 23 | 11,6 | 53,3 |
| Azote | 16 | — | — |
| Soufre | 2 | — | — |

Ce tableau rappelle que la combustion totale des graisses et des hydrates de carbone ne pouvant donner que de l'eau et de l'acide carbonique, lequel est éliminé par le poumon, l'urine ne fournit aucun renseignement direct sur la dégradation de ces aliments. Au contraire, les deux éléments caractéristiques des protéiques, l'azote et le soufre, étant la source des principaux déchets urinaires, la composition de l'urine est donc une dépendance étroite vis-à-vis de la désassimilation des protéiques.

Par l'oxygène qu'ils consomment pour leur combustion et par l'acide carbonique que produit cette opération, ces aliments agissent, au contraire, tous trois sur les échanges gazeux respiratoires, mais la composition respective de leur molécule fait prévoir ici des différences importantes. Considérons, en effet, les équations de combustion de ces trois sortes d'aliments dans l'organisme :

$$C^6H^{12}O^6 \ + \ 6O^2 \ = \ 6H^2O \ + \ 6CO^2$$
$$\text{Glycose.} \qquad 6 \times 2 \text{ vol.} \qquad\qquad 6 \times 2 \text{ vol.}$$

$$2C^{51}H^{98}O^6 + 145O^2 = 98H^2O + 102CO^2$$
$$\text{Tripalmitine.}$$

$$2C^{250}H^{409}Az^{67}O^{81}S^3 + 532O^2 = 67COAz^2H^4 + 6SO^4H^2 + 269H^2O + 433CO^2$$
$$\text{Ovalbumine.} \qquad\qquad\qquad \text{Urée.}$$

Dans un organisme, qui ne consommerait que du glycose, en le brûlant complètement, on verrait donc, pour un volume d'oxygène disparu, apparaître un volume égal d'acide carbonique, c'est-à-dire que le quotient : $\dfrac{\text{Vol. d'acide carbonique exhalé}}{\text{Vol. d'oxygène absorbé}}$ serait dans l'espèce égal à $\dfrac{6}{6} = 1$. Ce rapport $\dfrac{CO^2}{O^2}$ a reçu le nom de *quotient respiratoire* (Regnault et Reiset; Pflüger) Pareillement on tire des équations ci-dessus, pour le quotient respiratoire de la tripalmitine, la valeur $\dfrac{102}{145} = 0,703$ et pour celui de l'ovalbumine la valeur $\dfrac{433}{532} = 0,814$. Pour la graisse animale le quotient respiratoire, calculé d'après la composition centésimale moyenne, est de 0,707.

Dans quelle mesure *ces valeurs sont-elles applicables à l'organisme vivant?* Elles le sont évidemment en toute sécurité pour les graisses et les hydrates de carbone, que l'organisme détruit certainement suivant les équations ci-dessus. Mais pour les protéiques dont la destruction n'est exprimée par l'équation ci-dessus que d'une manière approchée, un contrôle sur l'être vivant était indispensable.

Voici comment cette vérification peut être faite, en partant de la composition de l'urine et des fèces chez le chien à jeun, telle que l'ont établie Rubner, Stohmann et Langbein et d'autres (d'après Zuntz et Loewy) :

La partie combustible de la chair musculaire contient pour 100 gr. :

| Carbone. | Hydrogène. | Oxygène. | Azote. | Soufre. |
|---|---|---|---|---|
| 52gr,38 | 7gr,27 | 22gr,68 | 16gr,65 | 1gr,02 |

De ces éléments on retrouve :

| | Carbone. | Hydrogène. | Oxygène. | Azote. | Soufre. |
|---|---|---|---|---|---|
| Dans l'urine... | 9gr,406 | 2gr,663 | 14gr,099 | 16gr,28 | } 1gr,02 |
| — les fèces. | 1 ,471 | 0 ,212 | 0 ,889 | 0 ,37 | |
| Au total.. | 10gr,877 | 2gr,875 | 14gr,988 | 16gr,65 | 1gr,02 |

Il reste donc disponible pour les échanges gazeux respiratoires :

| Carbone. | Hydrogène. | Oxygène. |
|---|---|---|
| 41gr,50 | 4gr,40 | 7gr,69 |

Ces quantités de carbone et d'hydrogène donnent respectivement :

| Acide carbonique... | 152gr,17 | } renfermant ensemble 145gr,59 |
|---|---|---|
| Eau ............... | 39 ,32 | d'oxygène. |

Comme il reste encore disponible une quantité de 7 gr. 69 d'oxygène, la respiration pulmonaire n'a dû fournir que 145,59 — 7,69 = 137 gr. 90 de ce gaz. Les échanges gazeux pulmonaires correspondant à la combustion de 100 gr. de muscle ont donc été de 152 gr. 17 ou 77 l. 24 d'acide carbonique exhalé et de 137 gr. 90 ou 96 l. 43 d'oxygène absorbé[1], ce qui donne un quotient respiratoire de 77,24 : 96,43 = 0,803. Le résultat varie un peu selon la moyenne que l'on adopte pour la composition de la chair musculaire. Pour les conditions ordinaires de l'alimentation humaine, Magnus-Levy s'est arrêté à un quotient égal à 0,809.

On remarquera que dans la molécule des sucres, l'oxygène déjà présent suffit pour brûler tout l'hydrogène et qu'il ne faut donc fournir que la quantité d'oxygène nécessaire pour brûler le carbone. Dans les graisses, au contraire, l'oxygène apporté par la molécule ne suffit à brûler qu'une faible partie de l'hydrogène. Il faut donc que l'oxygène fourni pour la combustion oxyde non seulement le carbone, dont la proportion est considérable, mais

1. Notons que par gramme d'azote urinaire, la respiration pulmonaire fournit donc pour la combustion de l'albumine 96,43 : 16,28 = 5 l. 923 d'oxygène et 77,24 : 16,28 = 4 l. 744 d'acide carbonique. Ces données nous seront utiles plus loin.

encore la majeure partie de l'hydrogène, double circonstance qui explique la forte chaleur de combustion que l'on reconnaîtra plus loin à l'aliment gras (p. 500).

**Complexité de la molécule dans les trois catégories d'aliments organiques.** — Tandis que la molécule des hydrates de carbone et celle des graisses est relativement simple, celle des protéiques apparaît, au contraire, comme un édifice très élevé.

|  | Formules. | Poids moléculaires. |
|---|---|---|
| Hydrates de carbone : Glycose.. | $C^6H^{12}O^6$ | 180 |
| Graisses : Trioléïne............. | $C^{57}H^{104}O^6$ | 884 |
| Ovalbumine (A. Gautier)........ | $C^{250}H^{409}Az^{67}O^{81}S^3$ | 5 739 |
| Globine de l'oxyhémoglobine de cheval..................... | $C^{680}H^{1098}Az^{210}O^{241}S^2$ | 16 218 |

On voit de quelle hauteur l'édifice moléculaire des protéiques domine ceux des deux autres catégories d'aliments. Si l'on se rappelle, en outre, le nombre considérable et la variété des fragments que fournit cette molécule, et la riche diversité de produits que permettent de prévoir les associations variables de ces fragments, on comprend la position particulière que l'on reconnaîtra plus loin à l'aliment protéique par rapport aux deux autres (p. 544).

### 3. *Les autres aliments organiques.*

A côté des protéiques, des graisses et des hydrates de carbone, les denrées végétales et animales, dont se nourrit l'homme, contiennent encore d'autres matériaux organiques, acides nucléiques des nucléoprotéides, lécithines, cholestérines, combinaisons organiques du fer, de l'iode, de l'arsenic, toutes substances que l'on trouve aussi d'une manière constante dans nos tissus (p. 107 et s.). La question se pose donc de savoir si nous avons besoin de trouver ces combinaisons dans nos rations, ou bien si l'organisme est en mesure de les produire lui-même par des synthèses plus ou moins profondes. Sur tous ces points nos connaissances sont encore très rudimentaires. Seule la question du fer a été l'objet de recherches prolongées.

1. Voy. p. 33.

En ce qui concerne d'abord les *acides nucléiques* des nucléoprotéides et les *lécithines*, on a vu que leurs destinées dans le tube digestif, puis par delà la paroi intestinale, sont très mal connues. Le rôle alimentaire des *combinaisons organiques du fer* a été étudié dans un autre chapitre (p. 410). Quant à l'*iode*, A. Gautier a montré que, dans les conditions ordinaires de la vie, ce métalloïde aborde l'organisme sous la forme de combinaisons organiques. C'est uniquement sous cette forme qu'il l'a trouvé dans l'air et les eaux, dans les plantes marines et les animaux marins, dans beaucoup de plantes ou d'animaux terrestres ou d'eau douce. L'*arsenic* nous est surtout fourni par l'eau, le vin et le sel marin (A. Gautier et Clausmann), on ne sait pas exactement sous quelle forme.

## 4. Les aliments minéraux.

On chercherait en vain, dans les traités de physiologie d'il y a quarante ou cinquante ans, un chapitre d'ensemble sur l'alimentation minérale. Sauf en ce qui concerne les sels calcaires du squelette ou le fer du sang, dont l'importance ne pouvait échapper longtemps, la nécessité très générale d'une alimentation minérale n'a été comprise qu'à une époque très rapprochée de nous. C'est à partir de 1851 que, dans ses *Nouvelles Lettres sur la Chimie*, Liebig a attiré très fortement l'attention sur le rôle nutritif des matières minérales chez les animaux, et c'est un peu plus tard que Pasteur, en apprenant aux biologistes à cultiver des micro-organismes dans des liquides nutritifs constitués de toutes pièces, a démontré en même temps la nécessité de l'alimentation minérale avec une précision, que l'on ne devait pas retrouver au même degré dans les essais faits sur les animaux supérieurs (p. 474).

Les classiques expériences par lesquelles Forster a cru démontrer en 1873 le besoin d'une telle alimentation chez ces animaux sont, en effet, d'une interprétation très difficile.

Ces expériences ont consisté à nourrir des chiens adultes avec des résidus de viande provenant de la préparation de l'extrait de viande de Liebig et qui, après de nouveaux épuisements par l'eau distillée bouillante, ne contenaient plus que 0 gr. 8 de cendres pour 100 gr. de substance sèche. Ces résidus étaient additionnés de graisse, de sucre et d'amidon. Après vingt-six et trente-six jours, les deux chiens soumis à ce régime de l'inanition minérale, après avoir présenté des accidents nerveux très graves, étaient mourants, alors que l'inanition complète ne tue en général ces animaux qu'au bout de quarante à cinquante jours. Des pigeons nourris d'amidon et de caséine se comportèrent de même. Mais il est visible que ces accidents ne peuvent pas être uniquement rapportés au jeûne salin, puisque dans les expériences exposées à la page 475, des rations combinées artificiellement, comme celles des chiens de Forster, n'ont pas suffi à l'entretien de la vie, bien qu'elles fussent largement pourvues de matières minérales. Au surplus les pertes en matières minérales, que subit un animal soumis au jeûne salin, ne sont pas assez importantes pour expliquer la mort. Il est plus vraisemblable que, par le fait du long épuisement à l'eau bouillante qu'elle a subi, la viande a perdu des matériaux indispensables à la vie, ou bien qu'elle a été modifiée au point de perdre ses propriétés d'aliments (p. 475). Une autre explication a été proposée par Bunge: elle a déjà été examinée dans un précédent chapitre (p. 80).

On ne peut donc pas s'appuyer sur l'expérience de Forster pour affirmer la nécessité d'une alimentation minérale, mais tout ce qui a été dit dans un précédent chapitre au sujet du rôle plastique important des sels minéraux, de leur participation à un grand nombre de phénomènes de la vie, des propriétés spécifiques d'un certain nombre d'entre eux, ne peut laisser aucun doute sur ce point (voy. p. 73 et s.). D'ailleurs, chez les organismes inférieurs et chez les végétaux, la démonstration du rôle alimentaire éminent des matières minérales a été faite avec une netteté qui ne laisse rien à désirer, et il serait donc surprenant que chez les animaux supérieurs ces mêmes matières, qui ne font pas défaut dans aucun tissu, ne fussent pas là aussi nécessaires au jeu de la vie.

Ce point étant admis, il faudrait, en outre, dresser la *liste* de ces aliments, et établir le *rôle* et le degré d'importance de chacun d'eux, mais on a vu quel est l'obstacle fondamental auquel se heurte encore une telle étude chez les animaux supérieurs (p. 475). On n'a donc pu dresser la liste en question que d'après les résultats de l'analyse des cendres des tissus (p. 71). A la vérité la présence constante, dans l'organisme, d'un certain nombre de matières minérales, la distribution spéciale de ces matières entre les divers tissus et humeurs, et, d'autre part, leur présence constante dans les excrétions, constituent, à défaut d'une démonstration directe, des preuves suffisantes de la nécessité d'un apport régulier de ces matériaux. Mais de ce qu'un élément minéral a été saisi à l'état de traces dans les tissus, on ne peut pas conclure cependant avec certitude au caractère alimentaire de cette substance.

En ce qui concerne la liste des substances minérales trouvées dans l'organisme, on a vu qu'aux constituants minéraux de nos tissus, connus depuis longtemps, *potassium, sodium, calcium, magnésium, fer, chlore, fluor, acides phosphorique, carbonique* et *silicique*, se sont ajoutés dans ces dernières années l'*iode*, l'*arsenic*, et le *manganèse* [1], sur le rôle biologique

1. On laisse de côté pour l'instant la question de la forme (minérale ou organique) sous laquelle ces corps simples sont contenus dans les aliments.

desquels on n'a plus de doute aujourd'hui. Mais à mesure que l'on procède à ces recherches avec des méthodes plus précises, la liste des corps simples trouvés dans les tissus s'augmente sans cesse de termes nouveaux (*brome, lithium, bore, aluminium*), sans qu'on puisse dire si ces corps sont vraiment pour les tissus des constituants indispensables, ou s'ils pénètrent dans les tissus, quoique inutiles ou nuisibles, simplement parce que, contenus à l'état de traces dans les aliments, ils sont entraînés avec ces derniers dans le courant des opérations chimiques de la vie.

Il faudrait donc des expériences directes pour démontrer le caractère alimentaire de tous ces corps. Mais de tels essais n'ont été faits qu'avec la chaux dont la privation rend les os poreux et cassants et avec le fer, dont l'absence dans nos rations produit l'anémie (p. 415). Pour les autres matières minérales, on est réduit à déduire leur rôle nutritif d'observations diverses faites sur des tissus isolés ou sur des organismes inférieurs et qui ont été exposées dans un autre chapitre. On a dit aussi, dans ce même chapitre, ce que l'on sait sur le rôle des *matières minérales basiques* et sur celui du *chlorure de sodium* (p. 79 et 81).

## § II. — LES ALIMENTS COMPOSÉS.

**Les aliments composés d'origine animale.** — Les animaux fournissent à l'alimentation de l'homme : 1° la *chair musculaire* (viandes de boucheries, abats divers, volailles, gibier, poissons) ; 2° le *lait* avec ses divers sous-produits (crème, beurre et fromage); 3° les *œufs*. Ces aliments représentent surtout un apport de protéiques et de graisses, mais ils ne fournissent que des quantités insignifiantes de matières hydrocarbonées. Seul le lait renferme, en outre, sous la forme de lactose, un complément important d'hydrates de carbone. C'est ce que montre le tableau ci-contre, où sont exprimées en grammes, les quantités d'eau, de matières protéiques, de graisse et d'hydrates de carbone contenues dans 100 gr. des principaux aliments d'origine animale, pris à l'état naturel. On a ajouté dans la dernière colonne le pouvoir calorifique en grandes calories, pour 100 gr. (d'après Zuntz et Loewy).

On reviendra plus tard sur la valeur nutritive comparée de ces divers aliments et surtout sur celle du lait. — A l'étude de la viande se rattache celle du *bouillon* et de l'*extrait de viande*

|                          | Eau. | Protéiques. | Graisses. | Hydrates de carbone. | Calories. |
|--------------------------|------|-------------|-----------|----------------------|-----------|
| Bœuf (gras) ........     | 53,1 | 16,8        | 29,2      | —                    | 340       |
| — (moyennement gras) ....... | 72,5 | 21,0   | 5,5       | —                    | 137       |
| — maigre ...             | 76,4 | 20,7        | 1,7       | —                    | 101       |
| Poule.............       | 72,2 | 21,3        | 4,5       | —                    | 129       |
| Pigeon...........        | 75,1 | 22,1        | 1,0       | —                    | 100       |
| Oie.............         | 40,9 | 14,2        | 44,3      | —                    | 470       |
| Lièvre...........        | 74,2 | 23,3        | 1,1       | —                    | 106       |
| Anguille..........       | 57,4 | 12,8        | 28,4      | 0,5                  | 319       |
| Saumon ..........        | 64,3 | 21,6        | 12,7      | —                    | 207       |
| Morue .... .......       | 81,8 | 16,7        | 0,3       | —                    | 71        |
| Lait de vache......      | 87,5 | 3,4         | 3,6       | 4,8                  | 67        |
| — de femme.....          | 87,6 | 2,0         | 3,7       | 6,4                  | 69        |
| Fromage (Hollande).      | 36,6 | 25,7        | 29,0      | 3,5                  | 389       |
| — (Gruyère)..            | 34,1 | 29,5        | 29,8      | 1,5                  | 404       |
| — (Gervais)..            | 42,1 | 14,3        | 42,3      | 0,2                  | 453       |
| Beurre ...........       | 13,5 | 0,7         | 83,7      | 0,5                  | 783       |
| Œuf de poule [1] ....    | 73,6 | 12,6        | 12,1      | 0,6                  | 167       |
| Jaune d'œuf.......       | 51,0 | 16,1        | 31,4      | 0,5                  | 360       |
| Blanc — .......          | 85,4 | 12,9        | 0,3       | 0,8                  | 59        |

dont le pouvoir nutritif a donné lieu à tant de controverses. Ce
sont en réalité des aliments très pauvres.

Une litre de bouillon préparé à la manière ordinaire contient environ
de 25 à 35 gr. de matériaux fixes, dont 6 à 10 gr. de protéiques (y compris la gélatine), 5 à 10 gr. de graisses, 6 à 7 gr. de matières extractives
et 10 à 11 gr. de sels (dont 7 gr. environ de sel de cuisine ajouté). C'est
donc un aliment très aqueux, et il ne peut pas en être autrement. En
effet, la viande, au moment où elle est consommée, est acide, donc aussi
le bouillon, et comme ce liquide est de plus salé, toutes les conditions
sont réalisées, non pour que de l'albumine soit dissoute, mais pour
qu'elle soit coagulée. Il ne reste donc en dissolution dans le bouillon
qu'une petite quantité d'acidalbumine, d'albumoses ou de peptones et
de la gélatine, et cette dernière est nécessairement en petite quantité,
puisque, déjà à 1 p. 100, les dissolutions de gélatine se prennent en gelée
par le refroidissement. La quantité de graisse est de même limitée, car
un bouillon trop gras répugne promptement. Enfin les matières extractives azotées (bases puriques et autres matériaux azotés) n'entrent pas
en ligne de compte, ni comme aliments azotés, ni comme combustibles.
Le bouillon est donc un aliment pauvre; par 100 gr. il n'apporte que
1 gr. de protéiques au plus et une dizaine de calories. La même conclusion s'applique avec plus de force encore à l'extrait de viande, dont la
conservation n'est obtenue que si l'on en élimine avec soin les protéiques

1. Un œuf choisi dans la belle moyenne pèse, défalcation faite du poids de la
coquille et de la membrane coquillière, environ 50 gr. Deux beaux œufs représentent donc environ 100 gr. d'œuf net. Dans un œuf de 60 gr., la coquille pèse
environ 7 gr., le blanc 35 gr. et le jaune 18 gr.

et les graisses, et qui n'est guère en général qu'une solution de matières extractives azotées et de sels de la viande.

On voit donc que contrairement à l'opinion qui, à la suite des travaux de Liebig, a régné pendant longtemps dans le grand public et chez les médecins, l'extrait de viande et les bouillons même très riches ne contiennent nullement sous un petit volume toute l'énergie chimique d'une masse considérable de viande. Quant à la sensation de stimulation que procure l'ingestion du bouillon et surtout du bouillon chaud, elle est due à des phénomènes d'ordre nerveux (p. 554). Il est possible que dans ces phénomènes interviennent tout spécialement certaines matières extractives azotées.

**Les aliments composés d'origine végétale.** — Tandis que les aliments composés d'origine animale — à l'exception du lait — ne renferment guère que des protéiques et des graisses, les denrées végétales apportent surtout des hydrates de carbone, avec des quantités d'albumine, variables et souvent très faibles. Exceptionnellement, comme il arrive dans l'olive ou la noix, l'hydrate de carbone est remplacé par de la graisse.

Il y a encore entre ces deux sortes d'aliments une autre différence importante. Dans les végétaux les matériaux nutritifs ne sont pas, comme dans les aliments animaux, directement accessibles à l'action des sucs digestifs, mais enfermés, au contraire, dans des enveloppes de cellulose, qui ne se laissent entamer que difficilement. Aussi est-il nécessaire pour la plupart d'entre eux, et avantageux pour tous, de les soumettre à la cuisson, qui fait éclater ces enveloppes et met à nu les substances alimentaires qu'elles contiennent [1]. En outre, ces enveloppes cellulosiques et d'autres matériaux encore sont réfractaires à la digestion et assurent donc au bol fécal un volume plus considérable. Enfin les aliments végétaux sont en général très aqueux — sauf les graines et certains fruits — et ils apportent d'importantes quantités de sels, fournissant par leur combustion des carbonates alcalins (p. 80).

Le tableau ci-contre donne en grammes les quantités d'eau, de protéiques, de graisses, d'hydrates de carbone, de cellulose, et en calories la quantité de chaleur apportées par 100 gr. des principaux aliments d'origine végétale (d'après Zuntz et Loewy).

Il ressort de ce tableau que seules les légumineuses et, à un moindre degré, les céréales apportent des quantités de matières protéiques approchant de celles que fournissent à poids égal les

---

1. On a vu quels sont les dispositifs qui assurent, chez les herbivores, cette mise à nu des matériaux alimentaires (p. 205, note 1).

|  | Eau. | Pro-téiques. | Graisses. | Hydrates de carbone. | Cel-lulose. | Calories. |
|---|---|---|---|---|---|---|
| *Céréales :* | | | | | | |
| Froment ........ | 13,4 | 12,0 | 1,9 | 68,7 | 2,3 | 349 |
| Riz ............ | 13,2 | 8,1 | 1,3 | 75,5 | 0,9 | 355 |
| Pain de froment. | 33,7 | 6,8 | 0,5 | 57,6 | 0,3 | 270 |
| Macaroni........ | 11,9 | 10,9 | 0,6 | 75,6 | 0,4 | 360 |
| *Légumineuses :* | | | | | | |
| Pois ........... | 13,6 | 23,4 | 1,9 | 52,7 | 5,6 | 330 |
| Lentilles ....... | 12,3 | 26,0 | 1,9 | 52,8 | 4,0 | 341 |
| Haricots........ | 13,9 | 25,7 | 1,7 | 47,3 | 8,3 | 315 |
| *Racines et tuber-cules :* | | | | | | |
| Carottes........ | 86,7 | 1,2 | 0,3 | 9,1 | 1,7 | 45 |
| Navets ......... | 88,9 | 1,4 | 0,2 | 7,4 | 1,4 | 38 |
| Pommes de terre. | 74,9 | 2,0 | 0,1 | 20,9 | 1,0 | 95 |
| *Légumes, sala-des, etc. :* | | | | | | |
| Choux blancs.... | 90,1 | 1,8 | 0,2 | 5,0 | 1,7 | 30 |
| Choux-fleurs .... | 90,9 | 2,5 | 0,3 | 4,6 | 0,9 | 32 |
| Haricots verts... | 77,7 | 6,6 | 0,5 | 12,4 | 1,9 | 83 |
| Épinards........ | 89,3 | 3,7 | 0,5 | 3,6 | 0,9 | 35 |
| Asperges........ | 93,8 | 1,9 | 0,1 | 2,4 | 1,2 | 19 |
| Salade pommée. | 94,4 | 1,4 | 0,3 | 2,2 | 0,7 | 18 |
| *Fruits charnus :* | | | | | | |
| Pommes (pelées). | 85,4 | 0,3 | — | 12,7 | 1,3 | 52 |
| Poires     — | 85,1 | 0,4 | — | 13,1 | 1,1 | 54 |
| Prunes.......... | 84,9 | 0,4 | — | 15,5 | 0,5 | 62 |
| Raisins ......... | 80,5 | 0,6 | — | 16,3 | 2,2 | 66 |
| Figues sèches... | — | 3,6 | — | 58,7 | 5,2 | 245 |
| *Fruits secs :* | | | | | | |
| Amandes douces. | 6,3 | 21,6 | 53,2 | 13,2 | 3,6 | 637 |
| Noix ........... | 5,0 | 16,0 | 63 | 8,0 | — | 605 |
| Marrons (secs et pelés)........ | 10,3 | 10,8 | 4,1 | 69,3 | — | 341 |

aliments animaux, pour la raison que, dans ces deux cas, nous con-sommons une graine, c'est-à-dire un embryon. Ce sont aussi les plus riches en hydrates de carbone, parce que cet embryon est accompagné de riches réserves en hydrates de carbone. C'est pourquoi ces aliments représentent, par 100 gr., un apport de plu-sieurs centaines de calories. Les autres denrées végétales, racines, légumes verts, fruits charnus..., qui contiennent jusqu'à 85 et 95 p. 100 d'eau, sont nécessairement des aliments pauvres en matériaux nutritifs. Seule la pomme de terre, grâce à ses 20 p. 100

d'amidon, représente un apport calorifique plus important. Enfin les fruits oléagineux, noix, amandes, en même temps qu'ils sont assez riches en protéiques, prennent une valeur calorifique élevée par le fait de la quantité considérable de graisse qu'ils contiennent.

**Digestibilité des aliments composés.** — On mesure en physiologie la digestibilité d'un aliment composé en cherchant quelle est, sur 100 parties en poids des aliments simples contenus dans cet aliment composé, la fraction qui, échappant à la digestion, passe dans les fèces. Des déterminations de ce genre présentent un intérêt physiologique et clinique considérable, mais il est bon de se rendre compte des causes d'erreur qui en vicient nécessairement les résultats.

C'est surtout pour l'aliment protéique que les résultats ne sont qu'approximatifs. On détermine, en effet, la fraction des protéiques ingérés, qui a échappé à l'absorption, en retranchant du poids d'azote contenu dans l'aliment ingéré le poids de l'azote des excréments. Or, les deux termes de cette différence sont entachés d'erreurs parfois importantes. D'une part, en effet, l'azote total des aliments ne mesure pas exactement la teneur en albumine (p. 503), et, d'autre part une fraction variable de l'azote des excréments provient des sucs digestifs (p. 221). En outre, les conditions que l'on réalise en nourrissant un sujet uniquement avec l'aliment composé sur lequel on expérimente, sont nécessairement différentes de celle de l'alimentation mixte ordinaire. Ainsi, pour déterminer avec quelque précision l'utilisation digestive des matières protéiques du pain, il faut faire consommer au sujet, en vingt-quatre heures, une quantité de pain apportant environ 50 à 60 gr. de protéiques, ce qui représente environ 730 à 880 gr. de pain. Mais on conçoit que, dans ces conditions, l'utilisation digestive du pain puisse être moins bonne que dans l'alimentation mixte ordinaire, où cet aliment ne représente qu'un appoint.

Il ne faut donc attacher aux résultats cités ci-après que la valeur d'indications approchées, montrant à quel ordre de grandeur appartient, pour chaque aliment composé, le déchet digestif, et mettant en lumière l'influence de quelques facteurs.

Le tableau ci-contre résume les résultats de quelques expériences sur la *digestibilité des protéiques* de divers aliments composés chez l'homme. Les quantités absolues sont exprimées en grammes (Rubner, Strümpell).

On voit que, pour la viande et les œufs, la perte en non-digéré a été minime, en dépit de la masse considérable d'aliment ingéré. Il est même probable qu'elle doit être considérée comme nulle (p. 221). Elle est plus forte pour le lait et le pain blanc; enfin elle devient considérable pour le pain noir, les pommes de terre, les lentilles entières, à cause de l'obstacle créé par la cellulose. Les deux dernières expériences, faites sur le même individu, mettent, en outre, clairement en évidence l'influence de l'état de division de l'aliment végétal, et démontrent l'utilité de la pratique culinaire des purées de légumes, passées au tamis.

| | Poids absolu de l'aliment composé, ingéré en 24 heures. | Poids absolu de matière protéique ingérée. | Poids de matière protéique non absorbée pour 100 gr. de matière protéique ingérée. |
|---|---|---|---|
| Viande............. | 1 435 | 305 | 2,5 |
| OEufs............. | 948 | 142 | 2,6 |
| Lait .............. | 3 000-4 000 | 121-161 | 7,7-12 |
| Pain blanc........ | 1 237 | 81 | 18,7 |
| — noir......... | 1 360 | 83 | 32 |
| Pommes de terre.. | 3 078 | 71 | 32 |
| Farine d'orge et de légumineuses ... | — | — | 8,2-10,5 |
| Lentilles non triturées ......... | — | — | 40 |

L'utilisation digestive des *graisses et des hydrates de carbone* est en général excellente, même pour des quantités considérables. Ainsi, après ingestion de 638 grammes de riz ou d'une quantité de pain noir contenant respectivement 493 et 659 grammes d'amidon, la perte par les fèces n'a été que de 0,9 et de 10,9 p. 100 de l'amidon ingéré (Rubner), et chez des sujets nourris de pain et de beurre et recevant l'énorme quantité de 306 à 357 grammes de graisse sous la forme de beurre, les fèces n'ont éliminé que 13 à 16 grammes de graisse, soit 4,5 p. 100 de la quantité ingérée. On a déjà signalé l'influence exercée ici par la fusibilité des diverses graisses (p. 477).

**Rôle de la cellulose et des matériaux réfractaires en général.** — Il résulte de ce qui précède que la présence de grandes quantités de matériaux réfractaires, comme la cellulose, abaisse le taux d'utilisation des matières protéiques, c'est-à-dire de l'aliment le plus important et en général le plus coûteux, en sorte qu'il est pécuniairement plus avantageux de se nourrir de pain blanc que de pain noir, malgré la différence de prix, et que des aliments comme les légumineuses, que leur richesse en matières protéiques place au-dessus de la viande, perdent cet avantage et rétrogradent de plusieurs rangs dans la pratique, à cause de leur médiocre utilisation. Toutefois, lorsque la proportion des matières réfractaires n'est pas trop élevée, cet inconvénient est compensé par de sérieux avantages, car ces matériaux assurent au bol fécal un volume suffisant, pour que les contractions péristaltiques de l'intestin soient convenablement excitées et entretenues. A cet égard la cellulose est tout à fait indispensable aux herbivores dont le tube digestif est très long.

Des lapins nourris d'aliments exempts de cellulose (mélange de lait, de sucre et de poudre de viande) succombent rapidement, et à l'autopsie on trouve l'intestin garni de matières compactes, adhérentes, à consistance de mastic de vitrier, et ne progressant plus, parce qu'elles n'ont plus le volume et la légèreté des matières normales. Lorsqu'on ajoute, au contraire, à cette même nourriture une substance réfractaire, comme des copeaux de corne, les animaux supportent parfaitement ce régime, parce que les fragments de corne, que l'on retrouve intégralement dans les fèces, ont suppléé la cellulose des aliments habituels (von Knierim).

Bunge fait observer avec raison que, si le carnivore, dont le tube digestif est très court, n'a pas besoin de cette excitation, on conçoit que chez l'homme, qui par la longueur de son tube digestif se place entre les carnivores et les herbivores, un régime aboutissant à des masses fécales trop réduites[1] puisse amener peu à peu l'atonie de la musculature du tube digestif et la constipation habituelle. C'est donc là une raison, s'ajoutant à beaucoup d'autres, pour réagir contre un régime alimentaire à type carné trop prédominant.

### § III. — L'ALIMENT COMPOSÉ DU NOUVEAU-NÉ : LE LAIT. — LE RÉGIME LACTÉ CHEZ L'ADULTE.

Parmi les aliments composés, le lait, nourriture unique du nouveau-né des mammifères, présente un intérêt tout particulier. Constatons d'abord que la composition du lait chez les divers mammifères varie dans des limites étendues. Voici en effet, exprimée en grammes, la composition du litre de lait chez quelques espèces domestiques (Bunge).

1. Voit calcule que, par 100 kgr., le chien nourri de viande élimine 30 gr. de matières fécales (comptées à l'état sec), tandis que par 100 kgr. le bœuf nourri de foin en donne 600 gr., soit 20 fois plus.

|  | Femme. | Vache. | Chèvre. | Jument. | Anesse. | Chienne. |
|---|---|---|---|---|---|---|
| Protéiques. | 16 | 35 | 37 | 20 | 22 | 74 |
| Graisses ... | 34 | 37 | 43 | 12 | 16 | 116 |
| Lactose.... | 61 | 49 | 36 | 57 | 60 | 32 |
| Cendres ... | 2 | 7 | 8 | 4 | 5 | 13 |

**Adaptation de la composition du lait aux besoins du nouveau-né.** — La raison de ces variations doit être cherchée, d'après Bunge, dans une adaptation de la sécrétion lactée aux besoins de chaque espèce animale. Or, la grandeur de ces besoins devant, *a priori*, être fonction surtout de la rapidité de croissance du jeune mammifère, on prévoit qu'un lait doit être d'autant plus riche en protéiques et en sels minéraux, matériaux nécessaires à l'édification des nouveaux tissus, que l'organisme auquel il est destiné augmente plus rapidement son poids. Le tableau suivant, établi par Bunge et ses élèves, est une vérification très nette de ces prévisions.

| Désignation de l'espèce. | Temps que met le nouveau-né pour doubler le poids de son corps. | MILLE PARTIES DE LAIT CONTIENNENT : | | | |
|---|---|---|---|---|---|
|  |  | Protéiques. | Cendres. | Chaux. | Acide phosphorique. |
| Femme...... | 180 jours | 16 | 2 | 0,33 | 0,47 |
| Jument...... | 60 — | 20 | 4 | 1,24 | 1,31 |
| Vache....... | 47 — | 35 | 7 | 1,60 | 1,97 |
| Chèvre...... | 22 — | 37 | 8 | 1,97 | 2,84 |
| Brebis....... | 15 — | 49 | 8 | 2,45 | 2,93 |
| Truie........ | 14 — | 52 | 8 | 2,49 | 3,08 |
| Chatte....... | 9 1/2 — | 70 | 10 | — | — |
| Chienne..... | 9 — | 74 | 13 | 4,55 | 5,08 |
| Lapine...... | 6 — | 104 | 25 | 8,91 | 9,97 |

On saisit toute la distance qui sépare le lait de lapine, contenant 104 grammes de protéiques et 25 grammes de cendres par litre, mais qui est destiné à un nouveau-né doublant son poids en six jours, du lait de femme, avec 16 grammes de protéiques et 2 grammes de cendres p. 1 000, mais sécrété pour un organisme qui ne double son poids qu'en cent quatre-vingts jours.

En ce qui concerne le lait considéré comme combustible alimentaire, les preuves de cette adaptation apparaissent aussi très frappantes. On a vu que la graisse est l'aliment simple dont le pouvoir calorifique est le plus élevé, et l'on connaît l'instinct qui pousse les habitants des pays froids à augmenter leur ration de graisse. Or, on trouve :

Dans le lait de vache......... 35 gr. de beurre p. 1 000
—      de renne......... 171     —      —
—      de dauphin [1] ..... 438     —      —

On voit que les laits de renne et de dauphin sont respectivement près de 5 et 12 fois plus riches en beurre que le lait de vache. Cette énorme proportion de 438 grammes de graisse p. 1 000, qu'apporte le lait de dauphin, est évidemment en rapport avec les pertes de chaleur considérables que subit un jeune organisme, vivant non seulement dans un climat froid, mais encore dans l'eau, c'est-à-dire dans un milieu bien plus conducteur que l'air.

Il est vraisemblable qu'à mesure que l'on connaîtra mieux les constituants du lait (protéiques divers, lécithine, diastases, etc.), on saisira encore d'autres preuves de cette adaptation.

**Le lait de femme et le lait de vache.** — Ce qui précède fait prévoir les difficultés auxquelles on se heurte, lorsque, rompant l'ordre naturel des choses, on fait servir le lait de vache à l'alimentation du nouveau-né de l'espèce humaine, et il est, d'autre part, facile de montrer que les pratiques, à l'aide desquelles on a essayé de remédier à ces difficultés, ne sont probablement que des palliatifs insuffisants.

Il semble que les principales différences entre la composition de ces deux sortes de lait puissent être effacées, et notamment que par une addition d'eau sucrée ou lactosée il soit facile de ramener les proportions de protéiques et de sucre à celles qui sont propres au lait de femme. Mais il est probable qu'une telle pratique laisse subsister encore entre ces deux aliments des différences profondes. En effet, sur les 16 à 20 gr. de matières protéiques du lait de femme, un tiers ou un quart est représenté par de la lactalbumine, tandis que, dans le lait de vache, on ne trouve guère que 1 gr. de lactalbumine pour 7 de caséine. De plus, par leur teneur différente en soufre et en phosphore, par les réactions de précipitines auxquelles elles donnent lieu, et sans doute aussi par leurs acides aminés constituants, les caséines de ces deux laits apparaissent comme deux protéiques nettement spécifiques. Il y a longtemps, d'ailleurs, que l'on a signalé la manière différente dont ces deux laits sont coagulés dans l'estomac de l'enfant, le lait de vache donnant des caillots volumineux et compacts, et celui de la femme se prenant en grumeaux fins et légers. D'autres différences ont été signalées, notamment en ce qui concerne la répartition du phosphore total du lait, mais cette question est encore controversée.

**Le régime lacté chez l'adulte.** — Le régime lacté est prescrit avec succès dans un grand nombre d'états pathologiques, et l'on

1. Il s'agit de *Globiocephalus melas*, un delphinide habitant le nord de l'Océan Atlantique.

peut, dans une certaine mesure, expliquer ces bons effets par les particularités de la composition chimique du lait.

Le lait est diurétique d'abord parce qu'il est un aliment très aqueux — il en faut de 3 à 3 l. 5 par jour pour l'entretien d'un adulte — et ensuite parce que le sucre de lait possède des propriétés diurétiques (Richet et Moutard-Martin). Au lactose est dû aussi cette propriété du lait de réduire à un minimum les putréfactions intestinales, donc aussi la production de substances toxiques, nuisibles pour d'autres organes et surtout pour le rein (p. 247). Le lait est aussi un aliment pauvre en sels, et notamment en sel marin, et l'on sait que l'on attribue un rôle prépondérant au chlorure de sodium dans la production de l'œdème. Sous l'influence du régime lacté, certains œdèmes disparaissent, en effet, rapidement ; ils peuvent, au contraire, être reproduits à volonté par ingestion de lait salé (Widal). Enfin, quand on pratique pendant longtemps le régime lacté chez un adulte, il ne faut pas perdre de vue que le lait est un aliment pauvre en fer (p. 414).

# CHAPITRE XXIII

## LES ÉCHANGES NUTRITIFS EXTÉRIEURS : LES MÉTHODES POUR L'ÉTUDE DES ÉCHANGES NUTRITIFS

Des notions qui ont été précédemment exposées[1], il ressort que nos aliments doivent répondre à deux ordres de besoins :

1° Ils doivent apporter, sous la forme d'énergie chimique, une quantité d'énergie suffisante pour couvrir pendant un temps donné les dépenses de chaleur et de travail mécanique faites par l'organisme.

2° Ils doivent contenir un ensemble de substances chimiques déterminées, dont la machine animale a besoin pour l'entretien et le fonctionnement de ses organes.

Lorsque ces deux ordres de besoins sont exactement couverts, l'organisme est dit en état d'entretien : il maintient alors en équilibre ses recettes et ses dépenses, et la ration avec laquelle ce résultat est obtenu s'appelle une *ration d'entretien*. Lorsque, au contraire, les recettes l'emportent sur les dépenses, ou inversement, l'organisme fixe dans ses tissus une partie des matériaux apportés par les aliments, ou bien il vit en partie à ses propres dépens, c'est-à-dire qu'il prélève sur ses tissus la quantité d'aliments nécessaire pour couvrir le déficit en énergie, ou pour fournir le complément des substances qui ont fait défaut dans la ration. Le but que poursuit l'étude des échanges nutritifs est précisément d'établir la composition des rations, qui mettent l'organisme dans cet état d'équilibre, de perte ou de gain, et de déterminer, pour ces deux derniers cas, la nature et la quantité des matériaux qui ont été ou perdus ou fixés par les tissus.

1. Voy. chap. i, p. 2 et suiv. et chap. xxii, p. 472.

Les méthodes employées à cet effet doivent être étudiées ici, au moins dans leur principe, parce qu'elles ne sont pas, comme il arrive d'ordinaire, extérieures à la question posée, et d'intérêt purement technique. Par leur nature, elles tiennent, en effet, au fond même du problème des échanges nutritifs.

Examinons-les donc à ce point de vue et en laissant de côté tout le détail technique relatif à l'organisation de ces expériences, toujours longues et délicates, et qui exigent, pour être complètes, l'instrumentation la plus coûteuse et la plus compliquée qui soit employée en physiologie.

## § I. — LA DÉTERMINATION DE L'APPORT ET DE LA DÉPENSE DE MATIÈRE.

Quand on détermine, d'une part, la quantité des divers éléments, carbone, hydrogène, azote, contenue dans les aliments ingérés, ou même simplement le carbone et l'azote, et, d'autre part, la quantité des mêmes éléments dans les excréments, l'urine et les gaz expirés, le rapprochement de ces deux ordres de données indique immédiatement si l'équilibre nutritif a été réalisé, et dans le cas contraire, il permet d'établir d'une manière approchée la nature et la quantité des matériaux perdus ou gagnés par l'organisme. C'est la méthode que Pettenkofer et Voit ont les premiers appliquée à l'homme, à Munich, à l'aide de leur grand appareil respiratoire. Et si l'on a mesuré en même temps l'oxygène absorbé au niveau du poumon, mesure que ne fournit pas l'appareil de Pettenkofer, on tient toutes les données qui permettent de conclure, avec une précision complète, à la nature et à la quantité des divers matériaux, protéiques, graisses, hydrates de carbone [1], que cet organisme a perdus ou qu'il a fixés.

Mais ce n'est que très rarement que l'on a procédé ainsi par voie d'analyse élémentaire complète de la ration. Plus souvent on se contente de déterminer les quantités d'azote (c'est-à-dire d'albumine), de graisse et d'hydrates de carbone apportées par la ration, et d'en déduire par le calcul les quantités de carbone ingérées [2]. D'autre part, on dose le carbone et l'azote dans les fèces, et l'acide carbonique dans les gaz expirés. Voici comment se présente alors le calcul des résultats.

**Calcul des résultats d'une expérience sur les échanges nutritifs.** — 1° Cas d'un sujet alimenté. — Il s'agit d'un homme de trente-deux ans, pesant 64 kgr. et dont les échanges nutritifs ont été suivis pendant quatre jours par Atwater et Bénédict. Les recettes et les dépenses ci-après sont la moyenne des quatre jours. Nous en donnons le détail, ainsi que la discussion qui suit, d'après Tigerstedt.

1. Tout ce qui a trait aux matières minérales sera étudié dans un autre chapitre (p. 559).

2. Pour les approximations dont on doit se contenter ici, quand on renonce à l'analyse élémentaire de la ration (voy. à la page 496).

### Recettes.

Protéiques .........   94$^{gr}$,4  ⎫
Graisses............   82 ,5  ⎬ apportant ensemble 15 gr. 12 d'azote
Hydrates de carbone.  289 ,8  ⎭      et 239 gr. de carbone.

### Dépenses.

|                             | d'azote        | de carbone      |
|-----------------------------|----------------|-----------------|
| Par l'urine ...............  | 16$^{gr}$,23 d'azote et | 12$^{gr}$,18 de carbone. |
| — les fèces...............   | 0 ,86 —        | 7 ,38 —         |
| — le poumon et la peau [1].  | — —            | 207 ,28 —       |
| Total.........               | 17$^{gr}$,09 d'azote et | 226$^{gr}$,84 de carbone. |

Bénéfices (+) ou pertes (—)    — 1$^{gr}$,97 d'azote et   + 12$^{gr}$,16 de carbone.

Muni de ces données on peut établir : 1° Sur quelles catégories de matériaux l'organisme a fait porter ses combustions: 2° sous quelle forme il a fixé dans ses tissus le bénéfice réalisé.

Pour répondre à la première de ces deux questions, nous supposerons que les fèces sont entièrement constituées par des aliments non absorbés, ce qui est certainement inexact (p. 221), mais comme il est impossible de faire dans les excréments la distinction entre ce qui provient des aliments et ce qui est fourni par l'organisme, il faut bien les considérer comme ayant uniquement l'une ou l'autre origine. Le résultat final du calcul reste d'ailleurs le même dans l'un et l'autre cas. Dans l'hypothèse que nous avons adoptée, l'azote et le carbone provenant des destructions opérées par l'organisme se réduisent donc respectivement aux 16 gr. 23 d'azote urinaire, et aux 12 gr. 18 + 207 gr. 28 = 219 gr. 46 de carbone éliminés par l'urine et par la respiration.

Ces 16 gr. 23 d'azote proviennent de la destruction d'une quantité d'albumine (16,23 × 6,25 = 101 gr. 44 d'albumine), qui contenait 16,23 × 3,28 = 53 gr. 23 de carbone [2]. Restent donc, comme provenant de la destruction des aliments gras et hydrocarbonés, 219,46 — 53,23 = 166 gr. 23 de carbone. Si l'on connaissait la quantité d'oxygène absorbée pendant les vingt-quatre heures, on pourrait calculer exactement quelle fraction de ce carbone provient des hydrates de carbone et quelle autre des graisses [3].

---

1. Il est démontré, aujourd'hui, que l'on n'a pas à tenir compte pratiquement d'une excrétion d'azote par les poumons. Quant à la peau elle n'élimine au repos, principalement sous la forme d'urée, que très peu d'azote (0 gr. 025 en vingt-quatre heures chez l'adulte) (Atwater et Bénédict). On n'a pas tenu compte ici de cette perte.

2. En admettant, avec Rubner, que chaque gramme d'azote est accompagné dans l'albumine par 3 gr. 28 de carbone en moyenne.

3. Voici, d'après Zuntz, comment se fait ce calcul. Du volume total d'oxygène absorbé, on déduit le volume de ce gaz qui a été employé pour la combustion de l'albumine, et que l'on calcule en posant qu'à chaque gramme d'azote urinaire fourni par la destruction de l'albumine correspondent 5 l. 923 d'oxygène fournis par la respiration (voy. p. 480, note 1). Soit $a$ cette différence en litres. Du volume d'acide carbonique total produit on retranche de même la quantité de ce gaz provenant de la combustion de l'albumine et qui est égale à 4 l. 744 par gramme d'azote urinaire. Soit $b$ cette différence en litres. On verra à la page 507 que chaque gramme de graisse consomme pour sa combustion totale 2 l. 019 d'oxy-

Lorsque cette détermination n'a pas été faite, ainsi qu'il arrive généralement dans les essais de longue durée, on peut néanmoins faire cette répartition avec une précision suffisante, en raisonnant comme il suit. Pour des raisons qui seront exposées ailleurs, on admet que les hydrates de carbone sont brûlés avant les graisses (p. 499, note 1). On prélève donc sur la quantité de carbone provenant des aliments non azotés, la quantité qui correspond aux hydrates de carbone absorbés, et s'il reste une différence, on l'applique aux graisses.

Dans l'espèce les hydrates de carbone ingérés comprenaient 109 gr. 8 de disaccharides et 180 gr. d'amidon avec une perte par les fèces de 3 gr. 2 d'hydrates de carbone. Si l'on admet, ce qui est très vraisemblable, que cette perte a porté tout entière sur l'amidon, les hydrates de carbone résorbés se composaient donc de 109 gr. 8 de disaccharides, et de 176 gr. 8 d'amidon, apportant respectivement 46 gr. 23 et 78 gr. 50, au total 124 gr. 73 de carbone. Il reste donc $166,23 - 124,73 = 41$ gr. 50 de carbone provenant de la destruction de $41,5 \times 1,307 = 54$ gr. 23 de graisses [1].

L'organisme a donc détruit, en vingt-quatre heures, 101 gr. 44 d'albumine, $109,8 + 176,8 = 286$ gr. 6 d'hydrates de carbone et 54 gr. 23 de graisse.

En ce qui concerne, d'autre part, la nature et l'étendue des bénéfices ou des pertes de l'organisme, on constate d'abord, en comparant les recettes et les dépenses, que l'opération s'est soldée par une perte de 1 gr. 97 d'azote, ce qui veut dire que l'organisme a dû prélever sur les tissus $1,97 \times 6,25 = 12$ gr. 31 d'albumine. Il y a eu, d'autre part, bénéfice de $239 - 226,84 = 12$ gr. 16 de carbone, mais dans cette recette de 239 gr. ne figure pas le carbone contenu dans les 12 gr. 31 d'albumine sacrifiés par l'organisme et qui contenaient $1,97 \times 3,28 = 6$ gr. 46 de carbone. Cette quantité doit évidemment être ajoutée aux 12 gr. 61 de carbone, ce qui porte le bénéfice au total de $12,16 + 6,46 = 18$ gr. 62, représentant $18,62 \times 1,314 = 24$ gr. 46 de graisse [2].

L'organisme a donc finalement perdu 12 gr. 31 d'albumine et il a gagné 24 gr. 46 de graisse.

2° CAS D'UN SUJET MIS AU JEUNE COMPLET. — Il s'agit d'un sujet observé par Bénédict pendant un jeûne complet de sept jours. Voici les résultats du troisième jour. Le bilan se réduit bien entendu aux dépenses, d'après lesquelles on calcule les recettes, consistant en prélèvements faits sur les tissus de l'organisme.

---

gène en donnant 1 l. 427 d'acide carbonique, et que chaque gramme de glycogène exige 0 l. 828 d'oxygène et fournit 0 l. 828 d'acide carbonique. Sur les $a$ litres d'oxygène employés à la combustion des graisses et du glycogène, chacun des $x$ grammes de graisse détruits a donc prélevé 2 l. 019, et chacun des $y$ grammes de glycogène détruits en a prélevés 0 l. 828, c'est-à-dire que l'on a :

$$2,019\, x + 0,828\, y = a.$$

Et il vient de même pour l'acide carbonique :

$$1,427\, x + 0,828\, y = b.$$

On tire aisément de ces deux équations les valeurs de $x$ et de $y$.

1. Si l'on admet que 100 gr. de graisse contiennent 76 gr. 5 de carbone, chaque gramme de carbone correspond à 1 gr. 307 de graisse.

2. Si l'on admet que 100 gr. de graisse humaine contiennent 76 gr. 10 de carbone, il vient par gramme de carbone 1 gr. 314 de graisse.

## Dépenses.

|  | Azote. | Carbone. |
|---|---|---|
| Par l'urine [1] | 13$^{gr}$,02 | 11$^{gr}$,11 |
| — la respiration | » | 148 ,7 |
| Total | 13$^{gr}$,02 | 159$^{gr}$,81 |

A ces 13 gr. 02 d'azote correspondent dans l'albumine détruite $13{,}02 \times 3{,}28 = 42$ gr. 7 de carbone. Restent donc pour les graisses et les hydrates de carbone $159{,}8 - 42{,}7 = 117$ gr. 1 de carbone, et si l'on admet qu'au troisième jour de jeûne, la destruction de glycogène est déjà assez réduite pour être négligée, on trouve que ces 117 gr. 1 de carbone proviennent de $117{,}1 \times 1{,}314 = 154$ gr. de graisse. Le sujet a donc prélevé sur ses tissus $13{,}02 \times 6{,}25 = 81$ gr. 4 de protéiques et 154 gr. de graisse.

Toutefois ce mode de calcul n'est pas tout à fait légitime. En faisant, en effet, le calcul exact des dépenses du sujet à l'aide des résultats de l'analyse élémentaire de l'urine et des déterminations de l'oxygène absorbé, de l'acide carbonique éliminé, et de l'eau d'entrée et de sortie, Bénédict trouve que l'organisme a sacrifié en réalité 78 gr. 1 d'albumine, 153 gr. 0 de graisse et 5 gr. 4 de glycogène. Mais en mettant à part le premier jour, où elle a été de 64 gr. 9, cette perte de glycogène ne s'est élevée au maximum qu'à 25 gr. (au quatrième jour).

## § II. — LA DÉTERMINATION DE L'APPORT ET DE LA DÉPENSE D'ÉNERGIE.

L'énergie que les êtres vivants dépensent au dehors sous la forme de chaleur ou de travail mécanique provient tout entière de l'énergie chimique contenue dans les matériaux organiques dont disposent ces êtres, et l'on a vu que cette notion fondamentale, clairement aperçue par Lavoisier, puis énoncée par Berthelot en une série de théorèmes de thermochimie animale, a été pleinement vérifiée de nos jours (p. 15). Il ne nous reste donc à exposer ici que les méthodes qui servent à mesurer les recettes et les dépenses d'énergie de l'organisme. Sauf indications contraires, ces quantités d'énergie seront toujours exprimées en grandes calories [2].

### 1. La détermination de l'apport d'énergie.

La mesure directe de l'apport d'énergie par la combustion calorimétrique des aliments ingérés et des produits d'excrétion. — Supposons, pour simplifier les choses, que le sujet soit pris en état

---

1. Les fèces, éliminées en quantités insignifiantes, ont pu être négligées.
2. Rappelons que la grande calorie est la quantité de chaleur nécessaire pour élever de 0 à 1° la température de 1 kilogramme d'eau, et que la petite calorie, mille fois plus petite, est la quantité de chaleur nécessaire pour élever de 0° à 1° la température de 1 gr. d'eau.

d'entretien, ce qu'apprend le bilan des recettes et des dépenses de matière de l'organisme. Si, dans ces conditions, on détermine à l'aide du calorimètre la chaleur de combustion de chacune des parties de la ration (pain, viande, lait), qui a été ingérée pendant la période considérée, et, d'autre part, la chaleur de combustion des excrétions encore combustibles (urines et fèces), correspondant à la même période, il est clair que la différence entre ces deux résultats mesurera la chaleur développée dans l'organisme par la dégradation qu'ont subie les aliments résorbés, c'est-à-dire qu'elle mesurera la recette d'énergie faite par le sujet.

En réalité l'état d'équilibre n'est presque jamais atteint d'une manière complète dans ces expériences, et il n'est pas nécessaire qu'il le soit. On a vu, en effet, dans l'étude des recettes et des dépenses de matière, comment on peut déterminer exactement la nature et la quantité des matériaux organiques gagnés ou perdus par l'organisme. Or, on connaît, comme on va le montrer, la chaleur de combustion de ces substances dans l'organisme. On peut donc *défalquer* de la recette en énergie la chaleur de combustion des matériaux *fixés* par l'organisme, ou *ajouter*, au contraire, à cette recette la chaleur de combustion des matériaux que l'organisme a dû *sacrifier*. Voici, à titre d'exemple, les résultats moyens de 22 expériences de Atwater, portant en tout sur 76 journées de vingt-quatre heures. Nous les citons d'après Tigerstedt, en les exprimant en grandes calories.

| CHALEUR DE COMBUSTION DE LA RATION INGÉRÉE $a$ | CHALEUR DE COMBUSTION DE L'URINE $b$ | CHALEUR DE COMBUSTION DES FÈCES $c$ | CHALEUR DE COMBUSTION DES PROTÉIQUES SACRIFIÉS PAR L'ORGANISME $d$ | CHALEUR DE COMBUSTION DES GRAISSES FIXÉES PAR L'ORGANISME $e$ | DÉPENSE CALCULÉE $[a-(b+c)+d-e]$ | DÉPENSE CONSTATÉE (CHALEUR RECUEILLIE PAR LE CALORIMÈTRE) |
|---|---|---|---|---|---|---|
| 2 659 | 107 | 134 | 16 | 176 | 2 258 | 2 270 |

On voit que la ration ingérée valait 2 659 calories, sur lesquelles 107 + 134 = 241 ont été perdues par l'urine et par les fèces. L'apport d'énergie venu du dehors était donc égal à 2 659 — 241 = 2 418 calories, auxquelles il faut ajouter les 16 calories que l'organisme a prélevées sur ses tissus sous la forme d'albumine, soit donc au total 2 418 + 16 = 2 434 calories. C'est là le résultat cherché, à savoir la *recette d'énergie*. Et voici qui prouve l'exactitude de cette détermination. Sur cette recette de 2 434 calories, l'organisme a prélevé, sous la forme de graisse mise en réserve, un bénéfice de 176 calories. Il n'a donc dépensé au dehors que la différence, à savoir 2 434 — 176 = 2 258 calories. Or, le calorimètre dans lequel vivaient les sujets a recueilli par jour une moyenne de 2 270 calories. La différence n'est que de 0,6 p. 100[1].

---

1. On trouve dans ces expériences, qui ont porté au total sur 143 journées, la justification de l'hypothèse qui a été faite à la page 497, et qui a consisté à admettre que les hydrates de carbone sont brûlés avant les graisses. C'est aussi

Cette méthode, qui est évidemment la plus précise, ne peut pas être employée dans les recherches courantes, à cause de l'outillage compliqué et du labeur expérimental considérable qu'elle exige. Il est plus simple de déterminer, une fois pour toutes, la chaleur de combustion de chacun des aliments simples *dans l'organisme*, puis de calculer pour chaque cas, d'après les quantités de protéiques, de graisse et d'hydrates de carbone que la digestion a livrées à l'organisme, la recette d'énergie cherchée. Voyons donc quelles sont ces chaleurs de combustion.

**Chaleurs de combustion des aliments simples dans le calorimètre et dans l'organisme.** — La détermination de la chaleur de combustion des principaux aliments organiques, que l'emploi de la bombe calorimétrique de Berthelot a rendu très précise, a donné les résultats que voici, rapportés à 1 gr. de substance sèche et supposée exempte de cendres :

|  | Calories. |  | Calories. |
|---|---|---|---|
| Caséine | 5,850 | Beurre | 9,230 |
| Ovalbumine | 5,687 | Huile d'olive | 9,442 |
| Viande de bœuf [1] | 5,650 | Amidon, glycogène | 4,190 |
| Conglutine | 5,479 | Sucre de canne | 3,955 |
| Graisse humaine | 9,540 | — de lait (anhydre) | 3,952 |
| — animale | 9,423 | Glycose | 3,743 |

Pour les *graisses* et les *hydrates de carbone*, que la combustion calorimétrique et la dégradation dans l'organisme font aboutir respectivement aux mêmes déchets, à savoir l'eau et l'acide carbonique, les chaleurs de combustion consignées dans le tableau ci-dessus peuvent être directement appliquées à l'homme. Mais le calorimètre fait descendre les *protéiques*, à l'état d'eau, d'acide carbonique, d'azote élémentaire, d'acide sulfurique,... tandis que, dans l'organisme, ces aliments fournissent finalement, à côté de l'eau et de l'acide carbonique, des déchets azotés (urée, ammoniaque, créatinine) et des corps azotés et sulfurés complexes, tous produits encore combustibles, et dont l'énergie chimique n'a pas profité à l'organisme. *La chaleur de combustion des protéiques mesurée par le calorimètre, n'exprime donc le pouvoir calorifique physiologique, utile, de ces aliments, qu'après avoir subi une correction.*

La correction la plus simple consiste à ne tenir compte que du plus abondant d'entre les déchets des protéiques, à savoir l'urée, et à retrancher de la chaleur de combustion des protéiques, la chaleur de combustion du poids, d'urée qui correspond à l'azote contenu dans le protéique [2]. Mais ce n'est là, évidemment, qu'une approximation dont des

ce qui a été admis pour le calcul des résultats de ces expériences, c'est-à-dire que le bénéfice de carbone a été supposé chaque fois avoir été fixé sous la forme de graisse. Or, comme ce bénéfice a été parfois considérable (jusqu'à 602 calories en vingt-quatre heures), la quantité de chaleur calculée n'aurait pas pu concorder aussi bien avec la quantité recueillie, si l'hypothèse en question n'était pas conforme aux faits.

1. Lavée à l'eau, c'est-à-dire débarrassée des matières extractives azotées, et dégraissée.

2. Un gramme de viande de bœuf desséchée et dégraissée à 16,4 p. 100 d'azote a une chaleur de combustion de 5 cal. 721 et la quantité d'azote qu'il contient cor-

essais directs pouvaient seuls établir le degré d'exactitude. Voici comment Rubner a résolu ce problème chez le chien.

On admet d'abord que, chez l'animal ne recevant que de la viande, tous les produits combustibles de l'urine sont des déchets de cette viande, et que tous ces déchets ont quitté l'organisme au bout de vingt-quatre heures, ce qui est exact, lorsque le dernier repas a été donné douze à quatorze heures avant la fin de la période, et plus encore lorsque l'animal a reçu sa ration des vingt-quatre heures en une fois au commencement de la période (Voit). On nourrit donc pendant sept jours un chien avec une viande de bœuf qui, desséchée, puis dégraissée, contenait 15,4 p. 100 d'azote et présentait une chaleur de combustion de 5 cal. 345 par gramme [1]. Pendant les deux derniers jours on recueille l'urine et les excréments, et on détermine leur chaleur de combustion. Celle de l'urine est de 7 cal. 45 par gramme d'azote [2], et celle des excréments (3 gr. 46 d'excréments secs, avec 0 gr. 24 d'azote, pour 100 gr. de viande sèche ingérée) est de 4 cal. 864 par gramme de substance sèche. On a donc finalement, sous la réserve que l'équilibre azoté est obtenu, c'est-à-dire que l'azote ingéré est égal à la somme de l'azote fécal et de l'azote urinaire :

Chaleur de combustion de 100 gr. de viande desséchée et dégraissée, à 15,40 p. 100 d'azote......... 534$^{cal}$,5

A déduire :

Pour l'urine    : $(15,40 - 0,24) \times 7,45 = 112^{cal},9$ }
— les fèces : $3,46 \times 4,864 =$                    16  ,8 } ... 129$^{cal}$,7

Différence [3]............... 404$^{cal}$,8

En prenant la moyenne de diverses déterminations de ce genre, faites par Rubner, et par Frentzel et Scheunert, on trouve finalement par gramme de viande sèche et dégraissée 4 cal. 067, et par gramme de viande desséchée, dégraissée et supposée exempte de cendres 4 cal. 233. Pour la viande dégraissée, supposée sans cendres et débarrassée de ses matières extractives azotées, c'est-à-dire pour l'. « albumine » de la viande, cette valeur s'élève à 4 cal. 49 (Rubner). Enfin, des déterminations de Zuntz sur l' « albumïne » de la viande et sur la caséine, Magnus-Levy tire pour les protéiques en général la valeur moyenne de 4 cal. 442 [4]. Notons encore que par gramme de chair musculaire sèche, prélevée sur ses tissus par le chien en inanition, Rubner a trouvé comme effet thermique utile 3 cal. 89.

respond à 0 gr. 351 d'urée, dont la chaleur de combustion est de $0,351 \times 2,525 =$ 0 cal. 886. La chaleur de combustion de cette viande prend donc la **valeur** corrigée de $5,721 - 0,886 = 4$ cal. 835.

1. Il s'agit ici de viande contenant encore ses matières extractives azotées, dont la chaleur de combustion est moindre que celle de l'albumine. La viande lavée à l'eau a, pour cette raison, un pouvoir calorifique plus élevé (voy. le tableau de la p. 500).

2. Ce résultat montre déjà à lui seul que l'urine est loin de pouvoir être assimilée au point de vue thermique à une solution d'urée, puisque dans l'urée la chaleur de combustion par gramme d'azote n'est que de 5 cal. 4.

3. En laissant de côté deux corrections accessoires, introduites par Rubner.

4. Lorsqu'on ne connaît la quantité d'albumine détruite que par le dosage de l'azote urinaire, on peut calculer la quantité de chaleur fournie par la destruction de cette albumine en multipliant le poids de cet azote par 25.

Alors qu'*un gramme d'albumine brûlé dans le calorimètre dégage environ 5,5 à 5,8 calories, sa dégradation dans l'organisme ne fournit donc qu'un effet utile de 4 cal. 44 environ* [1].

Montrons enfin *comment on a vérifié sur l'être vivant* que ces valeurs calorifiques permettent de calculer avec une exactitude suffisante la quantité de chaleur que la combustion d'une ration a mise effectivement à la disposition de l'organisme.

Voici le détail de l'une des nombreuses vérifications instituées par Rubner. Elle est relative à un petit chien de 4 980 gr., mis à l'état d'entretien et maintenu au repos dans l'enceinte calorimétrique. L'animal ne dépensait donc pas d'autre énergie que la chaleur rayonnée par son corps. Ce chien a reçu en douze jours, à raison de 80 gr. de viande fraîche et de 30 gr. de lard par jour, les apports que voici :

| Aliments consommés en 12 jours. | Quantité de chaleur calculée. |
|---|---|
| Viande (supposée sèche et dégraissée)....... | 228$^{gr}$,0 valant : $228,0 \times 4,0 = $ 912 cal. |
| Graisse (de la viande et du lard [2]).......... | 340$^{gr}$,4 valant : $340,4 \times 9,423 = $ 3 207 — |
| | Total............... 4 119 cal. |

La quantité de chaleur effectivement cédée par l'animal au calorimètre pendant ces douze jours s'étant élevée à 3 958 calories, on voit que la différence [3] entre la chaleur calculée et la chaleur recueillie n'a été que de 4 p. 100. En se servant des résultats de l'école de Atwater, on arriverait à des vérifications encore plus précises.

Il est donc évident : 1° *que pour les graisses et les hydrates de carbone les chaleurs de combustion telles que les mesure le calorimètre sont exactement applicables à l'organisme*; 2° *que, pour les protéiques, on sait corriger avec une exactitude suffisante la chaleur de combustion donnée par le calorimètre pour qu'elle soit de même applicable à l'être vivant.*

Cependant les données calorimétriques qui précèdent ne se prêtent pas à la pratique courante des échanges nutritifs. En effet, les rations consommées habituellement par l'homme contiennent des variétés très nombreuses de protéiques, de graisses et d'hydrates de carbone, dont il serait impossible de faire le dosage une à une. Et cependant les chaleurs de combustion de ces diverses variétés diffèrent assez notablement les unes des autres; celles des hydrates de carbone oscillent, par exemple, entre 3,7 et 4,2 (p. 500). Rubner s'est donc efforcé d'établir des *valeurs moyennes* représentant respectivement, avec une exactitude suffisante, les chaleurs de combustion des diverses variétés de protéiques, de graisses et d'hydrates de carbone qu'apporte le régime mixte, tel qu'on le pratique d'ordinaire.

1. On remarquera que cette valeur de 4 calories a déjà subi une correction relative à la perte par les fèces, tandis que pour les chaleurs de combustion des graisses et des hydrates de carbone, telles que nous les prenons dans le tableau de la page 500, cette correction n'a pas été faite (voy. plus loin, p. 504, note).

2. On peut admettre que la résorption de cette graisse a été totale.

3. Cette différence tient surtout à ce fait que la ration ayant été un peu surabondante, l'organisme en a fixé une petite partie, dont on aurait dû, par conséquent, retrancher la chaleur de combustion des 4 119 calories.

**Valeurs moyennes des chaleurs de combustion des aliments simples dans l'organisme.** — Voici comment Rubner a calculé ces moyennes, dont l'exactitude est très suffisante pour les besoins de la pratique courante, *pourvu que l'on ne perde pas de vue les conditions pour lesquelles elles ont été établies.*

Pour les protéiques animaux, Rubner adopte, comme chaleur de combustion dans l'organisme, celle de la viande sèche, dégraissée et supposée exempte de cendres, à savoir 4 cal. 233 par gramme (p. 501). Pour les protéiques végétaux, il montre que les plus abondamment représentés dans l'alimentation de l'homme sont ceux de la farine de froment et de seigle, qui ont sensiblement la même composition centésimale que la fibrine et la syntonine. Or, la chaleur de combustion de ces deux protéiques dans l'organisme est en moyenne de 4 cal. 30 par gramme. Et comme, d'autre part, la manière dont on détermine la richesse en protéiques d'un aliment végétal comme le pain donne toujours des valeurs trop fortes d'environ 8 p. 100 [1], Rubner adopte finalement, pour l'ensemble des protéiques végétaux habituellement consommés, la valeur de 4 cal. 30, diminuée de 8 p. 100, soit donc 3 cal. 96. Enfin, comme dans l'alimentation mixte ordinaire les albumines animales représentent 60 p. 100 et les végétales 40 p. 100 du total des protéiques de la ration, on aboutit finalement à la valeur moyenne que voici :

        Protéiques animaux ................  0,60 × 4,233 =  2,54
        —       végétaux ................  0,40 × 3,96  =  1,58
                Total..............                        4,12

Soit donc en chiffres ronds 4 cal. 1 par gramme d'albumine.

Pour les *graisses*, Rubner a pris la moyenne des chaleurs de combustion de l'huile d'olive, des graisses animales et du beurre, moyenne qu'il trouve sensiblement égale à 9 cal. 3.

Enfin, tenant compte de ce fait que l'amidon représente la fraction de beaucoup la plus importante des *hydrates de carbone* de nos aliments, il a adopté pour cette dernière catégorie la valeur de 4 cal. 1.

Les *valeurs moyennes* des chaleurs de combustion dans l'organisme sont donc pour les trois catégories d'aliments organiques, dans les conditions où les apporte l'alimentation mixte ordinaire :

        Pour 1 gr. d'albumine......................  4,1 calories.
        —       de graisse......................  9,3    —
        —       d'hydrates de carbone..........  4,1    —

**Calcul de l'apport d'énergie d'après les valeurs moyennes des chaleurs de combustion des aliments simples dans l'organisme.** — A l'aide de ces valeurs on peut calculer avec une exactitude très suffisante les apports d'énergie que l'alimentation mixte ordinaire met à la disposition de l'organisme.

---

1. On dose, en effet, les protéiques contenus dans les denrées alimentaires en déterminant l'azote total et en multipliant le résultat par le facteur 6,25 (p. 241). Mais les protéiques végétaux contenant, en général, plus de 16 p. 100 d'azote, on obtient ainsi un poids d'albumine trop fort.

Calculons, par exemple, les recettes d'énergie du sujet dont les recettes et les dépenses de matière ont été établies à la p. 496. (On établira en même temps la dépense d'énergie du sujet, pour n'avoir pas à reprendre cet exemple plus loin.)

|  | Aliments ingérés. | Aliments perdus par les fèces. | Aliments résorbés. | Apport thermique net. |
|---|---|---|---|---|
| Protéiques.. | $94^{gr},4$ | $5^{gr},4$ | $89^{gr},0$ | valant : $89,0 \times 4,1$ [1] $= 365$ cal. |
| Graisses.... | 82 ,5 | 3 ,7 | 79 ,8 | — : $79,8 \times 9,3 = 742$ — |
| Hydrates de carbone.. | 289 ,8 | 3 ,7 | 286 ,6 | — : $286,6 \times 4,1 = 1\,175$ — |

A ajouter :
Protéiques sacrifiés par l'organisme .................. $12^{gr},31$ valant : $12,31 \times 4,1 = 50$ —

Total des recettes de calories......... $2\,332$ cal.

A retrancher :
Graisse fixée par l'organisme. $24^{gr},46$ valant : $24,46 \times 9,3 = 227$ —

Dépenses de calories ............... $2\,105$ cal.

La légitimité de ce mode de calcul, c'est-à-dire la valeur pratique des coefficients 4,1, 9,3 et 4,1 ressort des expériences de contrôle faites par Rubner, et mieux encore des déterminations de l'École de Atwater sur l'homme. Les sujets de Atwater recevaient des rations composées de viande, d'œufs, de lait, de fromage, de pain, de pommes de terre, de fruits et de sucre, c'est-à-dire l'alimentation mixte, avec prédominance des protéiques animaux, que Rubner a prise comme point de départ pour établir ses valeurs moyennes. Or, en calculant, comme il vient d'être fait ci-dessus, la dépense totale de calories pendant dix-neuf d'entre les journées d'expérience relatées par Atwater, Tigerstedt a trouvé un total de 51 087 calories, alors que le total exact, tel qu'il ressort des résultats de Atwater, est de 51 000 calories. Les différences quotidiennes sont restées comprises entre $+ 2,9$ et $- 2,6$ p. 100.

Enfin, dans les recherches sur les échanges nutritifs de grandes collectivités, on est obligé de se contenter d'évaluations plus grossières, mais dont la précision est encore très suffisante. Là on admet, lorsqu'il s'agit d'adultes, que la ration habituellement consommée et qui maintient sensiblement constant le poids du sujet, représente la ration d'entretien. D'autre part, comme il est impossible de déterminer dans

---

1. On a fait remarquer de divers côtés (Magnus-Levy, Tigerstedt) que dans l'établissement de la valeur 4,1, est entrée déjà une correction relative à la perte par les fèces. Et cependant on a coutume de faire cette correction pour les *trois* catégories d'aliments, comme le recommande Rubner, en sorte qu'on la fait *deux fois* pour les protéiques. Mais la première de ces deux corrections est calculée d'après la composition des fèces du chien nourri de viande. Or, avec le régime mixte, la perte d'azote par les fèces chez l'homme est certainement beaucoup plus forte. La seconde correction ne fait donc pas tout à fait double emploi avec la première. Cependant il serait plus correct, comme le propose Tigerstedt, de ne faire intervenir dans l'établissement du facteur 4,1 des protéiques aucun facteur de correction pour la perte par les fèces. Le facteur devient alors 4,2. La différence est de peu d'importance au point de vue pratique.

ces sortes de recherches la perte par les fèces, on se contente de calculer à l'aide des facteurs de Rubner et d'après la composition de la ration, la valeur calorifique *brute* de l'apport quotidien, c'est-à-dire la chaleur de combustion de la ration telle qu'elle est ingérée, mais non telle que l'absorption digestive l'offre en réalité à l'organisme. En diminuant cet apport brut de 8 p. 100, on obtient une valeur approchée de l'apport *net* (Rubner). On peut aussi, comme le fait A. Gautier, opérer cette correction sur chacun des trois coefficients, d'après la digestibilité moyenne des trois sortes d'aliments, et calculer ainsi les valeurs calorifiques *nettes* que voici :

| | |
|---|---|
| Protéiques ........................................ | $3^{cal},68$ |
| Graisses ........................................... | $8\ ,65$ |
| Hydrates de carbone............................. | $3\ ,88$ |

## 2. *La détermination de la dépense d'énergie.*

Ne considérons d'abord que le cas d'un sujet pris au repos, c'est-à-dire ne dépensant de l'énergie que sous la forme de chaleur, ce qui ramène le problème à une question de calorimétrie. Celle-ci peut être directe ou indirecte.

**La mesure de la dépense d'énergie par calorimétrie directe.** — Ce procédé consiste à enfermer le sujet, homme ou animal, dans une enceinte calorimétrique permettant le recueil et la mesure de la chaleur rayonnée par l'organisme pendant la période considérée. C'est celui qu'ont employé d'abord Lavoisier et ses successeurs immédiats (p. 13), que Rubner, Chauveau, Laulanié et d'autres ont sans cesse perfectionné, et que l'École de Atwater a porté enfin à un si haut degré de précision (p. 15). Si le sujet exécute, en outre, des travaux mécaniques, il faut bien entendu déterminer aussi cette autre dépense. On a vu par quel ingénieux dispositif, Atwater a ramené cette mesure à celle d'une quantité de chaleur.

Toutefois, par l'outillage qu'elle exige et par toutes les conditions de l'expérience, cette calorimétrie directe n'a pu que rarement être pratiquée par les physiologistes. On lui préfère la méthode indirecte, permettant de *calculer* la dépense d'énergie d'après la dépense de matière.

**La mesure de la dépense d'énergie par calorimétrie indirecte.** — Cette méthode a pris deux formes. Dans l'une on est astreint à des expériences d'assez longue durée, vingt-quatre heures au moins. L'autre ne se prête, au contraire, qu'à des essais de dix à soixante minutes. Nous allons voir qu'elles se complètent réciproquement de la manière la plus heureuse (Magnus-Levy).

La première consiste à calculer, d'après le bilan total des apports et des dépenses de matière, les quantités de protéiques, de graisses et d'hydrates de carbone que l'organisme a détruites, et à en déduire le nombre de calories que ces destructions ont fourni à l'organisme. C'est la méthode employée d'abord par Pettenkofer et Voit, puis par Rubner, Tigerstedt, Atwater, Laulanié et d'autres. On a donné un exemple d'une telle détermination à la p. 504, où d'après le bilan des recettes et dépenses de matière on a calculé en même temps l'apport et la dépense d'énergie.

Mais comme le bilan des recettes et dépenses de matière d'un organisme ne peut être établi, avec une exactitude suffisante, que pour une période de vingt-quatre heures au moins, il suit de là que pour l'étude de la dépense d'énergie on est lié à la même période. Or, si pour l'étude de certains problèmes, cette obligation est précisément ce qui assure à la méthode sa grande précision, pour d'autres questions elle est une cause d'infériorité évidente.

Quand il s'agit, par exemple, de déterminer à quels aliments, protéiques, graisses, hydrates de carbone, a été empruntée l'énergie dépensée par un organisme soumis à un régime donné, et de suivre à ce point de vue les effets d'une cure d'amaigrissement, etc., c'est évidemment à la méthode de Pettenkofer qu'appartient le dernier mot. Mais cette méthode se prête beaucoup moins bien à l'étude séparée des divers facteurs qui font varier la dépense d'énergie. En effet, pendant la période des vingt-quatre heures, la dépense d'énergie est sous la dépendance de toute une série de facteurs, veille et sommeil, mouvements et repos, alimentation et jeûne relatif, qui ajoutent et confondent leurs effets dans le résultat total obtenu à la fin de la journée. On comprend donc qu'il soit difficile de mesurer nettement la part de chacun de ces facteurs, puisqu'il est impossible d'annuler complètement l'effet des autres. De plus, sur une dépense des vingt-quatre heures de 2 000 calories environ, il arrivera que l'effet de certains d'entre ces facteurs sera à peine supérieur aux erreurs d'expériences, tandis que sur la dépense d'une période courte (une demi-heure), la variation observée pourra être de 15 à 20 p. 100.

Pour l'étude de beaucoup de problèmes, la mesure de la dépense d'énergie pendant de courtes périodes présente donc des avantages considérables, et c'est ici qu'intervient la seconde des méthodes par calorimétrie indirecte, annoncées plus haut. Cette méthode consiste à calculer la dépense pour de courtes périodes d'après *l'intensité des échanges gazeux respiratoires* pendant ces périodes. Introduite par Lavoisier, puis pratiquée sur une large échelle par Andral et Gavarret, Smith, Speck [1] et plus près de nous par Richet et Hanriot, Chauveau et Tissot, Zuntz et ses élèves, elle a été appliquée, surtout par l'école de Zuntz [2], à l'étude d'une foule de problèmes de physiologie et de clinique. Beaucoup d'entre les résultats cités dans ce livre ont été obtenus par ce procédé, qui doit donc nous arrêter spécialement [3].

LA MESURE DE LA DÉPENSE D'ÉNERGIE PAR L'ÉTUDE DES COMBUS-

---

1. Ces auteurs se sont, à la vérité, bornés en général à doser l'acide carbonique produit (p. 510).

2. Quand le sujet doit se déplacer pendant l'expérience, il porte sur son dos l'appareil qui sert au recueil des gaz et qui ne pèse que 7 à 8 kgr.

3. Dans cette méthode le sujet n'est pas enfermé dans une enceinte close; il respire à l'aide d'un masque ou de tout autre dispositif permettant le dosage de l'oxygène absorbé et de l'acide carbonique produit (tandis que l'appareil de Pettenkofer ne mesure directement que l'acide carbonique exhalé). On néglige donc, ce qui est très acceptable, la respiration cutanée. On comprend aisément que, dans ces conditions, la durée de l'observation sur l'homme soit limitée. Il y a cependant un appareil qui permet de faire, pour de *longues* périodes et avec une grande précision, le dosage *simultané* des deux gaz, c'est celui de Regnault et Reiset, modifié par Hopp-Seyler, Regnard et Jolyet, Bergonié et Sigalas, L.-G. de Saint-Martin, et que Bénédict et Jacquet ont employé chez l'homme. Mais avec cette méthode, qui réunit donc les avantages des deux autres, on n'a fait encore qu'un petit nombre d'expériences.

TIONS RESPIRATOIRES. — Soit un organisme ne consommant que des hydrates de carbone, de l'amidon par exemple. La composition centésimale ou la formule de ce corps permet de calculer que la combustion complète de 1 gr. d'amidon consomme 0 l. 8288 d'oxygène et produit le même volume d'acide carbonique. Le quotient respiratoire est donc égal à 1 (p. 479), et comme la chaleur de combustion de 1 gr. d'amidon est de 4 cal. 1825, il vient donc par litre d'oxygène consommé ou d'acide carbonique produit 4,1825 : 0,8288 = 5 cal. 047. Nous appellerons cette grandeur la *valeur calorifique* de l'oxygène ou de l'acide carbonique pour l'amidon. Si l'organisme en question absorbe pendant un temps donné $p$ litres d'oxygène, on pourra donc : 1° s'assurer par l'observation du quotient respiratoire que c'est bien uniquement de l'amidon qui a été brûlé; 2° calculer, en formant le produit $p \times 5{,}047$, la quantité de chaleur produite pendant ce temps.

Si l'on fait le même calcul pour les albumines et les graisses, on obtient le tableau suivant, qui est emprunté à Magnus-Levy.

| NATURE DE L'ALIMENT | CHALEUR QUE DÉGAGE LA COMBUSTION DANS L'ORGANISME DE 1 GRAMME DE L'ALIMENT $a$ | VOLUME[1] D'OXYGÈNE CONSOMMÉ PAR GRAMME D'ALIMENT BRÛLÉ $b$ | VOLUME[1] D'ACIDE CARBONIQUE PRODUIT PAR GRAMME D'ALIMENT BRÛLÉ $c$ | QUOTIENT RESPIRATOIRE $c : b$ | VALEUR CALORIFIQUE DE L'OXYGÈNE (chaleur produite par litre d'oxygène consommé) $a : b$ | VALEUR CALORIFIQUE DE L'ACIDE CARBONIQUE (chaleur produite par litre d'acide carbonique exhalé) $a : c$ |
|---|---|---|---|---|---|---|
| | Calories. | Litres. | Litres. | Q. R. | Calories. | Calories. |
| Protéiques. | 4,442 [2] | 0,9661 [3] | 0,7817 [3] | 0,809 | 4,600 | 5,683 |
| Graisses. | 9,461 [2] | 2,0192 [4] | 1,4273 [4] | 0,707 | 4,686 | 6,629 |
| Amidon. | 4,1825 [2] | 0,8288 [4] | 0,8288 [4] | 1,000 | 5,047 | 5,047 |

On voit que les valeurs calorifiques de l'oxygène ou celles de l'acide carbonique ne sont pas les mêmes pour les trois sortes d'aliments. Pour l'homme, qui consomme à la fois des protéiques, des graisses et des hydrates de carbone, le calcul de la dépense d'énergie d'après les combustions respiratoires n'est donc pas aussi simple que pour l'organisme hypothétique que nous avons admis plus haut, réduit au seul amidon. Toutefois l'écart qui existe entre les valeurs calorifiques de l'oxygène

1. Volumes mesurés à 0° et à la pression de 760 millimètres de mercure.

2. La chaleur de combustion de l'albumine dans l'organisme qu'a adoptée ici Magnus-Levy est la valeur moyenne dont il a été question à la page 501. Pour les graisses et l'amidon, les valeurs admises dans ce tableau diffèrent un peu de celles qui figurent dans le tableau de la page 500, parce qu'elles ne proviennent pas des mêmes expérimentateurs.

3. On a vu à la page 480 comment on calcule approximativement les volumes d'oxygène consommé et d'acide carbonique produit par la dégradation des protéiques dans l'organisme.

4. Ces volumes sont facilement calculés en partant de la composition centésimale des graisses et de l'amidon.

pour les trois catégories d'aliments n'est pas important, comme le montre le petit tableau que voici :

|  | Valeurs absolues. | Valeurs relatives. |
|---|---|---|
| Protéiques...................... | 4,600 | 100 |
| Graisses....................... | 4,686 | 101,9 |
| Amidon..... .................. | 5,047 | 109,7 |

On peut donc, sans commettre d'erreur importante, faire emploi pour l'oxygène [1], d'une valeur calorifique moyenne, et nous verrons plus loin comment il est indiqué de la calculer. Mais on n'est pas obligé de se contenter de cette approximation. La méthode permet, en effet, *de calculer comment l'oxygène s'est partagé entre les trois sortes d'aliments et d'établir, par conséquent, quelle valeur calorifique il faut attribuer à ces diverses portions de l'oxygène consommé.* Voici comment :

Prenons comme exemple, avec Magnus-Levy, l'expérience suivante de Schumburg et Zuntz. Les résultats sont en centimètres cubes et rapportés à la minute. Calculé d'après la quantité totale des vingt-quatre heures, l'azote excrété par minute s'est élevé à 7 mgr. 16. Il vient donc par minute :

|  | Volume d'oxygène absorbé. | Volume d'acide carbonique. exhalé. | Quotient respiratoire. |
|---|---|---|---|
| Échanges respiratoires totaux..... | 252$^{cm3}$,6 | 211$^{cm3}$,2 | 0,836 |
| — — dus à l'albumine (7,16 × 6,25 = 44$^{mgr}$,75 d'albumine détruite).................. | 43 ,2 [2] | 35 ,0 [2] | |
| Différence : Échanges respiratoires dus aux hydrates de carbone et aux graisses ................... | 209$^{cm3}$,4 | 176$^{cm3}$,2 | 0,841 [3] |

Les 43 cm$^3$, 2 d'oxygène, qui ont servi à brûler l'albumine, ont produit 43,2 × 4,600 = 199 cal. 6 [4]. D'autre part, au mélange de graisse et d'hydrates de carbone qui a été détruit correspond un quotient respiratoire de 0,841. Comme un quotient de 0,707 indique que l'oxygène s'est partagé entre les graisses et les hydrocarbonés dans le rapport de 100 : 0, et qu'un quotient de 1,000 indique que ce même partage s'est fait dans le rapport 0 : 100, il est facile de calculer que, pour un quotient respiratoire de 0,841, 45,7 p. 100 de l'oxygène, soit 209,4 × 0,457 = 95 cm$^3$, 7, ont servi à brûler les hydrates de carbone, et que le reste, soit 209,4 — 95,7 = 113 cm$^3$, 7, ont été employés par la combustion des

1. Pour l'acide carbonique, dont les trois valeurs calorifiques sont beaucoup plus éloignées l'une de l'autre (5,683, 6,629 et 5,047), l'emploi d'une valeur moyenne est une approximation beaucoup plus grossière.

2. Nombres calculés en multipliant le poids d'albumine détruite, 44,75, respectivement par les valeurs 0,9661 et 0,7817 empruntées au tableau de Magnus-Levy (p. 507).

3. Calculé en faisant le quotient : 176,2 : 209,4.

4. On peut aussi calculer cette quantité de chaleur en multipliant le poids d'albumine brûlée par la chaleur de combustion de cet aliment dans l'organisme. On trouve alors : 44,75 × 4,442 = 198,8 calories.

graisses. La chaleur fournie par les hydrates de carbone a donc été de
$95,7 \times 5,047 = 483$ calories et celle qu'ont donnée les graisses s'est élevée
à $113,7 \times 4,686 = 532,8$ [1]. La dépense totale d'énergie, calculée d'après les
combustions respiratoires, s'est donc élevée à $199,6 + 483,0 + 532,8 =$
1 215 cal., 4 (Il s'agit ici de petites calories, puisque les volumes
d'oxygène sont en centimètres cubes).

Dans l'exemple qui précède, on a calculé à part, à l'aide du dosage de
l'azote excrété, la quantité de la chaleur produite par la dégradation de
l'albumine. Quand cette dégradation porte sur des quantités importantes
par exemple lorsqu'on expérimente pendant la digestion d'un repas
riche en viande, il est bon de faire ce calcul. Mais on montrera plus
loin que l'une des applications les plus importantes de la méthode est
de déterminer la grandeur de la dépense d'énergie pour l'état de repos
complet et loin du dernier repas (voy. p. 512). Or, dans ces conditions,
l'organisme emprunte aux protéiques environ 15 p. 100 de sa dépense
totale d'énergie, les 85 centièmes restants étant fournis par les graisses
et les hydrates de carbone. D'ailleurs, même dans les conditions ordinaires de la vie, l'apport d'énergie par les protéiques ne descend pas
au-dessous de 10 p. 100 et ne s'élève guère au-dessus de 20 à 25 p. 100
de l'apport total. On peut donc, surtout pour l'état de jeûne, se dispenser
du dosage de l'azote urinaire, admettre que l'oxygène a servi pour
15 centièmes à l'oxydation de l'albumine et pour 85 centièmes à celle
des graisses et des hydrates de carbone et terminer ensuite le calcul
comme il a été dit plus haut [2].

Remarquons enfin que même pour des compositions très variables de

1. Il est plus simple de calculer tout de suite la valeur calorifique que prend
l'oxygène pour le mélange de graisses et d'hydrates de carbone considéré.
Remarquons que l'on a :

|  | Quotient respiratoire. | Valeur calorifique de l'oxygène. |
|---|---|---|
| Amidon | 1,000 | 5,047 |
| Graisse | 0,707 | 4,686 |
| Différences | 0,293 | 0,361 |

Lorsqu'on brûle donc de la graisse, additionnée de quantités croissantes d'amidon, chaque fois que le quotient respiratoire s'élèvera au-dessus de 0,707 d'une
quantité égale à 0,001, la valeur calorifique de l'oxygène s'élèvera au-dessus de
4,686 d'une quantité égale à $0,361 : 0,293 = 0,00123$. Dans l'espèce le quotient
observé a été de 0,841. Il dépasse donc le quotient 0,707 de 0,134. Donc la valeur
calorifique de l'oxygène s'est accrue de $0,00123 \times 134 = 0,165$. Pour le mélange
de graisse et d'hydrates de carbone qui a été brûlé, la valeur calorifique de
l'oxygène est donc de $4,686 + 0,165 = 4,851$, et la chaleur fournie par ce mélange
s'élève donc à $209,4 \times 4,851 = 1015$ cal., 8. (Soit donc le même résultat que par l'autre
mode de calcul, qui a donné $483 + 532,8 = 1015,8$.)

2. Pour l'expérience de Schumburg et Zuntz, voici comment se présenterait
alors le calcul. Si l'on admet que 15 centièmes de l'oxygène se sont portés sur les
protéiques, il vient $0,15 \times 252,6 = 37$ cm³, 89, d'oxygène, qui ont été consommés
par les protéiques et qui ont donc fourni $37,89 \times 4,600 = 174$ cal., 29 en produisant en même temps $37,89 \times 0,809 = 30$ cm³, 65 d'acide carbonique. Il reste donc
pour le mélange de graisse et d'hydrates de carbone $252,59 - 37,89 = 214$ cm³, 70
d'oxygène et $211,17 - 30,65 = 180,52$ d'acide carbonique, ce qui donne un quotient
respiratotre de $180,52 : 214,70 = 0,841$. Ce quotient dépasse 0,707 de $0,841 - 0,707$
$= 0,134$. La valeur calorifique de l'oxygène pour les graisses est donc à augmenter de $134 \times 0,00123 = 0,165$ et elle devient $4,686 + 0,165 = 4,851$. La chaleur
développée par la combustion du mélange de graisses et d'hydrates de carbone

ce mélange de graisses et d'hydrocarbonés, la valeur calorifique de l'oxygène reste comprise entre des limites assez rapprochées, ainsi qu'il ressort du calcul ci-après (Magnus-Levy) :

| POUR 100 LITRES D'OXYGÈNE ABSORBÉ, SUPPOSONS QUE CHAQUE ALIMENT AIT CONSOMMÉ : | | | LE QUOTIENT RESPIRATOIRE (Q. R.) ET LA VALEUR CALORIFIQUE DE L'OXYGÈNE (Cal-O²) PRENNENT ALORS LES VALEURS SUIVANTES : | |
|---|---|---|---|---|
| Pro-téiques. | Graisses. | Hydro-carbonés. | Q. R. | Cal-O². |
| 15 | 85 | 0 | 0,971 | 4,980 |
| 15 | 0 | 85 | 0,722 | 4,673 |

Comme ces deux valeurs extrêmes, 4,980 et 4,673, sont entre elles comme 106,6 : 100, on peut se servir de leur moyenne, qui est égale à 4,83, sans commettre une grosse erreur. Ainsi simplifié, le calcul des résultats de l'expérience de Schumburg et Zuntz se réduit donc à multiplier le nombre de centimètres cubes d'oxygène absorbés, soit 252 cm³, 6 par cette valeur calorifique moyenne de l'oxygène, ce qui donne $252,6 \times 4,83 = 1\,220$ calories, résultat qui est à peine supérieur à celui qu'a donné le calcul exact.

Pour les conditions ordinaires de l'alimentation, et mieux encore pour l'état de repos et de jeûne, *on obtient donc, exprimée en grandes calories, une valeur assez exacte de la dépense d'énergie, en multipliant par le facteur 4,83, valeur calorifique moyenne de l'oxygène, le nombre de litres d'oxygène absorbés pendant la période considérée.*

Enfin il est clair que *pour exprimer, en valeur relative, la grandeur de cette dépense, il suffit d'énoncer le volume d'oxygène consommé.* C'est ce qui a été fait à plusieurs reprises dans ce livre (voy. p. 517, note 2 et 520, note 1). On peut aussi exprimer la grandeur relative de la dépense d'énergie en énonçant le volume d'acide carbonique exhalé (p. 514 et 540, note 1), mais on a vu pourquoi l'acide carbonique fournit une mesure moins exacte de cette grandeur (p. 508, note 1).

Dans tout ce qui précède, on a admis implicitement que la combustion de chacun des aliments a abouti aux produits ultimes que nous leur attribuons dans le calcul de la valeur calorifique de l'oxygène, sans formation et rétention, dans l'organisme, de produits intermédiaires. C'est ce qui se passe le plus souvent, mais non toujours. Ainsi on a vu que la transformation des graisses en hydrates de carbone est accompagnée d'une absorption d'oxygène (p. 357). Mais cet oxygène n'ayant pas servi à une combustion complète, on commettrait évidemment une forte erreur en lui attribuant l'une des valeurs calorifiques du tableau de la page 507. La transformation inverse des hydrates de carbone en graisse est accompagnée, au contraire, d'un dégagement d'acide carbonique, qui provient aussi d'une combustion partielle (p. 391). Toutefois, pour obtenir des transformations de cette nature avec quelque ampleur, il faut des conditions spéciales que ne réalise pas l'alimentation ordinaire de l'homme et que l'on peut éviter, quand on veut expérimenter avec cette méthode.

est donc égale à $4,851 \times 214,70 = 1041,51$. La dépense totale d'énergie s'élève finalement à $1041,51 + 174,29 = 1215$ cal., 8 (petites calories) par minute. La concordance est excellente.

# CHAPITRE XXIV

## LES ÉCHANGES NUTRITIFS EXTÉRIEURS : L'ENTRETIEN DE L'ORGANISME ET LA DÉPENSE D'ÉNERGIE

Les dépenses d'entretien d'un organisme se présentent à l'étude sous deux aspects. Les organismes reçoivent du dehors des aliments, les dégradent, puis éliminent les produits de ces simplifications. Cela veut dire qu'ils ont des besoins et qu'ils font des dépenses de *matière*. Ils trouvent, d'autre part, accumulée dans ces aliments, une certaine quantité d'énergie chimique qu'ils transforment et qu'ils dépensent au dehors sous des formes diverses, chaleur, travail mécanique. Cela veut dire qu'ils ont des besoins et qu'ils font des dépenses d'*énergie*.

Pour la commodité de l'exposition, on étudiera séparément le bilan de ces deux sortes d'opérations. Mais il reste entendu que ce ne sont là que deux aspects d'un même phénomène. L'un correspond à l'étude chimique, et l'autre à l'étude thermique de cette grande équation chimique, que représente l'entretien alimentaire d'un organisme, c'est-à-dire que l'un est l'étude des masses, et l'autre, l'étude des quantités d'énergie[1], qui entrent en jeu dans ces réactions.

Quand un individu passe de l'état de travail à l'état de repos, ou quand à l'état de réplétion du tube digestif succède le jeûne, ou encore quand la température du milieu s'élève, par exemple, de

---

1. Seules les matières minérales, qui ne représentent pour l'organisme qu'un apport de matière, ne participent pas au bilan des recettes et dépenses d'énergie.

0° à 15°, on constate que la dépense d'énergie diminue sous l'influence de chacun de ces changements. Or, quand on s'efforce d'éliminer, autant qu'il est possible, tous les facteurs qui font ainsi croître cette dépense, on constate que celle-ci s'abaisse jusqu'à un certain minimum, que l'on appellera avec Magnus-Levy *la dépense de fond*. C'est donc le minimum auquel descend la dépense d'énergie, lorsqu'on supprime toutes les dépenses qui peuvent être arrêtées, sans que l'organisme cesse d'être prêt à rentrer immédiatement dans la pleine activité de toutes ses fonctions. D'autre part, on appellera, dans ce qui suit, *dépenses de fonctionnement* tout le surplus qui s'ajoute à la dépense de fond, lorsque l'organisme rentre dans cet état d'activité.

## § I. — LA DÉPENSE MINIMUM D'ÉNERGIE OU DÉPENSE DE FOND.

**Grandeur moyenne de la dépense de fond.** — Lorsque, d'après la quantité d'oxygène consommé et d'acide carbonique exhalé (pendant une heure)[1], on mesure la dépense d'énergie chez des sujets pris très loin (douze à quatorze heures) du dernier repas, en état de repos complet, et dans un milieu à température agréable (15 à 20°)[2], on constate que la dépense d'énergie descend à un minimum, à un *seuil*, très constant chez le même individu et ne variant pas beaucoup, par unité de poids, d'un sujet à un autre. Par kilogramme et par minute, il vient en moyenne 3 cm³, 64 d'oxygène absorbé et 2 cm³, 88 d'acide carbonique produit, ce qui correspond à une dépense moyenne de 1 calorie par kilogramme et par heure[3] (Magnus-Levy et Falck). Les expériences de Atwater, où la chaleur produite était mesurée par calorimétrie directe, ont donné pour les heures de sommeil un résultat moyen presque identique (0 cal. 98)[4]. Pour un homme d'un poids moyen de 65 kilogrammes, il vient donc 1 560 calories en vingt-quatre heures.

---

1. Voy. p. 506 la justification de cette méthode.

2. On verra plus loin pourquoi cette condition est nécessaire (p. 524 et s.).

3. En adoptant pour l'oxygène la valeur calorifique moyenne de 4 cal. 83 (p. 510), il vient, en effet, par kilogramme et par minute $3{,}64 \times 4{,}83 = 17{,}58$ *petites* calories (puisque le volume de l'oxygène est exprimé en centimètres cubes et non pas en litres), donc par kilogramme et par heure $17{,}58 \times 60 = 1\,054$ petites calories ou, en chiffres ronds, 1 grande calorie.

4. Voy. aussi la note 1 de la page 515.

La détermination de la dépense de fond, que l'emploi de la méthode par l'étude des échanges respiratoires a rendue très commode, constitue l'une des acquisitions les plus intéressantes de la physiologie des échanges nutritifs. C'est en faisant descendre, au préalable, la dépense d'énergie à ce minimum, très constant chez un même individu, que l'on a pu mesurer exactement l'influence des facteurs individuels, taille, poids, surface, composition du corps, âge, sexe, puis celle des agents physiques, lumière, vent, humidité, température extérieure, altitude. Enfin c'est parce que la dépense de fond fournit un seuil constant, que l'on a pu déterminer avec précision ce qu'ajoute chaque fois à ce seuil l'action variable des diverses opérations physiologiques, travaux musculaires divers (marche, courses à pied ou à bicyclette, ascensions, port de fardeaux), ingestion d'aliments, etc. L'étude systématique de ces agents a été faite surtout par l'école de Zuntz, à l'aide de l'analyse des gaz de la respiration. Beaucoup de résultats ont été réunis aussi par l'école de Chauveau, par Laulanié, Richet et Hanriot, Lefèvre et d'autres.

**Influence des facteurs individuels sur la dépense de fond.** — Rapportée au kilogramme d'individu, la dépense de fond varie un peu avec le *poids*, la *taille*, la *surface* et la *composition du corps* des sujets, mais ces variations ne sont pas très considérables. L'influence de l'*âge* est plus importante, tandis que celle du *sexe* est négligeable.

La dépense de fond par kilogramme s'abaisse un peu à mesure que le poids augmente. Voisine de 22 à 24 calories par kilogramme et par jour pour des poids de 65 à 75 kilogrammes, elle s'abaisse à 20 calories pour des individus plus lourds et s'élève à 30 calories pour des sujets plus légers. Elle est plus constante quand on la rapporte au mètre carré de surface (de 710 à 893, moyenne 775 calories [1]). Elle diminue, bien entendu, quand les réserves adipeuses sont plus abondantes, puisque la graisse constitue un poids mort, dont la dépense est nulle, et elle est plus forte, au contraire, chez les sujets à musculature développée. Elle est plus forte chez l'enfant que chez l'adulte, et plus forte chez celui-ci que chez le vieillard, dans l'un et l'autre sexe. Ainsi, chez une fillette, une femme et une vieille femme, ayant sensiblement le même poids (31, 31,6 et 30 kgr.) et la même taille (138, 134 et 140 cm.), les dépenses d'énergie par kilogramme ont été entre elles comme 112, 100 et 86. L'influence du sexe est médiocre ou nulle (Magnus-Levy et Falck).

1. Dépense calculée par Magnus-Levy, d'après l'excrétion d'acide carbonique, pour des périodes de six à huit heures de sommeil (expériences de l'École de Atwater et de divers physiologistes suédois).

**Influence des agents physiques sur la dépense de fond.**
— De tous les agents physiques, le plus important à considérer ici,
c'est la température extérieure, parce que cette question contient
non seulement l'important problème de l'action des climats sur la
dépense de fond, mais encore celui de la cause même de cette
dépense.

ACTION DE LA TEMPÉRATURE EXTÉRIEURE. — Déjà Lavoisier,
dont on trouve sans cesse le nom à l'origine de tous les grands
problèmes de la physiologie de la nutrition, avait reconnu avec
Séguin que la consommation d'oxygène augmente, quand la température extérieure s'abaisse, et cette action a été vérifiée depuis
par de très nombreuses observations. Celles de Rubner ont ajouté
ce résultat intéressant, à savoir que *pour des températures extérieures croissantes la dépense passe par un minimum*, situé
pour le chien vers 25 ou 30°, pour l'homme vers 15 ou 16°[1].

Exemples : 1° Chien de 4 kilogrammes à jeun et au repos (Rubner).

| Température de l'air ambiant. | Dépense par kilogramme en 24 heures. |
|---|---|
| 8° | 86,4 calories. |
| 15° | 63,0 — |
| 20° | 55,9 — |
| 25° | 54,2 — |
| 30° | 56,2 — |
| 35° | 68,5 — |

2° Expériences de Voit sur l'homme (citées d'après Magnus-Levy).

| Température de l'air ambiant. | Acide carbonique produit par heure. |
|---|---|
| De 4° – 9° | 33,6 grammes. |
| — 14°3–16°2 | 26,1 — |
| — 23°7–26°7 | 27,3 — |
| A 30° | 28,4 — |

Cet écart considérable entre l'homme et le chien n'est sans doute
qu'apparent, au moins en partie[2], car vêtu, l'homme vit en réalité dans
la couche d'air interposée entre ses habits et sa peau, et dont la température est voisine de 32°. D'ailleurs Lefèvre a vu que, pour un homme
plongé dans un bain, dont la température croît de manière à se rap-

---

1. C'est chez les chiens à long poils ou à pannicule adipeux épais, c'est-à-dire
chez les animaux bien défendus contre le refroidissement, que le minimum s'installe déjà à 25°. Il est probable que pour l'homme la température du minimum de
dépense s'éloigne plus ou moins de 15-16° selon la manière dont il est vêtu.
2. Voyez p . 515, note 2.

procher de celle du corps, la production de chaleur diminue et tend vers une limite [1] qui est atteinte à 33°.

Cette constatation est de la plus haute importance. En effet, si pour l'organisme au repos et à jeun la dépense d'énergie n'était commandée que par les besoins de la calorification, elle devrait s'annuler lorsque la température extérieure atteint celle du corps. On vient de voir qu'il n'en est rien : La chaleur produite passe par un minimum, et celui-ci est atteint pour une température extérieure, qui est inférieure à celle de l'organisme. Cette dépense minimum, dans laquelle les besoins de la calorification n'ont donc plus aucune part, correspond évidemment à ce minimum de travaux chimiques, inséparables du maintien de la vie, et dont *cette chaleur est le produit nécessaire, mais non le but physiologique*. Et la température extérieure pour laquelle ce minimum est atteint n'est pas celle de l'organisme; c'est la température pour laquelle les pertes de chaleur sont tout juste égales à cette production minimum de chaleur (L. et M. Lapicque) [2].

MÉCANISMES PAR LESQUELS LA DÉPENSE D'ÉNERGIE S'ÉLÈVE AU-DESSUS DU MINIMUM. — LA RÉGULATION CHIMIQUE ET LA RÉGULATION PHYSIQUE. — Voyons maintenant par quel mécanisme la dépense d'énergie augmente, lorsqu'on s'éloigne, dans un sens ou dans l'autre, de cette température extérieure (15 à 16° chez l'homme, environ 30° chez le chien) pour laquelle la dépense constatée est minimum.

1° Considérons d'abord l'effet des *températures extérieures basses*. Pour les augmentations considérables de la dépense, telles qu'en produisent des froids vifs, et plus encore des bains froids

1. Cette limite est sensiblement de une calorie par kilogramme et par heure, résultat qui est un bon accord avec ce qui a été dit à la page 512 au sujet de la dépense minimum.

2. Cette chaleur étant le produit accessoire de réactions chimiques indispensables au maintien de la vie, il semble qu'elle devrait être proportionnelle au poids du corps. On constate, au contraire, chez l'homme qu'elle est plus forte par kilogramme pour les sujets légers que pour les individus lourds, pour les enfants que pour les adultes (p. 513). M. et L. Lapicque ont noté ce phénomène d'une manière plus frappante encore chez les oiseaux : les bengalis (7 gr. 75) ont par unité de poids une dépense de fond qui est presque le double de celle des petites colombes (40 à 50 gr.) et le triple de celle du pigeon domestique (450 gr.). Il semble donc que, même dans des conditions où leur thermogenèse est à son zéro physiologique, les petits organismes ont des combustions plus actives que les grands. N'est-ce pas parce que leur surface, proportionnellement plus grande que celle des grands, entraîne pour eux, quand la température extérieure s'abaisse, des pertes de chaleur plus grandes, et que, leur thermogenèse active entrant alors en jeu, il est plus avantageux pour eux qu'elle parte d'un seuil plus élevé?

(plus de 300 p. 100), le mécanisme du phénomène n'est plus discuté aujourd'hui. Le surplus considérable de chaleur produit tient aux contractions musculaires, volontaires ou involontaires, du sujet (frissons, tremblements). C'est un phénomène de défense sur lequel Ch. Richet a très fortement attiré l'attention des physiologistes. Mais ce mécanisme entre-t-il en jeu tout de suite, ou bien, au contraire, pour des abaissements de température moins grands, l'organisme peut-il augmenter ses combustions sans faire appel aux contractions musculaires? En d'autres termes, le froid incite-t-il directement les cellules de l'organisme à un travail chimique plus intense? C'est la théorie de la *régulation chimique*, soutenue par Rubner et son école, admise aussi par Voit, et opposée à celle de Senator, Speck, A. Loewy, Johannson, qui soutiennent que l'augmentation des combustions ne se produit que par l'intermédiaire des contractions musculaires [1].

A. Loewy a constaté sur des médecins et sur d'autres sujets cultivés, et Johannson a observé sur lui-même, que lorsque l'on s'expose au froid, les combustions respiratoires restent au même niveau qu'auparavant, aussi longtemps que l'on réussit à éviter toute contraction musculaire, tout frisson, et ils nient qu'il se produise chez l'homme une régulation chimique au sens où l'entend Rubner. Mais une telle régulation paraît bien exister chez le chien. Rubner a observé souvent que, sitôt que l'on fait descendre la température extérieure au-dessous de 30°, beaucoup d'animaux réagissent aussitôt par une augmentation de leurs combustions, sans qu'on puisse apercevoir aucun frisson. D'ailleurs il est invraisemblable que de telles températures (de 30 à 20°) provoquent des frissons chez le chien. Rubner conclut de là que c'est d'abord la régulation chimique qui intervient; le tremblement musculaire n'entre en jeu que pour de plus forts abaissements de la température. Mais les deux thèses en présence se rejoignent en ceci que la régulation chimique de Rubner a son siège dans le tissu musculaire, car chez des animaux, dont les muscles sont paralysés par le curare, on observe le même phénomène que chez l'homme qui réussit à ne pas frissonner sous l'action du froid : l'abaissement de la température n'augmente plus la dépense de calories.

Concluons donc que le froid incite le tissu musculaire à une plus forte production de chaleur, que chez l'homme cet accroissement paraît toujours lié à des contractions musculaires, d'abord involontaires, puis volontaires, que chez les chiens cette interven-

1. On peut donc dire que le froid inciterait l'organisme, d'après Rubner, à une augmentation de la dépense de fond, et, d'après les contradicteurs de Rubner, à une augmentation de la dépense de fonctionnement.

tion des contractions semble être précédée d'une phase de pure régulation chimique.

2° On a vu qu'après avoir passé par un minimum, la dépense de calories s'élève pour des *températures extérieures plus élevées*. Ce fait, paradoxal au point de vue téléologique, s'explique par l'entrée en jeu d'appareils de réfrigération, dont le fonctionnement produit de la chaleur.

La physiologie a établi les mécanismes de cette réfrigération. N'en rappelons ici que les deux principaux, qui sont une circulation plus active du côté de la peau, ce qui augmente les pertes de chaleur, puis une sécrétion et une évaporation actives de sueur. Chez les animaux (chien) qui n'ont pas de sécrétion sudorale, c'est du côté du poumon et de la langue que se fait l'évaporation réfrigérante (polypnée thermique de Ch. Richet). Mais du côté du cœur, des muscles de la respiration, des glandes sudoripares ou salivaires, ces opérations nécessitent un surcroît de travail, d'où production d'un surcroît de chaleur. Et si, en dépit de ces mécanismes, la température s'élève néanmoins, les combustions sont encore par ce fait augmentées [1]; on entre ici dans la marge des accidents de l'hyperthermie.

Concluons donc que *la dépense minimum ou dépense de fond est celle que l'on constate chez l'homme (vêtu) au repos, à jeun, et pour une température extérieure de 15 à 16°. Tout ce qui s'ajoute à ce minimum, quand on s'éloigne de cette température, résulte, pour les températures plus basses, de contractions musculaires (invisibles ou visibles), pour les températures plus élevées, du travail des appareils de réfrigération.*

INFLUENCE DU CLIMAT OU DES SAISONS. — Ce qui précède fait prévoir que les différences de température qui caractérisent les climats ou les saisons doivent être sans action *directe* sur la dépense de fond. C'est ce que l'expérience vérifie.

La dépense de fond est la même en été et en hiver, dans les climats tempérés ou sous les tropiques (Ranke, Eykmann)[2], mais, à cette

1. La chimie physique a établi que, pour une élévation de température de 10°, la vitesse de beaucoup de réactions chimiques, analogues à celles qui se passent dans l'organisme, est multipliée par 2. Ce *coefficient de température* se retrouve aussi chez les êtres vivants. Chez les animaux à sang chaud, l'intensité des combustions augmente, en effet, de 10 p. 100 pour une augmentation de la température du corps de 1°, et chez la grenouille, qui, en sa qualité d'animal à sang froid, supporte des augmentations de température plus amples, on trouve, par exemple, que le nombre de milligrammes d'acide carbonique produits par heure et par kilogramme d'animal entre 10 et 15° est de 68 et entre 25 et 30° de 160.

2. Exemple : Oxygène consommé par minute pour un poids moyen de 64 kilogrammes (Eijkmann) : chez des Européens vivant en Europe par des temps frais

dépense de fond constante, l'action de la température ajoute selon les climats ou les saisons des surplus très variables. Dans les pays froids, la lutte contre le froid incite l'organisme à des mouvements musculaires énergiques, d'où dépense d'énergie supplémentaire, et nécessité d'ingérer un supplément de combustible. Dans les pays chauds, au contraire, les efforts musculaires sont instinctivement réduits, et le supplément de dépense qui s'ajoute à la dépense de fond est beaucoup moindre, donc moindre aussi le besoin de nourriture [1]. Mais en aucun cas cette plus grande dépense d'énergie dans les climats froids, et cette plus petite dépense dans les climats chauds, ne tiennent à ce fait que l'organisme augmenterait dans le premier cas, et diminuerait dans le second sa dépense de fond.

Influence de la lumière. — L'action heureuse que l'insolation exerce sur la santé des hommes a été reconnue de tous temps et depuis quelques années les médecins emploient systématiquement la lumière comme moyen thérapeutique dans les affections de la nutrition générale et signalent l'amélioration, le relèvement des échanges nutritifs que l'on obtiendrait à l'aide des « cures de lumière », des « bains de soleil ». Mais cette action, que l'on n'entend nullement nier ici, ne peut être qu'indirecte, car ni par l'intermédiaire des yeux, ni par son action directe sur la peau, la lumière ne modifie la dépense de fond.

Chez l'homme, la dépense de fond, mesurée d'après les échanges gazeux respiratoires, reste la même, que les yeux soient bandés ou non (Speck). Même résultat chez l'homme nu, tenu à l'ombre ou exposé au soleil (Wolpert). Il faut donc, dit Magnus-Levy, expliquer les effets thérapeutiques de la lumière par des actions indirectes. Ces actions sont, d'une part, les incitations à une plus grande activité musculaire que dans un milieu bien éclairé, les yeux transmettent sans cesse au cerveau, et qui chez l'homme agissent très puissamment, et, d'autre part, dans le cas d'insolation de la surface nue du corps, les réflexes plus nombreux que la peau, plus fortement pigmentée et plus puissamment irriguée, envoie par l'intermédiaire des centres nerveux aux organes profonds. On comprend que, par toutes ces excitations, les divers organes et appareils soient amenés à fonctionner plus activement (Magnus-Levy).

250 centimètres cubes ; chez les Européens vivant en Malaisie 246 centimètres cubes ; chez des Malais observés dans leur pays 251 centimètres cubes.

1. Il résulte des observations de Ranke que la moindre consommation alimentaire chez les Européens vivant sous les tropiques tient, non seulement à cette instinctive diminution du travail musculaire, mais encore à ce fait que la diminution de leur appétit et de leur puissance digestive sous l'influence de la chaleur ne permet pas aux blancs de maintenir leur ration au niveau de leurs besoins, d'où amaigrissement avec toutes les conséquences de l'alimentation insuffisante chronique. La supériorité de race de l'indigène consisterait, au contraire, surtout en ce que celui-ci conserve, malgré la chaleur, un appétit et des organes digestifs lui permettant d'ingérer et de maîtriser une ration suffisante. Dans nos climats aussi, la plupart des individus engraissent en hiver et maigrissent en été.

Influence de la composition de l'air et de l'altitude. — Cette influence a été étudiée en même temps que les phénomènes de la respiration (p. 277 et 279). Rappelons que ni l'augmentation de la proportion d'oxygène dans l'air inspiré (inhalations d'oxygène), ni la diminution de cette proportion, au moins dans de très larges limites, ne modifient la dépense de fond et qu'il en est probablement de même pour l'altitude.

## § II. — LES DÉPENSES DE FONCTIONNEMENT.

A la dépense de fond, dont on vient d'étudier la nature et la grandeur, le fonctionnement des divers systèmes, système digestif, système musculaire, appareils glandulaires, ajoute un surplus plus ou moins considérable. Voyons quelle est chaque fois la grandeur de ce surplus et comment on peut en expliquer la production.

### 1. *Influence de l'alimentation sur la dépense d'énergie.*

Toute ingestion d'aliments est suivie, chez l'homme, d'une augmentation de la dépense d'énergie, révélée notamment par l'accroissement de la quantité d'oxygène consommée. Pour les trois repas de la journée et dans le cas d'une alimentation mixte ordinaire, il s'ajoute de ce chef à la dépense de fond des vingt-quatre heures un surcroît de 10 à 15 p. 100 environ, soit donc à peu près 200 calories pour une dépense de fond de 1 600 calories en vingt-quatre heures.

**Mécanisme de l'action de l'alimentation sur la dépense d'énergie.** — A quoi tient cette hausse des combustions? Au début on l'a attribuée, avec Fick, à ce fait que l'absorption digestive introduit dans le sang des produits oxydables, ce qui revient à admettre que c'est l'arrivée du combustible qui provoque la combustion. Mais cette explication, en contradiction avec tout ce que l'on sait aujourd'hui sur la nutrition, a dû être abandonnée, et l'on est, en général, d'accord pour rapporter l'augmentation en question, d'une part, au *travail des organes digestifs*, et, d'autre part, à *une action des aliments eux-mêmes*. On ne discute plus aujourd'hui que sur l'importance relative de ces deux facteurs.

1° L'explication de Fick, au premier abord la plus naturelle, doit être abandonnée pour les raisons que voici. On a vu que lorsqu'on lui fournit un excès d'oxygène, l'organisme ne se comporte nullement comme un poêle dont on active le tirage; les combustions se maintiennent au même niveau qu'auparavant (p. 277). Il en va de même pour le combustible de la machine animale. On verra, en effet, à propos de l'alimentation surabondante, que ce n'est pas la grandeur de l'apport alimentaire qui règle celle des dépenses, mais uniquement la grandeur du besoin.

2° Le travail des organes digestifs coûte certainement de l'énergie (Speck). En effet, un repas d'os suffit pour provoquer aussitôt chez le chien un accroissement considérable de la quantité d'oxygène consommé (Magnus-Levy), ce qui démontre qu'une partie de ce travail consiste en contractions musculaires de la paroi digestive. Une autre partie est représentée par le travail de sécrétion des glandes, qui consomme aussi de l'énergie, ainsi qu'il ressort des recherches de Barcroft[1]. Enfin il faut tenir compte aussi du surcroît de travail que la digestion impose au cœur et aux muscles de la respiration.

3° Mais il ne semble pas que le travail digestif suffise pour expliquer la hausse de la dépense. Lorsqu'on introduit directement dans le sang du lapin à jeun des produits de la digestion, on provoque, surtout avec les albumoses et les acides aminés, un accroissement des combustions (Zuntz et von Mering). Celui-ci est, à la vérité, moins fort que lorsque l'introduction des mêmes substances a lieu *per os*, mais il suffit pour démontrer que, non seulement en deçà, mais aussi par delà la paroi digestive, l'arrivée des aliments détermine un surcroît de dépense[2]. Ajoutons que, si l'on veut tout rapporter au travail digestif, on comprend mal pourquoi l'ingestion de glycose produit (chez l'homme) une hausse assez importante de la dépense, alors que le travail digestif doit être ici presque nul (Gigon), et pourquoi cette hausse n'est guère que la moitié de celle que donne le lévulose (Johannson). Enfin il faudrait surtout expliquer pourquoi l'ingestion d'albumine provoque une dépense d'énergie tellement supérieure (voy. plus loin) à celle que produit la graisse, dont la digestion ne paraît pas cependant nécessiter un moindre travail.

*En résumé*, on constate donc que l'organisme, qui reçoit des aliments, dépense une quantité d'énergie supérieure à celle que, toutes choses égales d'ailleurs, il prélevait sur ses tissus pendant le jeûne. Une partie de ce surcroît doit être attribué au travail des

---

1. Par l'analyse des gaz du sang d'arrivée et du sang de retour, Barcroft a réussi à mesurer les échanges respiratoires des glandes au repos et en activité. Il a trouvé ainsi les quantités suivantes d'oxygène consommées par minute et pour 1 kgr. de glande au repos : glandes salivaires 25 centimètres cubes; pancréas 40 centimètres cubes; intestin 23 centimètres cubes, rein 26 centimètres cubes (contre 4 centimètres cubes pour le muscle). Pour l'état d'activité, ces quantités sont à multiplier par 3,5 à 4,5 pour le rein, par 3 pour le pancréas.

2. Rubner fait, d'ailleurs, aux expériences de Zuntz et von Mering des critiques dont le détail ne peut pas être reproduit ici.

organes digestifs (actions mécaniques, sécrétions glandulaires), mais une autre partie, et probablement la plus importante, tient à une action qui est propre aux aliments eux-mêmes et qui se passe par delà la paroi digestive. C'est ce que Rubner a appelé l'*action dynamique spécifique des aliments*. L'étude de cette action présente un intérêt particulier, car elle est étroitement liée à un problème fondamental en matière d'échanges nutritifs, celui de l'*isodynamie des aliments*.

**L'action dynamique spécifique des aliments.** — Cette action est très prononcée pour les protéiques ; viennent ensuite, chez l'homme, les hydrates de carbone, et, en dernier lieu, les graisses (Magnus-Levy), tandis que, chez le chien, c'est l'action des hydrates de carbone qui est la plus faible (Rubner). Voici comment on mesure approximativement cette action.

Exemple (Rubner) : Un chien de 25 kgr. est maintenu au repos et à jeun, et dans un milieu à température assez voisine de 30° pour que la dépense de fond puisse prendre sa valeur minimum (p. 514). Le dosage du carbone et de l'azote dans l'urine et dans l'air expiré apprend qu'en vingt-quatre heures l'animal a prélevé sur ses tissus une quantité de protéiques et de graisses valant 739,9 calories, soit 30,8 calories par kgr. On lui donne alors en vingt-quatre heures 910 gr. de viande, apportant 38,5 calories nettes par kgr., soit donc un apport un peu surabondant, et l'on constate, à l'aide des mêmes dosages, que la dépense est montée à 41 calories. Pour 1 500 gr. de viande la dépense s'élève à 46 calories. De ces résultats et de beaucoup d'autres, Rubner déduit que si à un animal, dont la dépense de fond est descendue au minimum et qui prélève sur ses tissus, par exemple, 100 calories, on donne une quantité de protéiques valant 100 calories nettes, la dépense monte à 131 calories, l'organisme prélevant sur ses tissus ce surplus de 31 p. 100. Pour les graisses ce surplus est de 13 p. 100 et pour les hydrates de carbone de 6 p. 100, c'est-à-dire à peine supérieur aux erreurs d'expériences. Mais n'attachons pas trop d'importance à ces valeurs numériques, encore incertaines, et retenons surtout ce fait de la grande supériorité de la dépense sous l'influence de l'ingestion des protéiques. Chauveau, qui a très fortement insisté sur ce point, a définitivement établi ce fait par de très belles expériences sur le chien.

Tout se passe donc *comme si une partie de la chaleur apportée par les albumines et par les graisses n'était pas utilisable pour l'organisme du chien vivant dans un milieu à 30°*. Comment peut-on expliquer ce phénomène ?

CAUSE DE L'ACTION DYNAMIQUE SPÉCIFIQUE DES ALIMENTS. — Remarquons qu'à cette température la dépense d'énergie de l'animal au repos provient uniquement de ce minimum de travaux chimiques inséparables du maintien de la vie (p. 515). C'est donc qu'une partie de l'énergie chimique de l'albumine et de la graisse est inutilisable *pour ces travaux*.

On peut traduire cette constatation par l'hypothèse que voici. Seegen, Chauveau, Rubner[1] et d'autres admettent que la cellule ne peut faire servir à ses travaux physiologiques que le glycose, et que l'albumine et la graisse ne sont employées à ces travaux qu'après qu'elles ont été transformées en sucre. On a vu que de telles transformations se passent vraisemblablement dans l'organisme et qu'elles consistent en une oxydation incomplète de l'albumine et de la graisse (voy. p. 359 et 363). Or, par le fait de ces réactions, qui sont exothermiques, une partie de l'énergie chimique contenue dans ces deux aliments se trouve dépensée, sans profit pour la cellule, sans profit aussi pour la calorification de l'organisme, qui, se trouvant dans un milieu à 30°, n'a pas besoin de cette chaleur. Pour l'albumine, Rubner évalue à 30 p. 100 environ la quantité d'énergie ainsi perdue.

On comprend dès lors pourquoi un chien qui, maintenu à jeun et dans une enceinte à 30°, emprunte à ses tissus pour un temps donné 100 calories, est en déficit quand on lui donne cette quantité d'énergie, par exemple sous la forme d'albumine, car cet aliment ne lui apportant que 70 p. 100 de calories utilisables pour ses cellules, l'animal est obligé de faire sur ses tissus un prélèvement complémentaire, et au lieu de dépenser 100 calories comme pendant le jeûne, il en dépensera beaucoup plus. Au contraire, le sucre, qui est d'emblée utilisable par les cellules, ne produit (chez le chien) qu'une hausse insignifiante de la dépense[2]. Si cette explication s'imposait définitivement, on voit que l'expression d' « action dynamique spécifique » serait remplacée avantageusement par celle de « dépense d'exploitation des aliments ».

Constater que les divers aliments provoquent chacun une hausse différente des combustions, cela revient à dire que, du moins chez le chien maintenu dans un milieu à 30°, un certain poids d'albumine, valant par exemple 100 calories, ne peut pas être substitué dans les dépenses d'énergie de l'animal à un certain poids de sucre valant aussi 100 calories, ou, plus brièvement, que ces aliments

---

1. Rubner ne fait cette hypothèse que pour les protéiques.

2. Celle qui est due sans doute au travail digestif. Il semble que, chez l'homme, les choses se passent autrement (voy. p. 521).

ne seraient pas « isodynames ». Or, d'autres expériences démontrent, au contraire, cette isodynamie, et dans toutes les recherches sur la nutrition, dans toute la pratique de l'alimentation des individus et des collectivités on admet cette isodynamie comme un fait établi. Voyons donc quelles sont ces expériences, puis cherchons à résoudre cette contradiction.

**La théorie de l'isodynamie des aliments.** — On montrera plus loin qu'une certaine quantité d'albumine est nécessaire chaque jour à l'entretien de l'organisme animal, mais lorsque ce besoin est satisfait, il reste à pourvoir quotidiennement à un complément de dépenses considérable. Or, l'expérience montre que ce complément peut être fourni par un mélange en proportions très variables des trois sortes d'aliments, à condition que l'énergie totale de la ration soit suffisante pour équilibrer la dépense totale d'énergie. S'il est vrai, d'autre part, que ce complément est commandé en premier lieu par les besoins de la calorification, on prévoit que les aliments doivent être isodynames, c'est-à-dire que chacun d'eux pourra être substitué à un autre dans une proportion telle qu'il fournisse la même quantité de chaleur. Les hydrates de carbone et les protéiques ayant par gramme le même pouvoir calorifique, 4 cal. 1, ils doivent donc s'équivaloir poids par poids dans l'organisme, et pour remplacer 1 gramme de graisse, la quantité d'albumine ou d'hydrates de carbone nécessaire devra être de $9,3 : 4,1 = 2$ gr. 27. C'est ce que Rubner a vérifié sur le chien par les expériences que voici, faites à la température *ordinaire*.

Lorsqu'un animal au repos est à jeun depuis plusieurs jours, il prélève sur ses tissus, sous la forme d'albumine et de graisse, une quantité d'énergie qui est très constante pour une même température extérieure, et ce régime n'est pas modifié, si l'on donne à l'animal une petite quantité de nourriture, inférieure en valeur calorifique à celle que fournissent les tissus dans l'état de jeûne complet. L'animal diminue simplement les emprunts qu'il fait à son organisme d'une quantité thermiquement équivalente à la quantité de nourriture qu'on lui donne, et — contrairement à ce qui arrive quand la température extérieure est de 30° — la dépense totale d'énergie reste sensiblement la même. Si l'on a fait ingérer, par exemple, de l'albumine, on peut donc rechercher de quelle quantité l'organisme a pu diminuer l'emprunt fait à ses graisses et apprendre ainsi quel poids de l'un de ces aliments est thermiquement équivalent pour l'organisme à un poids donné de l'autre. Ainsi une chienne à jeun depuis six jours reçoit le sixième et le septième jour respectivement 720 et 760 gr. de viande, et le dosage du carbone et de l'azote excrétés permet d'établir le bilan que voici pour vingt-quatre heures :

|  | DÉPENSES DE L'ORGANISME | |
| --- | --- | --- |
|  | Protéiques. | Graisses. |
| Pendant une journée d'inanition. | 16$^{gr}$,8 | 78 gr. |
| —          —          à la viande. | 109 ,7 | 34 — |
| Différences................ | — 92$^{gr}$,9 | + 44 gr. |

Pendant la journée d'alimentation, l'organisme a donc détruit en plus 92 gr. 9 d'albumine, en économisant, d'autre part, 44 gr. de graisse, c'est-à-dire que 1 gr. de graisse et 92,9 : 44 = 2 gr. 10 d'albumine se sont montrés isodynames. Pareillement 77 gr. 1 de sucre de canne ont permis l'économie de 34 gr. 4 de graisse, c'est-à-dire que 1 gr. de graisse a fourni autant de chaleur de 77,1 : 34,4 = 2 gr. 24 de sucre. La vérification est donc suffisante.

**Les aliments ne sont isodynames que dans certaines conditions.** — Cherchons maintenant pourquoi, dans les expériences de Rubner, les aliments — par exemple les protéiques et le glycose — se sont montrés isodynames chez le chien pour une température extérieure de 15° et non pour celle de 30°. Cette différence tient à ce fait que l'isodynamie n'est possible, que lorsque cette partie de l'énergie des aliments, qui n'est pas utilisable pour les travaux chimiques des cellules, peut servir à la lutte contre le froid. La démonstration de ce fait, déjà contenue dans les expériences de Rubner, a été clairement énoncée pour la première fois par L. Lapicque (1906).

1° Dans un milieu à 30°, l'animal n'a pas besoin de produire de la chaleur pour se défendre contre le refroidissement. Sa seule dépense d'énergie est la dépense de fond, celle qui correspond à ce minimum de réactions chimiques inséparables du maintien de la vie. Supposons que, pour un certain laps de temps, cette dépense soit de 100 calories. Si l'on fournit à l'animal 100 calories sous la forme de sucre, cette chaleur sera entièrement [1] utilisée pour les réactions en question, puis elle sera dissipée au dehors. On aura donc le bilan que voici : Recettes 100 calories de glycose; dépenses 100 calories. — Si l'on donne, au contraire, 100 calories d'albumine, 70 seulement pourront être employées aux travaux chimiques des cellules, puis elles seront dégagés en dehors. Les 30 autres seront également dissipées, mais sans avoir pu servir. Il faut donc que l'organisme prélève, en outre, sur ses réserves (de glycogène par exemple) 30 calories, qui soient utilisables par les cellules. Le bilan sera donc : Recettes 100 calories d'albumine; dépenses 130 calories. *Il n'y a donc pas eu isodynamie du glycose et de l'albumine.*

2° Pour une température extérieure de 15°, l'animal doit, comme à 30°, disposer d'abord des 100 calories correspondant à sa dépense de fond.

1. Ou presque entièrement (voy. p. 521).

Mais cette quantité de chaleur ne suffit pas à la défense contre le refroidissement. Il faut encore que l'organisme produise un certain complément, que l'on appellera avec Lapicque *la marge de la thermogenèse*. Mettons que ce complément soit de 50 calories pour le laps de temps considéré. Si l'on fournit à l'animal 100 calories de sucre, il les appliquera à l'entretien de ses réactions cellulaires, puis les dégagera au dehors, mais comme cette quantité est insuffisante pour sa calorification, la régulation chimique entrera en jeu et provoquera, par des prélèvements sur les réserves de l'organisme, la production du complément des 50 calories nécessaires. Le bilan sera donc : Recettes 100 calories de glycose ; dépenses 150 calories. — Donnons, au contraire, 100 calories d'albumine ; 70 seulement pourront servir aux travaux des cellules, et il faudra que l'organisme en prélève 30 sur ses réserves. Mais les 30 calories d'albumine, perdues pour le travail physiologique des cellules, ne le seront pas pour la calorification, en sorte que la régulation chimique n'aura plus à demander que $50 - 30 = 20$ calories aux réserves de l'organisme. Le bilan sera donc le même qu'avec le sucre, à savoir : Recettes 100 calories d'albumine ; dépenses 150 calories. *Il y a donc eu isodynamie du glycose et de l'albumine.*

3° On passe de l'état où il y a isodynamie à celui où il n'y a plus isodynamie, en agissant sur l'un ou l'autre des deux facteurs que voici : La température extérieure ou la quantité d'albumine consommée. Reprenons, en effet, le dernier exemple ci-dessus, mais en élevant la température extérieure. Le complément de calories nécessaire ne sera plus de 50 calories, mais descendra à 20, par exemple, et comme l'animal dispose de 30 calories, qui ne peuvent servir qu'au « chauffage » de l'organisme, 20 seulement pourront recevoir cet emploi et les 10 autres seront dégagées au dehors sans avoir servi à rien. *L'isodynamie cesse.* — Elle pourra cesser aussi pour une quantité suffisante d'albumine ingérée. Supposons, par exemple, que l'on donne à l'animal 200 calories d'albumine[1], dont 30 p. 100 soit 60 calories ne pourront servir qu'à la calorification. Mais la marge de la thermogenèse n'étant que de 50 calories, il y en aura 10 qui ne serviront à rien[2]. *L'isodynamie cesse donc.*

Comment les choses se passent-elles dans les conditions ordinaires de la vie. Cela dépendra évidemment de la marge de la thermogenèse, c'est-à-dire de la température extérieure, et en second lieu de la composition de la ration. Il y aura isodynamie, aussi longtemps que la marge de la thermogenèse restera supérieure ou égale à cette partie de l'énergie chimique des aliments

---

1. On verra (p. 573) pourquoi l'organisme transforme cette quantité d'albumine même si elle dépasse ses besoins.

2. L'animal émet donc au dehors plus de chaleur que ne l'exige sa calorification, c'est-à-dire que la chaleur qu'il perd ne varie plus selon la température extérieure, mais avec l'alimentation. Exemple (Rubner) : Un chien de 24 kgr. émet à jeun des quantités de chaleur qui tombent régulièrement de 40,6 à 35,3 calories par kilogramme à mesure que la température du milieu monte de 11°,8 à 17°,5. On lui donne ensuite chaque jour 1 500 gr. de viande et il perd maintenant sensiblement la même quantité de chaleur (48,7 et 49,8 calories) bien qu'on fasse monter la température du milieu de 13 à 20°.

qui ne peut être utilisée que pour la lutte contre le froid (L. Lapicque). Dans les expériences de Atwater sur l'homme, il semble bien qu'il y a eu isodynamie, sans quoi les résultats calculés par Tigerstedt, en admettant implicitement l'isodynamie, n'auraient pas concordé aussi exactement avec les résultats observés par le savant américain [1] (p. 504). Il est probable que, pour des températures extérieures un peu élevées, accompagnées d'une forte consommation d'albumine, l'isodynamie n'existe plus pour une partie au moins de l'apport protéique. Elle n'existe pas chez le chien recevant de fortes rations de viandes, ainsi qu'il ressort des expériences de Chauveau et de Laulanié.

## 2. *Influence du travail musculaire sur la dépense d'énergie. — Autres influences.*

**Grandeur de l'influence du travail musculaire.** — L'accroissement considérable de la dépense d'énergie sous l'influence du travail musculaire, que déjà Lavoisier avait déduit de l'étude des échanges respiratoires, a été établie plus tard par Pettenkofer et Voit, Speck, Chauveau, Richet et Hanriot, et enfin d'une manière systématique par Zuntz et ses élèves (voy. p. 506).

Cet auteur a mesuré avec soin la dépense d'énergie chez l'homme, pour des formes variées du travail musculaire, marche, ascension, courses à bicyclette, nage, c'est-à-dire dans des conditions qui intéressent spécialement le médecin, et il a montré que lorsqu'on passe de l'état de repos à l'état de travail, la dépense de fond, qui pour un homme de 70 kilogrammes est de 65 à 70 calories par heure, s'accroît pour une heure de travail d'un surplus, qui peut s'élever jusqu'à 900 p. 100 et au delà. Voilà qui démontre bien le remarquable pouvoir que possède la machine animale d'augmenter d'un instant à l'autre et dans des proportions considérables l'intensité de ses combustions (p. 143). Rapportée à la dépense totale des vingt-quatre heures, cette augmentation est, bien entendu, moins grande, les heures de repos faisant compensation aux heures de travail, mais elle reste encore importante. La dépense d'énergie la plus considérable, qui ait été

[1] Et cependant dans ces expériences le poids de graisse gagnée ou perdue par l'organisme s'est élevé respectivement jusqu'à des quantités valant 573 et 240 calories.

*directement* mesurée, est celle d'un sujet de Atwater, qui a fourni dans le calorimètre respiratoire de cet auteur, après seize heures de travail sur bicyclette (voy. p. 16), une dépense de 9 314 calories en vingt-quatre heures. En défalquant 1 600 calories pour la dépense de fond et 200 calories pour le travail digestif, on voit qu'il reste une dépense de 7 514 calories à rapporter au travail musculaire, soit une augmentation de 470 p. 100 par rapport à la dépense de fond.

Il est intéressant de se rendre compte de la valeur de la dépense d'énergie qu'ajoutent à la dépense de fond des travaux mécaniques déterminés, telles que marches militaires, ascensions, courses à bicyclette, etc. Voici quelques résultats de Zuntz, relatifs à un homme de 70 kgr. la dépense de fond étant de 65 à 70 calories par heure (cité d'après Magnus-Levy) :

| Nature du travail fourni pendant une heure. | Nombres de calories ajoutées à la dépense de fond par un travail d'une heure. | Même résultat exprimé en centièmes de la dépense de fond. |
|---|---|---|
| Marche de 3 600 m. en terrain horizontal | 144 | 215 |
| Marche de 4 800 m. en terrain horizontal et avec 25 kgr. de bagage | 285 | 420 |
| Ascension de 300 m. (pente commode, 30 p. 100) | 147 | 220 |
| Courses à bicyclette [1] : | | |
| 15 km. en terrain horizontal | 313 | 460 |
| 22 — — | 571 | 850 |
| 15 — — et avec vent contraire de 10 m. à la seconde | 601 | 900 |

On voit donc qu'une marche de 4 800 m. en une heure, avec 25 kgr. de bagage — effort qui peut être demandé à des soldats — ajoute aux 65 à 70 calories, montant de la dépense de fond pendant ce temps, un surplus de 285 calories, soit 420 p. 100. Pour de plus courts espaces de temps, l'accroissement de la dépense peut être plus considérable encore. Un sujet de Zuntz a fourni pendant 30 secondes un travail effectif de 4 300 kilogrammètres pour une minute (ascension d'un escalier), ce qui représente une dépense d'énergie environ trois fois plus grande (voy. p. 529), soit donc de 12 900 kilogrammètres ou 12 900 : 425 [2] = 30 calories. Comme la dépense de fond d'un adulte est d'un peu plus d'une calorie par minute on voit que l'accroissement vaut ici presque 30 fois la valeur de la dépense de fond.

1. Expériences sur piste cimentée.
2. On sait qu'une grande calorie équivaut à 425 kilogrammètres.

**Rendement du travail musculaire.** — Le nombre de calories, dont s'accroît la dépense de fond sous l'influence du travail musculaire, ne se retrouve pas tout entier sous la forme de travail mécanique. Dans les meilleures conditions les deux tiers environ de la quantité d'énergie mise en jeu par l'organisme sont dissipées sous la forme de chaleur, et un tiers seulement reparaît sous la forme de travail, ce que l'on exprime en disant que le rendement maximum du moteur animal est d'environ 33 p. 100.

Exemple (Expérience de Durig, citée d'après Zuntz et Loevy) : On mesure les échanges respiratoires correspondant, d'une part, à l'ascension d'un sentier très raide et, d'autre part, à une marche en terrain horizontal (la nature du sol étant la même des deux côtés). On trouve ainsi pour la marche en chemin ascendant (A) et pour la marche horizontale (H) (moyennes de 8 déterminations) :

| | Chemin parcouru. | Ascension. verticale. | Poids (brut) du corps. | Travail d'ascension en kilogrammètres. | Oxygène consommé par minute. | Acide carbonique exhalé par minute. |
|---|---|---|---|---|---|---|
| A ... | $43^m,66$ | $11^m,91$ | $81^k,74$ | 973,6 | $2\,321^{cm3}$ | $1\,863^{cm3}$ |
| H ... | 95 ,44 | 0 | 79 ,25 | 0 | 1 255 | 949 |

Si l'on défalque de ces volumes gazeux le nombre de centimètres cubes qui correspond à la dépense de fond [1] (240 $cm^3$, 3 pour l'oxygène et 188,1 pour l'acide carbonique), et si l'on ramène ensuite ces volumes à 1 mètre de chemin et à 1 kgr. il vient (les quantités de chaleur étant exprimées en petites calories, puisque les volumes gazeux le sont en centimètres cubes, et non pas en litres) :

| | Oxygène. | Acide carbonique. | Calories produites [2]. |
|---|---|---|---|
| Ascension .......... | $0^{cm3},5830$ | $0^{cm3},4693$ | 2,803 |
| Marche horizontale.. | 0 ,1347 | 0 ,1023. | 0,640 |

La différence 2,803 — 0,640 = 2 cal. 163 représente donc la dépense d'énergie qu'a coûté l'élévation verticale de 1 kgr. pendant 1 m. de chemin montant, c'est-à-dire une ascension de 11,91 : 43,66 = 0 m. 2728. Donc pour élever verticalement 1 kgr. de 1 mètre, c'est-à-dire pour 1 kilogrammètre de travail, il a fallu une dépense de 2,163 : 0,2728 = 7 cal. 929. Comme il s'agit ici de petites calories, dont chacune vaut 0,425 kilogrammètres [3], les 7 cal. 929 valent 7,929 $\times$ 0,425 = 3,3 kilogrammètres.

1. L'école de Zuntz admet donc que la dépense due au travail musculaire s'ajoute simplement à la dépense de fond, ce que contestent Lapicque et Lefèvre, mais ce que ces auteurs appellent « la dépense à l'état de repos » est sans doute une grandeur différente de la dépense de fond des auteurs allemands.

2. On calcule ce nombre de calories de la manière qui a été indiquée aux pages 502 et s.

3. Une grande calorie équivalant à 425 kilogrammètres (c'est-à-dire à la quantité de travail nécessaire pour élever 425 kilogrammes d'une hauteur verticale de 1 mètre), une petite calorie vaut donc 0,425 kilogrammètre.

Donc pour produire 1 kilogrammètre de travail effectif, l'organisme a dû dépenser une quantité d'énergie valant 3,3 kilogrammètres, ce qui met le rendement à 30,3 p. 100. En général, le rendement moyen a été dans ces expériences d'ascension de 29 à 36 p. 100 chez l'homme, de 29 p. 100 chez le cheval, de 30 p. 100 chez le chien [1].

Il n'est pas aussi élevé dans d'autres formes du travail. Dans les exercices de bicyclette des sujets de Atwater (voy. p. 17) il n'a été que de 13,3 à 19,6 p. 100, sans doute parce qu'une partie des contractions musculaires, celles qui servent, par exemple, au maintien de l'équilibre du sujet, coûtent de l'énergie sans grossir la quantité de travail effectif mesuré. Pour un travail consistant à soulever un poids Hanriot et Richet n'ont trouvé de même que 11 à 14 p. 100 de rendement.

Le *rendement du moteur animé est donc excellent*, comparé à celui des machines à vapeur qui n'est que de 13 p. 100 environ, et l'exercice prolongé l'améliore encore. Ainsi, après treize jours d'entraînement, un soldat ne dépensait plus pour un travail donné qu'une énergie égale à 100, alors qu'au début ce travail en coûtait 136 (Schumburg et Zuntz). La fatigue, la douleur, les positions incommodes, les états pathologiques diminuent, au contraire, le rendement. Il s'est abaissé, par exemple, à 11 p. 100 chez un obèse (Jaquet et Swenson). Chez un typhique qui, complètement rétabli, dépensait pour un certain travail une énergie égale à 100, cette dépense s'était élevée pendant la deuxième semaine de la convalescence à 240, de la troisième à la septième à 174-209, pendant la septième, grâce à un exercice quotidien, à 135 (Schnyder). On voit à quel épuisement de l'organisme peut conduire un travail mécanique imposé prématurément à un convalescent.

**Aliments consommés par le travail musculaire.** — Sous l'influence de Liebig [2] on a admis, pendant longtemps, que le

---

1. Cette constance du rendement chez des organismes de taille si différente ne se retrouve plus, quand on étudie le travail de déplacement du corps sur un chemin *horizontal*. La dépense est alors proportionnellement beaucoup plus forte chez le chien que chez le cheval (Zuntz).

2. Liebig admettait que les protéiques sont seuls *plastiques*, c'est-à-dire constituent seuls la charpente de la matière organisée. Les graisses et les hydrates de carbone sont simplement incorporés à ce substrat organisé, qu'ils imbibent comme une éponge et dont ils peuvent être retirés, sans qu'il en résulte aucune modification des formes. Liebig voyait aussi dans les protéiques l'aliment *dynamogène*, celui dont la destruction fournit à l'organisme l'énergie dépensée sous la forme de travail musculaire. Le rôle des graisses et des hydrates de carbone est, au contraire, d'être brûlés par l'oxygène qu'apporte la respiration et de fournir de la chaleur. Ce sont les aliments *respiratoires* ou *thermogènes* (1842). On a vu, qu'en réalité, les protéiques sont thermogènes aussi bien que les graisses et les hydrates de carbone, et dans ce qui suit on montrera que tous trois sont aussi dynamogènes.

travail musculaire se fait aux dépens des protéiques même du muscle, jusqu'au moment où Pettenkofer et Voit montrèrent sur le chien (1860), puis sur l'homme (1866) que le travail musculaire est sans influence marquée sur la quantité d'azote excrétée, démonstration que Chauveau a rendue plus frappante, en établissant que le travail est aussi sans influence sur la courbe horaire de l'excrétion de l'azote chez le chien. Puis, dans leur classique expérience de l'ascension du Faulhorn (1865), Fick et Wislicenus démontrèrent que la quantité de chaleur fournie par l'albumine détruite n'aurait guère suffi qu'à la moitié du travail exécuté, et ces résultats furent confirmés par un grand nombre d'autres expériences, faites avec une technique de plus en plus précise (Krummacher, Frentzel, Wait).

1° Dans les expériences de Voit sur le chien, l'animal, maintenu en état d'équilibre azoté, dépensait, par exemple en courant dans une roue, 150 000 kilogrammètres par jour. Or, il excrétait en moyenne par jour de repos 51 gr. 9 et par jour de travail 54 gr. 5 d'azote. La différence, qui est de 2 gr. 6 d'azote ou de 16 gr. 25 d'albumine détruite en plus, ne correspond qu'à $16,25 \times 4,44$ [1] $= 72$ calories, soit donc à $72 \times 425 = 30\,600$ kilogrammètres. Même résultat chez un homme fournissant pendant neuf heures par jour un travail fatigant et qui a excrété en moyenne, pendant cinq jours de repos, 15 gr. 06 et, pendant trois jours de travail, 15 gr. 30 d'azote en vingt-quatre heures.

2° Fick et Wislicenus, qui pesaient le premier 66 et le second 76 kgr., ont fait l'ascension du Faulhorn (1 956 m.), en fournissant donc respectivement un travail d'élévation de 129 096 et 148 656 kilogrammètres (sans compter le travail du cœur et de la respiration et tous les autres travaux musculaires qui n'ont pas servi à élever le corps). Pendant les dix-sept heures qui précédèrent l'ascension, ils n'avaient pris que des aliments exempts d'azote (amidon, sucre, graisse, vin), et, pendant les six heures que dura la marche et les six heures suivantes, ils éliminèrent 5 gr. 74 (F.) et 5 gr. 55 (W.) d'azote, correspondant respectivement à 35 gr. 9 et 34 gr. 7 d'albumine, soit donc à 159 et 154 calories ou à 67 575 et 65 450 kilogrammètres. La chaleur fournie par l'albumine détruite n'aurait donc suffi qu'à la moitié environ du travail calculé plus haut.

Ce ne sont donc pas les protéiques qui, dans les conditions ordinaires, alimentent le travail musculaire. Cependant, par des expériences prolongées, faites sur un chien très maigre, de 30 kilogrammes, et qui exécutait chaque jour des travaux considérables, tout en ne consommant que de la viande maigre, de composition connue, Pflüger a nettement établi qu'une partie

_______

1. Voy. p. 501.

du travail musculaire s'était faite aux dépens des albumines [1]. *Quand on s'arrange de telle façon que les protéiques représentent presque la totalité de l'énergie disponible, le muscle est donc obligé de puiser à cette source*, mais on peut faire la même démonstration pour les deux autres aliments, les graisses et les hydrates de carbone.

1°.Une chienne, après avoir été soumise au jeûne, fournit en trois jours un travail de 217 000 kilogrammètres et excrète pendant ce temps 16 gr. 62 d'azote, soit 5 gr. 54 par jour, alors que pendant le repos elle en fournissait 3 gr. 85 (Frentzel). Le calcul montre que le poids d'albumine détruit en plus pendant les journées de travail a fourni une quantité de chaleur couvrant à peine le tiers du travail produit. Même en comptant la totalité de l'albumine détruite comme ayant servi au travail musculaire, il reste encore une fraction importante de l'énergie dépensée par le muscle, qui ne peut provenir que des aliments ternaires, glycogène ou graisse. Or, chez un animal à jeun, les réserves de glycogène sont très diminuées, et l'entretien de l'organisme se fait surtout aux dépens des graisses. Ce sont donc les graisses qui, nécessairement, ont alimenté ici, pour sa majeure partie, le travail musculaire. Les expériences de Frentzel sur une chienne ne recevant que de la graisse conduisent à la même conclusion.

2° L'observation des grands animaux domestiques, dans l'alimentation desquels les hydrates de carbone tiennent une place si prépondérante, suffit pour démontrer que le travail considérable, fourni par ces organismes, est alimenté principalement par cette catégorie d'aliments. Chauveau a, de plus, démontré directement que le masséter du cheval, mis au repos par section du nerf, contient plus de glycogène que le muscle symétrique qui a exécuté du travail, et que la quantité de glycose, qui disparaît dans le sang pendant le passage de celui-ci à travers le muscle, est trois ou quatre fois plus grande pendant le travail que pendant le repos du muscle.

*Les trois catégories d'aliments organiques peuvent donc entretenir le travail musculaire.* Mais dans les conditions ordinaires de la vie, *le muscle consomme-t-il de préférence l'un des trois plutôt que les deux autres?*

L'étude du quotient respiratoire pendant le travail, qui devait, semble-t-il, fournir la solution de ce problème, n'a donné que des résultats contradictoires et dont l'interprétation reste difficile. Les

1. Dans ces expériences il importe de ne pas confondre les effets du travail musculaire et ceux de l'alimentation insuffisante. Le surcroît de dépense produit par le travail fait que souvent une ration, suffisante auparavant comme apport total de calories, cesse de l'être. L'organisme comble alors ce déficit par un prélèvement sur ses tissus, et dans cet emprunt les protéiques entrent en général pour environ 15 p. 100 (voy. p. 568). Mais un tel prélèvement a lieu pour toute ration insuffisante, qu'il y ait travail ou non.

uns soutiennent que le quotient respiratoire augmente pendant le travail et que les valeurs élevées qu'il atteint alors (0,92, 0,96) démontrent que le muscle a consommé des quantités d'hydrates de carbone telles que la combustion de cet aliment l'emporte en ampleur sur les autres réactions chimiques de la nutrition (Pettenkofer et Voit, Hanriot et Richet, Chauveau et Laulanié). Les autres maintiennent que ce quotient reste pendant le travail ce qu'il était auparavant, la nature des aliments consommés dépendant surtout de celle des réserves présentes au moment où le travail commence (Katzenstein, A. Loewy, Schumburg et Zuntz). Ainsi le sujet de Heinemann présentait avant et pendant le travail un quotient de 0,723, quand il recevait une alimentation de graisses, et de 0,802, quand il avait ingéré des hydrates de carbone. Le problème se complique d'ailleurs de la question de l'influence de la ventilation pulmonaire sur le quotient respiratoire. Il faut donc attendre, avant de conclure, les résultats de nouvelles recherches.

**Les théories des poids isodynames et des poids isoglycosiques.** — On a admis plus haut que les trois sortes d'aliments organiques peuvent entretenir la contraction musculaire. Mais il se pourrait que leur valeur à cet égard ne fut pas la même et que, de 100 calories de glycose, par exemple, le muscle put tirer plus de travail effectif que de 100 calories de graisse. En d'autres termes la question se pose de savoir si, pour le travail musculaire, on retrouve cette isodynamie, démontrée plus haut pour l'organisme pris au repos et dans certaines conditions (p. 524). La plupart des physiologistes admettent qu'il en est ainsi. L'école de Chauveau soutient, au contraire, que les protéiques et les graisses ne peuvent être utilisés pour le travail musculaire qu'après avoir été transformés en glycose, réaction par laquelle une partie de l'énergie contenue dans ces deux aliments est dépensée. Les quantités des divers aliments, qui peuvent être substituées les unes aux autres dans le travail musculaire, seraient donc, non les quantités *isodynames*, mais les quantités *isoglycosiques*, c'est-à-dire celles qui fournissent des poids égaux de glycose. Pour calculer ces quantités, Chauveau part d'équations hypothétiques, analogues à celles qui ont été indiquées aux pages 357 et 363, et dont il déduit que 100 grammes de graisse peuvent fournir 161 grammes de glycose et que 100 grammes de protéiques en donnent 80. On a donc :

|  | Poids des divers aliments apportant la même quantité de chaleur (Poids isodynames). | Poids des divers aliments pouvant fournir la même quantité de glycose (Poids isoglycosiques). |
|---|---|---|
| Graisses | 100 | 100 |
| Glycose | 248 [1] | 161 |
| Protéiques | 227 | 201 |

Laissons de côté les protéiques, avec lesquels on ne peut pas alimenter exclusivement l'homme omnivore, et remarquons qu'entre les poids isodynames et les poids isoglycosiques du sucre et des graisses la différence est telle que si la théorie de Chauveau est conforme aux faits, une certaine quantité de travail, qui coûte 100 calories, quand le combustible est du sucre, devrait en coûter environ 150 quand le combustible est de la graisse.

La difficulté expérimentale à laquelle on se heurte ici, c'est que l'organisme brûle toujours un mélange des trois aliments, et qu'en lui donnant exclusivement du sucre ou de la graisse on n'arrive qu'à faire prédominer cet aliment sur les deux autres, mais on n'obtient jamais qu'il soit le combustible unique, ainsi que le montre le calcul du quotient respiratoire. Cela posé, voici les résultats d'une longue série d'expériences de Frentzel (71 en tout) et de Reach (53 en tout), que ces auteurs ont faites sur eux-mêmes et qui confirment des résultats antérieurs de Heinemann, obtenus à l'aide d'une méthode moins sûre. Ces auteurs ont effectué des travaux connus [2], l'alimentation étant exclusivement composée, tantôt de graisses, tantôt de sucre.

| Alimentation. | QUOTIENTS RESPIRATOIRES | | | | CALORIES DÉPENSÉES POUR UN MÊME TRAVAIL EFFECTUÉ [3] | |
|---|---|---|---|---|---|---|
|  | Chez Frentzel. | | Chez Reach. | | Chez Frentzel. | Chez Reach. |
|  | Repos. | Travail. | Repos. | Travail. | | |
| Graisses | 0,759 | 0,773 | 0,752 | 0,781 | 2,066 | 2,119 |
| Hydrates de carbone | 0,876 | 0,889 | 0,937 | 0,900 | 1,980 | 2,086 |

On voit qu'une même quantité de travail a coûté à peu près autant de calories, quel que fût l'aliment consommé. Il est vrai que le quotient respiratoire est resté encore assez éloigné, dans le cas des graisses, du quotient théorique des graisses (0,707) (voy. p. 507) et, dans le cas des hydrocarbonés, du quotient théorique des sucres (1,000), mais les

1. On s'est servi, pour calculer ce poids, de la chaleur de combustion exacte du glycose (3 cal. 743).

2. On employait un appareil spécialement construit par Zuntz et où le travail du sujet revenait en somme à élever le corps le long d'une pente d'un angle connu.

3. Cette quantité de travail était celle de 1 kgr. du corps transporté sur une longueur de 1 mètre.

valeurs qu'il a prises montrent que la graisse dans un cas, le sucre dans l'autre ont prédominé dans les combustions. Les recherches de Zuntz et Lœb sur le chien ont donné des résultats analogues. Enfin Atwater et Bénédict ont montré que lorsque, dans la ration d'un sujet, qui faisait dans leur cage calorimétrique (voy. p. 16) huit heures de bicyclette par jour, ils feraient figurer 1 800 calories, tantôt sous la forme de graisse, tantôt à l'état d'hydrates de carbone, le rendement effectif restait sensiblement le même (environ 20 p. 100) pour les graisses et pour les sucres.

A ce résultat on a opposé l'expérience suivante de Chauveau. Un chien est mis à une ration d'entretien, puis on le force à produire une quantité mesurée d'un travail mécanique et on détermine le poids de graisse ou le poids de sucre qu'il faut lui donner en supplément pour que la ration demeure suffisante. Or, les quantités ainsi trouvées sont non les poids isodynames, mais les poids isoglycosiques. Mais pour affirmer que la ration est restée suffisante, on n'a pas établi le bilan des recettes et des dépenses. On s'est borné à constater que l'animal a maintenu son poids, sans tenir compte des quantités variables d'eau que l'organisme a pu retenir. L'expérience n'est donc pas démonstrative.

Toutes les probabilités sont donc en faveur de la théorie des poids isodynames.

**Influence d'autres facteurs sur la dépense d'énergie. —** ACTION DE LA TEMPÉRATURE EXTÉRIEURE. — Le mécanisme de cette action a déjà été étudié précédemment (p. 515). Voici quelques indications complémentaires. Lorsque la température extérieure s'abaisse au-dessous de celle du minimum, on a vu que les 1 600 calories que représente en moyenne la dépense de fond ne suffisent plus. L'organisme produit alors de la chaleur pour se défendre contre le refroidissement, et ce phénomène est si considérable que c'est lui qui paraît régler les besoins alimentaires. Rapportée à l'unité de surface, la dépense de calories nécessaire à l'entretien de l'organisme est, en effet, sensiblement constante (chez l'homme ne fournissant pas de travaux mécaniques spéciaux), comme si la grandeur du refroidissement périphérique était dans les échanges nutritifs le phénomène prépondérant (Loi des surfaces de Ch. Richet).

Voici, ci-contre, un tableau montrant comment varie la dépense totale de calories en vingt-quatre heures avec le poids et la surface à mesure que l'enfant grandit (Rubner).

La dépense est donc à peu près constante par mètre carré de surface, et l'on a même affirmé qu'elle est constante et égale environ à 1 000 calories par mètre carré de surface chez tous les homéothermes, ce qui est manifestement inexact (L. et M. La-

|                          | Dépense totale de calories (nettes) en 24 heures. | Calories par kilogramme. | Calories par mètre carré de surface. |
|--------------------------|---------|---------|---------|
| Enfant de 4,03 kgr..     | 368     | 91,3    | 1 221   |
| — de 11,8 — ...          | 966     | 81,5    | 1 343   |
| — de 16,4 — ...          | 1 213   | 73,9    | 1 579   |
| — de 23,7 — ...          | 1 411   | 59,5    | 1 389   |
| — de 40,4 — ...          | 2 106   | 52,1    | 1 452   |
| Homme de 67,0 — ...      | 2 843   | 42,4    | 1 399   |

Et voici ce que l'on obtient quand on compare la dépense d'individus adultes de poids très différents (L. Lapicque) :

| Auteurs. | Poids du sujet. | Calories (brutes) de la ration. | Calories par mètre carré de surface. |
|----------|---------|---------|---------|
| Étudiant japonais (Tsuboi et Murato) .................. | 46 | 2 355 | 1 430 |
| Kumagava.................. | 48 | 2 478 | 1 550 |
| Soldat japonais (R. Mori).... | 59 | 2 578 | 1 380 |
| Rubner .................... | 67 | 3 094 | 1 520 |
| Ouvrier de Voit et Pettenkofer...................... | 70 | 3 054 | 1 470 |
| Sujet n° 2 de Lapicque et Marette..................... | 73 | 3 027 | 1 420 |
| Hirschfeld................. | 73 | 3 318 | 1 560 |

picque). En réalité le phénomène est très complexe et il est impossible actuellement d'en faire une analyse complète.

Signalons encore la puissance des réactions chimiques que les besoins de la thermogenèse mettent en jeu. Dans un bain à 5° un adulte maintient sa température et perd en douze minutes 200 calories, soit donc 16 à 17 calories par minute (J. Lefèvre). La dépense de fond étant d'un peu plus d'une calorie par minute, on voit que, sous l'influence du froid, l'intensité des réactions chimiques de l'organisme a été instantanément multipliée par 16 (p. 114 et 526).

Influence du travail intellectuel et du travail des glandes. — Même la méthode des échanges gazeux respiratoires, qui est un instrument de mesure d'une si remarquable sensibilité, n'a permis de saisir aucune action du *travail intellectuel* sur la dépense d'énergie (Speck). Cette action a fait défaut aussi dans les expériences de plus longue durée, faites par Atwater, et où la dépense des vingt-quatre heures s'est élevée pendant trois jours a une moyenne quotidienne de 2 695 calories avec repos intellectuel, et de 2 620 calories avec travail intellectuel intense. L'excrétion de l'azote n'est pas modifiée non plus, ni celle de l'acide phosphorique (contrairement à ce qui a été soutenu). Le fait que l'obscurité et le sommeil sont aussi sans effet plaide dans le, même sens. On ne saisit donc aucune action *directe* de l'activité du système nerveux sur la dépense d'énergie. Cette action est tout indirecte; elle s'exerce comme celle de la lumière, principalement par l'intermédiaire du système musculaire, que les facteurs psychiques incitent de mille manières à des contractions plus fréquentes et plus énergiques (p. 518).

On a déjà signalé précédemment la dépense d'énergie qui accompagne le *travail glandulaire*, et principalement celui du tube digestif (p. 520). Magnus-Levy fait remarquer qu'elle est sans doute assez importante, puisque le volume des sucs digestifs produits en vingt-quatre heures par un adulte dépasse 5 litres, et l'on ne peut que soupçonner la part considérable qui doit revenir au foie, la plus volumineuse de toutes les glandes de l'organisme.

On ne sait rien de précis sur les glandes sans conduit excréteur. Bornons-nous à rappeler ici la puissante action qu'exercent sur les échanges nutritifs la glande thyroïde et probablement les capsules surrénales (p. 462 et 467).

En brûlant au calorimètre comparativement des œufs de poule et des poulets arrivés au terme de leur développement, on a trouvé une différence de 16 calories, qui représente donc l'énergie dépensée pour *le développement de l'embryon* [1] (Tangl).

### 3. *La dépense d'énergie dans les conditions ordinaires de la vie. — La question de la consommation de luxe.*

Après avoir étudié les diverses parties dont se compose la dépense totale d'énergie, il est intéressant de se rendre compte de la grandeur de ces fractions dans les conditions ordinaires de la vie. C'est ce que montre le tableau suivant, cité d'après Magnus-Levy, et dressé pour un sujet moyen de 70 kilogrammes.

---

1. On sait que l'œuf en voie de développement ne cesse d'absorber de l'oxygène et d'exhaler de l'acide carbonique, signe extérieur des combustions respiratoires c'est-à-dire des dépenses d'énergie, qui accompagnent le développement.

**Répartition de la dépense totale d'énergie en 24 heures.**

| | | Calories nettes. | Calories par kilogramme. |
|---|---|---|---|
| Dépense de fond (jeûne et repos complet [1]). | | 1 625 | 23,2 |
| — | — avec alimentation et repos complet [1] | 1 800 | 25,7 |
| — | — avec alimentation et repos au lit | 2 000 | 28,6 |
| — | — avec alimentation et repos à la chambre | 2 230 | 31,9 |
| — | — avec alimentation et travail léger [2] | 2 600 | 37,1 |
| — | — avec alimentation et travail moyen | 3 100 | 44,3 |
| — | — avec alimentation et travail considérable | 3 500 [3] | 50,0 |

On a déjà vu que la dépense est proportionnellement un peu plus forte pour des poids inférieurs, et plus faible pour des poids supérieurs à 70 kilogrammes (p. 513).

**La question de la consommation de luxe.** — L'étude de l'alimentation surabondante nous conduira à admettre plus loin que, lorsque la ration consommée dépasse les besoins de l'organisme, le surplus n'est pas détruit; il est mis de côté sous la forme de réserves. Cela revient à dire que l'organisme ne fait pas de consommation de luxe. Et cependant on a souvent signalé, d'autre part, des différences considérables entre les rations d'entretien d'individus vivant dans les mêmes conditions, et paraissant fournir à peu près les mêmes travaux, et dont les uns ont une nourriture frugale, tandis que les autres sont de gros mangeurs. De là, chez le grand public, cette conclusion, acceptée par beaucoup de médecins, qu'il y a des sujets qui, naturellement ou par le fait d'une ration habituellement surabondante, détruisent une quantité d'aliments supérieure à leurs véritables besoins. Certains ajoutent même que dans les classes aisées ce gaspillage est la règle, et que l'entretien de la plupart de ces sujets pourrait être obtenue avec des rations beaucoup plus réduites.

Magnus-Levy, à qui l'on doit une étude très pénétrante de cette question, fait remarquer très justement que ce gaspillage chez les

1. Il s'agit ici de l'état de repos dans lequel tout mouvement est systématiquement évité.

2. Par exemple le travail d'un ouvrier d'art, d'un horloger.

3. Et davantage (p. 526).

uns, cette administration, plus économique chez les autres, devrait apparaître, s'ils sont réels, principalement dans les opérations que voici, qui sont les trois grandes causes de la dépense d'énergie des organismes : 1° La dépense de fond ; 2° le travail de digestion ; 3° les travaux musculaires[1]. Or, il semble bien que, sur aucun de ces trois points, on ne saisit de constatations précises en faveur de la théorie d'une consommation de luxe.

Remarquons d'abord que des différences de 10 p. 100 dans la dépense d'énergie de deux sujets, toutes choses égales d'ailleurs, rentrent dans la limite des oscillations physiologiques. Les écarts qu'admettent les partisans de la théorie en question sont d'au moins 25 p. 100, soit donc de 600 à 650 calories environ sur une ration de 2 600 calories. — Cela posé, Magnus-Levy constate d'abord, en dépouillant toutes les mesures faites sur la dépense de fond, que chez des individus de même stature[2] les écarts ne dépassent pas 5 à 10 p. 100 et que, même chez des sujets habituellement nourris avec beaucoup de parcimonie et qui auraient pu de la sorte se créer une dépense de fond réduite, celle-ci a été trouvée néanmoins aussi élevée que chez des individus bien nourris. — En ce qui concerne le travail de la digestion, on trouve, à la vérité, des individus chez lesquels l'alimentation ajoute à la dépense de fond un surcroît moindre que chez d'autres, mais l'économie ainsi réalisée n'est que de 50 à 100 calories en vingt-quatre heures. — Enfin l'école de Zuntz a montré que, même par un exercice très prolongé, le rendement utile du travail musculaire ne peut pas être porté au delà des 33 p. 100 que le travailleur, même peu exercé au début, atteint assez rapidement, en sorte que, là aussi, on n'aperçoit pas comment pourrait être faite, d'une manière durable, l'économie des 600 à 650 calories que suppose une consommation de luxe de quelque ampleur.

Mais, au lieu de dissocier ainsi le problème, on peut aussi l'aborder dans son entier et rechercher : 1° s'il y a des individus qui vraiment vivent avec un total de calories très réduit ; 2° si un même sujet, qui s'entretenait avec une ration donnée, assez riche, peut aussi réaliser l'état d'équilibre avec un apport beaucoup plus petit.

Il faut d'abord éliminer toutes les expériences pour lesquelles il n'est pas démontré que l'état d'entretien a été réalisé. A moins que l'observation ne soit prolongée pendant des mois, comme dans les expériences de Chittenden et de Neumann (voy. plus loin), la constance approximative du poids du corps n'est pas une preuve suffisante que l'organisme n'a pas suppléé à l'insuffisance de la ration par des prélèvements sur ses tissus, car les variations de la teneur en eau du corps peuvent aisé-

---

1. On sait que cette catégorie de dépense comprend la résistance au refroidissement (p. 515 et s.).

2. Voyez ce qui a été dit à ce sujet à la page 513.

ment compenser des pertes importantes de graisse (et d'albumine). Il
ne faut pas oublier, en effet, que 50 gr. de graisse valent 465 calories,
lesquelles peuvent fournir environ 60 000 kilogrammètres de travail
effectif. Or, on lit dans nombre d'observations qu'avec un apport calorifique très modéré (2 000 à 2 400 calories par jour) des sujets ont
pu fournir fréquemment des travaux considérables (courses à bicy-
clettes, etc.), impliquant une dépense quotidienne de 3 000 calories au
moins, sans que le poids du corps ait présenté des oscillations autres
que les variations saisonnières habituelles. Mais on sait que ces variations sont le plus souvent une perte de poids en été et un gain en
hiver [1], en sorte que l'on doit toujours se demander si les travaux
accomplis en été n'ont pas été effectués en partie avec de la graisse
gagnée en hiver. Enfin l'équilibre azoté n'est pas non plus une garantie
de l'équilibre énergétique, car chez des sujets habitués depuis longtemps à des rations d'albumine très réduites, un déficit dans l'apport
de calories peut être momentanément comblé par des prélèvements
portant uniquement sur les graisses de l'organisme.

Quand on a opéré toutes ces éliminations, dont il n'est pas
possible de donner ici la justification détaillée, on reste en présence
d'un petit nombre d'expériences précises de Caspari, de Chittenden
et de Neumann.

Chez un fervent apôtre du végétarisme [2], Caspari a vu des rations de
555 et 538 calories nettes par jour amener une diminution du poids de
53 kgr. 6 à 40 kgr. 8 après soixante-trois jours ; puis la ration ayant été
portée à 1 432 calories nettes par jour, pendant quatorze jours, on obtint
enfin l'équilibre azoté avec un léger bénéfice d'azote et le poids resta
stationnaire. Mais la maigreur était extrême (40 kgr. 8 pour une taille de
1 m. 68!). D'ailleurs, il venait alors par kilogramme 35 calories, ce qui
ferait 2 450 calories pour 70 kilogrammes. Le résultat n'a donc rien
qui sorte des données habituelles. Chez des hommes de laboratoire et
sur lui-même, Chittenden a vu une ration valant 2 000 calories brutes
suffire pendant six à neuf mois. De même, chez un groupe de soldats
du service de santé et chez des étudiants adonnés à des sports fatigants,
la ration a pu être abaissée jusqu'à 2 500-2 800 calories pendant cinq et
six mois. Après une chute de poids assez importante parfois, en moyenne
de 2 kgr. 5, et des déficits d'azote, l'équilibre azoté et la constance du
poids furent obtenus et maintenus, la santé et l'aptitude au travail
restant excellentes [3]. P. Fauvel a vu aussi une ration valant 2 000 à
2 500 calories suffire comme ration de travail à un homme de 66 à
69 kgr.

Enfin, dans des essais qui ont duré 10, 4 et 8 mois, avec des vérifications exactes de l'état d'entretien, R. O. Neumann a pu se contenter
d'un apport de 2 199, de 2 403, puis de 1 766 calories nettes, tout en

1. Voy. la note 1 à la page 518.
2. Il appartenait à cette catégorie de végétariens allemands qui prônent la
supériorité des aliments végétaux crus, consommés à l'état naturel, sans aucune
préparation culinaire. Dans ces expériences l'apport calorifique net était déterminé en brûlant dans le calorimètre les aliments, les fèces et l'urine.
3. Voy. aussi p. 543.

fournissant le travail habituel du laboratoire et en maintenant son poids
à 70 kgr. environ.

Ces résultats sont assurément très intéressants, surtout ceux
de Neumann, lesquels prouveraient donc que l'organisme peut
réaliser son entretien avec des apports d'énergie de grandeur très
différente. D'autre part, leur expérience clinique incline aussi les
médecins à admettre une certaine variabilité [1] de la ration d'entretien (Linossier). Mais à ces quelques constatations se borne
actuellement la démonstration précise d'une consommation de
luxe. La question demeure donc ouverte.

Ajoutons que, dans la pratique médicale, où le contrôle de l'alimentation et de l'équilibre nutritif est difficile, il faut se garder
de prescrire des rations trop réduites, car s'il est vrai que beaucoup de personnes mangent trop et « creusent leur tombe avec
leurs dents », une alimentation insuffisante, systématiquement
maintenue pendant longtemps, constitue aussi un danger redoutable.

1. Il ne faut pas perdre de vue, dit Magnus-Levy, que cette variabilité peut
tenir parfois à des causes qui n'ont rien de commun avec une vraie consommation de luxe. Il est certain qu'un sanguin accomplit une besogne donnée et agit
en général tout le long de la journée avec un luxe de mouvements que les travaux à accomplir n'exigeaient nullement et que le lymphatique économise, naturellement en faisant le bénéfice d'un nombre important de calories. Un nourrisson
vigoureux et très remuant, observé par Heubner, exhalait en vingt-quatre heures
et par mètre carré de surface une quantité d'acide carbonique dépassant de
18 à 30 p. 100 la dépense de deux autres enfants plus paisibles.

# CHAPITRE XXV

# LES ÉCHANGES NUTRITIFS EXTÉRIEURS : L'ENTRETIEN DE L'ORGANISME ET LA DÉPENSE DE MATIÈRE

Les rations habituelles d'un adulte (de la classe aisée), arrivé à la période d'état, c'est-à-dire à l'âge où le poids se maintient sensiblement constant, contiennent en moyenne 80 grammes d'albumine, 70 grammes de graisse et 350 grammes d'hydrates de carbone. Quelles sont les limites entre lesquelles on peut *expérimentalement* faire varier les quantités de ces aliments et quelles sont les limites entre lesquelles varient ces quantités *dans les conditions ordinaires de la vie*, sans que l'entretien cesse d'être réalisé ? En outre, existe-t-il d'autres combustibles alimentaires, l'alcool par exemple, que l'on puisse substituer dans la ration type ci-dessus à l'un des aliments, sans que les recettes cessent de faire équilibre aux dépenses ? Telles sont les questions, relatives à la partie organique d'une ration, qui seront étudiées dans ce chapitre. On recherchera enfin quel doit être l'apport des matières minérales nécessaires à l'état d'entretien.

## § I. — LA RATION D'ENTRETIEN AU POINT DE VUE EXPÉRIMENTAL.

### 1. *Le besoin d'albumine*.

**Position particulière de l'aliment protéique**. — Si dans la ration d'un chien on supprime l'aliment protéique, la mort survient un peu plus tard qu'avec le jeûne complet, mais elle se produit toujours à bref délai, même si les apports de graisse et d'hydrates de carbone ont suffi, et au delà, pour couvrir le besoin total de calories. C'est une mort par « jeûne protéique », car pendant toute cette survie l'animal perd constamment de l'azote par les urines, ce qui veut dire qu'il sacrifie sans cesse une partie des protéiques de ses tissus. Ces prélèvements d'albumine ne cessent et l'entretien de l'organisme n'est obtenu, que lorsqu'on a introduit dans la ration de l'animal, sous la forme de viande, par exemple, une certaine quantité de protéiques, minimum qui est donc indispensable et pour lequel cet aliment ne peut être remplacé par aucun autre.

Si, dépassant ce minimum, on donne à l'animal des quantités croissantes d'albumine, on constate que l'organisme les détruit et qu'il fait corrélativement l'économie d'une certaine quantité d'hydrates de carbone ou de graisse, qui peut dès lors être supprimée, sans que la ration cesse d'être suffisante. Si l'on augmente encore la quantité de viande, le même phénomène se continue, et l'on peut finalement supprimer tout apport de graisse et d'hydrates de carbone. A l'offre de quantités croissantes d'albumine, l'organisme a donc répondu en détruisant *d'abord tout* le protéique offert et en n'empruntant ensuite aux deux aliments ternaires que le complément nécessaire.

Chez l'homme on observe dans ces conditions la même série de phénomènes, avec cette différence que le complément de graisse et d'hydrates de carbone n'arrive jamais à s'annuler, parce que la plus forte quantité d'albumine que le tube digestif puisse maîtriser en vingt-quatre heures ne dépasse guère 200 ou 250 grammes, n'apportant que 800 à 1 000 calories sur les 2 000 ou 2 500 nécessaires en vingt-quatre heures.

La position particulière de l'aliment protéique apparaît donc en ceci que : 1° il faut à l'organisme un certain minimum d'albumine, qui ne peut être remplacé par aucun autre aliment ; 2° dans les conditions que l'on vient d'énoncer et qui seront précisées plus loin (p. 574), c'est l'aliment protéique que l'organisme détruit d'abord, quelle que soit la quantité qu'on en donne en sus du minimum indispensable. C'est un phénomène qui trouvera plus loin son expression complète dans la loi dite de l'équilibre azoté.

**La ration minimum d'albumine.** — Il serait très important de connaître exactement la valeur du minimum d'albumine indispensable, d'abord au point de vue physiologique pur, et ensuite à celui de l'alimentation des individus et des collectivités, car l'aliment protéique est le plus coûteux des trois, et, d'autre part, quand il n'est pas fourni en quantité suffisante, l'organisme est obligé de parfaire la différence en sacrifiant de ses propres protéiques, ce qui représente à la longue une atteinte redoutable. Quelle est donc la grandeur de ce minimum ?

On a cherché à l'établir chez l'homme : 1° par des expériences de laboratoire, dont les conditions s'éloignaient par conséquent assez fortement de celles de la vie ordinaire et dont la durée était nécessairement assez limitée (de cinq à trente jours) ; 2° par l'observation d'un nombre assez important de personnes (26) qui, choisissant librement une nourriture à richesse protéique réduite, menaient leur existence habituelle et qui ont été suivies dans ces conditions pendant cinq, six, neuf mois et davantage. C'est la belle série de recherches dues au physiologiste américain Chittenden. Ces recherches ont établi d'une manière indiscutable que l'apport minimum d'albumine, compatible avec un bon entretien de l'organisme et avec une existence très active, est bien plus faible qu'on ne l'avait admis jusqu'à ce jour.

1° Les expériences de laboratoire, dans lesquelles l'équilibre azoté a pu être obtenu [1] avec les plus petites quantités d'albumine, sont celles de Klemperer (0 gr. 50 d'albumine par kilogramme et par jour), mais l'apport total de calories était poussé en même temps jusqu'aux dernières limites (80 calories par kilogramme et par jour!). Dans celles de Caspari et Glaessner, Kumagava, Peschel, Hirschfeld, Breisacher et d'autres, où l'apport calorifique total a été moins excessif, bien qu'encore très élevé (de 45 à 66 cal.), il a fallu de 0 gr. 58 à 1 gr. 19 d'albumine par kilogramme. Enfin Lapicque, Siven, Albu, Neumann, Labbé et Morchoisne ont pu, avec des apports calorifiques ordinaires (de 37 à 42 calories par kgr.), réduire néanmoins l'apport d'albumine à 0 gr. 48-1 gr. 1 par kilogramme, et Chittenden, descendant jusqu'à 27 à 28 calories seulement, a réussi à rester en équilibre azoté avec 0 gr. 64-0 gr. 70 d'albumine par kilogramme et par jour.

2° C'est en partant de cette expérience personnelle, que Chittenden s'est appliqué à démontrer que, par une diminution méthodique de l'apport protéique, on parvient à habituer l'organisme à une consommation d'albumine très réduite. Ses observations ont porté sur des hommes de laboratoire, sur des volontaires du personnel sanitaire qui faisaient, outre leur service, une heure et demie de gymnastique par jour, et sur des étudiants qui se livraient à des sports très fatigants. La consommation d'albumine a été respectivement pour ces trois groupes 0 gr. 75,

---

1. C'est-à-dire l'égalité entre l'azote ingéré et l'azote fécal et urinaire. Pratiquement cet équilibre n'est jamais obtenu exactement ; on le considère comme réalisé quand l'organisme fait au moins de légers bénéfices d'azote.

0 gr. 80 et 0 gr. 79 [1] par kilogramme et par jour, avec des apports calorifiques qui ont pu être maintenus entre 2 000, 2 500 et 3 000 calories environ. Au début de ce régime, les sujets, habitués à des rations plus riches, ont tous maigri (en moyenne 2 kgr. 5), mais, arrivés à mi-chemin, de l'expérience, tous ont ensuite maintenu leur poids. Plusieurs d'entre les sujets du premier et du deuxième groupe ont été débarrassés de diverses incommodités pathologiques et ont vu leur santé s'améliorer à tel point qu'ils ont conservé ce régime librement et par conviction. La puissance musculaire de ceux du deuxième groupe, mesurée au dynamomètre, a été trouvée accrue de 100 p. 100 et les sujets du troisième groupe ont vu leur entraînement athlétique devenir encore plus remarquable qu'auparavant (cité d'après Magnus-Levy).

Tandis que dans sa classique règle d'alimentation, si longtemps acceptée comme un dogme, Voit réclamait par jour, pour l'ouvrier moyen de 70 kilogrammes, un apport brut de 118 grammes d'albumine, soit donc 1 gr. 7 par kilogramme (avec 44 calories brutes par kilogramme), ce qui donne comme apport net 1 gr. 5 (avec 40 calories nettes), ces expériences établissent donc que des apports de moins de 1 gr. (0 gr. 75 à 0 gr. 80) peuvent suffire pleinement dans les conditions ordinaires de la vie, même avec travail fatigant, et sans qu'on soit obligé d'assurer en même temps une recette en calories surabondante.

**La ration maximum d'albumine**. — Les individus qui se sont habitués à un régime à type animal prédominant en arrivent à consommer couramment 150 à 175 grammes d'albumine par jour. Mais des quantités de 200 grammes sont rarement atteintes et dépassées. Si Rancke a pu faire absorber en vingt-quatre heures, à un sujet de 70 kilogrammes, jusqu'à 1 832 grammes de viande de bœuf avec 389 grammes d'albumine, ce sont là des tours de force qu'il serait impossible de prolonger chez l'individu bien portant. Seuls certains malades montrent, à cet égard, une endurance remarquable. Magnus-Levy cite à ce sujet le cas d'une diabétique de Fürbringer, qui élimina par les urines pendant cinq mois, à côté de 600 à 800 grammes de sucre, de 40 à 60 grammes d'azote, valant de 250 à 375 grammes d'albumine, et pendant dix jours, à côté de 800 à 1 100 grammes de sucre, de 60 à

---

1. Cette consommation d'albumine a été calculée d'après la quantité d'azote total de l'urine, et le fait qu'elle a suffi (c'est-à-dire que cet azote urinaire ne provenait pas en partie des tissus) est démontré par le maintien du poids au même niveau. Cette preuve, qui serait insuffisante pour de courtes périodes, est inattaquable, quand il s'agit d'une observation qui a duré des mois. D'ailleurs une balance exacte des recettes et des dépenses d'azote a été établie de temps à autre pour des périodes de cinq à sept jours.

76 grammes d'azote, valant de 375 à 475 grammes d'albumine !

**La ration d'albumine la plus avantageuse.** — Entre ces deux extrêmes, une trentaine de grammes d'albumine et plusieurs centaines de grammes, où se trouve la ration la plus avantageuse pour l'individu et pour la race ? On a soutenu que les rations d'albumine faibles, encore que suffisantes pour l'équilibre azoté, sont nuisibles par elles-mêmes, et qu'elles mettent à la longue l'individu et la race dans des conditions de lente déchéance organique. Mais cette opinion est directement contredite par des faits bien établis.

Ici on a invoqué surtout les expériences de Munk et Rosenheim, qui ont vu succomber, à la longue, des chiens recevant des rations suffisantes pour que l'équilibre azoté fut possible, mais néanmoins pauvres en albumine. Mais ces résultats tenaient à la nature spéciale de la nourriture employée, et d'ailleurs on a montré plus tard que, convenablement alimenté, le chien supporte très bien, pendant des mois, des rations pauvres en albumine (Jägerroos). Les arguments tirés de la supériorité que montreraient dans la lutte pour la vie les populations consommant beaucoup de viande, comme les Anglais, et qui contraste avec l'apathie, la médiocre résistance des races végétariennes, les Irlandais ou les Indous par exemple, ne sont pas plus probants, car, outre que c'est là, pour des phénomènes politiques et sociaux infiniment complexes, une explication bien simpliste, on connaît dans l'Extrême-Orient ou en Afrique des collectivités (Japonais, Abyssins), qui, malgré une alimentation plutôt végétale, c'est-à-dire pauvre en protéiques, ont donné des preuves d'une énergie physique et morale considérable. Au surplus, les observations de Chittenden ont démontré péremptoirement l'innocuité des faibles apports d'albumine.

Les rations pauvres en protéiques ne sont donc pas, par elles-mêmes, une cause de déchéance. Mais sont-elles, d'une manière générale, moins avantageuses pour l'individu que des rations plus riches. Cette question a reçu des réponses diamétralement opposées, et souvent inspirées, à ce qu'il semble, par les tendances médicales du moment, plutôt que déduites d'observations précises.

Il y a quelques années, peut-être sous l'influence des pratiques du gavage antituberculeux, on inclinait en général à prôner les rations riches en albumine. On avait cru observer depuis longtemps que l'ouvrier (européen), l'homme de sport ne donnent en général des efforts physiques considérables et soutenus, que lorsqu'ils reçoivent des rations riches en protéiques. Puis l'attention fut attirée sur des collectivités (Abyssins, Japonais), qui malgré une alimentation plutôt végétale, c'est-à-dire pauvre en albumine, font preuve d'une endurance remarquable, en même temps que la phalange grandissante des végétariens de nos pays occidentaux faisait valoir l'excellente résistance de ses adeptes et sonner haut leurs succès dans les grandes luttes sportives. En outre, l'attention des médecins était frappée par les inconvénients du régime à type de plus en plus carné que pratiquent les classes aisées, et depuis quelque temps la tendance générale est de recommander une diminution des apports d'albumine. Passons donc en revue les arguments fournis de part et d'autre.

Dans ce fait que les populations européennes consomment en général de fortes rations d'albumine, il ne faut pas voir le résultat d'un choix guidé par un instinct profond. L. Lapicque fait remarquer, en effet, très justement que les peuples se nourrissent de ce qu'ils ont. Or, les graines de céréales, qui font la base de la nourriture européenne, sont relativement riches en albumine, même si l'on écarte tout appoint d'aliment animal, et là où l'aliment principal est, au contraire, plus pauvre en azote, comme il arrive pour le riz des Orientaux, on trouve des populations consommant beaucoup moins d'albumine que les nôtres, et qui cependant vivent, travaillent et se reproduisent avec un régime, qui vraisemblablement est le même depuis des siècles [1]. Et quand pour fournir un travail musculaire plus considérable, l'ouvrier augmente sa ration pour se procurer un total de calories plus élevé, il accroît nécessairement sa ration d'albumine en même temps que celle des aliments ternaires, parce que là encore il consomme ce qu'il a [2] (Magnus-Levy).

Cela posé, est-il démontré que l'Européen moyen, avec ses rations riches en protéiques, place sa nutrition dans des conditions moins bonnes qu'avec des rations moins azotées. Chittenden soutient que oui, et il vante avec une conviction enthousiaste les bienfaits des faibles rations d'albumine et la sensation de rajeunissement et de bien-être que procure un tel régime. Mais est-ce bien la diminution de l'apport azoté qui a produit *seule* ces heureux effets? Ne peut-on pas aussi l'attribuer, dit Magnus-Levy, à la régularité d'existence, aux exercices physiques bien ordonnés, à la suppression complète de l'alcool, des épices et de tous les autres excitants? Et inversement, quand on accuse, certainement non sans raisons, une alimentation trop carnée de beaucoup de méfaits, ne faudrait-il pas incriminer aussi les autres habitudes fâcheuses, qui d'ordinaire font cortège à celle-là, à savoir les veilles répétées, les excitations de la vie mondaine, le manque d'exercices suffisants?

Le débat n'est donc pas clos, et pour le trancher, il faudrait instituer des expériences, où la grandeur de l'apport d'albumine serait la seule variable. Toutefois, en cherchant quelle pourrait être, dans de telles expériences, l'action favorable ou nuisible de rations protéiques fortes ou faibles, on aperçoit quelques-unes des indications qui peuvent conduire à une règle pratique provisoire.

Un premier bienfait des rations protéiques assez largement

---

1. Les rations quotidiennes des Abyssins et des Malais, étudiées sur place par L. Lapicque, contenaient respectivement 0 gr. 96 et 1 gr. 15 d'albumine par kilogramme de poids vif.

2. Cependant l'observation montre qu'il augmente sa ration d'aliments ternaires plus fortement que celle des protéiques, peut-être instinctivement, mais certainement aussi sous la pression de nécessités économiques (voy. p. 556).

supérieures au minimum serait de mettre sûrement l'organisme à l'abri des sacrifices d'albumine [1], car on prévoit qu'à se tenir trop près de ce minimum, on risque évidemment de descendre souvent à des apports insuffisants. Sur ce point l'expérience a déjà prononcé, en montrant que ce minimum varie fortement avec les individus. Ainsi, lorsqu'il passa de 1 gr. 3 d'albumine par kilogramme et par jour à 0 gr. 98, Caspari ne réussit pas à maintenir l'équilibre azoté, malgré un apport total de calories très abondant (50 calories par kilogramme), et même après cinq jours le déficit ne marqua aucune tendance à diminuer. Au contraire, Siven, qui ne consommait cependant que 42 colories par kilogramme et par jour, put descendre, sans rompre l'équilibre azoté, de 1 gr. 34 à 0 gr. 92 d'albumine par kilogramme et par jour, et même avec 0 gr. 66 les pertes d'albumine furent tout à fait passagères.

Une plus forte ration d'albumine est-elle aussi un avantage pour les individus devant mener une existence fatigante? Ici on sait que les protéiques n'interviennent que secondairement comme aliments du travail musculaire (p. 529), et, d'autre part, les observations de Chittenden sur son groupe d'athlètes ont démontré péremptoirement que de fortes rations d'albumine ne sont nullement indispensables à l'accomplissement de travaux mécaniques pénibles. Mais on doit néanmoins se demander si de telles rations n'augmentent pas, par voie nerveuse, non seulement l'endurance des individus, mais encore l'élan avec lequel l'obstacle est abordé, et surtout la possibilité de fournir, pendant de courts instants, une somme d'efforts très considérable. On l'a soutenu, principalement en ce qui concerne la viande, qui agirait peut-être par ses matières extractives, et l'on a fait remarquer que cette aptitude aux efforts musculaires brusques et considérables paraît être surtout une qualité des carnivores. Mais ce ne sont là que des hypothèses. Soulevons-en ici une autre, à savoir qu'il n'est pas certain que des rations habituellement pauvres en albumine mettent l'organisme en aussi bon état de résistance contre les agressions diverses (infections, etc.), auxquelles il est exposé, que des rations plus riches.

Quant aux inconvénients des fortes rations azotées, on les aperçoit dans une tendance plus grande aux putréfactions intestinales (p. 208) dans une production plus considérable d'acides (p. 80), et

1. En admettant, bien entendu, que les graisses et les hydrates de carbone apportent le complément de calories nécessaire.

aussi dans ce fait que les produits toxiques de la désassimilation, ceux qu'un mauvais fonctionnement des émonctoires accumule dans l'organisme avec des suites si redoutables, paraissent provenir plutôt des protéiques que des aliments ternaires [1].

Si l'on tient compte de ces indications et des résultats numériques des expériences citées à la page 543, on est conduit à fixer provisoirement, avec L. Lapicque, à 1 gramme d'albumine par kilogramme et par jour l'apport net [2] au-dessous duquel il n'est pas prudent de descendre habituellement. Et il vaut mieux probablement se tenir habituellement un peu plus haut, et soit à 1 gr. 2 ou 1 gr. 3 [3]. Même pour l'adulte des classes aisées, ne fournissant que les travaux mécaniques de la vie ordinaire, il ne paraît pas qu'un tel apport puisse avoir des conséquences nuisibles, si l'on pratique un régime mixte bien équilibré (voy. p. 558). Quant au travailleur manuel il dépassera nécessairement ces quantités, pour les raisons données plus haut, mais ce sera sans dommage, car il est probable que les inconvénients de rations riches en albumine sont surtout sensibles en l'absence d'exercices musculaires suffisants. Mais ce ne sont là que des indications provisoires. La détermination exacte de la ration d'albumine la plus avantageuse, selon les conditions d'existence, est une question encore ouverte.

**La consommation pathologique de l'albumine. — L'azoturie toxique.** — Dans un certain nombre d'affections, maladies infectieuses, intoxications diverses, maladie de Basedow, parfois aussi chez les cancéreux et les diabétiques avancés, on observe qu'une ration d'azote, qui mettrait un sujet bien portant largement en état d'équilibre, se montre manifestement insuffisante, et qu'en sus de l'apport protéique qu'il reçoit, l'organisme détruit encore des quantités souvent importantes de protéiques, prélevées sur ses

1. Il faut remarquer que le mouvement, qui s'est produit dans ces dernières années contre l'usage habituel de fortes rations de viande, est dirigé plutôt contre les protéiques animaux, et spécialement contre la viande, que contre les protéiques en général. C'est un autre aspect du problème de la physiologie comparée des divers protéiques, déjà soulevé dans un précédent chapitre (p. 286 et s.). Il est possible que les actions nuisibles spéciales que l'on attribue à la viande ne tiennent pas à la nature particulière des protéiques de cet aliment, mais à des matières azotées non protéiques (matières extractives) (voy. aussi p. 211, note 1).

2. C'est-à-dire déduction faite des pertes par les fèces. L. Lapicque compte, au contraire, cet apport, la déduction en question n'étant pas faite.

3. Pour un adulte d'un poids moyen de 65 kgr. il viendrait donc de 78 à 84 gr. d'albumine en vingt-quatre heures. Chez 76 adultes des classes aisées du Nord, on a mesuré, par l'analyse des urines, une consommation quotidienne qui a été en moyenne de 88 gr. pour les hommes et de 74 gr. pour les femmes (Lambling).

tissus. On dirait que les protoplasmes, atteints par un toxique, subissent une fonte pathologique. Il y a, comme on dit, *gaspillage d'azote, azoturie toxique*.

Le procédé le plus simple pour mettre en évidence une telle azoturie consiste à donner au sujet une ration manifestement insuffisante. L'organisme complète une telle ration par des emprunts de graisse et d'albumine faits à ses tissus, mais chez un sujet normal ou chez un malade non atteint d'azoturie, ces prélèvements d'albumine sont conduits avec une extrême parcimonie, en sorte que la quantité d'azote total de l'urine des vingt-quatre heures se fixe au plus à 8 ou 10 gr. valant 50 à 62 grammes d'albumine détruite (albumine de la ration + albumine fournie par les tissus) (p. 568). L'azoturique, au contraire, en émet jusqu'à 20 grammes et au delà.

Exemples : 1° Un malade de vingt-six ans, pesant 63 kgr., et atteint d'érysipèle de la face, reçoit par jour, du troisième au neuvième jour de sa maladie, 600 cm³ de lait et 70 gr. de pain, soit donc un apport total et un apport d'albumine (25 à 30 gr.) tout à fait insuffisants. Voici le tableau fourni par l'urine.

|  | Température. | Azote total de l'urine. | Albumine détruite. |
|---|---|---|---|
| 4ᵉ jour ................. | 39°,5-40°,3 | 22ᵍʳ,4 | 140 gr. |
| 5° — ................. | 39 ,2-40 ,0 | 17 ,7 | 111 — |
| 6° — ................. | 38 ,1-38 ,6 | 18 ,2 | 114 — |
| 7° — ................. | 37 ,0-38 ,7 | 17 ,1 | 107 — |
| 8ᵉ — (défervescence)... | 36 ,7-37 ,1 | 8 ,4 | 52 — |
| 9ᵉ — ................. | 36 ,5-36 ,8 | 7 ,4 | 46 — |

On voit que, sous des influences toxiques tenant à l'infection, le malade a détruit en sus de l'albumine de la ration une quantité considérable de protéiques de ses tissus, et que, le jour même de la défervescence, cette fonte toxique s'est arrêtée et que l'excrétion d'azote est descendue au niveau (environ 7 à 8 gr.) prévu pour un individu normal, qui serait alimenté de la même manière (F. Kraus).

2° Un homme de soixante-trois ans présente, pendant plusieurs jours, des accidents gastro-intestinaux, avec douleurs violentes, foie très volumineux, inappétence complète, albuminurie légère et cylindrurie. Pas de température. L'analyse de l'urine, commencée au troisième jour de jeûne complet, indique du troisième au cinquième jour une excrétion d'azote total allant de 11 gr. 4 à 14 gr. 6, soit donc une destruction de 71 à 81 gr. d'albumine. Le sixième et le septième jour, la congestion du foie diminue, l'albumine et les cylindres disparaissent, l'alimentation peut être reprise, bien qu'encore extrêmement réduite, et l'urine contient de 6 gr. à 7 gr. 2 d'azote, indiquant donc une destruction de 38 à 45 gr. d'albumine. L'azoturie toxique a donc cessé ; l'organisme ne prélève plus sur ses réserves que ce qu'aurait prélevé un sujet normal, soumis au même régime (Lambling).

3° Un sujet de 64 kgr., atteint de maladie de Basedow, reçoit par jour 80 gr. d'albumine et 2 520 calories, soit donc un apport qui aurait largement suffi à un adulte normal. Néanmoins le malade sacrifie chaque jour 19 gr. de ses réserves d'albumine (Mathes).

## 2. *Le besoin d'hydrates de carbone et de graisse.*

Comme l'albumine ne peut satisfaire, même dans les rations très riches en protéiques, qu'environ 30 p. 100 au plus du besoin total de calories, et qu'en général elle n'en fournit guère que 15 p. 100, le complément doit être emprunté aux deux aliments ternaires. Ici les expériences de laboratoire démontrent que le tube digestif de l'homme est en mesure de maîtriser des quantités si considérables de ces aliments, que la totalité de ce complément pourrait être emprunté, soit aux hydrates de carbone, soit aux graisses.

Les expériences citées à la page 489 montrent, en effet, que l'homme bien portant peut résorber, en vingt-quatre heures, jusqu'à 587 gr. d'amidon, valant à peu près 2 400 calories, et jusqu'à 341 gr. de graisse, valant plus de 3 000 calories. Si l'on évalue le besoin total à 2 500-3 000 calories, on voit que chacun des deux aliments ternaires *pourrait* évidemment constituer, avec l'albumine, une ration suffisante.

Mais, en fait, une telle ration suffirait-elle à l'entretien? L'observation de collectivités ou d'individus choisissant librement leur nourriture ne donne à cette question qu'une réponse approchée. Elle montre que les habitants des régions polaires consomment des quantités très considérables de graisses, et que chez l'ouvrier agricole de nos régions ce sont, au contraire, les hydrates de carbone qui tiennent la place prépondérante dans l'apport total de calories (p. 555). Les deux aliments ternaires peuvent donc se remplacer réciproquement dans les plus larges proportions. Mais chacun peut-il tenir complètement la place de l'autre? Ici les expériences de laboratoire ont clairement montré la supériorité des hydrates de carbone sur les graisses. En effet, une ration d'entretien, dans laquelle on remplace la totalité des hydrates de carbone par des graisses, cesse d'être suffisante : l'organisme est obligé de sacrifier de ses albumines.

Un sujet de vingt-trois ans, pesant 67 kgr., reçoit pendant quatre jours une ration valant environ 2 600 calories brutes et contenant 132 gr. d'albumine, 72 gr. de graisse et 338 gr. d'hydrates de carbone. L'équilibre azoté étant obtenu, on remplace pendant trois jours les hydrocarbonés par une quantité thermiquement équivalente de graisse. Aussitôt le déficit d'azote s'installe et va croissant, en sorte qu'il s'élève au troisième jour à 4 gr. 98 valant 31 gr. d'albumine sacrifiée. On revient alors à la ration de la première période, et l'équilibre azoté se rétablit dès le second jour (B. Kayser).

On touche ici à l'un des phénomènes les plus intéressants de la nutrition, et que l'on peut énoncer ainsi : les hydrates de carbone préservent les protéiques de la destruction organique, ils font, comme on dit, l'*épargne de l'albumine* d'une façon bien plus efficace que les graisses. On reviendra plus loin sur cette question (p. 576). Quant à la cause de cette différence entre les graisses et les hydrates de carbone, on l'ignore encore totalement.

## 3. *Signification de quelques autres combustibles alimentaires.*

**Gélatine, albumoses et peptones, acides aminés.** — On a donné ailleurs la raison pour laquelle la gélatine ne suffit pas à elle seule comme unique aliment protéique : c'est parce qu'elle ne possède pas tous les acides aminés constitutifs des albumines. On comprend donc qu'elle ne puisse remplacer dans une ration qu'une partie de l'apport protéique (p. 288).

Le même problème s'est posé pour les albumoses et les peptones. Ici on a montré que chez des sujets, qui sont en équilibre azoté avec une ration contenant de 75 à 80 grammes d'albumine, cet équilibre se maintient lorsque 63 à 69 p. 100 de cet azote protéique sont remplacés par des peptones (c'est-à-dire par le mélange commercial d'albumoses et de peptones vraies) (Deiters). Mais comme ces rations d'albumine sont manifestement prises au-dessus du minimum indispensable, ce résultat ne prouve pas que la peptone ait tenu réellement la place de toute l'albumine supprimée. Il est vraisemblable que non. On a vu, en effet, que l'équilibre azoté est possible avec le mélange des acides aminés tel qu'il résulte de l'hydrolyse totale des protéiques et qu'il cesse de l'être sitôt que l'on enlève à ce mélange quelques-uns de ces acides (p. 288). Il n'est donc pas vraisemblable que les albumoses et les peptones, qui sont des molécules d'albumine déjà fragmentées, et ayant perdu des chaînes d'acides aminés, puissent suffire comme unique aliment protéique (p. 35, 145 et suiv.). Au surplus le problème a beaucoup perdu de son intérêt, depuis que l'on sait que ces produits ne représentent ni le produit final, ni le but physiologique de la digestion (p. 148).

**Alcool.** — 1° L'ALCOOL COMME COMBUSTIBLE ALIMENTAIRE. — Ingéré à la dose de 50 à 100 centimètres cubes, après dilution avec de l'eau et sans autre aliment, l'alcool est brûlé dans la proportion de 90 à 95 p. 100 (Strassmann, Bodländer). Réparties en petites doses entre les divers repas de la journée, ces quantités sont encore plus près d'être détruites complètement (98 p. 100) (Atwater et Bénédict). La question se pose donc de savoir si l'énergie libérée par cette combustion permet l'épargne d'une quantité thermiquement équivalente d'un autre combustible alimentaire. C'est, en effet, ce qui se produit, ainsi que l'ont définitivement démontré Atwater et Bénédict dans 26 expériences d'une durée de trois jours chacune, 13 avec repos et 13 avec travail mécanique.

Exemple (cité d'après Magnus-Levy) : Un sujet reçoit une ration avec laquelle il fait un certain bénéfice. On lui donne ensuite la même ration, additionnée chaque jour et pendant trois jours, soit d'alcool (72 gr. = 509 cal.), soit d'une quantité de sucre thermiquement équivalente (130 gr. = 515 cal.). Cette fois le bénéfice réalisé s'augmente d'une certaine quantité, et cette quantité est sensiblement la même pour les jours à l'alcool que pour les jours au sucre, comme le montre le tableau ci-après :

| | GAINS OU PERTES DE MATIÈRE PAR JOUR | | Bénéfice par jour exprimé en calories. |
| --- | --- | --- | --- |
| | Albumine. | Graisse. | |
| Ration ordinaire.......... | — 1$^{gr}$,7 | + 9$^{gr}$,0 | 77 |
| La même ration + 72 gr. d'alcool................. | + 1 ,4 | + 62 ,7 | 589 |
| La même ration + 130 gr. de sucre................ | + 1 ,7 | + 59 ,7 | 562 |

De plus, la dépense totale de calories est restée sensiblement la même pendant les jours à l'alcool qu'auparavant, qu'il y ait eu repos ou travail :

| Dépense moyenne par jour. | Repos. | Travail. |
| --- | --- | --- |
| Pendant 13 expériences sans alcool.. | 2 190 cal. | 3 664 cal. |
| — — avec 72 gr. d'alcool.... | 2 191 — | 3 696 — |

Ces expériences montrent donc, en outre, que l'alcool, s'il n'est pas directement un combustible pour le muscle, ce qui n'est pas probable, remplace dans quelque autre dépense une quantité thermiquement équivalente d'hydrates de carbone ou de graisse, quantité qui devient donc disponible pour le travail musculaire. Mais cela n'est vrai que pour les doses modérées d'alcool. Pour des quantités plus élevées, l'ingestion d'alcool diminue dans des proportions considérables le rendement du travail musculaire (Chauveau).

2° ACTION DE L'ALCOOL SUR LA DÉPENSE D'ALBUMINE. — On a accusé l'alcool de produire, par une action toxique sur les protoplasmes, une destruction de l'albumine. Quand, dans une ration d'entretien, on remplace une partie des hydrates de carbone par une quantité isodyname d'alcool, l'équilibre azoté précédemment obtenu est, en effet, rompu (Miura). Mais ce résultat est surtout sensible avec de fortes doses d'alcool (de 60 à 100 grammes par jour) et chez des sujets non habitués. Lorsqu'on commence par de petites doses, ou chez les sujets habitués, le déficit est médiocre ou nul, ou bien il s'annule après quelques jours (Neumann, G. Rosenfeld et Chotzen). Il manquerait aussi chez les fébricitants (Ott).

Lorsque l'alcool est ajouté à une ration suffisante, il produit comme les hydrates de carbone, l'épargne d'une certaine quantité d'albumine (p. 576). Mais cette épargne serait moins prononcée, et de plus elle est souvent précédée, pendant quelques jours, d'une perte d'albumine, comme si, là encore, l'alcool produisait d'abord son action toxique sur les protoplasmes, jusqu'au moment où l'accoutumance est obtenue (R. Rosemann, Offer).

**Les aliments d'épargne.** — On sait que l'ingestion de préparations de *kola* ou de *coca* permet à l'organisme de fournir, en l'absence de toute alimentation, un travail considérable, sans que se produise la sensation pénible de fatigue et d'épuisement, que provoque d'ordinaire le travail à l'état d'inanition. Le *thé*, le *café*, le *maté*, l'*alcool*, le *bouillon*, produisent à des degrés variables des effets analogues. Comme ces préparations ne contiennent que très peu de combustibles alimentaires, on s'expliqua leur action en admettant que, par voie nerveuse, ces principes empêchent, ou réduisent à un minimum, la désintégration organique. L'organisme se réduit à la plus stricte économie sous l'influence de ces corps, qui seraient donc des *aliments d'épargne.* Quel est le mode d'action de ces produits?

Écartons d'abord l'erreur fondamentale qui, d'une manière plus ou moins explicite, a circulé pendant quelque temps sous cette expression. C'est celle qui consiste à croire que ces substances permettent à la machine animale de fournir du travail, sans qu'il y ait en même temps destruction de combustible organique, ou bien avec une usure très faible et qui ne présente pas avec le travail fourni le rapport habituel. La réfutation d'un tel raisonnement se trouve dans les notions générales qui ont été exposées dans le premier chapitre de ce livre.

Une explication plus scientifique consiste à admettre que, grâce à ces substances, le rendement du travail musculaire est amélioré, en sorte que la dépense pour un travail donné se trouverait donc diminuée. Mais une telle diminution n'a jamais été constaté. Au surplus, la caféine, qui est l'agent actif de plusieurs de ces produits, est sans action sur la dépense de fond (p. 512) et sur les échanges nutritifs en général (Magnus-Levy, Voit).

L'explication de ces faits est, en réalité, dans l'action que ces produits exercent sur les sensations internes de la faim. L'inanition comprend, en effet, deux éléments distincts, un élément organique, qui est la dénutrition, et un élément nerveux, la sensation pénible de la faim. Or, la faim, et avec elle les sensations qui l'accompagnent, fatigue, inaptitude au travail, peut très bien être supprimée, sans qu'il y ait en même temps réparation organique. Par exemple ce résultat est obtenu par un bon repas, sitôt que la réplétion stomacale est complète, et à un moment où la digestion n'est pas commencée, ni par conséquent la réparation organique. L'organisme n'a reçu, à ce moment, que des excitations nerveuses provenant : 1° de sensations gustatives et olfactives; 2° d'excitations produites par les matières extractives des aliments et qui sont prêtes à l'absorption dès les premiers moments (Lapicque et Richet). La même suppression de la sensation de la faim est observée dans les états d'exaltation psychique intense (exaltation religieuse,...).

On s'explique dès lors très bien que des excitants du système nerveux, comme la kola, puissent supprimer les sensations internes de la faim et rendre ainsi le travail aussi facile qu'à l'état normal. Ce ne sont pas, en effet, les réserves nutritives qui manquent à l'organisme. L'homme supporte le jeûne complet pendant vingt jours et au delà (p. 561). Il n'y a donc rien d'étonnant à ce qu'il puisse, pendant quelques jours, fournir, sans se nourrir, des travaux considérables, si, grâce à l'ingestion d'un poison nervin, il supprime les phénomènes d'inhibition qui sont la conséquence de sensations pénibles de la faim. La sensation de réconfort, que produit le bouillon, est un phénomène du même genre, et enfin l'alcool, qui est un combustible alimentaire, peut, en outre, par ses propriétés pharmaco-dynamiques agir sur les phénomènes nerveux de la faim et procurer la même sensation.

Finalement, on voit que l'expression d'aliment d'épargne, appliquée aux substances que l'on vient de passer en revue, implique une erreur fondamentale et doit être abandonnée. Elle n'est pas plus heureuse quand il s'agit de phénomènes où il y a véritablement épargne. On verra que l'albumine, ingérée en quantités suffisantes, élimine du champ des réactions une certaine quantité d'aliments ternaires et que, inversement, les aliments ternaires peuvent faire l'épargne de l'albumine. La notion d'épargne n'est donc pas spéciale à tel ou tel aliment; le mot aliment la contient et l'exprime. Concluons donc, avec Lapicque et Richet, que l'expression d'aliment d'épargne est à rayer du vocabulaire physiologique.

## § II. — LA RATION D'ENTRETIEN
### DANS LES CONDITIONS ORDINAIRES DE LA VIE.

L'entretien de l'organisme est donc obtenu, lorsque la ration apporte au moins un certain minimum d'albumine, plus un complément d'aliments ternaires, dans lequel les graisses et les hydrates de carbone peuvent se remplacer dans les plus larges limites. C'est là le tableau schématique de nos besoins alimentaires tel que le présentent nos expériences de laboratoire. Mais, dans la vie ordinaire, comment les choses se passent-elles ? Comment les hommes, uniquement guidés par leur instinct, réalisent-ils leur entretien alimentaire. Puisqu'ils vivent, durent et se reproduisent, c'est que dans les conditions si différentes où ils se trouvent placés, ils ont atteint l'état d'entretien, qui, du moins dans une certaine mesure, convenait à chaque cas. Quel est cet état, c'est-à-dire à l'aide de quelles proportions relatives de protéiques, de graisses et d'hydrates de carbone les hommes couvrent-ils selon les circonstances leurs besoins alimentaires. Notons que ce sont moins les quantités absolues de chacun de ces aliments qui nous intéressent, que la part de chacun d'eux dans l'apport total d'énergie.

### 1. Contribution de chacun des aliments simples dans l'apport total d'énergie.

**Influence des conditions sociales.** — Cette influence apparaît nettement dans le tableau suivant, emprunté à Rubner, et qui a trait à des individus appartenant à des catégories sociales de moins en moins élevées et fournissant un travail mécanique de plus en plus pénible. Les quantités absolues sont rapportées à vingt-quatre heures et représentent l'apport brut, c'est-à-dire la perte par les fèces n'étant pas déduite (voy. p. 556).

Ces quantités sont, bien entendu, sujettes à des variations d'une certaine amplitude, mais leur précision est néanmoins suffisante. Ainsi dans son ouvrage sur l'*Alimentation et les régimes chez l'homme*, A. Gautier donne les moyennes générales suivantes

| SUJETS OBSERVÉS | PROTÉIQUES | GRAISSES | HYDRATES DE CARBONE | APPORT TOTAL DE CALORIES | SUR 100 CALORIES APPORTÉES PAR LA RATION, L'ORGANISME EN A TROUVÉ | | |
|---|---|---|---|---|---|---|---|
| | | | | | dans les protéiques | dans les graisses | dans les hydrates de carbone |
| | gr. | gr. | gr. | calor. | | | |
| I. Jeunes médecins, intendant.......... | 125 | 86 | 296 | 2 713 | 19,2 | 29,8 | 51,0 |
| II. Menuisier, ouvrier moyen, etc........ | 124 | 54 | 497 | 3 053 | 16,7 | 16,3 | 66,9 |
| III. Ouvriers fournissant un travail considérable........... | 170 | 71 | 567 | 3 622 | 18,8 | 17,9 | 63,3 |
| IV. Mineurs, briquetiers, ouvriers de ferme. | 156 | 108 | 760 | 4 776 | 13,4 | 21,2 | 65,3 |
| V. Bûcherons........ | 123 | 258 | 783 | 6 086 | 8,3 | 38,7 | 52,8 |

pour des ouvriers observés dans des pays et des climats très
différents.

| | Protéiques. | Graisses. | Hydrates de carbone. |
|---|---|---|---|
| Travail fatigant......... | 152 gr. | 85 gr. | 630 gr. |
| — très fatigant ... | 191 — | 132 — | 811 — |

Ces résultats donnent lieu aux observations que voici. En ce qui
concerne d'abord les *protéiques*, on voit que la quantité absolue
de cet aliment augmente, mais que sa part relative dans l'apport
total d'énergie diminue, quand le travail devient plus pénible.
C'est que, dans les classes aisées, on consomme des rations riches
en protéiques et surtout d'une valeur calorifique totale relativement
faible, puisque la dépense en travail mécanique est médiocre,
deux raisons pour que la part relative des protéiques dans l'apport
total soit élevée. Au contraire, chez l'ouvrier, qui pour faire face
à la dépense en travail mécanique, doit augmenter l'apport total
d'énergie, la quantité d'albumine consommée croît aussi, mais
moins que le complément ternaire, et spécialement que le complément hydrocarboné, peut-être sous l'influence d'un instinct
profond, mais sûrement aussi sous la pression de nécessités économiques, les aliments ternaires et surtout l'aliment hydrocarboné
étant moins coûteux que les protéiques. Quoi qu'il en soit, on
comprend que la part relative des protéiques recule par ce fait
dans l'apport total d'énergie.

La consommation des *graisses* donne lieu à des remarques analogues. Elle est plus forte, en poids absolu et comme apport calorifique relatif, dans les classes aisées que chez l'ouvrier moyen, ce qui correspond à des différences bien connues dans les habitudes culinaires de ces deux catégories. Puis la consommation des graisses se relève pour atteindre et même dépasser, chez l'ouvrier fournissant des travaux très pénibles, celle des classes aisées. Voici comment Rubner explique ce fait. L'ouvrier emprunte le surplus d'énergie dépensé par le fait du travail mécanique aux aliments hydrocarbonés (amidon du pain, de la pomme de terre) dont il ingère des quantités croissantes. Mais il arrive un moment ou le volume de ration ne pourrait plus être augmenté davantage sans qu'il s'en suive une surcharge exagérée du tube digestif. L'aliment gras intervient alors comme un renfort précieux, puisqu'à l'avantage qu'assure aux graisses leur valeur calorifique considérable, s'ajoute encore ce fait que ces corps sont consommés à peu près à l'état de pureté. Ils représentent donc, à masse égale, un apport d'énergie bien plus considérable que les autres aliments.

Rappelons en effet que l'on trouve (p. 485 et 487) :

| | | |
|---|---|---|
| Dans 100 gr. de viande maigre............. | 100 | calories. |
| — 100 — de pain blanc................. | 270 | — |
| — 100 — de beurre.................... | 783 | — |

Enfin la quantité absolue d'*hydrates de carbone*, que consomme le travailleur, arrive à être environ trois fois plus forte que celle qui suffit à l'adulte des classes aisées.

**Influence de l'âge.** — Cette influence est peu sensible quand on passe de l'adulte au vieillard. Elle marque, au contraire, d'une caractéristique très spéciale la ration du nourrisson et celle des enfants, comparées à celle de l'adulte. C'est ce que montre le tableau ci-après (Rubner, voy. p. 558).

On voit que la caractéristique prédominante de l'alimentation du nourrisson, c'est que *le rôle prépondérant dans l'apport total de calories est tenu par la graisse*, et que le passage à l'alimentation du sevrage, puis à celle de l'adulte, consiste essentiellement dans ce fait, que cette prépondérance passe peu à peu aux hydrates de carbone. C'est que chez l'enfant, qui doit produire par kilogramme de son poids au moins deux fois plus de chaleur que l'adulte, les besoins de la calorification représentent la dépense la plus importante. Corrélativement on voit la graisse,

|  | SUR 100 CALORIES APPORTÉES PAR LA RATION, L'ORGANISME EN A TROUVÉ : | | |
| --- | --- | --- | --- |
|  | Dans les protéiques. | Dans les graisses. | Dans les hydrates de carbone. |
| Nourrisson [1] .............. | 19 | 53 | 28 |
| Enfant de 2 ans 1/2 ....... | 17 | 32 | 51 |
| — 5 — .......... | 18 | 31 | 51 |
| — 12 — 1/2 ....... | 16 | 34 | 50 |
| — 14 — 1/2 ....... | 15 | 36 | 48 |
| Adulte (ouvrier moyen).... | 17 | 16 | 67 |

l'aliment thermogène par excellence, tenir le premier rôle dans la ration (voy. aussi p. 492). Chez l'adulte, au contraire, le surplus des dépenses, qui s'ajoutent à la dépense de fond, tient surtout au travail mécanique, lequel est avant tout un consommateur d'hydrates de carbone. Aussi voit-on ces aliments prendre maintenant dans la ration le rôle prépondérant.

**Quelques déductions pratiques.** — Celle qui se présente tout d'abord est relative *au rôle secondaire que joue l'albumine dans l'apport total de calories*. Dans les rations de l'adulte moyen, la part de cet aliment représente environ 15 p. 100 de la dépense totale d'énergie, et si la consommation des protéiques est poussée jusqu'aux limites extrêmes tolérées par le tube digestif, cette part dépasse difficilement 30 ou 33 p. 100 [2]. Reste de toutes façons à fournir encore un complément d'au moins 67 p. 100, qui ne peut être trouvé que dans les graisses et les hydrates de carbone. S'il est donc important que la ration contienne le minimum d'albumine, il n'est pas moins indispensable, essentiel, de veiller à un apport suffisant d'aliments ternaires.

Il est certain que, sous l'influence des doctrines de Liebig, la nutrition azotée a tenu pendant longtemps dans les préoccupations des médecins une place exagérée. Lorsqu'il s'agissait de refaire un organisme affaibli, il semblait que l'on eût cause gagnée, lorsqu'on avait réussi à assurer au malade un apport aussi large que possible d'aliments azotés. Certes une consommation suffisante de protéiques est un côté capital de la nutrition et un apport azoté largement établi peut

1. Les nombres de cette ligne varient un peu selon la composition moyenne que l'on admet pour le lait de femme. Si l'on prend la moyenne du tableau de la page 491, les trois nombres en question deviennent 11, 51 et 38. Mais le sens de la démonstration poursuivie ici n'est pas modifié.

2. Deux cents grammes d'albumine (c'est-à-dire environ 1 kilogramme de viande maigre) apportent, en effet, $200 \times 4,1 = 820$ calories, soit donc à peu près le tiers d'un apport total de 2 400 calories (voy. p. 544).

constituer un facteur important dans le régime de certains malades. Mais on a beau gaver un convalescent de viande râpée, l'organisme n'en sera pas moins en déficit, si le complément de calories nécessaires n'est pas assuré par une quantité suffisante de graisses et d'hydrocarbonés. Et chez l'individu bien portant, mieux vaut une alimentation renfermant un peu moins d'azote [1], mais couvrant largement le besoin total de calories, que des rations azotées prises très haut, mais accompagnées d'un complément ternaire insuffisant [2].

Une deuxième remarque, corrélative de la précédente, a trait à *l'appoint considérable représenté par les hydrates de carbone dans l'apport total de calories*. Ces aliments fournissent de 50 à 70 p. 100 de la dépense totale d'énergie. On voit donc l'énormité de la brèche que l'on fait dans la ration d'un diabétique, à qui l'on supprime, lorsqu'on le met au régime sévère, presque la totalité des hydrates de carbone, et le devoir pressant qui incombe au médecin de veiller à ce que ce déficit soit comblé d'une manière durable par les deux aliments restants.

Enfin on ne devra par perdre de vue la supériorité marquée des *graisses* sur les albumines et les sucres, en ce qui concerne l'apport calorifique, et le secours précieux que représentent ces aliments, s'ils sont bien tolérés, quand il s'agit d'augmenter fortement, chez le diabétique notamment, l'apport total d'énergie.

## § III. — LE BESOIN DE SUBSTANCES MINÉRALES.

En mettant à part le sel marin, dont l'homme ajoute lui-même des quantités importantes à sa nourriture, les autres matières minérales lui sont données, par surcroît, avec les combustibles organiques dans les aliments composés naturels. Or, les quantités ainsi ingérées, très variables selon les régimes, sont certainement supérieures au minimum physiologique indispensable et ne renseignent donc en rien sur ce minimum. De plus, à cause de leurs incessantes variations, elles oscillent aussi très largement autour de l'optimum physiologique, qui n'est donc pas mieux connu, par l'analyse des rations, que le minimum indispensable. Il faut donc, par des associations d'aliments composés convenablement choisis, combiner des rations apportant des quantités connues de la matière minérale étudiée, et chercher par tâtonnement pour quel apport les recettes équilibrent les dépenses ou à peu près. Or, l'analyse de la ration et de l'urine, ajoutée à celle des fèces, qui pour la plupart des matières minérales ($P^2O^5$, Ca, Mg, Fe) est indispensable, représente un labeur considérable (p. 435 et suiv.).

1. Sans tomber, bien entendu, au-dessous du minimum indispensable, ni même sans descendre à ce niveau.
2. Voyez p. 569 une démonstration de ce fait.

Notons encore que le mouvement d'un élément minéral est différent selon la quantité des autres matières minérales ingérées en même temps, ou selon la composition de la partie organique de la ration. La richesse d'une ration en phosphates influe, par exemple, sur la quantité de chaux, qui est retenue dans l'intestin et éliminée par les fèces (p. 435), et la présence d'une grande quantité de graisses dans la ration produirait une rétention de substances minérales et surtout de sodium et de calcium (Biernacki).

Le problème des échanges nutritifs minéraux est donc d'un abord difficile, et son étude est restée, pour cette raison, presque partout à ses débuts. Les faits bien établis sont peu nombreux et restent isolés les uns des autres. Un grand nombre d'autres sont encore contestés et ne pourraient être discutés qu'accompagnés d'une critique d'ordre purement technique, incompatible avec le caractère de ce livre. Pour ces raisons on a dû renoncer à faire ici un exposé élémentaire de ces questions.

CHAPITRE XXVI

# LES ÉCHANGES NUTRITIFS EXTÉRIEURS : L'INANITION TOTALE ET L'ALIMENTATION INSUFFISANTE. L'ALIMENTATION SURABONDANTE

## § 1. — L'INANITION TOTALE.

Si l'on réfléchit à ce fait que l'inanition est un état physiolologique que de tout temps la lutte pour la vie à imposé aux êtres vivants, à intervalles plus ou moins rapprochés, on prévoit l'existence de mécanismes permettant aux organismes de s'adapter à cette situation. Zuntz et Lehmann font remarquer que cette adaptation s'opère de deux manières. Quelques espèces réduisent leurs échanges nutritifs à un minimum et renoncent à maintenir leur température et leur activité musculaire au niveau habituel. Ce sont les animaux hibernants. D'autres, au contraire, maintiennent intégralement leurs dépenses d'énergie. Tel est, par exemple, le cas des carnivores, que l'inanition pousse à la poursuite de leur proie avec un redoublement d'activité. Il existe donc nécessairement un mécanisme qui assure à ces organismes la pleine disposition de l'énergie dont ils ont besoin. Ce mécanisme consiste dans des prélèvements opérés sur les tissus et à l'aide desquels l'organisme fait face à ses dépenses d'énergie et à ses dépenses de matière. Examinons successivement ces deux aspects du problème.

On n'a d'abord connu les échanges nutritifs pendant l'inanition totale chez l'homme, que par des observations portant sur deux ou trois jours de jeûne au plus, jusqu'au moment où des recherches méthodiques et de longue durée (dix jours) furent faites à Berlin, sur le jeûneur professionnel Cetti, par une commission de physiologistes et de médecins (1887). Puis vinrent les expériences de Luciani sur le jeûneur Succi (trente jours de jeûne, 1890), celles de Hooner et Sollmann (neuf jours, 1897), et d'autres encore. Dans ces expériences, les emprunts faits à l'organisme ont été calculés d'après l'analyse des urines et des fèces (p. 497), et les produits de la respiration n'ont pas été étudiés, ou ne l'ont été, comme dans les expériences sur Cetti, que pour de courtes durées, par la méthode de Zuntz (p. 506). Au contraire, dans les expériences de Tigerstedt (cinq jours de jeûne, 1897), le sujet est resté dans la chambre respiratoire vingt-deux heures sur vingt-quatre, et dans celles de Bénédict, les plus précises de toutes, faites à l'aide de la chambre calorimétrique de Atwater (p. 16), on a déterminé l'oxygène absorbé, l'acide carbonique et l'eau éliminés, et l'on a fait, en même temps, une analyse élémentaire quotidienne de l'urine. On a pu ainsi établir les quantités totales de C, H, O, Az perdues par l'organisme et déduire de là les poids de protéique, de graisse et de glycogène sacrifiés. Enfin la chaleur totale produite par le sujet était mesurée directement, et comparée ensuite à la quantité de chaleur calculée d'après les matériaux sacrifiés, déduction faite de la chaleur de combustion de l'urine [1]. La durée du jeûne a été de sept jours et le sujet a encore été suivi pendant quelques jours au moment de la réalimentation. Les quantités de chaleur recueillies et les quantités calculées ont été sensiblement égales, ce qui donne une très bonne garantie de l'exactitude des méthodes employées.

**La dépense d'énergie dans l'inanition totale.** — On a déjà vu qu'en période d'alimentation la dépense de calories en vingt-quatre heures est toujours plus élevée d'environ 10 p. 100 qu'en période de jeûne, mais que cette différence représente la « dépense d'exploitation » des aliments (p. 519). Ainsi, à l'état de repos, Ranke dépensait en vingt-quatre heures 2 150 calories pendant le jeûne, et 2 449 quand il était alimenté. Mais, cet écart peu considérable mis à part, on constate que l'entretien de l'organisme coûte autant pendant le jeûne que s'il y a alimentation. Rapportée au kilogramme de poids vif, ce qui est indispensable ici à cause de l'amaigrissement rapide des sujets, la dépense se maintient, en effet, à peu près constante pendant toute la durée du jeûne. Elle est d'une trentaine de calories par kilogramme pour des sujets qui restent levés pendant le jour et fournissent ainsi de légers travaux mécaniques. Exemple (sujet de Bénédict) :

| | Poids du sujet (kilogrammes). | Dépense totale en 24 heures (calories). | Dépense par kilogramme en 24 heures (calories). |
|---|---|---|---|
| Au premier jour de jeûne... | 59,520 | 1 796 | 30,2 |
| Au cinquième jour de jeûne. | 57,174 | 1 636 | 28,6 |

1. Celle des excréments a pu être négligée.

L'étude des échanges respiratoires est en bon accord avec cette constatation. En période d'alimentation, mais observé, bien entendu, loin du dernier repas, Cetti consommait de 4 cm³, 50 à 4 cm³, 79 d'oxygène par kilogramme et par minute. Pendant le jeûne il en absorbait :

Centimètres cubes.

Du troisième au sixième jour.................... 4ᶜᵐ3,65

Du neuvième au onzième jour.................... 4 ,73

*L'organisme mis à l'état de jeûne se procure donc, par des emprunts faits à ses tissus, une quantité d'énergie égale à celle que lui fournissait la destruction des aliments.*

**La dépense de matière dans l'inanition totale.** — Comment cette dépense d'énergie est-elle répartie entre les divers combustibles organiques [1]? On admet en général que les réserves d'hydrates de carbone dont dispose d'ordinaire l'organisme sont peu importantes, et qu'après quelques jours, elles cessent d'entrer en ligne de compte, en sorte que ce serait surtout avec ses matières protéiques et ses graisses que l'organisme ferait face à ses dépenses pendant le jeûne. Les expériences tout à fait précises de Bénédict (voy. plus haut) ont montré que cette conclusion est trop absolue et que, du moins jusqu'au septième jour de jeûne, l'organisme brûle encore des quantités appréciables de glycogène. Néanmoins il reste acquis que la majeure partie de l'énergie dépensée est fournie par les albumines et surtout par les graisses.

| JOURS DE JEUNE | MATÉRIAUX SACRIFIÉS PAR L'ORGANISME | | | TOTAL DES CALORIES DÉPENSÉES | SUR 100 CALORIES DÉPENSÉES L'ORGANISME EN A EMPRUNTÉ : | | |
|---|---|---|---|---|---|---|---|
| | Protéiques. | Graisses. | Glycogène. | | Aux protéiques. | Aux graisses. | Au glycogène. |
| | gr. | gr. | gr. | cal. | | | |
| 1...... | 73,4 | 126,4 | 64,9 | 1 796 | 17,7 | 67,1 | 15,2 |
| 2...... | 74,7 | 147,4 | 23,1 | 1 790 | 15,9 | 78,6 | 5,5 |
| 3...... | 78,1 | 153,0 | 5,4 | 1 785 | 16,9 | 81,7 | 1,4 |
| 4...... | 69,8 | 144,7 | 25,2 | 1 734 | 14,3 | 79,6 | 6,1 |
| 5...... | 65,2 | 144,7 | 8,2 | 1 636 | 13,5 | 84,4 | 2,1 |
| 6...... | 64,4 | 129,8 | 21,7 | 1 547 | 14,0 | 80,0 | 6,0 |
| 7...... | 60,8 | 132,5 | 18,7 | 1 546 | 13,1 | 81,7 | 5,2 |

1. On a montré dans un autre chapitre (p. 495 et suiv.) comment on établit cette répartition.

*Exemple* : Sujet de Bénédict déjà cité plus haut, pesant au début et à la fin des sept jours de jeûne respectivement 59 kgr. 520 et 56 k. 333 (voy. ici le tableau de la page précédente).

On voit donc que durant les sept jours de jeûne, l'organisme a emprunté en moyenne aux albumines 15 p. 100, aux graisses 79 p. 100 et au glycogène 6 p. 100 de la dépense totale d'énergie.

Cette répartition varie d'un sujet à l'autre, surtout avec la grandeur des réserves de graisses.

Exemples : Chez Cetti, qui était maigre (57 kgr.), la dépense s'est répartie ainsi qu'il suit (en ne tenant pas compte du glycogène), pendant les quatre premiers jours de jeûne :

Part des protéiques dans la dépense............... 20,5
   —    graisses    —       —   ...............  79,5
                                                 ———
                                                 100,0

Au contraire, le sujet à réserves adipeuses abondantes, observé par Ranke, a donné pour le second jour de jeûne :

Part des protéiques dans la dépense............... 9,4
   —    graisses    —       —   ...............  90,6
                                                 ———
                                                 100,0

*Des réserves de graisse abondantes permettent donc à l'organisme en état de jeûne de diminuer les emprunts faits à ses protéiques.* C'est pour cette raison, sans doute, que l'on voit les animaux adultes et gras résister à l'inanition beaucoup plus longtemps que les animaux jeunes et maigres.

**Grandeur et marche de la consommation des protéiques pendant le jeûne.** — La manière dont l'organisme use, au début du jeûne, de ses réserves de protéiques dépend de l'alimentation des jours précédents. Si cette dernière a été fortement azotée, la destruction d'albumine continue à être élevée pendant le premier et même pendant le deuxième jour de jeûne [1], puis s'établit un régime assez constant, régime de moindre dépense azotée, où l'organisme administre ses réserves de protéiques avec une parcimonie croissante, sacrifiant surtout ses graisses et le moins possible ses protéiques, constituants essentiels des tissus.

1. Voyez p. 565.

Voici d'abord quelques observations relatives aux premiers jours de jeûne. Les nombres expriment en grammes l'azote total de l'urine des vingt-quatre heures (cité d'après C. von Noorden) :

| Nᵒˢ d'ordre. | Dernier jour d'alimentation. | Premier jour de jeûne. | Deuxième jour de jeûne. | Troisième jour de jeûne. |
|---|---|---|---|---|
| 1 | 16,8 | 11,9 | 10,6 | — |
| 2 | 18,6 | 12,9 | 13,8 | — |
| 3 | — | 17,0 | 11,2 | 10,5 |
| 4 | 16,2 | 13,8 | 11,0 | 13,9 |
| 5 | 9,3 | 7,8 | 13,0 | — |

Quelquefois, après une baisse au premier jour de jeûne, la consommation d'albumine se relève pendant un jour ou deux (voy. nᵒˢ 4 et 5). On admet en général que cette hausse correspond à l'épuisement de la majeure partie de la réserve de glycogène, qui au début était encore suffisante pour permettre l'épargne d'une certaine quantité d'albumine. Puis s'installe un régime assez constant et la quantité d'azote urinaire oscille alors autour de 0 gr. 20 par kilogramme et par jour. Ainsi, du premier au dixième jour de jeûne, Cetti a éliminé de 0 gr. 176 à 0 gr. 240, en moyenne 0 gr. 214, et Succi de 0 gr. 119 à 0 gr. 232, en moyenne 0 gr. 180 d'azote par kilogramme et par jour, le sujet étant, bien entendu, pesé chaque jour. Plus tard la destruction d'albumine est encore plus abaissée [1]. Au vingtième et au vingt et unième jours, Succi n'a plus éliminé que 4 gr. 4 et 3 gr. 9 d'azote, contre 6 gr. 8 au dixième jour. Enfin cette consommation d'albumine est plus petite chez la femme (de 0 gr. 10 à 0 g. 14 par kgr.), plus petite aussi chez les individus qui abordent le jeûne après une période d'alimentation médiocre ou insuffisante (4 à 6 gr. d'azote total dans l'urine des vingt-quatre heures et moins encore).

Ce régime assez constant de l'excrétion azotée du jeûne présente un grand intérêt physiologique et médical. Au physiologiste il offre un moyen très commode pour étudier l'action exercée sur la nutrition azotée par les substances toxiques ou médicamenteuses, sans que le tableau expérimental soit obscurci par des troubles de la digestion et de l'absorption. Ainsi, chez le chien tenu à jeun et arrivé au régime de l'excrétion azotée régulière, on constate, par exemple, que l'ingestion de phosphore provoque une hausse considérable de cette excrétion, action que l'on peut, dès lors, rapporter avec sécurité à une fonte des protoplasmes cellulaires sous l'action du toxique. En clinique le jeûne (ou une alimentation manifeste-

---

1. Peu avant la mort il se produit souvent, chez l'animal, une hausse brusque et considérable de la destruction d'albumine et que l'on explique en général avec Voit par l'épuisement des réserves de graisse. On a aussi invoqué l'action de substances toxiques.

ment insuffisante) est le meilleur moyen de constater une azoturie toxique (voy. p. 549).

**Autres particularités des échanges nutritifs pendant le jeûne.** — Déjà Regnault et Reiset avaient noté que, pendant le jeûne, le quotient respiratoire s'abaisse. Cette chute est lente chez les sujets largement alimentés auparavant et qui possédaient donc au début du jeûne une ample provision d'hydrates de carbone. Tel était le cas du jeûneur Breithaupt, qui a fourni pendant les cinq premiers jours de jeûne les quotients respiratoires suivants : 0,87, 0,74, 0,73, 0,73, 0,63, tandis que chez Cetti, qui était maigre, les valeurs de ce quotient ont été : 0,72, 0,68, 0,68, 0,65, 0,66. Évidemment un quotient tel que 0,87, supérieur à celui des graisses (0,71) et à celui des protéiques (0,80), indique que, dans le mélange de combustibles détruits à ce moment, le glycogène entrait pour une part importante. Puis, lorsque l'organisme ne consomme plus guère que des graisses et un peu d'albumine, on observe des valeurs à peine supérieures à 0,71. Mais comment expliquer que le quotient puisse tomber au-dessous de 0,71?

Cela tient d'abord à ce fait que, pendant le jeûne, l'organisme élimine par l'urine des quantités importantes de carbone sous la forme d'acides acétoniques (p. 398), ce qui diminue d'autant la quantité d'acide carbonique éliminée par le poumon et abaisse, par conséquent, la valeur du quotient respiratoire. On a expliqué aussi ce fait par la production d'une certaine quantité de glycogène, formée aux dépens de l'albumine ou des graisses et que l'individu qui jeûne, tout en restant au repos, accumule dans ses muscles (Lehmann et Zuntz). Si cette hypothèse est exacte, le quotient respiratoire doit remonter, quand après une période de repos complet, le sujet, toujours à jeun, fournit des travaux mécaniques. C'est ce que l'expérience a permis de vérifier chez le jeûneur Breithaupt. Les expériences si précises de Bénédict (p. 564) permettent aussi de calculer, pour certains jours de jeûne, une production de glycogène, qui s'est élevée jusqu'à 26 grammes.

Pendant le jeûne, l'urine présente des modifications caractéristiques. La présence de quantités importantes d'acides acétoniques, c'est-à-dire de corps n'apportant que du carbone et pas d'azote, fait monter le rapport du carbone total à l'azote total de 0,66 ou 0,87, valeurs moyennes à l'état normal (p. 454), à 1,03 (sujet de Bénédict; valeur moyenne du 2e au 7e jour de jeûne). Corrélativement on voit grandir le quotient calorique (p. 446). Chez le sujet de Bénédict, il est monté de 7,9 (1er jour de jeûne) à 13,7 (6e et 7e jour). Enfin, on a déjà vu pourquoi l'ammoniaque augmente et l'urée diminue dans l'urine du jeûne (p. 443).

Pendant le jeûne les organes les plus nobles, cœur, système nerveux central, ne perdent presque pas de leur poids, évidemment parce qu'ils sont entretenus au détriment d'autres parties du corps, tissu adipeux, muscles, etc., que l'on voit, au contraire, diminuer de poids dans des proportions énormes. Il se produit donc là des phénomènes de transport sur l'intérêt desquels on a déjà appelé l'attention[1] (p. 246).

## § II. — L'ALIMENTATION INSUFFISANTE.

**La dépense d'énergie dans l'alimentation insuffisante.** — Lorsque, dans une ration qui suffit à l'entretien de l'organisme, on supprime *brusquement* une fraction importante des calories nécessaires, l'organisme répond comme dans le jeûne, c'est-à-dire en empruntant à ses tissus de quoi couvrir le déficit.

Exemple : Un sujet de Atwater couvre ses besoins avec 2 303 calories pour vingt-quatre heures. On ne lui en donne ensuite que 2 037. Le déficit prévu est donc de 266 calories. L'expérience montre que l'organisme a sacrifié des quantités d'albumine et de graisse valant respectivement 31 et 240 calories, au total 271.

En est-il de même lorsque l'alimentation insuffisante est *chronique*, et s'établit-il, comme on l'a soutenu, un régime plus économique, résultat d'une adaptation progressive de l'organisme aux conditions défectueuses de l'alimentation? La question n'est pas encore résolue.

On a observé de divers côtés soit des sujets isolés, soit des groupes d'individus, par exemple les tisserands saxons étudiés par von Rechenberg, et qui vivaient avec une dépense totale s'élevant à peine à 30 calories par kilogramme, alors que le travail fourni, peu fatigant il est vrai, faisait prévoir un mouvement d'au moins 34 à 36 calories. De même, chez divers sujets marastiques et qui commençaient à se refaire, on a signalé des bénéfices d'azote et des augmentations de poids avec des apports de 25 à 30 calories seulement par kilogramme et par jour. Mais C. von Noorden fait remarquer, avec raison, qu'un bilan plus exact

1. Rappelons ici les observations de Miescher sur les saumons du Rhin (p. 293) et celles de Pflüger sur le crapaud accoucheur (*Alytes obstetricans*), dont la larve à partir du mois de mai cesse de se nourrir pendant cinq semaines, durant lesquelles la queue, très volumineuse à ce moment, se rapetisse peu à peu et s'atrophie, pendant que les membres antérieurs et postérieurs se développent.

doit être réclamé ici, car les marastiques sont des organismes appauvris non seulement en matières solides, mais aussi en eau, en sorte que des augmentations de poids dues à des rétentions d'eau peuvent très bien masquer des pertes de graisse. Quant aux bénéfices d'azote on sait très bien qu'ils peuvent coexister avec un apport total de calories encore insuffisant, donc avec des sacrifices de graisse ou de glycogène faits par l'organisme (p. 583). On n'est donc pas certain que ces rations si réduites aient suffi à l'entretien de l'organisme.

### La dépense de matière dans l'alimentation insuffisante.

— Dans *l'inanition partielle expérimentale*, c'est-à-dire *brusquement* installée, les choses se passent comme le font prévoir les faits acquis dans l'étude de l'inanition totale. L'organisme complète la ration en s'adressant à ses réserves de graisse [1] et secondairement à ses réserves d'albumine, la quantité d'albumine sacrifiée étant, là encore, d'autant plus faible que l'organisme est plus riche en graisse.

Exemple : Dans une expérience de Miura, faite sous la direction de C. von Noorden sur un sujet maigre, mis en état d'équilibre azoté avec une ration de 1 955 calories, soit 41 cal. 6 par kilogramme, on provoque pendant trois jours, par la suppression d'une partie des hydrates de carbone, un déficit de 462 calories, soit 29 p. 100 de l'apport total, et on constate que l'organisme couvre ce déficit dans la proportion de 17 p. 100 par les albumines et de 83 p. 100 par les graisses empruntées à ses tissus. Au contraire, chez une jeune fille de vingt-cinq ans, à réserves adipeuses abondantes, mais non exagérées, un déficit de 30 p. 100 dans l'apport total de calories, provoqué également par la suppression d'une partie des hydrates de carbone, fut couvert, pour 8,9 p. 100 par l'albumine, et pour 91,1 p. 100 par la graisse sacrifiées par l'organisme (C. von Noorden).

Remarque. — Dans ces expériences le déficit créé a porté sur un aliment ternaire, les hydrates de carbone, c'est-à-dire qu'il y a eu simplement déficit de calories. Les choses se passent, bien entendu, autrement quand le déficit porte sur l'albumine, c'est-à-dire sur un aliment spécifiquement indispensable, au moins pour une certaine quantité. Si, dans une ration d'entretien apportant en protéiques le minimum indispensable, on supprime la moitié de cet apport, il est clair que l'organisme devra combler ce déficit par un appel équivalent à ses réserves d'albumine. Si l'apport protéique est double du minimum, et si l'on crée un déficit en supprimant la moitié de cet apport, ce déficit pourra être comblé par de la graisse [2] empruntée aux tissus, car une moitié des protéiques tenait simplement le rôle d'un combustible alimentaire.

1. Il est certain que les réserves d'hydrates de carbone sont aussi mises à contribution. Mais l'expérience, généralement faite comme il est dit à la page 497, ne permet pas de faire le départ entre ces deux sortes de matériaux et oblige donc à exprimer en graisse les matériaux ternaires sacrifiés.

2. Il en sera ainsi, du moins, lorsque l'organisme se sera adapté à ce nouvel apport et qu'il aura rétabli l'équilibre azoté (p. 573).

La manière dont l'organisme répond à l'*inanition partielle chronique* n'est pas encore clairement établie. Les expériences de longue durée (de 24 à 50 jours) faites par Neumann, Siven, Renvall, Rosenmann, et la pénétrante analyse qu'en a donnée Magnus-Levy montrent bien que les indications qui suivent ne sont que des moyennes, qui peuvent bien ne point s'appliquer à tous les cas.

On peut dire, d'une manière générale, qu'un déficit de calories est couvert par les mêmes procédés que dans le cas de l'inanition partielle aiguë, avec cette différence que l'organisme administre ses réserves de protéiques avec une parcimonie encore bien plus grande, et même que l'équilibre azoté peut subsister ou être rétabli, le déficit étant entièrement couvert par les graisses sacrifiées. Mais, d'ordinaire, ce dernier état de choses n'est pas durable ; longtemps prolongée, l'alimentation insuffisante amène toujours, avec des pertes de graisses, des sacrifices d'albumine, c'est-à-dire une diminution de la masse et des forces musculaires. Et même quand la ration insuffisante administrée est très riche en protéiques, cette fâcheuse conséquence ne peut pas être évitée ou ne peut l'être que transitoirement. Sur ce dernier, notamment, l'expérience clinique a clairement prononcé.

Voici quelques indications numériques relativement à ce qui précède. Dans l'inanition partielle chronique, l'azote total de l'urine des vingt-quatre heures descend d'ordinaire à 5 ou 6 gr. et même plus bas encore, c'est-à-dire que le sacrifice d'albumine que s'impose l'organisme est aussi réduit qu'il est possible. Le cas de Fr. Müller cité à la page 583 montre qu'il peut même se produire des fixations d'albumine avec des apports protéiques peu élevés et à un moment où l'organisme sacrifie encore de ses graisses. Voici un exemple du même genre, relatif à une femme de vingt-sept ans et extrait d'une intéressante série d'observations de C. von Noorden sur des femmes affaiblies, qui recevaient des rations richement pourvues en albumine, mais insuffisantes, au moins au début, quant à l'apport total d'énergie.

| Durée des périodes. | Poids. | Albumine consommée. | Apport total d'énergie. | Apport d'énergie par kilogramme. | Gain ou perte d'albumine par jour. |
|---|---|---|---|---|---|
| | kg. | gr. | cal. | cal. | gr. |
| 1ʳᵉ semaine. | 40,0 | 80 | 720 | 18 | — 17,5 |
| 2ᵉ — | 38,0 | 80 | 720 | 19 | — 16,2 |
| 3ᵉ — | 37,2 | 80 | 940 | 25 | + 9,4 |
| 4ᵉ — | 38,5 | 80 | 1 050 | 27 | + 11,9 |
| 5ᵉ — | 41,0 | 80 | 1 450 | 35 | + 20,6 |

Malgré un abondant apport d'albumine, l'organisme a donc été obligé, pendant les deux premières semaines, de sacrifier de ses protéiques et probablement aussi de ses graisses, puisque le poids a diminué de 2 kilogrammes. Puis, l'apport de calories étant devenu un peu meilleur, il a fait pendant la troisième semaine un bénéfice d'albumine quotidien, bien que l'amaigrissement ait continué. Ce n'est qu'avec des recettes de calories encore améliorées que les bénéfices d'albumine ont été accompagnés aussi d'un relèvement sensible du poids.

Ces sacrifices d'albumine, qu'imposent à l'organisme des rations même très riches en protéiques, mais insuffisantes comme apport total de calories, ont été observés aussi par les cliniciens à une époque où, pour combattre l'hyperchlorhydrie, on prescrivait des rations dont la viande et les œufs faisaient presque tous les frais. Malgré des apports d'albumine allant jusqu'à 150 et 175 gr., mais avec 20 à 30 calories seulement par kilogramme, on observait fréquemment, en quelques semaines, un amaigrissement de plusieurs kilogrammes et un affaissement sensible des masses musculaires (C. von Noorden).

**L'inanition partielle thérapeutique. — Les cures d'amaigrissement.** — L'alimentation insuffisante est employée par les médecins pour combattre l'obésité, et les rations adoptées à cet effet sont caractérisées : 1° Par un apport total de calories systématiquement insuffisant (environ 1 200 à 1 600 calories en vingt-quatre heures); 2° par un apport d'albumine très abondant (de 100 à 175 gr.)[1]. On crée ainsi dans la ration un déficit de 1 000 à 1 400 calories, que l'organisme est obligé de combler par un prélèvement sur ses tissus, et comme chez le sujet normal de tels prélèvements portent surtout sur les graisses, et que les protéiques y participent d'autant moins que les réserves adipeuses sont plus abondantes (p. 564), on compte que chez les individus très gras et recevant, d'autre part, des rations très riches en albumine, l'organisme ne sacrifiera que des graisses et sera préservé des pertes d'albumine.

En est-il vraiment ainsi? En clinique, on mesure les bons effets d'une cure d'amaigrissement à cette double constatation, à savoir que l'on a obtenu une diminution de poids importante, tout en conservant au sujet une résistance musculaire convenable, ce qui indique que la fonte des tissus n'a pas atteint sérieusement les masses albumineuses. Mais si ce procédé, que l'emploi de mesures dynamométriques régulières peut rendre plus précis, suffit en clinique, il ne résout pas le problème physiologique que posent les cures d'amaigrissement, et qui ne peut être abordé que par l'étude quantitative des échanges nutritifs. Or, cette étude démontre que

---

1. Par exemple la ration du régime d'Oertel se compose de 156 à 170 gr. d'albumine, 25 à 45 gr. de graisse et 75 à 120 gr. d'hydrates de carbone, valant en tout de 1 180 à 1 600 calories.

si l'apport total de calories n'est pas réduit au delà des deux tiers du besoin total, l'obèse ne perd que de la graisse, sans sacrifier d'albumine, mais il est bon que l'apport de protéiques soit élevé et que la cure soit accompagnée d'exercices musculaires, progressivement plus actifs, car le travail musculaire favorise les fixations d'albumine (p. 582) (Dapper, Magnus-Levy, Bornstein, et d'autres).

Voici le détail de la démonstration de Dapper, faite sur l'auteur lui-même, sous la direction de C. von Noorden. Dans une première période de huit jours la ration contenait par jour 108 gr. 4 d'albumine et 1 530 calories, et la perte de poids fut de 3 kgr. 2, mais l'organisme avait dû sacrifier en même temps 58 gr. 7 de protéiques. Dans une deuxième période de douze jours, avec un apport de 127 gr. d'albumine et de 1 466 calories, la perte de poids fut de 2 kgr. 7, mais cette fois avec un bénéfice quotidien de 5 gr. 17 d'albumine. Dans une expérience très bien conduite sur une petite obèse de douze ans (poids 48 kgr., taille 1 m. 41), Helleson a obtenu d'une manière constante l'équilibre azoté avec fonte des graisses, quand il se bornait à créer un déficit de calories de 20 à 40 p. 100. Et l'équilibre azoté était plus aisément obtenu quand ce déficit portait sur les graisses, que lorsque l'on réduisait les hydrates de carbone (p. 576). Une diminution excessive des boissons favorise aussi les pertes d'albumine chez l'obèse (Salomon) (p. 70).

### § III. — L'ALIMENTATION SURABONDANTE.

Une ration qui suffit pour couvrir le besoin d'albumine et le besoin total de calories, devient surabondante quand on l'additionne d'un surplus de l'un des trois aliments, albumine, graisse ou hydrates de carbone. Or, l'expérience a montré que, vis-à-vis de ce surplus, l'organisme ne se comporte nullement comme un foyer, qui brûle d'autant plus de combustible qu'on lui en fournit davantage. Il réalise, au contraire, un bénéfice, et deux questions se posent alors :

1° L'organisme met-il de côté la totalité des calories reçues en trop, ou bien cette opération de la mise en réserve d'un combustible alimentaire comporte-t-elle un déchet, et quelle est la grandeur de ce déchet selon la nature de l'aliment, albumine, graisse ou hydrate de carbone, ajouté à la ration suffisante. C'est la question du *bénéfice d'énergie* réalisé par l'organisme.

2° Quel est le combustible mis en réserve selon la composition de la ration surabondante qui a été fournie? C'est la question du *bénéfice de matière* que l'organisme tire d'une telle ration.

## 1. *Le bénéfice d'énergie*.

On a admis pendant quelque temps que toute la quantité d'énergie, dont la ration consommée dépasse le besoin d'entretien, est mise de côté par l'organisme, déduction faite de la dépense peu élevée qui correspond au surcroît de travail imposé au tube digestif. Les physiologistes ne maintiennent plus, en général, cette conclusion, depuis qu'il est reconnu que l'arrivée d'un aliment dans l'organisme provoque toujours — en sus de la dépense due au travail digestif — une augmentation de la dépense de calories. C'est le phénomène de l'action dynamique spécifique des aliments qui a été exposé précédemment (p. 519). Il est clair que la fraction d'énergie ainsi dépensée ne peut plus être économisée directement. Mais si l'organisme considéré est pris dans un milieu, dont la température est telle que le mécanisme de la régulation chimique entre en jeu, les calories ainsi dépensées pourront servir à la lutte contre le froid et permettre, par conséquent, l'économie d'une quantité isodyname d'un autre combustible (p. 524). On prévoit donc que, dans ces conditions, la totalité des calories apportées par la ration en sus du besoin réel, pourra être mise de côté (déduction faite, bien entendu, de ce qu'a exigé le surcroît de travail imposé au tube digestif) et il semble bien que c'est là ce qui s'est passé dans les expériences de Atwater, avec apport calorifique surabondant.

Au contraire, si la température ambiante est telle que l'organisme n'ait pas besoin de produire de la chaleur pour se défendre contre le refroidissement, ces calories se dissipent au dehors sans avoir servi à rien, et alors une fraction seulement des calories fournies en trop pourra être mise en réserve. Tout dépend donc des conditions de température dans lesquelles ces essais de suralimentation sont faits. Or, c'est là un facteur dont l'importance n'a été bien mise en lumière que depuis peu d'années, en sorte que la question posée ne peut pas encore recevoir de réponse précise.

## 2. *Le bénéfice de matière*.

Sous quelle forme l'organisme réalise-t-il de tels bénéfices de calories selon qu'on ajoute à une ration suffisante un supplément d'albumine, d'hydrates de carbone ou de graisse. Tel est le problème qui doit être examiné dans ce qui suit et qui nous conduira à compléter sur quelques points ce qui a été dit quant à l'état d'entretien ou de jeûne.

### A. — CAS D'UN SURPLUS D'ALBUMINE.

**La loi physiologique de l'équilibre azoté.** — On a déjà établi que, quelle que soit la quantité d'aliment protéique que l'absorption digestive fournisse à l'organisme, celui-ci détruit toujours la totalité de cet apport (p. 541). On comprend aisément qu'il en soit ainsi, lorsque la quantité d'albumine fournie fait partie d'une ration couvrant exactement le besoin total, car on aperçoit alors dans l'apport d'albumine deux fractions : celle qui représente le minimum indispensable, et le surplus, qui avec les graisses et les hydrates de carbone, contribue à parfaire la somme totale des calories nécessaires. Mais si l'on ajoute à une ration suffisante un surplus d'albumine, ce surplus est détruit aussi, et c'est une quantité correspondante d'hydrates de carbone ou de graisse qui se trouve éliminée du champ des destructions organiques et épargnée (Voit).

*L'organisme tend donc toujours à réaliser l'équilibre azoté, c'est-à-dire à mettre la destruction des protéiques au niveau de l'apport azoté alimentaire*[1].

Cette adaptation de l'excrétion azotée à la grandeur de l'apport azoté alimentaire se reconnaît immédiatement à un fait que nos prédécesseurs avaient observé depuis longtemps, à savoir l'augmentation de la quantité d'urée [1] excrétée, à mesure que la ration devient plus riche en protéiques, et comme, avec Liebig, ils voyaient dans l'albumine l'aliment du travail musculaire, il leur paraissait très singulier que la destruction de cet aliment grandît ainsi, quel que fût le travail fourni. Une partie de cette albumine semblait donc être gaspillée et c'est de cette époque que date l'expression de consommation de luxe.

L'établissement de cet équilibre exige, en général, pour être réalisé, plusieurs jours, durant lesquels l'organisme fixe de l'albumine ou, au contraire, en perd selon que la ration de protéiques a été augmentée ou diminuée par rapport à ce qu'elle était les jours précédents.

---

1. Sauf le cas, bien entendu, où l'apport azoté descend au-dessous du minimum indispensable.

2. Le dosage de l'urée tenait lieu, à cette époque, de dosage de l'azote total.

*Exemple* : Expérience sur l'homme de C. von Noorden (citée d'après Magnus-Levy) :

|  | Azote ingéré. | Azote dans les fèces [1]. | Azote dans l'urine. | Gains ou pertes d'azote [2]. |
|---|---|---|---|---|
| 1er jour ......... | 14gr,4 | 0gr,70 | 13gr,6 | + 0gr,1 |
| 2e — ......... | 14 ,4 | 0 ,70 | 13 ,8 | — 0 ,1 |
| 3e — ......... | 14 ,4 | 0 ,70 | 13 ,6 | + 0 ,1 |
| 4a — ......... | 20 ,96 | 0 ,82 | 16 ,8 | + 3 ,34 |
| 5e — ......... | 20 ,96 | 0 ,82 | 18 ,2 | + 1 ,94 |
| 6e — ......... | 20 ,96 | 0 ,82 | 19 ,5 | + 0 ,68 |
| 7e — ......... | 20 ,96 | 0 ,82 | 20 ,0 | + 0 ,14 |

Lorsque l'organisme, mis en état d'équilibre avec un apport de 14 gr. 4 d'azote, a brusquement reçu au quatrième jour une quantité d'albumine valant 20 gr. 96 d'azote, il a donc aussitôt augmenté sa destruction d'albumine (16 gr. 8 d'azote urinaire au lieu de 13 gr. 6), mais ce n'est que trois jours plus tard que cette dépense a atteint sensiblement le même niveau que la recette (20 gr. d'azote urinaire contre 20,96 — 0,82 = 20 gr. 14 d'azote résorbé), et pendant ce temps l'organisme a fait des bénéfices d'albumine, qui sont allés en diminuant. On observe le phénomène inverse, lorsque l'apport de protéiques est brusquement diminué (sans descendre cependant au-dessous du minimum indispensable). L'organisme détruit d'abord plus d'albumine qu'il n'en reçoit, puis après quelques jours ces pertes s'atténuent, et la destruction descend au niveau de l'apport alimentaire (voy. aussi p. 579).

On voit donc que chez l'homme bien portant un *apport de protéiques en sus d'une ration suffisante ne détermine un gain d'albumine que pendant le court laps de temps dont l'organisme a besoin pour rétablir l'équilibre azoté.* On montrera plus loin que, pour l'organisme en voie d'accroissement ou sortant d'une période d'inanition, les choses se passent tout autrement.

**Albumine fixe et albumine circulante.** — En ce qui concerne la consommation de l'albumine, l'organisme se comporte donc de deux façons différentes, diamétralement opposées, et qui constituent l'un des aspects les plus remarquables de la nutrition azotée. D'une part, au cours du jeûne, c'est d'abord avec ses hydrates de carbone et ses graisses que l'organisme alimente ses combustions, et l'albumine n'est sacrifiée qu'avec la plus stricte économie. Au contraire, en période d'alimentation, l'organisme détruit d'abord tous les protéiques qu'il reçoit et plus on lui en

---

1. Dans ces expériences on fait souvent le dosage de l'azote fécal sur le mélange des excréments de plusieurs et on prend la moyenne.

2. Des résultats comme les trois premiers et le dernier de cette colonne signifient pratiquement que l'équilibre azoté a été atteint, d'autant plus qu'on n'a pas tenu compte des pertes par la peau (sueur).

donne, plus il en détruit. Les aliments ternaires ne sont sacrifiés que dans la mesure nécessaire pour parfaire l'apport total de calories, et l'on a vu que, chez le carnivore, l'albumine peut même les éliminer presque entièrement du champ de destruction organique (p. 542). Pendant le jeûne, les protéiques, dont les réserves sont cependant très abondantes, se conduisent donc comme des matériaux difficilement oxydables. En période d'alimentation, ils sont, au contraire, le combustible brûlé en premier lieu.

Cette différence a conduit Voit à admettre que, dans ces deux cas, les protéiques brûlés ne sont pas les mêmes. Pendant le jeûne, l'organisme consomme l'albumine de ses tissus, l'*albumine fixe* ou *fixée*. En période d'alimentation, il brûle celle qui vient d'être résorbée et qui n'a encore été insérée dans aucun tissu; c'est de l'*albumine circulante*. Et si, pendant le jeûne, l'organisme ne commence à administrer ses réserves d'azote avec parcimonie qu'après un ou deux jours, c'est parce qu'il vit encore pendant ce temps sur une réserve d'albumine circulante, accumulée pendant les jours d'abondance et qui est facilement combustible. Mais ce gaspillage s'arrête avec l'épuisement de ces réserves.

Cette distinction de l'albumine fixe et de l'albumine circulante, que nous avons déjà rencontrée précédemment (p. 290), a été vivement combattue, notamment par Pflüger, et il faut bien reconnaître qu'elle n'est guère qu'une transcription des faits observés. Peut-être faut-il chercher l'explication du phénomène dans une autre hypothèse, qui reste plus près des faits et qui a été examinée (p. 291). C'est celle qui consiste à admettre que la reconstruction, qui fait suite à l'hydrolyse digestive, ne porte que sur une partie de la ration azotée, celle qui représente le minimum d'albumine indispensable[1]. Le surplus resterait à l'état d'acides aminés et serait brûlé directement. Cette faculté qu'a l'organisme de détruire si vite l'albumine ingérée ne serait donc que l'expression du pouvoir qu'il possède d'opérer la désamination des acides aminés (p. 300). Au surplus il faut reconnaître, avec Magnus-Levy, que l'on dépasse les faits quand, de l'élimination urinaire de l'azote (et du soufre), on conclut à la destruction totale de l'albumine dont pro-

---

1. Ce minimum reconstruit remplacerait la petite quantité d'albumine usée par les tissus. Ce serait la désassimilation azotée endogène, opposée à la désassimilation exogène, c'est-à-dire à celle qui porte sur l'albumine alimentaire, donc sur la fraction de cette albumine qui, dans l'hypothèse en question, n'aurait pas été reconstruite (voy. p. 292 et 318).

viennent ces deux éléments. Il se peut que les acides gras résultant de cette désamination ne soient pas détruits tout de suite. Cette question a déjà été examinée (p. 303).

## B. — CAS D'UN SURPLUS D'HYDRATES DE CARBONE
### OU DE GRAISSE.

**L'épargne de l'albumine par les hydrates de carbone et par les graisses.** — Si l'on ajoute à une ration suffisante un surplus notable d'*hydrates de carbone*, on constate que la quantité d'azote total de l'urine, c'est-à-dire la quantité d'albumine détruite, diminue aussitôt, à condition, bien entendu, que l'apport de protéique n'ait pas été pris trop près du minimum indispensable. L'organisme a donc détruit une partie ou la totalité du surplus d'aliment ternaire absorbé et il a fait corrélativement l'*épargne* d'une certaine quantité d'albumine. Cette règle, établie par Bischoff et Voit, puis par Pettenkofer et Voit pour le chien, se vérifie aussi chez l'homme.

1° Un chien reçoit 2 000 gr. de viande avec lesquels il se met en équilibre azoté. On lui donne en sus, pendant les cinq jours suivants 200, puis 300 gr. d'amidon; l'excrétion d'urée diminue aussitôt, et l'azote manquant correspond en moyenne à 199 gr. de chair musculaire détruite en moins et par conséquent gagnée par l'organisme (Voit).

2° Une femme reçoit, pendant quatre jours, une ration suffisante, avec laquelle elle fait de légers bénéfices d'albumine. L'urine contient en moyenne 8 gr. 724 d'azote par jour. On lui donne un surplus de 200 gr. de sucre et l'urine n'élimine plus que 7 gr. 531 d'azote. La différence, soit 1 gr. 193, correspond à 7 gr. 43 d'albumine fixée, soit 13,6 p. 100 de la quantité primitivement détruite (Deiters).

3° Cette action d'épargne des hydrates de carbone peut être mesurée aussi en s'adressant à l'organisme à jeun. La quantité d'albumine sacrifiée par les tissus pendant l'inanition diminue, sitôt que l'on fait ingérer des hydrocarbonés (voy. plus loin).

Les hydrates de carbone font donc l'épargne de l'albumine, mais on remarquera que la quantité de protéique épargnée est toujours faible. Rapporté à la quantité d'albumine dépensée précédemment, le poids de protéique ainsi économisé ne dépasse pas, en général, 15 p. 100. Rapporté à la quantité d'hydrates de carbone ingéré en surplus, il apparaît plus faible encore, puisque, dans l'expérience de Deiters, citée ci-dessus, le surplus de sucre ingéré valait $200 \times 3,95 = 790$ calories, tandis que l'albumine épargnée n'en représente que 30 environ, soit à peine 4 p. 100. Le reste est en majeure partie fixé à l'état de graisse. On reviendra plus loin sur ces faits.

Les *graisses* font aussi l'épargne de l'albumine, mais d'une façon beaucoup moins puissante que les hydrates de carbone.

1° Un chien reçoit 1 500 gr. de viande avec lesquels il se met en équilibre nutritif, puisque l'urine indique une destruction de 1 512 gr. de viande. On lui donne en sus 150 gr. de graisse valant environ 1 400 calories, et la consommation d'albumine exprimée en chair musculaire ne descend qu'à 1 474 gr., soit donc pour l'organisme un bénéfice de 26 gr. seulement, tandis que, dans l'expérience ci-dessus avec les hydrates de carbone, 800 à 1 200 calories d'amidon données en surplus ont provoqué l'économie de 199 gr. de chair musculaire.

2° Chez l'homme, on saisit la même différence, ainsi que le montre l'expérience de Kayser, citée à la page 551. Et en voici une autre de Landergreen sur lui-même. A l'état de jeûne complet Landergreen perdait par l'urine 10 à 12 gr. d'azote. Lorsqu'il ingérait ensuite une quantité de graisse couvrant le besoin total de calories, l'excrétion d'azote descendait à 8 gr. Elle tombait, au contraire, à 3 ou 4 gr., quand il remplaçait cette graisse par une quantité équivalente de sucre.

**Remarques à propos de l'alimentation des diabétiques.** — On a montré précédemment que, dans les conditions ordinaires de la vie, les hydrates de carbone fournissent de 50 à 70 p. 100 de l'apport total d'énergie (p. 556). Si donc on supprime dans un but thérapeutique la majeure partie de ces aliments, on devra veiller à ce que le déficit ainsi créé soit comblé par un apport suffisant d'albumine et de graisses, et comme la quantité des protéiques demeure nécessairement limitée, c'est surtout sur les graisses que, depuis Bouchardat, l'on compte avec raison, pour atteindre le total des calories nécessaires. Mais étant donné le moindre pouvoir des graisses, en ce qui concerne l'épargne de l'albumine, la question se pose de savoir si, même avec un apport thermique surabondant, l'organisme se trouve garanti contre les déficits d'albumine.

L'expérience de Kayser, citée à la p. 551, montre que, si dans une ration d'entretien la *totalité* des hydrates de carbone est remplacée par de la graisse, le déficit d'azote s'installe aussitôt. Il convient donc de déterminer, par tâtonnement, la quantité d'hydrates de carbone que le malade peut encore ingérer sans glycosurie notable, et de ne pas le priver inutilement de cet appoint. Cela posé, l'expérience a montré que, chez beaucoup de diabétiques, on réussit très bien à obtenir l'équilibre azoté, même avec un apport de protéiques très réduit, complété par très peu d'hydrates de carbone et beaucoup de graisses. Ainsi C. von Noorden cite le cas d'un malade de 70 kilogrammes (cas de moyenne gravité), qui, suivi pendant trois semaines, est resté en équilibre azoté avec une ration apportant 60 grammes d'albumine, 250 grammes de graisse, plus les petites quantités d'hydrates de carbone contenues dans les légumes verts. Mais parfois aussi, malgré un apport de calories surabondant (jusqu'à 60 calories par kilogramme dans un cas observé par Fr. Voit), le déficit d'azote s'installe, démontrant donc pour le diabétique, comme elle est déjà établie pour l'homme bien portant, l'infériorité des graisses par rapport aux hydrates de carbone dans l'épargne de l'albumine.

### C. — L'ENGRAISSEMENT DANS L'ÉTAT DE SANTÉ ET APRÈS L'INANITION.

L'engraissement dans l'état de santé est un des problèmes les plus intéressants de la zootechnie, mais cette question est aussi de premier plan pour le médecin, car refaire un organisme diminué par la maladie ou par des conditions d'existence défectueuses est une des tâches qui s'imposent à lui le plus fréquemment, et pour bien comprendre comment se fait la régénération des tissus après la maladie, il est utile, évidemment, de savoir ce que l'on peut obtenir de ce côté chez l'homme bien portant.

Remarquons d'abord que, dans l'engraissement d'un convalescent, on ne poursuit pas uniquement une augmentation de poids, telle que la réalise l'accroissement assurément très utile des réserves de graisse, mais aussi et surtout la création de tissus nouveaux et principalement de fibres musculaires, c'est-à-dire de nouveaux protoplasmes. C'est donc une fixation d'albumine, c'est-à-dire l' « engraissement azoté » qui représente le but principal du traitement. Voyons dans quelles conditions ce résultat peut être atteint.

**Possibilité de l'engraissement azoté chez l'homme bien portant.** — On a expérimenté ici avec des rations appartenant aux trois types que voici :

1° Rations rendues surabondantes par un surplus d'aliments ternaires;

2° Rations rendues surabondantes par un surplus d'albumine;

3° Rations rendues surabondantes par un surplus d'albumine et d'aliments ternaires.

Toutes ces expériences ont démontré que l'on réussit à forcer un organisme sain à s'enrichir en albumine, — nous verrons plus loin si cela équivaut à dire : en protoplasmes cellulaires, — mais, lorsque les calories surabondantes sont représentées surtout par des aliments ternaires, ces bénéfices de protéiques sont accompagnés de la fixation d'une quantité très considérable de graisse.

1° Dans cette catégorie d'essais, les deux expériences les plus précises sont celle de Krug et celle de Dapper, faites sous la direction de C. von Noorden. Voici le détail de la première des deux.

Krug se trouvait depuis six jours, avec un poids de 59 kgr., sensiblement en équilibre azoté avec une ration renfermant par jour en moyenne 14 gr. 6 d'azote, 151 gr. de graisse et 193 gr. d'hydrates de carbone et valant 2 590 calories, soit 44 calories par kilogramme, lorsqu'il éleva cet apport, pendant les 15 jours suivants, à $2\,590 + 1\,700 = 4\,290$ calories (en augmentant les graisses de 47 et les hydrocarbonés de 121 p. 100). Le bénéfice d'azote réalisé fut en moyenne de 3 gr. 3 par jour, soit un gain total de $3,3 \times 15 = 49$ gr. 5 d'azote ou $49,5 \times 6,25 = 309$ gr. d'albumine, valant $309 \times 4,44^1 = 1\,372$ calories. Sur les $1\,700 \times 15 = 25\,500$ calories apportées en trop par la ration pendant ces quinze jours, 1 372, soit 5,4 p. 100, avaient donc été retenues à l'état d'albumine et le reste [2], soit 24 128 ou 94,6 p. 100, avait servi à l'accroissement des réserves adipeuses, qui se sont accrues de $24\,128 : 9,54\,^3 = 2\,529$ gr. Comme le poids du corps était monté de 59 à 62 kgr. 1, et qu'il y a eu fixation de 309 gr. d'albumine, représentant 1 455 gr. de chair musculaire [4] et de 2 529 gr. de graisse, il faut admettre que l'organisme avait perdu en même temps 884 gr. d'eau [5].

2° On ne citera ici (d'après C. von Noorden) que l'expérience de Bornstein, qui a consisté à ajouter, à une ration donnant un léger bénéfice d'albumine, un surplus de nutrose valant 7 gr. d'azote par jour.

| Jours. | Recette d'azote par jour. | Dépense d'azote par jour. | Bénéfice d'azote par jour. |
|---|---|---|---|
| 1-4 ............... | 14$^{\text{gr}}$,9 | 14$^{\text{gr}}$,23 | 0$^{\text{gr}}$,67 |
| 5-8 ............... | 21 ,9 | 18 ,99 | 2 ,90 |
| 9-12 ............. | 21 ,9 | 21 ,09 | 0 ,81 |
| 13-18 ............ | 21 ,9 | 20 ,16 | 1 ,74 |

On déduit de ce tableau que le surplus d'albumine donné du cinquième au dix-huitième jour et qui représentait 98 gr. d'azote, a procuré à l'organisme un bénéfice d'albumine représenté par 25 gr. 24 d'azote, soit donc environ le quart du surplus fourni. Ce résultat est remarquable, parce qu'il montre que la classique règle de Voit, d'après

1. Voy. p. 501.
2. Voy. la réserve faite à la page 572.
3. Chaleur de combustion de 1 gr. de graisse humaine (p. 500).
4. On compte en général par gramme d'azote 29 gr. 4 de chair musculaire.
5. Ces variations de la teneur du corps en eau sont fréquentes dans les phénomènes de l'engraissement. Elles se font tantôt dans un sens, tantôt dans l'autre. Fréquemment la rapide augmentation de poids du début d'une cure d'engraissement est due en partie à de larges rétentions d'eau (C. von Noorden).

laquelle l'équilibre azoté se rétablit *en peu de jours* et met fin par conséquent aux bénéfices d'albumine, ne se vérifie pas toujours (p. 573). Dans
d'autres essais, au contraire, l'addition d'un surplus d'albumine à la
ration n'a donné qu'un bénéfice médiocre, parce que promptement
l'équilibre azoté s'est rétabli. On ignore à quelles dispositions individuelles tiennent ces différences.

3° Ici on dispose d'expériences de Lüthje avec des rations à la fois
très riches en azote et en calories (de 31 à 61 gr. d'azote et de 3 326 à
6 035 calories par jour pour un poids initial de 82 kgr. 7). En vingt-neuf
jours de ce régime, il y eut un bénéfice de. 149 gr. 6 d'azote valant
935 gr. d'albumine, avec une augmentation de poids de 4 kgr. 9.

**Signification physiologique de l'engraissement azoté
chez l'homme bien portant.** — Il est donc possible d'obliger
l'organisme bien portant à faire des bénéfices d'*azote*. Mais c'est là
tout ce qu'apprennent les expériences qui précèdent, et c'est déjà
dépasser les faits que de conclure à un bénéfice d'*albumine*, car
il se pourrait qu'il y eût simplement rétention de produits azotés
de la dégradation de protéiques. Toutefois les expériences de
Gruber, citées à la page 302, et dans lesquelles on a étudié la
marche de l'élimination de l'azote après un repas de viande chez
le chien, ont montré que, dans les conditions d'alimentation ordinaires, de telles rétentions ne peuvent être que médiocres. De plus
Bornstein a établi que la rétention du soufre marche du même
pas que celle de l'azote, ce qui est une forte preuve en faveur de la
fixation de ces deux éléments à l'état d'albumine.

Mais une *fixation d'albumine* ne signifie pas nécessairement
une *construction de protoplasme*, c'est-à-dire une augmentation
de la masse véritablement vivante et active de l'organisme. Il se
peut que l'albumine gagnée soit restée simplement à l'état d'albumine circulante, c'est-à-dire dissoute dans le sang et les sucs des
tissus. Ce qui plaide très fortement contre la conclusion qui ferait,
de cette albumine retenue par engraissement, de l'albumine protoplasmique, c'est la rapidité avec laquelle le bénéfice réalisé pendant une cure ou une expérience d'engraissement est en grande
partie reperdu. Ainsi, d'un bénéfice de 67 gr. 7 d'azote et d'une
augmentation de poids de 2 kgr. 5, réalisés en dix jours, il ne restait, dans une expérience de Lüthje et Berger, après dix jours
d'alimentation ordinaire, que 35 grammes d'azote et 0 kgr. 600.
Or, ce n'est pas ainsi que se comporte, dans les destructions organiques, l'albumine fixe, l'albumine des tissus (p. 574). Ajoutons
que, faute d'expériences assez prolongées et assez nombreuses, on

ne sait pas si des engraissements de plus grande durée assure-
raient des bénéfices plus solides, ni quelles sont les rations (surabondance d'aliments ternaires ou surabondance d'albumine?) qui
sont à cet égard les plus avantageuses.

Il semble cependant qu'une partie de l'albumine ainsi gagnée
soit plus solidement acquise, et l'on a émis l'hypothèse qu'elle
ferait partie des tissus sous la forme d'inclusions cellulaires, de
réserves, analogues aux dépôts intra-cellulaires de glycogène
(C. von Noorden). Il semble même que, parfois, l'albumine ainsi
fixée entre dans les tissus comme vrai constituant protoplasmique,
si l'on en juge par la rétention de phosphore que, dans quelques
cas, on a vu marcher parallèlement à la fixation d'azote (Kaufmann
et d'autres).

Finalement la vraie preuve que l'albumine retenue est devenue
protoplasmique ne peut être administrée, comme le dit C. von
Noorden, qu'en montrant que, *par l'engraissement azoté, on
réussit à augmenter l'intensité des combustions respiratoires*.
Or, cette preuve n'a pas pu être faite. Ainsi dans une expérience
d'engraissement faite par Mayer et Dengler, sous la direction de
C. von Noorden, avec une augmentation de poids allant de 56 à
69 kgr. 3, obtenue en trois mois et dix jours, concurremment avec
une fixation totale d'azote de 346 gr. 6, la dépense de fond, mesurée
par la consommation d'oxygène (p. 512), fut au début de 222 cm³
et à la fin de 236 cm³ par minute. Rapprochée du gain d'azote si
considérable — il équivaudrait à 11 kgr. de chair musculaire! —
l'augmentation est tout à fait médiocre.

Concluons donc que *l'engraissement azoté, obtenu chez
l'homme bien portant sous l'unique influence d'une alimentation surabondante, n'est nullement synonyme d'accroissement
de la masse protoplasmique active et vivante.*

Un tel accroissement apparaît, finalement, comme une propriété
de la matière vivante, très indépendante de l'action des aliments.
Cette manière de voir est justifiée par l'expérience des éleveurs,
dont l'opinion générale est que les animaux de boucherie peuvent
être « engraissés » en ce qui concerne la graisse, mais non la
viande. Le choix de la race et l'amélioration de celle-ci par des
croisements heureux sont, au point de vue de l'obtention de la
viande, des facteurs bien plus importants et bien plus efficaces
que l'alimentation. Qu'est-ce à dire, sinon que cette faculté de
faire beaucoup de chair musculaire, de protoplasmes actifs dépend,

non pas de l'offre alimentaire faite aux tissus, mais de la qualité des éléments cellulaires auxquels cette offre est faite (C. von Noorden).

Cherchons donc quelles sont les conditions dans lesquelles on voit s'exercer avec le plus de force cette propriété des cellules.

**Conditions dans lesquelles on observe le véritable engraissement azoté.** — Elles ont été très clairement énoncées par C. von Noorden et Krüg, à qui nous empruntons ce qui suit. Il y a engraissement azoté véritable, c'est-à-dire production de chair musculaire, en général de protoplasmes nouveaux :

1° *Pendant la croissance* : Là le phénomène apparaît avec une telle puissance qu'il laisse loin derrière lui l'opération de destruction organique, inséparable du jeu de la vie. Ainsi, dans une belle série d'expériences sur de jeunes veaux, Soxhlet a vu que, sur 100 parties d'aliments offerts aux tissus, ceux-ci retiennent pour l'albumine 68, pour les matières minérales 54,3, pour l'acide phosphorique 74,2, pour la chaux 98 parties. L'attraction exercée par les tissus sur l'aliment offert est même si forte, que l'on voit des nourrissons, insuffisamment alimentés, retenir de l'azote et des sels, pendant qu'ils sacrifient, d'autre part, de leur graisse (Rubner et Heubner) (voy. aussi p. 287).

2° *Pendant la grossesse et l'allaitement* : Pendant cette période l'organisme maternel rassemble et fixe les protéiques et les autres matériaux nécessaires au fœtus, auquel elle les transmet soit directement, soit par l'intermédiaire de la glande mammaire (observations de Stohmann, de Soxhlet, sur l'animal, de Zacharjewsky, Schrader, A. ver Eecke sur la femme). Et si la mère est insuffisamment nourrie, l'enfant ne s'accroît pas moins normalement, du moins le plus souvent, l'énergie de développement du fœtus l'emportant sur la résistance naturelle des tissus maternels à la dénutrition.

3° *Chez les individus qui ont terminé leur développement, mais qui s'entraînent activement à des exercices musculaires* : C'est un phénomène bien connu, que l'accroissement des masses musculaires sous l'influence du travail, et l'étude quantitative des échanges nutritifs a montré que les exercices musculaires favorisent la fixation d'azote, disons mieux, qu'ils sont pour cette fixation le facteur essentiel. La suralimentation ne produit que des obèses, et non des athlètes. Pareillement, l'observation médicale a montré que les malades engraissés par suralimentation et repos au lit (ancienne cure de Weir-Mitchell), deviennent gras, mais restent faibles. Les résultats sont bien meilleurs, quand on combine la suralimentation avec des exercices musculaires sagement gradués (C. von Noorden).

4° *Chez tout individu dont les masses protoplasmiques ont été diminuées par l'inanition, l'alimentation insuffisante, la maladie, et que l'on replace dans de meilleures conditions d'alimentation* : C'est le problème de la régénération des tissus chez le convalescent, qui mérite une étude spéciale.

**L'engraissement azoté chez le convalescent.** — Lorsqu'un organisme, qui a reçu pendant longtemps une nourriture insuffisante, améliore, même médiocrement, son alimentation et en particulier ses apports azotés, on observe ce phénomène remarquable, à savoir que l'équilibre azoté, d'ordinaire si prompt à se rétablir, ne se refait ici que très lentement et que l'organisme retient avec énergie le moindre surplus d'albumine qui lui est offert.

Exemple : Une malade de Fr. Müller, atteinte de rétrécissement œsophagien, reste pendant plusieurs semaines en état d'alimentation insuffisante, et en dernier lieu en état de jeûne complet pendant quatre jours, avec une perte quotidienne de 26 gr. 7 d'albumine. Le poids de la malade est à ce moment de 31 kgr. Pendant les vingt-six jours qui suivent, elle présente, grâce à une alimentation sans cesse améliorée, le bilan d'azote que voici :

| | Apports d'albumine par jour (en grammes). | Apport total de calories par jour. | Poids d'albumine fixé par jour (en grammes). |
|---|---|---|---|
| Pendant 5 jours...... | 47,5 | 765 | 10,5 |
| — 7 — ...... | 56,2 | 881 | 12,2 |
| — 8 — ...... | 73,6 | 1 000 | 22,4 |
| — 6 — ...... | 85,4 | 1 100 | 38,2 |

On voit avec quelle énergie l'organisme utilise, pour la réfection de ses tissus, le moindre surcroît d'albumine qui lui est fourni, en dépit de la faiblesse de l'apport total des calories. Durant cette première période de la réparation, tout ce qui peut être économisé sur l'apport alimentaire sert en majeure partie à la reconstitution des masses cellulaires. Ce n'est que plus tard que la réfection des réserves adipeuses commence. Il peut même arriver, pendant cette première période, que l'organisme, tout en fixant de l'albumine, sacrifie encore de sa propre graisse (Fr. Müller; Klemperer). Et plus tard, quand des rations plus abondantes sont acceptées, ce ne sont pas les 5, 10 ou 20 centièmes des calories surabondantes que l'on arrive péniblement à fixer sous la forme d'albumine, ce sont les 30, 40 et 60 centièmes de ce surplus que l'organisme retient chaque jour à cet état. Visiblement il ne s'agit donc plus ici d'une sorte de violence expérimentale faite à l'organisme par le moyen de rations démesurées, et qui aboutit surtout, comme dans l'expérience de Krug, à encombrer l'organisme de graisses. C'est la puissance de régénération et d'accroissement des cellules qui est entrée en jeu; c'est elle, bien plus que l'alimentation, qui détermine ces larges bénéfices d'albumine, et ces bénéfices sont durables.

Les différences quantitatives que l'on vient de signaler ressortent très nettement des résultats que voici et qui sont empruntés à un tableau d'ensemble dressé par C. von Noorden.

| | Albumine de la ration (en grammes d'azote). | Calories données par jour en sus de la ration suffisante. | SUR 100 CALORIES DONNÉES EN SUS DE LA RATION SUFFISANTE, L'ORGANISME EN A FIXÉ : | |
|---|---|---|---|---|
| | | | A l'état d'albumine. | A l'état de graisse. |
| Sujet bien portant (Lüthje). | 30,8 | 367 | 5,4 | 94,6 |
| | 41,7 | 1 505 | 13,1 | 86,9 |
| | 61,0 | 2 524 | 19,1 | 80,9 |
| Convalescent de fièvre typhoïde (Bénédict et Suranyi). | 18,7 | 790 | 28,7 | 71,3 |
| | 20,5 | 733 | 36,6 | 63,4 |
| | 18,6 | 738 | 35,6 | 64,4 |
| Convalescent de fièvre typhoïde (C. von Noorden). | 18,2 | 489 | 25,9 | 74,1 |
| | 18,2 | 387 | 54,3 | 45,7 |
| | 18,2 | 316 | 64,5 | 35,5 |

On voit, par exemple, qu'avec un apport d'albumine colossal ($61 \times 6,25 = 381$ gr.) et un nombre de calories dépassant les besoins de 2 524, Lüthje n'est arrivé à fixer à l'état d'albumine, chez le sujet bien portant, que 19 p. 100 de l'excédent thermique, tandis qu'avec $18,2 \times 6,25 = 113$ gr. d'albumine et 316 calories excédantes, le convalescent de C. von Noorden a retenu à l'état de protéiques jusqu'à 64 p. 100 des calories données en surplus.

C. von Noorden ajoute qu'en classant tous ces résultats on n'aperçoit pas quelle forme de régime est la plus avantageuse. De toutes façons les très forts apports azotés, tels qu'on les réalise aujourd'hui en ajoutant à la ration les protéiques purs fournis par l'industrie (plasmon, nutrose, sanatogène), ne paraissent pas avoir donné de meilleurs résultats que l'engraissement par les rations azotées moyennes, appuyées par d'abondantes quantités d'aliments ternaires.

D'ailleurs le résultat dépend, en première ligne, de la nature de la cause qui a produit l'amaigrissement. Après les hémorragies abondantes, la fièvre typhoïde, on obtient d'ordinaire très rapidement des fixations d'albumine abondantes et durables. Dans la tuberculose, dans certaines formes de syphilis, les gains d'albumine sont médiocres : le convalescent devient gras, mais son système musculaire reste faible.

# TABLE ALPHABÉTIQUE

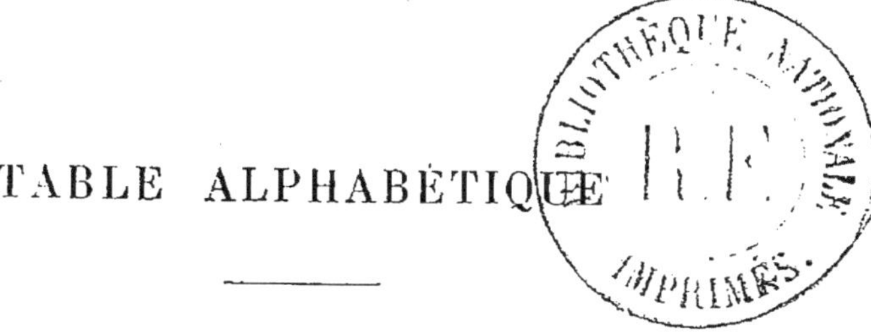

# MANUEL
## de
# Pathologie Interne

PAR
## G. DIEULAFOY
Professeur de clinique médicale à la Faculté de médecine de Paris,
Médecin de l'Hôtel-Dieu, Membre de l'Académie de médecine.

### QUINZIÈME ÉDITION, ENTIÈREMENT REFONDUE
4 *vol. in-16 avec figures en noir et en couleurs,
cartonnés à l'anglaise.* **32 fr.**

# Clinique Médicale ❧❧❧❧❧❧❧❧
# ❧❧❧ de l'Hôtel-Dieu de Paris
PAR **G. DIEULAFOY**

*Vient de paraître :*

**TOME VI** (1909).— *1 volume grand in-8° de IV-292 pages, avec figures
dans le texte et 5 planches hors texte en couleurs.* . . . . . **10 fr.**

**Leçons contenues dans ce volume. —** I.-II. Pachyméningite syphilitique
de la base de l'encéphale. Discussion sur la localisation et la nature de la
lésion. Remarquable effet des injections mercurielles à haute dose. — III. Histoire d'un Patomime. Escarres multiples et récidivantes depuis deux ans et
demi aux deux bras et au pied. Amputation du bras gauche. Discussion sur la
nature des escarres. — IV-V. Polioencéphalite syphilitique, Ophtalmoplégie
totale et bilatérale accompagnée de symptômes bulbaires. Remarquables effets
des injections mercurielles. — VI-VII. Rapport des pancréatites avec la lithiase
biliaire (Etude médico-chirurgicale). — VIII-IX. Infection sanguine streptococcique mortelle consécutive à une éraflure du pouce. Étude sur les infections
streptococcique et staphylococcique. — X-XI. Deux cas d'infection sanguine
gonococcique terminés par la guérison et aussitôt suivis de fièvre typhoïde.
Essai de traitement de l'infection gonococcique par le vaccin gonococcique
— XII. Traitement de l'infection gonococcique par les injections de vaccin
gonococcique. La méthode opsonique de Wright. Opsonines. Pouvoir
opsonique. Indice opsonique. — XIII. Comment savoir si une pleurésie
hémorrhagique est ou n'est pas tuberculeuse ? Existe-t-il un hématome
simple de la plèvre? — XIV. Comment savoir si une pleurésie hémorrhagique
est ou n'est pas cancéreuse.

*Précédemment publiés :*

I. — 1896-1897, 1 *volume in-8°, avec figures* . . . . . . . **10 fr.**
II. — 1897-1898, 1 *volume in-8°, avec figures* . . . . . . . **10 fr.**
III. — 1898-1899, 1 *volume in-8°, avec figures* . . . . . . . **10 fr.**
IV. — 1901-1902, 1 *volume in-8°, avec figures* . . . . . . . **10 fr.**
V. — 1905-1906, 1 *volume in-8°, avec figures et 14 planches.* **10 fr.**

## BIBLIOTHÈQUE DE THÉRAPEUTIQUE CLINIQUE

### à l'usage des Médecins praticiens

*Vient de paraître :*

# THÉRAPEUTIQUE USUELLE
# des Maladies de ❦❦❦❦❦❦❦❦❦
# l'Appareil Respiratoire

PAR

Alfred MARTINET

Ancien interne des hôpitaux de Paris.

*1 volume in-8° de* IV-295 *pages avec figures, broché* . . . . **3 fr. 50**

# Les Médicaments usuels

Par le Dʳ Alfred MARTINET

**TROISIÈME ÉDITION, REVUE ET AUGMENTÉE**

*Conforme à la nouvelle édition du Codex (1908)*

*1 volume in-8° de* XVI-516 *pages* . . . . . . . . . . . . . . . . **5 *fr.***

# Les
# Agents physiques
# usuels

*(Climatothérapie — Hydrothérapie*
*Crénothérapie — Thermothérapie*
*Méthode de Bier — Kinésithérapie*
*Électrothérapie — Radiumthérapie)*

Par les Dʳˢ A. MARTINET, A. MOUGEOT
P. DESFOSSES, L. DUREY, Ch. DUCROCQUET,
L. DELHERM, H. DOMINICI

*1 vol. in-8° de* XVI-633 *pages, avec* 170 *fig. et* 3 *planches hors texte.* **8 fr.**

*Vient de paraître :*

# Aide=Mémoire ✵ ✵ ✵ ✵ ✵ ✵ ✵
# ✵ ✵ ✵ de Thérapeutique

### PAR MM.

| | |
|---|---|
| **G.-M. DEBOVE** | **G. POUCHET** |
| Doyen honoraire de la Faculté de Médecine | Professeur de Pharmacologie et Matière |
| Professeur de Clinique | médicale à la Faculté de Médecine |
| Membre de l'Académie de Médecine | Membre de l'Académie de Médecine |

### A. SALLARD
Ancien interne des Hôpitaux de Paris

### DEUXIÈME ÉDITION ENTIÈREMENT REVUE
*Conforme au Codex de 1908*

1 vol. in-8 de VIII-911 *pages, imprimé sur 2 colonnes, relié toile.* **18 fr.**

Cet *Aide-Mémoire de Thérapeutique* est destiné à parer aux défaillances de mémoire, inévitables dans l'exercice de la pratique journalière. Il réunit, sous une forme concise, mais aussi complète que possible, toutes les notions thérapeutiques indispensables au médecin. Pour faciliter la recherche rapide, les questions sont classées par ordre alphabétique. Elles comprennent: 1° l'exposé du *traitement de toutes les affections médicales et des grands syndromes morbides*; 2° l'étude résumée des *agents thérapeutiques principaux, médicaments et agents physiques* ; 3° la mention des *principales stations hydro-minérales* (situation, composition, indications) et *climatériques* ; 4° l'exposé des *connaissances essentielles en hygiène et en bromatologie.*

# TRAITÉ ÉLÉMENTAIRE
## de
# Clinique Médicale

### PAR
### G.-M. DEBOVE et A. SALLARD

1 *volume grand in-8° de 1296 pages, avec 275 figures, relié toile.* . . **25 fr.**

============= DERMATOLOGIE — SYPHILIS =============

<u>*Vient de paraître :*</u>

## OUVRAGE COMPLET

# Abrégé d'Anatomie

PAR

**P. POIRIER**
Professeur d'Anatomie
à la Faculté de Médecine de Paris.

**A. CHARPY**
Professeur d'Anatomie
à la Faculté de Médecine de Toulouse.

**B. CUNÉO**
Professeur agrégé à la Faculté de Médecine de Paris.

TOME I. — EMBRYOLOGIE — OSTÉOLOGIE — ARTHROLOGIE — MYOLOGIE.

TOME II. — CŒUR — AR-
TÈRES — VEINES — LYM-
PHATIQUES — CENTRES
NERVEUX — NERFS CRA-
NIENS — NERFS RACHI-
DIENS.

TOME III. — ORGANES DES
SENS — APPAREIL DI-
GESTIF ET ANNEXES —
APPAREIL RESPIRA-
TOIRE — CAPSULES SUR-
RÉNALES — APPAREIL
URINAIRE — APPAREIL
GÉNITAL DE L'HOMME
— APPAREIL GÉNITAL
DE LA FEMME — PÉRI-
NÉE — MAMELLES —
PÉRITOINE.

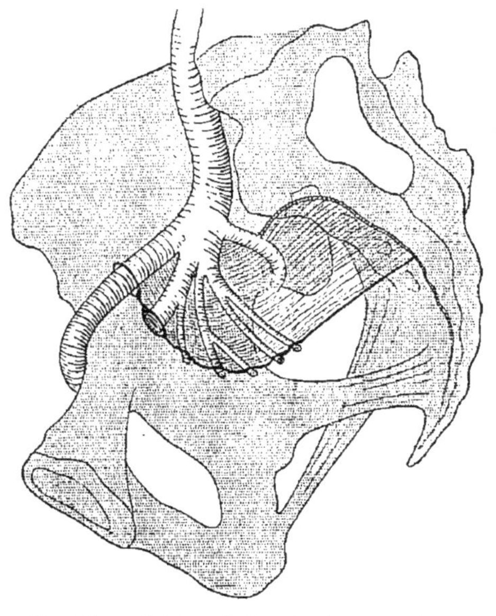

Fig. 953. — Schéma de la gaine hypogastrique
(d'après Marcille).

*3 volumes in-8°, formant ensemble 1620 pages avec 976 fi-
gures en noir et en couleurs dans le texte, richement re-
liés toile.* . . . . . . . . . . . . . . . . **50** *fr.*

## OUVRAGE COMPLET

# Traité de
# Technique Opératoire

PAR

**CH. MONOD**
Professeur agrégé à la Faculté de Médecine
de Paris,
Chirurgien honoraire des hôpitaux
Membre de l'Académie de Médecine.

**J. VANVERTS**
Chirurgien des hôpitaux de Lille.
Ancien interne lauréat des hôpitaux
de Paris, Membre correspondant
de la Société de Chirurgie.

**DEUXIÈME ÉDITION**

**ENTIÈREMENT**

**REFONDUE**

♥ ♥ ♥

2 volumes grand in-8°, formant ensemble XII-2016 pages avec 2337 figures dans le texte . . . **40** fr.

*Le tome I n'est plus vendu séparément. Le tome II est vendu aux acheteurs du tome I. . . . . . .* **18** fr.

Condenser les descriptions sans rien sacrifier de la clarté, supprimer tout ce qui semblait tombé en désuétude, et cela pour pouvoir donner place à certaines opérations nouvelles ou à d'autres intentionnellement omises dans la première édition parce que non encore consacrées par l'usage, tel est le travail considérable qu'ont poursuivi les auteurs dans cette deuxième édition. La plupart des chapitres anciens ont été remaniés, quelques-uns même complètement trans-

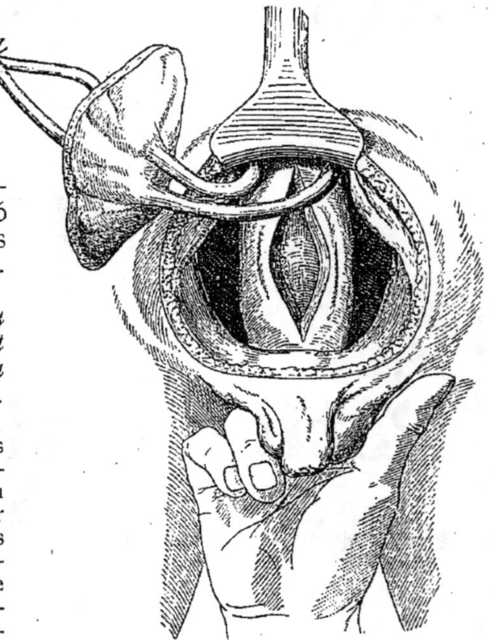

Fig. 695. — *Cysto-entérostomie extra-péritonéale pour exstrophie vésicale. Abouchement rectal des uretères* (Peters). — Les uretères sont libérés. — La paroi antérieure sous-péritonéale du rectum est ouverte.

formés. Les index bibliographiques ont été intégralement mis au courant en même temps que nombre d'indications anciennes, et aujourd'hui sans intérêt pratique, étaient supprimées.

Enfin l'illustration a été à la fois augmentée et entièrement revisée : nombre de clichés de la première édition ont fait place à des figures nouvelles.

## Vient de paraître :

# PRÉCIS DE
# Technique Opératoire

PAR

### LES PROSECTEURS DE LA FACULTÉ DE MÉDECINE DE PARIS

AVEC INTRODUCTION

**Par le professeur Paul BERGER**

*7 volumes in-8°, cartonnés toile anglaise souple.*

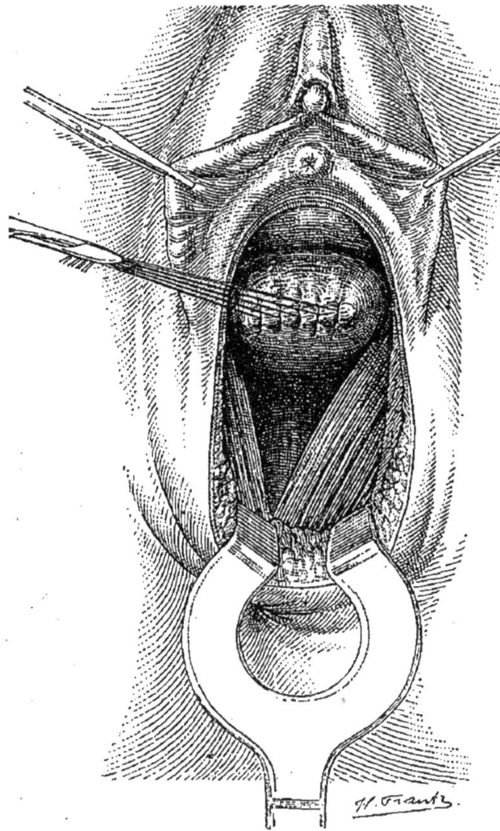

Fig. 162. — Colpo-hystérectomie totale par voie vulvo-péri-néale. Agrandissement du champ opératoire par l'incision de Schuchardt. On voit nettement les bords des Releveurs. (*R. Proust. Appareil génital de la femme.*)

**Pratique courante et Chirurgie d'urgence**, par VICTOR VEAU. *3° édition revue et augmentée.*

**Tête et cou**, par CH. LENORMANT. *3° édition, revue et augmentée.*

**Thorax et membre supérieur**, par A. SCHWARTZ, *2° édition, revue et augmentée.*

**Abdomen**, par M. GUIBÉ. *2° édition, revue et augmentée.*

**Appareil urinaire et appareil génital de l'homme,** par PIERRE DUVAL. *3° édition, revue et augmentée.*

**Appareil génital de la femme,** par R. PROUST. *2° édition, revue et augmentée.*

**Membre inférieur**, par GEORGES LABEY. *2° édition, revue et augmentée.*

*Chaque vol. illustré de plus de 200 figures, la plupart originales. . . .* **4 fr. 50**

## SIXIÈME ÉDITION, REVUE ET AUGMENTÉE DU

# Traité de
# Chirurgie d'urgence

PAR
### Félix LEJARS
Professeur agrégé à la Faculté de Médecine de Paris,
Chirurgien de l'hôpital Saint-Antoine, Membre de la Société de chirurgie.

1 *vol. grand in-8° de* VIII-1185 *pages, avec* 994 *figures, et* 20 *planches hors texte, relié toile.* . . . . . . . . . . . . . . . . . . . . . . . **30** *fr.*

Fig. 910.— Désarticulation tibio-tarsienne, procédé de Syme.
3ᵉ temps.— Dénudation de la face postéro-intérieure du calcanéum.

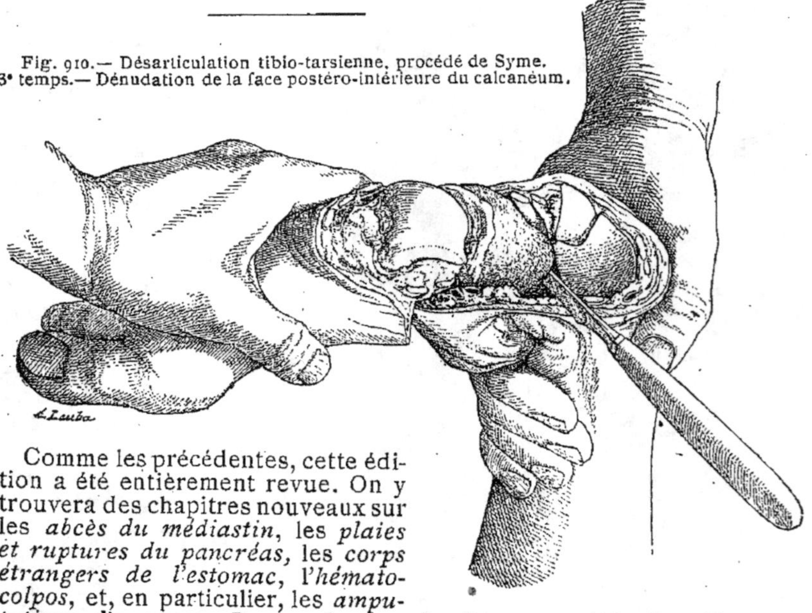

Comme les précédentes, cette édition a été entièrement revue. On y trouvera des chapitres nouveaux sur les *abcès du médiastin*, les *plaies et ruptures du pancréas*, les *corps étrangers de l'estomac*, l'*hématocolpos*, et, en particulier, les *amputations d'urgence*. De nombreux chapitres ont été singulièrement étendus ou remaniés, spécialement ceux qui ont trait aux *coups de feu de l'oreille*, à la *mastoïdite (thrombose du sinus)*, aux *plaies de poitrine*, aux *plaies de l'uretère* et aux *modes de réunion ou d'anastomose de l'uretère divisé*, aux *luxations et fractures du carpe*. Du reste le chapitre des *fractures, de leurs divers types, de leurs modes de réduction et de traitement* a été l'objet cette fois encore d'additions nombreuses et d'une revision détaillée.

90 figures nouvelles portent à 994 le nombre total des illustrations, auxquelles s'ajoutent 20 planches hors texte.

# MÉDECINE OPÉRATOIRE

DES

# VOIES URINAIRES

## Anatomie Normale et
## Anatomie Pathologique Chirurgicale

### Par J. ALBARRAN

Professeur de clinique des Maladies des Voies urinaires
à la Faculté de Médecine de Paris, Chirurgien de l'Hôpital Necker.

*Un volume grand in-8° de* XII-992 *pages, avec* 561 *figures dans le texte en noir et en couleurs, relié toile* . . . . . . . . . . **35 fr.**

Dans ce volume, l'auteur a voulu exposer les procédés opératoires employés par lui pour le traitement des maladies de l'appareil urinaire qui nécessitent l'intervention chirurgicale; il n'a pas cru utile d'indiquer toutes les variantes, il a voulu seulement, par sélection, exposer les procédés opératoires, dont il a reconnu, à l'expérience, la supériorité.

Enfin, sachant l'importance capitale des soins post-opératoires et n'ignorant pas qu'il y a là une source de graves difficultés, le professeur Albarran n'a pas hésité à donner un grand et parfois minutieux développement à la description des soins à donner aux opérés.

*Vient de paraître :*

# Des principales
# Affections Chirurgicales
# dans l'Armée

PAR

### le Dr A. MIGNON

Professeur au Val-de-Grâce.

1 *vol. gr. in-8°, de* IV-541 *pages, avec* 183 *figures dans le texte.* **10 fr.**

============ COLLECTIONS ============

# L'ŒUVRE MÉDICO-CHIRURGICAL (Dʳ CRITZMAN, Directeur).

## Suite de Monographies Cliniques
### SUR LES QUESTIONS NOUVELLES
### EN MÉDECINE, EN CHIRURGIE ET EN BIOLOGIE

*Chaque Monographie est vendue séparément.* . . . . . . . . . . . **1 fr. 25**

Il est accepté des Abonnements pour une série de 10 Monographies consécutives, au prix à forfait et payable d'avance de **10** francs pour la France et **12** francs pour l'Etranger (port compris).

*DERNIÈRES MONOGRAPHIES PUBLIÉES :*

41. **Le Traitement de la Syphilis** par le professeur E. GAUCHER.
42. **Tics**, par le Dʳ HENRY MEIGE.
43. **Diagnostic de la Tuberculose par les nouveaux procédés de laboratoire**, par le Dʳ NATTAN-LARRIER.
44. **Traitement de l'hypertrophie prostatique par la prostatectomie**, par R. PROUST, professeur agrégé à la Faculté de Paris.
45. **De la Lactosurie** (*Etudes urologiques de médecine comparée sur les états de grossesse, de puerpéralité et de lactation chez la femme et les femelles domestiques*), par M. CH. PORCHER, professeur à l'Ecole vétérinaire de Lyon.
46. **Les Gastro-entérites des nourrissons**, par le Dʳ A. LESAGE.
47. **Le Traitement des Gastro-entérites des nourrissons et du Choléra infantile.** par A. LESAGE.
48. **Les Ions et les médications ioniques** par le Pʳ S. LEDUC.
49. **Physiologie de l'acide urique**, par P. FAUVEL, docteur ès sciences, professeur à l'Université catholique d'Angers.
50. **Le Diagnostic fonctionnel du cœur.** par W. JANOSWSKI, professeur agrégé à l'Académie médicale de Saint-Pétersbourg.
51. **Les Arriérés scolaires**, par R. CRUCHET.
52. **Artério-Sclérose et Athéromasie**, par le Pʳ J. TEISSIER.
53. **Les Sulfo-éthers urinaires** (*physiologie et valeur clinique dans l'auto-intoxication intestinale*), par H. LABBÉ et G. VITRY.
54. **Les injections mercurielles intra-musculaires dans le traitement de la Syphilis**, par le Dʳ A. LEVY-BING.
55. **Anticorps antigènes et Méthode de déviation du Complément** (*Le Mécanisme de l'Immunité*) par P.-F. ARMAND-DELILLE, ancien chef de clinique à la Faculté de Paris (*3ᵉ tirage*).
56. **L'Anaphylaxie et les réactions anaphylactiques** (*Maladie du sérum ; cuti et ophtalmo-réaction à la tuberculine*), par le Dʳ P.-F. ARMAND-DELILLE (*2ᵉ tirage*).
57. **Les Sutures vasculaires**, par L. IMBERT, professeur et J. FIOLLE, chef de clinique, à l'Ecole de Médecine de Marseille.
58. **L'Hérédité normale et Pathologique**, par CH. DEBIERRE, professeur d'anatomie à l'Université de Lille.
59. **Traitement chirurgical de la Tuberculose pulmonaire.** (*Pneumectomie. — Pneumotomie. — Collapsthérapie. — Méthode de Freund*), par les Dʳˢ TUFFIER, professeur agrégé à la Faculté de Médecine de Paris et J. MARTIN, chef de clinique chirurgicale à la Faculté de Montpellier.
60. **La Rachicentèse**, par MM. P. RAVAUT, médecin des hôpitaux de Paris, GASTINEL et VELTER, internes des hôpitaux de Paris.
61. **Les Métaux colloïdaux électriques en thérapeutique**, par MM. L. BOUSQUET et H. ROGER, chefs de clinique à la Faculté de Montpellier.

# Encyclopédie Scientifique ✦✦✦✦✦✦

# ✦✦✦✦ des Aide-Mémoire

Publiée sous la direction de **H. LÉAUTÉ**, Membre de l'Institut

**Au 15 Juillet 1910, 406 VOLUMES publiés**

*Chaque ouvrage forme un volume petit in-8°, vendu* : Broché, **2** fr. **50**

Cartonné toile, **3** fr.

## DERNIERS VOLUMES PUBLIÉS DANS LA SECTION DU BIOLOGISTE

*MALADIES DES VOIES URINAIRES, URÈTRE, VESSIE*, par le D<sup>r</sup> Bazy, chirurgien des hôpitaux, membre de la Société de chirurgie, 4 vol.
   I. *Moyens d'exploration et traitement.* 2ᵉ édition. II. *Sémiologie.* III. *Thérapeutique générale. Médecine opératoire.* IV. *Thérapeutique spéciale.*

*BIOLOGIE GÉNÉRALE DES BACTÉRIES*, par le D<sup>r</sup> E. Bodin, professeur de Bactériologie à l'Université de Rennes.

*LES BACTÉRIES DE L'AIR, DE L'EAU ET DU SOL*, par E. Bodin.

*LES CONDITIONS DE L'INFECTION MICROBIENNE ET L'IMMUNITÉ*, par E. Bodin.

*L'OREILLE*, par Pierre Bonnier, 5 vol.
   I. *Anatomie de l'oreille.* II. *Pathogénie et mécanisme.* III. *Physiologie : Les Fonctions.* IV. *Symptomatologie de l'oreille.* V. *Pathologie de l'oreille.*

*TECHNIQUE RADIOTHÉRAPIQUE* par le D<sup>r</sup> H. Bordier, professeur agrégé à la Faculté de Médecine de Lyon.

*PRÉCIS ÉLÉMENTAIRE DE DERMATOLOGIE*, par MM. Brocq et Jacquet, médecins des hôpitaux de Paris. 2ᵉ édition, entièrement revue. 5 vol.
   I. *Pathologie générale cutanée.* II. *Difformités cutanées, éruptions artificielles, dermatoses parasitaires.* III. *Dermatoses microbiennes et néoplasies.* IV. *Dermatoses inflammatoires.* V. *Dermatoses d'origine nerveuse. Formulaire.*

*LA PELADE*, par A. Chatin, membre de la Société de Dermatologie, et F. Trémolières, ancien interne à l'hôpital Saint-Louis.

*TRAITEMENT DE LA SYPHILIS*, par L. Jacquet, médecin de l'hôpital Saint-Antoine, et M. Ferrand, interne à l'hôpital Broca.

*LA PSYCHOLOGIE MORBIDE COLLECTIVE*, par le D<sup>r</sup> A. Marie, médecin des Asiles de Villejuif.

*EXAMEN ET SÉMÉIOTIQUE DU CŒUR*, par les D<sup>rs</sup> Pierre Merklen, médecin de l'hôpital Laënnec et Jean Heitz. 2 vol.
   I. *Inspection, palpation, percussion, auscultation (4ᵉ édition).*
   II. *Le Rythme du cœur et ses modifications.*

*LES APPLICATIONS THÉRAPEUTIQUES DE L'EAU DE MER* par le D<sup>r</sup> Robert-Simon.

*LA MÉNOPAUSE* par Ch. Vinay, professeur agrégé à la Faculté de Médecine de Lyon.

*LES AMÉTROPIES ET LEUR CORRECTION PAR LES LUNETTES*, par H. Spindler, médecin major de l'armée.

*MALADIES DES ORGANES RESPIRATOIRES, Méthode d'exploration : signes physiques*, par le D<sup>r</sup> Léon Faisans, Médecin de l'Hôpital de la Pitié (4ᵉ *édition*).

www.ingramcontent.com/pod-product-compliance
Lightning Source LLC
LaVergne TN
LVHW021920030726
842523LV00001B/10